数学分析概论

定本 解析概論

岩波定本

[日] 高木贞治 —— 著

冯速 高颖 —— 译

U0300308

人民邮电出版社

北京

图书在版编目（CIP）数据

数学分析概论：岩波定本/（日）高木贞治著；冯
速，高颖译. —北京：人民邮电出版社，2021.5
（图灵数学经典）
ISBN 978-7-115-56146-6

Ⅰ. ①数… Ⅱ. ① 高… ②冯… ③高… Ⅲ. ①数学分
析 Ⅳ. ①O17

中国版本图书馆 CIP 数据核字（2021）第 047216 号

内 容 提 要

　　本书为日本数学家、"日本现代数学之父"高木贞治创作的分析学入门名著。作为衔接古典与现代的集大成之作，它被誉为日本现代数学发展的"不动之根基"，也成为日本所有微积分教材、专著的参考原点。本书从严密的实数理论出发，以初等函数理论为重点，用直观、易读的讲义式叙述方式，追溯了微分、积分概念的起源与数学分析理论发展的历史轨迹，将数学分析的脉络与结构清晰地呈现在读者眼前。日本岩波书店的"定本"版本，在"第 3 版修订版"的基础上，还收录了关于"Takagi 函数"的解读文章——"关于处处不可微的连续函数"。

　　本书适合相关专业的本科生、研究生和教师阅读学习，也适合作为数学、物理等领域的研究者的参考资料。

　　　　著　　　　[日] 高木贞治
　　　　译　　　　冯 速　高 颖
　　　　责任编辑　武晓宇
　　　　责任印制　周昇亮

　　人民邮电出版社出版发行　　北京市丰台区成寿寺路 11 号
　　邮编 100164　电子邮件 315@ptpress.com.cn
　　网址 https://www.ptpress.com.cn
　　北京天宇星印刷厂印刷

　　开本：700×1000　1/16
　　印张：36　　　　　　　　　　2021 年 5 月第 1 版
　　字数：704 千字　　　　　　　2024 年 12 月北京第 10 次印刷
　　著作权合同登记号　图字：01-2020-3620 号

定价：149.80 元
读者服务热线：(010)84084456-6009　印装质量热线：(010) 81055316
反盗版热线：(010)81055315
广告经营许可证：京东市监广登字 20170147 号

版 权 声 明

第 3 版修订版序言

本书的作者高木先生于 1960 年 2 月 28 日与世长辞. 那之前, 作者正在指导岩波书店编辑部进行本书第 3 版的修改工作. 作者从数学和语言两方面指导了这次修改.

在数学方面, 作者指示去掉原第 2 版末尾的补遗部分, 或者将其放到正文之中. 除此之外, 第 3 版还增加了数页新内容, 用其替换了第 2 版的相应内容 (§53). 增加的内容是指数函数和三角函数的加法定理, 以及利用麦克劳林展开巧妙得到的若干相关性质. 作者的想法值得仔细回味. 没想到, 这部分原稿竟成了作者的数学绝笔.

在语言方面, 一部分改动是作者的原意, 一部分改动是编辑部经作者认可的修改. 编辑部觉得这本书应顺应日语的激烈变化, 借此改版之机, 把书中旧式语法修改成当下流行的语法形式. 这一想法不仅得到了作者的认同, 而且作者还亲自就将旧式数学用语替换成当下流行的用语等有关事项给出了积极的指导. 编辑部针对这一语言方面的事项做出了相应的整理.

为了应对作者去世这一极大变故, 经岩波书店编辑部联络, 弥永昌吉、三村征雄和我于 1960 年 4 月见面, 共同确定进行中的本书修订方针. 席间决定由我担任此项工作, 弥永、三村两位协助. 此后, 三村先生给我提出了很多有益的建议. 而弥永先生在改版期间的大部分时间身居国外, 因此失去了协作的机会, 很是遗憾.

本书的这一版虽然称为第 3 版修订版, 但是在内容上, 与第 2 版增订版没有什么大变化. 要说增加的内容就是 §52 中第 2 个 [附记], 增加了关于 π 的近似值计算的最新内容. 但是, 因为我们秉承作者之意, 对本书做了后述的变更, 所以为了明示, 我们觉得附加修订版这样的名字是贴切的.

本书是作者遗留下来的数本名著之一. 正如作者在前言中所说, 它采用的是 "讲义式" 的陈述形式. 阅读此书, 读者会在不知不觉之中通览 "数学分析的基本知识", 有一种似乎亲耳聆听作者授课的感觉. 作者的讲义从一开始就瞄准目标, 自始至终简洁明了地追寻其本质, 因此给人印象深刻. 同时为了读者能够真正理解其中的含义, 充分补充是非常必要的. 本书也同样有很多地方希望读者自己加以补充. 其中一些对于一般读者比较难于补充的地方, 作者通常会在卷末加上需要补充内容的说明, 使读者更容易理解. 在修改的过程中, 我们认为应该适当地把它们加入正文中, 因此在第 3 版中, 根据需要进行了调整. 我们认为第 2 版中还有几处需要补充的地方, 对此, 本书也做了补充或者变更.

第 9 章没有经过作者的修订, 因此补充相应多些. 如 §84, §91, §94, §96 做了较多的补充和更改. 本书整体结构与旧版相同. 补充的内容, 如对旧版的修正或作者意图的详细说明, 都并未明确化.

本书文体流畅, 作者联想丰富且语感敏锐, 因此我们极力避免在行文中混入不协调的句子或者词语, 但难免有疏忽的地方, 在此希望读者见谅. 书中没有采用旧版的脚注方式, 主要是为了读者阅读方便.

我一直很怀念这位对数学无比忠诚的作者, 接手这项工作总恐有疏漏或错误, 心中忐忑.

在整理此书的过程中, 我参考了数学同仁以及广大读者对于本书的直接或间接的反馈. 期间, 黑田成俊先生参与了修改工作, 并自始至终给我以帮助. 另外, 在校对的过程中, 得到三村征雄、田村二郎、黑田成俊三位先生的大力协助, 他们给我提出了很多宝贵的意见.

在这里, 我真诚地向上面提到的各位先生, 以及在这次修改中直接或间接给予我帮助的众多数学同仁表示衷心的感谢. 同时, 还要衷心感谢负责语言整理及校对的岩波书店的各位编辑. 最后, 我要明确声明, 无论是数学还是语言修改方面的责任都由我一人承担.

黑田成胜

1961 年 3 月

第 2 版增订版序言

对于本书的修改和补充, 首先要提及的是在新增设的第 9 章中尝试着给出了勒贝格积分理论的一般介绍. 其次, 对于第 1 版中无穷级数绝对收敛和条件收敛的差异给出了更合理的说明, 并重新阐释了傅里叶积分公式, 此外还做了许多其他细小改动, 在此无法一一列举.

勒贝格积分理论是依 Saks 的架构描述的, 对于细节部分, 除了参考勒贝格的原著之外, 还参考了 de la Vallée Poussin、Carathéodory、Hahn、Kolmogoroff 等人的著作. 对于这样的尝试, 肯定会有解释不到位或者遗漏论点的情况. 按理说, 既然追加了勒贝格积分理论, 就应该缩小黎曼积分理论的篇幅, 但是考虑到传统习惯, 还是保留了原来的模式. 因此, 通读本书, 读者可能会感到本书堆积了不少第 1 版前言所说的大全式的资料, 有可能造成整体性欠佳. 只有希望读者能对那些非重要的事项做适当取舍, 权当它们是参考资料.

河田敬义、岩泽健吉两位校对了第 9 章的样稿, 并提出了有益的建议, 在此特别表示感谢.

高木贞治

1943 年 5 月

第 1 版前言

就我本意, 本书是一本顺应时代发展、面向一般人群的数学分析入门书, 或者说是一本数学分析读本, 尽一小册之力, 概观数学分析基本事项, 以提供进入特殊分支领域所需的基础知识为目标. 说是数学分析概论, 但是其内容还是关于微分和积分的一般性讲解, 只是为了明确本书是以初等函数理论为重点的, 因此以数学分析概论命名. 初等函数在应用上最重要的性质就是它的解析性, 因此, 为了自如地驾驭初等函数, 尽早领会解析函数理论的基础概念显然是非常重要的. 实际上, 初等解析函数理论就是 19 世纪的数学分析入门, 即所谓代数解析的现代版本而已.

当然, 作为一本入门书, 这本数学分析概论显然应该避免烦琐冗长, 尽量简洁明了, 但是本书却出乎我之意愿, 篇幅过长, 其唯一原因是采用了讲义式的陈述方式. 一般人认为, 数学描述方法有两种完全对立的方式. 其一是所谓的教本式描述, 最具代表性的就是欧几里得的 《几何原本》. 这一方式整理已有的结果, 并按理论体系把这些结果一一展开, 其特色就是准确、简洁, 然而难读. 采用教本式描述整理出来的作品堪称精妙杰作, 但是为了能够揭示其内在的复杂结构, 必须能够读懂其字里行间隐含的意义, 而这正是难读的原因所在. 其二是所谓的讲义式叙述方式, 它追溯数学概念的起源, 追踪理论发展的轨迹, 缺点就是冗长, 通常比较粗杂, 细节部分基本上难以完整. 它以挖掘理论之根本为着眼点, 所以要涉及许多边边角角的内容, 因此不得不把精炼的过程完全交给读者. 众所周知, 教本式和讲义式各有所长. 提及它们的本质, 教本式是把已有的数学模式化, 对于已有的东西, 就有把数学作为闭集合处理之嫌; 而讲义式则是开放的, 把数学看成有生命的东西, 捕捉其成长的一面, 从这点看, 讲义式可以带来一些新鲜之感. 除此之外, 还有一种应该说是大全的形式, 简言之就是数学现状的展览会, 详略有致, 什么都有. 这样的形式更适于面向专业人士, 因此本书不考虑这种形式. 对于本书来说, 最理想的方式是, 对于整个理论部分采用讲义式, 而对于细节部分采用教本式, 若再要求高一些, 就是各个部分尽可能多设置一些大全式的例子, 使得整体更加协调, 且协调度越高越好. 写作本书时我始终铭记这样的理想模式, 但是事与愿违, 校对后, 痛感未能达成原意.

本书的素材选取是另一个难题. 取根叶是当然的, 但是根叶之间的界限很难界定. 除此之外, 我们还要考虑传统问题. 例如指数函数和三角函数, 它们在初等分析学中有着至高无上的地位, 但是它们的起源却有强烈的历史性和偶然性, 因此不得不说具有很强的非理论特色. 而对于数学分析概论来说, 如果不能忽视其历史, 那么除了要陈述这些函数的合理引入方法之外, 还要追寻那些古典引入方法的偶然因素, 这对数学分析概论来说是迷茫的. 这样的事例不止一两件. 同样, 为了解释黎曼积分就不能吝惜笔墨. 本书没有达到我理想之篇幅, 这也是一部分原因. 如果读者在阅读本书之后, 能够根据自己的情况做相应取舍, 做成适合自己的教本式体系, 那么就可以说初步达到了我的目的.

　　本书没有任何生僻的材料. 对于选材编排, 为了不使篇幅过大, 颇费了一些周折. 比如, 把与维数 (变量的个数) 无关的内容一起呈现, 并以最熟悉的二维给予说明. 当然, 对于与维数相关的话题则根据维数来安排材料, 但是没有采用从单变量到多变量这种相互对应的说明形式. 至于讲解的方式, 如前面所述, 基础部分尽可能论证明确, 而应用部分尽可能解法灵活, 细节内容就请读者给予补充. 在各章的末尾还安排了少量的习题, 供读者使用, 这些习题都是精挑细选的. 部分习题附加了解题提示, 但不排除有错误之处, 所以希望读者不要拘泥于此. 因为觉得重视练习效果为上, 所以没有设置大量的习题.

　　下面对记法和用语做一些说明. 首先, 三角函数的记法, 使用了我们习惯的英式写法, 而反三角函数采用了德法式的 arc 记法. 但是, 反正切函数没有采用 arctg① 而采用了 arctan. 专业术语一般按照习惯用法. 但是其中可能混入我的习惯用法, 当然不是有意为之. 对于由于我的不良习惯而杜撰的用语, 恳请读者原谅.

　　我的朋友弥永昌吉先生、菅原正夫先生以及黑田成胜先生仔细阅读了本书的原稿, 提出了宝贵的意见, 在此表示衷心感谢.

高木贞治

1938 年 3 月

---

　　① 与中文类似, 日语中没有与 tg 相应的发音. —— 译者注

目　　录

定 理 索 引

第 1 章 基 本 概 念

§1 数 的 概 念

假设数的概念和四则运算法则已知 [①]. 最初我们只考虑实数, 在此不再赘述. 下面的用语是众所周知的.

自然数 [②] $1, 2, 3$ 等. 用以表示事物的次序或集合中事物的个数.

整数 $0, \pm 1, \pm 2$ 等. 自然数是正整数.

有理数 0 和 $\pm \dfrac{a}{b}$, 其中 a, b 是自然数. 当 $b = 1$ 时 $\pm \dfrac{a}{b}$ 为整数.

无理数 有理数以外的实数. 例如

$$\sqrt{2} = 1.414\ 213\ 5 \cdots,$$

$$e = 2.718\ 281\ 828 \cdots,$$

$$\pi = 3.141\ 592\ 653\ 5 \cdots.$$

(需要证明它们不是有理数.)

十进制 大家都知道实数用十进制表示. 用十进制表示有理数时, 有理数或者是有限小数, 或者是无限循环小数. 而有限位数的十进制数也能够表示为循环小数的形式. 例如 $0.6 = 0.5999 \cdots$. 如果用十进制表示无理数, 则需要无穷多位, 且数字不循环.

我们之所以用十进制来表示数, 可能与手指的个数相关. 理论上, 与十进制表示类似, 以除 1 之外的任意自然数为基数都能够表示数.

特别在二进制中, 仅用数字 0 和 1 就足够了. 用二进制表示有理数时, 有理数是分母为 2 的幂的循环二进制数.

[例]

$$\frac{5}{8} = \frac{1}{2} + \frac{1}{2^3} = (0.101).$$

$$\frac{5}{8} = \frac{1}{2} + \frac{1}{2^4} + \frac{1}{2^5} + \cdots = (0.100\ 11 \cdots).$$

$$\frac{2}{3} = \frac{1}{2} + \frac{1}{2^3} + \frac{1}{2^5} + \cdots = (0.101\ 010 \cdots).$$

---

① 参考附录 (I).

② 本节自然数从 1 开始, 未将 0 列入自然数. ——编者注

数的几何学表示　为方便起见, 在数学分析中可以灵活自由地使用几何学术语. 例如, 可以采用坐标将实数表示为直线上的点. 这个方法是众所周知的. 在直线 XX' 上, 设表示 0 的点 O 是坐标原点, 用射线 OX 上的点 E 表示 1, 则 OE 是长度单位. 一般地, 按照 x 为正或为负, 表示 x 的点 P 或在半直线 OX 上或在半直线 OX' 上. OP 的长度为 x 的绝对值, 记作 $|x|$. 如上述这样用点 P, P' 来表示实数 x, x', 那么 $|x - x'|$ 就是 PP' 的长度.

关于绝对值常常会用到如下关系.

$$|x| + |x'| \geqslant |x + x'| \geqslant |x| - |x'|.$$

这也是众所周知的.

如果将两个实数 x, y 组成一组, 记为 (x, y), 则各个组 (x, y) 与坐标平面上的各个点 P 之间存在一一对应关系. 此时将 (x, y) 简称为点 P. 通常采用直角坐标.

同样, 三个实数的组 (x, y, z) 可以由空间中的点来表示.

一般地, 称 n 个实数的一个组 $(x_1, x_2, \cdots, x_n)$ 为 n 维空间中的一个点, 并用字母 P 来表示.

当 $P = (x_1, x_2, \cdots, x_n), P' = (x_1', x_2', \cdots, x_n')$ 时, 将

$$\sqrt{(x_1 - x_1')^2 + (x_2 - x_2')^2 + \cdots + (x_n - x_n')^2}$$

简称为 P, P' 之间的距离, 记为 PP'. 这时 "三角关系" $PP' + P'P'' \geqslant PP''$ 成立. 当固定 P 时, 称满足

$$PP'^2 = (x_1 - x_1')^2 + (x_2 - x_2')^2 + \cdots + (x_n - x_n')^2 < \delta^2$$

的点 P' 处于以 P 为中心, 以 δ 为半径的 "n 维球" 的内部. 如果换成以下写法,

$$|x_1 - x_1'| < \delta, \quad |x_2 - x_2'| < \delta, \quad \cdots, \quad |x_n - x_n'| < \delta,$$

即当

$$\max(|x_1 - x_1'|, \cdots, |x_n - x_n'|) < \delta^{①}$$

时, 称 P' 处于以 P 为中心的 "n 维立方体" 的内部, 该 n 维立方体的棱与坐标轴平行且棱长为 2δ.

为简便起见, 我们采用了上述这样几何学的表示方法, 各位不必根据字面意义而去做奇怪的联想. 不过, 这样的表示方法鲜明而且容易记住.

---

① 记号 $\max(a_1, a_2, \cdots, a_n)$ 表示 $a_1, a_2, \cdots, a_n$ 中的最大值. 同样, $\min$ 表示最小值.

§2 数的连续性

上节有关实数的内容是假定大家都已经熟知的. 数的连续性是数学分析的基础, 这里必须进行说明.

将所有数划分为 A, B 两组, 当 A 中的每一个数都小于 B 中的每一个数时, 称这样的划分 (A, B) 为戴德金 (Dedekind) **分割**, 并且称 A 为下类, B 为上类.

在分割 (A, B) 中我们严格规定, 不管什么样的数, 都或者属于下类, 或者属于上类, 并且仅属于其中一类①.

给定数 s, 将小于 s 的数全部归入下类, 将大于 s 的数全部归入上类. 为了完成分割, s 本身也必须归入下类或上类中. 如果将 s 归入下类, 则 s 就是下类中的最大数, 此时上类中没有最小数. 如果将 s 归入上类, 则 s 就是上类中的最小数, 此时下类中没有最大数. 如此一来, 能够以任意数 s 作为边界来给出分割. 重要的是这个做法的逆过程成立. 也就是说, 下面定理成立.

定理 1 (戴德金定理) 实数的分割确定某数为下类和上类的边界.

也就是说, 当给出分割 (A, B) 时, 存在一个数 s, s 或是 A 中的最大数或是 B 中的最小数. 对于前者, B 中没有最小数, 而对于后者, A 中没有最大数. 这里并不是如前面那样, 首先给定 s, 然后以 s 为边界来给出 (A, B). 而是相反, 给出分割 (A, B), 由其来决定 s.

这就是**实数的连续性**. 现在我们承认该定理, 并以此为基础来建立理论.

有大小顺序就可构建分割, 理论上可以有如下三种类型的分割.

(1°) 在下类中有最大数, 同时在上类中有最小数. 简略来说, 在下类和上类之间有跳跃 (leap).

(2°) 在下类中没有最大数, 并且在上类中也没有最小数. 即在下类和上类之间有间隙 (gap).

(3°) 在下类或上类中有终端 (最大或最小), 而另一个中没有终端. 即下类和上类连续.

戴德金定理是说实数的分割只能是 (3°) 这个类型.

在整数范围内, 分割只能是类型 (1°). 在有理数范围内, 由于在两个有理数之间必定存在其他有理数 (有理数的**稠密性**), 因此可以有类型 (2°) 的分割, 而不能有类型 (1°) 的分割. 例如, 假设满足 $b > \sqrt{2}$ 的有理数 b 构成上类 B, 其他有理数 a 构成下类 $A, (A, B)$ 是有理数的分割. 由于满足 $s = \sqrt{2}$ 的有理数 s 不存在, 因此 (A, B) 为类型 (2°). 像这样, 只考虑有理数的话, 不触及任一个有理数就能将有理数分为 A, B 两组. 这正是戴德金称之为分割 (Schnitt) 的情形.

---

① 其中, 下类 A 和上类 B 都不允许为空 (空集).

但是, 如果也考虑无理数, 则不能这样割断. 在实数范围内, 在分割的断开处 (下类和上类之间的边界) 必定存在实数. 这就是实数的连续性.

§3 数的集合 · 上确界 · 下确界

符合某一条件的数的全体称为**集合**. 符合此条件的每个数都属于该集合, 不符合此条件的每个数都不属于该集合. 任一数都或者属于该集合, 或者不属于该集合, 二者必居其一.

[**例 1**]　全体有理数的集合. 条件为 "是有理数".

[**例 2**]　设 a, b 是常数, 且 $a < b$, 所有满足 $a \leqslant x \leqslant b$ 的 x 的集合. 称该集合为**闭区间** $[a, b]$.

[**例 3**]　设 a, b 是常数, 且 $a < b$, 所有满足 $a < x < b$ 的 x 的集合. 称该集合为**开区间** (a, b).

[**例 4**]　所有满足 $x^2 < 2$ 的有理数 x 的集合.

[**例 5**]　所有满足 $x^2 > 2$ 的正有理数 x 的集合.

[**例 6**]　给定函数 $f(x)$ (例如多项式) 和数 a, b, 所有满足 $a < f(x) < b$ 的 x 的集合.

当属于集合 S 的数全都不大于 (或小于) 数 M 时, 称 S 在上方 (或下方) **有界**, 并称 M 为该集合的一个**上界** (或**下界**). 如果上方和下方都有界, 则称 S 有界.

集合 S 的上界或下界并不是确定的. 比一个上界大的数同样是上界, 比一个下界小的数也同样是下界. 作为集合的界限, 人们对尽可能小的上界和尽可能大的下界感兴趣. 如果集合 S 中存在最大数, 则该最大数当然就是上界中最小的; 如果集合 S 中存在最小数, 则该最小数当然就是下界中最大的. 下面证明, 如果 S 有界, 则即使不存在最大数或最小数, 最小上界和最大下界也存在. 将它们分别称为 S 的上确界和下确界. 故上确界和下确界不一定是属于 S 的数. 也就是说, 当 S 中不存在最大数时, 上确界不属于 S. 下确界也同样.

换言之, 集合 S 的**上确界** a 是符合如下条件 $(1°), (2°)$ 的数:

$(1°)$ 对属于 S 的所有数 x, 有 $x \leqslant a$;

$(2°)$ 假设 $a' < a$, 存在属于 S 的某个数 x, 使得 $a' < x$.

上述的 $(1°)$ 意指 a 是 S 的上界, $(2°)$ 意指不存在比 a 小的上界. 故 a 为上确界, 即最小上界.

有关**下确界**的讨论, 改变不等号方向即可.

例 1 中的集合在上下方都无界.

例 2 和例 3 中的集合有界, 其中, a 是下确界, b 是上确界. 在例 2 中, 上确界和下确界都属于该集合, 而在例 3 中, 上确界和下确界都不属于该集合.

例 4 中的集合有界, 但没有最大数和最小数, 其中, $\sqrt{2}$ 是上确界, $-\sqrt{2}$ 是下确界.

例 5 中的集合在下方有界, 而在上方无界, 其中, $\sqrt{2}$ 是下确界.

以上说明了上确界和下确界的含义, 下面证明上确界和下确界存在.

定理 2 (魏尔斯特拉斯定理) 若数集 S 在上方 (或下方) 有界, 则 S 的上确界 (或下确界) 存在.

[证] 首先假定 S 在下方有界, 证明下确界存在.

设 S 的一个下界为 a, 这时小于 a 的数同样是 S 的下界. 设所有能够作为 S 的下界的数的全体为 A 组, 其他数的全体为 B 组, 形成一个分割. 实际上, 属于 B 的数都不可能是 S 的下界, 所以都一定比 S 的任何一个下界大. 因此, 属于 B 组的数都比属于 A 组的数大.

设由该分割所确定的数为 s. 于是, 或者 s 属于 A 且是 A 中的最大数, 或者 s 属于 B 且是 B 中的最小数. 两者必居其一 (定理 1).

下面来看 s 是否属于 B.

假设 s 属于 B. 那么 s 不可能是 S 的下界, 所以存在比 s 小且属于 S 的数. 设其一为 x, 有 $x < s$.

设处于 x 和 s 之间的一个数为 b, 这时有 $x < b < s$.

b 比属于 S 的数 x 大, 所以不是 S 的下界, 即 b 属于 B. 而 b 又比 s 小. 矛盾.

故 s 不可能是 B 中的最小数.

从而 s 是 A 中的最大数, 即 S 的最大下界, 即 S 的下确界.

同理可证, 当 S 在上方有界时, 上确界存在. □

§4 数列的极限

$a_1, a_2, \cdots, a_n, \cdots$ 这样无穷个按一定顺序排列起来的一列数称为数列. 设 n 在自然数范围内取值, 则数列中的项 a_n 是变量 n 的 "函数". 确定该函数后, 记数列为 $\{a_n\}$. 如果当 n 无限增大时 a_n 无限接近确定的数 α, 则称数列 $\{a_n\}$ **收敛** 于 α, 并称 α 为 a_n 的**极限**. 记为

$$\lim_{n\to\infty} a_n = \alpha,$$

或简明地记为

当 $n \to \infty$ 时, $a_n \to \alpha$.

具体来说, 给定任意正数 ε, 与之对应地确定一个序号 n_0, 使得

当 $n > n_0$ 时, $|\alpha - a_n| < \varepsilon$.

由定义可知, 当数列 $\{a_n\}$ 收敛时, 其极限 α 唯一确定.

如果不论取多大的正数 R, 都与之对应地存在 n_0, 使得

$$当 \ n > n_0 \ 时, \quad a_n > R,$$

则采用记号 ∞, 形式上记为

$$\lim_{n \to \infty} a_n = \infty \quad 或 \quad a_n \to \infty.$$

记法

$$\lim_{n \to \infty} a_n = -\infty \quad 或 \quad a_n \to -\infty$$

也同理[①].

根据上述定义, 去掉收敛数列的若干项后, 如果剩余无穷项, 则剩余的项所构成的数列仍收敛到同一极限值. 简单来说, 有如下定理.

定理 3 收敛数列的子数列仍收敛到原极限值.

极限用 ∞ 或 $-\infty$ 来表示的情况也同样.

与此相对, 不收敛数列的子数列有可能收敛. 例如 $a_n = (-1)^n$, 其子数列 a_2, $a_4, \cdots$ 收敛到 1, 子数列 $a_1, a_3, \cdots$ 收敛到 -1.

当数列各项 a_n 的绝对值都不超过某确定数时, 称该数列有界. 有界数列未必收敛 (例如 $a_n = (-1)^n$). 但是, 收敛数列有界, 其极限值也不超出其界限. 也就是说有下述定理.

定理 4 若 $a_n \to \alpha$, 则存在常数 M, 使得 $|a_n| < M$. 因此有 $|\alpha| \leqslant M$.

[证] 取正数 ε, 由假设, 存在自然数 p, 使得

$$当 \ n > p \ 时, |\alpha - a_n| < \varepsilon, 即 \ \alpha - \varepsilon < a_n < \alpha + \varepsilon.$$

于是, 设 M 比

$$|a_1|, |a_2|, \cdots, |a_p|, |\alpha - \varepsilon|, |\alpha + \varepsilon|$$

这 $p + 2$ 个数都大, 则对于 $n \leqslant p$ 和 $n > p$ 都有 $|a_n| < M$. 即得到定理的前面部分.

下面设 $a_n \to \alpha$, 且 $|a_n| < M$. 如果 $|\alpha| > M$, 则存在数 M', 使得 $|\alpha| > M' > M$. 于是, $|\alpha - a_n| > M' - M > 0$. 这与 $a_n \to \alpha$ 矛盾. 故 $|\alpha| \leqslant M$. □

由 $|a_n| < M$ 不能得到 $|\alpha| < M$. 例如 $a_n = 1 - \dfrac{1}{n} < 1$, 而 $\alpha = 1$.

[注意] 当 $a_n \to \alpha$ 时, 如果存在某数 M, 对任意 n 有 $a_n \leqslant M$, 则 $\alpha \leqslant M$. 对于该命题常常不予证明就使用. 其证明与定理 4 的后半部分相同.

---

① 这种使用方式仅是一种形式记法. 也就是说, 当说 "极限值存在" 时, 假设该极限值不为 $+\infty$ 或 $-\infty$. 当考虑 $+\infty$ 或 $-\infty$ 时会事先说明.

定理 5　当 $\{a_n\}, \{b_n\}$ 收敛时下面式子成立.

(1°) $\lim\limits_{n\to\infty}(a_n+b_n)=\lim\limits_{n\to\infty}a_n+\lim\limits_{n\to\infty}b_n$.

(2°) $\lim\limits_{n\to\infty}(a_n-b_n)=\lim\limits_{n\to\infty}a_n-\lim\limits_{n\to\infty}b_n$.

(3°) $\lim\limits_{n\to\infty}(a_nb_n)=(\lim\limits_{n\to\infty}a_n)(\lim\limits_{n\to\infty}b_n)$.

(4°) $\lim\limits_{n\to\infty}\dfrac{a_n}{b_n}=\dfrac{\lim\limits_{n\to\infty}a_n}{\lim\limits_{n\to\infty}b_n}$.

其中, 在 (4°) 中设 $b_n\neq 0,\lim\limits_{n\to\infty}b_n\neq 0$.

[证]　设 $a_n\to\alpha, b_n\to\beta$. (1°), (2°) 显然. 因为

$$\alpha\beta-a_nb_n=(\alpha-a_n)\beta+a_n(\beta-b_n).$$

设 $|\beta|<M,|a_n|<M$ (定理 4), 则有

$$|\alpha\beta-a_nb_n|\leqslant M(|\alpha-a_n|+|\beta-b_n|).$$

当 n 足够大时, 右边充分小. 故 $a_nb_n\to\alpha\beta$, 即 (3°) 成立.

要证明 (4°), 为简便起见, 首先可以证明

(4′)
$$\lim_{n\to\infty}\frac{1}{b_n}=\frac{1}{\beta}.$$

如果 (4′) 成立, 则由 (3°) 可得

$$\lim a_n\cdot\frac{1}{b_n}=\alpha\cdot\frac{1}{\beta},$$

即得到 (4°). 对于 (4′), 我们有

$$\frac{1}{\beta}-\frac{1}{b_n}=\frac{b_n-\beta}{\beta b_n}.$$

根据假设, 有 $|\beta|>0$. 且由 $b_n\to\beta$, 在某序号以后有 $|b_n|>\dfrac{1}{2}|\beta|$. 因此

$$\left|\frac{1}{\beta}-\frac{1}{b_n}\right|\leqslant\frac{2|b_n-\beta|}{|\beta|^2}.$$

当 n 足够大时, 右边充分小, 因此左边也充分小. 即 (4°) 得到证明. □

定理 $3\sim 5$ 都假设数列收敛, 反过来, 我们将在后面给出判断给定数列是否收敛的方法. 这里只处理最基本的**单调数列**. 如

$$a_1<a_2<a_3<\cdots<a_n<\cdots$$

像这样在序号增大的同时各项也随之增大的数列 a_n 称为单调递增数列. 假设该单调递增数列有界, 则存在常数 M, 使得对于所有的 n, 有 $a_n < M$. 即 a_n 的集合有界. 设其上确界为 α (定理 2), 则 α 是数列 $\{a_n\}$ 的极限. 这是因为, 假设 $\alpha' < \alpha$, 根据上确界的定义, 存在 a_p, 使得 $\alpha' < a_p \leqslant \alpha$. 由于数列单调递增, 所以当 $n > p$ 时, 有 $\alpha' < a_n$. 然而, 对于所有 n, 有 $a_n \leqslant \alpha$, 所以当 $n > p$ 时, 有 $\alpha' < a_n \leqslant \alpha$. 因此 $|\alpha - a_n| < \alpha - \alpha'$. α' 是比 α 小的任意数, 所以 $a_n \to \alpha$, 当然有 $\alpha \leqslant M$.

如果扩展单调递增的含义, 将其定义为不减少, 即 $a_1 \leqslant a_2 \leqslant \cdots \leqslant a_n \leqslant \cdots$, 也同样有上述结论.

含义扩展后, 会出现在某序号以后 "$\leqslant$" 全部都是 "$=$" 的情况, 即 $a_p = a_{p+1} = \cdots = a_n = \cdots$. 此时, 这些相等的值就是极限 α. 即使是这种情况也不会与极限的定义相矛盾.

单调递减也可同理. 总结一下, 有如下定理.

定理 6 单调有界数列收敛.

如果单调数列无界, 则显然在单调递增时有 $a_n \to +\infty$, 在单调递减时有 $a_n \to -\infty$.

下面列举几个例子.

[例 1] 若 $a > 0$, 则 $\lim\limits_{n \to \infty} \sqrt[n]{a} = 1$.

[证] (1°) 设 $a > 1$, 于是有 $\sqrt[n]{a} > 1$, 且 $\sqrt[n]{a} > \sqrt[n+1]{a}$. 故 $\{\sqrt[n]{a}\}$ 单调递减, 且 1 为它的一个下界. 因此, 该数列有满足 $\alpha \geqslant 1$ 的极限值 α. 假设 $\alpha > 1$, 当设 $\alpha - 1 > h > 0$ 时, 有 $\alpha > 1 + h$, 且 $\sqrt[n]{a} > 1 + h$. 因此 $a > (1+h)^n > nh$. 右边随着 n 增大的同时无限增大, 矛盾. 故 $\alpha = 1$.

(2°) 如果 $a < 1$, 则有 $a' = \dfrac{1}{a} > 1$. 故 $\sqrt[n]{a'} \to 1$. 因此, $\sqrt[n]{a} \to 1$ (定理 5, (4°)).

(3°) 当 $a = 1$ 时, 命题显然成立. □

[例 2] 若 $a > 1, k > 0$, 则当 $n \to \infty$ 时, 有 $\dfrac{a^n}{n^k} \to \infty$.

[证] (1°) 设 $k = 1$. 令 $a = 1 + h$, 则 $h > 0$. 故

$$a^n = (1+h)^n = 1 + nh + \frac{n(n-1)}{2}h^2 + \cdots > \frac{n(n-1)}{2}h^2,$$

$$\frac{a^n}{n} = \frac{(1+h)^n}{n} > (n-1)\frac{h^2}{2}.$$

故当 $n \to \infty$ 时, 由于第三个表达式无限增大, 所以 $\dfrac{a^n}{n} \to \infty$.

(2°) 设 $k < 1$. 根据 $\dfrac{a^n}{n^k} > \dfrac{a^n}{n} (n > 1)$, 命题显然成立.

(3°) 设 $k > 1$. 由 $a > 1$, 有 $a^{\frac{1}{k}} > 1$. 故由 (1°), 当任取 $M > 1$ 时, 对于充分大的 n, 有

$$\frac{(a^{\frac{1}{k}})^n}{n} > M, \text{因此 } \frac{a^n}{n^k} = \left[\frac{(a^{\frac{1}{k}})^n}{n}\right]^k > M^k > M.$$

故 $\dfrac{a^n}{n^k} \to \infty$. □

[例 3]   若 $a > 0$, 则 $\lim\limits_{n\to\infty} \dfrac{a^n}{n!} = 0$.

[证]   取满足 $k > 2a$ 的自然数 k, 记 $\dfrac{a^k}{k!} = C$. 于是当 $n > k$ 时, 有 $\dfrac{a^n}{n!} = $

$C\dfrac{a}{k+1}\dfrac{a}{k+2}\cdots\dfrac{a}{n} < \dfrac{C}{2^{n-k}} = \dfrac{C \cdot 2^k}{2^n} < \dfrac{C \cdot 2^k}{n}$. 故令 $n > \dfrac{C \cdot 2^k}{\varepsilon}$ 时, 有 $\dfrac{a^n}{n!} < \varepsilon$. □

[例 4]   若 $a_n \to \alpha$, 则 $\dfrac{a_1 + a_2 + \cdots + a_n}{n} \to \alpha$.

[证]   令 $a_n = \alpha + b_n$, 则有 $b_n \to 0$. 此时,

$$\frac{a_1 + a_2 + \cdots + a_n}{n} = \alpha + \frac{b_1 + b_2 + \cdots + b_n}{n}.$$

故只需证明

$$\frac{b_1 + b_2 + \cdots + b_n}{n} \to 0.$$

设 $\varepsilon > 0$, 根据假设, 对于大于 k 的 n, 有 $|b_n| < \varepsilon$. 设 $|b_1|, |b_2|, \cdots, |b_k|$ 中最大者为 A, 则当 $n > k$ 时, 有

$$\left|\frac{b_1 + b_2 + \cdots + b_n}{n}\right| < \frac{Ak + \varepsilon(n-k)}{n} < \frac{Ak}{n} + \varepsilon.$$

取 n 足够大, 使得 $\dfrac{Ak}{n}$ 小于 ε, 则有

$$\left|\frac{b_1 + b_2 + \cdots + b_n}{n}\right| < 2\varepsilon.$$

由于 ε 任意, 所以上式左边收敛到 0. □

[例 5]   (e 的定义) 设 $a_n = \left(1 + \dfrac{1}{n}\right)^n$, 根据二项式定理, 有

$$a_n = 1 + \frac{n}{1!}\frac{1}{n} + \frac{n(n-1)}{2!}\frac{1}{n^2} + \frac{n(n-1)(n-2)}{3!}\frac{1}{n^3} + \cdots + \frac{1}{n^n}$$

$$= 1 + 1 + \frac{1 - \dfrac{1}{n}}{2!} + \frac{\left(1 - \dfrac{1}{n}\right)\left(1 - \dfrac{2}{n}\right)}{3!} + \cdots + \frac{\left(1 - \dfrac{1}{n}\right)\cdots\left(1 - \dfrac{n-1}{n}\right)}{n!}.$$

用 $n+1$ 代替 n, 则右边各项增大并且项数增加, 所以数列 $\{a_n\}$ 单调递增. 又由上面等式可知

$$a_n < 1 + \frac{1}{1!} + \frac{1}{2!} + \frac{1}{3!} + \cdots + \frac{1}{n!}$$
$$< 1 + 1 + \frac{1}{2} + \frac{1}{2^2} + \cdots + \frac{1}{2^{n-1}} < 3.$$

即 $\{a_n\}$ 单调递增且有界, 所以收敛. 在古典数学中, 将该极限值定义为 e.

§5 区 间 套 法

定理 7   设闭区间 $I_n = [a_n, b_n] (n = 1, 2, \cdots)$ 满足:

(1°) 各区间 I_n 包含于在它之前的区间 I_{n-1} 中,

(2°) 当 n 无限增大时, 区间 I_n 的长度 $b_n - a_n$ 无限减小,

则各区间存在唯一一个公共点.

称由该定理确定一数 (各区间公共的数) 的方法为区间套法.

[证]   由假设 (1°), 有

$$a_1 \leqslant a_2 \leqslant \cdots \leqslant a_n \leqslant \cdots\cdots \leqslant b_n \leqslant \cdots \leqslant b_2 \leqslant b_1.$$

即数列 $\{a_n\}, \{b_n\}$ 单调且有界. 因此有

$$\lim a_n = \alpha, \quad \lim b_n = \beta$$

(定理 6). 对任意的 m, n, 有 $a_n < b_m$, 所以当 $n \to \infty$ 时, 有 $\alpha \leqslant b_m$. 因此当 $m \to \infty$ 时, 有 $\alpha \leqslant \beta$ (§4 的 [注意]).

根据假设 (2°), 对于任意的 $\varepsilon > 0$, 存在 n, 满足

$$b_n - a_n < \varepsilon.$$

于是, 由

$$a_n \leqslant \alpha \leqslant \beta \leqslant b_n,$$

有

$$0 \leqslant \beta - \alpha < \varepsilon.$$

因为 ε 任意, 所以 $\alpha = \beta$.

对于任意的 n, 有 $a_n \leqslant \alpha \leqslant b_n$, 所以 α 属于各区间 I_n. 再由假设 (2°), 显然可知, 除 α 之外不再有各区间公共的数.   □

在上面定理中, 假定区间 I_n 为闭区间, I_n 的两端点 a_n, b_n 属于 I_n. 这个假设是必需的. 由于 α 不一定属于开区间 (a_n, b_n), 所以当 I_n 不是闭区间时, 上面的

证明就没有约束力了. 实际上, 当区间的左端点 (或右端点) 都是同一点时, 该点即是 α.

以上说明了与实数的连续性相关的四个基本定理, 即

(I) 戴德金定理 (定理 1),

(II) 魏尔斯特拉斯定理 (上确界或下确界存在, 定理 2),

(III) 单调有界数列收敛 (定理 6),

(IV) 区间套法 (定理 7).

我们把 (I) 视作公理, 从 (I) 导出 (II), 接着从 (II) 导出 (III), 并从 (III) 导出 (IV). 这些定理实际上是等价的. 即承认四个定理中任意一个后, 其他定理都可以从该定理导出. 下面, 我们假定 (IV) 成立, 证明 (I) (见图 1–1).

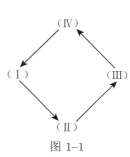

图 1–1

设 (A, B) 为实数的分割. 我们的目标是假定定理 7 成立, 证明或是下类 A 中存在最大数, 或是上类 B 中存在最小数, 两者有且仅有一个成立.

从 A, B 中取一对数 a, b, 将区间 $[a, b]$ 命名为 I_0. 于是 $\dfrac{a+b}{2}$ 处于 a 和 b 的中间, 该点必属于 A 或 B 之一. 按照 $\dfrac{a+b}{2}$ 属于 A 还是属于 B, 令

$$a_1 = \frac{a+b}{2}, b_1 = b \quad \text{或} \quad a_1 = a, b_1 = \frac{a+b}{2},$$

可使区间 $I_1 = [a_1, b_1]$ 的左端点属于 A, 右端点属于 B. 于是区间 I_1 是区间 I_0 的左半部分或右半部分, 其长度为 $b_1 - a_1 = \dfrac{1}{2}(b - a)$.

同理, 可设区间 $[a_1, b_1]$ 的左半部分或右半部分为 $I_2 = [a_2, b_2]$, 使 a_2 属于 A, b_2 属于 B, 且 $b_2 - a_2 = \dfrac{1}{4}(b - a)$.

继续上面的做法, 得到区间列

$$I_0 \supset I_1 \supset I_2 \supset \cdots \supset I_n \supset \cdots \text{[1]},$$

$$I_n = [a_n, b_n], \quad b_n - a_n = \frac{1}{2^n}(b - a).$$

该区间列符合定理 7 的条件. 因此根据定理 7, 设由该区间列确定的数为 s, 则 s 必然属于分割 (A, B) 的下类或上类.

---

[1] 对于集合 A 和 B, $A \supset B$ 表示 "A 包含 B", 即属于 B 的数全部都属于 A.

现在设 $s \in A^{①}$. 取 s', 使得 $s < s'$. 由 $b_n \to s$ 知, 存在 b_n, 满足 $s < b_n < s'$. 因此 s' 属于 B. 即 s 属于 A, 大于 s 的 s' 全部都属于 B. 换言之, s 是 A 的最大数. 此时, B 中没有最小数. 如果设 s' 为 B 的最小数, 则有 $s < s'$. 因此存在 b_n, 满足 $b_n < s'$. 而 b_n 属于 B, 矛盾.

设 $s \in B$, 同理可以证明, s 是 B 的最小数, 且 A 中没有最大数.

即从定理 7 导出了戴德金定理.

§6 收敛条件与柯西判别法

定理 8 数列 $\{a_n\}$ 收敛的充分必要条件是, 对于任意的 $\varepsilon > 0$, 存在与之对应的序号 n_0, 使得

$$当\ p > n_0,\ q > n_0\ 时, 有\ |a_p - a_q| < \varepsilon.$$

[证] 显然该条件为必要条件. 设 $a_n \to \lambda$, 根据收敛的定义, 存在 n, 满足

$$当\ p > n,\ q > n\ 时, 有\ |a_p - \lambda| < \frac{\varepsilon}{2},\ |a_q - \lambda| < \frac{\varepsilon}{2}.$$

因此 $|a_p - a_q| < \varepsilon$.

定理的核心在于该条件为充分条件. 首先由该条件可知, 数列 $\{a_n\}$ 有界. 实际上, 按照上述条件, 设 n_0 与某一 ε 相对应, 则当 $p > n_0$ 时, 有

$$|a_{n_0+1} - a_p| < \varepsilon,$$
$$a_{n_0+1} - \varepsilon < a_p < a_{n_0+1} + \varepsilon.$$

因此, 对于大于 n_0 的序号 n, $\{a_n\}$ 有界. 由于 n_0 是确定的, 即使添加有限个数 $a_1, a_2, \cdots, a_{n_0}$, $\{a_n\}$ 也有界.

对于任意的 n, 设 $a_n, a_{n+1}, \cdots$ 的上确界和下确界分别为 l_n, m_n, 令 $I_n = [m_n, l_n]$, 有

$$m_1 \leqslant m_2 \leqslant \cdots \leqslant m_n \leqslant \cdots\cdots \leqslant l_n \leqslant \cdots \leqslant l_2 \leqslant l_1, \tag{1}$$
$$I_1 \supset I_2 \supset \cdots \supset I_n \supset \cdots.$$

根据假设, n_0 对应于 $\varepsilon > 0$, 所以, 当 $p > n_0, q > n_0$ 时, 有

$$a_p - a_q < \varepsilon.$$

---

① $s \in A$ 是 "s 属于集合 A" 的简记. 当 s 属于集合 A 时, s 称为 A 的元素 (element). $s \in A$ 来自于 '$s\,\dot{\varepsilon}\sigma\tau\acute{\iota}\ A$'($s$ 是 A).

设 $n > n_0$, 由上确界的定义, 对任意的 $q \geqslant n$, 有 $l_n - a_q \leqslant \varepsilon$. 因此, 由下确界的定义, 有

$$l_n - m_n \leqslant \varepsilon.$$

根据区间套法, 存在 λ, 满足

$$l_n \to \lambda, \ m_n \to \lambda.$$

于是, 必然有

$$a_n \to \lambda.$$

实际上, 因为 a_n 属于区间 $[m_n, l_n]$, 所以对于足够大的 n, 有

$$|a_n - \lambda| \leqslant l_n - m_n \leqslant \varepsilon. \qquad \square$$

[附记] 上极限 · 下极限　　在上面的证明中, (1) 的证明仅依赖于数列 $\{a_n\}$ 的有界性. 在 (1) 中, 单调数列 $\{l_n\}, \{m_n\}$ 收敛. 当设其极限为 λ, μ 时, 称 λ 是有界数列 $\{a_n\}$ 的上极限 (limes superior), 记为 $\limsup\limits_{n\to\infty} a_n$ 或 $\overline{\lim\limits_{n\to\infty}} a_n$. 同样地, 称 μ 为 $\{a_n\}$ 的下极限 (limes inferior), 记为 $\liminf\limits_{n\to\infty} a_n$ 或 $\underline{\lim\limits_{n\to\infty}} a_n$. 这样, 有界数列 $\{a_n\}$ 总有上极限 λ 和下极限 μ, 且 $\mu \leqslant \lambda$. 但是只有当上极限和下极限相等时, 数列才收敛, 且

$$\lim_{n\to\infty} a_n = \lambda = \mu.$$

(I) 上极限 λ 具有下列性质.

(1°) 取 $\lambda + \varepsilon$, 使其大于 λ, 则对于足够大的 n, 始终有 $a_n < \lambda + \varepsilon$.

(2°) 取 $\lambda - \varepsilon$, 使其小于 λ, 则有无穷多个 n 满足

$$\lambda - \varepsilon < a_n.$$

实际上, 由 λ 的定义, 当 n 足够大时, 有 $l_n < \lambda + \varepsilon$, 所以有 $a_n \leqslant l_n < \lambda + \varepsilon$. 这即是 (1°). 并且, 因为 l_p 是 $a_p, a_{p+1}, \cdots$ 的上确界, 所以对于任意的 p, 存在 a_n, 满足 $\lambda - \varepsilon \leqslant l_p - \varepsilon < a_n$, 且 $n \geqslant p$. 因为 p 任意, 所以这样的 a_n 有无穷多个 (n 不同则 a_n 不同). 这即是 (2°).

对上面的 (1°), (2°), 换种说法有 (II) 或者 (III).

(II) 不管距离 λ 有多近, 总有无穷个 a_n. 但是如果取大于 λ 的 λ', 则此命题不成立.

(III) 在 $\{a_n\}$ 的子数列中, 存在收敛于 λ 的子数列, 但是对于大于 λ 的 λ', 不存在收敛于 λ' 的子数列. 称 λ 为 $\{a_n\}$ 的上极限, 含义就在于此.

关于下极限 μ, 将上面 (I), (II), (III) 中的大小关系反过来即可.

为方便运用, 对无界的数列 $\{a_n\}$ 也定义上极限和下极限. 为尽量简明, 在 (Ⅲ) 中允许 $+\infty, -\infty$ 作为收敛数列的极限. 于是有

如果 $\{a_n\}$ 在上方无界, 则 $\overline{\lim} a_n = +\infty$,

如果 $\{a_n\}$ 在下方无界, 则 $\underline{\lim} a_n = -\infty$,

当 $\{a_n\}$ 在上方有界, 在下方无界时, 根据 $l_n \to \lambda$ 或 $l_n \to -\infty$, 有 $\overline{\lim} a_n = \lambda$ 或 $\overline{\lim} a_n = -\infty$. 当 $\{a_n\}$ 在下方有界, 在上方无界时, $\underline{\lim} a_n$ 也同理.

如果也考虑 $\pm\infty$, 则对任意数列 $\{a_n\}$, 总是存在 $\overline{\lim} a_n, \underline{\lim} a_n$. 而只有当 $\overline{\lim} a_n$ 和 $\underline{\lim} a_n$ 相等时, 才存在 $\lim a_n$, 为其公共值.

[例 1] $\quad a_n = \dfrac{(-1)^n n + 1}{n}, \overline{\lim} a_n = 1, \underline{\lim} a_n = -1.$

[例 2] $\quad a_{2n} = 1 + \dfrac{(-1)^n}{n}, a_{2n-1} = \dfrac{(-1)^n}{n}.$ 即数列为 $-1, 0, \dfrac{1}{2}, \dfrac{3}{2}, -\dfrac{1}{3}, \dfrac{2}{3}, \cdots,$ 有 $\overline{\lim} a_n = 1, \underline{\lim} a_n = 0.$ 这里, 数列中大于 1 的项和小于 0 的项都各有无穷多个.

[例 3] $\quad a_n = (-1)^n n.$ $\overline{\lim} a_n = +\infty, \underline{\lim} a_n = -\infty.$

[例 4] $\quad a_n = \cos n\alpha$ (其中, π/α 是无理数). $\overline{\lim} a_n = +1, \underline{\lim} a_n = -1.$

(证明较难. 当 α/π 为无理数时, 以单位圆周上定点 A 为起点, 取同一方向上长度为 $n\alpha$ 的圆弧 AP_n, 则点 P_n 在圆周上稠密分布.)

点列 与一维上的数列相同, 在二维中, 当自然数 n 表示位次, 与 n 对应地确定点 $P_n = (x_n, y_n)$ 时, 就生成点列 $\{P_n\}$.

所谓点列 $\{P_n\}$ 的极限是指满足下面条件的定点 $A = (a, b)$: 对于任意小的正数 ε, 取足够大的序号 n_0, 则

$$\text{当 } n > n_0 \text{ 时, 有 } AP_n < \varepsilon$$

成立. 此时称点列 $\{P_n\}$ 收敛于 A.

距离 AP_n 指 $\sqrt{(a - x_n)^2 + (b - y_n)^2}$ (参考 §1). 如果 $\sqrt{(a - x_n)^2 + (b - y_n)^2}$ 小于 ε, 当然有 $|a - x_n| < \varepsilon, |b - y_n| < \varepsilon$. 反过来由 $|a - x_n| < \varepsilon, |b - y_n| < \varepsilon$, 得到 $AP_n < 2\varepsilon$. 故 $P_n \to A$ 就是

$$\lim_{n \to \infty} x_n = a, \quad \lim_{n \to \infty} y_n = b.$$

三维及三维以上的情况也同理. 关于点列的收敛, 柯西判别法可如下叙述.

点列 $\{P_n\}$ 收敛的充分必要条件是, 当任取正数 ε 时, 存在与之对应的自然数 n_0, 对于大于 n_0 的任意 m, n, 有 $P_m P_n < \varepsilon$.

§7 聚 点

与数集类似, 在二维及二维以上的情况下, 称符合某一定条件的点的全体为**点集**. 当集合中所有的点 $P = (x_1, x_2, \cdots, x_n)$ 的各个坐标 x_k 有界时, 称点集有界. 此时, 集合中的点全都处于一定的有限范围内. 例如, 对一维来说, 是处于一定的区间内; 对二维来说, 是处于一定的正方形或一定的圆内; 等等.

某点 A 是集合 S 的**聚点**是指, 在任意接近 A 的范围内都存在无穷多个 S 的点. 但是并未说 A 属于集合 S.

[例 1] 设 x, y 是任意的有理数, S 是点 (x, y) 的集合. 这时, 所有的点 (a, b) 都是聚点.

这是因为, 无论 a, b 是有理数还是无理数, 对任意 $\varepsilon > 0$, 都存在无穷多个有理数 x, y, 满足 $|x - a| < \varepsilon, |y - b| < \varepsilon$.

[例 2] 设 m, n 是任意的自然数, S 是点 $\left(\dfrac{1}{m}, \dfrac{1}{n}\right)$ 的集合. 这时, $\left(\dfrac{1}{m}, 0\right)$, $\left(0, \dfrac{1}{n}\right), (0, 0)$ 是聚点. 一般地, 聚点的聚点仍然是聚点.

[注意] 设 S 为数列 $\{a_n\}$ 含有的数 a_n 的集合. 同一数 a 在数列 $\{a_n\}$ 中重复出现无穷多次时, a 不一定是 S 的聚点. 相反, 如果 $\{a_n\}$ 中并不含有无穷多个相同的数, 则 $\{a_n\}$ 收敛于 a, 与 S 有界且 a 是 S 的唯一聚点等价. 在该情况下, $\varlimsup a_n$ 和 $\varliminf a_n$ 分别是 S 的最大聚点和最小聚点.

定理 9 (魏尔斯特拉斯定理) 有界无穷点集必存在聚点.

[证] 定理对各维都成立, 为简明起见, 证明二维的情况. 因为集合 S 有界, 所以可以认为其中的点都包含在边与坐标轴平行的正方形 Q 内. 正方形 Q 包含无穷多个 S 中的点, 所以当将 Q 等分为四个正方形时, 至少有其中一个正方形包含无穷多个 S 中的点 (处于内部或四边上, 以下相同). 设该正方形为 Q_1. 当这样的正方形为两个或两个以上时, 如果要明确取哪个正方形, 可以

图 1-2

按照象限的顺序取第一个正方形如图 1-2. Q_1 中包含无穷多个 S 中的点, 所以如果将 Q_1 等分为四个正方形, 则至少有其中一个正方形 Q_2 必然包含无穷多个 S 中的点. 这样进行下去, 得到一列正方形 $Q, Q_1, Q_2, \cdots, Q_n, \cdots$. 当 $n \to \infty$ 时, Q_n 的边无限变小.

一般地, 设 Q_n 的四个顶点中的左下顶点 (各个坐标都为最小的顶点) 为 (a_n, b_n), 则因为

$$Q \supset Q_1 \supset Q_2 \supset \cdots \supset Q_n \supset \cdots,$$

所以有

$$a \leqslant a_1 \leqslant a_2 \leqslant \cdots \leqslant a_n \leqslant \cdots,$$

$$b \leqslant b_1 \leqslant b_2 \leqslant \cdots \leqslant b_n \leqslant \cdots.$$

这两个数列显然有界, 因此有

$$\lim_{n\to\infty} a_n = \alpha, \quad \lim_{n\to\infty} b_n = \beta. \qquad (定理 6)$$

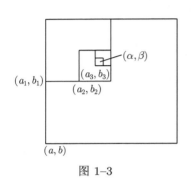

图 1-3

于是, 点 $P = (\alpha, \beta)$ 是聚点 (见图 1-3).

这是因为, 以 (α, β) 为中心, 无论取多么小的圆, 在足够大的某个序号以后, Q_n 都完全包含在该圆中. 而 Q_n 中包含无穷多个 S 中的点, 所以在任意接近 (α, β) 的范围内, 都存在无穷多个 S 中的点. $\quad\square$

在上面的例 2 中, 可以假设正方形 Q 以原点为一个顶点, 并且将其长度为 1 的两条边置于两个坐标轴上. 这样, Q_n 总是至少有一条边在 x 轴或 y 轴上.

如果 A 是集合 S 的聚点, 则能从 S 中挑选出收敛到 A 的点列 $\{P_n\}(P_n \neq A)$. 实际上, 设 P 是 S 中不同于 A 的任意一点, P_1 为与 A 之间的距离小于 $\frac{1}{2}AP$ 且不同于 A 的 S 中一点. 因为 A 是聚点, 所以必然存在这样的点. 同理, 我们取点 $P_2, P_3, \cdots$, 满足 $AP_2 < \frac{1}{2}AP_1, AP_3 < \frac{1}{2}AP_2, \cdots$, 则有 $AP_n < \frac{1}{2^n}AP$, 从而点列 $\{P_n\}(P_n \neq A)$ 收敛于 A.

[注意 1] 如果数集 S 在上方有界, 且其上确界 a 不属于 S, 则根据上确界的定义, a 是 S 的聚点. 所以由上面的说明, 能从 S 中挑选出收敛于 a 的数列 $\{a_n\}$. 当 a 属于 S 时, 设 $a_n = a$, 则数列 $\{a_n\}$ 收敛于 a. 总之, 能从 S 中挑选出收敛于 S 的上确界的数列. 对于下确界也同样.

[注意 2] 如果点列 $\{P_n\}$ 有界, 则能够适当挑选出 $\{P_n\}$ 的子列 $\{P_m\}$ (序号 m 是自然数的一部分), 使得点列 $\{P_m\}$ 收敛. 实际上, 设 S 为点 P_n 的集合. 当 S 为无穷点集时, 由定理 9, S 存在聚点. 可以采用上面的方法挑选出 $\{P_n\}$ 的子列 $\{P_m\}$, 使得 $\{P_m\}$ 收敛于 S 的一个聚点. 如果 S 是有限个点的集合, 则在点列 $\{P_n\}$ 中, 同一点 P 出现无穷多次. 此时可以取满足 $P_m = P$ 的子列 $\{P_m\}$.

S 的聚点不一定属于 S. 如果 S 的所有聚点都属于 S, 则称 S 为**闭集**.

例如, 闭区间 $[a, b]$ 构成闭集. 在二维的情况下, 包含圆周的圆形或包含四边的正方形都构成闭集.

当 S 不为闭集时, 将聚点添加到 S 中构成集合 $[S]$, 则集合 $[S]$ 为闭集: 这是因为 S 的聚点的聚点仍然是 S 的聚点.

根据上面的说明, 可以如下扩展区间套法.

定理 10　若有界闭集列 $S_1, S_2, \cdots$ 满足:

(1°) $S_1 \supset S_2 \supset \cdots \supset S_n \supset \cdots$,

(2°) 当 n 无限增大时, S_n 的直径无限减小,

则这些集合 S_n 存在唯一一个公共点.

所谓有界点集的直径, 是指该集合中两点之间距离的上确界. 故 S_n 的直径无限减小就是说 S_n 包含在无限变小的圆内.

[**证**]　从 $S_1, S_2, \cdots$ 中分别任取点 $P_1, P_2, \cdots$. 由 (1°), $P_n, P_{n+1}, \cdots$ 属于 S_n. 再由 (2°), 点列 $\{P_n\}$ 满足柯西收敛条件. 设 $\{P_n\}$ 的极限为 A. 当从某序号开始以后的 P_m 全都是同一点时, $P_m = A$ 且 A 属于 S_n. 其他情况下, A 是闭集 S_n 的点 $P_n, P_{n+1}, \cdots$ 的聚点, 所以 A 仍然属于 S_n. 因为 n 任意, 所以 A 是所有集合 $S_1, S_2, \cdots$ 的公共点. 由 (2°) 易知, 这些集合的公共点唯一. □

下面是与定理 9 和定理 10 相关的一个重要定理.

定理 11 (Heine-Borel 覆盖定理)　若有界闭集 F 被一组无穷多个圆整体覆盖, 则 F 能被这些圆中的有限多个覆盖.

所谓 F 被覆盖是指 F 中的各点处于这些圆中某一个的内部.

[**证**]　假设定理不真. 取包围 F 的正方形 Q, 将其等分为四个小正方形. 我们考虑 F 的子集, 该子集属于至少其中一个小正方形 (边也考虑在内). 对于该子集来说, 定理不真[①] (否则, 定理对 F 为真). 设该子集 (闭集) 为 F_1, 且包围 F_1 的小正方形为 Q_1. 重复相同步骤, 得到无穷闭集列 $F \supset F_1 \supset F_2 \cdots$. 这些闭集随着包围它们的小正方形的变小而无限变小, 所以共有 F 中的一点 P_0 (定理 10). 因为 P_0 属于 F, 所以 P_0 包含在某一给定圆的内部. 故对于足够大的 n, F_n 和包围它的小正方形 Q_n 都完全落入该圆内. 而这与对 F_n 的限制 (定理对 F_n 不真) 矛盾. 故定理为真. □

在该证明中, F 为闭集的假设非常重要. 否则, 无法得出 P_0 属于 F 的结论. 此外, F 的各点包含于圆的内部也是必要的. 如果 P_0 处于圆周上, 则无论 n 取多大, F_n 恐怕都不会随着 Q_n 而完全落入圆内, 这样证明就不正确了[②].

§8　函　数

给定区间 $[a, b]$, 称满足条件

---

① 同时属于两个闭集的点所构成的集合是闭集.

② 这里, 圆 (圆的内部) 只是一个例子. 实际上令圆为任意开集时, 定理也成立 (参考 §12).

$$a \leqslant x \leqslant b \tag{1}$$

的数 x 属于该区间. 在想要 x 取属于该区间的任意数值时, 称 x 为该区间中的**变量**. 此时 x 能在该区间内自由变化.

现在假设给出某一规则, 对于变量 x 在该区间内的各个取值, 都分别确定变量 y 的值与之对应, 此时称 y 是 x 的**函数**. 采用特定的字母表示特定的函数, 记为

$$y = f(x), \quad y = F(x)$$

等. 函数 y 的值随着 x 取值的变化而变化. 因此称 x 是**自变量**, y 是**因变量**.

上面我们将函数 y 定义在区间 $[a, b]$ 上, 称 $[a, b]$ 为该函数的**定义区间**. 如果定义区间为 (1) 这样的闭区间, 则对于 $x = a$ 或 $x = b$, y 的对应取值是确定的. 当定义区间为开区间

$$(a, b) \qquad a < x < b,$$

或仅一端为闭的区间

$$[a, b) \qquad a \leqslant x < b,$$
$$(a, b] \qquad a < x \leqslant b$$

时, 或更一般的情况, x 只是属于某集合 S, 就需要有所限定. 这些差别必须严格注意.

如果 x 可以取大于 a 的任意值, 则形式上将区间记为

$$(a, +\infty) \qquad a < x < +\infty$$

$[a, +\infty), (-\infty, a), (-\infty, +\infty)$ 等也同理.

下面给出几个函数的例子.

[**例 1**]　设 $y = x^2$, 则 y 是区间 $(-\infty, +\infty)$ 上关于 x 的函数 (见图 1–4).

[**例 2**]　设 $y = \sin x$, 则 y 是区间 $(-\infty, +\infty)$ 上关于 x 的函数. 其中, x 是采用弧度法来表示的角度值, 即以 "弧度" 为单位 (见图 1–5).

[**例 3**]　$y = \sqrt{1 - x^2}$. 设平方根表示正值 (非负值), 则 y 是区间 $[-1, +1]$ 上关于 x 的函数 (见图 1–6).

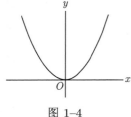

图 1–4

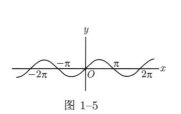

图 1–5

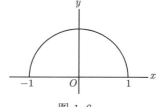

图 1–6

在上面的例子中, 函数用数学表达式定义, 也可以不必这样. 可以在一个区间的各个部分上采用不同的数学表达式来确定一个函数.

[**例 4**]   设在区间 $-1 \leqslant x < 0$ 上, $y = x+1$; 在区间 $0 < x \leqslant 1$ 上, $y = 1-x$; 且当 $x = 0$ 时, $y = 1$. 这样, y 是定义在区间 $[-1, +1]$ 上的函数 (见图 1–7).

[**例 5**] $y = \text{sign}\, x$. 这是定义在区间 $(-\infty, +\infty)$ 上的函数. x 为正时, $y = +1$; x 为负时, $y = -1$; $x = 0$ 时, $y = 0$ (见图 1–8).

图 1–7   图 1–8

下面例子也符合上述函数的定义.

[**例 6**]   在区间 $0 < x < 1$ 上, 当 x 为有理数时, $y = 0$; 当 x 为无理数时, $y = +1$.

[**例 7**] x 属于区间 $0 < x < 1$, 对于 x 的二进制写法, 当用十进制法读出时, 设该读值为 $y = f(x)$. 其中, 对于以 2 的幂作为分母的有理数, 将其记为有限二进制数.

例如, 当 $x = \dfrac{1}{2}$ 时, 采用二进制法记为 $x = (0.1)$, 故 $f\left(\dfrac{1}{2}\right) = \dfrac{1}{10}$. $x = \dfrac{1}{4}$ 时, 采用二进制法记为 $x = (0.01)$, 故 $f\left(\dfrac{1}{4}\right) = \dfrac{1}{100}$, 等等.

将变量值 x 和与之对应的函数值 $y = f(x)$ 组合起来, 在平面上取点 (x, y). 对于常用函数来说, 这些点的集合 (轨迹) 构成一条曲线, 称该曲线为函数 $f(x)$ 的图像. 可以给出上面例 $1 \sim 5$ 的图像, 但是难以用线的形式来表示例 6 和例 7 的图像.

对于 x 的函数 $f(x)$, 我们常常需要只关注当 x 充分接近某数 a 时函数 $f(x)$ 的图像. 当 x 充分接近数 a 时, 称 x 属于 a 的**邻域**. 更详细地说, a 的邻域是包含 a 的开区间 (b, c), 其中 $b < a < c$, 且可以根据需要取充分小的区间长度 $c - b$.

另外, 再举出下面几个函数的例子.

[**例 8**]   在区间 $0 < x < \infty$ 上, $y = \sin \dfrac{1}{x}$. 不能在 $x = 0$ 的邻域实际作出清楚的图像 (见图 1–9).

[例 9] 设当 $x \neq 0$ 时, $y = x \sin \dfrac{1}{x}$, 当 $x = 0$ 时, $y = 0$, 则 y 是 $(-\infty, +\infty)$ 上关于 x 的函数. 在 $x = 0$ 的邻域, y 的图像无限次频繁地发生振动, 因此不能清楚地作出该图像 (见图 1–10).

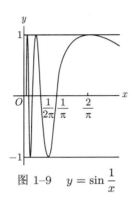

图 1–9　$y = \sin \dfrac{1}{x}$

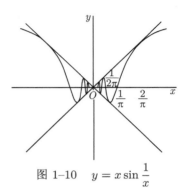

图 1–10　$y = x \sin \dfrac{1}{x}$

上面例 6 ~ 9 这样的函数, 初看非常奇怪, 但是依照本节开始给出的函数定义, 并不能说它们不是函数. 所谓作茧自缚. 这些函数, 特别是例 6 ~ 7 这样的函数, 并不实用, 但为了防止由于草率推理而造成谬误, 常常对它们加以引用. 显然, 为了限定适于实用的函数, 必须对上面的一般定义添加一些限制.

在二维及二维以上的情况下, 即自变量为两个或两个以上时, 同样可以给出函数的定义. 现在针对二维情况进行讨论. 给出如下规则, 对于一点 $P = (x, y)$, 确定一数 z 与之对应, 称 z 为 (x, y) 的函数. 记为 $z = f(x, y)$, 或简记为 $z = f(P)$ 等. 通常对变量 x, y 所能取值的范围有所限制, 将函数 $f(P)$ 定义在某区域 (或点集) 上.

[例 10] 设 $z = ax + by + c$ (a, b, c 为常数), 则 z 是 (x, y) 的函数 (一次整函数). 此时, x, y 的取值可以没有限制.

[例 11] 设 $z = \sqrt{r^2 - x^2 - y^2}$, 则 z 是定义在以原点 $(0, 0)$ 为中心且半径为 r 的圆 (将圆周考虑在内) 内的函数.

[例 12] $z = xy$. x, y 没有限制.

[例 13] $f(x, y) = \dfrac{2xy}{x^2 + y^2}$, 其中, $(x, y) \neq (0, 0)$. 但是, 如果将 $f(0, 0)$ 确定为 0, 则对于 x, y 的所有取值, $f(x, y)$ 都有定义.

[例 14] 在区域 $0 \leqslant x \leqslant 1, 0 \leqslant y \leqslant 1$ 内, 或 $P = (x, y)$ 处于圆 $x^2 + y^2 = 1$ (称该圆为**单位圆**) 的内部时, 当 x 和 y 都是有理数时, $f(x, y) = 1$, 其他情况下, $f(x, y) = 0$.

给定 $z = f(x, y)$, 用三维的点 (x, y, z) 表示 x, y 的取值和与之对应的 z 的取

值. 对于常用函数, 这些点的集合组成一个面. 可以采用该面以几何学的方法来表示函数 $z = f(x, y)$.

在上面的例 10 中, $z = ax + by + c$ 由一个平面表示.

例 11 中的 $z = \sqrt{r^2 - x^2 - y^2}$ 由一个半球面表示.

例 12 中的 $z = xy$ 由双曲抛物面表示. 此时, 给出某确定值 k, 使 z 取值为 k 的 (x, y) 处于一个等边双曲线 $(xy = k)$ 上 (见图 1–11). 称其为相对于 $z = k$ 的**等值线**.

例 11 中, 等值线是以原点为中心的同心圆周. 例 10 中, 等值线是平行线.

例 13 中, $z = k(-1 \leqslant k \leqslant 1)$ 对应于形成 $2xy = k(x^2 + y^2)$ 的两条直线上的点 (x, y). $|z|$ 不能大于 1. 等值线是通过原点的直线 (见图 1–12). 当然要将原点 $(x = 0, y = 0)$ 排除在外. 该点是奇点.

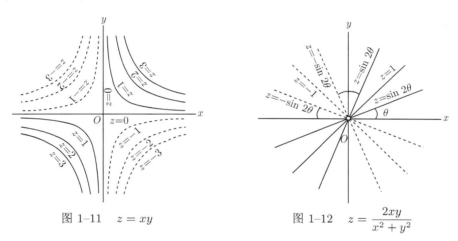

图 1–11　$z = xy$　　　　图 1–12　$z = \dfrac{2xy}{x^2 + y^2}$

例 14 的函数不能由曲面来表示.

§9　关于连续变量的极限

设点 P 的函数 $f(P)$ 在某区域内有定义. 此时, P 在该区域内变化. 若当 P 无限接近某一定点 A 时 $f(P)$ 无限接近某固定值 α, 则称 α 是 $f(P)$ 在 A 点的极限. 记为

$$当 P \to A 时, 有 f(P) \to \alpha.$$

以二维为例, 设 $P = (x, y), A = (a, b)$, 则有

$$\lim_{(x,y) \to (a,b)} f(x, y) = \alpha.$$

详细来说, 当取任意 $\varepsilon > 0$ 时, 与之对应可确定 $\delta > 0$, 使得

当 $|x - a| < \delta, |y - b| < \delta, P \neq A$ 时, 有 $|f(x, y) - \alpha| < \varepsilon.$[①]

对于上面定义的极限, 显然与定理 5 相类似的定理成立. 即

若当 $P \to A$ 时, 有 $f(P) \to \alpha, g(P) \to \beta,$ 则

$$f(P) \pm g(P) \to \alpha \pm \beta, \quad f(P)g(P) \to \alpha\beta, \quad \frac{f(P)}{g(P)} \to \frac{\alpha}{\beta} \quad (\text{其中 } \beta \neq 0).$$

将 $+\infty, -\infty$ 看作极限值时, 与数列的情形类似.

下面给出两个众所周知的基本例子.

[例 1] $$\lim_{x \to \infty} \left(1 + \frac{1}{x}\right)^x = \mathrm{e}.$$

前面将 e 定义为 $\lim \left(1 + \frac{1}{n}\right)^n$, 其中 n 为自然数 (§4, 例 5). 对于连续变量 x, 上面的等式同样成立.

[证] 设 $n \leqslant x < n + 1$ (n 为自然数), 则有

$$\left(1 + \frac{1}{n+1}\right)^n < \left(1 + \frac{1}{x}\right)^x < \left(1 + \frac{1}{n}\right)^{n+1},$$

即

$$\frac{\left(1 + \dfrac{1}{n+1}\right)^{n+1}}{1 + \dfrac{1}{n+1}} < \left(1 + \frac{1}{x}\right)^x < \left(1 + \frac{1}{n}\right)^n \cdot \left(1 + \frac{1}{n}\right).$$

当 $n \to \infty$ 时, 上面不等式的左边和右边收敛于极限值 e (定理 5). 故对任意 $\varepsilon > 0$, 存在正数 N, 当 $n \geqslant N$ 时, 有

$$\mathrm{e} - \varepsilon < \left(1 + \frac{1}{n+1}\right)^n, \quad \left(1 + \frac{1}{n}\right)^{n+1} < \mathrm{e} + \varepsilon.$$

于是, 当 $x \geqslant N$ 时, 有

$$\mathrm{e} - \varepsilon < \left(1 + \frac{1}{x}\right)^x < \mathrm{e} + \varepsilon,$$

即

$$\left|\left(1 + \frac{1}{x}\right)^x - \mathrm{e}\right| < \varepsilon.$$

故

$$\lim_{x \to \infty} \left(1 + \frac{1}{x}\right)^x = \mathrm{e}.$$

---

① 在 ε-δ 方式的表述中, 有时并不一一说明 ε, δ 为正数.

□

[例 2]
$$\lim_{x \to 0} \frac{\sin x}{x} = 1.$$

在半径为 1 的圆中, 弧 $2x$ 所对应的弦为 $2\sin x$, 所以当弧无限变小时, 也就是弦无限变小时, 弦与弧之比的极限等于 1. 这是由弧长的定义 (后面 §40) 自然得出的结论, 通常如下证明.

只要对 $x > 0$ 证明即可. 当 $0 < x < \dfrac{\pi}{2}$ 时, 有

$$0 < \sin x < x < \tan x.$$

这是因为弧 AB 的长度定义为与弧内接的折线长度之和的上确界. 所以弧比弦 AB 大, 比折线 ACB 小 (见图 1–13). 于是,

$$1 > \frac{\sin x}{x} > \cos x. \tag{1}$$

因为 $0 < \sin x < x$, 所以 $\lim\limits_{x \to 0} \sin x = 0$. 故由 $\cos^2 x = 1 - \sin^2 x$, 有 $\lim\limits_{x \to 0} \cos x = 1$. 故由 (1) 可得例 2.

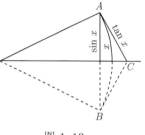

图 1–13

柯西收敛条件对连续变量也适用. 为了说明这一点, 首先做如下考察.

设 $\lim\limits_{P \to A} f(P) = l$. 显然, 对于收敛于 A 的任意点列 $\{P_n\}$, 其中 $P_n \neq A$, 有 $\lim\limits_{n \to \infty} f(P_n) = l$. 反过来, 假设对于收敛于 A 的所有点列 $\{P_n\}$, 其中 $P_n \neq A, f(P_n)$ 收敛. 这样 $\lim\limits_{n \to \infty} f(P_n)$ 就为固定值, 而与点列 $\{P_n\}$ 的选择无关. 这是因为, 设

当 $P_n \to A$ 时, 有 $f(P_n) \to l$,

当 $P_n' \to A$ 时, 有 $f(P_n') \to l'$.

将 $\{P_n\}$ 和 $\{P_n'\}$ 合并而成的点列 (例如为 $P_1, P_1', P_2, P_2', \cdots$) 记为 $\{P_n''\}$, 则 $\{P_n''\}$ 也收敛于 A. 由假设, $f(P_n'')$ 也收敛. 设该极限为 l''. $\{f(P_n)\}$ 和 $\{f(P_n')\}$ 都是 $\{f(P_n'')\}$ 的子数列, 所以 $l = l'', l' = l''$ (定理 3). 因此 $l = l'$, 即极限值 l 固定.

下面我们证明, 对于该 l, 当 P 任意接近 A 时, 有

$$\lim_{P \to A} f(P) = l \tag{2}$$

我们采用间接法, 通过否定 (2) 来证明. (2) 的否定含义是, 存在某 $\varepsilon > 0$, 对于任意 $\delta > 0$, 都存在点 P, 使得

$$AP < \delta, P \neq A \text{ 且 } |f(P) - l| \geqslant \varepsilon.$$

这样, 与 $\dfrac{1}{n}(n = 1, 2, \cdots)$ 对应, 应该存在点 P_n, 满足

$$AP_n < \frac{1}{n}, \quad P_n \neq A, \quad |f(P_n) - l| \geqslant \varepsilon. \tag{3}$$

根据 (3), 虽然点列 $\{P_n\}$ 收敛于 A, 但是 $f(P_n)$ 并不收敛于 l, 矛盾, 故 (2) 成立.

下面给出柯西收敛条件.

$\lim\limits_{P \to A} f(P)$ 存在的充分必要条件是, δ 与 ε 相对应, 使得

当 $0 < PA < \delta$, $0 < P'A < \delta$ 时, 有 $|f(P) - f(P')| < \varepsilon$.

实际上, 在该条件下, 若 $\{P_n\}$ 是收敛于 A 的任意点列, 其中 $P_n \neq A$, 则 $f(P_n)$ 收敛 (定理 8). 故由 (2), $\lim\limits_{P \to A} f(P)$ 存在. 另外, 显然该条件是必要条件.

[附记] 关于连续变量的上极限和下极限 当点 P 无限接近定点 A 时, 可以与数列的情形类似地定义 $f(P)$ 的上极限和下极限. 设与满足 $AP < t$ (其中 $P \neq A$) 的点 P 相对应的 $f(P)$ 的取值全体称为 f 的值域. t 变小则值域缩小, 所以值域的上确界 $l(t)$ 单调递减 (不增加), 下确界 $m(t)$ 单调递增 (不减少). 当 $t \to 0$ 时, 它们的极限 λ, μ 就分别是上极限和下极限. 记为[1]

$$\lambda = \varlimsup_{P \to A} f(P) = \lim_{t \to 0}\left(\sup_{0 < AP < t} f(P)\right),$$

$$\mu = \varliminf_{P \to A} f(P) = \lim_{t \to 0}\left(\inf_{0 < AP < t} f(P)\right).$$

故对于收敛于 A 的任意点列 $\{P_n\}$, 其中 $P_n \neq A$, 所生成的数列 $f(P_n)$ 的上极限的上确界和下极限的下确界分别等于 λ 和 μ. 当 P 无限接近 A 时, $\varlimsup\limits_{P \to A} f(P)$ 是 $f(P)$ 最终不能向上方超出的最小界限, $\varliminf\limits_{P \to A} f(P)$ 是 $f(P)$ 不能向下方超出的最大界限.

如果允许 $\pm\infty$ 作为上确界和下确界, 则总是能够确定 $\varlimsup, \varliminf$.

当 $\varlimsup f(P)$ 和 $\varliminf f(P)$ 一致时, 该公共值即是 $\lim f(P)$.

§10 连 续 函 数

在某区域内, 伴随变量 x 的连续变化而连续变化的函数 $f(x)$, 就是所谓的连续函数. 连续函数在应用方面非常重要.

---

[1] sup 是上确界 (supremum) 的简记. $\sup\limits_{0 < AP < t} f(P)$ 指的是, 对应于满足条件 $0 < AP < t$ 的 P, $f(P)$ 的上确界. 因此, 该上确界是 t 的函数. 此外 inf 是下确界 (infimum) 的简记. 现在, 英文文献中也将 sup 和 inf 分别记为 l.u.b. 和 g.l.b. 这是最小上界 (least upper bound) 和最大下界 (greatest lower bound) 的简记 (参考 §3).

若当变量 x 无限接近某值 a 时 $f(x)$ 也无限接近 $f(a)$, 则称 $f(x)$ 在点 $x = a$ 连续. 故

$f(x)$ 在点 $x = a$ **连续**是指,

$$当 x \to a 时, 有 f(x) \to f(a).$$

采用 ε-δ 方式表述, 则有:

给定任意正数 ε, 能够取与之对应的适当正数 δ, 使得

$$当 |x - a| < \delta 时, 有 |f(x) - f(a)| < \varepsilon.$$

称在某区域中各点都连续的函数在该区域上连续.

在某点连续的函数的和, 差, 积, 商也在该点连续. 其中, 对于商要求分母在该点不为 0. 对于区间也同样. 例如, 当 $f(x), g(x)$ 在区间内一点 a 连续时, 设 $f(x) + g(x) = h(x)$, 则有

$$当 x \to a 时, 有 f(x) \to f(a), g(x) \to g(a), 故 h(x) \to h(a). \qquad (定理 5)$$

[**例**]　作为 x 的函数, 常数 a 以及 x 在各点连续, 所以利用四则运算法则生成的有关 x 的有理函数, 除去分母为 0 的点之外, 在各点连续.

三角函数 $\sin x, \cos x$ 在 $(-\infty, +\infty)$ 上连续. 现在我们针对 $\sin x$ 来说明. 令 $x = a + h$, 则有

$$\left| \sin(a + h) - \sin a \right| = \left| 2 \sin \frac{h}{2} \cos \left(a + \frac{h}{2} \right) \right| < 2 \cdot \frac{|h|}{2} \cdot 1 = |h|.$$

故当 $x \to a$ 时, $h \to 0, \sin x \to \sin a$. $\cos x$ 也同理. 故当 $\cos x \neq 0$ 即 $x \neq \dfrac{n\pi}{2}$ (n 为奇数) 时, $\tan x$ 连续.

后面适当时候会对其他初等函数进行类似说明.

§8 中给出的函数中, 例 4 在 $[-1, +1]$ 上连续. 虽然该函数在点 $x = 0$ 非常特别, 但是也能根据连续函数的定义来断定其连续性. 例 9 的 $f(x) = x \sin \dfrac{1}{x}$ 也同样. 例 5 的 $f(x) = \operatorname{sign} x$ 仅在点 $x = 0$ 不连续. 例 6 的函数在各点都不连续.

有时会在如下情况下考察 $f(x)$ 的极限, 即 x 在增大的同时 (从左) 接近 a, 或 x 在减小的同时 (从右) 接近 a. 该极限可简记为

$$\lim_{x \to a-0} (从左), \qquad \lim_{x \to a+0} (从右).$$

将 $x = a \pm \varepsilon$, 其中 $\varepsilon > 0, \varepsilon \to 0$, 简记为 $x \to a \pm 0$. 例如

$$\lim_{x \to \frac{\pi}{2}-0} \tan x = +\infty, \qquad \lim_{x \to \frac{\pi}{2}+0} \tan x = -\infty,$$

$$\lim_{x \to -0} \operatorname{sign} x = -1, \qquad \lim_{x \to +0} \operatorname{sign} x = +1,$$

$$\lim_{x \to -0} \mathrm{e}^{\frac{1}{x}} = 0, \qquad \lim_{x \to +0} \mathrm{e}^{\frac{1}{x}} = +\infty.$$

我们也采用记号

$$\lim_{x \to a-0} f(x) = f(a-0), \qquad \lim_{x \to a+0} f(x) = f(a+0)$$

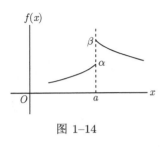

来表达上述含义. 这些表示 $f(x)$ 在 x 从左或从右接近 a 时的极限.

在图 1–14 中, 有

$$f(a-0) = \alpha, \quad f(a+0) = \beta.$$

它们与 $f(a)$ 不同. 当 $f(a) = \alpha$ 时, 称 $f(x)$ 在点 $x = a$ **左连续**. 当 $f(a) = \beta$ 时, 称 $f(x)$ 在点 $x = a$ **右连续**.

图 1–14

同时为左连续和右连续时即是上述定义的连续.

当我们说 $f(x)$ 在闭区间 $[a, b]$ 上连续时, 是指 $f(x)$ 在 $x = a$ 右连续, 在 $x = b$ 左连续.

当 $f(x)$ 定义在开区间 (a, b) 上时, 如果 $f(a+0)$ 确定, 则令 $f(a)$ 取作 $f(a+0)$, 从而将 $f(x)$ 的定义扩展到 $[a, b)$. 此时, $f(x)$ 在点 $x = a$ 右连续.

例如 §8 的 [例 9], 虽然 $f(x) = x \sin \dfrac{1}{x}$ 在 $x = 0$ 没有意义, 但是我们有 $\lim\limits_{x \to 0} x \sin \dfrac{1}{x} = 0$. 故如果用 $f(0) = 0$ 来修正 $f(x)$ 的定义, 则 $f(x)$ 在 $(-\infty, +\infty)$ 上连续. 在多数情况下, 我们可以像这样对由 "表达式中的缺陷" 而造成的不连续进行适当的修正. 例如, 在 $f(x) = \dfrac{x^2 - 1}{x - 1}$ 中令 $f(1) = 2$, 等等.

设 $f(x)$ 单调递增 (即当 $x < x'$ 时, $f(x) < f(x')$, 或广义含义下, $f(x) \leqslant f(x')$), $x = a$ 为定义区间内一点, 当 $f(a-0)$ 和 $f(a+0)$ 都确定时, 有 $f(a-0) \leqslant f(a) \leqslant f(a+0)$.

设 $\{x_n\}$ 是收敛于 a 的单调数列, 则 $\{f(x_n)\}$ 是以 $f(a)$ 为界限的单调数列, 所以 $\{f(x_n)\}$ 收敛. 其极限是 $f(a-0)$ 或 $f(a+0)$, 与数列 $\{x_n\}$ 的选择无关 (参考 §9).

如果 $f(a-0) = f(a+0)$, 则因为 $f(a)$ 也与其相等, 所以 $f(x)$ 在 $x = a$ 连续. 如果 $f(a-0) < f(a+0)$, 则 $f(x)$ 当然在 $x = a$ 不连续. 单调递减的情况也同理.

§8 [例 7] 中的函数单调递增, 其不连续点稠密分布. 例如, 设 $x = \dfrac{1}{2}$, 采用二进制法, 有 $\dfrac{1}{2} = (0.1) = (0.0111\cdots)$. 采用十进制法来读就是 $\dfrac{1}{10}$ 或 $\dfrac{1}{90}$. 因此,

$$f\left(\frac{1}{2} - 0\right) = \frac{1}{90}, \quad f\left(\frac{1}{2}\right) = f\left(\frac{1}{2} + 0\right) = \frac{1}{10}.$$

一般地, 对 $x = \dfrac{a}{2^n}$ (a 为奇数) 也存在类似情况 $\left(\text{跳跃处是 } \dfrac{8}{9} \cdot \dfrac{1}{10^n}\right)$. 这是单调函数中不连续点稠密分布的一个例子.

指数函数 作为一个例子, 我们将上面的讨论应用于指数函数. 令底数 a 大于 1, 假定指数 x 为有理数时 a^x 的含义和性质为已知. 令 x 为一无理数, $\{x_n\}$ 为任意数列, 且 $\{x_n\}$ 单调递增并收敛于 x. 于是, $\{a^{x_n}\}$ 单调递增且有界. 即令 b 是大于 x 的有理数, 则 $a^{x_n} < a^b$. 故 $\{a^{x_n}\}$ 有极限值, 且该极限值与数列 $\{x_n\}$ 的选择无关 (§9). 将该极限值定义为关于无理数 x 的函数 a^x. 对于上述 b, 有 $a^x \leqslant a^b$, 不过这里不取等号 (这是因为, 如果取满足 $x < b' < b$ 的有理数 b', 则有 $a^x \leqslant a^{b'} < a^b$). 故 $a^x < a^b$. 同理, 如果 b 为小于 x 的有理数, 则有 $a^b < a^x$. 因此, 关于全体实数 x, a^x 单调递增. 即当 $x < x'$ 时, 有 $a^x < a^{x'}$. 当 x, x' 为有理数时, 已知上述结论. 当 x, x' 为无理数时, 取满足 $x < b < x'$ 的有理数 b, 则有 $a^x < a^b < a^{x'}$.

在已知 a^x 单调递增的基础上, 为了采用前面的记号, 我们令 $f(x) = a^x$, 当确定有 $f(x-0) = f(x+0)$ 时, $f(x)$ 即 a^x 的连续性就得到证明. 取有理数 p, q, 满足 $p < x < q, q - p < \dfrac{1}{n}$ (n 为任意自然数). 于是有 $a^p < a^x < a^q, a^q - a^p = a^p(a^{q-p} - 1) < a^p(a^{1/n} - 1)$. 当 n 充分大时, 上面差值可以任意小 (§4 [例 1]). 因为 $a^p < f(x-0) \leqslant f(x+0) < a^q$, 所以必须有 $f(x-0) = f(x+0)$.

对于 $0 < a < 1$ 可同理讨论. 此时 a^x 是单调递减的连续函数. 此外, 当 $a = 1$ 时, 有 $a^x = 1$.

对于任意指数, 我们基于极限来证明 $a^x \cdot a^y = a^{x+y}$. 设 $\{x_n\}, \{y_n\}$ 为有理数列, 且 $x_n \to x, y_n \to y$, 则有 $x_n + y_n \to x + y$. 对有理指数已知 $a^{x_n} \cdot a^{y_n} = a^{x_n + y_n}$. 当 $n \to \infty$ 时, 左边极限为 $a^x \cdot a^y$, 右边极限为 a^{x+y}. 因此, $a^x a^y = a^{x+y}$. 同样也可证明 $a^x \cdot b^x = (ab)^x, (a^x)^y = a^{xy}$ [最后一个等式的证明利用 x^r (r 为有理数) 的连续性, 在 $(a^{x_n})^{y_m} = a^{x_n y_m}$ 中, 首先设 $x_n \to x$].

对于两个及两个以上变量的函数, 也同样有连续性的定义.

来看二维的情况, 设函数 $f(P) = f(x, y)$ 在平面中某区域上有定义. 如果当 $P = (x, y)$ 无限接近属于该区域的定点 $A = (a, b)$ 时, $f(P)$ 无限接近 $f(A)$, 则称 $f(P)$ 在点 A 连续. 采用 ε-δ 式表述, 则为: 给定 ε 后, 能够确定 δ, 对于属于该区域的 P, 有

$$\text{当 } PA < \delta \text{ 时, 有 } |f(P) - f(A)| < \varepsilon.$$

称在属于某区域的各点都连续的函数在该区域上连续.

[注意] 如果 $f(x, y)$ 连续, 则当给定 y 值时, $f(x, y)$ 是 x 的连续函数, 当给定 x 值时, $f(x, y)$ 是 y 的连续函数. 其逆命题不真.

例如, 除 $(x,y) = (0,0)$, 令 $f(x,y) = \dfrac{2xy}{x^2+y^2}$, 且令 $f(0,0) = 0$ (§8 [例 13]). 则 $f(x,y)$ 关于 x 和 y 连续, 但作为 x 和 y 的函数, $f(x,y)$ 在点 $(0,0)$ 不连续. 实际上, 设点 P 为直线 $y = x\tan\alpha$ 上的点, 当 P 接近 $(0,0)$ 时, $f(P)$ 始终为 $\dfrac{2\tan\alpha}{1+\tan^2\alpha} = \sin 2\alpha.$ 故 $f(x,y)$ 在点 $(0,0)$ 不连续.

§11 连续函数的性质

定理 12 (介值定理) 设某区间上的连续函数 $f(x)$ 在属于该区间的点 a,b 取不同的值, $f(a) = \alpha, f(b) = \beta$. 若 μ 为 α,β 之间的任意值, 则 $f(x)$ 在 a,b 之间的某点 c 取值 μ. 即存在 c, 使得

$$a < c < b, \qquad f(c) = \mu.$$

[证] 设 $\alpha < \mu < \beta$. 令 $F(x) = f(x) - \mu$, 有 $F(a) = \alpha - \mu < 0, F(b) = \beta - \mu > 0$. 因为 $F(x)$ 在 $[a,b]$ 上连续且 $F(a) < 0$, 所以在 a 的某邻域中有 $F(x) < 0$. 故存在 ξ, 使得在 $[a,\xi]$ 上始终有 $F(x) < 0$. 由于 $F(b) > 0$, 所以有 $\xi < b$. 故这样的 ξ 存在上确界. 设该上确界为 c, 则必须有 $F(c) = 0$. 如果 $F(c) < 0$, 则上述区间 $[a,\xi]$ 就会延伸超出 c, 这与 c 的含义相反. 如果 $F(x) > 0$, 则对于充分小的 ε, 有 $F(c-\varepsilon) > 0$, 所以 $[a,\xi]$ 的右端点 ξ 不超过 $c - \varepsilon$. 这也与 c 的含义相反. 故 $F(c) = 0$, 即 $f(c) = \mu$. 虽然可能有 $a < c \leqslant b$, 但是由于 $f(b) = \beta \neq u$, 所以必须为 $c < b$. $\qquad\square$

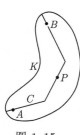

图 1–15

定理 12 对二维及二维以上的情形也适用. 设 $f(P)$ 在某区域 K 上连续, 且在属于 K 的点 A,B 处, 有 $f(A) = \alpha, f(B) = \beta$. 在 K 内, 用一条连续曲线 C (例如折线 AB, 见图 1–15) 连接 A,B, 令 P 为该曲线上的动点. 以曲线上任意一点为起点, 设曲线上由该起点至点 P 的长为 s, 则在 C 上, $f(P)$ 是变量 s 的连续函数. 设该连续函数为 $\varphi(s)$. 关于 s 的取值, 设与点 A,B 相对应的 s 的取值分别为 a,b, 则有 $\varphi(a) = \alpha, \varphi(b) = \beta$, 且对于满足 $a < c < b$ 的 c, 有 $\varphi(c) = \mu$. 即在曲线 C 上与 $s = c$ 对应的 P 点, 有 $f(P) = \mu$. 当然, μ 是 α,β 之间的值.

下面给出的定理对各维成立, 我们一般针对一维或二维的情况进行说明. 设变量的区域是闭区域, 即将边界也考虑在内. 一维时就是闭区间.

定理 13 设 $f(P)$ 是有界闭区域 K 上的连续函数, 则 $f(P)$ 有界, 且在该区域上有最大值和最小值.

[注意] 必须是闭区域的一个说明性例子是 $-\dfrac{\pi}{2} < x < +\dfrac{\pi}{2}$ 上的 $\tan x$. 该

函数在所给开区域上无界, 且没有有限的最大值和最小值.

[证]　首先讨论上界. 假设 $f(P)$ 没有上界, 则存在点 P_0, 使得 $f(P_0) > 0$. 类似地, 存在点 P_1, 使得 $f(P_1) > 2f(P_0)$; 存在点 P_2, 使得 $f(P_2) > 2f(P_1)$; 等等. $P_1, P_2, \cdots$ 是无穷多个不同的点, 且 K 是有界的闭区域, 所以点集 $P_1, P_2, \cdots$ 在 K 中有聚点 (定理 9). 设其中一个聚点为 A. 在 $P_1, P_2, P_3, \cdots$ 的子列中, 取收敛于 A 的子列, 设该子列为 $P_{\alpha_1}, P_{\alpha_2}, \cdots, P_{\alpha_n}, \cdots$ (参考 §7). 于是有 $\lim\limits_{n \to \infty} f(P_{\alpha_n}) = f(A)$. 然而 $f(P_{\alpha_n}) > 2^{\alpha_n} f(P_0)$, 且 α_n 无限增大. 矛盾. 故 $f(P)$ 有上界. 下界也同理可证.

设 $f(P)$ 在 K 中的上确界和下确界分别为 M, m. 定理的后半部分是要证: 在 K 中存在点 P, Q, 使得 $f(P) = M, f(Q) = m$.

设在 K 上 $f(P) \neq M$, 则 $F(P) = \dfrac{1}{M - f(P)}$ 在 K 上连续. 因为 $M - f(P)$ 可以任意小, 所以 $F(P)$ 无界. 然而, 依据上述证明, $F(P)$ 应当有界. 矛盾. 故在 K 中存在点 P_0, 使得 $f(P_0) = M$. 因为 $f(P)$ 不会大于 M, 所以 $M = f(P_0)$ 是最大值. 最小值也同理可证.　　□

总结定理 12 和定理 13, 闭区域上连续函数的值域是闭区间 $[m, M]$.

定理 14 (一致连续性)　设 $f(P)$ 在有界闭区域 K 上连续, 则给定任意正数 ε, 与之对应地存在正数 δ, 对于区域 K 的任意点 P, Q,

$$当\ PQ < \delta\ 时, 有\ |f(P) - f(Q)| < \varepsilon. \tag{1}$$

[注意]　首先说明定理的含义. 固定 K 中的一点 P, 因为 $f(P)$ 在点 P 连续, 所以存在 δ, 使得

$$当\ PQ < \delta_P\ 时, 有\ |f(P) - f(Q)| < \varepsilon. \tag{2}$$

当 P 变化时, δ 也变化, 所以我们将 δ 记为 δ_P[①]. 因此, 定理的意思是, 与 P 的位置无关, 可以取固定的 δ, 使得 (1) 成立. 故称其为**一致连续性**[②].

对于 $f(P)$ 在区域 K 上的连续性, 要求 (1) 成立是自然的, 但我们需要将 $f(P)$ 在一点 P 的连续性表示为 (2) 这样的技巧. 这样, 我们使用在 P 点的 "基本" 连续性来定义区域 K 上的连续性. 依据这样暂定的定义, 果真满足上面的要求吗? 虽然有些问题, 但是至少对于有界的闭区域, 我们能够给出肯定的回答.

[证]　以 K 中的点 P 为中心画出半径为 r 的圆, 称圆周上及内部的点构成的集合为 $C(P, r)$. 有时圆 $C(P, r)$ 会超出区域 K. 设 $C(P, r)$ 的点之中同时属

---

① 想要明确的话, 可以设 δ_P 为 δ 在点 P 的上确界. 于是可以将 δ_P 确定为 P 的函数: $\delta_P = \delta(P)$.

② 一致 (uniform) 也称为均等 (gleichmässig).

于 K 的点所构成的集合为 C_r'. 因为 C_r' 是有界闭集 (§7 的脚注), 所以由定理 13, f 在 C_r' 上存在最大值和最小值. 称该最大值和最小值之差为 f 关于圆 $C(P, r)$ 的振幅, 记为 $v(P, r)$. 当固定 P 时, 随着 r 增大, v 也增大 (不减小). 设 f 关于闭集 K 的振幅为 V. 如果 $0 \leqslant V < \varepsilon$, 则定理显然成立. 因此, 只需在 $0 < \varepsilon \leqslant V$ 时给出证明. 此时, 满足 $v(P, r) < \varepsilon$ 的 r 存在上确界. 设其上确界为 ρ. ρ 是 P 的函数, 所以将其记为 $\rho(P)$ 时, 有 $\rho(P) > 0$. 实际上, 由于 f 在 P 点连续, 只要取充分小的 $r_0 > 0$, 则对于属于 C_{r_0}' 的任意两点 A, B, 有

$$|f(A) - f(P)| < \frac{\varepsilon}{2}, \qquad |f(B) - f(P)| < \frac{\varepsilon}{2}.$$

因此

$$|f(A) - f(B)| \leqslant |f(A) - f(P)| + |f(B) - f(P)| < \varepsilon.$$

故 $v(P, r_0) < \varepsilon$. 这意味着 $\rho(P) \geqslant r_0$. 即 $\rho(P) > 0$.

下面证明 $\rho(P)$ 是连续函数. 在圆 $C(P, \rho)$ 的内部取属于 K 的点 Q, 引通过 Q 的直径 AB (见图 1–16).

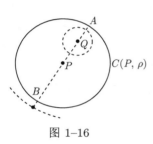

图 1–16

以 Q 为中心且半径小于 QA 的圆位于 $C(P, \rho)$ 的内部, 所以 f 在其中的振幅小于 ε. 因此, $\rho(Q) \geqslant QA$. 以 Q 为中心且半径大于 QB 的圆将 $C(P, \rho)$ 包含在内部, 所以 f 在其中的振幅不小于 ε (否则 $C(P, \rho)$ 会扩大). 因此, $\rho(Q) \leqslant QB$. 因为 $QA = \rho(P) - PQ$, $QB = \rho(P) + PQ$, 所以有

$$\rho(P) - PQ \leqslant \rho(Q) \leqslant \rho(P) + PQ.$$

因此,

$$|\rho(P) - \rho(Q)| \leqslant PQ,$$

即 $\rho(P)$ 连续.

在有界闭区域 K 上连续的函数 $\rho(P)$ 有最小值 (定理 13). 设其最小值为 ρ_0, 因为 $\rho(P) > 0$, 所以 $\rho_0 > 0$ 且 $v(P, \rho_0/2) \leqslant v(P, \rho/2) < \varepsilon$. 即当 $PQ < \rho_0$ 时, 有 $|f(P) - f(Q)| \leqslant v(P, \rho_0) \leqslant \varepsilon$. $\qquad\square$

§12 区域 · 边界

在上文中我们经常使用区域和边界这样的词汇. 这里, 我们明确一下这些词汇的含义. 以下说明适用各维的情况, 我们只需想象一维至三维的情况来考虑即可.

内点 · 外点 · 边界 对于属于点集 S 的一点 P, 当充分接近 P 的点都属于 S 时, 称 P 为 S 的**内点**.

对于不属于 S 的点 P, 当充分接近 P 的点都不属于 S 时, 称 P 为 S 的**外点**. 不属于 S 的点的全体称为 S 的**补集**, 记为 S'. S 的外点即 S' 的内点. S'' 即 S 本身. 称 S 和 S' 互为补集.

既不是 S 的内点也不是 S 的外点的点的全体称为 S 的**边界**. 故设 P 为边界上的点, 则在任意接近 P 的地方, 都既存在属于 S 的点, 也存在不属于 S 的点, 即也存在属于 S' 的点 (其中, 这里将 P 本身也考虑在内).

按照上面的定义, S 的边界同时也是 S' 的边界. 边界上的点分别属于 S 和 S' (也有些情况下, 全部属于 S 或全部属于 S'). 除 S 为空间中所有点构成的集合这种情况以外, 虽然有些情况下 S 没有内点或外点, 但是边界点必然存在. 实际上, 设点 A 属于 S, 点 B 属于 S', 考察线段 AB 上的点. 首先, 如果 A 不是 S 的内点, 则 A 是边界点. 如果 A 是 S 的内点, 则线段 AB 上充分接近 A 的点都是 S 的内点. 在 AB 上, 我们考察满足如下条件的点 P: 线段 AP 的点都是 S 的内点. 设 AP 的长度为 x, 因为 B 不属于 S, 所以 x 有上确界. 设 x 的上确界为 x_0, 且设 $AP_0 = x_0$, 则 P_0 是边界点.

我们来看一个例子. 设 S 为平面上有理点 (即坐标 x, y 都是有理数的点) 的集合, 则平面上的各点都是 S 的边界点, 而没有一个内点或外点.

我们直观表示内点、外点和边界点, 根据上面语句可以直接接受这些定义. 经过逻辑思考, 也容易承认上述例子这样 "异常" 的情况. 这种逻辑分析的态度对分析学的理解是绝对必要的, 如果没有这种态度, 就不能安心进行应用.

开集·闭集 当集合 S 的各点都是内点时, 称 S 为**开集**. 当 S 的所有聚点都属于 S 时, 称 S 为闭集, 这样定义的闭集已经在前面给出 (§7).

如果互为补集的两个集合 S, S' 中的一个为开集, 则另一个为闭集.

开集与空间的维数有关. 例如, 平面上, 一个圆的内部 (内部点的全体组成的集合) 是开集. 但是如果是三维空间中的点集, 则一个内点也没有. 与开集不同, 闭集与维数无关. 例如当将圆周也考虑在内时, 圆在三维空间上也是闭集. 只考虑圆周时, 它也是闭集. 开集, 闭集并不是反义词.

集合 S 的所有内点的集合称为 S 的**开核** (或**核**), 暂时记为 (S). (S) 是开集, 并且是 S 中包含的最大开集.

将既是 S 的聚点且又不属于 S 的点合并到 S 中后得到的集合称为 S 的**闭包**, 暂时记为 $[S]$. $[S]$ 是闭集, 并且是包含 S 的最小闭集.

从 $[S]$ 中去掉 (S) 后得到的即是 S 的边界.

当集合 S 的子集 T 满足条件 $[T] \supset S$ 时, 称 T 在 S 中**稠密**分布. 例如, 有理数集在实数集中稠密分布.

点集之间的距离 分别属于两个点集 A, B 的点 P, Q 之间距离的下确界称为集合 A, B 的**距离**. 即用记号 ρ 来表示距离, 则有

$$\rho(A, B) = \inf \rho(P, Q), \qquad P \in A, \qquad Q \in B. \text{ ①}$$

如果 A, B 有界且没有公共点, 则对于 A, B 的边界上的某点 P_0, Q_0, 有 $\rho(P_0, Q_0) = \rho(A, B)$.

[证] 根据下确界的含义, 存在点列 $\{P_n\}, \{Q_n\}$, 满足 $P_n \in A, Q_n \in B$, $\rho(P_n, Q_n) \to \rho(A, B)$ (§7 [注意 1]). 因为 A 有界, 所以如果从点列 $\{P_n\}$ 中挑选出收敛的子列 $\{P_m\}$ (§7 [注意 2]), 则有 $\rho(P_m, Q_m) \to \rho(A, B)$. 同样, 如果从 $\{Q_m\}$ 中挑选出收敛的子列 $\{Q_k\}$②, 则有 $\rho(P_k, Q_k) \to \rho(A, B)$. 于是, 设 $P_k \to P_0, Q_k \to Q_0$, 因为 $\rho(P, Q)$ 关于 P, Q 连续, 所以 $\rho(P_k, Q_k) \to \rho(P_0, Q_0)$. 因此, $\rho(P_0, Q_0) = \rho(A, B)$. 这样的 P_0 不可能是 A 的内点. (如果 P_0 是 A 的内点, 则根据假设, A, B 没有公共点, 所以 $\rho(P_0, Q_0) > 0$, 且在线段 $P_0 Q_0$ 上存在点 P_0', 满足 $P_0' \in A, \rho(P_0', Q_0) < \rho(P_0, Q_0)$). 然而, A 的点列 $\{P_k\}$ 收敛于 P_0, 所以 P_0 不可能是 A 的外点. 即 P_0 是 A 的边界点. 同理, Q_0 是 B 的边界点. □

特别地, 如果 A, B 是有界闭集, 则 $P_0 \in A, Q_0 \in B$. 此时, 如果 A, B 没有公共点, 则 $\rho(A, B) > 0$.

如果集合 A, B 中某一个不是闭集, 则即使没有公共点, 也可能出现 $\rho(A, B) = 0$ 的情况 (例如, 当 A, B 互为补集时).

点集的直径是指, 属于该点集的两点之间距离的上确界 (§7). 即将直径记为 δ, 则有

$$\delta(A) = \sup \rho(P, Q), \qquad P \in A, Q \in A.$$

如果集合 A 有界, 则对于 A 边界上的两点 P_0, Q_0, 有

$$\delta(A) = \rho(P_0, Q_0).$$

证明同上.

开域 · 闭域 所谓区域是指一个点集. 但是, 通常我们要求区域具有内点, 并且要求区域连通. 我们针对开集和闭集, 在下面明确说明**连通**的含义.

如果开集不能分割为没有公共点的两个开集, 则称其连通.

连通的开集称为**开域**. 开域是开集, 所以不包含边界点. 开域添加其边界点后得到的点集, 即开域的闭包, 称为**闭域**.

设 K 为开域, 则属于 K 的任意两点都可以由属于 K 的连续线 (例如线段或折线) 连接.

(对于 K 内的一点 A 来说, 如果同时存在可以用 K 内的连续线来与 A 连接的点和不可以用 K 内的连续线来与 A 连接的点, 则可以分别形成开集.)

---

① 记号 $P \in A$ 表示点 P 属于集合 A (已经在 §5 末给出). 记号 inf 也已经给出 (§9 末).

② 序号 m 是自然数中的一部分, 且 $\{k\}$ 是 $\{m\}$ 的一部分.

对于闭集也同样. 当不能将闭集分割为没有公共点的两个闭集时, 称其连通. 当连通的闭集至少包含两个点时, 称其为**连续统**.

对于二维及二维以上的情况, 包含点 P 的任意开域 (或更一般地, 开集) 称为点 P 的**邻域**. 实际上, 邻域的直径适当地取充分小.

[例 1] 一维情况下, 设 S 为开集, x 是 S 的一点. 因为 x 是内点, 所以 S 包含某开区间, 该开区间包含 x. 设这样的区间左端点的下确界为 a, 右端点的上确界为 b, 则 S 包含开区间 (a,b). 开区间 (a,b) 是开域. 其中, 在有些情况下, 有 $a = -\infty$ 或 $b = +\infty$. 如果 S 包含不在 (a,b) 中的点 x_1, 则 S 包含开区间 (a_1,b_1), 其中 (a_1,b_1) 包含 x_1, 且 (a,b) 和 (a_1,b_1) 没有公共点. 但是, 其一端可能一致. 例如 $b = a_1$. 此时, a_1 不属于 S, 所以 (a,b) 和 (a_1,b_1) 不连通. 即 S 由若干个或无穷多个没有公共点的开区间合并而成.

如果 S 是闭集, 且有内点, 则包含 S 中内点的闭区间 $[a,b]$ 属于 S. S 可能包含无数个相互隔离的闭区间, S 还可能包含**孤立点**. 此时, 如果这些孤立点存在聚点, 则聚点也必定包含在 S 中.

[例 2] 在二维情况下, 圆的内部是开域, 且圆周是其边界. 除去圆内的一点或圆内的一条线段, 剩余的部分还是开域, 且除去的点或线段是边界 (见图 1–17). 开域的闭包是圆的全部 (包括圆周). 添加从该圆周上一点向外部引出的一段线段 (包括端点) 后, 也还是闭集. 其核是圆的内部, 核的闭包是圆盘, 不包含圆外引出的线段.

[例 3] 设正方形 Q 的内部 $(0 < x < 1, 0 < y < 1)$ 为 S, S 是开域. 从 S 中除去纵线 $x = \dfrac{1}{n}(n = 2,3,\cdots)$ 上的点 (见图 1–18), 剩余的 S_1 是开集, 但是失去了连通性, 被分割为无穷多个开域.

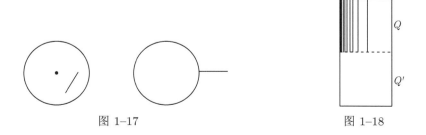

图 1–17   图 1–18

如果在 x 轴的下侧, 将正方形 $Q'(0 < x < 1, -1 < y \leqslant 0)$ 补充到 S_1 中, 然后进一步去除点 $\left(\dfrac{1}{n}, 0\right)(n = 2,3,\cdots)$, 从而形成集合 S_2, 这样就恢复了连通性, 形成一个开域. S_2 的边界是 Q, Q' 的外周和从 Q 中除去的纵线 (下端也包括在内)

上的点. Q 的左边 $(x = 0, 0 < y \leqslant 1)$ 上的点是 S_2 的边界, 但不能从开域内到达 Q 的左边. 即不能由仅通过内点的线将 Q 的左边上的点和一个内点连接起来. 边界理论有些棘手.

本书中所涉及的区域基本局限于边界是一条连续曲线的情况.

那么所谓的 **曲线** 又是指什么呢? 为了方便起见, 我们在分析学中使用了几何学中的用语, 但这并不是意味着要将空间的直观理解作为逻辑依据, 于是就出现了这样的问题.

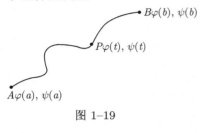

图 1–19

现在, 我们暂时对曲线给出下面这样的定义 (二维).

中间变量 t 在闭区间 $a \leqslant t \leqslant b$ 上取值, $x = \varphi(t), y = \psi(t)$ 是 t 的连续函数. 此时, 点 $P = (x, y)$ 的轨迹是一条曲线. 这是一条连接起点 $A = (\varphi(a), \psi(a))$ 和终点 $B = (\varphi(b), \psi(b))$ 的曲线 (见图 1–19).

直观上被认为是连续的线[①]都符合上面的定义, 但反之不为真. 即如果将符合该定义的都称之为线, 就会将一些意想不到的情形也包括在线的范围内 (即所谓作茧自缚).

首先, 可能存在同一点 (x, y), 其对应 t 的不同取值. 称这样的点为 **重点**. 这样, 在上面定义下, 可能存在重复了无穷多次的重点, 或者有无穷多个重点的情况. 实际上, 皮亚诺 (Peano) (1890) 在允许有无穷多个重点出现的条件下, 给出了一个曲线实例, 该曲线一个不漏地通过一个正方形的内部各点. 这震惊了当时的数学界. 这样的曲线会给人带来麻烦. 将上面定义用作曲线的定义的话, 范围有点过大.

因此, 在上面的定义中添加不允许重点存在这样的限制, 并称这样的曲线为 **若尔当 (Jordan) 曲线**. 所谓若尔当曲线是指, 其点与一段线段 $(a \leqslant t \leqslant b)$ 上的点一一且连续地对应的点集, 称为线段的 **拓扑映射**. 当仅仅是对应于区间两个端点 $t = a, t = b$ 的点重合时, 称为 **若尔当闭曲线**. 这是一个圆周的拓扑映射.

在二维情况下, 若尔当闭曲线将平面分割为内外两个开域, 并成为这两个开域的公共边界 (其证明出乎想象地困难.)

以后, 本书所涉及的二维区域一般局限于以若尔当闭曲线为边界, 另外我们会给该曲线添加相当多的限制 (存在切线, 切线连续变化等).

在三维及三维以上情况下, 区域的边界更加难以理解. 球和立方体较简明, 适当利用的话, 应用范围相当广泛.

---

① 在不拘泥于文字的情况下, 将线称为曲线 (curve). 直线被认为是曲线的特殊情形.

习　题

(1) 设 $a_1 > b_1 > 0$, 令 $a_n = \dfrac{1}{2}(a_{n-1} + b_{n-1}), b_n = \sqrt{a_{n-1}b_{n-1}}$, 则数列 a_n, b_n 收敛于同一极限值.

称该极限值为 a_1, b_1 的**算术几何平均** (Gauss).

(2) 设 $a > 0, b > 0$, 令 $a_1 = \dfrac{1}{2}(a + b), b_1 = \sqrt{a_1 b}$. 一般地, 令 $a_n = \dfrac{1}{2}(a_{n-1} + b_{n-1}), b_n = \sqrt{a_n b_{n-1}}$, 则 $l = \lim\limits_{n \to \infty} a_n = \lim\limits_{n \to \infty} b_n$ 存在.

[1°] 当 $|a| < b$ 时, 令 $a = b\cos x, -\pi < x < \pi$, 则 $l = b\dfrac{\sin x}{x}$.

[2°] 当 $a > b > 0$ 时, 令 $a = b\cosh x$, 则 $l = b\dfrac{\sinh x}{x}$. 其中, $\cosh x = \dfrac{\mathrm{e}^x + \mathrm{e}^{-x}}{2}, \sinh x = \dfrac{\mathrm{e}^x - \mathrm{e}^{-x}}{2}$ (参考 §54).

[注意] 在 [1°] 中, 将直径为 1 的圆的内接正 n 边形和外切正 n 边形的周长分别记为 $p(n), P(n)$, 令 $a = 1/P(k), b = 1/p(k)$, 则 $a_n = 1/P(2^n k), b_n = 1/p(2^n k)$, 极限 $l = 1/\pi$. 故令 $k = 4$ 或 $k = 6$, 可以求出 π 的近似值. 这是圆周率 π 的简单计算方法. 但是收敛非常缓慢.

(3) 对于有界数列 a_n, b_n, 有

$$\overline{\lim}\,(a_n + b_n) \leqslant \overline{\lim}\, a_n + \overline{\lim}\, b_n,$$

$$\underline{\lim}\,(a_n + b_n) \geqslant \underline{\lim}\, a_n + \underline{\lim}\, b_n.$$

这里, 不能用 $=$ 来替换 $\geqslant$ 或 $\leqslant$. 例如 $a_n = (-1)^n, b_n = (-1)^{n+1}$.

思考一下, 如果不是求和而是求差, 积, 商又如何呢?

(4) 当 x 为无理数时, 令 $f(x) = 0$, 当 $x = \dfrac{p}{q}$ 为有理数 $\left(\dfrac{p}{q}\text{是既约分数, 且 } q > 0\right)$ 时, 令 $f(x) = \dfrac{1}{q}$. 如此定义在区域 $x > 0$ 上的函数 $f(x)$ 的连续性如何?

[解] 当 x 为有理数时, $f(x)$ 在 x 不连续; 当 x 为无理数时, $f(x)$ 在 x 连续.

我们对问题稍作变更, 当 x 为十进制 n 位小数 (即 $x = \dfrac{p}{10^n}$, 且 p 是不能被 10 除尽的整数) 时, 令 $f(x) = \dfrac{1}{10^n}$, 当 x 为其他取值时, 令 $f(x) = 0$, 这种情况下也有类似结果.

(5) 设 $f(x), g(x)$ 在 $[a, b]$ 上连续, 如果对于在 $[a, b]$ 内稠密分布 (例如当 x 为有理数时) 的点 x, $f(x)$ 和 $g(x)$ 在点 x 取值相等, 则对于 $[a, b]$ 上的所有点 x, 有 $f(x) = g(x)$.

二维及二维以上情况下也有类似结论.

(6) 设 $f(x)$ 仅关于某区间 $[a, b]$ 上的有理数 x 有定义, 且满足连续条件, 即用 ε-δ 式表述时有, 当 $|x - x'| < \delta$ 时, $|f(x) - f(x')| < \varepsilon$. 此时, 扩展 $f(x)$ 的定义能得到在区间 $[a, b]$ 上连续的函数吗? (例如 §10 给出的 a^x 的扩展.)

[解] 充分必要条件为, 上述连续条件具有一致性 (存在 δ, 其中, δ 仅与 ε 有关, 而与 x, x' 无关). 在 §10, 对 a^x 利用了单调性, 这里采用柯西判别法.

这里采用有理数只是一个例子, 其实只要是在区间内稠密的点集即可. 二维及二维以上的情况下也有类似结论.

(7) 设 $f(x)$ 在 (a, ∞) 上连续, 且 $\lim\limits_{x \to \infty} (f(x+1) - f(x)) = l$, 则 $\lim\limits_{x \to \infty} \dfrac{f(x)}{x} = l$ (柯西).

[解] 用 $f(x) - lx$ 代替 $f(x)$, 就归结为 $l = 0$ 的情况, 变得简单一些. $f(x) = \ln x$ 是一个这样的例子.

(8) 令 $f(x)$ 是区域 K 上的连续函数, 设当 x 属于区域 K 时, $f(x)$ 属于区域 G. 并且令 $g(y)$ 是区域 G 上的连续函数. 则 $g(f(x))$ 是区域 K 上的连续函数.

简单来说, 连续函数的连续函数仍是连续函数. 二维及二维以上情况下也有类似结论.

(9) 当 $a > 0$ 时, $(a^x)^y = a^{xy}$ 关于所有实数值 x, y 成立. 其中, 当 x, y 为有理数时, 结论是已知的.

[解] 利用 $f(x, y) = x^y$ 在 $x > 0, y > 0$ 上是 x, y 的连续函数, 证明与 §10 类似 (参考上面的习题 (8)). $f(x, y)$ 的连续性可以如下得到: 即 $f(x, y)$ 在 xy 平面上的有界区域上关于有理数 x, y 满足一致连续的条件 (习题 (6)). (其解法是习题 (6) 的一个应用例子.)

第 2 章 微 分

§13 微分与导函数

设在某区间上给出变量 x 的函数 $y = f(x)$. 设自变量的两个值 x, x_1 所对应的函数值为 y, y_1, 简记为

$$x_1 - x = \Delta x, \quad y_1 - y = \Delta y,$$

那么

$$\frac{\Delta y}{\Delta x} = \frac{y_1 - y}{x_1 - x}$$

是 y 在 x 和 x_1 之间的区间上的平均变化率.

固定 x 不变, 如果当 $|\Delta x|$ 无限变小时, 极限值

$$\lim_{\Delta x \to 0} \frac{\Delta y}{\Delta x}$$

存在, 则该极限值就称为函数 $y = f(x)$ 在点 x 处的变化率, 将其记为

$$\frac{\mathrm{d}y}{\mathrm{d}x}.$$

其中, $\Delta x, \Delta y$ 是传统的记号. 用 h 代替 Δx 时, 则

$$\frac{\mathrm{d}y}{\mathrm{d}x} = \lim_{h \to 0} \frac{f(x+h) - f(x)}{h}.$$

当上面的极限值存在时, 称函数 $y = f(x)$ 在点 x **可微**.

如果 $f(x)$ 在某区间上各点 x 都可微, 则称 $f(x)$ 在该区间上可微. 此时, 极限值 $\dfrac{\mathrm{d}y}{\mathrm{d}x}$ 是 x 的函数, 称为 $f(x)$ 的**导函数**, 记为 $f'(x)$. 即在上述条件下

$$\frac{\mathrm{d}y}{\mathrm{d}x} = f'(x).$$

记号 $\dfrac{\mathrm{d}y}{\mathrm{d}x}$ 是源于莱布尼茨 (Leibniz) 的表示方式. $f'(x)$ 是拉格朗日 (Lagrange) 的表示方式. 当用 y 表示 $f(x)$ 时, 以 y' 或 $\dot{y}$ 表示 $f'(x)$. $\dot{y}$ 是牛顿 (Newton) 的

表示方式. 柯西采用 $\mathrm{D}_x y$ 或 $\mathrm{D}_x f(x)$ 这样的记号. 如果不需要特别指出自变量, 可省略附加的记号, 记作 D.

$$\frac{\mathrm{d}y}{\mathrm{d}x} = f'(x) = y' = \dot{y} = \mathrm{D}_x y = \mathrm{D}f(x).$$

这些记号各有优缺点. 目前, 人们并不拘泥于这些记号, 而是根据情况灵活使用.

导函数 (derived function, 缩写成 derivative) 是 "由微分方法从 $f(x)$ 导出的函数" 的简称. 虽然导函数 $f'(x)$ 与区间有关, 但在一点 x 处的 $\dfrac{\mathrm{d}y}{\mathrm{d}x}$, 即 $\lim \dfrac{\Delta y}{\Delta x}$ 是牛顿的所谓 "流数"(fluxion). 在德国体系中, 遵循莱布尼茨的传统, 将该极限值 $\dfrac{\mathrm{d}y}{\mathrm{d}x}$ 称为微商 (differential quotient), 在英美体系中将其改称为微分系数 (differential coefficient). 在法国体系中, 微商和导函数都称为 dérivée.

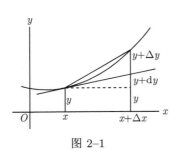

图 2–1

在函数 $y = f(x)$ 的曲线上, $\Delta y / \Delta x$ 是连接点 (x, y) 和点 $(x + \Delta x, y + \Delta y)$ 的割线的斜率, $\dfrac{\mathrm{d}y}{\mathrm{d}x}$ 是在点 (x, y) 处的切线的斜率 (见图 2–1).

$\Delta x, \Delta y$ 是曲线上点的坐标变化. 用切线来代替曲线, 并用 $\mathrm{d}x, \mathrm{d}y$ 表示切线上点 (X, Y) 的坐标变化, 设 $\mathrm{d}x = X - x$ (与 Δx 相同), $\mathrm{d}y = Y - y$ (与 Δy 不同), 则

$$\mathrm{d}y = f'(x)\mathrm{d}x \tag{1}$$

是点 (x, y) 处切线的方程. 如果单独这样定义 $\mathrm{d}x, \mathrm{d}y$, 那么 (1) 的意思就非常明确了. 但是, 由于我们只打算在点 (x, y) 的邻域使用 (1), 因此称 $\mathrm{d}x$ 为变量 x 的**微分** (differential), 称 $\mathrm{d}y$ 为与其对应的函数 y 的微分.

上文中使用了 "切线" 这样常见的词语, 称 $\dfrac{\mathrm{d}y}{\mathrm{d}x}$ 为切线的斜率, 实际上这仅仅是定义了切线. 即当 $\dfrac{\mathrm{d}y}{\mathrm{d}x}$ 存在时, 在点 (x, y) 处以 $\dfrac{\mathrm{d}y}{\mathrm{d}x}$ 为斜率的直线称为 $y = f(x)$ 的切线. 现在, 我们重新来看 $\dfrac{\Delta y}{\Delta x}$.

当 $\lim \dfrac{\Delta y}{\Delta x} = f'(x)$ 存在时, 令 $\dfrac{\Delta y}{\Delta x} = f'(x) + \varepsilon$, 即当 $\Delta x \neq 0$ 时, 令

$$\Delta y = f'(x)\Delta x + \varepsilon \Delta x. \tag{2}$$

虽然 ε 与 x 和 Δx 有关, 但如果固定 x, 则当 $\Delta x \to 0$ 时, 有 $\varepsilon \to 0$.

反之, 当 $\Delta x \neq 0$ 时, 设

$$\Delta y = A \cdot \Delta x + \varepsilon \cdot \Delta x. \tag{3}$$

其中, A 是仅与 x 有关而与 Δx 无关的系数, ε 与 x 和 Δx 都有关. 假定当 $\Delta x \to 0$ 时, $\varepsilon \to 0$. 如果 (3) 成立, 则当 $\Delta x \to 0$ 时, $\dfrac{\Delta y}{\Delta x} = A + \varepsilon \to A$, 即 $A = \lim \dfrac{\Delta y}{\Delta x}$. 因此, $f'(x)$ 在点 x 存在, $A = f'(x)$. 故 (3) 仅限于 $f'(x)$ 存在时成立. 此时, (3) 与 (2) 相同. 因此, 我们现在在假定 $f'(x)$ 存在的前提下考察 (2).

(2) 的右边第一项 $f'(x)\Delta x$ 是关于 Δx 的线性表达式 (固定 x 取值, 变量是 Δx). 在第二项中, 当 $\Delta x \to 0$ 时, Δx 的系数 ε 无限变小, 因此 ε 和 Δx 之积 $\varepsilon \cdot \Delta x$ 比 Δx 更快地趋于无穷小. 也就是说, 当 $\Delta x \to 0$ 时, (2) 右边第一项 $f'(x) \cdot \Delta x$ 是 Δy 的主部. 因此, 称 Δy 的主部 $f'(x) \cdot \Delta x$ 为函数 $y = f(x)$ 在点 x 的微分, 并用 $\mathrm{d}y$ 表示. 根据该定义, 有

$$\mathrm{d}y = f'(x)\Delta x. \tag{4}$$

同样, 如果将 x 本身看作 x 的函数, 则由于 $x' = 1$, 有

$$\mathrm{d}x = \Delta x.$$

故在上述定义下, Δx 是 x (看作 x 的函数) 的微分. 将其代入 (4), 有

$$\mathrm{d}y = f'(x)\mathrm{d}x. \tag{5}$$

如果将上式写成

$$\frac{\mathrm{d}y}{\mathrm{d}x} = f'(x), \tag{6}$$

则由于在记号 $\dfrac{\mathrm{d}y}{\mathrm{d}x}$ 中 $\mathrm{d}x$ 和 $\mathrm{d}y$ 各自具有独立的含义, 因此 $\dfrac{\mathrm{d}y}{\mathrm{d}x}$ 具有商的含义. 因此, 称其为 "微商".

这样一来经过现代方式的严谨推理, 我们将莱布尼茨模糊的 "微商" 合理化了. 此外, 根据 (5), 由于 $f'(x)$ 是微分 $\mathrm{d}y$ 中 $\mathrm{d}x$ 的系数, 因此将其称为 "微分系数" 也是合理的.

当 x 作为自变量时, 上面令 $\mathrm{d}x = \Delta x$ 虽然仅仅是技巧, 但是之后进行自变量变换时, 就能理解用 $\mathrm{d}x$ 取代 Δx 的意义了.

[注意] 在上面 (2) 中, ε 作为 x 和 Δx 的函数 $\varepsilon = \varepsilon(x, \Delta x)$, 是以条件 $\Delta x \neq 0$ 为前提来定义的. 由于当 $\Delta x \to 0$ 时 $\varepsilon \to 0$, 所以可以将 ε 的定义扩展到 $\Delta x = 0$, 当 $\Delta x = 0$ 时, 令 $\varepsilon = \varepsilon(x, 0) = 0$. 此时, 固定 x, ε 作为 Δx 的函数在 $\Delta x = 0$ 处连续. 在 (3) 中, 再追加 $\Delta x = 0$ 时 $\varepsilon = 0$ 的假设, 自然就有 ε 在 $\Delta x = 0$ 处保持连续性. 对于 (2) 或 (3), 有必要进一步考察 $\Delta x = 0$ 的情况. 此时, 对应于 $\Delta x = 0$, ε 的取值可按照上述分析来定义.

§14 微 分 法 则

下面给出几个可由微分定义直接得到的定理.

定理 15 设 x 的函数 u, v 在某区间上可微, 则

(1°) $(u \pm v)' = u' \pm v'$.

(2°) $(uv)' = u'v + uv'$.

(3°) $\left(\dfrac{u}{v} \right)' = \dfrac{u'v - uv'}{v^2}$ $(v \neq 0)$.

[证] (1°) 是显然的.

(2°) $\qquad \Delta(uv) = (u + \Delta u)(v + \Delta v) - uv = \Delta u \cdot v + u \cdot \Delta v + \Delta u \Delta v,$

故
$$\frac{\Delta(uv)}{\Delta x} = \frac{\Delta u}{\Delta x} \cdot v + u \cdot \frac{\Delta v}{\Delta x} + \Delta u \cdot \frac{\Delta v}{\Delta x}.$$

根据假设, 当 $\Delta x \to 0$ 时, 有

$$\frac{\Delta u}{\Delta x} \to \frac{\mathrm{d}u}{\mathrm{d}x}, \qquad \frac{\Delta v}{\Delta x} \to \frac{\mathrm{d}v}{\mathrm{d}x}, \qquad \Delta u \to 0.$$

故
$$\frac{\mathrm{d}(uv)}{\mathrm{d}x} = \frac{\mathrm{d}u}{\mathrm{d}x} v + u \frac{\mathrm{d}v}{\mathrm{d}x},$$

即
$$(uv)' = u'v + uv'.$$

(3°)
$$\Delta \left(\frac{u}{v} \right) = \frac{u + \Delta u}{v + \Delta v} - \frac{u}{v} = \frac{v \Delta u - u \Delta v}{v(v + \Delta v)},$$

故
$$\frac{\Delta(u/v)}{\Delta x} = \frac{\dfrac{\Delta u}{\Delta x} v - u \dfrac{\Delta v}{\Delta x}}{v(v + \Delta v)}.$$

根据假设, 当 $\Delta x \to 0$ 时, 有

$$\frac{\Delta u}{\Delta x} \to \frac{\mathrm{d}u}{\mathrm{d}x}, \qquad \frac{\Delta v}{\Delta x} \to \frac{\mathrm{d}v}{\mathrm{d}x}, \qquad \Delta v \to 0.$$

故
$$\frac{\mathrm{d}}{\mathrm{d}x} \left(\frac{u}{v} \right) = \frac{\dfrac{\mathrm{d}u}{\mathrm{d}x} v - u \dfrac{\mathrm{d}v}{\mathrm{d}x}}{v^2},$$

即
$$\left(\frac{u}{v} \right)' = \frac{u'v - uv'}{v^2}. \qquad \qquad \square$$

对于三个及三个以上的函数 $u, v, \cdots, w$, 上述 (1°), (2°) 也同样成立. 例如

(2′) $\qquad (uvw)' = u'(vw) + u(vw)' = u'vw + uv'w + uvw',$

或者

(2″)
$$\frac{(uvw)'}{uvw} = \frac{u'}{u} + \frac{v'}{v} + \frac{w'}{w}.$$

当然假设 $uvw \neq 0$ 时才能这样写.

如果将常数 c 看作 x 的函数, 则 $c' = 0$. 因此, 由 (2°), 有 $(cu)' = cu'$. 此外, 如果将 x 看作 x 的函数, 则 $x' = 1$. 因此, 将 (2′) 应用于 n 个因子 x 时, 有

$$\frac{\mathrm{d}(x^n)}{\mathrm{d}x} = nx^{n-1}.$$

于是, 应用 (1°), (2°), (3°), 能够得到 x 的有理函数的微分.

三角函数的微分也是众所周知的. 现在设 $\Delta x = 2h$, 有

$$\frac{\sin(x + \Delta x) - \sin x}{\Delta x} = \frac{\sin h}{h} \cos(x + h).$$

当 $\Delta x \to 0$ 时 $h \to 0$. 因此, $\dfrac{\sin h}{h} \to 1$, 并且, $\cos(x + h) \to \cos x$. 故根据定理 5 (以及 §9), 有

$$\mathrm{D} \sin x = \cos x.$$

同理, 有

$$\mathrm{D} \cos x = -\sin x.$$

基于这些结果, 根据商的微分法则, 有

$$\mathrm{D} \tan x = \frac{1}{\cos^2 x}. \quad \left(x \neq n\pi + \frac{\pi}{2}, n = 0, \pm 1, \pm 2, \cdots\right).$$

如果 $y = f(x)$ 在点 x 可微, 则由于当 $\Delta x \to 0$ 时 $\Delta y \to 0$, 因此 $f(x)$ 在该点连续, 即有下述定理.

定理 16   连续性是可微性的必要条件.

但这不是充分条件.

[例]   设 $f(x) = x \sin \dfrac{1}{x}$, $f(0) = 0$, 则 $f(x)$ 在包含 0 的区间上连续, 但在 $x = 0$ 处不可微. 实际上

$$\frac{f(h) - f(0)}{h} = \sin \frac{1}{h}$$

当 $h \to 0$ 时, 极限不存在.

对于该函数来说, $x = 0$ 是一个奇点. 魏尔斯特拉斯 (1872) 构造了一个在某个区间连续但处处不可微的函数实例, 震惊了当时的数学界.

有时, 我们限制 Δx 的符号为正或负, 考察

$$\lim_{\Delta x \to +0} \frac{\Delta y}{\Delta x}, \qquad \lim_{\Delta x \to -0} \frac{\Delta y}{\Delta x}.$$

如果极限值存在, 将其分别称为右微商和左微商. 用 D^+y 代表前者, 用 D^-y 代表后者. 当两者相等时, y 就是可微的.

[例] 设 $y = |x|$, 则在点 $x = 0$ 处, $\mathrm{D}^+y = 1, \mathrm{D}^-y = -1$.

[注意] 当称 $f(x)$ 在闭区间 $[a, b]$ 上可微时, $f(x)$ 在点 $x = a$ 处存在右微商, 并且在点 $x = b$ 处存在左微商. 此时, $f(x)$ 在 $x = a$ 处右连续, 在 $x = b$ 处左连续.

如果也允许 $\pm\infty$ 作为极限值, 则当

$$\lim_{h \to 0} \frac{f(a + h) - f(a)}{h} = \pm\infty$$

时, 虽然将其简记为 $f'(a) = \pm\infty$, 但是我们将其看成为不可微. 由于上述 $f'(a) = \pm\infty$ 的含义并非 $\lim_{h \to 0} f'(a + h) = \pm\infty$, 因此使用这种简写时必须慎重.

[例] $y = \mathrm{sign}x$. (§8 [例 5])

如果仍采用上述记号, 则当 $x = 0$ 时, $\mathrm{D}y = +\infty$.

§15 复合函数的微分

设 $y = f(x)$ 是区间 $x_0 \leqslant x \leqslant x_1$ 上 x 的函数, $\varphi(t)$ 是区间 $t_0 \leqslant t \leqslant t_1$ 上 t 的函数. 若 $\varphi(t)$ 仅取 x_0 和 x_1 之间的值, 则当在 $y = f(x)$ 中用 $\varphi(t)$ 代替 x 时, y 是区间 $[t_0, t_1]$ 上 t 的函数. 现在, 令

$$y = f(\varphi(t)) = F(t).$$

假设 $f(x)$ 和 $\varphi(t)$ 均连续, 则当 $t \to t_0$ 时, $\varphi(t) \to \varphi(t_0)$. 因此, $f(\varphi(t)) \to f(\varphi(t_0))$, 即 $F(t) \to F(t_0)$. 故 y 关于 t 连续.

定理 17 设 $f(x)$ 和 $\varphi(t)$ 都可微, 则 $F(t) = f(\varphi(t))$ 也可微, 且

$$F'(t) = f'(x) \cdot \varphi'(t),$$

即

$$\frac{\mathrm{d}y}{\mathrm{d}t} = \frac{\mathrm{d}y}{\mathrm{d}x} \cdot \frac{\mathrm{d}x}{\mathrm{d}t}.$$

这是函数的函数 (复合函数) 的微分法则.

[证] 设 t 的改变量为 Δt, 与之对应, x 的改变量为 Δx, 对应于 Δx, y 的改变量为 Δy, 则

$$\frac{\Delta y}{\Delta t} = \frac{\Delta y}{\Delta x} \cdot \frac{\Delta x}{\Delta t}. \tag{1}$$

当 $\Delta t \to 0$ 时, 有

$$\frac{\Delta x}{\Delta t} \to \frac{\mathrm{d}x}{\mathrm{d}t}.$$

并且, 此时 $\Delta x \to 0$, 因此,

$$\frac{\Delta y}{\Delta x} \to \frac{\mathrm{d}y}{\mathrm{d}x}.$$

故

$$\frac{\Delta y}{\Delta t} \to \frac{\mathrm{d}y}{\mathrm{d}x} \cdot \frac{\mathrm{d}x}{\mathrm{d}t},$$

即

$$F'(t) = f'(x)\varphi'(t).$$

上面只是粗略的证明, 我们需要重新考虑一下.

假设 x 是自变量, 则 Δx 可任意取值且 $\Delta x \neq 0$, 然而如上所述, x 为 t 的函数时, 根据 Δt 的值, 可能有 $\Delta x = 0$. 此时, (1) 的写法是不合理的. 与其修补上述粗略的证明, 不如推倒重来. 即按如下方式来证明. 如上述记法, 对应于自变量 t 的改变量 Δt, 将 x 和 y 的相应改变量记为 $\Delta x, \Delta y$, 令

$$\Delta y = f'(x)\Delta x + \varepsilon\Delta x, \qquad \Delta x = \varphi'(t)\Delta t + \varepsilon'\Delta t.$$

当 $\Delta t \to 0$ 时, 有 $\varepsilon' \to 0$, 并且此时 $\Delta x \to 0$. 在这种情况下, 即使 $\Delta t \neq 0$, 也可能有 $\Delta x = 0$. 如 §13 末 [注意] 那样, 当 $\Delta x = 0$ 时, 定义 $\varepsilon = 0$, 则当 $\Delta t \to 0$ 时, 有 $\varepsilon \to 0$. 于是, 在

$$\begin{aligned}\Delta y &= (f'(x) + \varepsilon)(\varphi'(t) + \varepsilon')\Delta t \\ &= f'(x)\varphi'(t) \cdot \Delta t + [\varepsilon\varphi'(t) + \varepsilon'f'(x) + \varepsilon\varepsilon']\Delta t\end{aligned}$$

中, 将右边第二项括号 [ ] 中的内容记为 ε'', 则有

$$\Delta y = f'(x)\varphi'(t)\Delta t + \varepsilon''\Delta t, \qquad \varepsilon'' = \varepsilon\varphi'(t) + \varepsilon'f'(x) + \varepsilon\varepsilon',$$

并且当 $\Delta t \to 0$ 时, 有 $\varepsilon'' \to 0$, 故

$$\mathrm{d}y = f'(x)\varphi'(t)\mathrm{d}t.$$

于是, 结果与将 $\mathrm{d}x = \varphi'(t)\mathrm{d}t$ 机械带入

$$\mathrm{d}y = f'(x)\mathrm{d}x$$

是一样的. 这就是微分记号方便的地方 (参考 §13). □

同理, 设 y 是 x 的函数, x 是 t 的函数, 并且 t 是 u 的函数. 如果这些函数都可微, 则有

$$\frac{\mathrm{d}y}{\mathrm{d}u} = \frac{\mathrm{d}y}{\mathrm{d}x}\frac{\mathrm{d}x}{\mathrm{d}t}\frac{\mathrm{d}t}{\mathrm{d}u} \quad 等.$$

[附记] 微元或无穷小量 (infinitesimal) 伴随自变量的某一定变化而收敛到 0 的变量称为微元或无穷小量. 例如:

$$x \to 0 \text{ 时} \sin x,$$

$$x \to 1 - 0 \ \text{时} \ \sqrt{1 - x^2},$$

$$x \to +\infty \ \text{时} \ \mathrm{e}^{-x},$$

$$x \to a, y \to b \ \text{时} \ \sqrt{(x-a)^2 + (y-b)^2},$$

等就是所谓的无穷小量.

假设 α 和 β 都是无穷小量, 并且 $\dfrac{\beta}{\alpha} \to 0$, 则称 β 是 α 的**高阶无穷小量**, 即若令 $\beta = \varepsilon\alpha$, 则 $\varepsilon \to 0$. 若以 α 为基准, 一般将 α 的高阶无穷小量记作 $o\alpha$. 其中, 在 $\varepsilon\alpha$ 中, 不必知道 ε 的准确值, 这在仅用到 $\varepsilon \to 0$ 的情况下很方便. 现在, 给出几个采用该记法的例子.

[例 1] 设 $\beta = o\alpha, \gamma = o\alpha$, 则有 $\beta + \gamma = o\alpha$ 或 $o\alpha + o\alpha = o\alpha$. 这里, 并非说三处的 $o\alpha$ 相等, 而是, 通过用相同的记号 $o\alpha$ 来不加区别地表示 α 的高阶无穷小量. 这样就能简单明了地表示, 当 $\dfrac{\beta}{\alpha} \to 0, \dfrac{\gamma}{\alpha} \to 0$ 时, 有 $\dfrac{\beta + \gamma}{\alpha} \to 0$.

[例 2] 设 u 有界, 则 $uo\alpha = o\alpha, o(u\alpha + o\alpha) = o\alpha$.

这是因为: 在 $u\varepsilon\alpha$ 中, 当 $\varepsilon \to 0$ 时, 有 $u\varepsilon \to 0$; 并且, 在 $\varepsilon(u\alpha + \varepsilon'\alpha) = (\varepsilon u + \varepsilon\varepsilon')\alpha$ 中, 当 $\varepsilon \to 0, \varepsilon' \to 0$ 时, 有 $\varepsilon u + \varepsilon\varepsilon' \to 0$.

[例 3] 在证明定理 17 给出的计算中,

$$\Delta y = f'(x)\Delta x + o(\Delta x),$$

$$\Delta x = \varphi'(t)\Delta t + o(\Delta t),$$

故

$$o(\Delta x) = o(\Delta t). \qquad \text{[例 2]}$$

因此

$$\Delta y = f'(x)\varphi'(t)\Delta t + f'(x)o(\Delta t) + o(\Delta t)$$
$$= f'(x)\varphi'(t)\Delta t + o(\Delta t). \qquad \text{[例 2, 例 1]}$$

假设 α, β 随着自变量的变化而变得无限小, 并且 $\omega = \beta/\alpha$ 有界, 则以 α 为基准, 记作 $\beta = O\alpha$. 由于当 $\omega \to 0$ 时 $\beta = o\alpha$, 因此 $o\alpha$ 当然为 $O\alpha$, 但反之不真.

特别地, 假设 $\omega \to a, a \neq 0$, 则 $\beta = O\alpha, \alpha = O\beta$. 此时, 称 α, β 为**同阶无穷小量**. 当 β 与 α^n 是同阶无穷小量时, 称 β 是 α 的 **n 阶无穷小量**.

[注意] 记号 $o\alpha, O\alpha$ 中, α 不必是无穷小量. 例如当 $x \to \infty$ 时, 有 $\ln x = o(\sqrt[n]{x})$, 这表示 $\dfrac{\ln x}{\sqrt[n]{x}} \to 0$. 此外, 如果 ε 是无穷小量, 则 $\varepsilon = o(1)$.

总之, 在 $o\alpha$ 中用 $\varepsilon, \varepsilon'$ 等因子来替换记号 o, 将其记作 $\varepsilon\alpha, \varepsilon'\alpha$ 等时, 假设 $\varepsilon \to 0, \varepsilon' \to 0$ 即可. 此外, 在 $O\alpha$ 中用 ω 替换 O 时, 假设 ω 有界即可. 当然, 上述都是基于自变量的某一定变化来说明的.

字母 o, O 的含义是阶 (order). o 指 "更小阶", O 指 "同阶及同阶以下".

§16　反函数的微分法则

设函数 $y = f(x)$ 在区间 $a \leqslant x \leqslant b$ 上连续. 如果设 y 在该区间中的最小值和最大值分别为 p, q (定理 13), 则 y 取区间 $p \leqslant y \leqslant q$ 上的任意值 (定理 12). 但是, 仅在 $y = f(x)$ 单调 (狭义) 的情况下, 对于 y 的一个取值, 唯一确定 x 的一个取值与之对应.

设 $f(x)$ 非单调, 则给出 $x_1 < x_2 < x_3$ 时, 不一定有 $y_1 < y_2 < y_3$ 或 $y_1 > y_2 > y_3$ 与之对应. 例如, 假设 $y_1 < y_2, y_2 > y_3$, 取 η 满足 $y_2 > \eta > \text{Max}(y_1, y_3)$, 则在区间 (x_1, x_2) 和区间 (x_2, x_3) 上, 至少各存在一个 x, 使 $\eta = f(x)$ (见图 2–2).

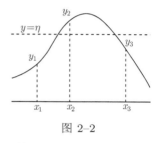

图 2–2

在单调的情况下, 对于 y 在区间 $p \leqslant y \leqslant q$ 上的各个取值, 与之对应, 都有 x 的一个确定的取值满足 $y = f(x)$. 因此, x 是 y 的函数. 设 $x = \varphi(y)$, 称 φ 是 f 的**反函数**. 这时, f 是 φ 的反函数, f 和 φ 互为反函数.

定理 18　设 x 的函数 y 在某区间上连续并且单调, 则在 y 的取值区间上, x 为 y 的反函数. 该反函数也连续并且单调. 如果 y 作为 x 的函数可微, 则 x 作为 y 的函数也可微, 且

$$\frac{\mathrm{d}y}{\mathrm{d}x} \cdot \frac{\mathrm{d}x}{\mathrm{d}y} = 1.$$

[证]　前文已经说明了能够确定反函数. 因此, 记 $y = f(x), x = \varphi(y)$, 并设 $y = \eta$ 对应于 $x = \xi$. 显然 $\varphi(y)$ 单调. 现在设 $\{y_n\}$ 为收敛到 η 的任意单调数列, 由于与其对应的 $\{x_n\}$ 也单调并且有界, 因此 $\{x_n\}$ 收敛到某极限值 λ. 由 $f(x)$ 的连续性, 有 $f(\lambda) = \eta$. 故 $\lambda = \varphi(\eta) = \xi$, 即当 $y_n \to \eta$ 时, 有 $x_n \to \xi$, 也就是 $\varphi(y_n) \to \varphi(\eta)$. 故反函数 $\varphi(y)$ 连续.

因为

$$\frac{\Delta x}{\Delta y} = 1 \bigg/ \frac{\Delta y}{\Delta x},$$

故当 $\Delta y \to 0, \Delta x \to 0$ 时, 有 $\lim \dfrac{\Delta x}{\Delta y} = 1 \bigg/ \lim \dfrac{\Delta y}{\Delta x}$, 即 $\dfrac{\mathrm{d}x}{\mathrm{d}y} = 1 \bigg/ \dfrac{\mathrm{d}y}{\mathrm{d}x}$ (见图 2–3), 其中, 应该除去 $\dfrac{\mathrm{d}y}{\mathrm{d}x} = 0$ 的情况. 在该情况下, $\dfrac{\Delta x}{\Delta y} \to \pm\infty$. 将其记作 $\dfrac{\mathrm{d}x}{\mathrm{d}y} = \pm\infty$, 是一种特殊记法 (见图 2–4).　　□

我们取**反三角函数**作为反函数的例子来看.

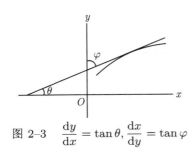

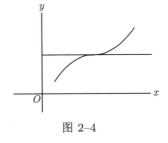

图 2–3　$\dfrac{\mathrm{d}y}{\mathrm{d}x} = \tan\theta, \dfrac{\mathrm{d}x}{\mathrm{d}y} = \tan\varphi$　　　　　　　　图 2–4

$(1°)$ $\arcsin x$.

$y = \sin x$ 在区间 $-\dfrac{\pi}{2} \leqslant x \leqslant \dfrac{\pi}{2}$ 或一般地在

$$(2n-1)\dfrac{\pi}{2} \leqslant x \leqslant (2n+1)\dfrac{\pi}{2} \quad (n = 0, \pm 1, \pm 2, \cdots)$$

上单调, 且在区间 $-1 \leqslant y \leqslant 1$ 上取值 (见图 2–5). 故可以在区间 $-1 \leqslant y \leqslant 1$ 上定义函数 $y = \sin x$ 的反函数, 即 $x = \arcsin y$, 为此必须将 x 限定在上述区间之一上.

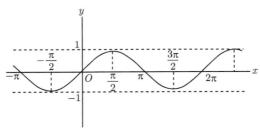

图 2–5　$y = \sin x$

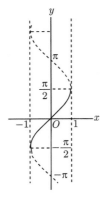

当针对 x 指定一个区间时, 将其称为反函数 arcsin 的一个分支. 为引用的方便, 在这些 arcsin 的无数分支中, 称与 $\left[-\dfrac{\pi}{2}, \dfrac{\pi}{2}\right]$ 对应的分支为 **主值**, 且为了特别区分, 用大写字母记为 Arcsin (见图 2–6).

由于 x, y 只是变量记号, 因此如果在反函数中也将自变量记作 x, 将因变量记作 y, 则有

$$y = \operatorname{Arcsin} x \quad (-1 \leqslant x \leqslant 1),$$

其含义为

图 2–6　$y = \operatorname{Arcsin} x$　　　　$x = \sin y \quad \left(-\dfrac{\pi}{2} \leqslant y \leqslant \dfrac{\pi}{2}\right).$

由 $y = \sin x$, 有

$$\frac{\mathrm{d}\sin x}{\mathrm{d}x} = \cos x, \qquad \frac{\mathrm{d}\arcsin y}{\mathrm{d}y} = \frac{1}{\cos x} = \pm\frac{1}{\sqrt{1-y^2}}.$$

针对主值来看, 由于 $-\dfrac{\pi}{2} \leqslant x \leqslant \dfrac{\pi}{2}$, 因此 $\cos x \geqslant 0$. 故 $\pm$ 取 $+$, 即如果互换变量 x, y 来记, 则有

$$\mathrm{D\,Arcsin}\,x = \frac{1}{\sqrt{1-x^2}}.$$

$(2°)$ $\arctan x$.

$y = \tan x$ 在区间 $-\dfrac{\pi}{2} < x < \dfrac{\pi}{2}$ 上由 $-\infty$ 至 $+\infty$ 单调递增 (见图 2–7). 按照下面这样来定义 $\tan$ 的反函数 $\arctan$ (的主值), 即记自变量为 x, 在区间 $-\infty < x < +\infty$ 上, 有 (见图 2–8)

$$y = \mathrm{Arctan}\,x, \qquad -\frac{\pi}{2} < y < \frac{\pi}{2}.$$

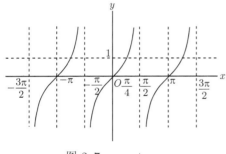

图 2–7　$y = \tan x$

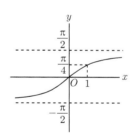

图 2–8　$y = \mathrm{Arctan}\,x$

例如

$$\mathrm{Arctan}\,0 = 0, \qquad \mathrm{Arctan}\,(\pm1) = \pm\frac{\pi}{4},$$

$$\mathrm{Arctan}\,(\pm\infty) = \lim_{x\to\pm\infty}\mathrm{Arctan}\,x = \pm\frac{\pi}{2}.$$

此外, 由于 $y = \tan x, \dfrac{\mathrm{d}y}{\mathrm{d}x} = \dfrac{1}{\cos^2 x} = 1 + y^2$, 因此改变记号, 有

$$\mathrm{D\,Arctan}\,x = \frac{1}{1+x^2}.$$

[注意]　当然针对 arccos, arccot 等也可以同上定义主值, 但也可以不依赖上述这样的方法, 而将它们都从 Arcsin 或 Arctan 导出, 这样既简单又安全.

在 $y = \arcsin x$ 或 $y = \arctan x$ 中, 将 y 的取值限定在区间 $\left[-\dfrac{\pi}{2}, +\dfrac{\pi}{2} \right]$ 上, 并称其为主值是为了方便而进行的规定, 实际上这并不是必须的. 如果固守此规定, 往往会导致不自然的结果.

[例 1]　$y = \arcsin \sqrt{1 - x^2}$ 的含义是 $\sqrt{1 - x^2} = \sin y$. 因此有 $x^2 = \cos^2 y, x = \pm \cos y$. 故 x 与 y 之间的关系可以用图 2-9 中的曲线来表示. 如果令 $\arcsin$ 为主值, 则曲线为 ABC, 点 $B\left(0, \dfrac{\pi}{2}\right)$ 是尖角. 如果不限定 y 为主值, 则曲线是 $A'BC$ 或 ABC' 这样光滑的曲线 ($\arccos x$ 或 $\arccos(-x)$ 的分支).

以 y 为主值取微分 (参考 §17 末), 有

$$\frac{\mathrm{d}y}{\mathrm{d}x} = \frac{1}{\sqrt{1 - (1 - x^2)}} \frac{-x}{\sqrt{1 - x^2}} = \frac{1}{|x|} \frac{-x}{\sqrt{1 - x^2}} = \mp \frac{1}{\sqrt{1 - x^2}} \quad (x \gtrless 0),$$

在 $x = 0$ 点 $\mathrm{D}^+ y = -1, \mathrm{D}^- y = +1$. 同样, 读者可以考察 $y = \arcsin 2x\sqrt{1 - x^2}$.

[例 2]　$y = \arctan \dfrac{1}{x}$.

如果取主值, 则 $x = 0$ 成为不连续的点. 也存在虚线所示的光滑分支 (见图 2-10). 这些是 $\operatorname{arccot} x$ 的分支.

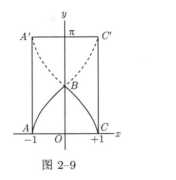

图 2-9

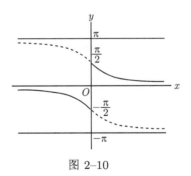

图 2-10

§17　指数函数和对数函数

设底数 $a > 1$, 指数函数 $y = a^x$ 在区间 $-\infty < x < +\infty$ 上连续并且单调递增, 且 $0 < y < \infty$. 故反函数 $\log_a x$ 在区间 $0 < x < \infty$ 上连续, 并且单调地从 $-\infty$ 递增至 $+\infty$ (见图 2-11).

a^x 的微分法则虽然大家都知道, 但由于这是基础知识, 这里大致说明一下.

假设 a^x 可微, 则由于

$$\frac{\mathrm{d}(a^x)}{\mathrm{d}x} = \lim_{h \to 0} \frac{a^{x+h} - a^x}{h} = a^x \lim_{h \to 0} \frac{a^h - 1}{h},$$

问题归为求

$$\lim_{h \to 0} \frac{a^h - 1}{h},$$

即点 $x = 0$ 处的 $\mathrm{D}a^x$.

首先设 $h > 0$. 这时有 $a^h > 1$. 故令 $a^h = 1 + \dfrac{1}{t}$, 其中 $t > 0$. 根据指数函数的连续性 (§10), 当 $h \to 0$ 时, 有 $a^h \to 1$, 因此 $t \to \infty$.

由 $h = \log_a \left(1 + \dfrac{1}{t}\right)$, 有

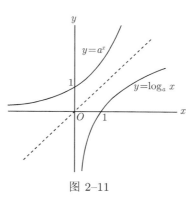

图 2–11

$$\frac{a^h - 1}{h} = \frac{\dfrac{1}{t}}{\log_a \left(1 + \dfrac{1}{t}\right)} = \frac{1}{\log_a \left(1 + \dfrac{1}{t}\right)^t}.$$

当 $h \to 0$ 时有 $t \to \infty$, 因此 $\left(1 + \dfrac{1}{t}\right)^t \to \mathrm{e}$ (§9). 由于 $\log_a$ 是连续函数, 所以 当 $h \to 0$ 时, 有 $\log_a \left(1 + \dfrac{1}{t}\right)^t \to \log_a \mathrm{e}$. 故

$$\lim_{h \to 0} \frac{a^h - 1}{h} = \frac{1}{\log_a \mathrm{e}} = \log_\mathrm{e} a.$$

以上假设了 $h > 0$. 如果 $h < 0$, 则取代 h 而记为 $-h$, 有

$$\frac{a^{-h} - 1}{-h} = \frac{a^h - 1}{h} \cdot \frac{1}{a^h} \quad (h > 0).$$

当 $h \to 0$ 时, 有 $a^h \to 1$, 所以

$$\frac{a^{-h} - 1}{-h} \to \log_\mathrm{e} a.$$

故

$$\frac{\mathrm{d}(a^x)}{\mathrm{d}x} = a^x \log_\mathrm{e} a. \tag{1}$$

当 $0 < a < 1$ 时, a^x 单调递减, 同理可以得到 (1). 特别地, 如果设 $a = \mathrm{e}$, 则由 于 $\log_\mathrm{e} \mathrm{e} = 1$, 所以有

$$\frac{\mathrm{d}(\mathrm{e}^x)}{\mathrm{d}x} = \mathrm{e}^x. \tag{2}$$

来看反函数 (定理 18), 有

$$\frac{\mathrm{d}\log_a x}{\mathrm{d}x} = \frac{1}{x\log_e a} \quad (a>0, x>0), \tag{3}$$

$$\frac{\mathrm{d}\log_e x}{\mathrm{d}x} = \frac{1}{x} \quad (x>0). \tag{4}$$

如果比较 (1) 和 (2), 或 (3) 和 (4), 就可以明白采用 e 为对数的底数比较方便的原因. 以 e 为底数的对数称为自然对数 (natural logarithm). 要强调这一点时我们采用记号 log nat 或简记为 ln 等. 即

$$\ln x = \log_e x = \log\mathrm{nat}\, x.$$

总结一下, 我们有

$$\mathrm{D}\mathrm{e}^x = \mathrm{e}^x, \qquad\qquad \mathrm{D}a^x = a^x\ln a \quad (a>0),$$

$$\mathrm{D}\ln x = \frac{1}{x}\ (x>0), \quad \mathrm{D}\log_a x = \frac{1}{x\ln a}\,(a>0, x>0).$$

[注意]　由于 $\ln x$ 仅对 $x>0$ 有定义, 因此如上所述, 当 $x>0$ 时, 有 $\mathrm{D}\ln x = \frac{1}{x}$. 对于 $x<0$, 由于 $\mathrm{D}\ln(-x) = \frac{-1}{-x} = \frac{1}{x}$, 因此将 x 为负的情况也包括在内, 有 $\mathrm{D}\ln|x| = \frac{1}{x}(x\neq 0)$.

对数微分法则　设 u, v, w 等是 x 的函数可微. 这样, 在 u, v, w 不为 0 的点 x 处, $\ln|uvw|$ 也可微 (参考上述 [注意]), 且有

$$\mathrm{D}\ln|uvw| = \mathrm{D}(\ln|u| + \ln|v| + \ln|w|) = \frac{u'}{u} + \frac{v'}{v} + \frac{w'}{w}.$$

然而

$$\mathrm{D}\ln|uvw| = \frac{(uvw)'}{uvw}.$$

故

$$\frac{(uvw)'}{uvw} = \frac{u'}{u} + \frac{v'}{v} + \frac{w'}{w} \quad (u\neq 0, v\neq 0, w\neq 0).$$

同理

$$\left(\frac{u}{v}\right)' \Big/ \frac{u}{v} = \frac{u'}{u} - \frac{v'}{v}.$$

这些当然可以从定理 15 导出. 此外由

$$\ln a^x = x\ln a \quad (a>0),$$

有
$$\frac{\mathrm{D}a^x}{a^x} = \ln a,$$

故
$$\mathrm{D}a^x = a^x \ln a.$$

这样, (1) 由对数微分法则简明导出.

幂函数 $x^a(x > 0)$. 对于任意指数 a, 有

$$\ln x^a = a \ln x,$$

因此
$$\frac{\mathrm{D}x^a}{x^a} = \frac{a}{x},$$
$$\mathrm{D}x^a = ax^{a-1}.$$

这是一般幂函数的微分公式.

§18　导函数的性质

定理 19 (罗尔中值定理)　设函数 $f(x)$ 在区间 $[a,b]$ 上连续, 在区间 (a,b) 上可微. 如果 $f(a) = f(b)$, 则在区间 (a,b) 的某点处 $f'(x)$ 为 0, 即存在 ξ, 使得 $a < \xi < b, f'(\xi) = 0$.

[证]　首先设 $f(a) = f(b) = 0$. 这种情况下, 如果 $f(x)$ 始终为 0, 定理显然成立. 如果 $f(x)$ 在 $[a,b]$ 上某点取正值, 则在 $[a,b]$ 上连续的 $f(x)$ 的最大值为正. 设该最大值为 $f(\xi)$ (定理 13). 这样, 由于 $f(\xi) > 0$, 所以有 $a < \xi < b$.

于是, 在 $x = \xi$ 处, $\Delta f \leqslant 0$. 故

$$\text{当 } \Delta x > 0 \text{ 时, 有 } \frac{\Delta f}{\Delta x} \leqslant 0, \text{因此 } f'(\xi) \leqslant 0,$$

$$\text{当 } \Delta x < 0 \text{ 时, 有 } \frac{\Delta f}{\Delta x} \geqslant 0, \text{因此 } f'(\xi) \geqslant 0.$$

故 $f'(\xi) = 0$.

如果 $f(x)$ 仅取负值, 则可以考察最小值.

如果 $f(a) = f(b) = k \neq 0$, 则可以考察 $f(x) - k$.　　　　□

[注意]　在应用方面, 设 $f(x)$ 在某区间上连续并且可微, 则对于该区间内的点 a, b, 大多情况下罗尔定理适用. 不过, 如上述这样, 即使在闭区间 $[a,b]$ 上假设连续性, 而仅在开区间 (a,b) 上假设可微性, 定理也是成立的. 另外, 一般地, 对于连续性来说, 也可以仅假设 $f(x)$ 在开区间 (a,b) 上连续, 且 $\lim\limits_{x \to a+0} f(x) = \lim\limits_{x \to b-0} f(x)$. 此时, 如果对于 $x = a$ (对于 $x = b$ 也同理), 利用 $f(a) = \lim\limits_{x \to a+0} f(x)$

将 $f(x)$ 的定义扩展到 $x = a$, 或者在 $x = a$ 处进行改变, 则 $f(x)$ 就成为在 $[a,b]$ 上连续的函数. 在这样的含义下考虑 $f(x)$, 定理 19 成立. 以下, 有时省略这种冗长的说明.

定理 20 (拉格朗日中值定理)　设函数 $f(x)$ 在 $[a,b]$ 上连续, 在 (a,b) 上可微. 则存在 ξ, 使得

$$\frac{f(b) - f(a)}{b - a} = f'(\xi), \quad a < \xi < b.$$

[证]　令 $F(x) = f(x) - Ax$, 能够确定常数 A, 使得 $F(a) = F(b)$. 即由

$$f(a) - Aa = f(b) - Ab,$$

得到

$$A = \frac{f(b) - f(a)}{b - a}.$$

根据罗尔定理, 有 $F'(\xi) = 0, a < \xi < b$. 又有 $F'(x) = f'(x) - A$. 故

$$f'(\xi) = \frac{f(b) - f(a)}{b - a}.$$

$\square$

定理给出的公式的左边是 $f(a)$ 在区间 $[a,b]$ 上的平均增加率, 该增加率等于区间内一点上的增加率 $f'(\xi)$.

上述公式在法国体系中也称为 "有限增加公式". 上述公式的左边为 $\dfrac{\Delta y}{\Delta x}$, 但并不要求 $\Delta x \to 0$.

定理 20 能够如下扩展.

定理 21 (柯西中值定理)　设函数 $f(x), g(x)$ 在区间 $[a,b]$ 上连续, 在区间 (a,b) 上可微. 则在 (a,b) 内的某点 ξ 处, 有

$$\frac{f(a) - f(b)}{g(a) - g(b)} = \frac{f'(\xi)}{g'(\xi)}, \quad a < \xi < b.$$

其中, $(1°)$ $g(a) \neq g(b)$; $(2°)$ 假定 $f'(x), g'(x)$ 在区间内不同时为 0.

[注意]　可以加强该假定, 设在 (a,b) 上 $g'(x) \neq 0$. 这是因为, 此时根据罗尔中值定理, 有 $g(a) \neq g(b)$.

[证]　令 $F(x) = \mu f(x) - \lambda g(x)$, 适当设定 $\lambda : \mu$, 以使 $F(a) = F(b)$, 即由

$$\mu f(a) - \lambda g(a) = \mu f(b) - \lambda g(b),$$

得到

$$\mu\{f(b) - f(a)\} = \lambda\{g(b) - g(a)\}.$$

因此设
$$\lambda = f(b) - f(a), \quad \mu = g(b) - g(a),$$
并设
$$F(x) = \{g(b) - g(a)\}f(x) - \{f(b) - f(a)\}g(x).$$
于是由 $F'(\xi) = 0$ (定理 19), 有
$$\{g(b) - g(a)\}f'(\xi) = \{f(b) - f(a)\}g'(\xi).$$
其中, $g'(\xi) \neq 0$. 原因是: 如果设 $g'(\xi) = 0$, 则根据假设 (1°), 由于 $g(b) - g(a) \neq 0$, 所以有 $f'(\xi) = 0$, 这与假设 (2°) 矛盾.

两边除以 $\{g(b) - g(a)\}g'(\xi)$, 得到
$$\frac{f(b) - f(a)}{g(b) - g(a)} = \frac{f'(\xi)}{g'(\xi)}. \qquad \square$$

我们能够在几何学上对上述定理给出有意义的解释. 为了理解方便, 将自变量记为 t, 考察曲线

$$x = g(t), \quad y = f(t), \quad a \leqslant t \leqslant b.$$

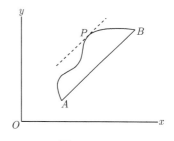

如果设与 $t = a, t = b, t = \xi$ 相对应的点为 A, B, P, 则定理中公式的左边是弦 AB 的斜率, 右边是点 P 处切线的斜率. 即曲线 A, B 上中间某点 P 处的切线与弦 AB 平行 (见图 2–12).

图 2–12

假定 $f'(x)$ 和 $g'(x)$ 不同时为 0 的意思是, 曲线在各点处有确定的切线. 假定 $g(b) - g(a) \neq 0$ 的原因是, $g(b) - g(a)$ 处于左边分母上. 实际上, 也可以是 $f(b) - f(a)$ 不为 0 或 $g(b) - g(a)$ 不为 $0 (A \neq B)$.

定理 22 在某区间中,

若始终有 $f'(x) > 0$, 则 $f(x)$ 单调递增,

若始终有 $f'(x) < 0$, 则 $f(x)$ 单调递减,

若始终有 $f'(x) = 0$, 则 $f(x)$ 为常数.

[注意] 递增与递减都是狭义的含义. 即当 $a < b$ 时, 有 $f(a) < f(b)$ 或 $f(a) > f(b)$, 而不是 $f(a) \leqslant f(b)$ 或 $f(a) \geqslant f(b)$.

[证] 根据拉格朗日中值定理. 在第一种情况下, 对于区间内任意两点 a, b 和其中间的一点 ξ, 有
$$\frac{f(b) - f(a)}{b - a} = f'(\xi) > 0.$$

故当 $a < b$ 时, 有 $f(a) < f(b)$.

其他情况同理. □

[注意]　假设在一点 $x = a$ 处, 有 $f'(a) > 0$ (或 $f'(a) < 0$), 则也称 $f(x)$ 在该点递增 (或递减). 根据微商的定义, 这种情况下当 $|x - a|$ 足够小时, 按照 $x \lessgtr a$ 的不同, 有 $f(x) \lessgtr f(a)$ (或者 $f(x) \gtrless f(a)$). 这是由于此时是将 $f(x)$ 与给定 $f(a)$ 相比较, 这与关于区间单调递增 (或递减) 是不同的.

在定理 22 中, 并没有假定 $f'(x)$ 连续. 如果 $f'(x)$ 在 $x = a$ 处连续, 则当 $f'(a) > 0$ 时, 在包含 a 的足够小的区间内有 $f'(x) > 0$. 因此, 根据定理 22, 在该区间内 $f(x)$ 单调递增. 当 $f'(a) < 0$ 时, $f(x)$ 则单调递减.

当 $f'(a) = 0$ 时, 即使 $f'(x)$ 连续, 对于 $f(x)$ 递增或递减不能下任何一般结论.

对于定理 22 的第一种情况与第二种情况, 逆命题不成立, 即当 $f(x)$ 在狭义含义下单调时, 在区间内的某点处会有 $f'(x) = 0$ (图 2–4). 如果单调是广义的, 则有:

当 $f'(x) \geqslant 0$ 时, $f(x)$ 单调递增 (不减), 其逆命题也为真. 当 $f'(x) \leqslant 0$ 时同理.

[附记] **关于导函数的连续性**　如果 $f(x)$ 在区间 $[a, b]$ 上可微, 则 $f(x)$ 连续, 但是导函数 $f'(x)$ 未必连续. 即微分不保持连续性.

[例]　$f(x) = x^2 \sin \dfrac{1}{x}, \qquad f(0) = 0.$

当 $x \neq 0$ 时, 有

$$f'(x) = 2x \sin \frac{1}{x} - \cos \frac{1}{x}.$$

这里, 由于对 $\dfrac{1}{x}$ 取微分时假定 $x \neq 0$, 因此在 $x = 0$ 时不通用. 当 $x = 0$ 时, 按照定义, 有

$$f'(0) = \lim_{h \to 0} \frac{h^2 \sin \dfrac{1}{h} - 0}{h} = \lim_{h \to 0} h \sin \frac{1}{h} = 0,$$

即由于 $\lim\limits_{x \to 0} f'(x) = f'(0)$ 不成立, 因此 $f'(x)$ 在 $x = 0$ 处不连续.

由于导函数未必连续, 因此当 $x \to a$ 时未必有 $f'(x) \to f'(a)$. 也不保证 $\lim\limits_{x \to a} f'(x)$ 存在. 这里应当注意的是其反面成立.

定理 23　*设 $f(x)$ 在某区间连续, 除该区间内的点 a 外, $f(x)$ 在 a 的邻域可微, 且 $\lim\limits_{x \to a} f'(x) = l$ 存在, 则 $f'(a) = l$, 即 $f(x)$ 在点 a 可微, 且 $f'(x)$ 在点 a 连续.*

[证] 根据拉格朗日中值定理, 有

$$\frac{f(x) - f(a)}{x - a} = f'(\xi), \qquad a \lessgtr \xi \lessgtr x.$$

当 $x \to a$ 时, 有 $\xi \to a$. 故由假设, 有 $f'(\xi) \to l$, 即

$$\lim_{x \to a} \frac{f(x) - f(a)}{x - a} = l, \qquad \text{即} f'(a) = l.$$

$\square$

[注意] 如果 a 是区间的左端点 (或右端点), 则 $f'(a)$ 是右 (或左) 微商.

值得注意的是, 对于导函数 (即使其不连续) 介值定理也成立.

定理 24 设 $f(x)$ 在区间 $[a, b]$ 上可微, μ 为 $f'(a)$ 和 $f'(b)$ 之间的任意值, 则存在 ξ, 使得 $a < \xi < b$ 且 $f'(\xi) = \mu$.

[证] 令 $F(x) = f(x) - \mu x$, 假定

$$F'(a) = f'(a) - \mu < 0, \qquad F'(b) = f'(b) - \mu > 0.$$

只需证存在 ξ, 使得 $a < \xi < b$ 且 $F'(\xi) = 0$. 根据上面假定, $F(x)$ 在 $[a, b]$ 上连续, 其最小值不能在 $x = a$ 或 $x = b$ 处取 (本节 [注意]). 故存在 ξ, 对应于 ξ, $F(\xi)$ 为最小值, 其中 $a < \xi < b$. 于是必须有 $F'(\xi) = 0$. 这可遵循定理 19 的证明来得到.

$\square$

[注意] 由定理 23 与定理 24 可知, 不能说所有函数都是某函数的导函数.

§19 高阶微分法则

设 $y = f(x)$ 的导函数为 $f'(x)$, $f'(x)$ 的导函数称为 $f(x)$ 的二阶导函数, 记为 $f''(x)$. n 阶导函数 $f^{(n)}(x)$ 也依次定义. 也将 $f^{(n)}(x)$ 记为 $y^{(n)}$, $y_x^{(n)}$ 或 $\mathrm{D}_x^{(n)} y$ 等. 将 $f''(x)$ 在点 x 的取值, 即将

$$\frac{\mathrm{d}}{\mathrm{d}x} \left(\frac{\mathrm{d}y}{\mathrm{d}x} \right)$$

记为

$$\frac{\mathrm{d}^2 y}{\mathrm{d}x^2}.$$

同理

$$\frac{\mathrm{d}^n y}{\mathrm{d}x^n} = f^{(n)}(x).$$

上述记号中, $\mathrm{d}x^2$ 是幂 $(\mathrm{d}x)^2$, $\mathrm{d}^2 y$ 的意思是 $\mathrm{d}(\mathrm{d}y)$, 称其为 y 的二阶微分. 如 §13, 当采用微分记号记为

$$\mathrm{d}y = y_x' \mathrm{d}x$$

时, 两边取微分, 将 $\mathrm{d}(\mathrm{d}y), \mathrm{d}(\mathrm{d}x)$ 简记为 $\mathrm{d}^2y, \mathrm{d}^2x$, 有

$$\mathrm{d}^2y = y''_x(\mathrm{d}x)^2 + y'_x\mathrm{d}^2x. \tag{1}$$

这是积的微分法则. 如果 x 是自变量, 则由于 $\mathrm{d}x = \Delta x$ 与 x 无关, 可以任意取值, 因此设 $\mathrm{d}^2x = \mathrm{d}(\Delta x) = 0$, 有

$$\mathrm{d}^2y = y''_x\mathrm{d}x^2.$$

上式的意思是 $\dfrac{\mathrm{d}^2y}{\mathrm{d}x^2} = f''(x)$. 当 $x = \varphi(t)$ 为 t 的函数时, $y = f(x)$ 也是 t 的函数. 根据 $\mathrm{d}^2x = x''_t\mathrm{d}t^2$, (1) 变成

$$\mathrm{d}^2y = y''_x x'^2_t\mathrm{d}t^2 + y'_x x''_t\mathrm{d}t^2.$$

其意思是

$$\frac{\mathrm{d}^2}{\mathrm{d}t^2}f(\varphi(t)) = f''(\varphi(t))\varphi'(t)^2 + f'(\varphi(t))\varphi''(t),$$

但是在 (1) 中没有出现辅助变量 t, 而是直接表示出 x 和 y 之间的关系. 这就是微分记号的特点.

当 u, v 为 x 的函数时,

$$\frac{\mathrm{d}^n}{\mathrm{d}x^n}(u \pm v) = \frac{\mathrm{d}^n u}{\mathrm{d}x^n} \pm \frac{\mathrm{d}^n v}{\mathrm{d}x^n}.$$

对于积 uv, 莱布尼茨法则成立. 即

$$\frac{\mathrm{d}^n(uv)}{\mathrm{d}x^n} = u^{(n)}v + \binom{n}{1}u^{(n-1)}v' + \cdots + \binom{n}{k}u^{(n-k)}v^{(k)} + \cdots + uv^{(n)},$$

其中 $\dbinom{n}{k}$ 是二项式系数. 上式由归纳法容易证明. 右边式子的结构与 $(u+v)^n$ 的展开式相同.

复合函数、反函数以及商 u/v 的高阶导函数不能用简单的公式来表示.

§20 凸 函 数

高阶导函数被定义为逐次导函数, 因此与原函数 $f(x)$ 之间的关系是间接的. 只有二阶导函数 $f''(x)$ 具有某些与 $f(x)$ 直接相关的简明性质.

设函数 $f(x)$ 在某区间上有界, 简记为 $y_1 = f(x_1), y_2 = f(x_2)$ 等. 在 $y = f(x)$ 的曲线上, 当任意两点 $A = (x_1, y_1), B = (x_2, y_2)$ 之间的曲线弧段位于弦 AB 的下侧时, 称 $f(x)$ 为 (向下) 凸函数. 所谓下侧是将 y 轴的负方向看作下方.

相反情况称为向上凸. 其中, 我们约定当没有预先说明而仅仅称凸时, 意思是向下凸.

如果对上述凸函数的定义给出分析性 (采用数学表达式) 的说明, 则如下所述:

$$\text{当 } x_1 < x < x_2 \text{ 时,} \quad \begin{vmatrix} 1 & 1 & 1 \\ x_1 & x & x_2 \\ y_1 & y & y_2 \end{vmatrix} \geqslant 0. \tag{1}$$

一般地, 设曲线上的点为 $P = (x, y)$, 当为凸函数时, 在三角形 APB 的外周上, APB 是正方向 (见图 2–13), 因此行列式 (1) (考虑正负符号) 给出其面积 ($\geqslant 0$) 的两倍. 脱离几何学含义, 可以将 (1) 看作凸函数的定义.

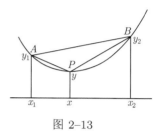

图 2–13

从 (1) 出发进行简单运算, 在相同条件 $x_1 < x < x_2$ 下, 有

$$\frac{y - y_1}{x - x_1} \leqslant \frac{y_2 - y}{x_2 - x}. \tag{1'}$$

考虑到 $x - x_1 > 0, x_2 - x > 0$, 插入中间分数, 有

$$\frac{y - y_1}{x - x_1} \leqslant \frac{y_2 - y_1}{x_2 - x_1} \leqslant \frac{y_2 - y}{x_2 - x}, \tag{1''}$$

即在考虑正负符号的情况下, AP 的斜率小于 (不大于) PB 的斜率, AB 的斜率在两者之间.

故在区间 $[x_1, x]$ 之外, 曲线处于弦 AP 的上侧. 特别地, 如果引曲线的切线, 则曲线处于切线的上侧[①].

定理 25 设 $f''(x)$ 存在, 则

($1°$) 如果在区间内始终有 $f''(x) \geqslant 0$, 则 $f(x)$ 是凸函数,

($2°$) 如果 $f(x)$ 是凸函数, 则在区间内始终有 $f''(x) \geqslant 0$.

[证] ($1°$) (1') 的左边等于 $f'(\xi_1)$, 其中 $x_1 < \xi_1 < x$. 右边等于 $f'(\xi_2)$, 其中 $x < \xi_2 < x_2$. 即 $\xi_1 < \xi_2$.

假设 $f''(x) \geqslant 0$, 由于 $f'(x)$ 单调递增 (不减), 因此 $f'(\xi_1) \leqslant f'(\xi_2)$. 故 (1') 成立. 即 $f(x)$ 是凸函数.

($2°$) 假设 $f(x)$ 是凸函数, 则 (1'') 成立. 于是当 $x \to x_1$ 时, (1'') 左边的极限是 $f'(x_1)$. 故

$$f'(x_1) \leqslant \frac{y_2 - y_1}{x_2 - x_1}.$$

---

① 上述定义的是广义的凸函数. 上文中, 下侧的含义为 "非上侧". 如果在 (1) 中将 $\geqslant$ 换为 $>$, 不考虑等号, 则为狭义的凸函数.

当 $x \to x_2$ 时, $(1'')$ 右边的极限是 $f'(x_2)$, 故

$$\frac{y_2 - y_1}{x_2 - x_1} \leqslant f'(x_2),$$

即 $f'(x_1) \leqslant f'(x_2)$, 故 $f'(x)$ 在区间内单调递增 (不减), 因此 $f''(x) \geqslant 0$. □

凸函数在定义区间内的各点连续, 且有右微商和左微商. 这些微商单调递增, 且前者大于 (不小于) 后者. 实际上, 设

$$x_1 < x < x_2,$$

由 $(1')$, 有

$$\frac{y - y_1}{x - x_1} \leqslant \frac{y_2 - y}{x_2 - x}.$$

现在固定 x, x_1, 则当 x_2 减小并接近 x 时, $\dfrac{y_2 - y}{x_2 - x}$ 单调递减, 并且在下方有界. 故

$$\lim_{x_2 \to x} \frac{y_2 - y}{x_2 - x} = \mathrm{D}^+ y$$

存在, 且

$$\frac{y - y_1}{x - x_1} \leqslant \mathrm{D}^+ y.$$

同理, 由于 $\mathrm{D}^- y = \lim\limits_{x_1 \to x} \dfrac{y - y_1}{x - x_1}$ 也存在, 因此由上述不等式, 有

$$\mathrm{D}^- y \leqslant \mathrm{D}^+ y.$$

由于 $\mathrm{D}^+ y, \mathrm{D}^- y$ 存在, 因此 y 连续. 同样也可以证明 $\mathrm{D}^+ y, \mathrm{D}^- y$ 单调递增.

§21 偏 微 分

在含有两个以上变量的函数中, 仅使一个变量变化, 对该变量取微分的运算称为偏微分. 例如当设 $z = f(x, y)$ 时, 有

$$\frac{\partial z}{\partial x} = \lim_{\Delta x \to 0} \frac{f(x + \Delta x, y) - f(x, y)}{\Delta x}, \quad \frac{\partial z}{\partial y} = \lim_{\Delta y \to 0} \frac{f(x, y + \Delta y) - f(x, y)}{\Delta y}.$$

当 $\dfrac{\partial z}{\partial x}, \dfrac{\partial z}{\partial y}$ 在某区间内各点上都存在时, 它们是 x, y 的函数. 记为

$$\frac{\partial z}{\partial x} = f_x(x, y) = \mathrm{D}_x f(x, y), \quad \frac{\partial z}{\partial y} = f_y(x, y) = \mathrm{D}_y f(x, y).$$

关于高阶微分也同样有,

$$\frac{\partial}{\partial x}\left(\frac{\partial z}{\partial x}\right) = \frac{\partial^2 z}{\partial x^2} = f_{xx}(x, y),$$

$$\frac{\partial}{\partial y}\left(\frac{\partial z}{\partial x}\right) = \frac{\partial^2 z}{\partial x \partial y} = f_{xy}(x, y), \qquad \frac{\partial}{\partial x}\left(\frac{\partial z}{\partial y}\right) = \frac{\partial^2 z}{\partial y \partial x} = f_{yx}(x, y),$$

$$\frac{\partial}{\partial y}\left(\frac{\partial z}{\partial y}\right) = \frac{\partial^2 z}{\partial y^2} = f_{yy}(x, y), \text{等等}.$$

三个及三个以上的变量也同理.

[例 1]　令 $\sqrt{x^2 + y^2} = r$, 设

$$f(x, y) = \ln r = \frac{1}{2}\ln(x^2 + y^2).$$

于是

$$f_x = \frac{x}{x^2 + y^2} = \frac{x}{r^2}, \qquad f_y = \frac{y}{r^2},$$

$$f_{xx} = \frac{1}{x^2 + y^2} - \frac{2x^2}{(x^2 + y^2)^2} = \frac{1}{r^2} - \frac{2x^2}{r^4},$$

$$f_{xy} = -\frac{2xy}{(x^2 + y^2)^2} = -\frac{2xy}{r^4} = f_{yx},$$

$$f_{yy} = \frac{1}{r^2} - \frac{2y^2}{r^4}.$$

若用记号 Δf 表示 $\dfrac{\partial^2 f}{\partial x^2} + \dfrac{\partial^2 f}{\partial y^2}$, 则有

$$\Delta f = \frac{\partial^2 f}{\partial x^2} + \frac{\partial^2 f}{\partial y^2} = \frac{2}{r^2} - \frac{2(x^2 + y^2)}{r^4} = 0.$$

[例 2]　设 $\sqrt{x^2 + y^2 + z^2} = r, f(x, y, z) = \dfrac{1}{r} = (x^2 + y^2 + z^2)^{-\frac{1}{2}}$. 则有

$$f_x = -\frac{x}{(x^2 + y^2 + z^2)^{\frac{3}{2}}} = -\frac{x}{r^3}, \qquad f_y = -\frac{y}{r^3}, \qquad f_z = -\frac{z}{r^3},$$

$$f_{xx} = -\frac{1}{r^3} - x\left\{-3\frac{1}{r^4}\cdot\frac{\partial r}{\partial x}\right\} = -\frac{1}{r^3} + \frac{3x}{r^4}\cdot\frac{x}{r} = -\frac{1}{r^3} + \frac{3x^2}{r^5},$$

$$f_{yy} = -\frac{1}{r^3} + \frac{3y^2}{r^5},$$

$$f_{zz} = -\frac{1}{r^3} + \frac{3z^2}{r^5},$$

$$\Delta f = \frac{\partial^2 f}{\partial x^2} + \frac{\partial^2 f}{\partial y^2} + \frac{\partial^2 f}{\partial z^2}$$

$$= -\frac{3}{r^3} + \frac{3(x^2 + y^2 + z^2)}{r^5} = -\frac{3}{r^3} + \frac{3r^2}{r^5} = 0,$$

$$f_{xy} = -x\left(-3\frac{1}{r^4} \cdot \frac{\partial r}{\partial y}\right) = 3\frac{xy}{r^5} = f_{yx}, \text{ 等等}.$$

偏微商的定义完全是机械的, 只是一种计算方法, 适当利用以上这些有助于应用.

§22 可微性与全微分

在一点 $P = (x, y)$ 的邻域考察函数 $z = f(x, y)$. 令 $\Delta z = f(x + \Delta x, y + \Delta y) - f(x, y)$, 于是

$$\Delta z = A\Delta x + B\Delta y + \varepsilon\rho, \tag{1}$$

其中, A, B 是与 $\Delta x, \Delta y$ 无关的系数, 即在点 (x, y) 处具有固定的值; ρ 是定点 (x, y) 和动点 $(x+\Delta x, y+\Delta y)$ 之间的距离 $(\rho = \sqrt{(\Delta x)^2 + (\Delta y)^2})$; ε 与 $\Delta x, \Delta y$ 有关, 设当 $\rho \to 0$ 时, 有 $\varepsilon \to 0$. 若采用 §15 末说明的记号, 则有 $\varepsilon\rho = o\rho$. 此时称函数 z 在点 (x, y) 处**可微**.

(1) 成立时, 当设 $\Delta y = 0$ 即 $\rho = |\Delta x|$ 时, 有

$$\frac{\Delta z}{\Delta x} = A \pm \varepsilon,$$

即此时由于随着 $\Delta x \to 0$ 有 $\varepsilon \to 0$, 所以 $\dfrac{\partial z}{\partial x}$ 在 (x, y) 处存在, 且与 A 相等. 同样, $\dfrac{\partial z}{\partial y}$ 存在, 且与 B 相等. 并且当点 $(x+\Delta x, y+\Delta y)$ 从一定方向趋近于点 (x, y) 时, 即固定 α, 设 $\Delta x = \rho\cos\alpha, \Delta y = \rho\sin\alpha$ 时, 有

$$\frac{\Delta z}{\rho} = A\cos\alpha + B\sin\alpha + \varepsilon,$$

$$\lim_{\rho\to 0}\frac{\Delta z}{\rho} = A\cos\alpha + B\sin\alpha = \frac{\partial z}{\partial x}\cos\alpha + \frac{\partial z}{\partial y}\sin\alpha. \tag{2}$$

这时, 将 $\lim\limits_{\rho\to 0}\dfrac{\Delta z}{\rho}$ 称为 $\Delta x = \rho\cos\alpha, \Delta y = \rho\sin\alpha$ 方向的偏微商. 当 (1) 成立时各方向的偏微商都存在, 并且由 (2) 给出.

当 z 可微时, 称 Δz 的主要部分, 即关于 $\Delta x, \Delta y$ 的线性表达式 $\dfrac{\partial z}{\partial x}\Delta x + \dfrac{\partial z}{\partial y}\Delta y$ 为 z 的**全微分**, 将其记为 $\mathrm{d}z$. 特别当 $z = x$ 或 $z = y$ 时, $\mathrm{d}x = \Delta x, \mathrm{d}y = \Delta y$ (参考 §13). 故全微分为

$$\mathrm{d}z = \frac{\partial z}{\partial x}\mathrm{d}x + \frac{\partial z}{\partial y}\mathrm{d}y. \tag{3}$$

当 z 可微时, $\mathrm{d}z = \dfrac{\partial z}{\partial x}\Delta x + \dfrac{\partial z}{\partial y}\Delta y$ 表示在 (x,y) 处与曲面 $z = f(x,y)$ 相切的平面. 如果设该平面上的坐标为 X, Y, Z, 则 $\mathrm{d}x, \mathrm{d}y, \mathrm{d}z$ 分别等于 $X-x, Y-y, Z-z$, 切平面的方程式为

$$Z - z = \frac{\partial z}{\partial x}(X-x) + \frac{\partial z}{\partial y}(Y-y).$$

这实际上是切平面的定义. 其中, 我们在应用上仅在点 (x,y) 的邻域采用 (3).

当 $z = f(x,y)$ 在某开域的各点处可微时, 称其在该开域上可微. 这种情况下, $f(x,y)$ 当然在该开域上连续.

定理 26 设 $\dfrac{\partial z}{\partial x}, \dfrac{\partial z}{\partial y}$ 在某开域上存在并且连续, 则 z 在该开域上可微.

[证] 用 h, k 取代 $\Delta x, \Delta y$, 有

$$\begin{aligned}
\Delta z &= f(x+h, y+k) - f(x,y) \\
&= \{f(x+h, y+k) - f(x, y+k)\} + \{f(x, y+k) - f(x,y)\}.
\end{aligned}$$

对 x 应用拉格朗日中值定理, 有

$$f(x+h, y+k) - f(x, y+k) = hf_x(x+\theta h, y+k), \quad 0 < \theta < 1.$$

根据假定, 由于 f_x 连续, 因此如果令

$$f_x(x+\theta h, y+k) = f_x(x,y) + \varepsilon,$$

则当 $h \to 0, k \to 0$ 时, 有 $\varepsilon \to 0$.

由于对 y 可取偏微分, 所以如果令

$$f(x, y+k) - f(x,y) = kf_y(x,y) + \varepsilon'k,$$

则当 $k \to 0$ 时, 有 $\varepsilon' \to 0$, 故

$$\Delta z = hf_x(x,y) + kf_y(x,y) + h\varepsilon + k\varepsilon'.$$

$|h| \leqslant \rho, |k| \leqslant \rho \ (\rho = \sqrt{h^2 + k^2})$, 因此由 $|h\varepsilon + k\varepsilon'| \leqslant (|\varepsilon| + |\varepsilon'|)\rho$, 有

$$\Delta z = hf_x(x,y) + kf_y(x,y) + o\rho,$$

即 z 可微. □

[注意] 定理 26 的假设过多. 上述证明中, 仅采用了 f_x 的连续性. 故如果 z_x, z_y 在开域内存在[①], 在一点 (x,y) 处两者之一连续, 则 z 在该点上可微.

---

① z_x, z_y 是 $\dfrac{\partial z}{\partial x}, \dfrac{\partial z}{\partial y}$ 的简写.

§23　微分的顺序

首先对 $f(x,y)$ 关于 x 取微分, 得到导函数 $f_x(x,y)$. 接着对 f_x 关于 y 取微分, 得到二阶导函数之一 f_{xy}. 故 f_{xy} 和 f_{yx} 在概念上是不同的. 不过, 在某些条件下, f_{xy} 和 f_{yx} 是相同的函数. 现在我们取这些条件中最常见的条件, 有如下结论.

定理 27　设 f_{xy}, f_{yx} 在某开域上连续, 则在该开域上有 $f_{xy} = f_{yx}$.

[证]　考察开域内任意一点 (a,b) 的邻域. 为简单起见, 令

$$\Delta = f(a+h, b+k) - f(a+h, b) - f(a, b+k) + f(a,b). \tag{1}$$

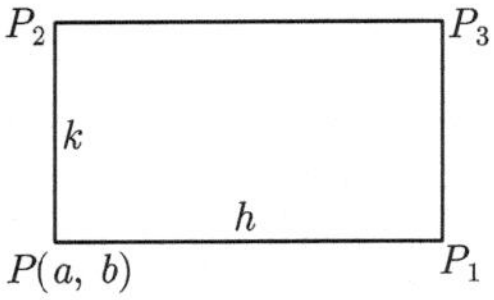

采用图 2-14 中的记号, 则有

$$\Delta = f(P_3) - f(P_1) - f(P_2) + f(P).$$

此外, 令

$$\varphi(x) = f(x, b+k) - f(x, b). \tag{2}$$

图 2-14

这样, 有 $\varphi(a) = f(P_2) - f(P), \varphi(a+h) = f(P_3) - f(P_1)$,

$$\Delta = \varphi(a+h) - \varphi(a). \tag{3}$$

根据假定, 由于 f_x 在 (a,b) 的邻域[①]存在, 所以由 (2) 有

$$\varphi'(x) = f_x(x, b+k) - f_x(x, b). \tag{4}$$

关于 $x=a$ 和 $x=a+h$ 之间的区间, 对 $\varphi(x)$ 应用拉格朗日中值定理, 则有

$$\varphi(a+h) - \varphi(a) = h\varphi'(a+\theta h) \quad (0 < \theta < 1).$$

根据 (3) 和 (4), 上式详细记为

$$\Delta = h\{f_x(a+\theta h, b+k) - f_x(a+\theta h, b)\}. \tag{5}$$

根据假定, 由于 f_{xy} 在 (a,b) 的邻域存在, 因此关于 $y=b$ 和 $y=b+k$ 之间的区间, 对 (5) 的右边应用拉格朗日中值定理, 有

$$\Delta = hk f_{xy}(a+\theta h, b+\theta' k) \quad (0 < \theta' < 1).$$

根据假定, f_{xy} 在点 (a,b) 连续, 故

$$\lim_{(h,k)\to(0,0)} \frac{\Delta}{hk} = f_{xy}(a,b). \tag{6}$$

---

① 即使称为邻域, 也可以包含整个矩形 $PP_1P_3P_2$. 由于 h, k 可以取任意小, 因此可以称为邻域.

交换 x, h 和 y, k 来考察, 同样得到

$$\lim_{(h,k)\to(0,0)} \frac{\Delta}{hk} = f_{yx}(a,b). \tag{7}$$

比较 (6) 和 (7), 在点 (a,b), 即在开域内的各点, 有

$$f_{xy} = f_{yx}. \qquad \square$$

[**注意**] 我们来重新考虑上面的证明. 在得到 (6) 之前, 仅使用了部分定理假设, 即 f_x, f_{xy} 在开域上存在, 以及 f_{xy} 在点 (a,b) 连续. 现在, 如果在此基础上假定 f_y 在开域内存在, 则由 (1) 有

$$\frac{\Delta}{hk} = \frac{1}{h}\left\{\frac{f(a+h,b+k)-f(a+h,b)}{k} - \frac{f(a,b+k)-f(a,b)}{k}\right\},$$

因此, 当 $k \to 0$ 时, 有

$$\frac{\Delta}{hk} \to \frac{1}{h}\{f_y(a+h,b) - f_y(a,b)\}.$$

根据 (6), 当 $k \to 0, h \to 0$ 时, $\dfrac{\Delta}{hk}$ 收敛到确定的极限值 $f_{xy}(a,b)$. 故当 $h \to 0$ 时, 有

$$\lim \frac{1}{h}\{f_y(a+h,b) - f_y(a,b)\} = f_{xy}(a,b).$$

由于根据定义, 左边的极限值为 $f_{yx}(a,b)$, 因此

$$f_{yx}(a,b) = f_{xy}(a,b).$$

于是, 可以如下这样放宽定理 27 的假设.

假设 f_x, f_y, f_{xy} 在某开域上存在, 并且 f_{xy} 在开域内一点连续, 则 f_{yx} 在该点也存在, 并且有 $f_{xy} = f_{yx}$ [施瓦茨 (Schwarz) 定理]. 当然也可以交换 x 和 y.

因此, 在 f_x, f_y 存在的情况下, 在求得例如 f_{xy} 时, 如果 f_{xy} 连续, 则不必再去求 f_{yx}.

在定理 27 或更精确的施瓦茨定理中, 定理的假设只是 $f_{xy} = f_{yx}$ 成立的充分条件. 下面同样是 $f_{xy} = f_{yx}$ 成立的充分条件.

设在某开域上 f_x, f_y (存在, 它们) 在开域内的一点可微, 则在该点有 $f_{xy} = f_{yx}$ [杨氏 (Young) 定理].

这种情况下也通用上面证明中 (5) 之前的证明. 在 (5) 中设 $h = k$, 利用 f_x 可微的假设 (§22), 有

$$f_x(a+\theta h, b+h) = f_x(a,b) + \theta h f_{xx}(a,b) + h f_{xy}(a,b) + oh,$$

$$f_x(a + \theta h, b) = f_x(a, b) + \theta h f_{xx}(a, b) + oh.$$

将其代入 (5), 有 $\Delta = h^2 f_{xy}(a, b) + oh^2$, 故

$$\lim_{h \to 0} \frac{\Delta}{h^2} = f_{xy}(a, b).$$

由于假设关于 x, y 对称, 因此得到 $f_{xy}(a, b) = f_{yx}(a, b)$.

在杨氏定理中假设 f_x, f_y 可微, 从而假设 $f_{xx}, f_{xy}, f_{yx}, f_{yy}$ 存在. 但是没有假设它们连续. 在施瓦茨定理中, 虽然在 f_x, f_y, f_{xy} 存在的基础上假设 f_{xy} 连续, 但是对于 f_{yx} (以及 f_{xx}, f_{yy}) 即使连存在也未假设. 应该按照情况酌情使用这两个定理. 在应用上, 一般使用定理 27 就足够了.

当然不能无条件地说 $f_{xy} = f_{yx}$. 认识到这一点很重要, 我们举一个例子. 设

$$\begin{cases} f(x, y) = xy \dfrac{x^2 - y^2}{x^2 + y^2}, & (x, y) \neq (0, 0), \\ f(0, 0) = 0. \end{cases}$$

设 $(x, y) \neq (0, 0)$ 来计算, 有

$$f_x(x, y) = \frac{3x^2 y - y^3}{x^2 + y^2} - \frac{2x^2 y (x^2 - y^2)}{(x^2 + y^2)^2}.$$

交换 x, y 并改变正负符号就得到 f_y. 并且

$$f_{xy}(x, y) = \frac{x^2 - y^2}{x^2 + y^2} + \frac{8x^2 y^2 (x^2 - y^2)}{(x^2 + y^2)^3}.$$

由于 $(x, y) \neq (0, 0)$ 时 f_{xy} 连续, 所以与 f_{yx} 相等. 这样, $f_{xy}(0, y) = -1, y \neq 0, \lim\limits_{y \to 0} f_{xy}(0, y) = -1$. 然而由于 $f_x(0, y) = -y, \ y \neq 0$, 且 $f_x(0, 0) = 0$, 因此 $f_x(0, y)$ 在 $y = 0$ 处连续, 故 $f_{xy}(0, 0) = -1$ (定理 23). 同理, 由于 $f_{yx}(x, 0) = 1$, 有 $f_{yx}(0, 0) = 1$.

对于三阶及三阶以上的情况, 如果导函数也连续, 则可以改变到该导函数为止的微分的顺序. 例如, 由于可以像 $f_{xxy} = (f_x)_{xy} = (f_x)_{yx} = f_{xyx}$ 这样来交换相邻的两个下标, 因此, 反复进行这样的操作就有

$$f_{xyz} = f_{xzy} = f_{zxy} = f_{zyx} = f_{yzx} = f_{yxz},$$

$$f_{xxyy} = f_{xyxy} = f_{xyyx} = f_{yxxy} = f_{yxyx} = f_{yyxx}, \text{等等}.$$

于是, 在两个变量的情况下, 二阶导函数是下面三个

$$f_{x^2} = \frac{\partial^2 f}{\partial x^2}, \quad f_{xy} = \frac{\partial^2 f}{\partial x \partial y}, \quad f_{y^2} = \frac{\partial^2 f}{\partial y^2},$$

n 阶导函数是下面 $n+1$ 个

$$f_{x^r y^s} = \frac{\partial^n f}{\partial x^r \partial y^s} \quad (r+s=n, s=0,1,2,\cdots,n).$$

三个及三个以上变量时也如此处理.

§24 高阶全微分

在 $u=f(x,y)$ 的一阶全微分

$$\mathrm{d}u = \frac{\partial u}{\partial x}\mathrm{d}x + \frac{\partial u}{\partial y}\mathrm{d}y$$

中, 如果 $\dfrac{\partial u}{\partial x}, \dfrac{\partial u}{\partial y}$ 可微, 则得到 $\mathrm{d}u$ 关于 x, y 的全微分 $\mathrm{d}^2 u$. 若设 x, y 是自变量 $(h=\mathrm{d}x, k=\mathrm{d}y$ 如上$)$, 则有

$$\begin{aligned}
\mathrm{d}^2 u = \mathrm{d}(\mathrm{d}u) &= \frac{\partial}{\partial x}\left(\frac{\partial u}{\partial x}h + \frac{\partial u}{\partial y}k\right)h + \frac{\partial}{\partial y}\left(\frac{\partial u}{\partial x}h + \frac{\partial u}{\partial y}k\right)k \\
&= \frac{\partial^2 u}{\partial x^2}h^2 + 2\frac{\partial^2 u}{\partial x \partial y}hk + \frac{\partial^2 u}{\partial y^2}k^2 \\
&= \frac{\partial^2 u}{\partial x^2}\mathrm{d}x^2 + 2\frac{\partial^2 u}{\partial x \partial y}\mathrm{d}x\mathrm{d}y + \frac{\partial^2 u}{\partial y^2}\mathrm{d}y^2.
\end{aligned}$$

同理, 有

$$\mathrm{d}^3 u = \frac{\partial^3 u}{\partial x^3}\mathrm{d}x^3 + 3\frac{\partial^3 u}{\partial x^2 \partial y}\mathrm{d}x^2\mathrm{d}y + 3\frac{\partial^3 u}{\partial x \partial y^2}\mathrm{d}x\mathrm{d}y^2 + \frac{\partial^3 u}{\partial y^3}\mathrm{d}y^3.$$

一般地,

$$\mathrm{d}^n u = \frac{\partial^n u}{\partial x^n}\mathrm{d}x^n + \cdots + \binom{n}{k}\frac{\partial^n u}{\partial x^k \partial y^{n-k}}\mathrm{d}x^k\mathrm{d}y^{n-k} + \cdots + \frac{\partial^n u}{\partial y^n}\mathrm{d}y^n.$$

将上式简记为

$$\mathrm{d}^n u = \left(\frac{\partial}{\partial x}\mathrm{d}x + \frac{\partial}{\partial y}\mathrm{d}y\right)^n u$$

较简便.

如果变量为三个及三个以上, 则类似有

$$\begin{aligned}
\mathrm{d}^2 u = &\frac{\partial^2 u}{\partial x^2}\mathrm{d}x^2 + \frac{\partial^2 u}{\partial y^2}\mathrm{d}y^2 + \frac{\partial^2 u}{\partial z^2}\mathrm{d}z^2 + \cdots \\
&+ 2\frac{\partial^2 u}{\partial x \partial y}\mathrm{d}x\mathrm{d}y + 2\frac{\partial^2 u}{\partial x \partial z}\mathrm{d}x\mathrm{d}z + 2\frac{\partial^2 u}{\partial y \partial z}\mathrm{d}y\mathrm{d}z + \cdots,
\end{aligned}$$

一般地, 有

$$\mathrm{d}^n u = \left(\frac{\partial}{\partial x}\mathrm{d}x + \frac{\partial}{\partial y}\mathrm{d}y + \frac{\partial}{\partial z}\mathrm{d}z + \cdots\right)^n u.$$

复合函数　设 u 是 x, y 的函数, x, y 是 t 的函数, 则 u 是 t 的函数.

如果 u 关于 x, y 连续 (或者可微), 并且 x, y 关于 t 连续 (或者可微), 则 u 关于 t 连续 (或者可微) (参考 §15).

在可微的情况下我们来求 $\dfrac{\mathrm{d}u}{\mathrm{d}t}$.

$$\Delta u = u_x \Delta x + u_y \Delta y + o(\sqrt{\Delta x^2 + \Delta y^2}). \tag{1}$$

设对应于 t 的改变量 Δt, 有

$$\Delta x = x'\Delta t + o(\Delta t), \quad \Delta y = y'\Delta t + o(\Delta t). \tag{2}$$

其中, 记号 o 在 §15 末说明.

把 (2) 代入 (1), 有

$$\Delta u = (u_x x' + u_y y')\Delta t + o(\Delta t).$$

因此 $\lim\limits_{\Delta t \to 0} \dfrac{\Delta u}{\Delta t}$ 存在, 其值为

$$\frac{\mathrm{d}u}{\mathrm{d}t} = u_x x' + u_y y' \quad \left(x' = \frac{\mathrm{d}x}{\mathrm{d}t}, y' = \frac{\mathrm{d}y}{\mathrm{d}t}\right).$$

假设可取二阶及二阶以上的微分, 由此有

$$\begin{aligned}
\frac{\mathrm{d}^2 u}{\mathrm{d}t^2} &= \frac{\mathrm{d}u_x}{\mathrm{d}t}x' + u_x x'' + \frac{\mathrm{d}u_y}{\mathrm{d}t}y' + u_y y'' \\
&= (u_{xx}x' + u_{xy}y')x' + (u_{xy}x' + u_{yy}y')y' + u_x x'' + u_y y'' \\
&= u_{xx}x'^2 + 2u_{xy}x'y' + u_{yy}y'^2 + u_x x'' + u_y y''.
\end{aligned}$$

最初的三项与 $\mathrm{d}^2 u$ 结构相同, 后面添加含有 x'', y'' 的最后两项.

设 x, y 是两个变量 ξ, η 的函数, u 也是 ξ, η 的函数. 这种情况下, 为了求得 u_ξ, u_η, 可以在上面的结果中分别用 x_ξ, y_ξ 或 x_η, y_η 代替 x', y', 即

$$u_\xi = u_x x_\xi + u_y y_\xi, \quad u_\eta = u_x x_\eta + u_y y_\eta.$$

同理

$$\begin{aligned}
u_{\xi\xi} &= u_{xx}x_\xi^2 + 2u_{xy}x_\xi y_\xi + u_{yy}y_\xi^2 + u_x x_{\xi\xi} + u_y y_{\xi\xi}, \\
u_{\xi\eta} &= u_{xx}x_\xi x_\eta + u_{xy}(x_\xi y_\eta + x_\eta y_\xi) + u_{yy}y_\xi y_\eta + u_x x_{\xi\eta} + u_y y_{\xi\eta}, \\
u_{\eta\eta} &= u_{xx}x_\eta^2 + 2u_{xy}x_\eta y_\eta + u_{yy}y_\eta^2 + u_x x_{\eta\eta} + u_y y_{\eta\eta}.
\end{aligned}$$

[例]　在 $u = u(x, y)$ 中, 将关于 x, y 的偏微商变换为极坐标.

$$x = r \cos \theta, \qquad y = r \sin \theta,$$

$$r = \sqrt{x^2 + y^2}, \qquad \theta = \arctan \frac{y}{x}.$$

将 u 看作 r, θ 的函数, 将 r, θ 看作 x, y 的函数来计算.

$$r_x = \frac{x}{r} = \cos \theta, \qquad r_y = \frac{y}{r} = \sin \theta.$$

$$\theta_x = -\frac{y}{r^2} = -\frac{\sin \theta}{r}, \qquad \theta_y = \frac{x}{r^2} = \frac{\cos \theta}{r}.$$

$$u_x = u_r r_x + u_\theta \theta_x = u_r \cos \theta - \frac{u_\theta}{r} \sin \theta,$$

$$u_y = u_r r_y + u_\theta \theta_y = u_r \sin \theta + \frac{u_\theta}{r} \cos \theta,$$

$$u_{xx} = u_{rr} \cos^2 \theta + \frac{u_{\theta\theta}}{r^2} \sin^2 \theta - 2\frac{u_{r\theta}}{r} \cos \theta \sin \theta + \frac{u_r}{r} \sin^2 \theta + 2\frac{u_\theta}{r^2} \cos \theta \sin \theta,$$

$$u_{yy} = u_{rr} \sin^2 \theta + \frac{u_{\theta\theta}}{r^2} \cos^2 \theta + 2\frac{u_{r\theta}}{r} \cos \theta \sin \theta + \frac{u_r}{r} \cos^2 \theta - 2\frac{u_\theta}{r^2} \cos \theta \sin \theta.$$

由此得到

$$\frac{\partial^2 u}{\partial x^2} + \frac{\partial^2 u}{\partial y^2} = \frac{\partial^2 u}{\partial r^2} + \frac{1}{r^2} \frac{\partial^2 u}{\partial \theta^2} + \frac{1}{r} \frac{\partial u}{\partial r}.$$

§25　泰 勒 公 式

定理 28　设 $f(x)$ 在某区间上直至 n 阶可微. 这时, 在该区间上, 设 a 为定点, x 为任意点, 则有

$$f(x) = f(a) + (x-a)\frac{f'(a)}{1!} + (x-a)^2\frac{f''(a)}{2!} + \cdots + (x-a)^{n-1}\frac{f^{(n-1)}(a)}{(n-1)!} + (x-a)^n\frac{f^{(n)}(\xi)}{n!}. \tag{1}$$

其中

$$\xi = a + \theta(x - a), \qquad 0 < \theta < 1,$$

即 ξ 是 a 和 x 之间的某值.

上式被称为**泰勒 (Taylor) 公式**.

上面公式右边只有最后一项与其他项不同. 在最后一项中, 导函数 $f^{(n)}$ 不是对应于 a 取值, 而是对应于 a 和 x 之间的值 ξ 来取值. 将最后一项称为**余项**, 记为 R_n,

$$R_n = (x - a)^n \frac{f^{(n)}(\xi)}{n!}. \tag{2}$$

问题的核心在于证明上式.

[证] 令

$$F(x) = f(x) - \left\{ f(a) + (x-a)\frac{f'(a)}{1!} + \cdots + (x-a)^{n-1}\frac{f^{(n-1)}(a)}{(n-1)!} \right\}, \quad (3)$$

$F(x)$ 即为 R_n. 根据假设, $F(x)$ 直至 n 阶可微, 由计算可知

$$F(a) = F'(a) = \cdots = F^{(n-1)}(a) = 0,$$
$$F^{(n)}(x) = f^{(n)}(x). \quad (4)$$

将定理 21 应用于 $F(x)$ 和 $G(x) = (x-a)^n$. 由 $F(a) = 0, G(a) = 0$, 有

$$\frac{F(x) - F(a)}{G(x) - G(a)} = \frac{F(x)}{(x-a)^n} = \frac{F'(x_1)}{n(x_1-a)^{n-1}},$$

x_1 是 a 和 x 之间的值. 同样, 由 $F'(a) = 0, G'(a) = 0$, 有

$$\frac{F'(x_1)}{n(x_1-a)^{n-1}} = \frac{F''(x_2)}{n(n-1)(x_2-a)^{n-2}},$$

x_2 是 a 和 x_1 之间的值, 因此是 a 和 x 之间的值.

一步一步直到 $F^{(n)}$, 最后由 (4), 得到

$$\frac{F(x)}{(x-a)^n} = \frac{F^{(n)}(\xi)}{n!} = \frac{f^{(n)}(\xi)}{n!},$$

其中 ξ 是 a 和 x 之间的值, 即

$$F(x) = (x-a)^n\frac{f^{(n)}(\xi)}{n!}. \quad (5)$$

根据 (3) 详细写出左边的 $F(x)$ 就得到 (1). □

在泰勒公式 (1) 中, 当 $n = 1$ 时, 有

$$f(x) = f(a) + (x-a)f'(\xi).$$

这是拉格朗日中值定理. 也就是说, 定理 28 是拉格朗日中值定理的扩展.

在上面证明中, 由于 $f^{(n)}(x)$ 仅用于 (5), 所以 $f^{(n)}(x)$ 在以 a 为一个端点的开区间中存在就足够了.

相反, 如果假设对于 n 阶微分 $f^{(n)}(a)$ 仅在 $x = a$ 处存在, 则由此回溯, 在 a 的邻域有直至 $n-1$ 阶的导函数存在, 这时, 下面定理成立.

定理 29 设 $f(x)$ 在包含 $x = a$ 的某区间上直至 $n-1$ 阶可微, 且在 $x = a$ 处 $f^{(n)}(a)$ 存在, 则

$$f(x) = f(a) + (x-a)\frac{f'(a)}{1!} + (x-a)^2\frac{f''(a)}{2!} + \cdots + (x-a)^n\frac{f^{(n)}(a)}{n!} + o(x-a)^n. \quad (6)$$

[证] 像 (3) 那样设 $F(x)$, 根据拉格朗日中值定理, 如前面证明可以得到

$$\frac{F(x)}{(x-a)^n} = \frac{F^{(n-1)}(\xi)}{n!(\xi-a)}, \quad a \lessgtr \xi \lessgtr x.$$

这次 $F^{(n)}(a) = f^{(n)}(a)$ 存在, 由于如前所述有 $F^{(n-1)}(a) = 0$, 因此当 $x \to a$ 从而 $\xi \to a$ 时, 有

$$\lim_{x \to a} \frac{F^{(n-1)}(\xi)}{\xi - a} = \lim_{\xi \to a} \frac{F^{(n-1)}(\xi) - F^{(n-1)}(a)}{\xi - a} = F^{(n)}(a) = f^{(n)}(a),$$

即

$$\lim_{x \to a} \frac{F(x)}{(x-a)^n} = \frac{f^{(n)}(a)}{n!},$$

即

$$F(x) = (x-a)^n \frac{f^{(n)}(a)}{n!} + o(x-a)^n,$$

上式即为要证的. □

在定理 28 中, 我们假设 $f^{(n)}(x)$ 在区间内存在, 若在此基础上假设 $f^{(n)}(x)$ 在 $x = a$ 处连续, 则 R_n 可以写成 (2), 因此得到定理 29. 但是, 仅仅假设 $f^{(n)}(a)$ 存在, 定理 29 就已经成立了.

在定理 29 中设 $n = 1$, 有

$$f(x) = f(a) + (x-a)f'(a) + o(x-a).$$

如果 $f'(a)$ 存在, 则上式成立 ($f'(a)$ 的定义!). 定理 29 是该情形的扩展. 然而, 高阶导函数是作为导函数的导函数来间接定义的, 并未仿效 $f'(a)$ 的例子逐次定义 $f^{(i)}(a)$ 为

$$f(x) = f(a) + A_1(x-a) + A_2 \frac{(x-a)^2}{2} + \cdots + A_n \frac{(x-a)^n}{n!} + o(x-a)^n$$

中的系数 A_i. 一般函数不能这样进行. 导函数的复杂性就在于此.

在区间 $a \leqslant x < b$ 上应用定理 28 或定理 29 时, 只要 $f^{(i)}(a)$ 在右微商的含义下存在即可. 考虑区间 $b < x \leqslant a$ 时, 在左微商的含义下存在即可. 重新读一读证明就能理解其中的原因.

[附记] 定差 在 $y = f(x)$ 中当令 x 增加一定量 Δx (其中 $\Delta x \geqslant 0$) 时, 称 y 与之对应的增加量

$$\Delta y = \Delta f(x) = f(x + \Delta x) - f(x)$$

为 y 的**定差** (difference) 或差分. 将 Δy 看作 x 的函数, 对于增加量 Δx, 称其定差为 y 的二阶定差, 并将其记为 $\Delta^2 y$, 即

$$\Delta^2 y = \Delta f(x + \Delta x) - \Delta f(x)$$

$$= \{f(x + 2\Delta x) - f(x + \Delta x)\} - \{f(x + \Delta x) - f(x)\}$$
$$= f(x + 2\Delta x) - 2f(x + \Delta x) + f(x).$$

同理, n 阶定差为

$$\Delta^n y = \Delta^{n-1} f(x + \Delta x) - \Delta^{n-1} f(x)$$
$$= f(x + n\Delta x) - \binom{n}{1} f(x + (n - 1)\Delta x)$$
$$+ \binom{n}{2} f(x + (n - 2)\Delta x) + \cdots + (-1)^n f(x). \tag{7}$$

例如, 设 $g(x) = ax^n + \cdots$ 为 n 次多项式, 记 $\Delta x = h$, 则有

$$\Delta g(x) = nahx^{n-1} + \cdots, \qquad \Delta^2 g(x) = n(n - 1)ah^2 x^{n-2} + \cdots,$$

$$\Delta^n g(x) = n!ah^n, \qquad \Delta^{n+1} g(x) = 0. \tag{8}$$

在定理 29 的假设下, 对于充分小的 Δx, 有

$$f(x + k\Delta x) = \sum_{v=0}^{n} (k\Delta x)^v \frac{f^{(v)}(x)}{v!} + o(\Delta x)^n.$$

将其代入 (7), 有

$$\Delta^n y = \sum_{k,v=0}^{n} (-1)^{n-k} \binom{n}{k} k^v \Delta x^v \frac{f^{(v)}(x)}{v!} + o(\Delta x)^n$$
$$= \sum_{v=0}^{n} \Delta x^v \frac{f^{(v)}(x)}{v!} \left(\sum_{k=0}^{n} (-1)^{n-k} \binom{n}{k} k^v \right) + o(\Delta x)^n. \tag{9}$$

这里

$$\sum_{k=0}^{n} (-1)^k \binom{n}{k} k^v = \begin{cases} 0 & (v = 0, 1, \cdots, n - 1), \\ (-1)^n n! & (v = n). \end{cases}$$

这是设 $y = x^n$ 时从 (9) 得到的. 此时, 根据 (8), 由于 $\Delta^n y = n!\Delta x^n$, 故

$$\Delta^n y = (\Delta x)^n f^{(n)}(x) + o(\Delta x)^n,$$

因此

$$\lim_{\Delta x \to 0} \frac{\Delta^n y}{\Delta x^n} = f^{(n)}(x).$$

这是 $\dfrac{\Delta y}{\Delta x} \to f'(x)$ 的扩展, 但是由于这里也和定理 29 一样假设 $f^{(n)}(x)$ 存在

来进行证明, 所以当 $\lim \dfrac{\Delta^n y}{\Delta x^n}$ 存在时, 并不是说这就是 $f^{(n)}(x)$. 换句话说, $f^{(n)}(x)$ 不是由高阶的定差直接定义的.

二维及二维以上的泰勒公式 泰勒公式也可以扩展到二维及二维以上. 现在 考虑二维的情况. 当 $f(x,y)$ 在某开域上直至 n 次可微时, 设 $A = (x,y)$ 为开域内 的一点, 并且取 $|h|, |k|$ 充分小, 令点 $B = (x+h, y+k)$ 和线段 AB 都完全在开域 内, 则

$$F(t) = f(x + ht, y + kt)$$

是区间 $0 \leqslant t \leqslant 1$ (线段 AB 上) 上 t 的函数, 且定理 28 的假设在该区间成立, 即

$$F'(t) = \left(h\frac{\partial}{\partial x} + k\frac{\partial}{\partial y} \right) f(x + ht, y + kt), \cdots,$$

$$F^{(n)}(t) = \left(h\frac{\partial}{\partial x} + k\frac{\partial}{\partial y} \right)^n f(x + ht, y + kt).$$

故

$$F(t) = F(0) + tF'(0) + \cdots + \frac{t^{n-1}}{(n-1)!}F^{(n-1)}(0) + \frac{t^n}{n!}F^{(n)}(\theta t), \quad 0 < \theta < 1.$$

令 $t = 1$, 有

$$f(x+h, y+k) = f(x,y) + \mathrm{d}f(x,y) + \frac{1}{2}\mathrm{d}^2 f(x,y) + \cdots$$

$$+ \frac{1}{(n-1)!}\mathrm{d}^{n-1} f(x,y) + \frac{1}{n!}\mathrm{d}^n f(x+\theta h, y+\theta k).$$

简记法 $\mathrm{d}^v f$ 如 §24 所示, 即

$$\mathrm{d}f(x,y) = h f_x(x,y) + k f_y(x,y),$$

$$\mathrm{d}^2 f(x,y) = h^2 f_{xx}(x,y) + 2hk f_{xy}(x,y) + k^2 f_{yy}(x,y), \cdots.$$

其中, 在最后一项 (余项) 中用 $x+\theta h, y+\theta k$ 代入变量 x, y 的出现之处.

特别地, 设 $n = 1$, 有

$$f(x+h, y+k) - f(x,y) = h f_x(x+\theta h, y+\theta k) + k f_y(x+\theta h, y+\theta k).$$

$(x+\theta h, y+\theta k)$ 是线段 AB 上的某点. 这是二维的拉格朗日中值定理.

如果像定理 29 那样, 假设仅在点 $A = (x,y)$ 处可取 n 阶微分, 则

$$f(x+h, y+k) = f(x,y) + \mathrm{d}f(x,y) + \frac{\mathrm{d}^2 f(x,y)}{2!} + \cdots + \frac{\mathrm{d}^n f(x,y)}{n!} + o\rho^n,$$

$$\rho = \sqrt{h^2 + k^2}.$$

为了证明上式, 令

$$F(t) = f\left(x + \frac{h}{\rho}t, y + \frac{k}{\rho}t\right),$$

在

$$F(t) = F(0) + tF'(0) + \cdots + \frac{t^n F^{(n)}(0)}{n!} + ot^n$$

中令 $t = \rho$ 即可. 这里, ot^n/t^n 在线段 AB 的方向上无关地 (一致地) 收敛到 0.
参考定理 29 容易证明.

泰勒级数 在定理 28 中, 当 $f(x)$ 任意阶可微, 且对于区间内的所有 x, 有

$$\lim_{n \to \infty} R_n = 0,$$

即

$$f(x) = \lim_{n \to \infty} \sum_{v=0}^{n} (x - a)^v \frac{f^{(v)}(a)}{v!}$$

时, 将右边表示为无限级数的形式, 则在区间内

$$f(x) = f(a) + (x - a)\frac{f'(a)}{1!} + (x - a)^2 \frac{f''(a)}{2!} + \cdots + (x - a)^n \frac{f^{(n)}(a)}{n!} + \cdots. \quad (10)$$

这称为 $f(x)$ 的**泰勒级数**. 特别地, 当 $a = 0$ 时, 称为**麦克劳林 (Maclaurin)
级数**.

泰勒级数在分析学中最为重要. 将实用中的函数展开为泰勒级数, 仅仅根据
定理 28 采用直接计算来求该展开并不是好方法. 我们放到后面来讲 (第 5 章), 这
里举出两个最简单的例子.

[例 1] 设 $f(x)$ 是 n 次多项式, $f^{(n+1)}(x) = 0$, 所以 (10) 为有限级数. 这就
是将 $f(x)$ 表示成 $(x - a)$ 的多项式.

[例 2] $f(x) = e^x$.

对于所有 n 有 $f^{(n)}(x) = e^x$. 故令 $a = 0$, 有 $f^{(n)}(0) = 1$,

$$R_n = \frac{x^n}{n!}e^{\theta x}, \quad 0 < \theta < 1.$$

故

$$|R_n| < \frac{|x|^n}{n!}e^{|x|}.$$

固定 x, 则有 $\lim \dfrac{|x|^n}{n!} = 0$ (§4 [例 3]). 故当 $-\infty < x < \infty$ 时, 有

$$\mathrm{e}^x = 1 + \frac{x}{1!} + \frac{x^2}{2!} + \cdots + \frac{x^n}{n!} + \cdots.$$

特别地, 当 $x = 1$ 时, 代入余项记为

$$\mathrm{e} = 1 + \frac{1}{1!} + \frac{1}{2!} + \cdots + \frac{1}{n!} + R_{n+1}, \tag{11}$$

$$R_{n+1} = \frac{\mathrm{e}^\theta}{(n+1)!} < \frac{3}{(n+1)!}.$$

e 的计算 将 e 定义为 $\lim \left(1 + \dfrac{1}{n}\right)^n$, 但是由于该数列收敛缓慢, 因此不适于计算. 现在, 采用 (11) 计算 $\dfrac{1}{n!}$ 直至第 7 位小数. 如下所示取 $n = 10$,

$$1 + \frac{1}{1!} + \frac{1}{2!} = 2.5$$
$$\frac{1}{3!} = 0.166\ 666\ 6$$
$$\frac{1}{4!} = 0.041\ 666\ 6$$
$$\frac{1}{5!} = 0.008\ 333\ 3$$
$$\frac{1}{6!} = 0.001\ 388\ 8$$
$$\frac{1}{7!} = 0.000\ 198\ 4$$
$$\frac{1}{8!} = 0.000\ 024\ 8$$
$$\frac{1}{9!} = 0.000\ 002\ 7$$
$$\frac{1}{10!} = 0.000\ 000\ 2$$

$$\overline{ \mathrm{e} \approx 2.718\ 281\ 4}$$

将这些值加起来就得到 e 的近似值, $n \geqslant 3$ 的八项中每项的误差都不到 $\dfrac{1}{10^7}$, 此外余项

$$R_{11} < \frac{3}{11!} = \frac{1}{10!}\frac{3}{11} < \frac{1}{10^7},$$

因此误差不到 $\dfrac{1}{10^6}$. 实际上 $\mathrm{e} = 2.718\ 281\ 828 \cdots$.

e 为无理数的证明   假设 e 为有理数, 令 $e = \dfrac{m}{n}$, 其中, m, n 为整数. 于是 $n!e$ 为整数. 因此, 根据 (11),

$$n!R_{n+1} = \frac{e^{\theta}}{n+1} > 0 \quad (0 < \theta < 1)$$

必须是整数. 从而

$$1 \leqslant \frac{e^{\theta}}{n+1} < \frac{3}{n+1},$$

即 $n + 1 < 3, n < 2, n = 1$. 于是 $e = m$, e 必须是整数. 由于 $2 < e < 3$, 矛盾.

[例]

$$\sin x = x - \frac{x^3}{3!} + \frac{x^5}{5!} - + \cdots,$$

$$\cos x = 1 - \frac{x^2}{2!} + \frac{x^4}{4!} - + \cdots.$$

其中 x 为任意实数. 这里也有 $|R_n| \to 0$.

§26 极 大 极 小

函数 $f(x)$ 在点 $x = x_0$ 处的取值为 $f(x_0)$, 当在 x_0 的邻域中, $f(x_0)$ 比除 x_0 之外的点 x 处的取值 $f(x)$ 都大 (或小) 时, 称 $f(x_0)$ 为**极大值** (或**极小值**), 称 x_0 为 $f(x)$ 的**极大点** (或**极小点**). 极大值和极小值总称为**极值**, x_0 称为**极值点**.

即 x_0 是 $f(x)$ 的极小点的含义是, 存在 δ, 满足

$$当 \ 0 < |x - x_0| < \delta \ 时 \ f(x) - f(x_0) > 0.$$

如果将不等号 $>$ 换为 $\geqslant$, 则称 $f(x_0)$ 为弱含义下的极小值. 极大值也同样.

根据该定义, 由于 $f(x)$ 的极值与 $f(x)$ 在整个区域中的最大值和最小值是不同的概念, 所以极大值可能反而比极小值小 (见图 2-15). 这是因为极大极小仅针对某一点的邻域定义, 即局部的 (im Kleinen, local) 的最大最小.

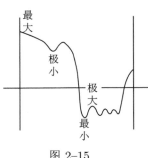

图 2-15

定理 30   设点 x_0 是函数 $f(x)$ 的定义域的内点.

(1°) 设 $f(x)$ 在 x_0 处可微, 当 $f(x)$ 在 $x = x_0$ 处取极值时, $f'(x_0) = 0$. $f'(x_0)$ 存在时, 这是极值的必要条件.

(2°) 设 $f(x)$ 在 x_0 处连续, 且在 x_0 的邻域中除 x_0 之外的点处可微. 如果 $f'(x)$ 在点 $x = x_0$ 处改变正负符号, 则 $f(x_0)$ 是极值. 详

细来说, 当 x 增大并通过点 x_0 时, 如果 $f'(x)$ 的符号从 $+$ 变为 $-$, 则 $f(x_0)$ 是极大值, 相反如果从 $-$ 变为 $+$, 则 $f(x_0)$ 是极小值.

(3°) 当 $f(x)$ 在 x_0 的邻域可微且 $f''(x_0)$ 存在时, 如果 $f'(x_0) = 0$ 且 $f''(x_0) > 0$, 则 $f(x_0)$ 是极小值; 如果 $f'(x_0) = 0$ 且 $f''(x_0) < 0$, 则 $f(x_0)$ 是极大值.

[证] (1°) 如定理 19 的证明中所述, 当 $f(x)$ 在 x_0 取极值时, 由 $f'(x_0)$ 存在, 得到 $f'(x_0) = 0$.

(2°) 假设当 $x < x_0$ 时 $f'(x) > 0$, 则 $f(x)$ 单调递增. 假设当 $x > x_0$ 时 $f'(x) < 0$, 则 $f(x)$ 单调递减 (定理 22). 根据假设, $f(x)$ 在 x_0 连续, 因此 $f(x_0)$ 是极大值.

在相反的情况下, $f(x_0)$ 是极小值.

(3°) 按照 $f''(x_0) \gtrless 0$ 的不同, $f'(x)$ 在点 x_0 递增或递减 (§18 [注意]). 因此, 如果 $f'(x_0) = 0$, 则 $f'(x)$ 在 $x = x_0$ 处改变符号. 故结论成立. □

[注意] 当 $f''(x_0) = 0$ 时, 一般没有结论可下. 此时, 如果 $f'''(x_0) \neq 0$, 则有

$$f(x) - f(x_0) = \frac{1}{6}(x - x_0)^3 f'''(x_0) + o(x - x_0)^3. \quad (定理 29)$$

当 $|x - x_0|$ 充分小时, 右边的正负符号由其第一项决定, 因此 $f(x) - f(x_0)$ 在 $x = x_0$ 处改变符号. 故 $f(x_0)$ 不是极值. 这种情况下, 称 $f(x_0)$ 为平稳值, 称 x_0 为平稳点. 所谓平稳 (stationary) 的意思是, $f(x) - f(x_0)$ 是 $|x - x_0|$ 的高阶 (三阶) 无穷小量, $f(x)$ 的变化在 x_0 处比较缓慢.

此外, 如果 $f^{(3)}(x_0) = 0$, $f^{(4)}(x_0) \neq 0$, 则按照 $f^{(4)}(x_0) \lessgtr 0$ 的不同, $f(x_0)$ 是极大值或者极小值.

一般地, 如果 $f'(x_0) = 0, f''(x_0) = 0, \cdots, f^{(k-1)}(x_0) = 0$, 且 $f^{(k)}(x_0) \neq 0$, 则 k 为奇数时, x_0 不是极值点, k 为偶数时, x_0 是极值点.

[例] 设在一个平面的两侧给出两点 A, B. 当动点 P 在该平面的两侧分别以一定的速度 c_1, c_2 运动时, 求 P 用最短时间从 A 运动至 B 所应经过的路径.

[解] 根据问题的要求, 显然在平面的两侧 P 必须在直线上行进, 并且必须在包含 A, B 且与该平面垂直的平面上运动. 因此在该垂直面上考察即可. 即问题被简化为下面这样 (见图 2–16).

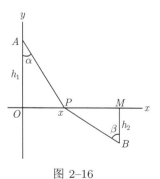

在平面上的直角坐标中, 在 x 轴的上侧和下侧给出点 $A = (0, h_1), B = (a, -h_2), a > 0$. 当设 $P = (x, 0)$ 为 x 轴上的点时, 求使 $\dfrac{AP}{c_1} + \dfrac{BP}{c_2}$ 最小时点 P 的位置.

于是, 显然不必考虑图中 O 左方或 M 右方的点. 故问题归结为, 在区间 $0 \leqslant x \leqslant a$ 上, 求

图 2–16

$$f(x) = \frac{\sqrt{h_1^2 + x^2}}{c_1} + \frac{\sqrt{h_2^2 + (a - x)^2}}{c_2}$$

的最小值.

在上述区间内, $f(x)$ 可微. 实际上, 进行计算可得

$$f'(x) = \frac{1}{c_1} \cdot \frac{x}{\sqrt{h_1^2 + x^2}} - \frac{1}{c_2} \cdot \frac{a - x}{\sqrt{h_2^2 + (a-x)^2}}.$$

因此, 首先考察条件 $f'(x) = 0$ (参考图示).

$f'(x)$ 式的第一项为

$$\frac{1}{c_1} \frac{x}{\sqrt{h_1^2 + x^2}} = \frac{\sin\alpha}{c_1}. \tag{1}$$

上式在 $[0, a]$ 上随着 x 增大而单调递增. 此外, 第二项

$$\frac{1}{c_2} \frac{a - x}{\sqrt{h_2^2 + (a-x)^2}} - \frac{\sin\beta}{c_2} \tag{2}$$

随着 x 增大而减小.

故 (1) 和 (2) 之差, 即 $f'(x)$ 在区间 $[0, a]$ 上单调递增. 这样, 当 $x = 0$ 时有 $f'(x) < 0$, 当 $x = a$ 时有 $f'(x) > 0$. 故 $f'(x)$ 在区间 $(0, a)$ 上仅仅有一次为 0, 此时 $f(x)$ 取极小值.

设在 $x = x_0$ 处使 $f'(x)$ 为 0, 在 $(0, x_0)$ 上由于 $f'(x) < 0$, 因此 $f(x)$ 减小, 在 (x_0, a) 上由于 $f'(x) > 0$, 因此 $f(x)$ 增大. 故 $f(x_0)$ 为最小值. 在点 x_0 处有

$$\frac{\sin\alpha}{\sin\beta} = \frac{c_1}{c_2}. \quad (\text{光的折射律})$$

同理可以定义**多变量函数的极值**. 现在讨论二维的情况. 在 $P_0 = (x_0, y_0)$ 的邻域, 当在除 P_0 之外的各点 $P = (x, y)$ 处有

$$f(P) < f(P_0) \quad (\text{或 } f(P) > f(P_0))$$

时, 称 $f(P_0)$ 为极大 (或极小) 值.

根据该定义, 当 $f(x_0, y_0)$ 取极值时, 如果仅使 x 或 y 变化, 则 $f(x, y_0)$ 和 $f(x_0, y)$ 分别在 $x = x_0$ 和 $y = y_0$ 处取极值, 因此

$$f_x(x_0, y_0) = 0, \quad f_y(x_0, y_0) = 0.$$

这是极值的必要条件.

在该条件下, 有

$$f(x, y) - f(x_0, y_0) = \frac{1}{2}\{a(x - x_0)^2 + 2b(x - x_0)(y - y_0) + c(y - y_0)^2\} + o\rho^2. \tag{3}$$

其中, $a = f_{xx}(x_0, y_0), b = f_{xy}(x_0, y_0), c = f_{yy}(x_0, y_0), \rho = \sqrt{(x - x_0)^2 + (y - y_0)^2}$.

当 ρ 充分小时, 决定 (3) 右边的正负符号的是二次表达式

$$aX^2 + 2bXY + cY^2 \quad (X = x - x_0, Y = y - y_0).$$

有三种情况.

(1°) $ac - b^2 > 0$. 二次表达式符号固定. 按照 a (c 也一样) 为正还是为负, 总是为正或总是为负. 前者的情况下 $f(P_0)$ 为极小值, 后者的情况下 $f(P_0)$ 为极大值.

(2°) $ac - b^2 < 0$. 二次表达式符号不固定. 因此, 由于在 P_0 的邻域, 既有 $f(P) > f(P_0)$ 也有 $f(P) < f(P_0)$, 所以 $f(P_0)$ 不是极值.

(3°) $ac - b^2 = 0$. 二次表达式是完全平方. 此时在不考虑三阶及三阶以上微分的情况下, 不能给出任何结论, 一般性结论较为复杂. 现在, 为了简单进行坐标变换, 设 $(x_0, y_0) = (0, 0)$, 并且设上述完全平方情况下的二次表达式为 y^2 (即 $a = 0, b = 0, c = 1$), 给出几个例子.

[例 1] $z = y^2$. 在 $(0,0)$ 处 z 取极小值 0. 由于在 $(x, 0)$ 处 $z = 0$, 因此这是弱含义下的极小.

[例 2] $z = y^2 + x^4$. 在 $(0,0)$ 处取极小值.

[例 3] $z = y^2 - x^3$. $(0,0)$ 不是极值点. 在图 2-17 中当 (x, y) 处于阴影部分时 $z < 0$, 处于阴影外部时 $z > 0$.

[例 4] $z = (y - x^2)(y - 2x^2)$. 同上, 见图 2-18. 这种情况下, 当 (x, y) 在以 $(0,0)$ 为起点的任意射线上移动时 z 都增大. 尽管如此, $(0,0)$ 也不给出极小值.

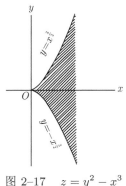

图 2-17　$z = y^2 - x^3$

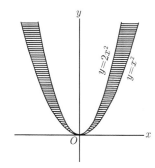

图 2-18　$z = (y - x^2)(y - 2x^2)$

三个或三个以上变量时也同样. 对于 $f(x_1, x_2, \cdots, x_n)$, 为了在点 $A = (a_1, a_2, \cdots, a_n)$ 给出极值, 在该点处必须有

$$f_{x_1} = 0, f_{x_2} = 0, \cdots, f_{x_n} = 0.$$

此时, 在点 A, 令 $f_{x_i x_j}(A) = a_{ij}$, 有

$$f(a_1 + \xi_1, \cdots, a_n + \xi_n) - f(a_1, \cdots, a_n) = \frac{1}{2}Q(\xi_1, \xi_2, \cdots, \xi_n) + o\rho^2,$$

其中

$$Q(\xi_1, \xi_2, \cdots, \xi_n) = \sum_{i,j=1}^{n} a_{ij}\xi_i\xi_j,$$

并且

$$\rho = \sqrt{\sum_{i=1}^{n} \xi_i^2}.$$

如果 a_{ij} 的行列式

$$D = \begin{vmatrix} a_{11} & a_{12} & \cdots & a_{1n} \\ a_{21} & a_{22} & \cdots & a_{2n} \\ \cdots\cdots\cdots\cdots\cdots \\ a_{n1} & a_{n2} & \cdots & a_{nn} \end{vmatrix} \neq 0 \quad (a_{ij} = a_{ji})$$

则对 A 是否是极值点能够给出一定的结论.

如果二次型 Q 符号固定, 则符号为正时取极小值, 符号为负时取极大值. 其判别方法是根据 D 的顺序主子式

$$D_k = \begin{vmatrix} a_{11} & a_{12} & \cdots & a_{1k} \\ a_{21} & a_{22} & \cdots & a_{2k} \\ \cdots\cdots\cdots\cdots\cdots \\ a_{k1} & a_{k2} & \cdots & a_{kk} \end{vmatrix} \quad (k = 1, 2, \cdots, n)$$

的符号[①], 即如果 D_k 全部为正则为极小值, 如果 D_k 的符号为 $(-1)^k$ 则为极大值.

如果二次型 Q 符号不固定, 则 $f(A)$ 不是极值. 当 $D \neq 0$ 且 D_k 的符号不适合上述条件时, 就是这种情况.

如果 $D = 0$, 则仅由二阶微分不能得出任何结论.

最大最小问题　一直以来都吸引着数学学者, 其中一个原因是每个问题都需要各自的技巧. 在这点上, 现在和过去都一样. 但微分出现之后, 至少可以机械地得到极大极小的必要条件. 至近代, 根据魏尔斯特拉斯 (定理 13), 我们知道了闭区域中的连续函数一定存在最大最小值.

施泰纳 (Steiner) 用巧妙的方法解决了许多几何学上关于最大最小的问题. 如果用分析学的观点来看, 其方法的核心在于以几何学方法来求得微分法中极值的必要条件. 虽然他的论证不正确, 但是由于他非凡的洞察力, 其结果没有偏离问题的要害. 采用现代的严密推理, 通常都可以使施泰纳得到的结果合理化. 现在为了说明这些情况, 给出一个最简单的例子.

---

① 《代数学讲义 (修订新版)》, 高木贞治, 第 304 页.

[**例 1**]　求给定周长的三角形面积的最大值.

[**解**]　设周长为 $2p$, 边长为 x, y, z, 面积为 S, 取代 S 而设面积的平方为 $f(x, y)$, 有

$$f(x, y) = p(p - x)(p - y)(p - z), \quad z = 2p - x - y \tag{4}$$

设自变量为 x, y, 其变化范围为开域

$$(K) \qquad 0 < x < p, \quad 0 < y < p, \quad p < x + y. \tag{5}$$

固定三角形的一边 y, 按照几何学的方法, 显然面积最大时有 $x = z$. 这是通过求解 $f_x = 0$ 得到的. 同样, 由 $f_y = 0$ 得到 $y = z$, 即

$$x = y = z = \frac{2}{3} p. \tag{6}$$

由这个关系 (如施泰纳那样) 直接断定正三角形为所求当然有失严密性. 我们所知道的仅仅是 "如果有最大值, 则该最大值由正三角形给出". 这里, 虽然 $f(x, y)$ 连续, 但是由于 (5) 不是闭域, 因此并不能保证最大值存在. 这是问题的关键所在.

幸运的是, 根据魏尔斯特拉斯定理, 能够容易地解决这个问题. 现在我们给开域 K 添加边界点, 考察闭域 (见图 2–19)

$$[K] \qquad 0 \leqslant x \leqslant p, \quad 0 \leqslant y \leqslant p, \quad p \leqslant x + y.$$

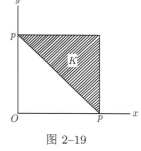

图 2–19

这无非是将三角形的极端情况二重线段考虑在内, 从而将面积为 0 也计入最大值的考虑之中. 于是, 在闭域 $[K]$ 中 $f(x, y)$ 有最大值. 然而, 在 $[K]$ 的边界有 $f = 0$, 在 $[K]$ 的内点有 $f > 0$. 故最大值在 $[K]$ 的内部出现. 由于在 $[K]$ 的内部, 即 (K) 中 (6) 以外的点处不存在最大值, 因此 (6) 给出最大值. □

在点 (6) 处计算 $f(x, y)$ 的二阶微分, 采用上节的记号, 得到

$$a = c = -\frac{2}{3} p^2, \quad b = -\frac{1}{3} p^2, \quad ac - b^2 > 0.$$

故 (6) 是极大点. 但是, 极大不意味着最大, 因此到此问题并没有得到解决.

[**例 2**] **行列式的最大值** [**阿达马 (Hadamard) 定理**]　作为一例, 对于 n 阶行列式

$$D = \begin{vmatrix} a_1 & b_1 & \cdots & l_1 \\ a_2 & b_2 & \cdots & l_2 \\ \cdots\cdots\cdots\cdots\cdots \\ a_n & b_n & \cdots & l_n \end{vmatrix}$$

在条件

$$a_i^2 + b_i^2 + \cdots + l_i^2 = s_i^2 \quad (i = 1, 2, \cdots, n) \tag{7}$$

下试求该行列式绝对值的最大值 (其中, s_i 是给定的正数). 目标就是关系式

$$|D| \leqslant s_1 s_2 \cdots s_n.$$

D 是 n^2 个变量 $a_1, \cdots, l_n$ 的多项式. 由条件 (7), 自变量为 $n(n-1)$ 个. 现在设 P_i 为 n 维球面 (7) 上的点, 组合 P_i, 形成

$$P = (P_1, P_2, \cdots, P_n).$$

如果将行列式 D 看作组合 P 的函数, 则 $D = D(P)$ 关于 P 连续, P 变化的区域是闭区域, 且其点全部是内点[①]. 因此, D 存在最大值和最小值, 可以从 D 的极值中求得最大值和最小值.

现在有

$$D = a_i A_i + b_i B_i + \cdots + l_i L_i,$$

其中, $A_i, B_i, \cdots, L_i$ 是 $a_i, b_i, \cdots, l_i$ 的余子式, 这是 D 第 i 行以外的组成成分的多项式. 考虑 (7), 得到 D 的极值的必要条件

$$\frac{\partial D}{\partial a_i} = A_i + L_i \frac{\partial l_i}{\partial a_i} = A_i - L_i \frac{a_i}{l_i} = 0.$$

对于 $b_i, c_i, \cdots$ 也同理, 因此有

$$\frac{A_i}{a_i} = \frac{B_i}{b_i} = \cdots = \frac{L_i}{l_i}.$$

现在设 $i \neq k$, 有

$$a_k A_i + b_k B_i + \cdots + l_k L_i = 0,$$

故

$$a_i a_k + b_i b_k + \cdots + l_i l_k = 0. \tag{8}$$

虽然由 (7) 与 (8) 无法决定 $a_1, \cdots, l_n$ 的值, 但可以确定 D 的绝对值. 即由 (7) 与 (8), 有

$$D^2 = \begin{vmatrix} s_1^2 & 0 & \cdots & 0 \\ 0 & s_2^2 & \cdots & 0 \\ \multicolumn{4}{c}{\cdots\cdots\cdots\cdots\cdots} \\ 0 & 0 & \cdots & s_n^2 \end{vmatrix} = (s_1 s_2 \cdots s_n)^2,$$

---

① 对于点 P 的空间, 需要适当定义 P 的邻域 (例如, 采用球面上的圆).

即

$$D = \pm s_1 s_2 \cdots s_n.$$

故 D 的最大值为 $s_1 s_2 \cdots s_n$[最小值为 $-s_1 s_2 \cdots s_n$], 这是弱含义的极大 (极小) [1].

§27 切线和曲率

在本章结束之际, 我们讲解曲线的切线和曲率. 这是微分法则起源的问题. 为了叙述简明, 采用向量的相关记号. 这里假设读者已经知道向量是具有一定大小和方向的量. 设由直角坐标系的原点 O 至点 $P = (x, y, z)$ 的线段 OP 表示的向量记为 $\boldsymbol{v} = (x, y, z)$, 称 x, y, z 为 $\boldsymbol{v}$ 的**坐标** (或**分量**). 并且记 $\boldsymbol{v}$ 的大小为 $|\boldsymbol{v}|$, 即 $|\boldsymbol{v}| = \sqrt{x^2 + y^2 + z^2}$.

对两个向量 $\boldsymbol{u} = (x_1, y_1, z_1), \boldsymbol{v} = (x_2, y_2, z_2)$, 定义如下两种乘法.

(1°) **标量积**

$$\boldsymbol{uv} = x_1 x_2 + y_1 y_2 + z_1 z_2,$$

这是一个数. 当 $\boldsymbol{u}, \boldsymbol{v}$ 不为零向量时, 它们的方向余弦分别为

$$\frac{x_1}{|\boldsymbol{u}|}, \frac{y_1}{|\boldsymbol{u}|}, \frac{z_1}{|\boldsymbol{u}|} \qquad \text{和} \qquad \frac{x_2}{|\boldsymbol{v}|}, \frac{y_2}{|\boldsymbol{v}|}, \frac{z_2}{|\boldsymbol{v}|}.$$

因此, 设 $\boldsymbol{u}, \boldsymbol{v}$ 之间的夹角为 θ, 有

$$\cos \theta = \frac{x_1 x_2 + y_1 y_2 + z_1 z_2}{|\boldsymbol{u}||\boldsymbol{v}|}.$$

故

$$\boldsymbol{uv} = |\boldsymbol{u}||\boldsymbol{v}| \cos \theta.$$

这是标量积在几何学上的含义. 当 $\boldsymbol{u}, \boldsymbol{v}$ 相互垂直时, 有

$$\boldsymbol{uv} = 0.$$

此外

$$\boldsymbol{uu} = x_1^2 + y_1^2 + z_1^2 = |\boldsymbol{u}|^2.$$

交换律和针对加法的分配律对标量积成立, 即

$$\boldsymbol{uv} = \boldsymbol{vu}, \qquad (\boldsymbol{u}_1 + \boldsymbol{u}_2)\boldsymbol{v} = \boldsymbol{u}_1\boldsymbol{v} + \boldsymbol{u}_2\boldsymbol{v}.$$

当 x, y, z 是变量 t 的函数时, 可以将向量

---

[1] 从几何学来看, 给定棱 (的总) 长为 (s_i) 的平行六面体, 当该平行六面体为正方体时体积最大. (8) 是棱 s_i, s_k 直交的条件.

$$OP = \boldsymbol{u} = (x, y, z)$$

看作是 t 的函数. 此时, 设与 $t + \Delta t$ 相对应的向量为

$$OP' = \boldsymbol{u} + \Delta\boldsymbol{u} = (x + \Delta x, y + \Delta y, z + \Delta z),$$

则 $\Delta\boldsymbol{u}$, 即向量 PP' (见图 2–20) 为

$$\Delta\boldsymbol{u} = (\Delta x, \Delta y, \Delta z).$$

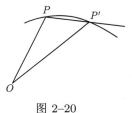

图 2–20

如果 x, y, z 可微, 则当 $\Delta t \to 0$ 时, 向量

$$\frac{\Delta\boldsymbol{u}}{\Delta t} = \left(\frac{\Delta x}{\Delta t}, \frac{\Delta y}{\Delta t}, \frac{\Delta z}{\Delta t}\right)$$

的极限值为确定的向量. 现在将该极限值记为 $\dot{\boldsymbol{u}} = \dfrac{\mathrm{d}\boldsymbol{u}}{\mathrm{d}t}$, 则有

$$\dot{\boldsymbol{u}} = (\dot{x}, \dot{y}, \dot{z}).$$

根据该记法, 由标量积的定义, 有

$$\frac{\mathrm{d}}{\mathrm{d}t}(\boldsymbol{u}\boldsymbol{v}) = \dot{\boldsymbol{u}}\boldsymbol{v} + \boldsymbol{u}\dot{\boldsymbol{v}}.$$

特别地, 当 $\boldsymbol{u}$ 始终为单位向量 (即 $|\boldsymbol{u}| = 1$), 只有其方向改变时, 由于 $\boldsymbol{u}\boldsymbol{u} = 1$, 所以有 $\boldsymbol{u}\dot{\boldsymbol{u}} = 0$. 此时, 如果 $\dot{\boldsymbol{u}} \neq 0$, 则 $\boldsymbol{u}$ 与 $\dot{\boldsymbol{u}}$ 相互垂直.

(2°) **向量积 $\boldsymbol{u} \times \boldsymbol{v}$**

取两个向量

$$\boldsymbol{u} = (x_1, y_1, z_1), \qquad \boldsymbol{v} = (x_2, y_2, z_2),$$

$\boldsymbol{u}, \boldsymbol{v}$ 的坐标构成矩阵

$$\begin{pmatrix} x_1 & y_1 & z_1 \\ x_2 & y_2 & z_2 \end{pmatrix},$$

设向量 $\boldsymbol{w}$ 的坐标为由该矩阵作成的三个行列式, 即

$$\boldsymbol{w} = (y_1 z_2 - y_2 z_1, z_1 x_2 - z_2 x_1, x_1 y_2 - x_2 y_1),$$

称 $\boldsymbol{w}$ 为 $\boldsymbol{u}, \boldsymbol{v}$ 的向量积, 记为 $\boldsymbol{u} \times \boldsymbol{v}$[①]. 其几何学的含义如下所示.

为了简单起见, 记 $\boldsymbol{w} = (x, y, z)$, 则有

$$x x_1 + y y_1 + z z_1 = 0, \qquad x x_2 + y y_2 + z z_2 = 0,$$

即

$$\boldsymbol{w}\boldsymbol{u} = 0, \qquad \boldsymbol{w}\boldsymbol{v} = 0,$$

---

① 也称标量积为内积, 向量积为外积.

$\boldsymbol{w}$ 与 $\boldsymbol{u}$ 和 $\boldsymbol{v}$ 垂直 (见图 2-21). 此外

$$\begin{vmatrix} x & y & z \\ x_1 & y_1 & z_1 \\ x_2 & y_2 & z_2 \end{vmatrix} = x^2 + y^2 + z^2 = |\boldsymbol{w}|^2$$

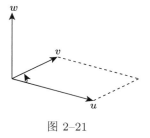

图 2-21

是以向量 $\boldsymbol{u}, \boldsymbol{v}, \boldsymbol{w}$ 为三条棱的平行六面体的体积. 由于体积的符号为正, 因此 $\boldsymbol{u}, \boldsymbol{v}, \boldsymbol{w}$ 是与坐标轴一致 (即右旋) 的三棱系统. 由于该体积等于 $|\boldsymbol{w}|^2$, 因此 $|\boldsymbol{w}|$ 与由 $\boldsymbol{u}, \boldsymbol{v}$ 形成的平行四边形的面积相等.

特别地, 当 $\boldsymbol{u}, \boldsymbol{v}$ 的方向一致时, 有 $\boldsymbol{u} \times \boldsymbol{v} = 0$.

根据上述定义, 向量积不遵从交换律, 但有

$$\boldsymbol{u} \times \boldsymbol{v} = -\boldsymbol{v} \times \boldsymbol{u}.$$

容易验证, 针对加法的分配律

$$(\boldsymbol{u}_1 + \boldsymbol{u}_2) \times \boldsymbol{v} = \boldsymbol{u}_1 \times \boldsymbol{v} + \boldsymbol{u}_2 \times \boldsymbol{v},$$

$$\boldsymbol{v} \times (\boldsymbol{u}_1 + \boldsymbol{u}_2) = \boldsymbol{v} \times \boldsymbol{u}_1 + \boldsymbol{v} \times \boldsymbol{u}_2$$

成立. 并且, 如果 $\boldsymbol{u}, \boldsymbol{v}$ 是 t 的函数, 则有

$$\frac{\mathrm{d}}{\mathrm{d}t}(\boldsymbol{u} \times \boldsymbol{v}) = \dot{\boldsymbol{u}} \times \boldsymbol{v} + \boldsymbol{u} \times \dot{\boldsymbol{v}}.$$

(3°) 另外, 我们用 $(\boldsymbol{u}, \boldsymbol{v}, \boldsymbol{w})$ 来表示以三个向量

$$\boldsymbol{u} = (x_1, y_1, z_1), \quad \boldsymbol{v} = (x_2, y_2, z_2), \quad \boldsymbol{w} = (x_3, y_3, z_3)$$

为棱的平行六面体的体积, 并将正负号也考虑在内, 即

$$(\boldsymbol{u}, \boldsymbol{v}, \boldsymbol{w}) = \begin{vmatrix} x_1 & y_1 & z_1 \\ x_2 & y_2 & z_2 \\ x_3 & y_3 & z_3 \end{vmatrix}.$$

如果三个两两相互垂直的单位向量 $\boldsymbol{i}, \boldsymbol{j}, \boldsymbol{k}$ 为右旋, 则称它们构成单位三棱系统. 这种情况下, 有

$$\boldsymbol{i}^2 = \boldsymbol{j}^2 = \boldsymbol{k}^2 = 1, \quad \boldsymbol{i} \times \boldsymbol{i} = \boldsymbol{j} \times \boldsymbol{j} = \boldsymbol{k} \times \boldsymbol{k} = 0,$$

$$\boldsymbol{ij} = \boldsymbol{ji} = 0, \qquad \boldsymbol{i} \times \boldsymbol{j} = \boldsymbol{k} = -\boldsymbol{j} \times \boldsymbol{i},$$

$$\boldsymbol{jk} = \boldsymbol{kj} = 0, \qquad \boldsymbol{j} \times \boldsymbol{k} = \boldsymbol{i} = -\boldsymbol{k} \times \boldsymbol{j},$$

$$\boldsymbol{ki} = \boldsymbol{ik} = 0, \qquad \boldsymbol{k} \times \boldsymbol{i} = \boldsymbol{j} = -\boldsymbol{i} \times \boldsymbol{k},$$

$$(\boldsymbol{i}, \boldsymbol{j}, \boldsymbol{k}) = 1.$$

设曲线 C 由中间变量 t 表示. 于是, C 上的点 $P = (x, y, z)$ 的坐标 x, y, z 是 t 的函数, 取代点 P 将向量 OP 记为 $\boldsymbol{v}$, 将 $\boldsymbol{v} = (x, y, z)$ 作为 t 的函数来考察. 现在设曲线 C 上与 $t + \delta t$ 相对应的点为 $P' = (x + \delta x, y + \delta y, z + \delta z)$, 或者设向量 OP' 为 $\boldsymbol{v} + \delta \boldsymbol{v}$. 如前所述, $\delta \boldsymbol{v}$ 为向量 PP', 且

$$\delta \boldsymbol{v} = (\delta x, \delta y, \delta z).$$

现在设 x, y, z 直至三阶可微, 由泰勒公式 (定理 29), 有

$$\delta x = \dot{x} \delta t + \ddot{x} \frac{\delta t^2}{2} + \dddot{x} \frac{\delta t^3}{6} + o \delta t^3,$$

$\delta y, \delta z$ 也同样, 统一简明来记就是

$$\delta \boldsymbol{v} = \dot{\boldsymbol{v}} \delta t + \ddot{\boldsymbol{v}} \frac{\delta t^2}{2} + \dddot{\boldsymbol{v}} \frac{\delta t^3}{6} + \boldsymbol{o} \delta t^3. \tag{1}$$

$\dot{\boldsymbol{v}} = (\dot{x}, \dot{y}, \dot{z})$ 是向量, $\ddot{\boldsymbol{v}}, \dddot{\boldsymbol{v}}$ 也同样, 此外可以将 $\boldsymbol{o}$ 看作当 $\delta t \to 0$ 时 $|\boldsymbol{o}| \to 0$ 的向量. (1) 中的三个向量 $\dot{\boldsymbol{v}}, \ddot{\boldsymbol{v}}, \dddot{\boldsymbol{v}}$ 对于曲线 C 的点 P 在几何学上的性质具有重要意义.

向量 $\dot{\boldsymbol{v}} = (\dot{x}, \dot{y}, \dot{z})$ 的大小为

$$|\dot{\boldsymbol{v}}| = \sqrt{\dot{x}^2 + \dot{y}^2 + \dot{z}^2},$$

并且曲线 C 在点 P 处的切线的方向余弦由

$$\frac{\cos \alpha}{\dot{x}} = \frac{\cos \beta}{\dot{y}} = \frac{\cos \gamma}{\dot{z}} = \frac{1}{|\dot{\boldsymbol{v}}|}$$

给出. 其中, 除去 $\dot{\boldsymbol{v}} = 0$ 即 $\dot{x}, \dot{y}, \dot{z}$ 同时为 0 的点 (奇点)[①].

如果代替 t 而取曲线 C 上从一定点起算的弧长 s 作为中间变量, 则结果较为简明.

以下用 $'$ 表示关于 s 的微分, 设

$$\delta \boldsymbol{v} = \boldsymbol{v}' \delta s + \boldsymbol{v}'' \frac{\delta s^2}{2} + \boldsymbol{v}''' \frac{\delta s^3}{6} + \boldsymbol{o} \delta s^3. \tag{2}$$

弧长的理论以后讲述, 这里仅用到弧 PP' 和弦 PP' 之比在距离 $PP' \to 0$ 时收敛于 1, 即

$$\frac{\delta x^2 + \delta y^2 + \delta z^2}{\delta s^2} \to 1.$$

因此

$$\frac{\mathrm{d}x}{\mathrm{d}s} = \cos \alpha, \qquad \frac{\mathrm{d}y}{\mathrm{d}s} = \cos \beta, \qquad \frac{\mathrm{d}z}{\mathrm{d}s} = \cos \gamma.$$

---

① 以下, 在本节所述的一般结论中, 假定曲线 C 在点 P 处没有奇性.

故
$$x'^2 + y'^2 + z'^2 = 1, \ \text{即} \ |\boldsymbol{v}'| = 1.$$

取 s 为中间变量, 则 $\boldsymbol{v}'$ 是在切线上 s 增加方向上的单位向量.

由于 $|\boldsymbol{v}'| = 1$, 如果假定 $\boldsymbol{v}'' \neq 0$, 则 $\boldsymbol{v}''$ 与 $\boldsymbol{v}'$ 垂直 (见标量积). 在 P 处与 $\boldsymbol{v}''$ 平行的直线称为曲线 C 的**主法线** (principal normal), 包含 $\boldsymbol{v}'$, $\boldsymbol{v}''$ 在内的平面称为**密切平面** (osculating plane).

采用标准型, 设通过 P 的任意平面的方程式为

$$l(X - x) + m(Y - y) + n(Z - z) = 0 \quad (l^2 + m^2 + n^2 = 1),$$

则 $\boldsymbol{p} = (l, m, n)$ 是该平面的法线上的单位向量. 自曲线上的点 $P' = (x + \delta x, y + \delta y, z + \delta z)$ 到该平面的距离为

$$l\delta x + m\delta y + n\delta z,$$

即与标量积 $\boldsymbol{p} \cdot \delta \boldsymbol{v}$ 相等, 其中, $\delta \boldsymbol{v} = (\delta x, \delta y, \delta z)$. 根据 (2), 这与

$$\boldsymbol{p}\boldsymbol{v}'\delta s + \boldsymbol{p}\boldsymbol{v}''\frac{\delta s^2}{2} + \boldsymbol{o}\delta s^2$$

相等, 且 $\boldsymbol{p}$ 与 $\boldsymbol{v}'$, $\boldsymbol{v}''$ 垂直 ($\boldsymbol{p}\boldsymbol{v}' = 0$, $\boldsymbol{p}\boldsymbol{v}'' = 0$), 即只有当平面包含 $\boldsymbol{v}'$, $\boldsymbol{v}''$ 时, 才是 δs^2 的高阶无穷小量. 这就是密切平面的含义.

如果设 P 和 P' 处的切线之间的夹角为 $\delta \alpha$, 则 $\delta \alpha$ 是向量 $\boldsymbol{v}'$ 和 $\boldsymbol{v}' + \delta \boldsymbol{v}'$ 之间的夹角 (见图 2–22). 由于 $\boldsymbol{v}'$ 的长度始终等于 1, 因此当 $\delta s \to 0$ 时, 有

$$\frac{\delta \alpha}{|\delta \boldsymbol{v}'|} \to 1.$$

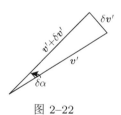

图 2–22

然而
$$\frac{\delta \boldsymbol{v}'}{\delta s} \to \boldsymbol{v}'', \qquad \frac{|\delta \boldsymbol{v}'|}{\delta s} \to |\boldsymbol{v}''|.$$

故
$$\frac{\delta \alpha}{\delta s} \to |\boldsymbol{v}''|, \ \text{即} \ \frac{\mathrm{d}\alpha}{\mathrm{d}s} = |\boldsymbol{v}''|.$$

这里, $\dfrac{\mathrm{d}\alpha}{\mathrm{d}s}$ 是 C 的切线方向随着弧长变化的变化率, 称其为点 P 处的**曲率**, 称其倒数 ρ 为**曲率半径**, 即

$$\frac{1}{\rho} = \frac{\mathrm{d}\alpha}{\mathrm{d}s} = |\boldsymbol{v}''| = \sqrt{\left(\frac{\mathrm{d}^2 x}{\mathrm{d}s^2}\right)^2 + \left(\frac{\mathrm{d}^2 y}{\mathrm{d}s^2}\right)^2 + \left(\frac{\mathrm{d}^2 z}{\mathrm{d}s^2}\right)^2}. \tag{3}$$

密切平面在 P 处的垂线称为**副法线** (binormal). 在切线、主法线和副法线上取单位三棱系统 i, j, k, 由上述记法, 有

$$\left.\begin{array}{l} i = v' \\ j = \rho v'' \\ k = i \times j \end{array}\right\} \tag{4}$$

于是

$$k' = i' \times j + i \times j'.$$

由于 $i' = v''$ 与 j 平行, 所以有 $i' \times j = 0$, 因此

$$k' = i \times j'.$$

故 k' 与 i 垂直. 并且由于 $|k| = 1$, 所以 k' 与 k 垂直. 因此 k' 与 j 平行. (这里假定 $k' \neq 0$.) 与上面所述 $|v''|$ 相同, $|k'|$ 是副法线的方向伴随 s 的变化而变化的变化率, 即密切平面绕切线旋转时角的变化率. 由于将 s 增加的方向确定为切线的正方向, 因此该旋转可以区分正负. k' 与 j 平行, 且由 $|j| = 1$, 有 $k' = \pm|k'|j$, 现在令

$$k' = -\frac{1}{\tau}j,$$

称 $\dfrac{1}{\tau}$ 为曲线 C 的**第二曲率**或**挠率** (或扭率). 称其倒数为**挠率半径**.

当点 P 在曲线 C 上移动时, 单位三棱系统 (i, j, k) 按照 τ 的正负, 在右旋或左旋的同时进行变动.

可以用 $ai + bj + ck$ 的形式将任意向量表示为 i, j, k 的结合, 现在考察 j', 有

$$j = k \times i, \quad j' = k' \times i + k \times i'.$$

由于 $i' = v'' = \dfrac{1}{\rho}j, k' = -\dfrac{1}{\tau}j$, 因此利用 $j \times i = -k, k \times j = -i$, 有

$$j' = -\frac{1}{\rho}i + \frac{1}{\tau}k.$$

把上述 i', j', k' 放到一起, 记为

$$\left\{\begin{array}{l} i' = \dfrac{1}{\rho}j, \\[2mm] j' = -\dfrac{1}{\rho}i + \dfrac{1}{\tau}k, \\[2mm] k' = -\dfrac{1}{\tau}j. \end{array}\right. \tag{5}$$

这是弗莱纳 (Frenet) 公式. 分量 i, j, k 分别是切线、主法线和副法线的方向余弦,

′ 表示关于弧长 s 的微分. 于是由 (4), 有 $\boldsymbol{v}'' = \dfrac{1}{\rho}\boldsymbol{j}$. 因此采用 (5), 有

$$\boldsymbol{v}''' = -\frac{\rho'}{\rho^2}\boldsymbol{j} + \frac{1}{\rho}\boldsymbol{j}'$$
$$= -\frac{1}{\rho^2}\boldsymbol{i} - \frac{\rho'}{\rho^2}\boldsymbol{j} + \frac{1}{\rho\tau}\boldsymbol{k}.$$

如果作成行列式 (见向量积), 则有

$$(\boldsymbol{v}', \boldsymbol{v}'', \boldsymbol{v}''') = \left(\boldsymbol{i}, \frac{1}{\rho}\boldsymbol{j}, -\frac{1}{\rho^2}\boldsymbol{i} - \frac{\rho'}{\rho^2}\boldsymbol{j} + \frac{1}{\rho\tau}\boldsymbol{k}\right)$$
$$= \left(\boldsymbol{i}, \frac{1}{\rho}\boldsymbol{j}, \frac{1}{\rho\tau}\boldsymbol{k}\right) = \frac{1}{\rho^2\tau}(\boldsymbol{i}, \boldsymbol{j}, \boldsymbol{k}) = \frac{1}{\rho^2\tau}.$$

因此

$$\frac{1}{\tau} = \rho^2(\boldsymbol{v}', \boldsymbol{v}'', \boldsymbol{v}''') = \frac{\begin{vmatrix} x' & y' & z' \\ x'' & y'' & z'' \\ x''' & y''' & z''' \end{vmatrix}}{x''^2 + y''^2 + z''^2} \tag{6}$$

这是以 s 为变量的挠率表达式.

下面关于任意中间变量 t 来计算 ρ 和 τ. 如前, 如果用 ˙ 表示关于 t 的微分, 则有

$$\dot{\boldsymbol{v}} = \boldsymbol{v}'\frac{\mathrm{d}s}{\mathrm{d}t},$$
$$\ddot{\boldsymbol{v}} = \boldsymbol{v}''\left(\frac{\mathrm{d}s}{\mathrm{d}t}\right)^2 + \boldsymbol{v}'\frac{\mathrm{d}^2s}{\mathrm{d}t^2}, \tag{7}$$
$$\dddot{\boldsymbol{v}} = \boldsymbol{v}'''\left(\frac{\mathrm{d}s}{\mathrm{d}t}\right)^3 + 3\boldsymbol{v}''\frac{\mathrm{d}s}{\mathrm{d}t}\frac{\mathrm{d}^2s}{\mathrm{d}t^2} + \boldsymbol{v}'\frac{\mathrm{d}^3s}{\mathrm{d}t^3}.$$

由于 $\boldsymbol{v}'$ 与 $\boldsymbol{v}''$ 相互垂直, 因此由上面第二式, $\ddot{\boldsymbol{v}}$ 被分解为两个相互垂直的向量的和 (见图 2–23). 一个为 $\boldsymbol{v}'\dfrac{\mathrm{d}^2s}{\mathrm{d}t^2}$, 与 C 的切线平行, 其大小为 $\dfrac{\mathrm{d}^2s}{\mathrm{d}t^2}$ (这是因为 $|\boldsymbol{v}'| = 1$), 另一个向量为 $\boldsymbol{v}''\left(\dfrac{\mathrm{d}s}{\mathrm{d}t}\right)^2$, 与 C 的主法线平行, 其大小为 $\dfrac{1}{\rho}\left(\dfrac{\mathrm{d}s}{\mathrm{d}t}\right)^2$ (这是因为 $|\boldsymbol{v}''| = \dfrac{1}{\rho}$). 当把 t 看作时间时, 加速度 $\ddot{\boldsymbol{v}}$ 被分解

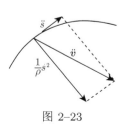

图 2–23

为这样两个分量, 这是运动学中广为人知的结果. 故

$$|\ddot{\boldsymbol{v}}|^2 = \ddot{x}^2 + \ddot{y}^2 + \ddot{z}^2 = \frac{1}{\rho^2}\left(\frac{\mathrm{d}s}{\mathrm{d}t}\right)^4 + \left(\frac{\mathrm{d}^2 s}{\mathrm{d}t^2}\right)^2.$$

并且关于 t 对 $\left(\dfrac{\mathrm{d}s}{\mathrm{d}t}\right)^2 = \dot{x}^2 + \dot{y}^2 + \dot{z}^2$ 取微分, 有

$$\frac{\mathrm{d}s}{\mathrm{d}t}\frac{\mathrm{d}^2 s}{\mathrm{d}t^2} = \dot{x}\ddot{x} + \dot{y}\ddot{y} + \dot{z}\ddot{z}.$$

因此

$$\begin{aligned}
\frac{1}{\rho^2}\left(\frac{\mathrm{d}s}{\mathrm{d}t}\right)^6 &= |\ddot{\boldsymbol{v}}|^2\left(\frac{\mathrm{d}s}{\mathrm{d}t}\right)^2 - \left(\frac{\mathrm{d}s}{\mathrm{d}t}\right)^2\left(\frac{\mathrm{d}^2 s}{\mathrm{d}t^2}\right)^2 \\
&= (\dot{x}^2 + \dot{y}^2 + \dot{z}^2)(\ddot{x}^2 + \ddot{y}^2 + \ddot{z}^2) - (\dot{x}\ddot{x} + \dot{y}\ddot{y} + \dot{z}\ddot{z})^2 \\
&= \left|\begin{matrix} \dot{y} & \dot{z} \\ \ddot{y} & \ddot{z} \end{matrix}\right|^2 + \left|\begin{matrix} \dot{z} & \dot{x} \\ \ddot{z} & \ddot{x} \end{matrix}\right|^2 + \left|\begin{matrix} \dot{x} & \dot{y} \\ \ddot{x} & \ddot{y} \end{matrix}\right|^2,
\end{aligned}$$

故

$$\frac{1}{\rho} = \frac{|\dot{\boldsymbol{v}} \times \ddot{\boldsymbol{v}}|}{|\dot{\boldsymbol{v}}|^3}. \tag{8}$$

并且由 (7), 有

$$(\dot{\boldsymbol{v}}, \ddot{\boldsymbol{v}}, \dddot{\boldsymbol{v}}) = \left(\frac{\mathrm{d}s}{\mathrm{d}t}\right)^6 (\boldsymbol{v}', \boldsymbol{v}'', \boldsymbol{v}''').$$

故由 (6) 和 (8), 有

$$\frac{1}{\tau} = \frac{(\dot{\boldsymbol{v}}, \ddot{\boldsymbol{v}}, \dddot{\boldsymbol{v}})}{|\dot{\boldsymbol{v}} \times \ddot{\boldsymbol{v}}|^2}. \tag{9}$$

作为任意中间变量 t 的函数, 可以通过 (8) 和 (9) 计算曲率和挠率.

　　[例]　螺线

$$\begin{aligned}
& x = a\cos t, \quad y = a\sin t, \quad z = ht \quad (a > 0). \\
& \dot{x} = -a\sin t, \quad \dot{y} = a\cos t, \quad \dot{z} = h. \\
& \ddot{x} = -a\cos t, \quad \ddot{y} = -a\sin t, \quad \ddot{z} = 0. \\
& \dddot{x} = a\sin t, \quad \dddot{y} = -a\cos t, \quad \dddot{z} = 0. \\
& |\dot{\boldsymbol{v}}| = \sqrt{\dot{x}^2 + \dot{y}^2 + \dot{z}^2} = \sqrt{a^2 + h^2} \\
& |\dot{\boldsymbol{v}} \times \ddot{\boldsymbol{v}}| = \sqrt{a^2 h^2 \sin^2 t + a^2 h^2 \cos^2 t + a^4} = a\sqrt{a^2 + h^2}. \\
& (\dot{\boldsymbol{v}}, \ddot{\boldsymbol{v}}, \dddot{\boldsymbol{v}}) = a^2 h.
\end{aligned}$$

$$\frac{1}{\rho} = \frac{a}{a^2 + h^2}, \qquad \frac{1}{\tau} = \frac{h}{a^2 + h^2},$$

即曲率和挠率都是定值. τ 和 h 正负号相同, 其正负区分右旋和左旋 (见图 2-24).

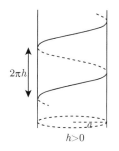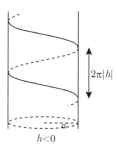

图 2-24

对平面曲线设 $z = 0$, 取泰勒展开至二次项, 考察

$$\delta\boldsymbol{v} = \boldsymbol{v}'\delta s + \boldsymbol{v}''\frac{\delta s^2}{2} + \boldsymbol{o}\delta s^2.$$

这时也有 $|\boldsymbol{v}'| = 1$, 因此如果设 θ 是从 x 轴的正方向至切线的正方向之间的夹角 (与前面相同), 则

$$|\boldsymbol{v}''| = \left|\frac{\mathrm{d}\theta}{\mathrm{d}s}\right|$$

是切线方向相对于弧长 s 的变化率, 称其为**曲率**. 与三维情况下区分挠率符号的情形相同, 由于在二维情况下已经能够区分切线方向改变的朝向的符号, 所以令

$$\frac{1}{\rho} = \frac{\mathrm{d}\theta}{\mathrm{d}s} \tag{10}$$

为曲率的定义, 称 ρ 为**曲率半径**. 于是由

$$\boldsymbol{v}' = (x', y') = (\cos\theta, \sin\theta),$$

关于 s 取微分, 有

$$\boldsymbol{v}'' = (x'', y'') = \left(-\sin\theta\frac{\mathrm{d}\theta}{\mathrm{d}s}, \cos\theta\frac{\mathrm{d}\theta}{\mathrm{d}s}\right) = \frac{1}{\rho}\left(-\sin\theta, \cos\theta\right) = \frac{1}{\rho}(-y', x').$$

由此, 有

$$\frac{1}{\rho} = \frac{-x''}{y'} = \frac{y''}{x'}. \tag{11}$$

关于一般中间变量, 采用 (7) 的前两个方程, 有

$$\begin{vmatrix} \dot{x} & \dot{y} \\ \ddot{x} & \ddot{y} \end{vmatrix} = \begin{vmatrix} x' & y' \\ x'' & y'' \end{vmatrix}\left(\frac{\mathrm{d}s}{\mathrm{d}t}\right)^3 = \begin{vmatrix} x' & y' \\ -\dfrac{y'}{\rho} & \dfrac{x'}{\rho} \end{vmatrix}\left(\frac{\mathrm{d}s}{\mathrm{d}t}\right)^3 = \frac{1}{\rho}\left(\frac{\mathrm{d}s}{\mathrm{d}t}\right)^3.$$

因此

$$\frac{1}{\rho} = \frac{\dot{x}\ddot{y} - \ddot{x}\dot{y}}{\dot{s}^3}. \tag{12}$$

采用与 (3°) 相同的记号, 简明记为

$$\frac{1}{\rho} = \frac{(\dot{\boldsymbol{v}}, \ddot{\boldsymbol{v}})}{|\dot{\boldsymbol{v}}|^3}.$$

(其中 $\dot{s} > 0$, 即在 t 的增加方向上计算弧长.)

总之, 与自变量无关, 采用微分记号, 有

$$\frac{1}{\rho} = \frac{\mathrm{d}x\mathrm{d}^2y - \mathrm{d}^2x\mathrm{d}y}{(\mathrm{d}x^2 + \mathrm{d}y^2)^{\frac{3}{2}}} \tag{13}$$

特别地, 以如下形式

$$y = f(x)$$

给出曲线时, 以 x 作为自变量, 有

$$\frac{1}{\rho} = \frac{\dfrac{\mathrm{d}^2y}{\mathrm{d}x^2}}{\left(1 + \left(\dfrac{\mathrm{d}y}{\mathrm{d}x}\right)^2\right)^{\frac{3}{2}}}. \tag{14}$$

在点 P 处与曲线 C 相切, 相对于切线与 C 位于同一侧, 且具有与 $|\rho|$ 相等的半径的圆称为**曲率圆**, 称其中心 (ξ, η) 为**曲率中心**. 于是

$$\xi = x - \rho\sin\theta, \qquad \eta = y + \rho\cos\theta. \tag{15}$$

根据 (10), $\dfrac{\mathrm{d}\theta}{\mathrm{d}s}$ 的符号是 ρ 的符号, 所以这样即可. 此外, 由于根据 (14), ρ 与 $\dfrac{\mathrm{d}^2y}{\mathrm{d}x^2}$ 符号相同, 所以如图 2–25 和图 2–26 所示, 曲率中心位于曲线凹进的一侧.

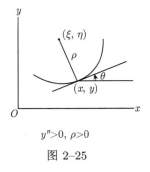

$y'' > 0,\ \rho > 0$

图 2–25

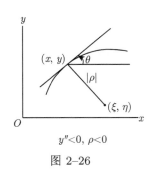

$y'' < 0,\ \rho < 0$

图 2–26

设曲线 C 的曲率中心 (ξ, η) 的轨迹为曲线 E, (15) 利用与 C 相同的中间变量来表示 E. 特别地, 设中间变量为 C 的弧长 s, E 由

$$\xi = x - \rho y', \qquad \eta = y + \rho x'$$

表示. 如果关于 s 进一步取微分, 则由 (11), 有

$$\xi' = x' - \rho' y' - \rho y'' = -\rho' y',$$
$$\eta' = y' + \rho' x' + \rho x'' = \rho' x',$$

因此

$$\xi' x' + \eta' y' = 0,$$

即原曲线 C 的切线与 E 在相应点的切线相互垂直. 故 C 的法线在曲率中心与 E 相切. 即 E 是原曲线 C 的法线的包络线 (§88).

现在设 E 的弧长为 σ, 有

$$\left(\frac{\mathrm{d}\sigma}{\mathrm{d}s}\right)^2 = \left(\frac{\mathrm{d}\xi}{\mathrm{d}s}\right)^2 + \left(\frac{\mathrm{d}\eta}{\mathrm{d}s}\right)^2 = \rho'^2 (x'^2 + y'^2) = \rho'^2,$$

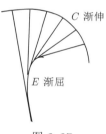

即 $\sigma' = \pm\rho'$. 故如果在适当方向上计算 E 的弧长, 则在 $\rho' \neq 0$ 的各个范围内有 $\sigma' = \rho'$. 并且如果设 ρ_0 与 σ_0 对应, 则有 $\sigma - \sigma_0 = \rho - \rho_0$. 在该条件下, E 上两点间的弧长与 C 上相应两点间曲率半径的差相等.

沿着 E 卷一条细绳, 将其一端 P 延展出去时 P 就可以描绘出 C (见图 2-27). 称 C 为 E 的**渐伸线** (involute), 反之称 E 为 C 的**渐屈线** (evolute). 给定 C 时, 其渐屈线是固定的, 但给定 E 时其渐伸线 C 有无数条.

图 2-27

[**例 1**]　一圆在另一圆的圆周上或直线上非滑动地滚动时, 该动圆上定点的轨迹是广义上称为**圆滚线** (cycloid) 的曲线. 圆滚线在齿轮等理论中有应用. 最简单的情况是圆周上一点在定直线上滚动而形成的曲线, 这是通常意义 (狭义的) 下的圆滚线 (即**摆线**). 设动圆的半径为 a, 旋转角为 t, 定直线为 x 轴. 如果设 $t = 0$ 时圆周上的定点 P 与定直线相接触的点为坐标原点, 则以 t 为中间变量可以如下表示摆线.

$$x = a(t - \sin t), \qquad y = a(1 - \cos t).$$

故

$$\mathrm{d}x = a(1 - \cos t)\mathrm{d}t, \qquad \mathrm{d}y = a\sin t\,\mathrm{d}t,$$
$$\mathrm{d}s = \sqrt{\mathrm{d}x^2 + \mathrm{d}y^2} = \sqrt{2a^2(1 - \cos t)}\mathrm{d}t = 2a\left|\sin\frac{t}{2}\right|\mathrm{d}t,$$
$$\mathrm{d}^2 x = a\sin t\,\mathrm{d}t^2, \qquad \mathrm{d}^2 y = a\cos t\,\mathrm{d}t^2,$$

$$\mathrm{d}x\mathrm{d}^2y - \mathrm{d}y\mathrm{d}^2x = a^2 \begin{vmatrix} 1-\cos t & \sin t \\ \sin t & \cos t \end{vmatrix} \mathrm{d}t^3 = a^2(\cos t - 1)\mathrm{d}t^3 = -2a^2\sin^2\frac{t}{2}\mathrm{d}t^3,$$

$$\rho = \frac{\mathrm{d}s^3}{\mathrm{d}x\mathrm{d}^2y - \mathrm{d}y\mathrm{d}^2x} = -4a\left|\sin\frac{t}{2}\right|,$$

$$\xi = x - \rho\frac{\mathrm{d}y}{\mathrm{d}s} = a(t + \sin t),$$

$$\eta = y + \rho\frac{\mathrm{d}x}{\mathrm{d}s} = a(-1 + \cos t).$$

故渐屈线与原曲线全等. 详细来说, 渐屈线的弧 $AB', B'C$ 分别与原曲线的弧 BC, AB 全等 (见图 2–28). 由于对应于 $t = 0, t = \pi$ 有 $\rho = 0, \rho = -4a$, 所以弧 AB' 的长度为 a. 因此摆线 ABC 的全长为 $8a$.

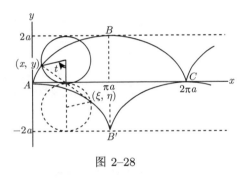

图 2–28

[**例 2**]   椭圆的渐屈线. 关于椭圆

$$x = a\cos t, \qquad y = b\sin t$$

进行计算, 得到

$$\rho = \frac{(a^2\sin^2 t + b^2\cos^2 t)^{\frac{3}{2}}}{ab},$$

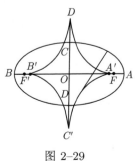

图 2–29

$$\xi = \frac{a^2 - b^2}{a}\cos^3 t, \qquad \eta = -\frac{a^2 - b^2}{b}\sin^3 t.$$

消去 t 得到渐屈线的方程

$$(a\xi)^{\frac{2}{3}} + (b\eta)^{\frac{2}{3}} = (a^2 - b^2)^{\frac{2}{3}}.$$

如图 2–29 所示, 它为**星形** (asteroid). 这里, 要注意原曲线上曲率极大极小的点与渐屈线的尖点 (cusp) (参考 §86 [例 2]) 相对应.

从 E 内部的点可以向椭圆引四条法线, 而从外部的点可以引两条法线.

[**例 3**]　接着试求圆的渐伸线. 设半径为 1, 由下式

$$\xi = \cos t, \qquad \eta = \sin t$$

来表示圆, 得到一条渐伸线 (参考图 2–30 和图 2–31)

$$x = \cos t + t \sin t, \qquad y = \sin t - t \cos t.$$

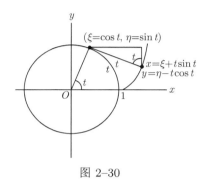

图 2–30

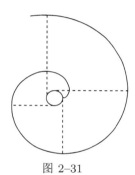

图 2–31

习　　题

(1) 设 $f(x)$ 在 $[a, \infty)$ 上可微且 $\lim\limits_{x \to \infty} f(x) = f(a)$, 则存在 ξ, 满足 $\xi > a, f'(\xi) = 0$. (罗尔中值定理的扩展.)

(2) 设 $a > 0, \dfrac{\mathrm{d}^n}{\mathrm{d}x^n} \dfrac{1}{(1+x^2)^a} = \dfrac{P_n(x)}{(1+x^2)^{a+n}}$, 则 $P_n(x)$ 是 n 次多项式, 有 n 个不同实根, 这些根被 $P_{n-1}(x)$ 的根隔开.

[解] 应用习题 (1).

(3) [1°] 设 $\dfrac{\mathrm{d}^n}{\mathrm{d}x^n} \mathrm{e}^{-x^2} = (-1)^n H_n(x) \mathrm{e}^{-x^2}$, 则 $H_n(x)$ 是 n 次多项式 [埃尔米特 (Hermite) 多项式]. $H_n(x)$ 的根也具有与前一习题相同的关系.

[2°] $\mathrm{e}^x \dfrac{\mathrm{d}^n}{\mathrm{d}x^n} x^n \mathrm{e}^{-x} = L_n(x)$ [拉盖尔 (Laguerre) 多项式] 也同样.

(4) 设 $f(x)$ 在 (a, b) 上直至 n 阶可微, 且当 $x \to a+0$ 时有 $f(x) \to l, f'(x) \to l_1, \cdots, f^n(x) \to l_n$. 如果设 $f(a) = l$, 则在右微商的意义下, 有 $f'(a) = l_1, \cdots, f^n(a) = l_n$.

[解] 应用定理 23.

(5) 设 f_x, f_y 在某开域上连续, 且除点 (a, b) 之外 f_{xy} 连续 (即在点 (a, b) 处可能不连续). 则

$$f_{xy}(a, b) = \lim_{y \to b} f_{xy}(a, y) = \lim_{y \to b} f_{yx}(a, y),$$

$$f_{yx}(a, b) = \lim_{x \to a} f_{xy}(x, b) = \lim_{x \to a} f_{yx}(x, b).$$

其中, 当假定右边 lim 存在时, 左边 lim 存在且等式成立.

[解] 同上 (§23 的 [注意]).

(6) 求 $f(x,y) = x^2 \text{Arctan} \dfrac{y}{x} - y^2 \text{Arctan} \dfrac{x}{y}$ 在 $x = y = 0$ 的二阶偏微商. (设当 $x = 0$ 或 $y = 0$ 时 $f(x,y)$ 的值由 $\lim\limits_{x \to 0}$ 或 $\lim\limits_{y \to 0}$ 补足.)

[解] 应用前面的习题. 注意有 $f_{xy}(0,0) = -1, f_{yx}(0,0) = 1$.

(7) 复合函数的微分. 设 $F(u)$ 中 $u = \varphi(x)$, 则

$$\frac{1}{n!} \frac{\mathrm{d}^n}{\mathrm{d}x^n} F(u) = \sum_{k=1}^{n} \sum_{i} \frac{1}{i_1! i_2! \cdots i_n!} F^{(k)}(u) \left(\frac{\varphi'}{1!} \right)^{i_1} \left(\frac{\varphi''}{2!} \right)^{i_2} \cdots \left(\frac{\varphi^{(n)}}{n!} \right)^{i_n}.$$

其中, 内部的和式是对满足如下条件的整数组合 i 求和: $i_1 \geqslant 0, i_2 \geqslant 0, \cdots, i_n \geqslant 0, i_1 + i_2 + \cdots + i_n = k, i_1 + 2i_2 + \cdots + ni_n = n$. 其中, 设 $0! = 1$.

[解] 用泰勒公式展开 $F(u)$, 在 $u - u_0 = \varphi(x) - \varphi(x_0)$ 中代入 φ 的泰勒展开后整理 $(x - x_0)^n$ 项.

(8) 设在 $[a,b]$ 上有 $f''(x) > 0, f(a) > 0, f(b) < 0$, 则当设

$$a_1 = a - \frac{f(a)}{f'(a)}, \qquad a_2 = a_1 - \frac{f(a_1)}{f'(a_1)}, \cdots$$

时, $a_1 < a_2 < \cdots < a_n < \cdots$ 收敛到 $f(x) = 0$ 在 $[a,b]$ 上的唯一根 (牛顿近似法).

$$假设 \ f(a) < 0, f(b) > 0, \ 则取 \ b_1 = b - \frac{f(b)}{f'(b)}, \cdots$$

如果 $f''(x) < 0$ 则用 $-f(x)$ 代替 $f(x)$.

[解] 由于 $f'(x)$ 单调递增, 可知根只有一个. 设该根为 ξ. 由 $f(x)$ 是凸函数可知, a_i 虽单调递增但比 ξ 小. 现在暂且设 $\lim a_n = \lambda$, 有 $f'(a_1) < f'(a_2) < \cdots < f'(\lambda) < 0$, 所以

$$由 \ a_{n+1} = a_n - \frac{f(a_n)}{f'(a_n)}, \ 有 \ \lambda = \lambda - \frac{f(\lambda)}{f'(\lambda)}, \ 即 \ f(\lambda) = 0,$$

因此 $\lambda = \xi$.

[注意] 由泰勒公式, $0 = f(\xi) = f(a_n) + f'(a_n)(\xi - a_n) + \dfrac{f''(\mu)}{2}(\xi - a_n)^2$, 用 $f'(a_n)$ 去除, 有 $\xi - a_{n+1} = \dfrac{f''(\mu)}{2|f'(a_n)|}(\xi - a_n)^2 < \dfrac{f''(\mu)}{2|f'(a_n)|}(b - a_n)^2$. 由此, 将 a_{n+1} 作为 ξ 的近似值, 可知其误差大小 $(a_n < \mu < \xi)$.

[例] 作为一例, 试求 $\cos x = x$ 的解. 其中

$$f(x) = x - \cos x, \qquad f'(x) = \sin x + 1, \qquad f''(x) = \cos x.$$

解只有一个, 且在区间 $[0, \pi/2]$ 中. 由 $f(0) < 0, f(\pi/2) > 0$, 采用 $b, b_1, \cdots$. 查寻 $\cos$ 的反函数表可知要求的角处于 $42°20'$ 和 $42°21'$ 之间. 换算为弧度, 有

$$
\begin{aligned}
a &= 0.738\ 856\ 1, & b &= 0.739\ 146\ 9. \\
\cos a &= 0.739\ 239\ 4, & \cos b &= 0.739\ 043\ 5. \\
f(a) &= -0.000\ 383\ 3, & f(b) &= 0.000\ 103\ 4.
\end{aligned}
$$

a 和 b 均只有第三位小数之前与根 ξ 相同, $(\sin b = 0.673\,657\,7)$

$$b_1 = b - \frac{0.000\,103\,4}{1.673\,657\,7} \approx 0.739\,085\,1$$

已经是第七位小数之前与根 ξ 相同. $b_1 - \xi < \dfrac{1}{2}(b-a)^2$. (参考 [注意])

(9) 设有理式 $f(x) = P(x)/Q(x)$ 相邻的极值点都是极大点, 则在中间某点 a 处有 $\displaystyle\lim_{x \to a} f(x) = -\infty$.

(10) 对于 $f(x,y) = x^4 + y^4 + 6x^2y^2 - 2y^2$

[1°] 试求极值.

[2°] 研究使 $f(x,y) < 0$ 的区域的形状.

(11) 在三角形 ABC 的平面上, 求距三个顶点的距离之和最小的点.

三角形内部的点与三个顶点的距离之和比最长的两边之和小.

[解] (最小的情况) 当各角都小于 $120°$ 时, 求得的点是三角形内部的点. 从该点估计各边的角等于 $120°$. 如果一个角大于等于 $120°$, 则该角的顶点即是要求的点.

[注意] 使用微分方法求解, 并与初等几何学的解法比较.

第 3 章　积　　分

§28　古代求积方法

自从古代起,人们就已经知道了特殊曲线和曲面的求积方法. 阿基米德 (Archimedes) 关于球面面积和球体体积的计算非常著名, 而且他还设计了如下方法, 巧妙地计算了由弦围成的抛物线截面的面积.

设 AB 是抛物线的弦 (见图 3-1), OM 是通过这条弦的中点的径, 于是抛物线与弦 AB 围成的截面面积 S 等于三角形 OAB 的面积 T 的 $\dfrac{4}{3}$ 倍, 即

$$S = \frac{4}{3}T.$$

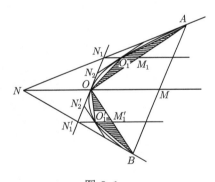

图 3–1

利用现代坐标方法, 以径 OM 为 x 轴, 以 O 点处的切线为 y 轴, 则抛物线的方程是 $y^2 = cx$, 如果 $OM = a$, 则弦 AB 的极是 $N = (-a, 0)$, 即 O 是 NM 的中点, 弦 AB 和它的两个端点处的切线所构成的 $\triangle NAB$ 的面积, 等于 $\triangle OAB$ 的面积的两倍.

对于弦 OA, OB 也有同样的关系, 用图 3-1 中的符号表示就是, $O_1M_1 = \dfrac{1}{2}N_1M_1 = \dfrac{1}{4}OM$. 所以, $\triangle OO_1A = \dfrac{1}{4}\triangle OAM$. 同样, $\triangle OO_1'B = \dfrac{1}{4}\triangle OBM$. 现在设 $\triangle OO_1A$ 和 $\triangle OO_1'B$ 的面积之和为 T_1, 则

$$T_1 = \frac{1}{4}T.$$

同样, 以弦 $O_1A, OO_1, OO_1', O_1'B$ 为底作三角形, 设它们的面积之和等于 T_2, 则

$$T_2 = \frac{1}{4}T_1 = \frac{1}{4^2}T.$$

这样的操作一直持续下去, 则所求的面积 S 可由面积 $T, T_1, T_2, \cdots$ 这些面积穷尽而得到. 这就是古代求积方法, 即所谓的穷尽法 (method of exhaustion), 即

$$S = T + \frac{T}{4} + \frac{T}{4^2} + \cdots = T\left(1 + \frac{1}{4} + \frac{1}{4^2} + \cdots\right) = \frac{4}{3}T.$$

但是直到 18 世纪才得出这样大胆的结论. T, T_1, T_2 等面积无论有多少, 都不能完全覆盖面积 S, 对于此论点, 古希腊数学有些神经质. 他们认为无论怎样穷尽, 都无法完全穷尽. 同样, 对于阿基米德来说, 这一论点当然也非常重要. 他是如下考虑的. 现在, 利用图 3-1 上的记法, 面积 $T + T_1$ 只是 S 的一部分, 但是, 如果 $\triangle OAB$ 的面积再加上 $\triangle OAN_1$ 和 $\triangle OBN_1'$ 的面积, 那么这个和就大于 S. 这两个三角形分别是 $\triangle OAO_1$ 和 $\triangle OBO_1'$ 的两倍, 所以它们的和等于 $2T_1$, 即 $T + T_1 < S < T + 2T_1$. 在上面操作的各个阶段, 相同的不等式都成立, 所以

$$T + T_1 + \cdots + T_{n-1} + T_n < S < T + T_1 + \cdots + T_{n-1} + 2T_n,$$

$$T\left(1 + \frac{1}{4} + \cdots + \frac{1}{4^n}\right) < S < T\left(1 + \frac{1}{4} + \cdots + \frac{1}{4^n} + \frac{1}{4^n}\right),$$

$$\frac{4}{3}T\left(1 - \frac{1}{4^{n+1}}\right) < S < \frac{4}{3}T\left(1 - \frac{1}{4^{n+1}}\right) + \frac{T}{4^n},$$

$$-\frac{1}{3}\cdot\frac{T}{4^n} < S - \frac{4}{3}T < \frac{2}{3}\cdot\frac{T}{4^n}. \tag{1}$$

因为 n 是任意的, 所以 S 不可能是 $\frac{4}{3}T$ 之外的任何值.

这样的严密论证方法是古希腊数学的特征之一. 在 17 世纪和 18 世纪近代数学创建的初期, 还没有余力做到这一点. 直到 19 世纪后半叶, 这一精确的论证方法才得以复兴. 上文中阿基米德的思考方法在数学分析方法论上非常重要, 所以我们稍加详细地说明. 由上面的 (1) 可得

$$\left|S - \frac{4}{3}T\right| < \frac{2T}{3}\cdot\frac{1}{4^n}, \tag{2}$$

由此得到 $\left|S - \frac{4}{3}T\right| = 0$, 即 $S = \frac{4}{3}T$. 其中 S 和 T 都是常数, 只有任意的自然数 n 是变量. 现在, 把左边的定数 $\left|S - \frac{4}{3}T\right|$ 简写成 ε, 而把右边的常数 $\frac{2}{3}T$ 简写成 a

时, 因为 $\varepsilon \geqslant 0, a > 0, 4^n > n$, 于是由 (2) 可得

$$\varepsilon < \frac{a}{n}. \tag{3}$$

根据下面的法则, 我们得 $\varepsilon = 0$.

若 ε 和 a 都是给定的正数 (无论 ε 多么小, a 多么大), 则一定存在使 $n\varepsilon > a$ 成立的自然数 n. 我们现在把这个法则称为**阿基米德法则**.

如果承认这一法则, 由 (3) 可得 $\varepsilon = 0$. 这是因为: 假设 $\varepsilon > 0$, 则对于所有的自然数 n, 一定有

$$\varepsilon < \frac{a}{n}, \text{ 从而 } n\varepsilon < a,$$

这与阿基米德法则矛盾, 故假设 $\varepsilon > 0$ 不合理. 然而 $\varepsilon \geqslant 0$. 故 $\varepsilon = 0$.

阿基米德法则蕴含于实数连续性 (§2). 如果假设阿基米德法则不成立, 则对于所有自然数 n, 有 $n \leqslant \dfrac{a}{\varepsilon}$, 即所有自然数组成的集合有界, 因此这个集合有上确界 s (定理 2), 所以一定存在某个自然数 n, 使得 $s - 1 < n \leqslant s$, 这时 $s < n + 1$. $n + 1$ 也是自然数, 不合理. 故必须承认阿基米德法则.

§29 微分发明之后的求积方法

前节的求积方法的确很巧妙, 在古代只有阿基米德这样的人物才能做到. 但是, 这一方法只适用于抛物线. 到了 18 世纪, 根据下面更一般的方法, 无论是谁都可以很容易地解决这样的求面积问题.

同前面一样, 设抛物线方程是

$$y^2 = cx.$$

用 $OM = x$ 的函数 $S(x)$ 来考察面积 S. 这样, 利用一贯的记法,

$$\Delta S = 面积(ABB'A').$$

这个面积夹在 AB 和 $A'B'$ 之间 (见图 3-2), 是在以 AB 和 $A'B'$ 为底的两个平面四边形的面积 $AB \cdot \Delta x \cdot \sin \omega$ 和 $A'B' \cdot \Delta x \cdot \sin \omega$ 之间, 即 (令 $AM = y$)

$$2y \sin \omega \cdot \Delta x < \Delta S < 2(y + \Delta y) \sin \omega \cdot \Delta x,$$

$$2y \sin \omega < \frac{\Delta S}{\Delta x} < 2y \sin \omega + 2 \sin \omega \cdot \Delta y.$$

之前我们令 $\Delta x > 0$, 对 $\Delta x < 0$ 也同样, 只是不等号的方向发生变化. 当 $\Delta x \to 0$ 时, $\Delta y \to 0$. 故

$$\frac{\mathrm{d}S}{\mathrm{d}x} = 2y \sin \omega = 2 \sin \omega \cdot \sqrt{cx}.$$

因此有

$$\frac{\mathrm{d}x^{\frac{3}{2}}}{\mathrm{d}x} = \frac{3}{2}\sqrt{x}.$$

故, 令

$$F(x) = \frac{4}{3}\sqrt{c} \cdot \sin\omega \cdot x^{\frac{3}{2}}$$

时, 有

$$\frac{\mathrm{d}F}{\mathrm{d}x} = \frac{\mathrm{d}S}{\mathrm{d}x}, \quad 即 \quad \frac{\mathrm{d}(F-S)}{\mathrm{d}x} = 0.$$

因为 $F - S$ 是常数 (定理 22), 而且当 $x = 0$ 时 $F(0) = 0$, $S = 0$, 所以这个常数是 0, 即 $S = F$, 即

$$S(x) = \frac{4}{3}\sqrt{c} \cdot \sin\omega \cdot x^{\frac{3}{2}}.$$

这就是所求的面积. 它与阿基米德的计算结果相同. 事实上,

$$S(x) = \frac{4}{3} \cdot \sqrt{cx} \cdot x\sin\omega = \frac{4}{3}yx\sin\omega = \frac{4}{3}AM \cdot OM \cdot \sin\omega$$

$$= \frac{4}{3} \cdot \frac{1}{2}AB \cdot OM \cdot \sin\omega = \frac{4}{3}\triangle OAB.$$

使用这样的方法, 就可以不必局限于抛物线, 我们可以用同样的方法求得图 3–3 给出的曲线 $y = f(x)$ 与 x 轴, 以及两条垂直于 x 轴的直线之间所夹的面积 S.

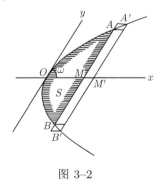

图 3–2

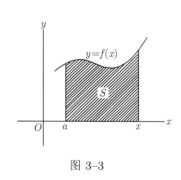

图 3–3

如果 $f(x)$ 是连续函数, 则当 $\Delta x \to 0$ 时, $\Delta y \to 0$, 同上可得

$$\frac{\mathrm{d}S}{\mathrm{d}x} = f(x).$$

因此, 如果设 $F(x)$ 是满足

$$F'(x) = f(x)$$

的函数, 则

$$\frac{\mathrm{d}(S-F)}{\mathrm{d}x}=0,$$

因此

$$S(x)-F(x)=C \quad (C \text{ 是常数}).$$

因为当 $x=a$ 时, $S(a)=0$, 所以 $C=-F(a)$. 故

$$S(x)=F(x)-F(a). \tag{1}$$

在初等函数的范畴内选取 $F(x)$ 时, $F'(x)$ 也是初等函数. 如果设它是 $f(x)$, 则与曲线 $y=f(x)$ 相关的面积 S 可以由 (1) 求得. 因为这样的 $F(x)$ 有无数多个, 于是可以解决无数个求面积问题.

这是微分带来的惊人发现.

给定 $f(x)$, 以它为导函数的函数 $F(x)$, 即满足 $F'(x)=f(x)$ 的函数 $F(x)$ 称为 $f(x)$ 的**原函数**, 并在下文说明的意义下, 利用积分符号, 把它写作

$$F(x)=\int f(x)\mathrm{d}x.$$

表 3–1 给出应用上非常重要的原函数.

表 3–1

$f(x)=F'(x)$		$F(x)$
x^α	$(\alpha \neq -1)$	$\dfrac{x^{\alpha+1}}{\alpha+1}$
$\dfrac{1}{x}$	$(x \neq 0)$	$\ln|x|$
$\dfrac{1}{1+x^2}$		$\operatorname{Arctan} x$
$\dfrac{1}{1-x^2}$	$(x \neq \pm 1)$	$\dfrac{1}{2}\ln\left|\dfrac{1+x}{1-x}\right|$
$\dfrac{1}{x^2-1}$	$(x \neq \pm 1)$	$\dfrac{1}{2}\ln\left|\dfrac{x-1}{x+1}\right|$
$\dfrac{1}{\sqrt{1-x^2}}$	$(|x|<1)$	$\operatorname{Arcsin} x$
$\dfrac{1}{\sqrt{x^2-1}}$	$(|x|>1)$	$\ln|x+\sqrt{x^2-1}|$
$\dfrac{1}{\sqrt{x^2+1}}$		$\ln(x+\sqrt{x^2+1})$
$\sqrt{1-x^2}$	$(|x|\leqslant 1)$	$\dfrac{1}{2}(x\sqrt{1-x^2}+\operatorname{Arcsin} x)$
$\sqrt{x^2-1}$	$(|x|\geqslant 1)$	$\dfrac{1}{2}(x\sqrt{x^2-1}-\ln|x+\sqrt{x^2-1}|)$
$\sqrt{x^2+1}$		$\dfrac{1}{2}(x\sqrt{x^2+1}+\ln(x+\sqrt{x^2+1}))$
e^x		e^x

（续）

$f(x) = F'(x)$		$F(x)$
a^x	$(a > 0, a \neq 1)$	$\dfrac{a^x}{\ln a}$
$\sin x$		$-\cos x$
$\cos x$		$\sin x$
$\dfrac{1}{\sin^2 x}$		$-\cot x$
$\dfrac{1}{\cos^2 x}$		$\tan x$
$\tan x$		$-\ln|\cos x|$
$\cot x$		$\ln|\sin x|$

对于初等函数, 在求其原函数时, 我们可以反复使用这些公式而得到它. 但是, 这样的方法并不能容易地求得下面这样看起来非常简单的函数的原函数.

$$\int \frac{\mathrm{d}x}{\sqrt{1-x^4}}, \quad \int \frac{\mathrm{d}x}{\sqrt{\cos x}}.$$

而且连续函数一定存在原函数吗?

刚才我们利用面积, 轻而易举地求得了原函数, 但如果原函数的存在性成为问题, 那么面积是否存在也必定成为问题. 我们随意提及面积和体积等, 但面积和体积又指的是什么呢?

以这样一些问题为契机, 19 世纪之后, 人们构建了非常安全的数学分析.

§30 定 积 分

解决前节所述问题是积分的任务. 我们想把考虑的范围局限于连续函数, 然而这样在应用中可能产生问题. 例如, 我们不能除去含若干个不连续点的情况. 因此, 眼下把考虑的范围稍加扩大, 只假定函数有界.

[问题说明]　设 $f(x)$ 在区间 $[a, b]$ 上有界.

把这个区间用 $x_1, x_2, \cdots, x_{n-1}$ 分割成 n 个小区间.

(Δ) $\qquad\qquad\qquad a < x_1 < x_2 < \cdots < x_{n-1} < b.$

在这一分割方法 Δ 中, 设从左边开始第 i 个小区间的长度是 δ_i, 即

$$\delta_i = x_i - x_{i-1} > 0.$$

当然, $\delta_1 = x_1 - a, \delta_n = b - x_{n-1}$. 为了方便, 把小区间本身也记作 δ_i. 在本节中, 使用 δ_i 表示的小区间都是闭区间.

设这一分割 Δ 中 δ_i 的最大值为 δ.

设 $f(x)$ 在区间 δ_i 上的上确界和下确界分别是 M_i 和 m_i.

$f(x)$ 在整个区间 $[a,b]$ 上的上确界下确界用没有下标的 M 和 m 表示. 于是有

$$M_i \leqslant M, \quad m_i \geqslant m.$$

对于上述区间 $[a,b]$ 的分割 Δ, 考察下面的和:

$$S_\Delta = \sum_{i=1}^{n} M_i \delta_i, \quad s_\Delta = \sum_{i=1}^{n} m_i \delta_i.$$

于是, 因为 $M_i \geqslant m_i, \delta_i > 0$, 所以有

$$s_\Delta \leqslant S_\Delta.$$

而且有

$$S_\Delta \leqslant M \sum_{i=1}^{n} \delta_i = M(b-a), \quad s_\Delta \geqslant m \sum_{i=1}^{n} \delta_i = m(b-a),$$

即

$$m(b-a) \leqslant s_\Delta \leqslant S_\Delta \leqslant M(b-a).$$

故对于所有的分割 Δ, s_Δ 和 S_Δ 都有界, 而我们感兴趣的是 S_Δ 的下确界和 s_Δ 的上确界.

S_Δ 的下确界记作 S, s_Δ 的上确界记作 s.

如果进一步细分区间 $[a,b]$ 的分割 Δ 的各小区间, 构造分割 Δ', 则根据上面定义显然有

$$s_\Delta \leqslant s_{\Delta'}, \quad S_{\Delta'} \leqslant S_\Delta. \tag{1}$$

事实上, 在分割 Δ 中的某个小区间 δ_i 的内部增加一个分割点, 把 δ_i 再分割成 δ_{i1}, δ_{i2} 时, s_Δ 中的项 $m_i \delta_i$ 变成 $m_{i1} \delta_{i1} + m_{i2} \delta_{i2}$, 因为 $m_{i1} \geqslant m_i, m_{i2} \geqslant m_i, \delta_{i1} + \delta_{i2} = \delta_i$, 所以

$$m_{i1} \delta_{i1} + m_{i2} \delta_{i2} \geqslant m_i \delta_i,$$

即增加分割点使 s_Δ 增大 (不减少). 无论增加多少个分割点, 结论都一样, 因此有 $s_\Delta \leqslant s_{\Delta'}$. 对于 S_Δ 也同样, 只是因为 $M_{i1} \leqslant M_i, M_{i2} \leqslant M_i$, 不等号的方向反过来, 所以有 $S_{\Delta'} \leqslant S_\Delta$.

设 Δ, Δ' 是任意两个分割, 把对应于 Δ 的 s_Δ 与对应于 Δ' 的 $S_{\Delta'}$ 做比较. 设把 Δ 和 Δ' 的分割点合并起来生成新的分割 Δ'', 根据 (1) 有

$$s_\Delta \leqslant s_{\Delta''}, \quad S_{\Delta''} \leqslant S_{\Delta'},$$

因此有

$$s_\Delta \leqslant s_{\Delta''} \leqslant S_{\Delta''} \leqslant S_{\Delta'}.$$

对于任意的分割 Δ, Δ', 有

$$s_\Delta \leqslant S_{\Delta'}.$$

因此, 上式左边的上确界 s 与右边的下确界 S 之间的关系是

$$s \leqslant S.$$

举一个例子, 对于图 3–4 中的曲线 $y = f(x), S_\Delta$ 是实线围成的多边形的面积, s_Δ 是处于点线下方部分的面积.

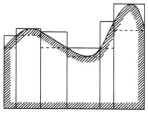

在这个图中, 如果 $f(x)$ 的图像下方的面积是确定的话, 有 $s_\Delta \leqslant I \leqslant S_\Delta$, 随着把区间再次分割, 使小区间的长度无限变小, S_Δ 应该从上方无限靠近 I, 而 s_Δ 应该从下方无限靠近 I. 从而有 $s = I = S$. 但是我们现在的状况是, 面积 I 的意义还没有确定. 以 S_Δ 或者 s_Δ 的极限作为面积 I 是我们急需完成的工作.

图 3–4

[插注]　一般地, 如果把关于区间 $[a, b]$ 的子区间 $[a', b']$ 的和 $\sum M_i \delta_i$ 记作 $S(a', b')$, 则

$$S(a, b) = S(a, x) + S(x, b) \quad (x \in [a, b]).$$

上面的等式是显然的, 但这里还是给出它的证明. 因为区间 (a, b) 的分割 Δ 的分割点把区间 (a, x) 和 (x, b) 进行了分割, 设这样的分割分别是 Δ', Δ'', 于是相对于这些分割的和 $S_\Delta, S_{\Delta'}, S_{\Delta''}$, 有

$$S_\Delta \geqslant S_{\Delta'} + S_{\Delta''}. \tag{2}$$

任取 $\varepsilon > 0$, 根据下确界的意义可知, 存在 Δ 使得 $S_\Delta < S(a, b) + \varepsilon$. 此时有 $S_{\Delta'} \geqslant S(a, x), S_{\Delta''} \geqslant S(x, b)$, 所以由 (2) 得

$$S(a, b) + \varepsilon > S(a, x) + S(x, b).$$

因为 ε 是任意的, 所以有

$$S(a, b) \geqslant S(a, x) + S(x, b). \tag{3}$$

另外, 对于合并满足 $S_{\Delta'} < S(a, x) + \varepsilon,\ S_{\Delta''} < S(x, b) + \varepsilon$ 的分割 Δ', Δ'' 而生成的 Δ, 有 $S_\Delta \geqslant S(a, b)$. 而 $S_\Delta = S_{\Delta'} + S_{\Delta''}$, 于是有

$$S(a, b) < S(a, x) + S(x, b) + 2\varepsilon.$$

因为 ε 是任意的, 所以

$$S(a,b) \leqslant S(a,x) + S(x,b). \tag{4}$$

由 (3) 和 (4) 得到所需等式.

设 $h > 0$, 则

$$S(a, x+h) - S(a,x) = S(x, x+h).$$

设 $f(x)$ 在 $[x, x+h]$ 上的上确界和下确界分别是 M_0 和 m_0, 则

$$m_0 h \leqslant S(x, x+h) \leqslant M_0 h.$$

故如果 $f(x)$ 连续, 则根据中值定理有

$$S(x, x+h) = h f(x + \theta h), \quad 0 \leqslant \theta \leqslant 1,$$

即

$$\frac{S(a, x+h) - S(a,x)}{h} = f(x + \theta h),$$

从而

$$\lim_{h \to 0} \frac{S(a, x+h) - S(a,x)}{h} = f(x).$$

当 $h < 0$ 时, 结果也一样.

此时, 若设 $F(x) = S(a,x)$, 则 $F'(x) = f(x), F(x)$ 是 $f(x)$ 的原函数. 因此, 到此我们证明了连续函数有原函数.

用 s 取代 S, 同样可知 $s(a,x)$ 是 $f(x)$ 的原函数. 因此, $S(a,x) - s(a,x) = C$ 是常数, 当 $x \to a$ 时, $S(a,x) \to 0, s(a,x) \to 0$, 所以 $C = 0$, 即若 $f(x)$ 连续, 则 $S = s$.

这样, 之前的连续函数的原函数存在性问题得到了解决. 把原函数看作 S_Δ 和 s_Δ 的极限 (而不是上确界和下确界), 在实际计算上非常重要.

如上所述, 将分割 Δ 再次细分, 得到分割 Δ_1, 再次细分 Δ_1 得到分割 Δ_2, 如果如此进行下去, 对应于这些分割的和 $s_\Delta, s_{\Delta_1}, s_{\Delta_2} \cdots$ 是单调递增的, s 是它的一个上界, 所以极限值存在. 当细分过程中小区间的最大长度 δ 无限变小时, 这个极限值 (显然它不会超过 s) 是否等于 s 呢? 同样, $S_\Delta, S_{\Delta_1}, S_{\Delta_2} \cdots$ 单调递减, 它的极限是否等于 S 呢? 于是产生了上述问题. 区间的分割方法是无穷多的, 幸运的是下面的定理成立.

[**达布定理**] 设分割 Δ 中小区间的最大长度是 δ, 则

$$当 \ \delta \to 0 \ 时, \quad \lim s_\Delta = s, \quad \lim S_\Delta = S. \tag{5}$$

下面仅对 s 给出证明. 对于 S 的证明方法一样.

任取 $\varepsilon > 0$.

于是, 根据 s 为上确界的定义, 存在满足

$$s - \varepsilon < s_D \leqslant s \tag{6}$$

的区间分割 D. 固定这样的分割 D, 以此作为证明的支点.

设分割 D 中分割点的数目是 p.

设 Δ 是任意的分割, Δ 和 D 中的分割点合并起来生成的新分割为 Δ'. 于是有

$$s_\Delta \leqslant s_{\Delta'}, s_D \leqslant s_{\Delta'}. \tag{7}$$

假设分割 Δ 的 δ 充分小, 使得 Δ 中的各小区间至多包含 D 的一个分割点. (只要取 δ 比分割 D 的小区间的最小长度还小即可.)

现在, 如果分割 Δ 的某个小区间 δ_i 包含 D 的一个分割点, 则 δ_i 被再次分成 Δ' 中的左右两个小区间. 设它们分别是 $\delta'_{i1}, \delta'_{i2}$ (见图 3–5), 如前所述, s_Δ 中的一项 $m_i\delta_i$ 被分成 $s_{\Delta'}$ 中的两项和 $m_{i1}\delta'_{i1} + m_{i2}\delta'_{i2}$, 于是它们的差是

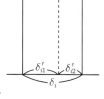

$$m_{i1}\delta'_{i1} + m_{i2}\delta'_{i2} - m_i(\delta'_{i1} + \delta'_{i2})$$
$$= (m_{i1} - m_i)\delta'_{i1} + (m_{i2} - m_i)\delta'_{i2} \leqslant (M - m)\delta_i \leqslant (M - m)\delta.$$

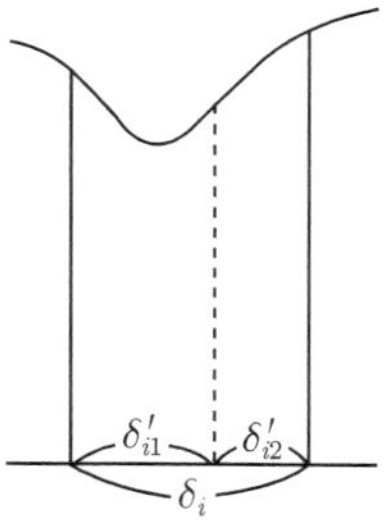

图 3–5

对于不包含 D 的分割点的小区间 δ_i 来说, 显然上面的差等于 0.

我们已经设 D 中的分割点数为 p, 因此

$$s_{\Delta'} - s_\Delta \leqslant p(M - m)\delta.$$

p 和 $M - m$ 都是常数, 于是只要 δ 取充分小就有

$$s_{\Delta'} - s_\Delta < \varepsilon. \tag{8}$$

到此证明完毕: 即由 (6), (7), (8), 有

$$0 \leqslant s - s_D < \varepsilon, \quad 0 \leqslant s_{\Delta'} - s_\Delta < \varepsilon, \quad 0 \leqslant s_{\Delta'} - s_D,$$

于是

$$s - s_\Delta = (s - s_D) - (s_{\Delta'} - s_D) + (s_{\Delta'} - s_\Delta) \leqslant (s - s_D) + (s_{\Delta'} - s_\Delta) < 2\varepsilon.$$

对于任意的 ε, 取充分小的 δ, 有

$$0 \leqslant s - s_\Delta < 2\varepsilon.$$

因此, 当 $\delta \to 0$ 时, $\lim s_\Delta = s$. 同样可得 $0 \leqslant S_\Delta - S < 2\varepsilon$, 所以 $\lim S_\Delta = S$.

[可积条件]　　上面我们只假设 $f(x)$ 有界, 而我们真正感兴趣的是 $S = s$ 的情况. 此时, 对于分割 Δ, 取各小区间 $[x_{i-1}, x_i]$ 上的任意点 ξ_i, 作和

$$\Sigma_\Delta = \sum_{i=1}^{n} f(\xi_i)\delta_i$$

时, $s_\Delta \leqslant \Sigma_\Delta \leqslant S_\Delta$. 于是, 对于任意的 $\varepsilon > 0$, 取分割 Δ 的小区间长度的最大值 δ 充分小, 如上面证明, 有 $s - s_\Delta < 2\varepsilon, S_\Delta - S < 2\varepsilon$, 所以在 $s = S$ 的条件下, 设 $s = S = I$, 则有

$$-2\varepsilon < s_\Delta - s \leqslant \Sigma_\Delta - I \leqslant S_\Delta - S < 2\varepsilon.$$

当 $\delta \to 0$ 时, 与分割 Δ 以及 ξ_i 的选择无关, Σ_Δ 的极限总是存在, 这个极限就是 I:

$$I = \lim_{\delta \to 0} \sum f(\xi_i)\delta_i. \tag{9}$$

我们称这个极限是 $f(x)$ 在区间 $[a, b]$ 上的**定积分**, 记作:

$$I = \int_a^b f(x)\mathrm{d}x. \tag{10}$$

莱布尼茨使用了记号 $\displaystyle\int$, 它是和 S 的变形. $\displaystyle\int$ 下的 $f(x)$ 和 $\mathrm{d}x$ 是 $f(\xi_i)$ 和 $\delta_i = x_i - x_{i-1}$ 的典型记法. 在给定 $f(x)$ 和区间 $[a, b]$ 后, 显然 I 是常数, 虽然 (10) 的右边有字母 x, 但 I 不是 x 的函数. $\displaystyle\int_a^b f(*)\mathrm{d}*$ 中的 $*$ 处放入任何符号都是一样的意思, 这个值都是常数 I.

(9) 的极限值存在时, 我们称 $f(x)$ 在区间 $[a, b]$ 上**可积**.

根据上文, $s = S$ 是 $f(x)$ 可积的充分条件. 它也是必要条件, 即 $s = S$ 是可积的判别法则. 如果 $f(x)$ 连续, 则在各小区间上, 存在 ξ_i, 使得 $f(\xi_i) = M_i$, 而且存在 ξ_i, 使得 $f(\xi_i) = m_i$, 因此这是显然的.

如果只假设 $f(x)$ 有界, 那么任取 $\varepsilon > 0$ 时, 在区间 δ_i 上存在 ξ_i, 使得 $f(\xi_i) > M_i - \varepsilon$. 对于与此对应的 Σ_Δ, 有

$$S_\Delta \geqslant \Sigma_\Delta > S_\Delta - \varepsilon(b - a).$$

因此, 如果存在 $\lim \Sigma_\Delta = I$, 则

$$S \geqslant I \geqslant S - \varepsilon(b - a).$$

因为 ε 是任意的, 所以 $I = S$, 同样 $I = s$. 所以有 $S = s$.

或者, 如果把 $f(x)$ 在分割 Δ 中各小区间 δ_i 上的振幅即 $M_i - m_i$ 写作 v_i, 则 $S_\Delta - s_\Delta = \Sigma v_i \delta_i$, 于是条件 $S = s$ 可以替换成

$$\lim_{\delta \to 0} \Sigma v_i \delta_i = 0. \tag{11}$$

根据达布定理, 当 $\delta \to 0$ 时, $\lim \Sigma v_i \delta_i = \lim(S_\Delta - s_\Delta) = S - s$, 所以可积时 $S = s$.

事实上, 对于任意的 ε, 存在一个使得 $\Sigma v_i \delta_i < \varepsilon$ 的分割方法 Δ 即可. 我们已经证明了 $\lim \Sigma v_i \delta_i$ 存在, 因此得到 $\lim \Sigma v_i \delta_i = 0$.

根据上文, 如果 $f(x)$ 在某个区间 $[a,b]$ 上可积, 容易看到 $f(x)$ 在包含于区间 $[a,b]$ 的区间 $[c,d]$ 上也可积. 事实上, 从区间 $[a,b]$ 上的 $\Sigma v_i \delta_i$ 可以得到 $[c,d]$ 区间上的 $\Sigma v_i \delta_i$, 而且前者不大于后者.

我们的目标是, 对于连续函数有 $s = S$, 于是已经证明了下面的定理.

定理 31 闭区间上的连续函数可积.

一般地, 当 $f(x)$ 在区间 $[a,b]$ 上有有限个不连续点时, 只要 $f(x)$ 有界则仍然可积. 这是因为: 设不连续点的个数是 p, 在分割 Δ 中, 包含这些不连续的小区间对 $\Sigma v_i \delta_i$ 的贡献不会超过 $2p(M - m)\delta$, 而它们可以与 δ 一起任意变小. 其他的小区间对 $\Sigma v_i \delta_i$ 的贡献当然全部都可以与 δ 一起任意变小, 所以当 $\delta \to 0$ 时, $\Sigma v_i \delta_i \to 0$. 而且, 即使是有无穷多个不连续点的情况, 如果它们能够落入长度可以任意变小的有限个小区间上, 那么结果同样.

定理 32 若 $f(x)$ 在区间 $[a,b]$ 上单调 (从而有界), 则它可积.

[证] 仅就单调递增的情况给出证明. 这时, $M_i = f(x_i), m_i = f(x_{i-1})$. 故,

$$S_\Delta = f(x_1)(x_1 - a) + f(x_2)(x_2 - x_1) + \cdots + f(b)(b - x_{n-1}),$$

$$s_\Delta = f(a)(x_1 - a) + f(x_1)(x_2 - x_1) + \cdots + f(x_{n-1})(b - x_{n-1}).$$

从而

$$S_\Delta - s_\Delta = \sum (f(x_i) - f(x_{i-1}))(x_i - x_{i-1}) < (f(b) - f(a))\delta,$$

所以当 $\delta \to 0$ 时, $S_\Delta - s_\Delta \to 0$, 即 $S = s$. □

§8, [例 7] 中的函数在 $[0,1]$ 上有界且单调递增, 不连续点是 $\dfrac{p}{2^n}$, 有无穷多个, 而且这些不连续点稠密分布 (§10), 即在任意的小区间内都有 (无穷多) 不连续点存在. 即使如此仍然可积.

[注意 1] 当然, 有界并非一定可积. §8 [例 6] 中区间 $[0,1]$ 上的函数 $f(x)$ 就是一个例子. 如果 x 是有理数, 则 $f(x) = 0$, 如果 x 是无理数, 则 $f(x) = 1$. 这时, 在各小区间上有 $M_i = 1, m_i = 0$, 所以 $s = 0, S = 1$. 故不可积.

上面我们给出了这样的例子: 即使 $f(x)$ 在区间 $[a,b]$ 上的不连续点稠密分布, $f(x)$ 也有可能可积, 反之, 如果 $f(x)$ 在 $[a,b]$ 上可积, 那么它在该区间内一定存在连续点. 这样, 用区间 $[a,b]$ 内的任意小区间替换 $[a,b]$, 结果也同样, 因此, 连续点在该区间稠密分布. 实际上, 由可积条件可知, 对于任意的 $\eta > 0$, 存在满足 $\sum_{\Delta} v_i \delta_i < \eta$ 的分割 Δ, 在 Δ 中设其中最小的 v_i 为 v, 则 $\sum_{\Delta} v_i \delta_i \geqslant v(b-a)$. 因此 $v < \dfrac{\eta}{b-a}$. 所以, 对于任意的 $\varepsilon > 0$, 取 $\eta < (b-a)\varepsilon$, 则在区间 $[a,b]$ 内的某个小区间 δ 上, $v < \varepsilon$. 除去 $[a,b]$ 的两个端点, 在区间 $[a_1, b_1]$ $(a < a_1 < b_1 < b)$ 上运用这一方法, 则 δ 完全在 $[a,b]$ 的内部. 设 $\varepsilon_1 > \varepsilon_2 > \varepsilon_3 > \cdots > \varepsilon_n \to 0$, 反复进行同样的操作, 得到 $\delta_1 \supset \delta_2 \supset \cdots \supset \delta_n \supset \cdots$ 的区间, $f(x)$ 在 δ_n 的振幅 $v_n < \varepsilon_n$, 且所有的 δ_n 有公共内点. 设这个点为 x_0, 则 $f(x)$ 在点 x_0 处连续. 这是因为: 对于 $\varepsilon > 0$, 如果设 $\varepsilon_n < \varepsilon$, 当 $x \in \delta_n$ 时, 有 $|f(x) - f(x_0)| \leqslant v_n < \varepsilon_n < \varepsilon$.

[注意 2]　如果 $f(x), g(x)$ 在区间 $[a,b]$ 上可积, 集合 S 的点在 $[a,b]$ 上稠密分布, 如果在 S 的各点 x 处有 $f(x) = g(x)$, 则 $\displaystyle\int_a^b f(x)\mathrm{d}x = \int_a^b g(x)\mathrm{d}x$. 实际上, 在这样的假设之下, 我们可以设 (9) 中的所有 ξ_i 都属于 S. 特别地, $f(x)$ 在 $[a,b]$ 上可积且在 f 的连续点处总有 $f(x) = 0$, 则 $\displaystyle\int_a^b f(x)\mathrm{d}x = 0$.

§31　定积分的性质

下面给出几条后面经常用到的定积分性质.
(1°) 在 $f(x)$ 可积的区间内, 有

$$\int_a^b f(x)\mathrm{d}x = \int_a^c f(x)\mathrm{d}x + \int_c^b f(x)\mathrm{d}x \quad (a < c < b).$$

简言之, 积分对于积分区间有可加性.

这是因为取极限时可以令 c 为区间 $[a,b]$ 的分割 Δ 中的一个分割点.
为方便使用, 一般规定

$$\int_b^a f(x)\mathrm{d}x = -\int_a^b f(x)\mathrm{d}x, \int_a^a f(x)\mathrm{d}x = 0. \tag{1}$$

这样上面的公式与 a, b, c 的大小顺序无关, 总是成立.

例如, $a < b < c$, 则 $\displaystyle\int_a^c f(x)\mathrm{d}x = \int_a^b + \int_b^c$, 从而有 $\displaystyle\int_a^c - \int_b^c = \int_a^c + \int_c^b = \int_a^b$.

(2°) 如果 $f(x), g(x)$ 在区间 $[a, b]$ 上可积, 则 $f(x) \pm g(x)$ 在区间 $[a, b]$ 上也可积, 并且有

$$\int_a^b (f(x) \pm g(x))\mathrm{d}x = \int_a^b f(x)\mathrm{d}x \pm \int_a^b g(x)\mathrm{d}x.$$

这是因为

$$\lim \Sigma(f(\xi_i) \pm g(\xi_i))(x_i - x_{i-1}) = \lim \Sigma f(\xi_i)(x_i - x_{i-1}) \pm \lim \Sigma g(\xi_i)(x_i - x_{i-1}).$$

(3°) 如果 C 是常数, 则

$$\int_a^b Cf(x)\mathrm{d}x = C \int_a^b f(x)\mathrm{d}x, \quad \int_a^b C\mathrm{d}x = C \int_a^b \mathrm{d}x = C(b - a).$$

(4°) 如果 $f(x), g(x)$ 在区间 $[a, b]$ 上可积, 且 $f(x) \geqslant 0$, 则 $\int_a^b f(x)\mathrm{d}x \geqslant 0$.

如果 $f(x) \geqslant g(x)$, 则 $\int_a^b f(x)\mathrm{d}x \geqslant \int_a^b g(x)\mathrm{d}x$.

第一个结论很显然. 利用 (2°) 有

$$\int_a^b (f(x) - g(x))\mathrm{d}x \geqslant 0,$$

于是可得第二个结论.

更精确地说, 若符合上述条件的函数 $f(x)$ 在区间 $[a, b]$ 的一点 x_0 处连续且 $f(x_0) > 0$, 则 $\int_a^b f(x)\mathrm{d}x > 0$. 设 $f(x_0) = k$, 因为 $k > 0$, 所以在包含 x_0 的小区间 $[c, d]$ 上, $a \leqslant c < d \leqslant b$, 有 $f(x) > \dfrac{k}{2}$. 根据上面的结论有 $\int_a^c \geqslant 0, \int_c^a \geqslant (d - c)\dfrac{k}{2} > 0, \int_d^b \geqslant 0$, 再利用 (1°) 得 $\int_a^b > 0$.

若把 (4°) 中的所有 $\geqslant$ 都换成 $>$, 则 (4°) 成立.

(5°) 如果 $f(x)$ 在 $[a, b]$ 上可积, 则 $|f(x)|$ 也在 $[a, b]$ 上可积, 且

$$\left| \int_a^b f(x)\mathrm{d}x \right| \leqslant \int_a^b |f(x)|\mathrm{d}x.$$

无论 $f(x)$ 是正的、负的还是 0, 都有

$$|f(x)| \geqslant f(x), \quad |f(x)| \geqslant -f(x),$$

因此, $\int_a^b |f(x)|\mathrm{d}x \geqslant \int_a^b f(x)\mathrm{d}x$ 及 $\int_a^b |f(x)|\mathrm{d}x \geqslant -\int_a^b f(x)\mathrm{d}x$. 因此有上面的结果.

如果 $f(x)$ 连续, 则显然 $|f(x)|$ 可积. 对于一般情况, 可积性可由

$$||f(x)| - |f(x')|| \leqslant |f(x) - f(x')|$$

得到. 也就是说, 如果 $f(x)$ 的振幅如前面一样用 v 表示, 而 $|f(x)|$ 的振幅用 v' 表示, 则在各小区间上有 $v_i' \leqslant v_i$. 因此, 当 $\Sigma v_i \delta_i \to 0$ 时, 当然有 $\Sigma v_i' \delta_i \to 0$, 即如果 $f(x)$ 可积, 则 $|f(x)|$ 也可积.

反之, 如果不假设 $f(x)$ 连续, 则不能从 $|f(x)|$ 可积得到 $f(x)$ 可积的结论. 举一个常见的例子: 如果 x 是有理数, 则 $f(x) = +1$, 如果 x 是无理数, 则 $f(x) = -1$, 于是 $\int_0^1 |f(x)|\mathrm{d}x = 1$ 而 $\int_0^1 f(x)\mathrm{d}x$ 不存在. (由此还可知, $|f(x)|$ 连续时 $f(x)$ 不一定连续.)

由给定的函数 $f(x)$, 可以构造下面两个正 (非负) 函数 $f^+(x), f^-(x)$. 对于满足 $f(x) > 0$ 的 $x, f^+(x) = |f(x)|$, 而对于其他的 $x, f^+(x) = 0$. 对于满足 $f(x) < 0$ 的 $x, f^-(x) = |f(x)|$, 而对于其他的 $x, f^-(x) = 0$. 于是有

$$f(x) = f^+(x) - f^-(x), \quad |f(x)| = f^+(x) + f^-(x),$$

从而有

$$f^+(x) = \frac{1}{2}(|f(x)| + f(x)), \quad f^-(x) = \frac{1}{2}(|f(x)| - f(x)).$$

因此, 如果 $f(x)$ 在区间 $[a, b]$ 上可积, 从而 $|f(x)|$ 可积, 则根据 (2°) 可知 $f^+(x)$, $f^-(x)$ 也可积.

(6°) 在 $f(x), g(x)$ 可积的区间上, 它们的积 $f(x)g(x)$ 也可积.

如果有有限个不连续点, 这一结论是显然的. 一般情况下, $|f(x)g(x) - f(x')g(x')| = |(f(x) - f(x'))g(x) + (g(x) - g(x'))f(x')| \leqslant (v + v')C$. 其中 v, v' 是 $f(x), g(x)$ 在区间 $[x, x']$ 上的振幅, C 是 $|f(x)|$ 和 $|g(x)|$ 的公共上界.

同样, 如果 $|g(x)| > k > 0$, 则它们的商 $f(x)/g(x)$ 也可积.

(7°) 设 M, m 同前面一样, 由 (4°) 可知 $(a < b)$

$$m(b - a) = \int_a^b m\mathrm{d}x \leqslant \int_a^b f(x)\mathrm{d}x \leqslant \int_a^b M\mathrm{d}x = M(b - a). \tag{2}$$

因此设函数 $f(x)$ 在区间 $[a, b]$ 上关于区间长度的平均值是

$$\frac{1}{b - a}\int_a^b f(x)\mathrm{d}x = \mu,$$

从而有

$$m \leqslant \mu \leqslant M,$$

即函数 $f(x)$ 在积分区间上的积分平均值位于 $f(x)$ 的上确界与下确界之间. 特别地, 如果 $f(x)$ 连续, 则根据介值定理, 在区间上存在 ξ, 使得 $f(\xi) = \mu$, 于是有 (积分中值定理)

$$\int_a^b f(x)\mathrm{d}x = f(\xi)(b-a) \quad (a < \xi < b).$$

在 $f(x)$ 连续的情况下,[①] 如果 $f(x)$ 在区间 $[a,b]$ 上不是常数, 则根据 (4°) 的第二个结果可知, 不等式 (2) 没有等号也成立. 因此, $m < \mu < M$, 且在区间 $[a,b]$ 上存在两点, 使得 $f(x)$ 分别等于 M, m, 这两点之间存在 ξ 使得 $f(\xi) = \mu$, 所以可以假设 ξ 是 $[a,b]$ 的内点, 即设 $a < \xi < b$, 结果仍然成立.

如果 $f(x)$ 不连续, 则不能去掉不等式 $m \leqslant \mu \leqslant M$ 中的等号. (例如 $f(x)$ 只在区间一点处取正值或负值, 其他都是 0.)

上面的定理也称为积分第一中值定理, 在应用时一般都做如下扩展.

定理 33 $f(x)$ 在区间 $[a,b]$ 上连续, $\varphi(x)$ 在区间 $[a,b]$ 上可积, 且它的符号是确定的, 则在 a, b 之间存在 $\xi, a < \xi < b$, 使得

$$\int_a^b f(x)\varphi(x)\mathrm{d}x = f(\xi)\int_a^b \varphi(x)\mathrm{d}x$$

成立.

[证] 设 $\varphi(x) \geqslant 0$ (如果 $\varphi(x) \leqslant 0$, 则以 $-\varphi(x)$ 代替 $\varphi(x)$ 即可). 于是有

$$m\varphi(x) \leqslant f(x)\varphi(x) \leqslant M\varphi(x). \tag{3}$$

如果在 $[a,b]$ 上存在两点 x_1 和 x_2, 使得 $\varphi(x)$ 在 x_1, x_2 连续, 在 x_1 处 (3) 式前半段的不等式在没有等号时成立, 在 x_2 处 (3) 式后半段的不等式在没有等号时成立, 则由 (4°) 可得

$$m\int_a^b \varphi(x)\mathrm{d}x < \int_a^b f(x)\varphi(x)\mathrm{d}x < M\int_a^b \varphi(x)\mathrm{d}x.$$

于是, 因为 $\int_a^b \varphi(x)\mathrm{d}x > 0$, 所以设

$$\int_a^b f(x)\varphi(x)\mathrm{d}x = \mu\int_a^b \varphi(x)\mathrm{d}x$$

---

① 这种情况归属于微分中值定理 (参照定理 35).

时 $m < \mu < M$, 因此在 a, b 之间存在 ξ, 使得 $f(\xi) = \mu$, 于是上面定理成立.

如果对于 (3) 式前半段不等式, 不存在上文中的 x_1, 则在 $\varphi(x)$ 连续的点 x 处, 有 $m\varphi(x) = f(x)\varphi(x)$. 因为 $\varphi(x)$ 的连续点在区间上稠密, 所以有

$$m \int_a^b \varphi(x)\mathrm{d}x = \int_a^b f(x)\varphi(x)\mathrm{d}x \tag{4}$$

(参照 §30 的两个 [注意]). 于是在区间 $[a, b]$ 内存在 ξ 使得 $f(\xi) = m$ 时, 定理成立. 如果这样的 ξ 不存在, 因为 $\varphi(x)$ 连续, 在区间内的点上有 $\varphi(x) = 0$. 因此 (4) 两边的积分等于 0, 所以对于区间内的任意点 ξ, 定理成立.

对于 (3) 式后半段的不等式来说, 如果上面的 x_2 不存在, 也可以仿照刚才的方法给出证明. □

§32 积分函数, 原函数

在 $f(x)$ 可积的区间上, 设 a 为定点, x 为任意点, 如果记

$$F(x) = \int_a^x f(x)\mathrm{d}x,$$

则 $F(x)$ 是这个区间上 x 的函数. 在这样的意义之下, 称 $F(x)$ 为**积分函数**.

其中, 这里不考虑 a 与 x 的大小关系 (参照前节的 (1)), 而且 $F(a)$ 即 $\int_a^a f(x)\mathrm{d}x$ 等于 0.

相对于积分函数, 称 $f(x)$ 为**被积函数**, 而积分符号内的 x 称为**积分变量**.

因此, $F(x)$ 中的 x 与积分符号下的 x 的意义不同. 前面我们已经提到过, 积分变量可以用任意的符号表示, 例如

$$F(x) = \int_a^x f(t)\mathrm{d}t$$

与上式表示相同的意义. $\int$ 的积分上限一定是 x, 它是函数 $F(x)$ 的自变量.

定理 34　如果 $f(x)$ 在区间 $[a, b]$ 上可积, 则这个区间上的积分函数

$$\int_a^x f(x)\mathrm{d}x$$

是 x 的连续函数.

[证]　为了方便, 把积分变量写作 t, 设

$$F(x) = \int_a^x f(t)\mathrm{d}t.$$

于是要证的是: 当 $h \to 0$ 时, $F(x + h) - F(x) \to 0$. 因为

$$F(x+h) - F(x) = \int_a^{x+h} f(t)\mathrm{d}t - \int_a^x f(t)\mathrm{d}t = \int_x^{x+h} f(t)\mathrm{d}t.$$

于是设 $|f(x)|$ 在区间 $[a,b]$ 上的一个上界是 M, 则

$$\left| \int_x^{x+h} f(t)\mathrm{d}t \right| \leqslant \left| \int_x^{x+h} |f(t)|\mathrm{d}t \right| \leqslant M|h|.$$

因此当 $h \to 0$ 时, $F(x+h) - F(x) \to 0$.

积分下限是变量时同样.   □

我们已提到过, 给定函数 $f(x)$, 称满足 $F'(x) = f(x)$ 的函数 $F(x)$ 为 $f(x)$ 的原函数. 而我们已经证明连续函数 $f(x)$ 的积分函数 $\int_a^x f(x)\mathrm{d}x$ 就是 $f(x)$ 的一个原函数 (参照 §30), 这是基础性结论, 作为下面定理给出.

定理 35   若 $f(x)$ 在积分区间内的一点连续, 则积分函数 $F(x)$ 在这点可微, 且

$$F'(x) = f(x).$$

[证]   首先设 $h > 0$, 同前面一样有

$$F(x+h) - F(x) = \int_x^{x+h} f(t)\mathrm{d}t.$$

于是

$$m \leqslant \frac{F(x+h) - F(x)}{h} \leqslant M \quad (§31, (7°)),$$

M, m 是 $f(x)$ 在 $[x, x+h]$ 上的上确界和下确界. 于是有

$$\left| \frac{F(x+h) - F(x)}{h} - f(x) \right| \leqslant M - m.$$

因为 $f(x)$ 连续, 所以对于 $\varepsilon > 0$, 取充分小的 δ, 当 $h < \delta$ 时, $M - f(x) < \varepsilon, f(x) - m < \varepsilon$, 于是 $M - m < 2\varepsilon$.

当 $h < 0$ 时也同样, 因此 $F'(x) = f(x)$.   □

[注意 1]   如果 $f(x)$ 在 x 处左连续或者右连续, 则 $D^+F(x) = f(x)$, 或者 $D^-F(x) = f(x)$.

[注意 2]   在同样的条件下, 如果对 $\int_x^b f(x)\mathrm{d}x$ 的积分下限求导, 则得到 $-f(x)$. 因为 $\int_x^a = -\int_a^x$.

反之, 如果 $f(x)$ 连续, 且知道它的一个原函数是 $F(x)$ 时, 则可以利用这个原函数来计算 $f(x)$ 的积分, 即此时, 设

$$F_1(x) = \int_a^x f(x)\mathrm{d}x,$$

则 $F_1'(x) = f(x), F'(x) - F_1'(x) = 0$. 因此 $F(x) - F_1(x) = C$ 是常数, 即

$$\int_a^x f(x)\mathrm{d}x = F(x) + C.$$

此时, 令 $x = a$ 时, 有 $0 = F(a) + C$, 所以 $C = -F(a)$, 因此, 设 $x = b$, 则

$$\int_a^b f(x)\mathrm{d}x = F(b) - F(a). \tag{1}$$

我们称这个公式为**微积分基本公式**.

以积分 $\int_a^x f(x)\mathrm{d}x$ 的上限为变量, 当积分下限为常数时, 这个常数无论是什么, (1) 式的差都与 x 无关, 即对于 $f(x)$ 可积的区间上的任意两个常数 a, a', 都有 $\int_{a'}^x = \int_a^x - \int_a^{a'}$, 且 $\int_a^{a'}$ 与 x 无关. 因此, 不指定积分下限的常数时, 把积分记为没有界限的形式 $\int f(x)\mathrm{d}x$, 称其为**不定积分**. 如果 $f(x)$ 连续, 则不定积分与原函数是同义词.

概括说来, 在连续函数的限制之下, 基本公式 (1) 表明微分与积分互为逆运算. 如果不假设函数连续, 那么这个关系不成立, 即 $F'(x) = f(x)$ 不能保证 $f(x)$ 一定连续, 从而也不一定可积, 而且即使它可积, 也不一定等于 $F(x)$. 而尽管 $\int_a^x f(x)\mathrm{d}x$ 一定连续, 但是它不一定可微, 即使它可微, 但微商也不一定等于 $f(x)$, 对于连续函数以外的函数, 微积分变得很复杂!

下面说明几点使用 (1) 时的注意事项.

[**例 1**]

$$\frac{\mathrm{d}}{\mathrm{d}x}\left(\frac{1}{x}\right) = -\frac{1}{x^2}, \qquad \int_a^b \frac{\mathrm{d}x}{x^2} = \frac{1}{a} - \frac{1}{b}. \tag{2}$$

如果这里轻率地令 $a = -1, b = 1$, 则得到

$$\int_{-1}^1 \frac{\mathrm{d}x}{x^2} = -2 \text{ (不合理)},$$

因为上式左边应该是正的, 所以这是不对的.

在这里, $F(x) = \dfrac{1}{x}$, $f(x) = -\dfrac{1}{x^2}$, 但在 $x = 0$ 处, $F'(x) = f(x)$ 不合理, 且在 $x = 0$ 处, $f(x)$ 不连续. 在包含 0 的区间上, $-\dfrac{1}{x^2}$ 不可积. (2) 只有当 a, b 符号相同时成立.

上面是一个出现无谓错误的例子. 在初等函数的范围之内, 使用反三角函数时要慎重, 否则就会出错.

[**例 2**]
$$\frac{\mathrm{d}}{\mathrm{d}x} \arctan \frac{1}{2}\left(1 - \frac{1}{x}\right) = \frac{2}{4x^2 + (x-1)^2}. \tag{3}$$

由此, 令[①]
$$\int_{-1}^{1} \frac{2\mathrm{d}x}{4x^2 + (x-1)^2} = \arctan \frac{1}{2}\left(1 - \frac{1}{x}\right)\bigg|_{-1}^{1} = 0 - \frac{\pi}{4} = -\frac{\pi}{4}(\text{不合理})$$

时产生错误. 这时, 因为被积函数在区间 $[-1, 1]$ 上连续所以可积, 但积分值一定是正的. 出错的原因是右边的计算有错. 上面取的是 $\arctan$ 的主值, 这样的话, 在 $x = 0$ 处, $\mathrm{Arctan} \dfrac{1}{2}\left(1 - \dfrac{1}{x}\right)$ 不连续, 所以在 $x = 0$ 处 (3) 不成立. 要得到 (3), 就必须取使 $\arctan \dfrac{1}{2}\left(1 - \dfrac{1}{x}\right)$ 在 $x = 0$ 处连续的 $\arctan$ 的值. 例如, 取图 3–6 中点线所示的部分即可 (主值是实线画出的不连续线). 如果取上方的连续线, 则

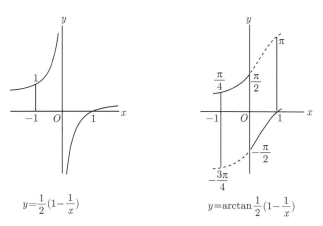

$$y = \frac{1}{2}\left(1 - \frac{1}{x}\right) \qquad\qquad y = \arctan \frac{1}{2}\left(1 - \frac{1}{x}\right)$$

图 3–6

$\arctan \dfrac{1}{2}\left(1 - \dfrac{1}{x}\right)$ 在 $x = 1$ 时为 π, 在 $x = -1$ 时为 $\dfrac{\pi}{4}$, 而且

---

① $F(x)\Big|_a^b$ 或 $[F(x)]_a^b$ 是 $F(b) - F(a)$ 的简写.

$$\int_{-1}^1 \frac{2\mathrm{d}x}{4x^2 + (x-1)^2} = \pi - \frac{\pi}{4} = \frac{3}{4}\pi.$$

如果取下方的连续线, 则

$$\arctan \frac{1}{2}\left(1 - \frac{1}{x}\right) \text{ 在 } x = 1 \text{ 时为 } 0, \text{ 在 } x = -1 \text{ 时为 } -\frac{3}{4}\pi, \text{而且}$$

$$\int_{-1}^1 \frac{2\mathrm{d}x}{4x^2 + (x-1)^2} = 0 - \left(-\frac{3}{4}\pi\right) = \frac{3}{4}\pi.$$

§33 积分定义扩展 (广义积分[①])

目前为止我们考察了有限区间上有界函数的积分, 然而, 有必要把积分定义扩展到被积函数无界或积分区间无限的情况. 在此, 为简单起见, 只考虑被积函数在有限区间内只在有限个点的邻域无界的情况[②]. 这样的点称为**奇点**.

在扩展积分定义过程中, 我们以积分函数的连续性和关于积分区间的加法性为指导原理. 这样做比较合适.

首先, 设在区间 $[a, b]$ 上只有下限 a 是奇点, 去除这个点, 设函数 $f(x)$ 在区间 $[a + \varepsilon, b]$ 上有界且可积. 如果

$$\lim_{\varepsilon \to 0} \int_{a+\varepsilon}^b f(x)\mathrm{d}x$$

存在, 则将其作为 $\displaystyle\int_a^b f(x)\mathrm{d}x$ 的定义, 即

$$\int_a^b f(x)\mathrm{d}x = \lim_{\varepsilon \to 0} \int_{a+\varepsilon}^b f(x)\mathrm{d}x. \tag{1}$$

在这里, $\varepsilon \to 0$ 当然指的是 $\varepsilon \to +0$. 以下相同. b 是奇点时也同样如下定义

$$\int_a^b f(x)\mathrm{d}x = \lim_{\varepsilon' \to 0} \int_a^{b-\varepsilon'} f(x)\mathrm{d}x. \tag{2}$$

如果 a 和 b 都是奇点, 则定义

$$\int_a^b f(x)\mathrm{d}x = \lim_{\varepsilon \to 0, \varepsilon' \to 0} \int_{a+\varepsilon}^{b-\varepsilon'} f(x)\mathrm{d}x. \tag{3}$$

---

① 广义积分 = intégrale généralisée, 又称反常积分 = improper integral, uneigentliches Integral.

② $f(x)$ 在 $x = a$ 的邻域无界的意思是, 无论在多么靠近 a 的范围 $|f(x)|$ 都可以取任意大的值, 即 $\overline{\lim_{x \to a}} |f(x)| = \infty$. 因为这并不要求 $\lim_{x \to a} |f(x)| = \infty$, 所以 "在 $x = a$ 处 $f(x)$ 为无穷大" 这样的概言多少有失准确性. 例如, 考虑 $f(x) = 1 \big/ \sin \dfrac{1}{x}$ 在 $x = 0$ 的情况.

如果区间 $[a,b]$ 内只有一个奇异点 c, 则令

$$\int_a^b f(x)\mathrm{d}x = \int_a^c f(x)\mathrm{d}x + \int_c^b f(x)\mathrm{d}x.$$

上式右边的两个积分就是 (1) 和 (2) 的意义下的积分, 即

$$\int_a^b f(x)\mathrm{d}x = \lim_{\varepsilon \to 0} \int_a^{c-\varepsilon} f(x)\mathrm{d}x + \lim_{\varepsilon' \to 0} \int_{c+\varepsilon'}^b f(x)\mathrm{d}x, \tag{4}$$

右边的积分 $\int_a^{c-\varepsilon}$ 和 $\int_{c+\varepsilon'}^b$ 都可积且它们的极限存在时, 由上面式子定义积分 $\int_a^b$.

如果区间内有两个以上的奇点 $c_1 < c_2 < \cdots < c_k$, 同样, 令

$$\int_a^b f(x)\mathrm{d}x = \int_a^{c_1} + \int_{c_1}^{c_2} + \cdots + \int_{c_k}^b. \tag{5}$$

上式右边的积分显然是 (1), (2), (3) 的意义下的积分.

在这个意义下, 当对于任意 $a < b$ 的 b 函数在 $[a,b]$ 上可积时, 如果 $\lim\limits_{b\to\infty} \int_a^b$ $f(x)\mathrm{d}x$ 是确定的, 那么把 $\int_a^\infty f(x)\mathrm{d}x$ 定义为 $\lim\limits_{b\to\infty} \int_a^b f(x)\mathrm{d}x$, 即

$$\int_a^\infty f(x)\mathrm{d}x = \lim_{b\to\infty} \int_a^b f(x)\mathrm{d}x. \tag{6}$$

同样,

$$\int_{-\infty}^b f(x)\mathrm{d}x = \lim_{a\to -\infty} \int_a^b f(x)\mathrm{d}x, \tag{7}$$

$$\int_{-\infty}^{+\infty} f(x)\mathrm{d}x = \lim_{a\to -\infty, b\to +\infty} \int_a^b f(x)\mathrm{d}x. \tag{8}$$

上文的意义就是, 在有限或者无限区间上, 如果 $f(x)$ 广义可积, 那么在包含于这个区间中的区间 $[\alpha,\beta]$ 上, $f(x)$ 可积. 对于广义积分, §31 中 (1) 的约定也同样适用. 设 α, β, γ 是区间内的点, 则根据定义, 显然有

$$\int_\alpha^\beta f(x)\mathrm{d}x = \int_\alpha^\gamma f(x)\mathrm{d}x + \int_\gamma^\beta f(x)\mathrm{d}x.$$

上式当 α, β 是 $\pm\infty$ 时也成立.

如果以积分的上限 x 为变量, 则积分函数

$$F(x) = \int_a^x f(x)\mathrm{d}x$$

在 $[a, b]$ 上连续, 如果 x 不是奇点, 则这就是定理 34, 如果 $x = c$ 是奇点, 设 $\varepsilon > 0$, 在区间 $[c, d]$ 上, $d > c + \varepsilon$, 除 c 以外没有其他奇异点, 则有

$$\int_a^c f(x)\mathrm{d}x = \lim_{\varepsilon \to 0} \int_a^{c-\varepsilon} f(x)\mathrm{d}x, \qquad \int_a^{c+\varepsilon} = \int_a^c + \int_c^{c+\varepsilon} = \int_a^c + \left(\int_c^d - \int_{c+\varepsilon}^d \right),$$

因此, 当 $\varepsilon \to 0$ 时,

$$F(c - \varepsilon) \to F(c), \quad F(c + \varepsilon) \to F(c).$$

实际上, 广义积分就是以这些性质为目标定义的.

　　[例 1]　当 $0 < x < 1$ 时,

$$\int_0^x \frac{\mathrm{d}x}{\sqrt{1 - x^2}} = \mathrm{Arcsin}\ x.$$

Arcsin 是主值. 当 $x \to 1$ 时, $\mathrm{Arcsin}\ x \to \dfrac{\pi}{2}$. 故

$$\int_0^1 \frac{\mathrm{d}x}{\sqrt{1 - x^2}} = \frac{\pi}{2}.$$

同样,

$$\int_{-1}^1 \frac{\mathrm{d}x}{\sqrt{1 - x^2}} = \lim_{\varepsilon \to 0, \varepsilon' \to 0} \int_{-1+\varepsilon}^{1-\varepsilon'} \frac{\mathrm{d}x}{\sqrt{1 - x^2}} = \pi.$$

　　[例 2]　$x > 0$ 时,

$$\int_0^x \frac{\mathrm{d}x}{1 + x^2} = \mathrm{Arctan}\ x.$$

故

$$\int_0^\infty \frac{\mathrm{d}x}{1 + x^2} = \lim_{x \to \infty} \mathrm{Arctan}\ x = \frac{\pi}{2}.$$

同样,

$$\int_{-\infty}^0 \frac{\mathrm{d}x}{1 + x^2} = \frac{\pi}{2}, \qquad \int_{-\infty}^\infty \frac{\mathrm{d}x}{1 + x^2} = \pi.$$

[注意]　如上面的 (4) 那样, 当把广义积分定义为 lim 的和时, 显然这些 lim 必须存在, 即 (4) 右边的变量 $\varepsilon, \varepsilon'$ 是相互独立的. 例如在 $[-1, 1]$ 上, 在 $x = 0$ 处 $\dfrac{1}{x}$ 不连续, 且有

$$\int_{-1}^{-\varepsilon} \frac{\mathrm{d}x}{x} = \ln \varepsilon, \qquad \int_{\varepsilon'}^1 \frac{\mathrm{d}x}{x} = -\ln \varepsilon'.$$

这里设 $\varepsilon = \varepsilon'$, 则有

$$\int_{-1}^{-\varepsilon} \frac{\mathrm{d}x}{x} + \int_{\varepsilon}^{1} \frac{\mathrm{d}x}{x} = 0,$$

而

$$\int_{-1}^{1} \frac{\mathrm{d}x}{x}$$

不等于 0. 它实际上应该是 $\lim\limits_{\varepsilon \to 0} \ln \varepsilon - \lim\limits_{\varepsilon' \to 0} \ln \varepsilon' = \lim\limits_{\varepsilon \to 0, \varepsilon' \to 0} \ln \dfrac{\varepsilon}{\varepsilon'}$, 而这个极限不存在. 所以 $\int_{-1}^{1} \dfrac{\mathrm{d}x}{x}$ 无意义. 它不收敛 (发散).

在上文的 (4) 中, 即使 $\int_{a}^{b}$ 不收敛, 如果在右边的独立变量 $\varepsilon, \varepsilon'$ 之间附加某种特殊关系, 则如上面例子那样, 极限值可能存在. 特别地, 当 $\varepsilon = \varepsilon'$ 时, 柯西把此时的极限值称为 $\int_{a}^{b}$ 的**主值**. 柯西在考虑虚数积分 (数学分析的前身) 时, 遇到了这样的极限值. 即使是现在, 在某些文献中有时还使用上文意义下的积分主值这一术语.

对于广义积分的收敛性, 显然柯西判别法则也适用. 例如, 当记

$$F(x) = \int_{a}^{x} f(x)\mathrm{d}x$$

时,

$$\int_{a}^{\infty} f(x)\mathrm{d}x = \lim_{x \to \infty} F(x)$$

存在的条件是对任意的 $\varepsilon > 0$, 取充分大的 $p, q(p < q)$, 则有

$$|F(q) - F(p)| < \varepsilon,$$

即

$$\left| \int_{p}^{q} f(x)\mathrm{d}x \right| < \varepsilon.$$

同样, $x = a$ 是奇点时, 广义积分 $\int_{a}^{b} f(x)\mathrm{d}x$ 收敛的条件是在无限靠近 a 的邻域取 $p, q(a < p < q)$ 时,

$$\left| \int_{p}^{q} f(x)\mathrm{d}x \right| < \varepsilon.$$

广义积分 $\int_a^b f(x)\mathrm{d}x$ 收敛时 $\int_a^b |f(x)|\mathrm{d}x$ 不一定收敛, 但是如果 $\int_a^b |f(x)|\mathrm{d}x$ 收敛, 则

$$\left| \int_a^b f(x)\mathrm{d}x \right| \leqslant \int_a^b |f(x)|\mathrm{d}x.$$

此时称 $\int_a^b f(x)\mathrm{d}x$ **绝对收敛**.

积分区间无限时, 情况一样.

[例][①] $\int_0^\infty \dfrac{\sin x}{x}\mathrm{d}x$ 收敛.

$$\int_p^q \frac{\sin x}{x}\mathrm{d}x = \frac{-\cos x}{x}\Big|_p^q - \int_p^q \frac{\cos x}{x^2}\mathrm{d}x.$$

因此有

$$\left| \int_p^q \frac{\sin x}{x}\mathrm{d}x \right| \leqslant \frac{1}{p} + \frac{1}{q} + \int_p^q \frac{\mathrm{d}x}{x^2} = \frac{1}{p} + \frac{1}{q} + \frac{1}{p} - \frac{1}{q} = \frac{2}{p} \to 0.$$

但是 $\int_0^\infty \dfrac{|\sin x|}{x}\mathrm{d}x$ 不收敛. 因为

$$\int_{n\pi}^{(n+1)\pi} \frac{|\sin x|}{x}\mathrm{d}x = \int_0^\pi \frac{\sin x}{n\pi + x}\mathrm{d}x > \frac{1}{(n+1)\pi} \int_0^\pi \sin x\mathrm{d}x$$

$$= \frac{2}{(n+1)\pi} > \frac{2}{\pi} \int_{n+1}^{n+2} \frac{\mathrm{d}x}{x},$$

所以

$$\int_0^{n\pi} \frac{|\sin x|}{x}\mathrm{d}x > \frac{2}{\pi} \int_1^{n+1} \frac{\mathrm{d}x}{x} = \frac{2}{\pi} \ln(n+1) \to \infty.$$

我们时常使用下面的定理.

定理 36 (1°) 设 $f(x)$ 在区间 $(a,b]$ 上连续, 当 $x \to a$ 时, $f(x)$ 取充分大的值, 但是对于满足 $0 < \alpha < 1$ 上的某个指数 $\alpha, (x-a)^\alpha |f(x)|$ 有界. 此时, $\int_a^b f(x)\mathrm{d}x$ 收敛 (绝对收敛).

(2°) $f(x)$ 在区间 $[a,\infty)$ 上连续, 如果对于满足某个 $\alpha > 1$ 的指数 $\alpha, x^\alpha |f(x)|$ 有界, 则 $\int_a^\infty f(x)\mathrm{d}x$ 收敛 (绝对收敛).

---

① 这里的计算使用了分部积分和变量变换 (参考 §34 与 §35).

[注意]　在应用时, 往往会遇到 (有限) 极限值

$$\lim_{x \to a}(x-a)^{\alpha}f(x) = l \quad \text{或者} \quad \lim_{x \to \infty}x^{\alpha}f(x) = l$$

存在的情况. 此时 , $(x-a)^{\alpha}|f(x)|$ 或者 $x^{\alpha}|f(x)|$ 有界, 所以定理成立.

[证]　(1°) 根据假设, 在 a 的邻域 $(x > a)$ 存在 M, 使得

$$(x-a)^{\alpha}|f(x)| < M.$$

因为只需考虑在 a 的邻域的积分收敛性, 所以可以认为上面不等式在 $(a, b]$ 成立, 以此为基础进行证明即可. 于是有

$$\int_{a+\varepsilon}^{b}|f(x)|\mathrm{d}x < M\int_{a+\varepsilon}^{b}\frac{\mathrm{d}x}{(x-a)^{\alpha}} = M\frac{(x-a)^{1-\alpha}}{1-\alpha}\Big|_{a+\varepsilon}^{b} = \frac{M}{1-\alpha}\{(b-a)^{1-\alpha}-\varepsilon^{1-\alpha}\}.$$

根据假设, $1-\alpha > 0$, 所以有

$$\int_{a+\varepsilon}^{b}|f(x)|\mathrm{d}x < \frac{M(b-a)^{1-\alpha}}{1-\alpha}.$$

当 ε 减少时积分区间增大, 因为被积函数 $|f(x)| \geqslant 0$, 所以左边的积分单调递增但有界, 所以当 $\varepsilon \to 0$ 时收敛. 因此 $\int_{a}^{b}f(x)\mathrm{d}x$ 绝对收敛.

(2°) 根据假设, 对于充分大的 x, 有

$$x^{\alpha}|f(x)| < M.$$

因此,

$$\int_{a}^{x}|f(x)|\mathrm{d}x < M\int_{a}^{x}\frac{\mathrm{d}x}{x^{\alpha}} = \frac{-M}{\alpha-1}\frac{1}{x^{\alpha-1}}\Big|_{a}^{x} < \frac{M}{\alpha-1}\frac{1}{a^{\alpha-1}}.$$

这里利用了 $\alpha > 1$. 左边的积分随 x 单调递增且有界, 所以收敛.　□

这比柯西收敛条件的证明简单, 利用有界单调函数的收敛性就可以完成证明.

[注意]　如果在充分靠近 a 的 $x > a$, 函数 $f(x)$ 有确定的符号, 且对于某个指数 $\alpha \geqslant 1$, 存在某个 m, 使得 $(x-a)^{\alpha}|f(x)| > m > 0$, 则 $\int_{a}^{b}f(x)\mathrm{d}x$ 不收敛 (发散到 $\pm\infty$). $\lim_{x \to a}(x-a)^{\alpha}f(x) = l \neq 0$, $\alpha \geqslant 1$ 的情况就是一个这样的例子.

如前面一样, 设在区间 $(a, b]$ 上假设成立, 完成证明即可. 并设 $0 < \varepsilon < b-a < 1$, 且 $f(x) \geqslant 0$, 则有

$$\int_{a+\varepsilon}^{b}f(x)\mathrm{d}x > m\int_{a+\varepsilon}^{b}\frac{\mathrm{d}x}{(x-a)^{\alpha}} \geqslant m\int_{a+\varepsilon}^{b}\frac{\mathrm{d}x}{x-a} = m\ln\frac{b-a}{\varepsilon} \to \infty.$$

同样, 如果对于充分大的 $x, f(x)$ 有确定的符号, 且对于某个指数 $\alpha \leqslant 1$ $x^{\alpha}|f(x)| > m > 0$, 例如 $\lim\limits_{x \to \infty} x^{\alpha} f(x) = l \neq 0$, 则 $\int_{a}^{\infty} f(x)\mathrm{d}x$ 发散到 $\pm\infty$.

当上面的极限值 $l = 0$ 时, 不能得出一般性的结论.

[例 1] 设 $f(x) = P(x)/Q(x)$ 是有理函数, P, Q 是没有公共因子的多项式. 于是在包含 $Q(x)$ 的根 x_0 (或以 x_0 为其一端) 的区间上 $\int_{a}^{b} f(x)\mathrm{d}x$ 不收敛.

设 x_0 是 Q 的 k 重根 $(k \geqslant 1)$, 则

$$\lim_{x \to x_0} (x - x_0)^k f(x) = l \neq 0.$$

参照上面的注意.

如果 P, Q 分别是 m 次多项式和 n 次多项式, 只有当 $m < n-1$, 即 $m \leqslant n-2$ 时, $\int_{a}^{\infty} f(x)\mathrm{d}x$ 收敛. 其中, 显然要假设在 $[a, \infty)$ 上 $Q \neq 0$. $\int_{-\infty}^{a} f(x)\mathrm{d}x$ 也同样.

[例 2] $f(x) = P(x)/\sqrt{R(x)}$ $(P, R$ 同前面一样) 是没有公共因子的多项式. R 没有复数根. 此时, $\int_{a}^{b} f(x)\mathrm{d}x$ 在 $R \geqslant 0$ 的任意有限区间 $[a, b]$ 上收敛.

定理 36 中的指数 α 在这里等于 $\dfrac{1}{2}$.

如果 P 是 m 次多项式, R 是 n 次多项式, 则积分在无限区间上的收敛条件是 $m < \dfrac{n}{2} - 1$. (当然假设 $R \geqslant 0$.)

[例 3] 设 $p > 0, q > 0$, 则

$$B(p, q) = \int_{0}^{1} x^{p-1}(1 - x)^{q-1}\mathrm{d}x$$

绝对收敛 (定理 36 (1°)). 因此, $B(p, q)$ 在区间 $p > 0, q > 0$ 上是 p, q 的函数. 称这个函数为欧拉的贝塔 (beta) 函数.

[例 4] 如果 $s > 0$, 则

$$\Gamma(s) = \int_{0}^{\infty} \mathrm{e}^{-x} x^{s-1}\mathrm{d}x \quad (s > 0)$$

绝对收敛. 如果 $s < 1$, 则被积函数 $f(x) = \mathrm{e}^{-x} x^{s-1}$ 在 $x \to 0$ 时趋向无穷大, 但如果 $s > 0$, 则 $x^{1-s} f(x) = \mathrm{e}^{-x} \to 1$. 另外, 当 x 充分大时, $\mathrm{e}^{-x} x^{s-1} < \dfrac{1}{x^2}$ (即 $x^{s+1} < \mathrm{e}^x$), 所以被积函数关于积分上限 ∞ 收敛. 因此, $\Gamma(s)$ 在区间 $s > 0$ 上是 s 的函数, 称其为欧拉的伽马 (gamma) 函数.

在原来意义下关于积分的各定理不能完全照搬到广义积分上, 必须一一检验. 例如 §31 讲述的积分性质 (1°), (2°), (3°), (4°) 也适用于广义积分, 但是 (5°) 不成立, 即收敛的广义积分不一定绝对收敛 (参照定理 36 之前的 [例]).

对于广义积分来说, (6°) 也不适用. 例如

$$\int_{-1}^{1} \frac{\mathrm{d}x}{\sqrt[3]{x}}, \quad \int_{-1}^{1} \frac{\mathrm{d}x}{\sqrt[3]{x^2}}$$

收敛 (定理 36). 但如果取这些被积函数的积, 则 $\int_{-1}^{1} \frac{\mathrm{d}x}{x}$ 不收敛.

在 $f(x)$ 有有限个不连续点的区间上, 微积分基本公式 (§32 的 (1)) 如下所示扩展到广义积分.

定理 37　当 $f(x)$ 在区间 $[a, b]$ 上有有限个不连续点时, 存在 $[a, b]$ 上的连续函数 $F(x)$, 除去有限个点之外, $F(x)$ 可微, 且 $F'(x) = f(x)$. 因此, 在区间 $[a, b]$ 上, $f(x)$ 广义可积, 且

$$\int_{a}^{b} f(x)\mathrm{d}x = F(b) - F(a). \tag{9}$$

[证]　根据假设, 把区间 $[a, b]$ 分成有限个区间, 在各区间内部, $f(x)$ 连续, 所以存在函数 $F(x)$ 且 $F'(x) = f(x)$. 设上面分割得到的区间是

$$[x_{i-1}, x_i], i = 1, 2, \cdots, n, \text{其中 } a = x_0, b = x_n,$$

则对于任意小的 $\varepsilon > 0, \varepsilon' > 0$, 有

$$\int_{x_{i-1}+\varepsilon}^{x_i-\varepsilon'} f(x)\mathrm{d}x = F(x_i - \varepsilon') - F(x_{i-1} + \varepsilon), \quad i = 1, 2, \cdots, n.$$

因为 $F(x)$ 在 $[a, b]$ 上连续, 所以当 $\varepsilon \to 0, \varepsilon' \to 0$ 时, 右边的极限存在, 从而左边的极限也存在, 即 $f(x)$ 在 $[x_{i-1}, x_i]$ 上广义可积,

$$\int_{x_{i-1}}^{x_i} f(x)\mathrm{d}x = F(x_i) - F(x_{i-1}), \quad i = 1, 2, \cdots, n.$$

把上面这些等式加起来就得到 (9). □

[例 1]　在 $[-1, 1]$ 上, 设 $F(x) = \frac{1}{x}, f(x) = \frac{-1}{x^2}$, 除 $x = 0$ 外, $F'(x) = f(x)$. 但是,

$$\int_{-1}^{1} f(x)\mathrm{d}x = -\int_{-1}^{1} \frac{\mathrm{d}x}{x^2} \neq F(1) - F(-1) = 2.$$

左边的积分不收敛. 因为 $F(x)$ 不连续.

[例 2]　在 $[-1,1]$ 上, 设 $F(x) = 3\sqrt[3]{x}, f(x) = \dfrac{1}{\sqrt[3]{x^2}}$, 除 $x = 0$ 外, $F'(x) = f(x)$. 这里

$$\int_{-1}^{1} f(x)\mathrm{d}x = \int_{-1}^{1} \frac{\mathrm{d}x}{\sqrt[3]{x^2}} = F(1) - F(-1) = 6.$$

[附记]　是柯西 (1823 年) 把连续函数的积分考虑成和的极限, 做了基础性尝试[1]. 而黎曼 (1854 年) 又确立了不假设函数连续情况下的可积条件[2]. 因此, 本章所描述的积分现在称为黎曼积分.

在定义广义积分时, 我们没有谈到在有界区间内有无限个奇点的情况. 在黎曼看来, 考虑这种情况是徒劳无功的. 这种情况让给勒贝格 (Lebesgue) 积分理论更合适.

如果一开始就下决心放弃有无限个不连续点的情况, 那么积分理论就很明了了. 在这样的角度之下, 如果首先只考虑连续函数, 那么就如 §30 [插记] 所述, 证明原函数的存在性, 同时得到 $S = s$. 所以, 如果首先用 $S(a, b)$ 来定义积分, 那么关于 S 拉格朗日中值定理[3] 成立, 所以, 对于区间 $[a, b]$ 的任意分割 Δ, 有

$$S(a, b) = \sum_{i=1}^{n} S(x_{i-1}, x_i) = \sum_{i=1}^{n} f(\xi_i^0)(x_i - x_{i-1}),$$

其中 ξ_i^0 是在区间 $[a, b]$ 上适当选取的值.

把 $S(a, b)$ 与关于任意的 ξ_i 的和

$$\Sigma_\Delta = \sum_{i=1}^{n} f(\xi_i)(x_i - x_{i-1})$$

做比较, 则

$$S(a, b) - \Sigma_\Delta = \sum_{i=1}^{n} (f(\xi_i^0) - f(\xi_i))(x_i - x_{i-1}).$$

于是, 由一致连续性, 得

$$\lim_{\delta \to 0} \Sigma_\Delta = S(a, b).$$

这就确立了作为和的极限的积分的意义.

在不连续点存在的情况下, 可以采用与本节的广义积分定义完全相同的方法扩展积分的定义. 也就是说, 比如假设在区间 $[a, b]$ 的一端 b 上不连续, 则令

$$\int_{a}^{b} f(x)\mathrm{d}x = \lim_{\varepsilon \to 0} \int_{a}^{b-\varepsilon} f(x)\mathrm{d}x,$$

---

[1] Resumé des leçons sur le calcul infinitésimal.

[2]《黎曼论文集》, 第 239 页.

[3] 因为 $S(a, x)$ 是原函数, 所以 $\dfrac{\mathrm{d}}{\mathrm{d}x} S(a, x) = f(x)$. 因此, $S(a, x) = S(a, x) - S(a, a) = (x - a)f(\xi)$.

其中, $a < \xi < x$. 这正是拉格朗日中值定理.

如果 $f(x)$ 有界, 上面的极限一定存在. 根据柯西判定法则和积分第一中值定理容易证明这一事实.

如果 $f(x)$ 有有限个不连续点且可积, 除去有限个点外 $F'(x) = f(x)$, 而且 $F(x)$ 连续, 则如 (9) 那样, 有

$$\int_a^b f(x)\mathrm{d}x = F(b) - F(a),$$

所以, 在这一意义之下, 微分和积分互为逆关系.

比 §30 描述的黎曼积分更好的结论是, 如果 $f(x)$ 有界, 即使它有无限个不连续点也可能可积, 但黎曼积分并不是积分理论的最终结果. 进入 20 世纪, 自从勒贝格积分理论出现以来, 黎曼积分理论成为一个中间存在. 这里, 我们暂时还是依照传统, 把黎曼积分理论作为重点加以描述.

以上内容陈述了积分理论, 下面在 §34 ∼ §38 陈述积分的计算方法.

§34 积分变量的变换

在积分计算过程中, 对变量做适当的变换, 往往可以简化积分计算, 即对被积函数 $f(x)$, 设 $x = \varphi(t)$, 于是关于 x 的积分变成关于 t 的积分. 现在, 作为应用上的重要情况, 作下面的假设.

(1°) 在包含积分区间 $[a,b]$ 的区间 $[c,d]$ 上, $f(x)$ 连续.

(2°) $\varphi(t)$ 和 $\varphi'(t)$ 在 $[\alpha,\beta]$ 上连续, 当 t 从 α 到 β 变化时, 有 $c \leqslant \varphi(t) \leqslant d$, 且 $\varphi(\alpha) = a, \varphi(\beta) = b$.

于是有

$$\int_a^b f(x)\mathrm{d}x = \int_\alpha^\beta f[\varphi(t)]\varphi'(t)\mathrm{d}t. \tag{1}$$

将上式左边的原变量 x 用新变量 t 表示, 而将微分 $\mathrm{d}x$ 用 $\varphi'(t)\mathrm{d}t$ 表示, 再把积分的上下限由 a,b 替换成 α, β, 得到右边的积分. 我们称 (1) 为换元积分公式.

下面证明 (1). 设

$$F(x) = \int_a^x f(x)\mathrm{d}x,$$

则

$$\frac{\mathrm{d}}{\mathrm{d}t}F(x) = \frac{\mathrm{d}}{\mathrm{d}x}F(x) \cdot \frac{\mathrm{d}x}{\mathrm{d}t} = f(x) \cdot \frac{\mathrm{d}x}{\mathrm{d}t} = f[\varphi(t)]\varphi'(t).$$

关于变量 $t, F[\varphi(t)]$ 是 $f[\varphi(t)]\varphi'(t)$ 的原函数, 根据假设在 $\alpha \leqslant t \leqslant \beta$ 上 $f[\varphi(t)]$ 连续, 而且 $\varphi'(t)$ 也连续, 因此

$$F[\varphi(\beta)] - F[\varphi(\alpha)] = \int_\alpha^\beta f[\varphi(t)]\varphi'(t)\mathrm{d}x.$$

左边的 $F(b) - F(a)$ 就等于 $\int_a^b f(x)\mathrm{d}x$, 从而得到 (1).

用 $f(x)$ 可积和 $\varphi'(t)$ 单调替换 $f(x)$ 和 $\varphi'(t)$ 的连续性也能够证明等式 (1), 但是这在应用上没有多大意义, 所以这里省略其证明.

在实际的积分计算中, 比它更重要的是假设 (2°). 即需要注意, 在 $f(x)$ 连续的 x 区间和 t 的区间 $[\alpha, \beta]$ 上, x 和 t 之间的对应关系.

对 $f(x)$ 不连续的情况, 特别是对广义积分, 适当注意的话, 公式 (1) 也是适用的.

例如, 在 [例 3] 贝塔函数中, 实施变换 $x = \sin^2 t$, 则

$$\int_0^1 x^{p-1}(1-x)^{q-1}\mathrm{d}x = 2\int_0^{\frac{\pi}{2}} (\sin t)^{2p-1}(\cos t)^{2q-1}\mathrm{d}t \quad (p > 0, q > 0).$$

更详细些, 有

$$\int_\varepsilon^{1-\varepsilon'} x^{p-1}(1-x)^{q-1}\mathrm{d}x = 2\int_\eta^{\frac{\pi}{2}-\eta'} (\sin t)^{2p-1}(\cos t)^{2q-1}\mathrm{d}t,$$

$$\varepsilon = \sin^2 \eta, \quad 1 - \varepsilon' = \cos^2 \eta'.$$

当 $p < \dfrac{1}{2}$ 或者 $q < \dfrac{1}{2}$ 时, 右边的 $\int_0^{\frac{\pi}{2}}$ 是广义积分, 但当 $p > 0, q > 0$ 时, 这个广义积分收敛. 因此, 当 $\eta \to 0, \eta' \to 0$ 时取极限, 就得到上面的等式.

同样, 对于, [例 4] 的伽马函数, 作变换 $x = -\ln t$, 则

$$\int_0^\infty \mathrm{e}^{-x} x^{s-1}\mathrm{d}x = \int_0^1 \left(\ln \frac{1}{t}\right)^{s-1}\mathrm{d}t \quad (s > 0).$$

这里, 积分区间从左边的无限区间变成了右边的有限区间.

另外, 通过变换 $x = \sqrt{t}$, 得

$$\int_0^x \sin(x^2)\mathrm{d}x = \frac{1}{2}\int_0^t \frac{\sin t}{\sqrt{t}}\mathrm{d}t.$$

当 $t \to \infty$ 时, 有

$$\int_0^\infty \sin(x^2)\mathrm{d}x = \frac{1}{2}\int_0^\infty \frac{\sin t}{\sqrt{t}}\mathrm{d}t.$$

这里, 当左边或右边的广义积分收敛时, 另一边也收敛, 且这个等式成立. 检查收敛性时, 考察右边更容易.

下面给出一些常用的变换例子.

[例 1] $\displaystyle\int_0^\pi \frac{x\sin x\mathrm{d}x}{1 + \cos^2 x} = \frac{\pi^2}{4}.$

[解] 把原题中的积分分割成 $\int_0^\pi = \int_0^{\frac{\pi}{2}} + \int_{\frac{\pi}{2}}^\pi$, 对于最后的积分作变换 $x = \pi - t$, 得

$$\int_{\frac{\pi}{2}}^\pi \frac{x \sin x \mathrm{d}x}{1 + \cos^2 x} = -\int_{\frac{\pi}{2}}^0 \frac{(\pi - t) \sin t \mathrm{d}t}{1 + \cos^2 t}$$

$$= -\int_0^{\frac{\pi}{2}} \frac{t \sin t \mathrm{d}t}{1 + \cos^2 t} + \pi \int_0^{\frac{\pi}{2}} \frac{\sin t \mathrm{d}t}{1 + \cos^2 t}.$$

把这个结果代入上面等式, 得

$$\int_0^\pi \frac{x \sin x \mathrm{d}x}{1 + \cos^2 x} = \pi \int_0^{\frac{\pi}{2}} \frac{\sin t \mathrm{d}t}{1 + \cos^2 t} = \pi \Big[-\arctan (\cos t) \Big]_0^{\frac{\pi}{2}} = \frac{\pi^2}{4}.$$

[例 2] $\int_0^1 \frac{\ln(1 + x)}{1 + x^2} \mathrm{d}x = \frac{\pi}{8} \ln 2.$

[解] 作变换 $x = \tan\theta, 0 \leqslant x \leqslant 1$ 对应 $0 \leqslant \theta \leqslant \frac{\pi}{4}$. 而

$$\frac{\mathrm{d}x}{1 + x^2} = \mathrm{d}\theta,$$

因此

$$\int_0^1 \frac{\ln(1 + x)\mathrm{d}x}{1 + x^2} = \int_0^{\frac{\pi}{4}} \ln(1 + \tan\theta)\mathrm{d}\theta$$

$$= \int_0^{\frac{\pi}{4}} \ln \frac{\sqrt{2} \cos\left(\frac{\pi}{4} - \theta\right)}{\cos\theta}\mathrm{d}\theta$$

$$= \ln\sqrt{2} \int_0^{\frac{\pi}{4}} \mathrm{d}\theta + \int_0^{\frac{\pi}{4}} \ln\cos\left(\frac{\pi}{4} - \theta\right)\mathrm{d}\theta - \int_0^{\frac{\pi}{4}} \ln\cos\theta\mathrm{d}\theta.$$

在第二个积分中, 设 $\frac{\pi}{4} - \theta = \varphi$, 得到 $\int_0^{\frac{\pi}{4}} \ln\cos\varphi\mathrm{d}\varphi$, 与第三个积分抵消, 因此得到原题中的结果.

[例 3] $\int_0^{\frac{\pi}{2}} \ln\sin\theta\mathrm{d}\theta = -\frac{\pi}{2} \ln 2.$ (欧拉)

当 $\theta \to 0$ 时, 被积函数 $\to -\infty$ (见图 3–7), 而因为 $\theta^\alpha \ln\sin\theta = \theta^\alpha \ln\theta + \theta^\alpha \ln \frac{\sin\theta}{\theta} \to 0$ $(\alpha > 0)$, 所以原题中的积分收敛 (定理 36). 设这个积分为 I, 把 θ 分别变换为 $\pi - \theta$ 和 $\frac{\pi}{2} - \theta$, 得

$$I = \int_{\frac{\pi}{2}}^\pi \ln\sin\theta\mathrm{d}\theta, \quad I = \int_0^{\frac{\pi}{2}} \ln\cos\theta\mathrm{d}\theta.$$

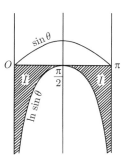

图 3–7

故

$$2I = \int_0^\pi \ln\sin\theta \mathrm{d}\theta.$$

在这里设 $\theta = 2\varphi$, 得

$$I = \int_0^{\frac{\pi}{2}} \ln\sin 2\varphi \mathrm{d}\varphi = \int_0^{\frac{\pi}{2}} \ln(2\sin\varphi\cos\varphi)\mathrm{d}\varphi$$
$$= \int_0^{\frac{\pi}{2}} \ln 2\mathrm{d}\varphi + \int_0^{\frac{\pi}{2}} \ln\sin\varphi \mathrm{d}\varphi + \int_0^{\frac{\pi}{2}} \ln\cos\varphi \mathrm{d}\varphi,$$

所以

$$I = \frac{\pi}{2}\ln 2 + 2I.$$

因此得到原题中的结论.

§35　乘积的积分 (分部积分或分式积分)

这一方法经常使用. 如果区间 $[a,b]$ 上 x 的两个函数 u, v 可微, u', v' 连续, 则

$$\frac{\mathrm{d}(uv)}{\mathrm{d}x} = uv' + u'v,$$

从而有

$$[uv]_a^b = \int_a^b uv'\mathrm{d}x + \int_a^b u'v\mathrm{d}x,$$

即

$$\int_a^b uv'\mathrm{d}x = [uv]_a^b - \int_a^b u'v\mathrm{d}x. \tag{1}$$

而如果是不定积分, 则可以简单写成

$$\int u\mathrm{d}v = uv - \int v\mathrm{d}u. \tag{2}$$

上面的 (1) 式称为分部积分法则.

[例 1] $\int \sqrt{1-x^2}\mathrm{d}x.$

对于 (2), 设 $u = \sqrt{1-x^2}, v = x$, 则

$$\int \sqrt{1-x^2}\mathrm{d}x = x\sqrt{1-x^2} + \int \frac{x^2}{\sqrt{1-x^2}}\mathrm{d}x.$$

为了明确起见, 设积分下限为 0. 此时如果 $|x| \leqslant 1$, 则上式第二个积分在 $[0, x]$ 上收敛. 于是

$$\int_0^x \sqrt{1-x^2} \mathrm{d}x = x\sqrt{1-x^2}\Big|_0^x - \int_0^x \frac{1-x^2}{\sqrt{1-x^2}} \mathrm{d}x + \int_0^x \frac{\mathrm{d}x}{\sqrt{1-x^2}}$$

$$= x\sqrt{1-x^2} - \int_0^x \sqrt{1-x^2} \mathrm{d}x + \mathrm{Arcsin}\, x.$$

把右边的积分移到左边并在两边除以 2, 得

$$\int_0^x \sqrt{1-x^2} \mathrm{d}x = \frac{1}{2}(x\sqrt{1-x^2} + \mathrm{Arcsin}\, x).$$

利用同样的方法, 可得 $\displaystyle\int \sqrt{x^2-1}\mathrm{d}x$ 和 $\displaystyle\int \sqrt{x^2+1}\mathrm{d}x$ (参照 §29 中的表).

一般地, 有

$$\int f(x)\mathrm{d}x = xf(x) - \int xf'(x)\mathrm{d}x.$$

利用这个等式,

$$\int \mathrm{Arctan}\, x\mathrm{d}x = x\mathrm{Arctan}\, x - \ln\sqrt{1+x^2},$$

$$\int \mathrm{Arcsin}\, x\mathrm{d}x = x\mathrm{Arcsin}\, x + \sqrt{1-x^2},$$

$$\int \ln x\mathrm{d}x = x\ln x - x.$$

[例 2] $\displaystyle\int \mathrm{e}^{mx} x^n \mathrm{d}x.$

在 (1) 中, 设 $u = x^n, v = \dfrac{1}{m}\mathrm{e}^{mx}$, 则

$$\int \mathrm{e}^{mx} x^n \mathrm{d}x = \frac{1}{m}\mathrm{e}^{mx} x^n - \frac{n}{m}\int \mathrm{e}^{mx} x^{n-1} \mathrm{d}x.$$

这就是所谓的化简公式. 特别地, 如果 n 是自然数, 那么可以反复进行相同的操作直到把 x 的指数化为 0, 从而求出不定积分. 所以, 如果 $f(x)$ 是多项式, 则可求 $\displaystyle\int \mathrm{e}^{mx} f(x)\mathrm{d}x$. 例如, 设 $f(x)$ 是 n 次多项式, 则

$$\int \mathrm{e}^{-x} f(x)\mathrm{d}x = -\mathrm{e}^{-x}\{f(x) + f'(x) + \cdots + f^{(n)}(x)\}.$$

又, 根据变量变换 $\mathrm{e}^x = t$ 可得

$$\int t^m (\ln t)^n \mathrm{d}t$$

的化简公式.

　　[**注意**]　在上面的积分中, 如果令 $m = 1, n = 1 - n$, 则

$$\int \frac{\mathrm{e}^x \mathrm{d}x}{x^n} = \frac{-\mathrm{e}^x}{(n-1)x^{n-1}} + \frac{1}{n-1} \int \frac{\mathrm{e}^x \mathrm{d}x}{x^{n-1}}.$$

如果 n 是自然数, 反复进行这样的操作得到 $\int \dfrac{\mathrm{e}^x}{x} \mathrm{d}x$, 或者做变量变换得到 $\int \dfrac{\mathrm{d}x}{\ln x}$.

$$\mathrm{Li}(x) = \int \frac{\mathrm{d}x}{\ln x}$$

是称为**对数积分** (**logarithmic integral**) 的高等函数.

　　[**例 3**]　设

$$I_1 = \int \mathrm{e}^{px} \cos qx \mathrm{d}x, \quad I_2 = \int \mathrm{e}^{px} \sin qx \mathrm{d}x,$$

则

$$I_1 = \frac{1}{q} \int \mathrm{e}^{px} \mathrm{d}(\sin qx) = \frac{1}{q} \mathrm{e}^{px} \sin qx - \frac{p}{q} I_2,$$
$$I_2 = -\frac{1}{q} \int \mathrm{e}^{px} \mathrm{d}(\cos qx) = -\frac{1}{q} \mathrm{e}^{px} \cos qx + \frac{p}{q} I_1,$$

即

$$qI_1 + pI_2 = \mathrm{e}^{px} \sin qx,$$
$$pI_1 - qI_2 = \mathrm{e}^{px} \cos qx.$$

因此,

$$I_1 = \mathrm{e}^{px} \frac{p \cos qx + q \sin qx}{p^2 + q^2},$$
$$I_2 = \mathrm{e}^{px} \frac{p \sin qx - q \cos qx}{p^2 + q^2}.$$

　　[**注意**]　如果利用复变量, 上面的不定积分的计算就会变得很简单, 即

$$I_1 + \mathrm{i}I_2 = \int \mathrm{e}^{(p+\mathrm{i}q)x} \mathrm{d}x = \frac{\mathrm{e}^{(p+\mathrm{i}q)x}}{p + \mathrm{i}q}$$
$$= \frac{(p - \mathrm{i}q)\mathrm{e}^{(p+\mathrm{i}q)x}}{p^2 + q^2}.$$

把实部和虚部分开, 就得到上面结果 (§54).

设 $\alpha, \beta, \gamma \cdots$ 为任意常数, 利用例 2 和例 3 的方法可以求得

$$x, \mathrm{e}^{\alpha x}, \cos \beta x, \sin \gamma x, \mathrm{e}^{\alpha_1 x}, \cos \beta_1 x, \sin \gamma_1 x, \cdots$$

的多项式 P 的不定积分

$$\int P(x, \mathrm{e}^{\alpha x}, \cos \beta x, \sin \gamma x, \cdots) \mathrm{d}x.$$

上面这个不定积分的计算很复杂, 但重要的是我们知道可以求出不定积分.

[例 4]　$\Gamma(s+1) = s\Gamma(s)$, 如果 n 是自然数, 则 $\Gamma(n) = (n-1)!$.

$$\Gamma(s) = \int_0^\infty \mathrm{e}^{-x} x^{s-1} \mathrm{d}x \quad (s > 0).$$

前面已经说过, 上面的不定积分收敛 (§33). 因为

$$\frac{\mathrm{d}}{\mathrm{d}x}(\mathrm{e}^{-x} x^s) = -\mathrm{e}^{-x} x^s + s\mathrm{e}^{-x} x^{s-1},$$

所以

$$\left[\mathrm{e}^{-x} x^s\right]_\varepsilon^l = -\int_\varepsilon^l \mathrm{e}^{-x} x^s \mathrm{d}x + s\int_\varepsilon^l \mathrm{e}^{-x} x^{s-1} \mathrm{d}x.$$

当 $\varepsilon \to 0, l \to \infty$ 时, 上式中的左边变成 0, 所以有

$$\Gamma(s+1) = s\Gamma(s).$$

特别地, 当 $s = n$ 是自然数时,

$$\Gamma(n) = (n-1)\Gamma(n-1) = (n-1)(n-2)\Gamma(n-2) = \cdots = (n-1)(n-2)\cdots 2 \cdot \Gamma(1).$$

而又因为

$$\Gamma(1) = \int_0^\infty \mathrm{e}^{-x} \mathrm{d}x = -\mathrm{e}^{-x}\Big|_0^\infty = 1,$$

所以, $\Gamma(n) = (n-1)!$.

[注意]　高斯用 $\Pi(s)$ 表示 $\Gamma(s+1)$. $\Pi(n) = n!$.

[例 5] 沃利斯 (Wallis) 公式　设 n 是自然数, 令

$$S_n = \int_0^{\frac{\pi}{2}} \sin^n x \mathrm{d}x,$$

则

$$S_n = -\sin^{n-1} x \cos x\Big|_0^{\frac{\pi}{2}} + (n-1)\int_0^{\frac{\pi}{2}} \sin^{n-2} x \cos^2 x \mathrm{d}x$$

$$= (n-1) \int_0^{\frac{\pi}{2}} \sin^{n-2} x \mathrm{d}x - (n-1) \int_0^{\frac{\pi}{2}} \sin^n x \mathrm{d}x.$$

因此

$$S_n = \frac{n-1}{n} S_{n-2} \quad (n \geqslant 2),$$

而且

$$S_0 = \frac{\pi}{2}, \quad S_1 = 1.$$

在这里把自然数 n 分成奇偶两种情况,

$$S_{2n} = \frac{2n-1}{2n} \frac{2n-3}{2n-2} \cdots \frac{1}{2} \frac{\pi}{2}, \tag{1}$$

$$S_{2n+1} = \frac{2n}{2n+1} \frac{2n-2}{2n-1} \cdots \frac{2}{3}. \tag{2}$$

因此,

$$\frac{\pi}{2} \frac{S_{2n+1}}{S_{2n}} = \frac{2 \times 2}{1 \times 3} \frac{4 \times 4}{3 \times 5} \cdots \frac{2n \cdot 2n}{(2n-1) \cdot (2n+1)}. \tag{3}$$

如果 $0 < x < \dfrac{\pi}{2}$, 则有 $0 < \sin^{2n+1} x < \sin^{2n} x < \sin^{2n-1} x$, 因此,

$$
\begin{aligned}
0 \quad &< \quad S_{2n+1} < S_{2n} < S_{2n-1}, \\
1 \quad &< \quad \frac{S_{2n}}{S_{2n+1}} < \frac{S_{2n-1}}{S_{2n+1}} = \frac{2n+1}{2n},
\end{aligned}
$$

故,

$$\lim_{n \to \infty} \frac{S_{2n+1}}{S_{2n}} = 1. \tag{4}$$

所以由 (3) 得

$$\frac{\pi}{2} = \prod_{n=1}^{\infty} \frac{2n \cdot 2n}{(2n-1)(2n+1)}. \tag{5}$$

或者

$$\frac{2}{\pi} = \prod_{n=1}^{\infty} \left(1 - \frac{1}{(2n)^2}\right). \tag{6}$$

这就是**沃利斯公式**. 它还可以变形成如下形式. 由 (1) 和 (2) 可知

$$S_{2n} S_{2n+1} = \frac{\pi}{4n+2},$$

$$S_{2n+1} \sqrt{\frac{S_{2n}}{S_{2n+1}}} = \sqrt{\frac{\pi}{4n+2}}.$$

所以根据 (4), 得

$$\frac{\sqrt{\pi}}{2} = \lim_{n\to\infty} \sqrt{n}\, S_{2n+1}. \tag{7}$$

再由 (2), 得

$$S_{2n+1} = \frac{2^{2n}(n!)^2}{(2n+1)!},$$

故,

$$\sqrt{\pi} = \lim \frac{2^{2n}(n!)^2}{\sqrt{n}\,(2n)!}. \tag{8}$$

如果使用二次项系数, 则上式可以写成

$$\binom{2n}{n} \sim \frac{2^{2n}}{\sqrt{n\pi}} \quad \text{或} \quad (-1)^n \binom{-\frac{1}{2}}{n} \sim \frac{1}{\sqrt{n\pi}}.$$

其中, $\sim$ 是 "渐近等于" 的简记, $a_n \sim b_n$ 的意思就是 $\displaystyle\lim_{n\to\infty} \frac{a_n}{b_n} = 1$.

[例 6]

$$\int_{-\infty}^{\infty} e^{-x^2} dx = \sqrt{\pi}.$$

这个积分计算不是分部积分的例子, 但它是例 5 的应用. 在例 5 的积分 S_n 中, 把变量 x 变换成 $\cos x$ 或者 $\cot x$, 分别得

$$S_{2n+1} = \int_0^1 (1-x^2)^n dx, \quad S_{2n-2} = \int_0^\infty \frac{dx}{(1+x^2)^n}.$$

如果 $x \neq 0$, 则

$$1 - x^2 < e^{-x^2} < \frac{1}{1+x^2}.^{①}$$

所以令

$$I = \int_0^\infty e^{-x^2} dx = \sqrt{n} \int_0^\infty e^{-nx^2} dx,$$

则有

$$\sqrt{n} \int_0^1 (1-x^2)^n dx < I < \sqrt{n} \int_0^\infty \frac{dx}{(1+x^2)^n},$$

即

$$\sqrt{n}\, S_{2n+1} < I < \sqrt{n}\, S_{2n-2}.$$

---

① 无论 x 是正的还是负的, 都有 $e^x = 1 + x + \dfrac{x^2}{2} e^{\theta x}, 0 < \theta < 1$. 故 $e^{-x^2} > 1 - x^2$. 后面的不等式从 $e^{x^2} > 1 + x^2$ 可得.

根据 (4) 和 (7) 可知, 当 $n \to \infty$ 时, 上式两边同时收敛于 $\dfrac{\sqrt{\pi}}{2}$, 所以

$$I = \frac{\sqrt{\pi}}{2}.$$

这样即可得到原题中的结论.

[**例 7**]   如果 u, v 直至 n 阶的导函数都连续, 那么反复利用分部积分得

$$
\begin{aligned}
\int uv^{(n)}\mathrm{d}x &= uv^{(n-1)} - \int u'v^{(n-1)}\mathrm{d}x \\
&= uv^{(n-1)} - u'v^{(n-2)} + \int u''v^{(n-2)}\mathrm{d}x \\
&= \cdots \\
&= uv^{(n-1)} - u'v^{(n-2)} + u''v^{(n-3)} - + \cdots \\
&\quad + (-1)^{n-1}u^{(n-1)}v + (-1)^n \int u^{(n)}v\mathrm{d}x. \qquad (9)
\end{aligned}
$$

利用这个结果, 可以把泰勒公式的余项表示成积分的形式. 设在区间 $[a, b]$ 上, $f(x)$ 直至第 n 阶的导函数都连续, 在 (9) 中, 设 $v = f(x), u = (b-x)^{n-1}$, 于是因为 $u^{(n)} = 0$, 有

$$
\begin{aligned}
\int_a^b (b-x)^{n-1}f^{(n)}(x)\mathrm{d}x = \Big[&(b-x)^{n-1}f^{(n-1)}(x) + (n-1)(b-x)^{n-2}f^{(n-2)}(x) + \\
&\cdots + (n-1)!(b-x)f'(x) + (n-1)!f(x) \Big]_a^b.
\end{aligned}
$$

在上式右边, 消掉 $x = b$ 时变成 0 的项并整理, 得

$$
\begin{aligned}
f(b) = f(a) + \frac{b-a}{1!}f'(a) + \cdots + \frac{(b-a)^{n-1}}{(n-1)!}f^{(n-1)}(a) \\
+ \frac{1}{(n-1)!}\int_a^b f^{(n)}(x)(b-x)^{n-1}\mathrm{d}x.
\end{aligned}
$$

这就是泰勒公式, 其余项是

$$R_n = \frac{1}{(n-1)!}\int_a^b (b-x)^{n-1}f^{(n)}(x)\mathrm{d}x.$$

设 $0 \leqslant p < n$, 利用拉格朗日中值定理, 得

$$
\begin{aligned}
R_n &= \frac{(b-\xi)^p f^{(n)}(\xi)}{(n-1)!}\int_a^b (b-x)^{n-p-1}\mathrm{d}x \\
&= \frac{(b-\xi)^p f^{(n)}(\xi)}{(n-1)!}\frac{(b-a)^{n-p}}{n-p}.
\end{aligned}
$$

ξ 是 a, b 之间的某个值. 设它等于

$$\xi = a + \theta(b - a), \quad 0 < \theta < 1,$$

则有

$$R_n = \frac{(b-a)^n}{(n-1)!} \frac{(1-\theta)^p f^{(n)}(a + \theta(b-a))}{n-p}, \quad 0 \leqslant p \leqslant n-1,$$

上式称作**施勒米希 (Schlömilch) 余项**. 特别地, 设 $p = n - 1$, 则

$$R_n = \frac{(b-a)^n}{(n-1)!} (1-\theta)^{n-1} f^{(n)}(a + \theta(b-a)),$$

上式称为**柯西余项**.

当设 $p = 0$ 时, 有

$$R_n = \frac{(b-a)^n}{n!} f^{(n)}(\xi).$$

我们已经在 §25 讲过这个式子, 称其为**拉格朗日余项**.

在上文中, 假定 $f^{(n)}(x)$ 在区间 $[a, b]$ 上连续, 事实上, 只要假设 $f^{(n)}(x)$ 存在, 就可以证明以施勒米希余项为余项的泰勒公式. 我们就不在这里陈述这一证明了.

§36 勒让德球函数

作为分部积分法则的应用, 考虑下面的问题. 关于 $n - 1$ 次以下的所有多项式 $Q(x)$, 求满足

$$\int_a^b Q(x) P_n(x) \mathrm{d}x = 0$$

的 n 次多项式 $P_n(x)$.

假设, 这样的多项式实际存在, 如果不计常数因子所带来的差异, 求得的多项式是唯一的. 实际上, 设 φ 和 ψ 是满足问题条件的多项式, 取常数因子 c, 使得 $\varphi(x) - c\psi(x)$ 为 $n - 1$ 次以下的多项式, 设 $Q(x) = \varphi(x) - c\psi(x)$, 根据假设

$$\int_a^b Q(x) \varphi(x) \mathrm{d}x = 0, \quad \int_a^b Q(x) \psi(x) \mathrm{d}x = 0,$$

从而

$$\int_a^b (\varphi(x) - c\psi(x)) Q(x) \mathrm{d}x = 0, \quad 即 \int_a^b (Q(x))^2 \mathrm{d}x = 0.$$

因为 $Q(x)$ 连续, 所以在区间 $[a, b]$ 上, $Q(x) = 0$ (§31, (4°)), 而 $Q(x)$ 是多项式, 所以是恒等式 $Q(x) = 0$, 即 $\varphi(x) = c\psi(x)$.

下面证明存在满足问题条件的多项式 $P_n(x)$.

多项式的原函数是次数高一次的多项式, 因此 n 次多项式 $P_n(x)$ 是某个 $2n$ 次多项式 $F(x)$ 的第 n 阶导函数, 从而可设 $F^{(n)}(x) = P_n(x)$. 于是问题的条件就是 (§35 的 (9)).

$$\int_a^b QF^{(n)}\mathrm{d}x = \left[QF^{(n-1)} - Q'F^{(n-2)} + \cdots \pm Q^{(n-1)}F\right]_a^b = 0,$$

如果

$$F(a) = F'(a) = \cdots = F^{(n-1)}(a) = 0,$$
$$F(b) = F'(b) = \cdots = F^{(n-1)}(b) = 0,$$

则上面等式成立. 于是, $2n$ 次多项式

$$F(x) = (x-a)^n(x-b)^n$$

满足条件. 故, 设 C 是任意常数,

$$P_n(x) = C\frac{\mathrm{d}^n}{\mathrm{d}x^n}(x-a)^n(x-b)^n$$

就是所求的多项式.

当区间为 $[-1,1]$ 时, 上面所求的多项式变成

$$P_n(x) = \frac{1}{2^n \cdot n!}\frac{\mathrm{d}^n}{\mathrm{d}x^n}(x^2-1)^n, \tag{1}$$

这称为**勒让德 (Legendre) 球函数**. 展开 $(x^2-1)^n$ 并计算[①], 得

$$P_n(x) = \sum_{k=0}^{[\frac{n}{2}]} \frac{(-1)^k}{2^k} \frac{1 \cdot 3 \cdot 5 \cdots (2n-2k-1)}{k!(n-2k)!} x^{n-2k}. \tag{2}$$

例如,

$$P_0(x) = 1, \quad P_1(x) = x, \quad P_2(x) = \frac{1}{2}(3x^2 - 1), \quad P_3(x) = \frac{1}{2}(5x^3 - 3x),$$
$$P_4(x) = \frac{1}{8}(35x^4 - 30x^2 + 3), \quad P_5(x) = \frac{1}{8}(63x^5 - 70x^3 + 15x).$$

下面给出若干 $P_n(x)$ 的性质.

(1°) 当 n 是奇数时, $P_n(x)$ 是奇函数, n 是偶数时, $P_n(x)$ 是偶函数.

---

① $\lfloor n/2 \rfloor$ 表示不超过 $n/2$ 的最大整数.

[证] 根据 (1), 这是显然的.

(2°) $$P_n(1) = 1, \quad P_n(-1) = (-1)^n. \tag{3}$$

[证] 根据 (1) 有

$$
\begin{aligned}
P_n(x) &= \frac{1}{2^n n!} \frac{\mathrm{d}^n}{\mathrm{d}x^n} (x-1)^n (x+1)^n \\
&= \frac{1}{2^n n!} \left\{ \frac{\mathrm{d}^n (x-1)^n}{\mathrm{d}x^n} (x+1)^n \right. \\
&\quad \left. + n \frac{\mathrm{d}^{n-1}(x-1)^n}{\mathrm{d}x^{n-1}} \frac{\mathrm{d}(x+1)^n}{\mathrm{d}x} + \cdots + (x-1)^n \frac{\mathrm{d}^n (x+1)^n}{\mathrm{d}x^n} \right\}.
\end{aligned}
$$

右边除了第一项与最后一项外, 其他各项都可以整除 $(x-1)(x+1)$, 所以

$$P_n(x) = \frac{1}{2^n}(x+1)^n + \frac{1}{2^n}(x-1)^n + (x-1)(x+1)G(x),$$

$G(x)$ 是多项式. 在这里, 设 $x = 1$ 或者 $x = -1$, 得到 (3).

(3°)

$$\int_{-1}^{1} P_n(x)^2 \mathrm{d}x = \frac{2}{2n+1}, \tag{4}$$

$$\int_{-1}^{1} P_m(x) P_n(x) \mathrm{d}x = 0, \quad m \neq n. \tag{5}$$

[证] 当 $m \neq n$ 时, 根据 $P_n(x)$ 的定义, 结论显然.

因为

$$P_n P_{n+1} \Big|_{-1}^{+1} = \int_{-1}^{1} P_n P'_{n+1} \mathrm{d}x + \int_{-1}^{1} P'_n P_{n+1} \mathrm{d}x,$$

所以根据 (2°), 上式左边等于 2. 而因为 P'_n 的次数小于 $n+1$, 右边的第二项积分等于 0, 所以

$$2 = \int_{-1}^{+1} P_n P'_{n+1} \mathrm{d}x. \tag{6}$$

由 (1), $P_n(x)$ 中 x^n 的系数是 $\dfrac{2n(2n-1)\cdots(n+1)}{2^n \cdot n!}$, 于是 $P'_{n+1}(x)$ 中 x^n 的系数是

$$\frac{(2n+2)(2n+1)\cdots(n+2)}{2^{n+1}(n+1)!} \cdot (n+1).$$

从而当

$$P'_{n+1}(x) = (2n+1)P_n(x) + Q(x)$$

时, $Q(x)$ 是 $n-1$ 次以下的多项式. 于是, 把上式两边同时乘以 $P_n(x)$ 并积分, 得

$$\int_{-1}^{+1} P_n P_{n+1}' \mathrm{d}x = (2n+1) \int_{-1}^{+1} P_n^2 \mathrm{d}x.$$

从而由 (6) 得

$$2 = (2n+1) \int_{-1}^{+1} P_n^2 \mathrm{d}x,$$

即得到 (4).

(4°) 递推公式

$$(n+1)P_{n+1}(x) - (2n+1)xP_n(x) + nP_{n-1}(x) = 0 \quad (n \geqslant 1). \tag{7}$$

[证]　比较 $P_n(x)$ 和 $P_{n+1}(x)$ 的最高次项的系数, 由 (1°) 可知,

$$P_{n+1} - \frac{2n+1}{n+1} x P_n$$

是 $n-1$ 次以下的多项式. 因此, 设

$$(n+1)P_{n+1} - (2n+1)xP_n = \alpha P_{n-1} + Q$$

并适当地确定系数 α 时, Q 是 $n-2$ 次以下的多项式. 此时, 把上面等式两边乘以 Q 并积分, 得 $\int_{-1}^{1} Q^2 \mathrm{d}x = 0$, 从而得 $Q = 0$. 为了确定系数 α, 令 $x = 1$ 即可. 此时, 根据 (2°),

$$n + 1 - (2n+1) = \alpha, \quad 即 \quad \alpha = -n$$

就得到 (7).

关于 $P_n'(x)$, 下面公式成立:

$$(1 - x^2)P_n'(x) + nxP_n(x) - nP_{n-1}(x) = 0. \tag{8}$$

利用与 (7) 相同的证明方法可以证明 (8).

(5°) $P_n(x) = 0$ 的所有根都是实根, 且都在 -1 和 1 之间. 它们都是单根, 被 $P_{n-1}(x) = 0$ 的根隔开, 即 $P_n(x) = 0$ 的相邻两根之间各有一个 $P_{n-1}(x) = 0$ 的根.

根据 (1) 和罗尔中值定理可证 $P_n(x)(n \geqslant 1)$ 在 -1 和 1 之间有 n 个单根. 根据 (2°) 和 (7) 可知 $P_n(x)$ 和 $P_{n-1}(x)$ 的根的分布. 使用 (8) 也可知. 也就是说, 根据 (8), 对于 $P_n(x)$ 的根 $x_1, P_n'(x_1)$ 与 $P_{n-1}(x_1)$ 的符号相同, 设 $P_n(x)$ 相邻的两个根是 x_1, x_2, 则因为 $P_n'(x_1)$ 和 $P_n'(x_2)$ 的符号相反, $P_{n-1}(x_1)$ 和 $P_{n-1}(x_2)$ 的

符号也相反. 所以, 在 $[x_1, x_2]$ 内, $P_{n-1}(x)$ 至少有一个根, 考虑实根的数量, 正好有一个实根.

(6°) 微分方程及母函数. 设 $u = (x^2 - 1)^n$, 则

$$(x^2 - 1)u' = 2nxu.$$

把上式微分 $n+1$ 次, 得

$$(x^2 - 1)u^{(n+2)} + 2(n+1)xu^{(n+1)} + n(n+1)u^{(n)} = 2nxu^{(n+1)} + 2n(n+1)u^{(n)},$$

即

$$(x^2 - 1)u^{(n+2)} + 2xu^{(n+1)} - n(n+1)u^{(n)} = 0.$$

因为 $u^{(n)} = CP_n(x)$, 所以 $P_n(x)$ 是微分方程

$$(x^2 - 1)y'' + 2xy' - n(n+1)y = 0$$

的解.

[附记] 在位势论中, 有时需要把

$$\frac{1}{\sqrt{1 - 2r\cos\theta + r^2}}$$

展开成 r 的幂级数. 令 $x = \cos\theta$, 它的展开系数生成球函数 $P_n(x)$, 即

$$\frac{1}{\sqrt{1 - 2r\cos\theta + r^2}} = \sum_{n=0}^{\infty} P_n(\cos\theta)r^n.$$

这就是函数 P_n 的历史出处. 因此, $(1 - 2rx + r^2)^{-\frac{1}{2}}$ 称为 $P_n(x)$ 的**母函数**. 上面 (4°) 中的公式 (7) 和 (8) 可以由这个展开式得到. (在法国体系中, $P_n(x)$ 写成 X_n.)

§37 不定积分计算

在通常意义下, 可 "不定积分" 指的是, 当 $f(x)$ 是初等函数时, 在初等函数的范围内它的原函数存在. 此时, 做适当的变量变换, 大部分都可以转化为有理函数的积分. 在这一意义下, 有理函数的积分是初等数学分析中重要的问题. 但是, 如果不使用复数, 我们就不能深刻理解这一点. 我们把相关内容放到第 5 章, 在这里只举若干例子.

(I) 设 F 是有理函数, 考虑下面的不定积分

$$\int F(\cos x, \sin x)\mathrm{d}x.$$

设中间变量为

$$t = \tan \frac{x}{2},$$

则

$$\cos x = \frac{1 - t^2}{1 + t^2}, \quad \sin x = \frac{2t}{1 + t^2},$$

反过来求 t, 有

$$t = \frac{\sin x}{1 + \cos x},$$

当 x 在 $-\pi$ 到 $+\pi$ 之间变化时, t 在 $-\infty$ 到 $+\infty$ 之间单调递增. 因为

$$x = 2 \operatorname{Arctan} t, \quad \mathrm{d}x = \frac{2\mathrm{d}t}{1 + t^2},$$

所以

$$\int F(\cos x, \sin x)\mathrm{d}x = \int F\Big(\frac{1 - t^2}{1 + t^2}, \frac{2t}{1 + t^2}\Big) \frac{2\mathrm{d}t}{1 + t^2}.$$

对于定积分的情况, 需要利用 $\cos x, \sin x$ 的周期性, 把左边的积分区间变成 $(-\pi, \pi)$ 并确定 t 的积分区间.

[例 1] $\int \dfrac{\mathrm{d}x}{\sin x} = \int \dfrac{1 + t^2}{2t} \cdot \dfrac{2\mathrm{d}t}{1 + t^2} = \int \dfrac{\mathrm{d}t}{t} = \ln|t| = \ln\left|\tan \dfrac{x}{2}\right|, (x \neq n\pi, n = 0, \pm 1, \cdots)$.

[注意] $F(\cos x, \sin x)$ 的周期是 π 时, 设 $t = \tan x$ 就可以把 $F(\cos x, \sin x)$ 有理化. 这是因为, 此时有 $F(u, v) = F(-u, -v)$, 所以它变成 u^2, v^2, uv 的有理函数, 因此, $F(\cos x, \sin x)$ 被表示成 $\cos 2x$ 和 $\sin 2x$ 的有理函数. 下面举一个例子.

[例 2] $\int \dfrac{\mathrm{d}x}{a \cos^2 x + b \sin^2 x} = \int \dfrac{\mathrm{d}t/(1 + t^2)}{(a + bt^2)/(1 + t^2)} = \int \dfrac{\mathrm{d}t}{a + bt^2}, t = \tan x.$

如果 $a > 0, b > 0$, 设 $t = \sqrt{\dfrac{a}{b}}\tau$, 有

$$\int \frac{\mathrm{d}t}{a + bt^2} = \frac{1}{\sqrt{ab}} \int \frac{\mathrm{d}\tau}{1 + \tau^2} = \frac{1}{\sqrt{ab}} \arctan \tau.$$

如果 $a > 0, b < 0$, 把 b 替换成 $-b$, 则有

$$\int \frac{\mathrm{d}x}{a \cos^2 x - b \sin^2 x} = \int \frac{\mathrm{d}t}{a - bt^2} = \frac{1}{\sqrt{ab}} \int \frac{\mathrm{d}\tau}{1 - \tau^2} = \frac{1}{2\sqrt{ab}} \ln\left|\frac{1 + \tau}{1 - \tau}\right|,$$

$$\Big(a > 0, b > 0; t = \tan x, \tau = \sqrt{\frac{b}{a}}t.\Big)$$

(II) 设 $F(x, y)$ 是有理式, 考察

$$\int F(x, \sqrt{ax^2 + bx + c})\mathrm{d}x.$$

对变量做线性变换, 可以把二次式中的一次项消掉, 从而根据 a 的正负, 得到形如 $\sqrt{x^2 \pm p^2}$ 或 $\sqrt{p^2 - x^2}$ 的平方根. 此时再设 $x = p\tan\theta, x = p\sec\theta$, 或者 $x = p\sin\theta$, 那么题目中的积分归为 (I) 的积分, 从而把它有理化.

然而, 即使不利用三角函数, 根据代数变换, 也可以直接实现有理化. 现在, 把上面的平方根写作 y, 则

$$y^2 = ax^2 + bx + c. \tag{1}$$

从几何的角度考虑有理化方法, 就可以清楚其中的原因. (1) 表示的是二次曲线, 过曲线上任意一点 (x_0, y_0) 的割线

$$y - y_0 = t(x - x_0) \tag{2}$$

与曲线 (1) 相交于另外一点 (x, y). 于是交点 (x, y) 与 t 一一对应, 计算坐标 x, y, 则 $x = \varphi(t), y = \psi(t)$ 是 t 的有理式, 且

$$\int F(x, \sqrt{ax^2 + 2bx + c})\mathrm{d}x = \int F(\varphi(t), \psi(t))\varphi'(t)\mathrm{d}t,$$

即问题中的积分因变换 (2) 而被有理化.

(1°) 特别地, 当二次式有实数根时, 设

$$y^2 = ax^2 + 2bx + c = a(x - \alpha)(x - \beta) \quad (\alpha \neq \beta)$$

于是上面的 (x_0, y_0) 可以设为 $(\alpha, 0)$, (2) 变成

$$y = t(x - \alpha),$$

即利用变换

$$t = \sqrt{\frac{a(x - \beta)}{x - \alpha}}$$

可以把原来的积分有理化.

(2°) 当二次式没有实根时, 为使其为正, 必须有 $a > 0$. 如果 $a > 0$, 用

$$y = \pm\sqrt{a}x + t \tag{3}$$

做一般变换, 即变换

$$t = \mp\sqrt{a}x + \sqrt{ax^2 + 2bx + c}$$

可以把原来的积分有理化.

这时, (1) 是双曲线, 割线 (3) 与 (1) 的渐进线平行, 所以 (3) 和 (1) 只有一个交点 (x, y), 因此, 这个交点的坐标可以表示成中间变量 t 的有理式.

基本不定积分 (§29)

$$\int \frac{\mathrm{d}x}{\sqrt{x^2 \pm 1}} = \ln|x + \sqrt{x^2 \pm 1}|$$

就属于这一范畴. 如上所示, 设

$$t = x + \sqrt{x^2 - 1},$$

则

$$t^{-1} = x - \sqrt{x^2 - 1},$$

因此

$$2x = t + t^{-1}, \quad 2\sqrt{x^2 - 1} = t - t^{-1}, \quad 2\mathrm{d}x = (1 - t^{-2})\mathrm{d}t.$$

故,

$$\int \frac{\mathrm{d}x}{\sqrt{x^2 - 1}} = \int \frac{(1 - t^{-2})\mathrm{d}t}{t - t^{-1}} = \int \frac{\mathrm{d}t}{t} = \ln|t|$$
$$= \ln|x + \sqrt{x^2 - 1}|.$$

同样, 设

$$t = -x + \sqrt{x^2 + 1},$$

得

$$\int \frac{\mathrm{d}x}{\sqrt{x^2 + 1}} = \ln(x + \sqrt{x^2 + 1}).$$

[注意] 通过变换 $ax + b = t^2$, $\int F(x, \sqrt{ax+b}, \sqrt{cx+d})\mathrm{d}x$ 归属于上面的情况.

一般地, 当 F 是有理式,

$$y = \frac{ax+b}{cx+d},$$

$\alpha, \beta, \cdots$ 是有理指数时, 可以通过变换 $t = y^{\frac{1}{n}}$ 把积分

$$\int F(x, y^\alpha, y^\beta, \cdots)\mathrm{d}x$$

有理化. 其中, n 是 $\alpha, \beta, \cdots$ 的公分母.

上面陈述了 (I) 和 (II) 的积分的有理化方法. 在实际计算时, 虽然没有必要拘泥于上面的一般方法, 但是没有认识到是否可以有理化就盲目计算是不正确的. 那样做无法控制计算.

在 $F(x, \sqrt{P(x)})$ 中, 如果 $P(x)$ 没有平方因子, 而是三次或者四次多项式, 那么它的积分就不是初等函数. 这就是所谓的**椭圆积分**. 如果 $P(x)$ 的次数更高, 则称这个积分是**超椭圆积分**. 如果 $P(x)$ 含有三个以上相互线性独立的一次式的平方根, 也称这个积分是超椭圆积分.

(III) 二项微分的积分. 这是

$$\int x^m(ax^n + b)^q \mathrm{d}x$$

形的积分. 当 m, n, q 是有理数时, 就是牛顿考察的情况. 当变换为 $x^n = t$ 时, 除常数因子之外, 变形得

$$\int t^p(at + b)^q \mathrm{d}t, \quad p = \frac{m+1}{n} - 1.$$

当 p, q 是有理数且 p, q 或者 $p + q$ 是整数 (正、负或者是 0) 时, 上面积分归属于有理函数的积分. 首先, 如果 q 是整数, 设 $p = \dfrac{h}{k}$, 利用变换 $t = s^k$, 得到

$$k \int s^{h+k-1}(as^k + b)^q \mathrm{d}s,$$

其中, 如果 q 是正整数, 则一开始就展开 $(at + b)^q$ 即可. 另外, 如果 p 是整数, 则以 $at + b$ 为变量将其转换成前面 q 为整数的形式. 而如果 $p + q$ 是整数, 则利用变换 $1/t$ 变形即可.

除了上述各种情况之外, 已经证明二项微分的不定积分不是初等函数.[①] 就原来形式来说, 只当 m, n, q 是有理数, q 或 $\dfrac{m+1}{n}$ 或 $\dfrac{m+1}{n} + q$ 是整数时, 可以进行 "不定积分".

[**例**]   由变换 $\sin x = \sqrt{t}, \sin^\mu x \cos^\nu x \mathrm{d}x$ 变成二项微分 $\dfrac{1}{2}t^{\frac{\mu-1}{2}}(1-t)^{\frac{\nu-1}{2}}\mathrm{d}t$. 因此, 当 μ, ν 是有理数, μ 或者 ν 是正或负的奇数, 或者 $\mu + \nu$ 是偶数时, 可以有理化. 对于积分 $\displaystyle\int \frac{\mathrm{d}x}{\sqrt{\cos x}}, \mu = 0, \nu = -\dfrac{1}{2}$, 所以不能有理化 (§29).

§38　定积分的近似计算

我们已经证明了连续函数存在不定积分, 但除已知函数表示的不定积分之外, 一般来说无法从不定积分出发计算定积分. 但是, 根据魏尔斯特拉斯定理 (§78),

---

[①] Tschebyscheff, Journal de Liouville, 18 卷, 1853 年.

在某个区间 $[a, b]$ 上存在一致逼近于连续函数 $f(x)$ 的多项式 $P(x)$, 所以, 如果设在 $[a, b]$ 上有

$$|f(x) - P(x)| < \varepsilon,$$

那么可以用 $\int_a^b P(x)\mathrm{d}x$ 作为 $\int_a^b f(x)\mathrm{d}x$ 的近似值, 其误差在 $\varepsilon(b - a)$ 以内. 实际上, 虽然对于给定 ε 求 $P(x)$ 是一件很困难的事, 但是以多项式的近似方法为基础, 在实际应用上, 可以提供非常有效的计算方法. 下面将介绍辛普森 (Simpson) 方法和高斯 (Gauss) 方法. 下面的公式 (1) 是为此所做的准备.

[三次式积分]　设 $P(x)$ 是三次以下的多项式, 则

$$\int_a^b P(x)\mathrm{d}x = \frac{b - a}{6}\left\{ P(a) + P(b) + 4P\left(\frac{a + b}{2}\right) \right\}. \tag{1}$$

这个积分虽然是比较简单的计算问题, 但是下面还是给出解释.

为了简化, 把原点移到 $\dfrac{a + b}{2}$, 做变换 $b - a = 2h$, 则 (1) 式变成

$$\int_{-h}^h P(x)\mathrm{d}x = \frac{h}{3}\{P(h) + P(-h) + 4P(0)\}. \tag{2}$$

$P(x)$ 是 $1, x, x^2, x^3$ 的线性组合, 所以分别用这些多项式来验证 (2) 即可, 这时分别得

$$2h = \frac{h}{3}(1 + 1 + 4),\ 0 = \frac{h}{3}(h - h + 0),\ \frac{2}{3}h^3 = \frac{h}{3}(h^2 + h^2 + 0),\ 0 = \frac{h}{3}(h^3 - h^3 + 0)$$

因此证明了 (1) 式.

现在, 作为最粗略的近似值, 用与连续函数 $f(x)$ 在 $x = a, x = b, x = \dfrac{a + b}{2}$ 处相等的三次式 $P(x)$ 替换 $f(x)$ 并计算积分得

$$\int_a^b f(x)\mathrm{d}x \approx \frac{b - a}{6}\left\{ f(a) + f(b) + 4f\left(\frac{a + b}{2}\right) \right\}. \tag{3}$$

如果到第四阶为止, $f(x)$ 仍然连续可微, 加入余项, 可得到精确的结果

$$\int_a^b f(s)\mathrm{d}s = \frac{b - a}{6}\left\{ f(a) + f(b) + 4f\left(\frac{a + b}{2}\right) \right\} - \frac{(b - a)^5}{2^5 \cdot 90}f^{(4)}(\xi), \tag{4}$$

$$(a < \xi < b).$$

证明比较简单. 如前面一样, 设

$$b - a = 2h,$$

做变量变换, 把

$$\varphi(h) = \int_{-h}^{h} f(x)\mathrm{d}x - \frac{h}{3}(f(h) + f(-h) + 4f(0))$$

考虑成 h 的函数. 简单计算后可得

$$\varphi(0) = \varphi'(0) = \varphi''(0) = 0,$$

$$\varphi'''(h) = -\frac{h}{3}(f'''(h) - f'''(-h)) = -\frac{2h^2}{3}f^{(4)}(\xi), \quad (-h < \xi < h).$$

此时, 在区间 $[0, h]$ 上, 对 $\varphi(h)$ 使用泰勒公式 (§35), 得

$$\varphi(h) = \frac{1}{2} \int_{0}^{h} \frac{\varphi'''(x)}{x^2} x^2 (h-x)^2 \mathrm{d}x.$$

根据拉格朗日中值定理, 得

$$
\begin{aligned}
\varphi(h) &= \frac{\varphi'''(\eta)}{2\eta^2} \int_{0}^{h} x^2 (h-x)^2 \mathrm{d}x \quad (0 < \eta < h) \\
&= -\frac{f^{(4)}(\xi')}{3} \Big[\frac{x^5}{5} - \frac{2hx^4}{4} + \frac{h^2 x^3}{3}\Big]_{0}^{h} \quad (-\eta < \xi' < \eta) \\
&= -\frac{f^{(4)}(\xi')}{3} h^5 \Big(\frac{1}{5} - \frac{1}{2} + \frac{1}{3}\Big) \\
&= -\frac{h^5}{90} f^{(4)}(\xi').
\end{aligned}
$$

因为 $b - a = 2h$, 所以上面的结果就是 (4).

辛普森方法是 (3) 的应用. 把区间 $[a, b]$ 分成 $2n$ 等份, 设 $f(x)$ 对应于各分割点的值是 $y_0, y_1, y_2, \cdots, y_{2n}$ (见图 3–8), 设 $h = \dfrac{b-a}{2n}$, 函数 $f(x)$ 在 y_{2i-1} 左右两侧的两个区间上的积分近似值如 (3) 那样取

$$\frac{h}{3}(y_{2i-2} + y_{2i} + 4y_{2i-1}),$$

然后再对 $i = 1, 2, \cdots, n$ 求和得

$$\int_{a}^{b} f(x)\mathrm{d}x \approx \frac{h}{3}\{y_0 + y_{2n} + 2(y_2 + y_4 + \cdots + y_{2n-2}) + 4(y_1 + y_3 + \cdots + y_{2n-1})\}. \quad (5)$$

这就是辛普森公式.

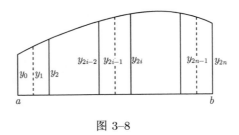

图 3–8

如果根据 (4), 加入余项, 求总和得

$$R = -\frac{h^5}{90} \sum_{i=1}^{n} f^{(4)}(\xi_i).$$

利用平均值 $\frac{1}{n} \sum f^{(4)}(\xi_i) = f^{(4)}(\xi), a < \xi < b$, 得

$$R = -\frac{nh^5}{90} f^{(4)}(\xi),$$

再用 $nh = \frac{b-a}{2}$ 代入得

$$R = -\frac{(b-a)f^{(4)}(\xi)}{180} h^4. \tag{6}$$

上式给出当 n 增大, 从而使 h 变小时, 辛普森公式的误差界限.

举一个例子, 从 $\frac{\pi}{4} = \int_0^1 \frac{\mathrm{d}x}{1+x^2}$ 出发计算 π 的近似值. 设 $n = 5$, 则 $h = 0.1$,

$$\frac{\pi}{4} = \frac{0.1}{3}\Big\{1 + \frac{1}{2} + 2\Big(\frac{1}{1.04} + \frac{1}{1.16} + \frac{1}{1.36} + \frac{1}{1.64}\Big) \\ + 4\Big(\frac{1}{1.01} + \frac{1}{1.09} + \frac{1}{1.25} + \frac{1}{1.49} + \frac{1}{1.81}\Big)\Big\}.$$

根据倒数表, 计算到小数点后七位, 得到下面的结果.

$$\pi \approx 3.141\ 592\ 88.$$

高斯方法 使用球函数 $P_n(x)$ (§36). 首先做线性变量变换, 把积分区间修正为 $[-1,1]$, 设 $f(x)$ 为 $2n-1$ 次以下的多项式, 用 $P_n(x)$ 除 $f(x)$, 得 $f(x) = P_n(x)Q(x) + \varphi(x)$, 商 $Q(x)$ 和余项 $\varphi(x)$ 都是 $n-1$ 次以下 (§36), 所以

$$\int_{-1}^{1} Q(x)P_n(x)\mathrm{d}x = 0,$$

从而

$$\int_{-1}^{1} f(x)\mathrm{d}x = \int_{-1}^{1} \varphi(x)\mathrm{d}x.$$

设 $P_n(x)$ 的根是 $x_\nu(\nu = 1, 2, \cdots, n)$, 根据拉格朗日插值公式 (§66) 得 (注意 $f(x_\nu) = \varphi(x_\nu)$),

$$\varphi(x) = \sum_{\nu=1}^{n} \frac{\varphi(x_\nu)}{P_n'(x_\nu)} \frac{P_n(x)}{x - x_\nu} = \sum_{\nu=1}^{n} \frac{f(x_\nu)}{P_n'(x_\nu)} \frac{P_n(x)}{x - x_\nu}.$$

因此

$$\int_{-1}^{1} f(x)\mathrm{d}x = \sum_{\nu=1}^{n} \frac{f(x_\nu)}{P_n'(x_\nu)} \int_{-1}^{1} \frac{P_n(x)}{x - x_\nu}\mathrm{d}x.$$

若设

$$p_\nu = \frac{1}{P_n'(x_\nu)} \int_{-1}^{1} \frac{P_n(x)}{x - x_\nu}\mathrm{d}x,$$

则有

$$\int_{-1}^{1} f(x)\mathrm{d}x = \sum_{\nu=1}^{n} p_\nu f(x_\nu). \tag{7}$$

这里, x_ν, p_ν 只与 $P_n(x)$ 相关. 我们可以给出它们的值表.

例如,

$$n = 3, \quad x_1, x_3 = \mp \frac{\sqrt{15}}{5}, \quad p_1 = p_3 = \frac{5}{9},$$

$$x_2 = 0, \quad p_2 = \frac{8}{9}.$$

因此, 关于任意五次式 $f(x)$, 有

$$\int_{-1}^{1} f(x)\mathrm{d}x = \frac{5}{9}\Big\{ f\Big(-\frac{\sqrt{15}}{5}\Big) + f\Big(\frac{\sqrt{15}}{5}\Big) \Big\} + \frac{8}{9}f(0).$$

对于任意的连续函数 $F(x)$, 设 $f(x)$ 为 $2n-1$ 次以下的多项式, 且在区间 $[-1,1]$ 上各 x_v 以及另外 n 个点处, 即共有 $2n$ 个点处与 $F(x)$ 相等, 用它代替 $F(x)$, 取 $\int_{-1}^{1} f(x)\mathrm{d}x$ 作为 $\int_{-1}^{1} F(x)\mathrm{d}x$ 的近似值. 这时, 由 (7) 得

$$\int_{-1}^{1} F(x)\mathrm{d}x \approx \sum_{\nu=1}^{n} p_\nu F(x_\nu).$$

只使用 n 个值 $F(x_\nu)$ 就可以计算这一近似值, 这一点是高斯方法的特色.

§39 有界变差函数

在陈述曲线长度之前, 作为准备, 我们先介绍题目中的有界变差函数. 给定区间 $[a, b]$ 上的函数 $f(x)$, 利用下面的分割点 x_i 分割这个区间:

$$(\Delta) \qquad a = x_1 < x_2 < \cdots < x_n < x_{n+1} = b$$

然后作和

$$v_\Delta = \sum_{i=1}^{n} |f(x_{i+1}) - f(x_i)|. \tag{1}$$

如果对于所有分割 Δ, v_Δ 都有界, 设其上确界为 V, 则把 V 称为函数 $f(x)$ 在区间 $[a, b]$ 上的全变差, 而称 $f(x)$ 是区间 $[a, b]$ 上的**有界变差函数**.[①]

此时, $f(x)$ 在区间 $[a, b]$ 上有界. 实际上, 设 x 是区间内的任意点, 因为 $|f(x) - f(a)| + |f(b) - f(x)| \leqslant V$, 所以有 $|f(x) - f(a)| \leqslant V$.

和 (1) 中的 $f(x_{i+1}) - f(x_i)$ 中, 设 $p_\Delta, -n_\Delta$ 分别表示正项与负项的总和, 则

$$v_\Delta = p_\Delta + n_\Delta, \quad f(b) - f(a) = p_\Delta - n_\Delta.$$

故当 $f(x)$ 为有界变差函数时, p_Δ, n_Δ 也有界. 设它们的上确界分别为 P, N, 则

$$V = P + N, \quad f(b) - f(a) = P - N.$$

取区间 $[a, b]$ 内一点 x, 显然 $f(x)$ 在区间 $[a, x]$ 上有界, 区间 $[a, x]$ 上的 V, P, N 是 x 的函数, 分别记作 $V(x), P(x), N(x)$, 这时

$$V(x) = P(x) + N(x), \quad f(x) - f(a) = P(x) - N(x). \tag{2}$$

$P(x), N(x), V(x)$ 分别称为 $f(x)$ 在区间 $[a, b]$ 的正变差、负变差和全变差.

因为 $P(x), N(x)$ 单调递增 (不减少), 所以由 (2) 可得下面定理.

定理 38 有界变差函数等于两个有界递增函数的差.

在 $f(x) = f(a) + P(x) - N(x)$ 中, $P(x), N(x)$ 是特定单调函数, 一般地, 如果 $\varphi(x)$ 和 $\psi(x)$ 是有界递增函数, 则它们的差 $f(x) = \varphi(x) - \psi(x)$ 是有界变差函数, f 的全变差不超过 φ, ψ 的全变差的和: $V(x) \leqslant (\varphi(x) - \varphi(a)) + (\psi(x) - \psi(a))$.

$\varphi(x), \psi(x)$ 的和与积也是有界变差函数. 如果 $|\psi(x)| > m > 0$, 则商 $\varphi(x)/\psi(x)$ 是 $[a, b]$ 上的有界变差函数. 关于和显然. 而关于积, 由

$$|\varphi(x_1)\psi(x_1) - \varphi(x_2)\psi(x_2)| = |\psi(x_1)(\varphi(x_1) - \varphi(x_2)) + \varphi(x_2)(\psi(x_1) - \psi(x_2))|$$

---

① fonction à variation bornée (Jordan). 这里的 variation 不同于变分法中的变分 (variation). 德语为 Funktion beschränkter Schwankung(变分法为 Variationsrechnung).

$$\leqslant M(|\varphi(x_1) - \varphi(x_2)| + |\psi(x_1) - \psi(x_2)|),$$

$(|\varphi(x)| < M, |\psi(x)| < M)$ 得证. 关于商的证明也同样.

从而, 有界变差函数的和、差、积也是有界变差函数.

有界变差函数 $f(x)$ 的全变差 $V(x)$ 关于区间可加. 因为, 对于区间 $[a,b]$ 上的一点 c, 把 $[a,b]$ 分割成 $[a,c]$ 和 $[c,b]$ 时, 如果按区间写出全变差的话, 有

$$V(a,b) = V(a,c) + V(c,b), \tag{3}$$

这是显然的. 根据 (2), 对于 P, N 也同样, 有

$$P(a,b) = P(a,c) + P(c,b), \quad N(a,b) = N(a,c) + N(c,b).$$

因此, 以 c 作为区间的左端, 作 P, N, 得

$$\left. \begin{array}{l} P(c,x) = P(a,x) - P(a,c), \\ N(c,x) = N(a,x) - N(a,c). \end{array} \right\} \tag{4}$$

如果 $f(x)$ 在区间 $[a,b]$ 上连续且为有界变差函数, 则 $P(x), N(x)$ 都连续, 从而 $V(x)$ 也连续. 假设在区间内的一点 x_0 处, $P(x)$ 非右连续. 于是根据 (4), 不妨设 $x_0 = a$, 这时, $P(a) = 0, P(a+0) = \omega > 0$. 因为 $f(x)$ 连续, 所以 $N(a+0) = \omega$. 于是当 $x \neq a$ 时, 令 $P_1(x) = P(x) - \omega, N_1(x) = N(x) - \omega, P_1(a) = N_1(a) = 0$, 则 $f(x) = P_1(x) - N_1(x) + f(a)$. 因此, 有 $V(x) \leqslant P_1(x) + N_1(x)$. 而另一方面, $V(x) = P(x) + N(x) = P_1(x) + N_1(x) + 2\omega$, 矛盾.

如果 $f(x)$ 在 $[a,b]$ 上是分段单调的, 那么它是有界变差函数 (见图 3–9). 但连续函数不一定是有界变差函数. 例如, $f(x) = x \sin \dfrac{1}{x}$ 在区间 $\left[0, \dfrac{1}{\pi}\right]$ 上的全变差大于 $\dfrac{4}{\pi}\left(\dfrac{1}{3} + \dfrac{1}{5} + \dfrac{1}{7} + \cdots\right)$, 所以不是有界变差函数. 当然有界变差函数也不一定是连续函数 (例如非连续的单调函数).

在区间 $[a,b]$ 上, 如果 $f(x)$ 可积, 则积分函数

$$F(x) = \int_a^x f(x)\mathrm{d}x$$

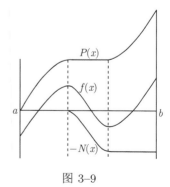

图 3–9

连续 (定理 34), 而且还是有界变差函数.[①] 为了证明这一结论, 按惯例设

$$f(x) = f^+(x) - f^-(x), f^+(x) = \mathrm{Max}(f(x), 0) \geqslant 0, f^-(x) = -\mathrm{Min}(f(x), 0) \geqslant 0.$$

---

① 反之不真, 总而言之, 并非所有连续函数都是积分函数 (第 9 章).

此时

$$F(x) = \int_a^x f^+(x)\mathrm{d}x - \int_a^x f^-(x)\mathrm{d}x,$$

右边两个积分单调递增且有界, 所以 F 是有界变差函数.

如果 $f(x)$ 在 $[a,b]$ 上可微, 且 $f'(x)$ 连续 (术语称为 **连续可微**, 但是, **光滑一**词可能更加令人印象深刻), 则因为 $f(x) = \int_a^x f'(x)\mathrm{d}x + f(a)$, 所以 $f(x)$ 是有界变差函数.

[注意] 各种性质限定了函数, 这些性质中有的很深刻, 有的则很宽泛. 最宽泛的性质就是有界性, 有界函数中只有一部分是可积的, 可积函数当中有的是连续函数, 有的是有界变差函数. 连续的有界变差函数看起来很简单, 但不一定可微. 即使可微, 导函数也不一定连续. 即使连续可微, 即光滑, 也不保证二阶可微. 即使各阶微分存在, 也不一定能够展开成泰勒级数. 能够展开成泰勒级数的函数是解析函数, 它才是相当简单的函数, 从而应该很方便使用, 但是必须在复数领域中才能产生其效用 (第 5 章).

[附记] **斯蒂尔切斯 (Stieltjes) 积分** 是使用有界变差函数 $\varphi(x)$ 而构造出的一种积分. 首先, 设 $\varphi(x)$ 单调递增, 且被积函数 $f(x)$ 在 $[a,b]$ 上有界. 如 §30 那样, 把区间 $[a,b]$ 分割成小区间 $\omega_i = [x_{i-1}, x_i]$, 设 $f(x)$ 在 ω_i 上的上确界是 M_i, 下确界是 m_i, 作和

$$S_\Delta = \sum_{i=1}^n M_i \delta_i \varphi, \quad s_\Delta = \sum_{i=1}^n m_i \delta_i \varphi.$$

其中, $\delta_i \varphi = \varphi(x_i) - \varphi(x_{i-1})$. 而当 $\delta = \mathrm{Max}(x_i - x_{i-1})$ 趋近于 0 时, 取小区间 ω_i 上任意点 ξ_i, 作和

$$\Sigma_\Delta = \sum f(\xi_i) \delta_i \varphi.$$

如果上面的和收敛于某个极限, 将其极限值记作

$$\int_a^b f(x)\mathrm{d}\varphi(x).$$

这就是所谓的斯蒂尔切斯积分.[①]

如果设 S_Δ 的下确界是 S, 而 s_Δ 的上确界是 s, 此时达布定理 (§30) 不是对所有有界函数都成立 (因为 §30 中的不等式 (8) 不成立). 但是, 如果 $f(x)$ 连续, 则斯蒂尔切斯积分存在. 事实上, 因为

$$s_\Delta \leqslant s \leqslant S \leqslant S_\Delta, \quad s_\Delta \leqslant \Sigma_\Delta \leqslant S_\Delta, \tag{5}$$

---

① 这里, $\mathrm{d}\varphi(x)$ 只是一个符号, 并不是表示 $\varphi(x)$ 的微分. 但是, 如果 $\varphi(x)$ 可微且 $\varphi'(x)$ 连续, 则斯蒂尔切斯积分变为黎曼积分 $\int_a^b f(x)\varphi'(x)\mathrm{d}x$.

所以, 根据 $f(x)$ 的一致连续性 (定理 14), 对于任意的 $\varepsilon > 0$, 如果取充分小的 δ, 则 $M_i - m_i < \varepsilon$ 成立, 从而 $S_\Delta - s_\Delta < \varepsilon \Sigma \delta_i \varphi = \varepsilon(\varphi(b) - \varphi(a))$. 因此, 由 (5) 的第一个式子得 $S = s$. 另外, 由 (5) 的第二个式子得 $|S - \Sigma_\Delta| \leqslant \varepsilon(\varphi(b) - \varphi(a))$. 因此, 当 $\delta \to 0$ 时, $\Sigma_\Delta \to S$.

对于一般的有界变差函数 $\varphi(x)$, 把它看作有界单调 (递增) 函数的差, 设 $\varphi(x) = \varphi_1(x) - \varphi_2(x)$, 则得

$$\int_a^b f(x)\mathrm{d}\varphi(x) = \int_a^b f(x)\mathrm{d}\varphi_1(x) - \int_a^b f(x)\mathrm{d}\varphi_2(x).$$

§40　曲线的长度

下面陈述的事实适用于各维空间, 但是为了方便起见, 我们仅以平面曲线加以说明. 设中间变量 t 的变化区间是 $a \leqslant t \leqslant b$, 考察曲线

$$x = \varphi(t), \ y = \psi(t). \tag{1}$$

当然, 设 $\varphi(t), \psi(t)$ 在区间 $[a, b]$ 上连续. 对应于 t 的某个值, 曲线上的点 $(x, y) = (\varphi(t), \psi(t))$ 简称为点 t.

对应于区间 $[a, b]$ 的分割

$$(\Delta) \qquad a = t_0 < t_1 < t_2 < \cdots < t_{n-1} < t_n = b,$$

曲线 (1) 被分成 n 个弧 $(t_{i-1}t_i)$. 把这些分点依次用弦 $(t_{i-1}t_i)$ 相连结 (见图 3-10), 设内接折线 $(at_1t_2\cdots b)$ 的长度是 L_Δ, 即设

$$L_\Delta = \sum_{i=1}^n \sqrt{(\varphi(t_i) - \varphi(t_{i-1}))^2 + (\psi(t_i) - \psi(t_{i-1}))^2}.$$

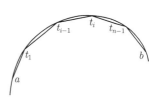

图 3-10

若对于所有分割 Δ, L_Δ 有界, 设其上确界为 s, 我们的目标就是把它作为曲线 (1) 的弧长 (ab) 的定义.

把 L_Δ 简记为

$$L_\Delta = \sum_\Delta \sqrt{(\Delta\varphi)^2 + (\Delta\psi)^2}.$$

于是, 因为

$$\sqrt{(\Delta\varphi)^2 + (\Delta\psi)^2} \geqslant |\Delta\varphi|, \quad \sqrt{(\Delta\varphi)^2 + (\Delta\psi)^2} \geqslant |\Delta\psi|,$$

$$\sqrt{(\Delta\varphi)^2 + (\Delta\psi)^2} \leqslant |\Delta\varphi| + |\Delta\psi|.$$

所以

$$L_\Delta \geqslant \sum |\Delta\varphi|, \quad L_\Delta \geqslant \sum |\Delta\psi|, \quad L_\Delta \leqslant \sum |\Delta\varphi| + \sum |\Delta\psi|.$$

因此, L_Δ 有界的充分必要条件是 $\varphi(t)$ 和 $\psi(t)$ 为区间 $[a,b]$ 上的有界变差函数 (§39).

如果 L_Δ 有界, 它的上确界 s 可以由下式求得,

$$s = \lim_{\delta \to 0} L_\Delta, \tag{2}$$

其中, δ 是分割 Δ 中小区间 $[t_{i-1}, t_i]$ 的最大长度, 即 $\delta = \text{Max}(t_i - t_{i-1})$.

这与关于积分的达布定理同理. 对照 §30 中达布定理的证明可知, 首先, 在分割 Δ 的小区间 $[t_{i-1}, t_i]$ 内插入一个分点 t', 于是弦 $(t_{i-1}t_i)$ 被替换成弦 $(t_{i-1}t')$+弦 $(t't_i)$, 因此 L_Δ 增大, 但根据 φ, ψ 的连续性, 只要 δ 充分小, 这个增量就可以小于任意给定的 ε'. 因此, 在与 §30 相同的意义下, 如果取分割 D, Δ, Δ', 则

$$s - L_D < \varepsilon, \quad L_\Delta \leqslant L_{\Delta'}, \quad L_D \leqslant L_{\Delta'},$$

$$L_{\Delta'} - L_\Delta < p\varepsilon',$$

$$s - L_\Delta < (s - L_D) + (L_{\Delta'} - L_\Delta) < \varepsilon + p\varepsilon'.$$

因为 p 是分割 D 中分点的数目, 所以它是常数. 因此, 取 $p\varepsilon' < \varepsilon$, 得 $L_\Delta \to s$.

设 $a \leqslant t \leqslant t' \leqslant b$, 则如上所示, 可以确定对应于区间 $[t, t']$ 的极限值 s. 定义 s 为曲线 (1) 的弧 (tt') 的长度. 于是, 当 $t < t' < t''$ 时, 由 (2) 可得弧长的可加性:

$$\text{弧}(tt') + \text{弧}(t't'') = \text{弧}(tt''). \tag{3}$$

如果设 a 为起点并用 $s(t)$ 表示弧 (at) 的长度, 则弧 $(tt') = s(t') - s(t)$. 再如果把曲线上的弧加上方向, 令

$$\text{弧}(t't) = -\text{弧}(tt'),$$

则 (3) 与 t, t', t'' 的大小无关, 总成立.

[注意]　如上所示, 我们用内接折线长度的极限作为弧长的定义, 弧长与曲线的表示方法及坐标轴的选取无关, 是一个确定的常数. 如果不像 18 世纪那样把弧长认为是天赐的, 那么这一观点就是非常重要的.

到目前为止, 我们都假设 $\varphi(t)$ 和 $\psi(t)$ 是连续的有界变差函数, 只是这样的话, 所涉及的曲线太宽泛, 没有什么意思, 所以后面我们假设 $\varphi(t)$ 和 $\psi(t)$ 可微, $\varphi'(t)$ 和 $\psi'(t)$ 连续且不同时为零, 即 $\varphi'(t)^2 + \psi'(t)^2 \neq 0$. 即考虑光滑曲线. 于是, 弧 (ab) 的长度是

$$s = \int_a^b \sqrt{\varphi'(t)^2 + \psi'(t)^2} \mathrm{d}t. \tag{4}$$

下面我们给出上式的证明. 所谓的证明就是在假设 $\varphi'(t)$ 和 $\psi'(t)$ 连续的条件下, 由 (2), 即

$$s = \lim_{\delta \to 0} \sum_{i=1}^{n} \text{弦}(t_{i-1}t_i)$$

导出 (4). 因为

$$\text{弦}(t_{i-1}t_i) = \sqrt{(\varphi(t_i) - \varphi(t_{i-1}))^2 + (\psi(t_i) - \psi(t_{i-1}))^2}$$
$$= (t_i - t_{i-1})\sqrt{\varphi'(\tau_1)^2 + \psi'(\tau_2)^2}.$$

这是根据微分中值定理得到的: τ_1 和 τ_2 都是 t_{i-1}, t_i 之间的值. 因此 $|t_i - \tau_1| < \delta, |t_i - \tau_2| < \delta$. 设

$$\sqrt{\varphi'(\tau_1)^2 + \psi'(\tau_2)^2} = \sqrt{\varphi'(t_i)^2 + \psi'(t_i)^2} + \varepsilon_i, \tag{5}$$

则有

$$s = \lim_{\delta \to 0} \left(\sum (t_i - t_{i-1})\sqrt{\varphi'(t_i)^2 + \psi'(t_i)^2} + \sum \varepsilon_i(t_i - t_{i-1}) \right).$$

上式中的第一个 $\sum$ 的极限是上面 (4) 的定积分, 因此, 问题就归结为证明

$$\lim_{\delta \to 0} \sum \varepsilon_i(t_i - t_{i-1}) = 0. \tag{6}$$

根据假设 $\varphi'(t)$ 和 $\psi'(t)$ 连续, 因此当 $\delta \to 0$ 时, $\varepsilon_i \to 0$, 但是这还不足以证明 (6) 成立. 而根据 (5) 可得

$$|\varepsilon_i| \leqslant |\varphi'(t_i) - \varphi'(\tau_1)| + |\psi'(t_i) - \psi'(\tau_2)|.[①]$$

因为函数是一致连续的, 所以对于任意给定的 ε, 取充分小的 δ, 可使

$$|\varphi'(t_i) - \varphi'(\tau_1)| < \varepsilon, \quad |\psi'(t_i) - \psi'(\tau_2)| < \varepsilon.$$

于是, 对于所有的 i, 在 (6) 中, $|\varepsilon_i| < 2\varepsilon$, 因此有

$$\left| \sum \varepsilon_i(t_i - t_{i-1}) \right| < 2\varepsilon(b - a).$$

因为 ε 是任取的, 所以 (6) 成立, 从而证明了 (4).

---

① 在 (5) 中, ε_i 被表示成 $\sqrt{a^2 + b^2} - \sqrt{c^2 + d^2}$ 的形式, 但

$$|\sqrt{a^2 + b^2} - \sqrt{c^2 + d^2}| \leqslant \sqrt{(a - c)^2 + (b - d)^2} \leqslant |a - c| + |b - d|$$

成立. 前面的 $\leqslant$ 由三点 $(0,0), (a,b), (c,d)$ 间距离的三角关系可知, 后面的 $\leqslant$ 显然.

在 $\varphi'(t)$ 和 $\psi'(t)$ 连续的区间上, (4) 中的积分的上下限是任意的, 现在固定 t_0, 弧 $(t_0 t)$ 的长度记作 $s = s(t)$, 则

$$s(t) = \int_{t_0}^{t} \sqrt{\varphi'(t)^2 + \psi'(t)^2}\mathrm{d}t. \tag{7}$$

根据 (7) 得

$$\frac{\mathrm{d}s}{\mathrm{d}t} = \sqrt{\varphi'(t)^2 + \psi'(t)^2} = \sqrt{\left(\frac{\mathrm{d}x}{\mathrm{d}t}\right)^2 + \left(\frac{\mathrm{d}y}{\mathrm{d}t}\right)^2}. \tag{8}$$

上式与中间变量无关, 利用微分记法得

$$\mathrm{d}s^2 = \mathrm{d}x^2 + \mathrm{d}y^2.$$

根据 (7), s 是 t 的连续且 (严格) 单调递增函数. (这里利用了 $\varphi'(t)^2 + \psi'(t)^2 \neq 0$.) 于是 s 和 t 之间是一一对应的关系, 因此可以把 s 看成曲线的中间变量 (参照定理 15). 此时有

$$\left(\frac{\mathrm{d}x}{\mathrm{d}s}\right)^2 + \left(\frac{\mathrm{d}y}{\mathrm{d}s}\right)^2 = 1. \tag{9}$$

而当把曲线表示成 $y = f(x)$ 时, x 起到 t 的作用, 因此

$$\mathrm{d}s = \sqrt{1 + \left(\frac{\mathrm{d}y}{\mathrm{d}x}\right)^2}\mathrm{d}x,$$

$$s = \int_{x_0}^{x} \sqrt{1 + \left(\frac{\mathrm{d}y}{\mathrm{d}x}\right)^2}\mathrm{d}x.$$

而当把曲线用极坐标表示为 $r = f(\theta)$ 时, θ 是中间变量,

$$x = r\cos\theta = f(\theta)\cos\theta, \quad y = r\sin\theta = f(\theta)\sin\theta.$$

因此

$$\mathrm{d}s^2 = \mathrm{d}x^2 + \mathrm{d}y^2 = (\mathrm{d}r\cos\theta - r\sin\theta\mathrm{d}\theta)^2 + (\mathrm{d}r\sin\theta + r\cos\theta\mathrm{d}\theta)^2.$$

化简得

$$\mathrm{d}s^2 = \mathrm{d}r^2 + r^2\mathrm{d}\theta^2,$$

即

$$\mathrm{d}s = \sqrt{f(\theta)^2 + f'(\theta)^2}\mathrm{d}\theta.$$

[注意] 在光滑曲线上, 由 (9) 可知, 在极限的意义下, 弧和与其对应的弦的比等于 1, 即

$$\frac{\text{弦}}{\text{弧}} = \frac{\sqrt{\Delta x^2 + \Delta y^2}}{\Delta s} = \sqrt{\left(\frac{\Delta x}{\Delta s}\right)^2 + \left(\frac{\Delta y}{\Delta s}\right)^2} \rightarrow \sqrt{\left(\frac{\mathrm{d}x}{\mathrm{d}s}\right)^2 + \left(\frac{\mathrm{d}y}{\mathrm{d}s}\right)^2} = 1.$$

[例 1]　除了圆和抛物线之外, 二次曲线的弧长归结为椭圆积分.

(i) 对于抛物线 $y^2 = 4lx$, 设从顶点 $(0,0)$ 到其上任意一点 (x,y) 的弧长为 s, 因为 $y = \sqrt{4lx}, \dfrac{\mathrm{d}y}{\mathrm{d}x} = \sqrt{\dfrac{l}{x}}$, 所以

$$s = \int_0^x \sqrt{1 + y'^2}\mathrm{d}x = \int_0^x \sqrt{\frac{x+l}{x}}\mathrm{d}x = l\int_0^z \sqrt{\frac{z+1}{z}}\mathrm{d}z \quad \left(z = \frac{x}{l}\right)$$

$$= l\{\sqrt{z(z+1)} - \ln(\sqrt{z+1} - \sqrt{z})\} \quad (\S37,\text{Ⅲ})$$

$$= \sqrt{x(x+l)} - l\ln\left(\sqrt{\frac{x+l}{l}} - \sqrt{\frac{x}{l}}\right).$$

(ii) 考虑椭圆 $\dfrac{x^2}{a^2} + \dfrac{y^2}{b^2} = 1$ 的弧长 s, 其中 $a \geqslant b$. 设以 $(0,b)$ 为起点, 因为

$$x = a\sin\theta, \quad y = b\cos\theta,$$

$$\mathrm{d}x = a\cos\theta\mathrm{d}\theta, \quad \mathrm{d}y = -b\sin\theta\mathrm{d}\theta,$$

所以

$$s = \int_0^\theta \sqrt{a^2\cos^2\theta + b^2\sin^2\theta}\mathrm{d}\theta = a\int_0^\theta \sqrt{1 - k^2\sin^2\theta}\mathrm{d}\theta = \int_0^x \sqrt{\frac{a^2 - k^2x^2}{a^2 - x^2}}\mathrm{d}x.$$

其中, $k = \sqrt{\dfrac{a^2 - b^2}{a^2}}$ 是离心率.

(iii) 双曲线 $\dfrac{x^2}{a^2} - \dfrac{y^2}{b^2} = 1$ 的弧长. 通过设 $x = a\sec\theta, y = b\tan\theta$, 进行同样的计算可以把双曲线弧长的计算归结为椭圆积分.

[例 2]　双纽线 (leminscate). 在广义上, 称到平面上若干定点的距离之积是常数的点的轨迹为双纽线. 特别地, 只有两个定点, 它们之间的距离 $FF' = 2a$, 常数积等于 a^2 时, 其轨迹就是通常的双纽线 (伯努利 (Bernoulli) 双纽线), 如图 3–11 所示. 其极坐标方程是

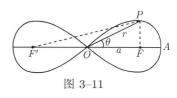

图 3–11

$$r = a\sqrt{2\cos 2\theta}.$$

从 $FP^2 \cdot F'P^2 = (r^2 + a^2 - 2ar\cos\theta)(r^2 + a^2 + 2ar\cos\theta) = a^4$ 出发并加以简化就得到上面的方程. 因此

$$\mathrm{d}s^2 = \mathrm{d}r^2 + r^2\mathrm{d}\theta^2 = \left(\frac{-\sqrt{2}a\sin 2\theta\mathrm{d}\theta}{\sqrt{\cos 2\theta}}\right)^2 + 2a^2\cos 2\theta\mathrm{d}\theta^2 = \frac{2a^2\mathrm{d}\theta^2}{\cos 2\theta}.$$

故由 A 开始测量时, AP 的弧长是

$$s = \sqrt{2}a \int_0^\theta \frac{\mathrm{d}\theta}{\sqrt{\cos 2\theta}} = \sqrt{2}a \int_0^\theta \frac{\mathrm{d}\theta}{\sqrt{1 - 2\sin^2\theta}}. \quad \left(0 \leqslant \theta \leqslant \frac{\pi}{4}\right) \quad (10)$$

设 $x = \tan\theta$, 则

$$s = \sqrt{2}a \int_0^x \sqrt{\frac{1+x^2}{1-x^2}} \frac{\mathrm{d}x}{1+x^2} = \sqrt{2}a \int_0^x \frac{\mathrm{d}x}{\sqrt{1-x^4}}.$$

(10) 中的 θ 的变化范围是 $0 \leqslant \theta \leqslant \frac{\pi}{4}$, 设

$$\varphi = \operatorname{Arcsin}(\sqrt{2}\sin\theta).$$

则 $0 \leqslant \varphi \leqslant \frac{\pi}{2}$,

$$\mathrm{d}\varphi = \frac{\sqrt{2}\cos\theta\mathrm{d}\theta}{\sqrt{1 - 2\sin^2\theta}},$$

$$\sin\theta = \frac{1}{\sqrt{2}}\sin\varphi, \quad \cos\theta = \sqrt{1 - \frac{1}{2}\sin^2\varphi}.$$

因此

$$s = a \int_0^\varphi \frac{\mathrm{d}\varphi}{\sqrt{1 - \frac{1}{2}\sin^2\varphi}} \quad \left(0 \leqslant \varphi \leqslant \frac{\pi}{2}\right).$$

双曲线的弧长 s 也是椭圆积分.

§41 线 积 分

设 $P(x, y)$ 在平面上某个区域连续, 给定这个区域上的光滑曲线

$$C: \quad x = x(t), y = y(t) \quad (a \leqslant t \leqslant b)$$

时,

$$\int_C P(x, y)\mathrm{d}x = \int_a^b P(x(t), y(t))\frac{\mathrm{d}x}{\mathrm{d}t}\mathrm{d}t$$

称为曲线 C 上的线积分.

$$\int_C Q(x, y)\mathrm{d}y = \int_a^b Q(x, y)\frac{\mathrm{d}y}{\mathrm{d}t}\mathrm{d}t$$

也同样.

也可以通过分割曲线 C, 用

$$\lim \sum P(x_i, y_i)(x_{i+1} - x_i), \quad \lim \sum Q(x_i, y_i)(y_{i+1} - y_i)$$

直接定义线积分. 因此, 线积分与中间变量 t 的选择无关, 有确定的值.

如果 C 不是光滑曲线, 则这些极限是关于有界变差函数 $x(t), y(t)$ 的斯蒂尔切斯积分.

[**例 1**] 图 3–12 所示曲线 AB 的线积分

$$S = \int_{AB} f(x, y)\mathrm{d}x \tag{1}$$

的意义如下.

设弧 AA_1, A_1A_2, A_2B 分别是 $y = \varphi_1(x), y = \varphi_2(x), y = \varphi_3(x)$, 则

$$S = \int_{AA_1} + \int_{A_1A_2} + \int_{A_2B}$$
$$= \int_a^{a_1} f(x, \varphi_1(x))\mathrm{d}x + \int_{a_1}^{a_2} f(x, \varphi_2(x))\mathrm{d}x + \int_{a_2}^b f(x, \varphi_3(x))\mathrm{d}x.$$

右边的三个积分是以 x 为变量的通常意义下的积分, 它们的和简记为 (1).

[**例 2**] 设 C 是如图 3–13 所示的闭曲线 $AMBNA$, 考察 $f(x, y) = y$ 关于 C 的正向 (如果 xy 就是通常意义下的右手坐标系, 那么就是从内部看向左的方向) 线积分 $\int_C y\mathrm{d}x$.

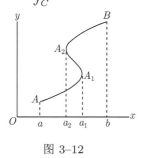

图 3–12

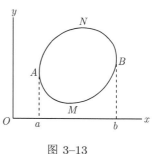

图 3–13

在弧 AMB 上设 $y = \varphi_1(x)$, 而在弧 ANB 上设 $y = \varphi_2(x)$, 则

$$\int_C y\mathrm{d}x = \int_a^b \varphi_1(x)\mathrm{d}x + \int_b^a \varphi_2(x)\mathrm{d}x$$
$$= \int_a^b \varphi_1(x)\mathrm{d}x - \int_a^b \varphi_2(x)\mathrm{d}x$$

$$= - \int_a^b [\varphi_2(x) - \varphi_1(x)]\mathrm{d}x,$$

即设 C 的内部面积是 S 时, $S = - \displaystyle\int_C y\mathrm{d}x$. 如果互换 x, y, 则 yx 变成左手坐标系, 于是 $S = \displaystyle\int_C x\mathrm{d}y$. 因此

$$S = \int_C x\mathrm{d}y = - \int_C y\mathrm{d}x = \frac{1}{2} \int_C x\mathrm{d}y - y\mathrm{d}x. \tag{2}$$

设 C 上相邻两点为 $P = (x, y)$ 和 $P' = (x + \Delta x, y + \Delta y)$, 则带符号计算小三角形 OPP' 的面积为

$$\frac{1}{2} \begin{vmatrix} x & x + \Delta x \\ y & y + \Delta y \end{vmatrix} = \frac{1}{2}(x\Delta y - y\Delta x).$$

由此可以明白 (2) 的几何意义.

[**Amsler 面积仪**]　　分别在闭曲线 C, C' 上移动定长 l 的线段 AA' 的两个端点 A, A' (见图 3–14). 在这一运动过程中, 如果设 $A = (x, y)$, $A' = (x', y')$, 且 $A'A$ 与 x 轴的夹角为 θ, 则

$$x = x' + l\cos\theta, \quad y = y' + l\sin\theta.$$

因此

$$\mathrm{d}x = \mathrm{d}x' - l\sin\theta\mathrm{d}\theta, \quad \mathrm{d}y = \mathrm{d}y' + l\cos\theta\mathrm{d}\theta.$$

$$x\mathrm{d}y - y\mathrm{d}x = x'\mathrm{d}y' - y'\mathrm{d}x' + l(x'\cos\theta + y'\sin\theta)\mathrm{d}\theta + l(\cos\theta\mathrm{d}y' - \sin\theta\mathrm{d}x') + l^2\mathrm{d}\theta.$$

现在, 设 C, C' 的面积分别是 S, S', 根据 (2) 可得

$$2S = \int_C (x\mathrm{d}y - y\mathrm{d}x), \quad 2S' = \int_{C'} (x'\mathrm{d}y' - y'\mathrm{d}x'),$$

于是

$$2S = 2S' + l\int_{C'} (x'\cos\theta + y'\sin\theta)\mathrm{d}\theta + l\int_{C'} (\cos\theta\mathrm{d}y' - \sin\theta\mathrm{d}x') + l^2\int_{C'} \mathrm{d}\theta.$$

又因为

$$\int \cos\theta\mathrm{d}y' = y'\cos\theta + \int y'\sin\theta\mathrm{d}\theta,$$

$$-\int \sin\theta\mathrm{d}x' = -x'\sin\theta + \int x'\cos\theta\mathrm{d}\theta.$$

因为旋转一周后, $y'\cos\theta$ 和 $x'\sin\theta$ 变成原来的值, 所以

$$\int_{C'}(x'\cos\theta+y'\sin\theta)\mathrm{d}\theta=\int_{C'}(\cos\theta\mathrm{d}y'-\sin\theta\mathrm{d}x').$$

设 n 是某个整数, 则

$$\int_{C'}\mathrm{d}\theta=2n\pi.$$

因此

$$S-S'=l\int_{C'}(\cos\theta\mathrm{d}y'-\sin\theta\mathrm{d}x')+n\pi l^2.$$

设 C' 的长度是 s', 切线与 x 轴的夹角是 φ, 则

$$\mathrm{d}x'=\mathrm{d}s'\cos\varphi,\quad \mathrm{d}y'=\mathrm{d}s'\sin\varphi.$$

因此, 如果设 $\varphi-\theta=\psi$, 则

$$S-S'=l\int_{C'}\sin\psi\mathrm{d}s'+n\pi l^2. \tag{3}$$

Amsler 面积仪就是利用这个公式的结果. 面积仪的主要部分是关节 A' 处两个自由弯曲的杆 OA' 和 $A'A$, 以及以 $A'A$ 为轴旋转的小轮 K (见图 3–15). 当在纸上画闭曲线 C 时, 在 C 的外部固定 O, 使得从 O 到 C 上点的距离比 $OA'+A'A$ 小, 则 A 在 C 上行走一周时, A' 在一个圆周上移动但不到一周. 因此, 这时对于 (3), 有 $S'=0, n=0$, 且

$$S=l\int_{C'}\sin\psi\mathrm{d}s'. \tag{4}$$

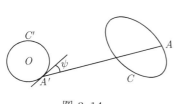

图 3–14

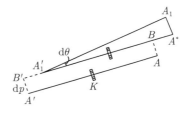

图 3–15

如果稍微位移 $A'A$ 到 $A_1'A_1$, 则

$$\sin\psi\mathrm{d}s'=\mathrm{d}p$$

是 A_1' 到 $A'A$ 的垂直长度.

这个位移可以如下分解为三个位移. (1°) 垂直平移 $A'A$ 到 $B'B$, 平移的距离为 $\mathrm{d}p$. (2°) 沿直线 $B'B$ 使其前进到 $A_1'A^*$. (3°) $A_1'A^*$ 到 $A_1'A_1$ 旋转 $\mathrm{d}\theta$. (1°) 与小轮 K 的旋转角度成比例. 在 (2°) 的位移中小轮不旋转. 在 (3°) 的位移中小轮旋转 $A'K \cdot \mathrm{d}\theta$, 但由于 $\int \mathrm{d}\theta = 0$, 结果是 $\int \sin\psi \mathrm{d}s' = \int \mathrm{d}p$ 与小轮的旋转纯量成比例. 实际上, 为了表示 $l\mathrm{d}p$, 小轮上有相应的刻度, 所以可以立刻读取面积 S.

习 题

(1) 下面的不定积分 "存在" (§37). 其中, a, b, c 等是常数. P, Q 是多项式, R 是有理式.

[1°] $\displaystyle\int P(x)\mathrm{e}^{ax}\cos bx\mathrm{d}x, \quad \int P(x)\mathrm{e}^{ax}\sin bx\mathrm{d}x.$

[2°] $\displaystyle\int P(\cos a_1 x, \cdots, \cos a_p x, \sin b_1 x, \cdots, \sin b_q x)\mathrm{d}x.$

[3°] $\displaystyle\int \mathrm{e}^{cx}Q(x)P(\cos a_1 x, \cdots, \cos a_p x, \sin b_1 x, \cdots, \sin b_q x)\mathrm{d}x.$

[4°] $\displaystyle\int R'(x)\ln x\mathrm{d}x, \quad \int R'(x)\arctan x\mathrm{d}x, \quad \int R'(x)\arcsin x\mathrm{d}x.$

[解] 在 [2°] 中, 把 $\cos a_1 x, \sin b_1 x$ 等的积化成和并化简.

(2) $\displaystyle\int \cos^n x\mathrm{d}x = \frac{1}{2^{n-1}}\sum_{0\leqslant k<\frac{n}{2}}\binom{n}{k}\frac{\sin(n-2k)x}{n-2k} + \frac{1}{2^n}\binom{n}{n/2}x.$ 其中 n 是自然数, 只有当 n 是偶数时, 上式含最后一项.

[解] 利用 $\cos^n x = \left(\dfrac{\mathrm{e}^{xi}+\mathrm{e}^{-xi}}{2}\right)^n$ 易证. 对于 $\displaystyle\int \sin^n x\mathrm{d}x$ 也同样.

(3) 设 $\alpha \neq 0$, 则

$$\int \sin^{\alpha-1} x\cos(\alpha+1)x\mathrm{d}x = \frac{1}{\alpha}\sin^\alpha x\cos\alpha x,$$

$$\int \sin^{\alpha-1} x\sin(\alpha+1)x\mathrm{d}x = \frac{1}{\alpha}\sin^\alpha x\sin\alpha x,$$

$$\int \cos^{\alpha-1} x\cos(\alpha+1)x\mathrm{d}x = \frac{1}{\alpha}\cos^\alpha x\sin\alpha x,$$

$$\int \cos^{\alpha-1} x\sin(\alpha+1)x\mathrm{d}x = -\frac{1}{\alpha}\cos^\alpha x\cos\alpha x.$$

(4)

$$F(\cos x, \sin x) = f(\cos x) + g(\cos x)\sin x,$$

$$f(\cos x) = \varphi(\cos^2 x) + \psi(\cos^2 x)\cos x.$$

右边第二项积分分别可由变换 $t = \cos x, t = \sin x$ 有理化. $\varphi(\cos^2 x)$ 的积分可通过变换 $t = \tan x$ 有理化. 即不需要使用 $\tan\dfrac{x}{2}$. 其中, F, f, g, φ, ψ 是有理式.

(5) 关于下面二项微分的积分 (§37)

$$I_{p,q} = \int t^p (at+b)^q \mathrm{d}t$$

下列化简公式成立.

$$(p+q+1)I_{p,q} = qbI_{p,q-1} + t^{p+1}(at+b)^q.$$
$$a(p+q+1)I_{p,q} = -pbI_{p-1,q} + t^p(at+b)^{q+1}.$$

利用这些公式, 可以把 p 或者 q 转换成 $[0,1]$ 或者 $[-1,0]$ 上的量.

[解] 利用

$$t^p(at+b)^q = at^{p+1}(at+b)^{q-1} + bt^p(at+b)^{q-1}$$

和分部积分可以得到第一个公式. 而第二个公式则是它的变形.

(6) [1°] $\displaystyle\int_0^\pi \frac{\sin x \mathrm{d}x}{\sqrt{1 - 2a\cos x + a^2}} = \begin{cases} 2, & |a| \leqslant 1, \\ 2/|a|, & |a| \geqslant 1. \end{cases}$

[2°] $\displaystyle\int_0^1 \frac{x\ln x \mathrm{d}x}{(1+x)^4} = -\frac{1}{6}\left(\ln 2 - \frac{1}{4}\right).$

[解] 可不定积分, 但是加入积分上下限时需要注意.

(7) [1°] $\displaystyle\int_a^b \frac{\mathrm{d}x}{\sqrt{(x-a)(b-x)}} = \pi, a < b.$

[2°] $\displaystyle\int_{-1}^1 \frac{\mathrm{d}x}{(a-x)\sqrt{1-x^2}} = \pm\frac{\pi}{\sqrt{a^2-1}},\ |a| > 1, \pm$ 是 a 的符号.

[3°] $\displaystyle\int_0^{\frac{\pi}{2}} \left(\frac{\pi}{2} - x\right)\tan x \mathrm{d}x = \frac{\pi}{2}\ln 2.$

[4°] $\displaystyle\int_0^1 \frac{\ln x}{x^\alpha}\mathrm{d}x = \frac{-1}{(1-\alpha)^2}, 0 < \alpha < 1.$

[解] 这些广义积分都收敛. [1°] 通过 x 的线性变换, 化成 $[-1,1]$ 上的积分即可. [2°] 利用变换 $x = \cos\theta$. [3°] 归结为 §34 的例 3. [4°] 利用分部积分计算不定积分.

(8) $\displaystyle\int_0^\infty \frac{\sin x \mathrm{d}x}{x^\nu}(0 < \nu < 2)$ 收敛. 在 $1 < \nu < 2$ 时它绝对收敛, 而在 $0 < \nu \leqslant 1$ 时它非绝对收敛.

(9) $\displaystyle\int_0^\infty \frac{x\mathrm{d}x}{1 + x^6\sin^2 x}$ 收敛.

[注意] 上式中的被积函数是无界但在无限区间积分收敛的例子.

$$\int_{n\pi}^{(n+1)\pi} < (n+1)\pi \int_0^\pi \frac{\mathrm{d}x}{1 + (n\pi)^6\sin^2 x} < \frac{1}{n^2}.$$

(10) 设 $J_n = \displaystyle\int_0^1 \frac{x^n\mathrm{d}x}{\sqrt{1-x^4}}(n = 0, 1, 2, \cdots)$, 则 $(n-1)J_n = (n-3)J_{n-4}$. 可以同沃利斯公式 (§35, 例 5) 一样, 导出 J_0, J_1, J_2 的无穷积表示. (利用 $J_3 = \dfrac{1}{2}$.)

(11) 如果 $f(x), g(x)$ 在区间 $[a, b]$ 上可积, 则

$$\left(\int_a^b f(x) g(x) \mathrm{d}x \right)^2 \leqslant \int_a^b f(x)^2 \mathrm{d}x \int_a^b g(x)^2 \mathrm{d}x. \quad (\text{施瓦茨 (Schwarz) 不等式})$$

其中, 如果 $f(x), g(x)$ 连续, 仅当 $f(x), g(x)$ 的比为常数时不等式中的等号成立. (除存在在区间 $[a, b]$ 上满足 $uf(x) + vg(x) = 0$ 的 $u \neq 0, v \neq 0$ 之外, 等式都不成立.)

[解] 由

$$\int_a^b (uf(x) + vg(x))^2 \mathrm{d}x = Au^2 + 2Buv + Cv^2 \geqslant 0$$

得 $B^2 \leqslant AC$. 关于等号, 参照 §31, $(4°)$.

(12) 设 $f_1(x), f_2(x), \cdots, f_n(x)$ 在区间 $[a, b]$ 上可积, 设

$$a_{pq} = \int_a^b f_p(x) f_q(x) \mathrm{d}x,$$

则, 格拉姆 (Gram) 行列式

$$\begin{vmatrix} a_{11} & a_{12} & \cdots & a_{1n} \\ a_{21} & a_{22} & \cdots & a_{2n} \\ \cdots\cdots\cdots\cdots\cdots\cdots\cdots\cdots\cdots \\ a_{n1} & a_{n2} & \cdots & a_{nn} \end{vmatrix} \geqslant 0.$$

其中, 当 $f_1(x), f_2(x), \cdots, f_n(x)$ 在 $[a, b]$ 连续时, 仅当它们线性相关 (总有常数 $(c_1, c_2, \cdots, c_n) \neq (0, 0, \cdots, 0)$, 使得 $c_1 f_1(x) + c_2 f_2(x) + \cdots + c_n f_n(x) = 0$) 时, 上式中等号成立.

[解] 利用 $\int_a^b (u_1 f_1(x) + \cdots + u_n f_n(x))^2 \mathrm{d}x \geqslant 0$.

(13) 关于埃尔米特 (Hermite) 多项式 (习题 (2) 和习题 (3))

$$H_n(x) = (-1)^n \mathrm{e}^{x^2} \frac{\mathrm{d}^n \mathrm{e}^{-x^2}}{\mathrm{d}x^n},$$

下面的关系 (直交条件) 成立.

$$\int_{-\infty}^{\infty} H_m(x) H_n(x) \mathrm{e}^{-x^2} \mathrm{d}x = \begin{cases} 0, & (m \neq m) \\ 2^n n! \sqrt{\pi}. & (m = n) \end{cases}$$

[解] $H_n(x) = (2x)^n + \cdots$ 是 n 次多项式, 所以考察 $\displaystyle\int_{-\infty}^{\infty} x^m H_n(x) \mathrm{e}^{-x^2} \mathrm{d}x \ (m \leqslant n)$ 即可. 反复使用分部积分可证.

(14) 关于拉盖尔 (Laguerre) 多项式 (同上), 有

$$\int_0^{\infty} L_m(x) L_n(x) \mathrm{e}^{-x} \mathrm{d}x = \begin{cases} 0, & (m \neq m) \\ (n!)^2. & (m = n) \end{cases}$$

(15) 设 §8 例 7 的函数为 $f(x)$, 则

$$\int_0^1 f(x) \mathrm{d}x = \frac{1}{18}.$$

[解] 把区间 $[0, 1]$ 分成 2^n 等份, 得 $s_\Delta = \dfrac{1}{2} \times 0.11 \cdots 1 \ (n \text{ 位})$.

第 4 章　无穷级数与一致收敛

§42　无 穷 级 数

设数列 $a_1, a_2, \cdots, a_n, \cdots$ 的前 n 项和是

$$s_n = a_1 + a_2 + \cdots + a_n.$$

如果存在 (有限) 极限值

$$\lim_{n \to \infty} s_n = s,$$

则称无穷级数

$$\sum_{n=1}^{\infty} a_n = a_1 + a_2 + \cdots + a_n + \cdots$$

收敛, 并把极限值 s 简称为这个无穷级数的和. 极限值不存在时 ($\lim s_n = \pm\infty$ 也包含在内), 称无穷级数**发散**. 发散级数对计算没有直接用处.

根据柯西判别法则 (§6), 收敛的必要且充分条件是, 对于任意 $\varepsilon > 0$, 取充分大的 n, 对于任意的 $m > n$,

$$|s_n - s_m| = |a_{n+1} + \cdots + a_m|$$

小于 ε. 令

$$R_{n,m} = s_m - s_n = a_{n+1} + \cdots + a_m$$

则从某个下标开始, 有 $|R_{n,m}| < \varepsilon$.

因此, 当级数收敛时, 相对于部分和 s_n 的**剩余** R_n 也收敛, 即

$$R_n = s - s_n = \sum_{p=1}^{\infty} a_{n+p}$$

也收敛且 $\lim_{n \to \infty} R_n = 0$.

特别地, 因为 $a_n = s_n - s_{n-1}$, 所以 $\lim_{n \to \infty} a_n = 0$ 是收敛的必要条件. 但是, 这不是收敛的充分条件.

例如, 对于调和级数 $1 + \dfrac{1}{2} + \dfrac{1}{3} + \cdots$,

$$R_{n,2n} = \frac{1}{n+1} + \cdots + \frac{1}{2n} > \frac{1}{2n} \times n = \frac{1}{2}$$

是发散的.

对于正项级数 $(a_n \geqslant 0)$, s_n 单调递增, 因此, 收敛条件是 s_n 有界.

设级数 $\sum_{n=1}^{\infty} a_n, \sum_{n=1}^{\infty} b_n$ 分别收敛于 a 和 b, 那么级数 $\sum_{n=1}^{\infty} (a_n + b_n)$ 收敛于 $a + b$, 即 $\sum_{\nu=1}^{n} (a_\nu + b_\nu) = \sum_{\nu=1}^{n} a_\nu + \sum_{\nu=1}^{n} b_\nu \to a + b$ (定理 5).

在相同的条件下, 如果 c 是常数, 那么 $\sum_{\nu=1}^{\infty} c a_\nu = ca$. 根据收敛的定义, 这些结果是显然的.

同样, 从无穷级数中去掉有限项, 或者将有限项加入其中, 显然不影响收敛性.

如果级数 $\sum a_n$ 收敛, 把连续的若干项括起来作为一项, 这个级数还是收敛于相同的和. 这实际上等价于取收敛级数 s_n 的子数列 (定理 3). 但是, 反过来不成立. 例如, $(1-1) + (1-1) + \cdots = 0$, 但是一旦去掉括号, 则 $1 - 1 + 1 - 1 + \cdots$ 不收敛.

§43 绝对收敛和条件收敛

对于无穷级数 $\sum a_n$, 项的绝对值的级数 $\sum |a_n|$ 收敛时, 原级数也收敛. 实际上, 因为

$$|R_{n,m}| = |a_{n+1} + \cdots + a_m| \leqslant |a_{n+1}| + \cdots + |a_m|,$$

根据假设, 当 $n \to \infty$ 时, 右边无限变小, 所以左边也同样无限变小. 此时, 称级数 $\sum a_n$ **绝对收敛**.

当级数收敛但不绝对收敛时, 称其**条件收敛**.

绝对收敛的无穷级数大体上与有限和有相同的性质, 但是, 对于条件收敛的无穷级数来说, 处理起来就相当麻烦.

当给定无限个正数 $\{a_n\}$ 时, 不考虑序号, 取有限项做部分和, 并把这些和统称为 t, 这时我们可以非常自然地想到以这些和 t 的上确界来定义和 $s = \sum a_n$, 对于正项级数来说, 这个和与前节定义的 $\lim s_n$ 一致. 实际上, s_n 是部分和 t 中的一个, 反之, 显然, 任意部分和 t 中的项 (对于充分大的 n) 都包含在 s_n 的项之中. 因此, 对于正项级数, 和与项的顺序无关, 这与有限和的加法满足交换律一样.

如果允许极限是 ∞, 那么正项级数就与项的顺序无关, 且有定和.

如果把正项级数 $\sum a_n$ 分成无限个子级数, 那么当该级数收敛时这些子级数也收敛. 设这些子级数的部分和为 $\sigma_1, \sigma_2, \cdots$, 则 $\sigma_1 + \sigma_2 + \cdots$ 也收敛, 且和等于 s, 即

$$s = \sum_{\nu=1}^{\infty} \sigma_\nu. \tag{1}$$

实际上, 正如前面所述, $\sum \sigma_\nu$ 的部分和也是原级数的部分和, 因此 $\sum_{\nu=1}^{p} \sigma_\nu \leqslant s$, 但 p 是任意的且 $\sum_{\nu=1}^{\infty} \sigma_\nu$ 收敛, 所以上面的和不超过 s. 另外, 所有 s_n 的项分散

于子级数之中, 因此当取充分大的 p 时, 有 $s_n \leqslant \sum_{\nu=1}^{p} \sigma_\nu \leqslant \sum_{\nu=1}^{\infty} \sigma_\nu$. 因为 n 是任意的, 所以取其上确界, 得 $s \leqslant \sum_{\nu=1}^{\infty} \sigma_\nu$. 因此, (1) 成立.

$s = \infty$ 时也同样. 此时, 对于任意的 $M > 0$, 取充分大的 n 时, $s_n > M$, 因此, $\sum_{\nu=1}^{p} \sigma_\nu > M$, 从而 $\sum_{\nu=1}^{\infty} \sigma_\nu = \infty$, 即 (1) 在 $\infty = \infty$ 的意义下成立.

总之, 对于正项级数的和, 在广义下, 加法结合律成立.

另外, 在 $\sum a_n$ 中, 当项的符号不完全一致时, 把正项写成 $p_1, p_2, \cdots$, 负项写成 $-q_1, -q_2, \cdots$, 设 $p = \sum p_n, q = \sum q_n,$

$$s = p - q,$$

则除去 p 和 q 都是 ∞ 的情况, s 为定值. 当 p 和 q 都有限时 $(\neq \infty)$, $\sum |a_n| = p + q$, 根据本节开始时给出的定义, $\sum a_n$ 绝对收敛, 可把 $\sum a_n$ 的部分和写为

$$s_n = \sum_{\nu=1}^{l} p_\nu - \sum_{\nu=1}^{m} q_\nu,$$

当 $n \to \infty$ 时, $l \to \infty, m \to \infty$, 因此它的极限就是上面所述的 $s = p - q$.

即使改变 $\sum a_n$ 中项的顺序, 因为 p 和 q 不变, 所以 s 是一定的. 另外, 把 $\sum a_n$ 分成子级数导致把 $\sum p_\nu$ 和 $\sum q_\nu$ 也分成了子级数, 于是 (1) 同样成立.

当 p 和 q 中只有一个是 ∞ 时, $s = +\infty$ 或 $s = -\infty$, 正好等于 $\lim s_n$. 即使改变项的顺序, 或者把级数分割成子级数, 这种关系也不改变.

以上描述的是绝对收敛的情况. 对于条件收敛的情况, p 和 q 同时为 ∞, $s = p - q$ 无意义, 但是在 $s_n = \sum_{\nu=1}^{l} p_\nu - \sum_{\nu=1}^{m} q_\nu$ 中, 由于正项和负项的适当配置, $\lim s_n$ 刚巧有确定值. 因此, 项的顺序与收敛性有着重要的关系. 实际上, 狄利克雷 (Dirichlet)(1829 年) 指出, 对于条件收敛级数, 适当改变它的项的顺序, 可以让它收敛于任意值, 也可以让它丧失收敛性. 例如, 把 $\sum a_n$ 的项的顺序进行如下改变, 对于任意的正数 c, 我们能够使它收敛于 c. 首先把正项 $p_1, p_2, \cdots$ 依次累加, 一直加到 p_α 为止, 此时和首次比 c 大. 其次, 再加入负项 $-q_1, -q_2, \cdots$, 一直到 $-q_\beta$ 为止, 此时和首次变得比 c 小. 再次加入正项 $p_{\alpha+1}, p_{\alpha+2}, \cdots, p_{\alpha+\gamma}$, 直到其和再次大于 c, 然后再加入负项 $-q_{\beta+1}, -q_{\beta+2}, \cdots, -q_{\beta+\delta}$, 直到其和再次小于 c. 因为 $\sum p_\nu, \sum q_\nu$ 都是 ∞, 上面的操作可以无限制地进行下去, 在这样生成的级数

$$p_1 + p_2 + \cdots + p_\alpha - q_1 - q_2 - \cdots - q_\beta + p_{\alpha+1} + \cdots + p_{\alpha+\gamma} - q_{\beta+1} - \cdots - q_{\beta+\delta} + \cdots - \cdots \quad (2)$$

中, $\alpha, \beta, \gamma, \delta$ 至少等于 1, 因此 $\sum a_n$ 的所有项, 都在某个地方使用了一次, 于是 (2) 实际上就是把 $\sum a_n$ 的项改变了一下顺序. 然而从级数 (2) 的构造可以看出, (2) 收敛于 c. 实际上, 假设在两个负项 $-q_\lambda$ 和 $-q_{\lambda+1}$ 之间穿插着正

项 $p_\mu, p_{\mu+1}, \cdots, p_\nu$, 考察这些项组成的部分和 (见图 4–1). 此时, 到 $-q_\lambda$ 为止的部分和比 c 小, 这个和与 c 的差不超过 q_λ. 如果向这里加入正项 $p_\mu, p_{\mu+1}, \cdots$ 的话, 部分和增大了, 但是在 p_ν 之前的部分和还是比 c 小 (不比 c 大), 与 c 的差不超过 q_λ. 到达 p_ν 时, 虽然部分和首次超过 c, 但是与 c 的差不超过 p_ν. 在正项之间插入负项时的情形相同, 部分和 s_n 与 c 的差不超过符号发生变化处的 p_ν, q_λ. 当然, 因为 $\sum a_n$ 收敛, 所以当下标无限增大时, p_ν 和 q_λ 无限变小. 因此, (2) 收敛于 c.

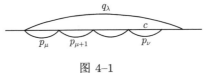

图 4–1

按照同样的方法, 我们能够把部分和向任意值 c_1 和 c_2 靠近, 或者使绝对值无限变大.[①]

对于收敛的无穷级数, 虽然把 $\lim s_n = s$ 称为和, 但是这只是一个称呼而已, 因为 s 不是有限个数的和, 所以不能期望适用于有限个数的加法法则对无穷级数也适用. 当然, 在绝对收敛的情况下, 即使对于无穷级数的和, 正如上面所述, 交换律仍然成立. 正如黎曼 (Riemann) 说的那样: "只有在绝对收敛的情况下, 有限和的法则才能适用, 只有对这样的级数来说, 才能把它看作项的总和. " 若不考虑收敛性, 像处理有限级数那样处理无穷级数, 那么就常常会出现不可解释的矛盾, 这正是 18 世纪的数学家所经历的痛苦之事.

对于绝对收敛的无穷级数, 与有限级数一样, 可以根据分配律求积. 现在假设

$$A = \sum_{n=1}^{\infty} a_n, \quad B = \sum_{n=1}^{\infty} b_n$$

绝对收敛, 分配律的意思是

$$AB = a_1 b_1 + a_1 b_2 + a_2 b_1 + a_1 b_3 + a_2 b_2 + a_3 b_1 + \cdots, \tag{3}$$

而且右边的级数绝对收敛, 即当取下标 m, n 的所有组合而形成的 $a_m b_n$ 按任意顺序排列时, 级数 $\sum a_m b_n$ 收敛, 其和总是等于 AB.

下面给出上面结论的证明. 设 $\sum a_m b_n$ 的部分和所含下标 m 和 n 的最大值分别为 μ, ν, 则这个部分和的项是利用分配律展开有限级数的积 $\left(\sum_{p=1}^{\mu} a_p\right)\left(\sum_{q=1}^{\nu} b_q\right)$ 后出现在其中的一些项, 对于这一部分和, 显然有

---

① 条件收敛指的是, 在不打乱项的顺序的前提下, 收敛于一定的值. 条件收敛也简称为半收敛 (semiconvergent). 而绝对收敛也称为无条件收敛.

$$\sum |a_m b_n| \leqslant \sum_{p=1}^{\mu} |a_p| \sum_{q=1}^{\nu} |b_q|.$$

根据假设, 因为 $\sum a_m$ 和 $\sum b_n$ 绝对收敛, 所以部分和 $\sum |a_m b_n|$ 有界, 因此无穷级数 $\sum a_m b_n$ 绝对收敛.

因为级数 $\sum a_m b_n$ 绝对收敛, 所以为了求它的和 S, 可以用任意顺序排列其项, 或者把这些项任意组合. 因此, 现在设 $\sum a_m$ 和 $\sum b_n$ 前 n 项的部分和分别为 A_n 和 B_n, 按下面的方式排列 $\sum a_m b_n$ 的项, 即

$$S_n = A_1 B_1 + (A_2 B_2 - A_1 B_1) + \cdots + (A_n B_n - A_{n-1} B_{n-1}).$$

这样就有

$$S = a_1 b_1 + (a_1 b_2 + a_2 b_1 + a_2 b_2) + (a_1 b_3 + a_2 b_3 + a_3 b_1 + a_3 b_2 + a_3 b_3) + \cdots$$

于是有

$$S_n = A_n B_n,$$

从而

$$S = \lim_{n \to \infty} S_n = \lim_{n \to \infty} A_n B_n = AB.$$

[附记]   在上面的积 $a_m b_n$ 中, 把满足 $m + n - 1 = k$ 的所有项整理到一起作为一项, 并设此项为 c_k, 构造级数

$$C = \sum_{k=1}^{\infty} c_k, \quad c_k = a_1 b_k + a_2 b_{k-1} + \cdots + a_k b_1.$$

如果 A, B 收敛, 且其中有一个绝对收敛, 那么 C 也收敛, 且 $AB = C$ (麦尔滕 (Mertens) 定理). 本书中没有使用这个定理的机会, 因此省略说明.

另外, 如果 A, B 收敛且 C 也收敛, 那么 $AB = C$ (参考 §52).

数列或者级数的收敛也适用于复数. 假设已知复数四则运算法则及用平面 (z 平面) 上的点 (x, y) 表示复数 $z = x + yi$.[①] 现在, 陈述其中几项要点. 设点 (x, y) 的极坐标为 (r, θ), 则 $z = x + yi = r(\cos \theta + i \sin \theta)$, 称 r 为 z 的**绝对值**, 记作 $|z|$. 而称 θ 为 z 的**辐角**, 记作 $\arg z$. 于是

$$|zz'| = |z| \cdot |z'|, \quad \arg zz' \equiv \arg z + \arg z' \pmod{2\pi}.$$

特别重要的是不等式 $|z + z'| \leqslant |z| + |z'|$, 或者一般地

$$|z_1 + z_2 + \cdots + z_n| \leqslant |z_1| + |z_2| + \cdots + |z_n|. \tag{4}$$

① 参照附录 I.

对于复数列 $\{z_n\}$, 设 $z_n = x_n + y_n\mathrm{i}$, 使用 z 平面上的点列 (x_n, y_n) 表示它. 数列 $\{z_n\}$ 的极限是 $\lambda = a + b\mathrm{i}$, 指的是点列 $P_n = (x_n, y_n)$ 的极限是点 $L = (a, b)$. 当 $n \to \infty$ 时, $x_n \to a$, $y_n \to b$. 也可以不把实部和虚部分开, 而是考虑距离 $P_nL \to 0$. 因为 $P_nL = \sqrt{(x_n - a)^2 + (y_n - b)^2}$ 等于 $|z_n - \lambda|$, 根据柯西判别法则, 当 $n > N$, $m > n$ 时, $P_nP_m = |z_n - z_m| < \varepsilon$, 同实数的情况一样.

级数 $\sum z_n$ 收敛恰好表明数列 $s_n = \sum_{\nu=1}^{n} z_\nu$ 收敛, 其意义是显然的. 只有在复数范围内, 才能真正理解绝对收敛的意义, 即如果正项级数 $\sum |z_n|$ 收敛, 因为

$$|z_{n+1} + \cdots + z_m| \leqslant |z_{n+1}| + \cdots + |z_m| < \varepsilon, \quad n > N,$$

所以 $\sum z_n$ 收敛, 此时项的顺序对和的值不产生影响. 与实级数的情况相同. 实际上, 在 $z_n = x_n + y_n\mathrm{i}$ 中, 因为有 $|x_n| \leqslant |z_n|, |y_n| \leqslant |z_n|$, 所以如果 $\sum |z_n|$ 收敛, 则 $\sum_{n=1}^{p} |x_n|, \sum_{n=1}^{p} |y_n|$ 有界, 因此收敛, 即 $\sum x_n$ 和 $\sum y_n$ 绝对收敛.

本节讲述的关于绝对收敛的其他事项也适合复级数. 证明的根据就是不等式 (4). 而对于条件收敛来说, 与绝对收敛不同, 复数的情况更加复杂.

§44 绝对收敛的判别法

下面给出几个最常用的 $\sum a_n$ 收敛性的判定方法. 注意, 本节只考虑绝对收敛, 因此只考虑正项级数.

(I) 如果 k 是小于 1 的正常数, 且从某个下标开始总有 $\sqrt[n]{a_n} < k$, 则 $\sum a_n$ 收敛.

[注意] 因为去掉级数有限项, 对级数的收敛性没有影响, 因此取消 "从某个下标开始" 这样的陈述进行证明即可. 下文同样.

[证] 根据假设, $a_n < k^n$, $0 < k < 1$. 因此, 有

$$s_n < k + k^2 + \cdots + k^n < \frac{k}{1-k},$$

即 s_n 有界, 故 $\sum a_n$ 收敛. □

(II) 若 k 是某个小于 1 的正常数, 且从某个下标开始总有

$$\frac{a_{n+1}}{a_n} < k,$$

则 $\sum a_n$ 收敛.

[证] 根据假设

$$a_n < a_1 k^{n-1},$$

故

$$s_n < a_1(1 + k + \cdots + k^{n-1}) < \frac{a_1}{1-k},$$

即 s_n 有界, 故 $\sum a_n$ 收敛. □

[注意] 使用 §6 所述的 $\overline{\lim}$, 可以如下叙述 (I) 和 (II) 的判别法则.

设 $\varlimsup\limits_{n \to \infty} \sqrt[n]{a_n} = l$, 则当 $l < 1$ 时 $\sum a_n$ 收敛, 当 $l > 1$ 时 $\sum a_n$ 发散, 当 $l = 1$ 时不确定.

实际上, 当 $l < 1$ 时, 如果 $l < k < 1$, 则根据 $\overline{\lim}$ 的定义, 从某个下标开始有 $\sqrt[n]{a_n} < k$, 因此 $\sum a_n$ 收敛. 另外, 当 $l > 1$ 时, 有无数个使 $\sqrt[n]{a_n} > 1$ 成立的 n, 因此不满足收敛的必要条件 $a_n \to 0$.

同样, 若 $\varlimsup \frac{a_{n+1}}{a_n} < 1$ 则级数收敛, 若 $\varliminf \frac{a_{n+1}}{a_n} > 1$ 则级数发散, 其他情况不能确定.

上述的 (I) 和 (II) 是把 $\sum a_n$ 与几何级数 $\sum k^n$ 进行比较来判定收敛性, 但有些时候把级数与无限区间上的积分比较更有效. 下面给出一个例子.

(III) 当 $s > 1$ 时, 级数

$$\sum_{n=1}^{\infty} \frac{1}{n^s} \quad (s > 0)$$

收敛, 而当 $s \leqslant 1$ 时, 它发散.

[证] 设 $x > 1$, 则 $\frac{1}{x^s}$ 单调递减, 因此

$$\int_n^{n+1} \frac{\mathrm{d}x}{x^s} < \frac{1}{n^s} < \int_{n-1}^n \frac{\mathrm{d}x}{x^s}. \tag{1}$$

于是当 $s > 1$ 时,

$$\sum_{n=2}^m \frac{1}{n^s} < \int_1^m \frac{\mathrm{d}x}{x^s} < \int_1^{\infty} \frac{\mathrm{d}x}{x^s} = \frac{1}{s-1}.$$

故 $\sum \frac{1}{n^s}$ 收敛.

从而在 $s > 1$ 的区间上, $\sum_{n=1}^{\infty} \frac{1}{n^s}$ 的和是 s 的函数. 把它写成 $\zeta(s)$. 称 $\zeta(s)$ 为黎曼 ζ 函数.

其次, 当 $s = 1$ 时, 有

$$\sum_{n=1}^m \frac{1}{n} > \int_1^{m+1} \frac{\mathrm{d}x}{x} = \ln(m+1).$$

因此, $\sum_{n=1}^{\infty} \frac{1}{n}$ 发散 (已述). 当 $s < 1$ 时, $\sum_{n=1}^{\infty} \frac{1}{n^s}$ 显然发散.

同样, 因为有

$$\sum_{n=2}^{m} \frac{1}{n \ln n} > \int_{2}^{m+1} \frac{\mathrm{d}x}{x \ln x} = \ln \ln x \Big|_{2}^{m+1} \to \infty.$$

因此, $\sum_{n=2}^{\infty} \dfrac{1}{n \ln n}$ 发散.

一般地, 当 $s > 1$ 时

$$\sum \frac{1}{n(\ln n)^s}, \quad \sum \frac{1}{n \ln n(\ln \ln n)^s}, \cdots$$

收敛, 当 $s \leqslant 1$ 时它发散.　　　　　　　　　　　　　　　　　　□

一般地, 当 $a \leqslant x$ 时, 如果 $f(x)$ 为正的单调递减函数, 则 $\sum_{n=1}^{\infty} f(a+n)$ 与 $\displaystyle\int_{a}^{\infty} f(x)\mathrm{d}x$ 同时收敛或发散.

欧拉常数　对于上述的 (1), 当 $s = 1$ 时有

$$\int_{n}^{n+1} \frac{\mathrm{d}x}{x} < \frac{1}{n} \quad (n \geqslant 1).$$

因此有

$$1 + \frac{1}{2} + \cdots + \frac{1}{n} > \int_{1}^{n+1} \frac{\mathrm{d}x}{x} = \ln(n+1),$$

从而

$$1 + \frac{1}{2} + \cdots + \frac{1}{n} - \ln n > \ln \frac{n+1}{n} > 0.$$

又因为

$$\frac{1}{n+1} < \int_{n}^{n+1} \frac{\mathrm{d}x}{x} = \ln(n+1) - \ln n,$$

所以 $1 + \dfrac{1}{2} + \cdots + \dfrac{1}{n} - \ln n$ 随着 n 的增大而单调减少. 因为它是正的 (即下方有界), 所以

$$\lim_{n \to \infty} \left(1 + \frac{1}{2} + \cdots + \frac{1}{n} - \ln n \right) = C$$

存在. 这个极限值 C 称作欧拉常数. C 的值是 $0.577\,215\,6\cdots$[1]. 与 e 和 π 不同, 我们不知道 C 的数论性质. 例如, 我们还不知道 C 是否是无理数.

[附记]　上面叙述的比较方法可以作一些扩展后进行运用. 首先给出下面最简单的例子.

---

[1]《高斯全集 3》的第 154 页中记载了 C 到 40 位. $C = 0.577\,215\,664\,901\,532\,860\,606\,512\,090\,082\,402\,431\,042\,1.$

(Ⅳ)　对于正项级数 $\sum u_n, \sum v_n$, 如果对于充分大的 n 总有

$$0 < A < \frac{u_n}{v_n} < B,$$

(例如 $\lim\limits_{n\to\infty} \dfrac{u_n}{v_n} > 0$), 两个级数同时发散或收敛.

[证]　因为 $\sum_{n=1}^{m} u_n < B\sum_{n=1}^{m} v_n$ 成立, 所以若 $\sum v_n$ 收敛, 则 $\sum u_n$ 也收敛.
又因为 $\sum_{n=1}^{m} u_n > A\sum_{n=1}^{m} v_n$, 所以若 $\sum v_n$ 发散, 则 $\sum u_n$ 也发散.　□

[例]　设 $f(x)$ 是 p 次多项式 $f(x) = ax^p + bx^{p-1} + \cdots + l\,(a \neq 0)$, 则

$$\begin{cases} \text{当 } s > \dfrac{1}{p} \text{ 时 } \sum \dfrac{1}{|f(n)|^s} \text{ 收敛,} \\[2mm] \text{当 } s \leqslant \dfrac{1}{p} \text{ 时 } \sum \dfrac{1}{|f(n)|^s} \text{ 发散.} \end{cases}$$

因为当 $x \to \infty$ 时 $\dfrac{f(x)}{x^p} \to a$, 所以把这个级数与已知级数 $\sum \dfrac{1}{n^{ps}}$ 比较即可.

(Ⅴ)　对于正项级数 $\sum u_n, \sum v_n$, 假设对于充分大的 n 总有

$$\frac{u_n}{u_{n+1}} \geqslant \frac{v_n}{v_{n+1}}, \tag{2}$$

则

(1°) 若 $\sum v_n$ 收敛, 则 $\sum u_n$ 也收敛.

(2°) 若 $\sum u_n$ 发散, 则 $\sum v_n$ 也发散.

[证]　同例子一样, 可以假设不等式 (2) 对于所有的 n 成立. 于是, 由 (2), 有

$$\frac{u_1}{v_1} \geqslant \frac{u_2}{v_2} \geqslant \cdots \geqslant \frac{u_n}{v_n} \geqslant \cdots,$$

因此, 若令 $\dfrac{u_1}{v_1} = A$, 则有 $u_n \leqslant Av_n$, $\sum_{n=1}^{m} u_n \leqslant A\sum_{n=1}^{m} v_n$. 因此, 若 $\sum v_n$ 收敛,
则 $\sum u_n$ 也收敛. (2°) 是 (1°) 的对偶.　□

对于正项级数 $\sum u_n$, 当 $\lim\limits_{n\to\infty} u_{n+1}/u_n = l$ 存在时, 根据 (Ⅱ), 如果 $l < 1$, 则
级数收敛, 如果 $l > 1$, 则级数发散. 当 $l = 1$ 时, 经常使用下面的判别方法.

(Ⅵ)　对于正项级数 $\sum u_n$, 假设

$$\frac{u_n}{u_{n+1}} = 1 + \frac{k}{n} + O\frac{1}{n^{1+\delta}} \quad (\delta > 0).^{①} \tag{3}$$

这时,

(1°) 当 $k > 1$ 时, $\sum u_n$ 收敛.

(2°) 当 $k \leqslant 1$ 时, $\sum u_n$ 发散.

[证] (1°) 根据假设 $k > 1$. 这里, 取满足 $k > s > 1$ 的 s, 把级数 $\sum u_n$ 与收敛级数 $\sum 1/n^s$ 做比较. 为了运用 (V), 令 $v_n = 1/n^s$, 则根据泰勒公式,

$$\frac{v_n}{v_{n+1}} = \left(\frac{n+1}{n}\right)^s = \left(1 + \frac{1}{n}\right)^s = 1 + \frac{s}{n} + O\frac{1}{n^2}. \tag{4}$$

于是, 由式 (3) 和式 (4), 有

$$\frac{u_n}{u_{n+1}} - \frac{v_n}{v_{n+1}} = \frac{k-s}{n} + O\frac{1}{n^{1+\delta}} - O\frac{1}{n^2}.$$

因为 $k - s > 0$, 所以当 n 充分大时,

$$\frac{u_n}{u_{n+1}} > \frac{v_n}{v_{n+1}}.$$

因此, 根据 (V), $\sum u_n$ 收敛.

(2°) 当 $k < 1$ 时, 把级数 $\sum u_n$ 与发散级数 $\sum v_n = \sum \frac{1}{n}$ 做比较. 此时, 因为 $n\left(\frac{v_n}{v_{n+1}} - 1\right) = n\left(\frac{n+1}{n} - 1\right) = 1, n\left(\frac{u_n}{u_{n+1}} - 1\right) \to k$, 于是有 $\frac{v_n}{v_{n+1}} > \frac{u_n}{u_{n+1}}$. 因此 $\sum u_n$ 发散.

这种方法很简单, 但是当 $k = 1$ 时不适用. 当 $k = 1$ 时, 把级数 $\sum u_n$ 与发散级数 $\sum v_n = \sum \frac{1}{n \ln n}$ 做比较. 于是有

$$\frac{v_n}{v_{n+1}} = \frac{(n+1)\ln(n+1)}{n \ln n} = 1 + \frac{(n+1)\ln(n+1) - n\ln n}{n \ln n}.$$

对于函数 $x \ln x$ 和区间 $[n, n+1]$ 使用微分中值定理, 得

$$(n+1)\ln(n+1) - n\ln n > \ln n + 1.$$

因此有

$$\frac{v_n}{v_{n+1}} > 1 + \frac{1}{n} + \frac{1}{n \ln n},$$

$$\frac{v_n}{v_{n+1}} - \frac{u_n}{u_{n+1}} > \frac{1}{n \ln n} - O\frac{1}{n^{1+\delta}} = \frac{1}{n}\left(\frac{1}{\ln n} - O\frac{1}{n^\delta}\right).$$

因为 $\frac{\ln n}{n^\delta} \to 0$, 所以

$$\frac{v_n}{v_{n+1}} > \frac{u_n}{u_{n+1}}.$$

故 $\sum u_n$ 发散. □

[例] 作为 n 的有理函数, 设 $\dfrac{u_n}{u_{n+1}}$ 有如下表示

$$\frac{u_n}{u_{n+1}} = \frac{n^p + an^{p-1} + a'n^{p-2} + \cdots}{n^p + bn^{p-1} + b'n^{p-2} + \cdots},$$

这时, 有

$$\frac{u_n}{u_{n+1}} = 1 + \frac{a-b}{n} + O\frac{1}{n^2}.$$

因为此时 $k = a - b$, 所以收敛的充分必要条件是 $a - b > 1$ (高斯).

高斯在 1812 年就已经知道了这样强大的判别法, 并考察了超几何级数的收敛性.

[注意] 在应用方面, 大体上根据 (VI) 来判定收敛性. 然而对于 (VI) 不可行的情况, 问题就变得很困难.

§45 条件收敛的判别法

判定非绝对收敛级数的收敛性, 一般来说都比较困难. 下面是最简单的情况.

(VII) **交错级数** 级数的项交替为正负的级数称为**交错级数**. 对于交错级数 $a_1 - a_2 + a_3 - a_4 + \cdots$, 若 $a_n > a_{n+1}$ 且 $\lim\limits_{n \to \infty} a_n = 0$, 则级数收敛.

[证] 如果设 $\sum (-1)^{n-1} a_n$ 的部分和为 s_n, 则

$$s_{2m} = (a_1 - a_2) + (a_3 - a_4) + \cdots + (a_{2m-1} - a_{2m}),$$

$$s_{2m+1} = a_1 - (a_2 - a_3) - (a_4 - a_5) - \cdots - (a_{2m} - a_{2m+1}) = s_{2m} + a_{2m+1}.$$

因此, 根据假设 $a_n > a_{n+1}$, 有

$$s_1 > s_3 > \cdots > s_{2m+1} > \cdots > s_{2m} > \cdots > s_4 > s_2.$$

又根据假设 $a_n \to 0$, 有 $s_{2m+1} - s_{2m} = a_{2m+1} \to 0$. 故 $\lim\limits_{n \to \infty} s_n$ 存在, 级数收敛. □

[注意] 对于余项 $R_n = \pm(a_{n+1} - a_{n+2} + \cdots)$, 有 $|R_n| < a_{n+1}$. 因此, 如果取 s_n 作为 s 的近似值, 其误差的绝对值比省略掉的最前面的项 (即 a_{n+1}) 还小.

[例] 下面给出上述级数的著名例子,

$$1 - \frac{1}{3} + \frac{1}{5} - \frac{1}{7} + \cdots = \frac{\pi}{4},$$

$$1 - \frac{1}{2} + \frac{1}{3} - \frac{1}{4} + \cdots = \ln 2.$$

(后面将说明它们的和是 $\dfrac{\pi}{4}$ 和 $\ln 2$.)

下面考察第二个级数. 令

$$a_n = 1 + \frac{1}{3} + \frac{1}{5} + \cdots + \frac{1}{2n-1},$$
$$b_n = \frac{1}{2} + \frac{1}{4} + \frac{1}{6} + \cdots + \frac{1}{2n},$$

设 C 是欧拉常数 (§44), 则

$$a_n + b_n = \ln 2n + C + o,$$

$$2b_n = \ln n + C + o,$$

其中, $o^{①}$ 表示当 $n \to \infty$ 时收敛于 0 的无穷小量. 于是有

$$a_n = \ln 2 + \frac{1}{2}\ln n + \frac{C}{2} + o,$$
$$b_n = \qquad \frac{1}{2}\ln n + \frac{C}{2} + o.$$

若 p 和 q 是任意的自然数, 则

$$a_{pn} = \ln 2 + \frac{1}{2}\ln pn + \frac{C}{2} + o,$$
$$b_{qn} = \qquad \frac{1}{2}\ln qn + \frac{C}{2} + o.$$

因此有

$$a_{pn} - b_{qn} = \ln 2 + \frac{1}{2}\ln \frac{p}{q} + o.$$

上式左边是从 $1 + \dfrac{1}{3} + \dfrac{1}{5} + \cdots$ 取出 p 项, 而从 $-\dfrac{1}{2} - \dfrac{1}{4} - \dfrac{1}{6} - \cdots$ 中取出 q 项交错放置构成的交错级数的前 $(p+q)n$ 项的和 (在此把这个级数记作 $L(p,q)$). 当 $n \to \infty$ 时, 这个级数的极限是 $\ln 2 + \dfrac{1}{2}\ln \dfrac{p}{q}$. 而对于 $L(p,q)$, 从 $(p+q)n$ 到 $(p+q)(n+1)$ 之间若干项的和的绝对值小于 $\dfrac{p+q}{2n}$. 因此级数 $L(p,q)$ 收敛, 它的和等于 $\ln 2 + \dfrac{1}{2}\ln \dfrac{p}{q}$. 特别地, 当令 $p = q = 1$ 时, 如上所示有

$$1 - \frac{1}{2} + \frac{1}{3} - \frac{1}{4} + - \cdots = \ln 2,$$

———————————

① 根据 §15 的用法, 应该把 o 写成 $o(1)$, 这里进行了省略.

而令 $p = q = 2$ 时, 则有

$$1 + \frac{1}{3} - \frac{1}{2} + \frac{1}{5} + \frac{1}{7} - \frac{1}{4} + \cdots = \frac{3}{2}\ln 2,$$

等等. 这就是 §43 所述的条件收敛的一个例子.

(VIII) **阿贝尔级数变形** 令级数 $\sum a_n$ (复级数也可以) 的部分和是

$$s_n = a_1 + a_2 + \cdots + a_n,$$

且假设其有界, 即

$$|s_n| \leqslant \delta \quad (n = 1, 2, \cdots). \tag{1}$$

取正的单调递减数列

$$\varepsilon_1 \geqslant \varepsilon_2 \geqslant \cdots \geqslant \varepsilon_n \geqslant \cdots > 0, \tag{2}$$

考察级数

$$S = \sum a_n \varepsilon_n.$$

令

$$S_{n,m} = a_n \varepsilon_n + a_{n+1} \varepsilon_{n+1} + \cdots + a_m \varepsilon_m \quad (m \geqslant n \geqslant 1, s_0 = 0),$$

则

$$\begin{aligned}
S_{n,m} &= (s_n - s_{n-1})\varepsilon_n + (s_{n+1} - s_n)\varepsilon_{n+1} + \cdots + (s_m - s_{m-1})\varepsilon_m \\
&= s_n(\varepsilon_n - \varepsilon_{n+1}) + s_{n+1}(\varepsilon_{n+1} - \varepsilon_{n+2}) + \cdots + s_{m-1}(\varepsilon_{m-1} - \varepsilon_m) \\
&\quad - s_{n-1}\varepsilon_n + s_m\varepsilon_m.
\end{aligned}$$

因此, 由式 (1) 和式 (2), 得

$$|S_{n,m}| \leqslant \sigma\{(\varepsilon_n - \varepsilon_{n+1}) + (\varepsilon_{n+1} - \varepsilon_{n+2}) + \cdots + (\varepsilon_{m-1} - \varepsilon_m) + \varepsilon_n + \varepsilon_m\},$$

即

$$|S_{n,m}| \leqslant 2\sigma\varepsilon_n. \tag{3}$$

特别地, 当从 $n = 1$ 开始时, 因为 $a_1 = s_1$, 且上面的 $-s_{n-1}\varepsilon_n$ 这一项消失了, 因此对于 S 的部分和 $S_m = S_{1,m}$, 有

$$|S_m| \leqslant \sigma\varepsilon_1, \tag{4}$$

这就是**阿贝尔级数变形公式**. 对此,

(1°) 如上所示, 假设 $|s_n| \leqslant \sigma$, 且 $\varepsilon_n \to 0$. 于是, 根据 (3), 级数 $S = \sum a_n \varepsilon_n$ 收敛, 因此根据 (4) 得

$$|S| \leqslant \sigma\varepsilon_1.$$

(2°) 现在, 假设 $s = \sum a_n$ 收敛. 于是 (即使 $\varepsilon_n \to 0$ 不成立) $S = \sum a_n \varepsilon_n$ 收敛, 此时也有

$$|S| \leqslant \sigma \varepsilon_1.$$

实际上, 因为数列 ε_n 单调递减, 所以 $\varepsilon_n \to l \geqslant 0$. 因此以 $\varepsilon_n - l$ 替代 ε_n 考虑的话, 对于部分和有

$$\sum a_n \varepsilon_n = \sum a_n (\varepsilon_n - l) + l \sum a_n,$$

而右边的两个级数收敛, 因此 $S = \sum_{n=1}^{\infty} a_n \varepsilon_n$ 也收敛. 于是由 (4), 得 $|S| \leqslant \sigma \varepsilon_1$.

§46 一 致 收 敛

在属于某个区间的任意点 x 处, 下面一串函数

$$f_1(x), f_2(x), \cdots, f_n(x), \cdots$$

收敛时, 极限值是这个区间上 x 的函数. 设它是 $f(x)$. 此时, 对于任意给定的 $\varepsilon > 0$, 总存在某个与之对应的自然数 N, 使得当 $n > N$ 时 $|f(x) - f_n(x)| < \varepsilon$. 但是这个 N 的值一般依据 x 而变化. 如果 N 能够取到只与 ε 有关, 而与 x 在区间的位置无关的某个值, 即

$$\text{当 } n > N, a \leqslant x \leqslant b \text{ 时, 总有 } |f(x) - f_n(x)| < \varepsilon$$

时, 我们称函数列 $\{f_n(x)\}$ 在区间 $[a, b]$ 上一致 (或者称为平等) 收敛于 $f(x)$.

若无穷级数的项 $a_n = a_n(x)$ 是 x 的函数, 当 $s_n(x) = \sum_{\nu=1}^{n} a_\nu(x)$ 在某个区间上一致收敛时, 则称这个级数一致收敛. 此时, 设 $s_n(x) \to s(x)$, 且令

$$s(x) - s_n(x) = \sum_{\nu=n+1}^{\infty} a_\nu(x) = R_n(x),$$

则对于任意给定的 ε, 存在与 x 无关的常数 N, 使得当 $n > N$ 时 $|R_n(x)| < \varepsilon$. 换言之, $R_n(x)$ 一致收敛于 0.

级数的一致收敛性通常可以由下面的定理给出判定.

定理 39 如果在某个区间上总有 $|a_n(x)| \leqslant c_n (n = 1, 2, \cdots), c_n$ 是正常数, 且 $\sum_{n=1}^{\infty} c_n$ 收敛, 则级数 $\sum_{n=1}^{\infty} a_n(x)$ 在该区间上一致收敛 (绝对收敛).

[证] 由假设,

$$|R_{n,m}| = \left| \sum_{\nu=n+1}^{m} a_\nu(x) \right| \leqslant \sum_{\nu=n+1}^{m} c_\nu \leqslant \sum_{\nu=n+1}^{\infty} c_\nu = r_n,$$

其中 r_n 是级数 $\sum c_n$ 的剩余部分.

因此, $\sum a_n(x)$ 收敛,

$$|R_n(x)| = \lim_{m\to\infty} |R_{n,m}| \leqslant r_n.$$

故令 $r_n < \varepsilon$, 则当 $n > N$ 时, 与 x 无关地总有 $|R_n(x)| < \varepsilon$.　□

从反面考虑非一致收敛的情况, 也许对理解一致收敛的意思更有帮助. 下面举几个简单例子.

[**例 1**]　假设在区间 $0 \leqslant x \leqslant 1$ 上, $f_n(x) = x^n$ (见图 4–2). 则函数列 $\{f_n(x)\}$ 收敛. 极限是

$$f(x) = \begin{cases} 0 & (0 \leqslant x < 1), \\ 1 & (x = 1). \end{cases}$$

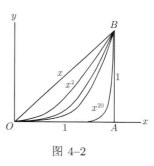

图 4–2

但此时, 函数列非一致收敛. 要使 $x^n < \varepsilon$, 必须有 $n\ln x < \ln\varepsilon$, 而 $\ln x < 0$, 于是必须有 $n > \dfrac{\ln\varepsilon}{\ln x}$, 因此, 当 x 靠近 1 时, 要求 N 取越来越大的值. 尽管当 $n \to \infty$ 时, 曲线 $y = x^n$ 向弯成直角的折线 OAB 靠近, 但是 OAB 不可能是一个函数的图像, 所以 x^n 的极限在 $x = 1$ 处只能是不连续.

[**例 2**]　考察 $s(x) = \sum_{n=0}^{\infty} \dfrac{x^2}{(1+x^2)^n}$.

这一无穷级数对于任意的 x 收敛. 当 $x = 0$ 时, 显然 $s(x) = 0$, 而 $x \neq 0$ 时, 它则是公比为 $1/(1+x^2) < 1$ 的几何级数, 因此

$$s(x) = \frac{x^2}{1 - \dfrac{1}{1+x^2}} = 1 + x^2.$$

此时, 在包含 $x = 0$ 的区间上非一致收敛. 事实上, 因为

$$R_n(x) = \sum_{\nu=n+1}^{\infty} \frac{x^2}{(1+x^2)^\nu} = \frac{1}{(1+x^2)^n},$$

要使上式小于 ε, 就必须有 $n > -\ln\varepsilon/\ln(1+x^2)$, 因此当 x 靠近 0 时, 要取的 N 无限制地增大. 本例也同样, 连续函数 $s_n(x)$ 的极限不连续. 曲线 $y = s_n(x)$ 当 $n \to \infty$ 时靠近如图 4–3 所示的分叉线, 而 $s(x)$ 在 $x = 0$ 时不连续.

如上例所示, 阿贝尔首先指出连续函数的极限 (或者以连续函数为项的无穷级数的和) 不一定是连续的事实. 阿贝尔的信件 (1826 年) 中有下列一段文字.

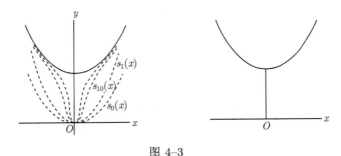

图 4-3

"当 x 变得比 π 小的时候, 已经证明下式成立.

$$\frac{x}{2} = \sin x - \frac{\sin 2x}{2} + \frac{\sin 3x}{3} - \cdots \qquad [*]$$

此时, 我们也许认为当 $x = \pi$ 时这个等式仍然成立. 事实上

$$\frac{\pi}{2} = \sin \pi - \frac{\sin 2\pi}{2} + \frac{\sin 3\pi}{3} - \cdots = 0 \quad (\text{不合理})$$

我们可以举出许多这样的例子 …… "

[*] 的右边的级数对 x 的任意值收敛. 它的和 $s(x)$ 的图像如图 4-4 所示, 对此后面将给出证明, 但是技术上却不是很简单. 为了能够简单地说明阿贝尔指出的 18 世纪数学迷信, 我们给出了例 1 和 例 2 作为练习.

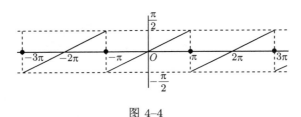

图 4-4

如下节所述, 连续函数的极限在一致收敛的区间上连续, 但这不是必要条件. 现在我们举一个例子.

[例 3]   设 $f_n(x)$ 是图 4-5 所示的连续函数 $(x \geqslant 0)$. 这个函数列收敛, 极限是 $f(x) = 0$. (实际上, 当 $x = 0$ 时 $f_n(x) = 0$, 当然有 $f(x) = 0$; 而当 $x > 0$ 时, 对于充分大的 n $\left(n > \dfrac{2}{x}\right)$, 因为 $f_n(x) = 0$, 所以 $f(x) = 0$.) 但是这一收敛在 0 的邻域不是一致收敛. 因为在包含 0 的区间上 $|f_n(x) - f(x)| = f_n(x) < \varepsilon$ 不可能成立. 尽管这个函数列不一致收敛, 但是它给出了连续函数的极限可以连续的一个例子. 如果把上面的函数列换成 $f_n(x) = n^2 x e^{-nx}$, 则可以得到光滑的图像.

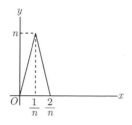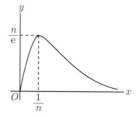

图 4–5

对于二维和二维以上的情况, 一致收敛也同样适用. 当在某个区域 K 的任意点 P 处, 函数列 $\{f_n(P)\}$ 收敛时, 设其极限是 $f(P)$, 若总存在某个与区间 K 上的点 P 的位置无关的下标 N, 使得当 $n > N$ 时, 有 $|f(P) - f_n(P)| < \varepsilon$ 成立, 则称 $\{f_n(P)\}$ 在区域 K 上 (关于 P) 一致收敛. 本章后面关于一致收敛的陈述都适用于二维及二维以上的情况.

作为二维的例子, 考虑复变量 $z = x + \mathrm{i}y$. 复变量 z 的函数 $w = f(z)$ 的意义与实变量函数的一样. 对于 z 的不同值, w 都有确定的值与之对应. $f(z)$ 连续指的是, 只要使 $|z - z'|$ 充分小, 就能够使 $|f(z) - f(z')|$ 任意小, 即当 $z' \to z$ 时, $f(z') \to f(z)$. 而关于函数 $f(z)$ 的微分和积分我们将在后面陈述 (第 5 章).

§47 无穷级数的微分和积分

在一致连续的条件之下, 以函数为项的无穷级数的微分和积分简明且实用. 下面的定理是最基本结果.

定理 40 **(A)** 如果在某个区域上, $a_n(x)$ 连续且 $\sum a_n(x)$ 一致收敛, 则和 $s(x)$ 连续.

(B) 在同样条件下, 可以对 $\sum a_n(x)$ 逐项积分. 由此而生成的级数也一致收敛, 因此可以对级数反复逐项积分.

(C) 如果 $\sum a_n(x) = s(x)$ 收敛, $a_n(x)$ 可微, $a_n'(x)$ 连续, 且 $\sum a_n'(x) = t(x)$ 一致收敛, 则

$$s'(x) = t(x),$$

即 $\sum a_n(x) = s(x)$ 可以逐项微分:

$$\frac{\mathrm{d}}{\mathrm{d}x} \sum a_n(x) = \sum \frac{\mathrm{d}}{\mathrm{d}x} a_n(x).$$

[证 (A)] 对应于 ε, 当 n 充分大时, 在区间上一致有 $|R_n(x)| < \varepsilon$. 而

$$s(x) = s_n(x) + R_n(x),$$

因为 $s_n(x)$ 是 n 个连续函数的和, 所以它是连续的. 于是当 $x, x+h$ 属于该区间时, 对于

$$s(x+h) - s(x) = s_n(x+h) - s_n(x) + R_n(x+h) - R_n(x),$$

如果取充分小的 h, 有

$$|s_n(x+h) - s_n(x)| < \varepsilon.$$

从而, 根据一致收敛的假设, 与 x, h 无关地总有

$$|R_n(x+h)| < \varepsilon, \quad |R_n(x)| < \varepsilon,$$

亦有

$$|R_n(x+h) - R_n(x)| < 2\varepsilon,$$

因此

$$|s(x+h) - s(x)| < 3\varepsilon,$$

即 $s(x)$ 连续. $\qquad\qquad\qquad\qquad\qquad\qquad\qquad\qquad\qquad$ □

  [证 (B)] 根据 (A) 可知 $s(x)$ 连续, 因此可积. 根据假设, 对应于 ε, 对于充分大的 n, 在区间 $[a, b]$ 上有[①]

$$|s(x) - s_n(x)| < \varepsilon.$$

因此有

$$\left| \int_a^b \{s(x) - s_n(x)\}\mathrm{d}x \right| < \varepsilon(b-a).$$

对于有限项的和, 显然可以逐项积分 (§31, (2°)), 即

$$\int_a^b s_n(x)\mathrm{d}x = \sum_{\nu=1}^n \int_a^b a_\nu(x)\mathrm{d}x.$$

故

$$\left| \int_a^b s(x)\mathrm{d}x - \sum_{\nu=1}^n \int_a^b a_\nu(x)\mathrm{d}x \right| < \varepsilon(b-a), \qquad (1)$$

即

$$\int_a^b s(x)\mathrm{d}x = \sum_{\nu=1}^\infty \int_a^b a_\nu(x)\mathrm{d}x.$$

---

① 设 $[a, b]$ 为一致收敛区域内的任意闭区间.

当积分区间的上限为 $[a, b]$ 内的任意点 x 时, 情况也同样, 此时右边仍取 $\varepsilon(b-a)$ 时, (1) 仍然成立, 因此

$$\sum_{\nu=1}^{\infty} \int_a^x a_\nu(x)\mathrm{d}x = \int_a^x s(x)\mathrm{d}x$$

一致收敛, 从而可逐项积分.

从上面的证明可知, 如果 $a_n(x)$ 可积且 $s(x)$ 也可积, 则 (B) 成立. 在同样条件下, 把条件 $\sum a_n(x)$ 一致收敛替换成部分和 $s_n(x)$ 一致有界 (即存在与 n 无关的 M, 有 $|s_n(x)| < M$ 成立) 定理也成立 (阿尔泽拉 (Arzelà) 定理). 此证明很困难, 因此不在此陈述. □

[证 (C)] 条件重述为

(1°) $\sum_{n=1}^{\infty} a_n(x) = s(x)$, (收敛)

(2°) $\sum_{n=1}^{\infty} a_n'(x) = t(x)$, (一致收敛)

(3°) $a_n'(x)$ 是连续函数.

结论为 $s'(x) = t(x)$.

由 (2°) 和 (3°), 再根据 (A) 可知 $t(x)$ 连续. 再根据 (B),

$$\int_{x_0}^x t(x)\mathrm{d}x = \sum_{n=1}^{\infty} \int_{x_0}^x a_n'(x)\mathrm{d}x,$$

其中 $a \leqslant x_0 < x \leqslant b$. 由 (3°) 有

$$\int_{x_0}^x a_n'(x)\mathrm{d}x = a_n(x) - a_n(x_0).$$

因此

$$\int_{x_0}^x t(x)\mathrm{d}x = \sum_{n=1}^{\infty} (a_n(x) - a_n(x_0)). \qquad (2)$$

而由 (1°) 可知

$$\sum_{n=1}^{\infty} a_n(x) = s(x), \quad \sum_{n=1}^{\infty} a_n(x_0) = s(x_0),$$

于是有

$$\sum_{n=1}^{\infty} (a_n(x) - a_n(x_0)) = s(x) - s(x_0),$$

从而由 (2) 可得

$$\int_{x_0}^x t(x)\mathrm{d}x = s(x) - s(x_0).$$

因为 $t(x)$ 连续 (由上述), 上式微分得

$$t(x) = s'(x). \qquad \square$$

上面的证明使用了所有条件 (1°)(2°)(3°). 条件相当多. 其实, 对于条件 (1°), 只要在区域内的某点 x_0 成立即可. 这时, 由 (2) 可知 $s(x) = \sum a_n(x)$ 在区间内收敛. 而对 (3°) 来说, 只要 $a_n(x)$ 可微即可, 不必要求 $a_n'(x)$ 连续. 尽管这些都是小的结论, 但下面还是给出它们的证明. 首先, 如下所示, 对 (A) 做若干修改使其更精准.

(A′) 如果在区间 $a < x < b$ 上 $u_n(x)$ 连续, $\sum u_n(x)$ 一致收敛, 且当 $x \to a$ 时, $u_n(x) \to u_n$, 则 $\sum u_n$ 收敛, 且当 $x \to a$ 时,

$$\sum u_n(x) \to \sum u_n.$$

[证] 在 $x = a$ 时, 把 $u_n(x)$ 定义 (可以根据需要做出相应更改或扩展) 为 $u_n(a) = u_n$, 那么根据假设, 在区间 $a \leqslant x < b$ 上, $u_n(x)$ 连续. 而 $\sum u_n(x)$ 一致收敛, 因此当 $a < x < b$ 时, 有

$$\left| \sum_{\nu=n}^{m} u_\nu(x) \right| < \varepsilon.$$

当 $x \to a$ 时取极限得

$$\left| \sum_{\nu=n}^{m} u_\nu(a) \right| \leqslant \varepsilon.$$

因此, 在区间 $a \leqslant x < b$ 上, $\sum u_n(x)$ 一致收敛, 从而根据 (A), $\sum u_n(x)$ 在区间 $a \leqslant x < b$ 上连续, 特别地, $\lim_{x \to a} \sum u_n(x) = \sum u_n(a) = \sum u_n.$ $\square$

(C′) 设在区间 K $(a \leqslant x < b)$ 上 $u_n(x)$ 可微, 且

$$t(x) = \sum u_n'(x)$$

一致收敛. 又假设在区间内一点 x_0 处 $\sum u_n(x_0)$ 收敛. 则 $s(x) = \sum u_n(x)$ 在区间 K 上一致收敛, 且

$$s'(x) = t(x).$$

[证] 根据假设, 取充分大的 n, 在区间 K 上有

$$\left| \sum_{n}^{m} u_\nu'(x) \right| < \varepsilon \ \text{而且} \left| \sum_{n}^{m} u_\nu(x_0) \right| < \varepsilon$$

成立. 对 $\sum_n^m u_\nu(x)$ 使用微分中值定理, 得

$$\sum_n^m u_\nu(x) - \sum_n^m u_\nu(x_0) = (x - x_0) \sum_n^m u'_\nu(x'). \quad (x' \text{ 在 } x_0 \text{ 和 } x \text{ 之间})$$

故

$$\left| \sum_n^m u_\nu(x) - \sum_n^m u_\nu(x_0) \right| < (b - a)\varepsilon,$$

因此

$$\left| \sum_n^m u_\nu(x) \right| < \left| \sum_n^m u_\nu(x_0) \right| + (b - a)\varepsilon < (b - a + 1)\varepsilon.$$

于是在区间 K 上 $\sum u_\nu(x)$ 一致收敛. 设其和是 $s(x)$.

设 $x, x + h$ 为区间内两点, x' 是它们之间的值, 于是有

$$\left| \sum_{\nu=n}^m \frac{u_\nu(x + h) - u_\nu(x)}{h} \right| = \left| \sum_{\nu=n}^m u'_\nu(x') \right| < \varepsilon.$$

因此, 令

$$v_n(h) = \frac{u_n(x + h) - u_n(x)}{h}$$

则在区间 $0 < h < c$ $(c < b - x)$ 上 $\sum v_n(h)$ 一致收敛, 且当 $h \to 0$ 时 $v_n(h) \to u'_n(x)$. 因此, 由 (A') 可知 (用 $v_n(h)$ 替换 $u_n(x)$)

$$s'(x) = \lim_{h \to 0} \frac{\sum_1^\infty u_n(x + h) - \sum_1^\infty u_n(x)}{h} = \sum u'_n(x). \qquad \square$$

如果用函数列 $\{f_n(x)\}$ 取代无穷级数的部分和 $s_n(x)$, 那么定理 40 的核心部分就更明朗了吧, 即

在区间 $a \leqslant x \leqslant b$ 上,

(A)   若 $f_n(x)$ 连续, 且一致收敛于 $f(x)$, 则 $f(x)$ 连续.

(B)   在相同假设下,

$$\int_a^x f_n(x)\mathrm{d}x \to \int_a^x f(x)\mathrm{d}x.$$

上式两边同时连续, 且一致收敛.

(C)   设 $f_n(x) \to f(x)$, 且 $f_n(x)$ 可微. 若 $f'_n(x) \to t(x)$ 一致收敛, 则

$$f'(x) = t(x).$$

[证]   同定理 40 一样, 用 f_n 替换 s_n 即可. $\square$

[注意] 上面所述的 (B) 和 (C) 说的是: 在一定条件下, 可以对

$$f(x) = \lim f_n(x)$$

在 lim 记号之下进行积分或者微分, 得到

$$\int_a^x \lim f_n(x)\mathrm{d}x = \lim \int_a^x f_n(x)\mathrm{d}x,$$

$$\frac{\mathrm{d}}{\mathrm{d}x} \lim f_n(x) = \lim \frac{\mathrm{d}}{\mathrm{d}x} f_n(x).$$

上面不是无条件成立的. 例如, 在 §46 中, 关于 [例 3] 的图像所示的函数 $f_n(x)$ 有 $\int_0^1 f_n(x)\mathrm{d}x = 1$, 这是突出来的三角形的面积. 而此时 $f(x) = 0$, $\int_0^1 f(x)\mathrm{d}x = 0$. 对于同一节给出的阿贝尔的例子 [*], 如果 "胡乱" 微分, 则得到

$$\frac{1}{2} = \cos x - \cos 2x + \cos 3x - \cdots \text{ (不合理, 右边发散)}.$$

§48 关于连续变量的一致收敛, 积分符号下的微分和积分

函数列 $\{f_n(x)\}$ 中的 $f_n(x)$ 与 x 和 n 相关, 在 $n \to \infty$ 时的收敛速度与 x 无关时, 称其关于 x 一致收敛. 但是, 当以连续变化的变量 α 取代自然数变量 n 时, 我们仍可以采用相同的方法考察收敛的一致性问题.

现在, 设对于 x 所在的某个区域 K 上的任意点 x, 当 $\alpha \to \alpha_0$ 时 (或者 $\alpha \to \infty$) 时, $f(x, \alpha)$ 收敛于某个极限值. 因为这个极限值是 x 的函数, 所以把它简记为 $g(x)$. 如果用 ε-δ 形式描述的话, 有

$$\text{当 } |\alpha - \alpha_0| < \delta, \alpha \neq \alpha_0 \text{ 时}, |f(x, \alpha) - g(x)| < \varepsilon. \tag{1}$$

首先任给 ε, 对应于这个给定的 ε 确定 δ, 但是一般情况下, 这个 δ 与 x 相关. 如果存在与 K 上 x 的位置无关, 而只与 ε 相关的 δ, 对于这个 δ, (1) 成立的话, 则称 $f(x, \alpha)$ 在 $\alpha \to \alpha_0$ 时关于 K 上的 x 一致收敛于 $g(x)$.

假设取收敛于 α_0 的任意点列 $\{\alpha_n\}$, 且 $\alpha_n \neq \alpha_0$, 则在 (1) 式中把条件 $|\alpha - \alpha_0| < \delta$ 换成 $n > N$, 得到

$$\text{当 } n > N \text{ 时}, |f(x, \alpha_n) - g(x)| < \varepsilon. \tag{2}$$

如果 δ 与 x 无关, 那么同样 N 也与 x 无关[1]. 这样考虑的话, 就能够把收敛于 α_0 的连续变量 α 换成无限增大的自然数变量 n. 只是, 此时要求 (2) 对所有收敛数列 $\{\alpha_n\}, \alpha_n \neq \alpha_0$ 都成立. (参考 §9)

当 $\alpha \to \infty$ 时, (1) 中的 $|\alpha - \alpha_0| < \delta$ 换成 $\alpha > R$, 而在 (2) 中就应该把 $\{\alpha_n\}$ 换成满足 $\alpha_n \to \infty$ 的所有数列.

当 $\alpha \to \alpha_0$ 或者 $\alpha \to \infty$ 时, 在假设一致收敛的前提下, 与前节完全相同, 定理 40 的 (A), (B), (C) 仍然成立.

对函数列 $f(x, \alpha_n)$ 做上述考察, 既可由定理 40 得到这一结论, 也可以按定理 40 完全相同的方法直接进行证明.

点 (x, α) 属于某个闭矩形 $K(a \leqslant x \leqslant b, \alpha_1 \leqslant \alpha \leqslant \alpha_2)$ 时, 如果 $f(x, \alpha)$ 作为两个变量 x, α 的函数是连续的, 则对于满足 $\alpha_1 \leqslant \alpha \leqslant \alpha_2$ 的 α,

$$F(\alpha) = \int_a^b f(x, \alpha)\mathrm{d}x \tag{3}$$

是 α 的函数.

定理 41 在上面假设下, 有

(A) $F(\alpha)$ 在 $\alpha_1 \leqslant \alpha \leqslant \alpha_2$ 上连续.

(B) $\displaystyle\int_{\alpha_1}^{\alpha_2} F(\alpha)\mathrm{d}\alpha = \int_a^b \mathrm{d}x \int_{\alpha_1}^{\alpha_2} f(x, \alpha)\mathrm{d}\alpha$[2].

(C) 如果偏微商 $f_\alpha(x, \alpha)$ 在区域内连续, 则

$$F'(\alpha) = \int_a^b f_\alpha(x, \alpha)\mathrm{d}x.$$

[注意] (A) 和 (B) 与二元积分相关, 对此我们将在后面给出陈述 (§93), 但是因为下面需要使用这个定理, 在此在一致收敛的思维范畴内给出证明.

[证 (A)] 把积分区间用分割点 x_i 分成 n 等份, 令

$$\sum_{i=0}^{n-1} f(x_i, \alpha) \cdot \frac{b-a}{n} = F_n(\alpha), \tag{4}$$

则当 $n \to \infty$ 时, $F_n(\alpha)$ 收敛于积分 $F(\alpha)$, 而且是一致收敛. 这是因为: 根据假设, $f(x, \alpha)$ 连续, 所以根据连续的一致性, 当 n 取得充分大使得

$$|x - x'| < \frac{b-a}{n}$$

---

① N 与点列 $\{\alpha_n\}$ 的选取方式无关.

② 右边是 $\displaystyle\int_a^b \left\{ \int_{\alpha_1}^{\alpha_2} f(x, \alpha)\mathrm{d}\alpha \right\}\mathrm{d}x$ 的简写.

时, 对于区间 $[\alpha_1, \alpha_2]$ 内的所有 α, 能够使

$$|f(x, \alpha) - f(x', \alpha)| < \varepsilon$$

成立. 再利用积分中值定理, 得

$$F(\alpha) = \sum_{i=0}^{n-1} \int_{x_i}^{x_{i+1}} f(x, \alpha) \mathrm{d}x = \sum_{i=0}^{n-1} f(\xi_i, \alpha) \frac{b-a}{n}, \quad x_i \leqslant \xi_i \leqslant x_{i+1},$$

$$|F(\alpha) - F_n(\alpha)| \leqslant \sum_{i=0}^{n-1} |f(\xi_i, \alpha) - f(x_i, \alpha)| \frac{b-a}{n} < \varepsilon(b-a).$$

也就是说 $F_n(\alpha) \to F(\alpha)$ 关于 α 一致收敛. 再根据 (4), 有限和 $F_n(\alpha)$ 关于 α 连续. 由于一致收敛, 这一连续性传递到 $F(\alpha)$ (定理 40). 这就是 (A). □

[证 (B)] 因为 $F_n(\alpha) \to F(\alpha)$ 为一致收敛, 根据定理 40(B),

$$\lim_{n \to \infty} \int_{\alpha_1}^{\alpha_2} F_n(\alpha) \mathrm{d}\alpha = \int_{\alpha_1}^{\alpha_2} F(\alpha) \mathrm{d}\alpha. \tag{5}$$

再由 (4) 得

$$\int_{\alpha_1}^{\alpha_2} F_n(\alpha) \mathrm{d}\alpha = \sum_{i=0}^{n-1} \frac{b-a}{n} \int_{\alpha_1}^{\alpha_2} f(x_i, \alpha) \mathrm{d}\alpha.$$

现在令

$$\int_{\alpha_1}^{\alpha_2} f(x, \alpha) \mathrm{d}\alpha = \varphi(x),$$

代入上式, 得

$$\int_{\alpha_1}^{\alpha_2} F_n(\alpha) \mathrm{d}\alpha = \sum_{i=0}^{n-1} \frac{b-a}{n} \varphi(x_i),$$

即

$$\lim_{n \to \infty} \int_{\alpha_1}^{\alpha_2} F_n(\alpha) \mathrm{d}\alpha = \lim_{n \to \infty} \sum_{i=0}^{n-1} \frac{b-a}{n} \varphi(x_i).$$

与 (A) 同样, $\varphi(x)$ 在 $a \leqslant x \leqslant b$ 上连续. 因此上式右边等于 (积分定义)

$$\int_a^b \varphi(x) \mathrm{d}x = \int_a^b \mathrm{d}x \int_{\alpha_1}^{\alpha_2} f(x, \alpha) \mathrm{d}\alpha.$$

故由 (5) 得

$$\int_{\alpha_1}^{\alpha_2} F(\alpha) \mathrm{d}\alpha = \int_a^b \mathrm{d}x \int_{\alpha_1}^{\alpha_2} f(x, \alpha) \mathrm{d}\alpha.$$

这就是 (B). □

[证 (C)]   根据假设, 由于 $f_\alpha(x, \alpha)$ 连续, 可令

$$G(\alpha) = \int_a^b f_\alpha(x, \alpha)\mathrm{d}x,$$

则根据 (B), 有

$$\int_{\alpha_0}^\alpha G(\alpha)\mathrm{d}\alpha = \int_a^b \mathrm{d}x \int_{\alpha_0}^\alpha f_\alpha(x, \alpha)\mathrm{d}\alpha,$$

$$\int_{\alpha_0}^\alpha f_\alpha(x, \alpha)\mathrm{d}\alpha = f(x, \alpha) - f(x, \alpha_0).$$

故

$$\int_{\alpha_0}^\alpha G(\alpha)\mathrm{d}\alpha = \int_a^b f(x, \alpha)\mathrm{d}x - \int_a^b f(x, \alpha_0)\mathrm{d}x$$
$$= F(\alpha) - F(\alpha_0).$$

对上式关于 α 微分, 因为 $G(\alpha)$ 连续, 所以

$$G(\alpha) = F'(\alpha),$$

即

$$F'(\alpha) = \int_a^b f_\alpha(x, \alpha)\mathrm{d}x. \qquad \square$$

即使积分 $F(\alpha)$ 的界限与 α 相关, 上面的微分法则仍然适用. 此时, 设

$$\Phi(\alpha, u, v) = \int_v^u f(x, \alpha)\mathrm{d}x,$$

如果 u, v 都是 α 的函数, 则

$$F(\alpha) = \Phi(\alpha, u, v).$$

同前面一样, 若 $f(x, \alpha), f_\alpha(x, \alpha)$ 在 $a \leqslant x \leqslant b, \alpha_1 \leqslant \alpha \leqslant \alpha_2$ 上连续, 且 u, v 在 $\alpha_1 \leqslant \alpha \leqslant \alpha_2$ 上可微, 则当 $a \leqslant u \leqslant b, a \leqslant v \leqslant b$ 时, 有

$$\frac{\mathrm{d}F(\alpha)}{\mathrm{d}\alpha} = \frac{\partial\Phi}{\partial\alpha} + \frac{\partial\Phi}{\partial u}\frac{\mathrm{d}u}{\mathrm{d}\alpha} + \frac{\partial\Phi}{\partial v}\frac{\mathrm{d}v}{\mathrm{d}\alpha}.$$

而由于

$$\frac{\partial\Phi}{\partial u} = f(u, \alpha), \quad \frac{\partial\Phi}{\partial v} = -f(v, \alpha) \ \ (\text{定理 } 35),$$

故

$$\frac{\mathrm{d}F(\alpha)}{\mathrm{d}\alpha} = \int_v^u f_\alpha(x, \alpha)\mathrm{d}x + f(u, \alpha)\frac{\mathrm{d}u}{\mathrm{d}\alpha} - f(v, \alpha)\frac{\mathrm{d}v}{\mathrm{d}\alpha}.$$

[例 1]　$\int_0^1 x^\alpha \mathrm{d}x = \dfrac{1}{\alpha + 1}$, $\alpha > 0$.

此时, 因为定理 41 的假设成立, 所以在积分符号下关于 α 微分, 得

$$\int_0^1 x^\alpha \ln x \mathrm{d}x = \frac{-1}{(\alpha + 1)^2}.$$

对于上面积分同样再作微分, 得

$$\int_0^1 x^\alpha (\ln x)^2 \mathrm{d}x = \frac{2}{(\alpha + 1)^3}.$$

同样, 一般有

$$\int_0^1 x^\alpha (\ln x)^n \mathrm{d}x = \frac{(-1)^n n!}{(\alpha + 1)^{n+1}}.$$

(参见 §35, [例 2])

[例 2]　设 $f(x)$ 在区间 $0 \leqslant x \leqslant a$ 上连续, 考察

$$F_n(x) = \int_0^x \frac{(x - y)^n}{n!} f(y) \mathrm{d}y.$$

n 是自然数, 而当 $n = 0$ 时, 令

$$F_0(x) = \int_0^x f(y) \mathrm{d}y.$$

(此处积分变量是 y, 定理 41 的中间变量 α 写成 x.)

此时, (由定理 41) 有

$$\begin{aligned}
F_n'(x) &= \int_0^x \frac{(x - y)^{n-1}}{(n - 1)!} f(y) \mathrm{d}y + \frac{(x - x)^n}{n!} f(x) \\
&= F_{n-1}(x).
\end{aligned}$$

特别地, 对于 $F_0(x)$ 有 $F_0'(x) = f(x)$.

上面的 $F_n(x)$ 是有如下性质的函数:

$$\left.\begin{aligned}
\frac{\mathrm{d}^{n+1}}{\mathrm{d}x^{n+1}} F_n(x) &= f(x), \\
F_n(0) = F_n'(0) = \cdots = F_n^{(n)}(0) &= 0.
\end{aligned}\right\}$$

换句话说, 对于连续函数 $f(x)$, 微分方程

$$\frac{\mathrm{d}^n z}{\mathrm{d}x^n} = f(x)$$

的一般解是

$$z = G_{n-1}(x) + \int_0^x \frac{(x-y)^{n-1}}{(n-1)!} f(y) \mathrm{d}y.$$

其中, $G_{n-1}(x)$ 是关于 x 的 $n-1$ 次或 $n-1$ 次以下的任意多项式.

[例 3]　作为积分符号下求积分的例子, 计算

$$\int_0^1 \frac{x^b - x^a}{\ln x} \mathrm{d}x \quad (b > a > 0).$$

对函数 x^α 和区域 $0 \leqslant x \leqslant 1, a \leqslant \alpha \leqslant b$ 运用定理 41 (B), 得

$$\int_0^1 \mathrm{d}x \int_a^b x^\alpha \mathrm{d}\alpha = \int_a^b \mathrm{d}\alpha \int_0^1 x^\alpha \mathrm{d}x.$$

于是得

$$\int_0^1 \frac{x^b - x^a}{\ln x} \mathrm{d}x = \int_a^b \frac{\mathrm{d}\alpha}{\alpha + 1} = \ln \frac{b+1}{a+1}.$$

积分符号下的微分和积分在一致收敛的假设下可以扩展到无穷级数.

现在, 设在区域 K $(x \geqslant c, \alpha_1 \leqslant \alpha \leqslant \alpha_2)$ 上 $f(x, \alpha)$ 连续, 且

$$F(\alpha) = \int_c^\infty f(x, \alpha) \mathrm{d}x$$

一致收敛. 其意思是, 当 $t \to \infty$ 时,

$$F(\alpha, t) = \int_c^t f(x, \alpha) \mathrm{d}x$$

关于 α 一致收敛于 $F(\alpha)$. 即对于 ε, 存在与 α 无关的 R, 使得

$$当 t > R 时, |F(\alpha) - F(\alpha, t)| = \left| \int_t^\infty f(x, \alpha) \mathrm{d}x \right| < \varepsilon.$$

此时, 与前面相同, 下面的定理成立.

定理 42　在上述条件下,

(A)　$F(\alpha) = \displaystyle\int_c^\infty f(x, \alpha) \mathrm{d}x$ 在区间 $\alpha_1 \leqslant \alpha \leqslant \alpha_2$ 上是 α 的连续函数.

(B)　$\displaystyle\int_{\alpha_1}^{\alpha_2} \mathrm{d}\alpha \int_c^\infty f(x, \alpha) \mathrm{d}x = \int_c^\infty \mathrm{d}x \int_{\alpha_1}^{\alpha_2} f(x, \alpha) \mathrm{d}\alpha.$

(C)　如果 $\displaystyle\int_c^\infty f(x, \alpha) \mathrm{d}x$ 收敛, $f_\alpha(x, \alpha)$ 在 K 上连续, 且 $\displaystyle\int_c^\infty f_\alpha(x, \alpha) \mathrm{d}x$ 一致收敛, 则

$$\frac{\mathrm{d}}{\mathrm{d}\alpha} \int_c^\infty f(x, \alpha) \mathrm{d}x = \int_c^\infty f_\alpha(x, \alpha) \mathrm{d}x.$$

[证]　(A) 如前述. 对于 (B), 因为

$$F(\alpha) = \lim_{t \to \infty} F(\alpha, t)$$

一致收敛, 所以可以在 lim 符号下求积分, 有

$$\int_{\alpha_1}^{\alpha_2} F(\alpha)\mathrm{d}\alpha = \lim_{t \to \infty} \int_{\alpha_1}^{\alpha_2} F(\alpha, t)\mathrm{d}\alpha$$

$$= \lim_{t \to \infty} \int_{\alpha_1}^{\alpha_2} \mathrm{d}\alpha \int_c^t f(x, \alpha)\mathrm{d}x.$$

由于可以改变上式右边的积分顺序 (定理 41 (B)), 因此有

$$\int_{\alpha_1}^{\alpha_2} F(\alpha)\mathrm{d}\alpha = \lim_{t \to \infty} \int_c^t \mathrm{d}x \int_{\alpha_1}^{\alpha_2} f(x, \alpha)\mathrm{d}\alpha$$

$$= \int_c^\infty \mathrm{d}x \int_{\alpha_1}^{\alpha_2} f(x, \alpha)\mathrm{d}\alpha.$$

(C) 只不过是 (B) 换了一种说法. 但现在再证明一次. 令

$$G(\alpha) = \int_c^\infty f_\alpha(x, \alpha)\mathrm{d}x,$$

根据假设, 上面的无穷积分一致收敛. 故, 根据 (B) 有

$$\int_{\alpha_0}^\alpha G(\alpha)\mathrm{d}\alpha = \int_c^\infty \mathrm{d}x \int_{\alpha_0}^\alpha f_\alpha(x, \alpha)\mathrm{d}\alpha$$

$$= \int_c^\infty [f(x, \alpha) - f(x, \alpha_0)]\mathrm{d}x$$

$$= F(\alpha) - F(\alpha_0).$$

根据假设, 积分 $F(\alpha)$ 和 $F(\alpha_0)$ 收敛, 因此可以写成上面最后一行的样子. 关于 α 微分, 得 $F'(\alpha) = G(\alpha)$.　　　　　　　　　　　　　　　　　　　　　□

对于有限区间上的广义积分, 也可以像上面那样定义一致收敛. 今设 α 在区间 $\alpha_1 \leqslant \alpha \leqslant \alpha_2$ 上时 $f(x, \alpha)$ 只在积分下限 $x = a$ 处不连续, 且

$$F(\alpha) = \int_a^b f(x, \alpha)\mathrm{d}x = \lim_{x \to a} \int_x^b f(x, \alpha)\mathrm{d}x$$

收敛. 如果对于与 α 无关的 δ, 有

$$\text{当 } |x - a| < \delta \text{ 时,} \left| \int_a^x f(x, \alpha)\mathrm{d}x \right| < \varepsilon,$$

则上面的积分 (关于 α) 一致收敛. 此时, 与定理 42 相同的 (A), (B), (C) 成立.

[注意]   对于广义积分, 与定理 39 一样的一致收敛性判别法则也适用. 对于无限区间 (a, ∞) 来说, 若在区间内总有 $|f(x, \alpha)| \leqslant \varphi(x)$ 且 $\int_a^\infty \varphi(x)\mathrm{d}x$ 收敛, 则 $\int_a^\infty f(x, \alpha)\mathrm{d}x$ 关于 α 一致收敛. 实际上, 对于任意的 $\varepsilon > 0$, 取 t 充分大时, 有 $\int_t^\infty \varphi(x)\mathrm{d}x < \varepsilon$, 从而 $\left| \int_t^\infty f(x, \alpha)\mathrm{d}x \right| < \varepsilon$. 因为 t 与 α 无关, 所以它一致收敛. 对于有限区间也同样成立.

举一个例子, 对

$$\Gamma(s) = \int_0^\infty \mathrm{e}^{-x} x^{s-1}\mathrm{d}x \quad (s > 0) \quad (\S 33, [\text{例 } 4])$$

做上述考察.

把积分区间在 $x = 1$ 处分成两部分, 首先设

$$g_1(s) = \int_1^\infty \mathrm{e}^{-x} x^{s-1}\mathrm{d}x.$$

上式在区间 $0 \leqslant s \leqslant s_0$ 上一致收敛, 因为 $\mathrm{e}^{-x} x^{s-1} \leqslant \mathrm{e}^{-x} x^{s_0-1}$ 且 $\int_1^\infty \mathrm{e}^{-x} x^{s_0-1}\mathrm{d}x$ 收敛 (参见上述 [注意]). 因此, 当 $s \leqslant s_0$ 时, $g_1(s)$ 关于 s 连续. 由于 $s_0 > 0$ 是任意的, 所以 $g_1(s)$ 在 $s > 0$ 时关于 s 连续.

另外, 虽然

$$g_2(s) = \int_0^1 \mathrm{e}^{-x} x^{s-1}\mathrm{d}x = \lim_{x \to 0} \int_x^1 \mathrm{e}^{-x} x^{s-1}\mathrm{d}x$$

在 $0 < s < 1$ 时是广义积分, 但关于满足

$$0 < s_0 \leqslant s$$

的 s 一致收敛. 这是因为, 由于 $0 < x < 1$, $\mathrm{e}^{-x} x^{s-1} \leqslant \mathrm{e}^{-x} x^{s_0-1}$ 且 $\int_0^1 \mathrm{e}^{-x} x^{s_0-1}\mathrm{d}x$ 收敛. 因此在 $s_0 \leqslant s$ 上 $g_2(s)$ 关于 s 连续, 而 $s_0 > 0$ 是任意的, 因此当 $s > 0$ 时, 它是连续的.

于是当 $s > 0$ 时,

$$\Gamma(s) = g_1(s) + g_2(s)$$

是连续的.

下面, 对 $\Gamma(s) = \int_0^\infty \mathrm{e}^{-x} x^{s-1}\mathrm{d}x$ 在积分符号之下关于 s 微分, 假设写成形式

$$\Gamma'(s) = \int_0^\infty \mathrm{e}^{-x} x^{s-1} \ln x \mathrm{d}x. \tag{6}$$

如果右边的积分一致收敛, 则这样写就是合法的.

首先, 对于积分上限 ∞, 设 $s < s_0$, 取 x 充分大时, 有

$$\int_x^\infty \mathrm{e}^{-x}x^{s-1}\ln x\mathrm{d}x < \int_x^\infty \mathrm{e}^{-x}x^{s_0}\frac{\ln x}{x}\mathrm{d}x < \int_x^\infty \mathrm{e}^{-x}x^{s_0}\mathrm{d}x.$$

因此这里没有问题.

而对于积分下限 0, 设 $0 < s_0 < s_1 \leqslant s$, 取 x 充分小时, 有

$$\left|\int_0^x \mathrm{e}^{-x}x^{s-1}\ln x\mathrm{d}x\right| \leqslant \left|\int_0^x \mathrm{e}^{-x}x^{s_0-1}(x^{s_1-s_0}\ln x)\mathrm{d}x\right| < \int_0^x \mathrm{e}^{-x}x^{s_0-1}\mathrm{d}x.$$

因此也没有问题. 故 (6) 正确.

同样, 有

$$\Gamma^{(n)}(s) = \int_0^\infty \mathrm{e}^{-x}x^{s-1}(\ln x)^n\mathrm{d}x. \quad (n = 1, 2, \cdots)$$

[**注意**]　从积分的样子可以看到, $\Gamma(s) > 0$. 而 $\Gamma''(s) > 0$, 因此 $\Gamma(s)$ 是凸函数.

[**例 4**]　对于 $p > 0$ 及任意的 q, 有 (§35, [例 3])

$$\int_0^\infty \mathrm{e}^{-px}\cos qx\mathrm{d}x = \frac{p}{p^2+q^2}. \tag{7}$$

上式关于 q 一致收敛 ($|\mathrm{e}^{-px}\cos qx| \leqslant \mathrm{e}^{-px}$, 参照上面的 [注意]). 于是关于 q 从 0 到 q 进行两次积分, 得

$$\int_0^\infty \mathrm{e}^{-px}\frac{1-\cos qx}{x^2}\mathrm{d}x = \int_0^q \mathrm{Arctan}\frac{q}{p}\mathrm{d}q = q\,\mathrm{Arctan}\frac{q}{p} - \frac{p}{2}\ln(p^2+q^2) + p\ln p.$$

在此设 $q = 1$, 得

$$\int_0^\infty \mathrm{e}^{-px}\frac{1-\cos x}{x^2}\mathrm{d}x = \mathrm{Arctan}\frac{1}{p} - \frac{p}{2}\ln(p^2+1) + p\ln p. \tag{8}$$

我们已经在 $p > 0$ 的假设下证明了上式. 但是, 如果 $p = 0$, $\int_0^\infty \frac{1-\cos x}{x^2}\mathrm{d}x$ 收敛 (定理 36). 而当 $p \geqslant 0$ 时, $\mathrm{e}^{-px} \leqslant 1$, 因此 (8) 的左边在 $p \geqslant 0$ 时一致收敛, 从而连续. 因此, 当 $p \to 0$ 时, 由 (8) 得

$$\int_0^\infty \frac{1-\cos x}{x^2}\mathrm{d}x = \frac{\pi}{2}.$$

对此由分部积分得[1]

$$\int_0^\infty \frac{\sin x}{x}\mathrm{d}x = \frac{\pi}{2}.$$ (9)

使用 $1 - \cos x = 2\sin^2\frac{x}{2}$, 得

$$\int_0^\infty \left(\frac{\sin x}{x}\right)^2\mathrm{d}x = \frac{\pi}{2}.$$ (10)

[注意]　在 (9) 中, 如果把变量 x 换成 αx, 则当 $\alpha > 0$ 时,

$$\int_0^\infty \frac{\sin \alpha x}{x}\mathrm{d}x = \frac{\pi}{2}, \quad \alpha > 0.$$

如果改变 α 的符号, 那么积分符号发生变化, 即当 $\alpha < 0$ 时有

$$\int_0^\infty \frac{\sin \alpha x}{x}\mathrm{d}x = -\frac{\pi}{2}, \quad \alpha < 0.$$

而当 $\alpha = 0$ 时显然积分为 0. 故

$$\int_0^\infty \frac{\sin \alpha x}{x}\mathrm{d}x = \frac{\pi}{2}\mathrm{sign}\,\alpha.$$

作为 α 的函数, 上面的积分在 $\alpha = 0$ 处不连续. 这个实例表明草率地在积分符号下做微分很危险. 如果 "粗暴" 地进行微分, 则得到如下结果:

$$\int_0^\infty \cos \alpha x\mathrm{d}x = 0, \quad (\text{不合理}).$$

[例 5]　在 $\int_0^\infty \mathrm{e}^{-x^2}\mathrm{d}x = \frac{\sqrt{\pi}}{2}$ (§35, 例 6) 中, 把 x 代换成 $\sqrt{\alpha}x$, 得

$$\int_0^\infty \mathrm{e}^{-\alpha x^2}\mathrm{d}x = \frac{1}{2}\sqrt{\frac{\pi}{\alpha}}, \quad \alpha > 0.$$

关于 α 作 n 次微分, 得

$$\int_0^\infty \mathrm{e}^{-\alpha x^2}x^{2n}\mathrm{d}x = \frac{1\cdot 3\cdots(2n-1)}{2^{n+1}}\frac{\sqrt{\pi}}{\alpha^{n+\frac{1}{2}}}, \quad n = 1, 2, \cdots.$$

这些无穷积分关于 $\alpha \geqslant \alpha_0(\alpha_0 > 0)$ 一致收敛 (因为 $\int_0^\infty \mathrm{e}^{-\alpha_0 x^2}x^{2n}\mathrm{d}x$ 收敛 且 $\mathrm{e}^{-\alpha x^2} \leqslant \mathrm{e}^{-\alpha_0 x^2}$, 参见前面的 [注意]), 因此允许这样的微分.

---

[1] 使用古典积分来得到 (9) 需要非常巧妙的技巧. 第 5 章将叙述使用复变量的简单计算方法. 这是因为, 使用复数时, 可以简明地求解作为基础的 (7) (§35, [注意]).

当 $\alpha = 1$ 时, 有

$$\int_0^\infty e^{-x^2} x^{2n} dx = \frac{1 \cdot 3 \cdots (2n-1)}{2^{n+1}} \sqrt{\pi}.$$

如果 x 的指数是奇数, 则可以作不定积分, 利用上面的方法有

$$\int_0^\infty e^{-\alpha x^2} x dx = \frac{1}{2\alpha},$$

因此, 关于 α 微分之后设 $\alpha = 1$, 得

$$\int_0^\infty e^{-x^2} x^{2n+1} dx = \frac{n!}{2}.$$

[例 6]

$$J(\alpha) = \int_0^\infty e^{-x^2} \cos \alpha x dx = \frac{\sqrt{\pi}}{2} e^{-\frac{\alpha^2}{4}}.$$

这个积分 $J(\alpha)$ 关于 α 一致收敛, 在积分符号下, 关于 α 微分得

$$J'(\alpha) = -\int_0^\infty e^{-x^2} x \sin \alpha x dx.$$

因为 $|\sin \alpha x| \leqslant 1$, 微分后的积分也一致收敛, 所以这一微分是允许的. 因为

$$J'(\alpha) = \frac{1}{2} e^{-x^2} \sin \alpha x \Big|_0^\infty - \frac{\alpha}{2} \int_0^\infty e^{-x^2} \cos \alpha x dx,$$

所以有

$$J'(\alpha) = -\frac{\alpha}{2} J(\alpha),$$

即

$$\frac{d}{d\alpha} \ln J(\alpha) = -\frac{\alpha}{2}, \text{ 从而 } \ln J(\alpha) = -\frac{\alpha^2}{4} + C,$$

或者是

$$J(\alpha) = c e^{-\frac{\alpha^2}{4}}.$$

为了求常数 c, 设 $\alpha = 0$ 得

$$c = J(0) = \int_0^\infty e^{-x^2} dx = \frac{\sqrt{\pi}}{2}.$$

故得到要求的结果.

[注意] 对于上面的积分, 若对积分符号里的

$$\cos \alpha x = 1 - \frac{(\alpha x)^2}{2!} + \frac{(\alpha x)^4}{4!} - \cdots$$

机械地逐项积分, 则根据 [例 5] 得

$$J(\alpha) = \sum_{n=0}^{\infty} \int_0^{\infty} (-1)^n \mathrm{e}^{-x^2} \frac{(\alpha x)^{2n}}{(2n)!} \mathrm{d}x = \sum_{n=0}^{\infty} (-1)^n \frac{\alpha^{2n}}{(2n)!} \int_0^{\infty} \mathrm{e}^{-x^2} x^{2n} \mathrm{d}x$$

$$= \sum_{n=0}^{\infty} (-1)^n \frac{\alpha^{2n}}{(2n)!} \frac{1 \cdot 3 \cdots (2n-1)}{2^{n+1}} \sqrt{\pi}$$

$$= \frac{\sqrt{\pi}}{2} \sum_{n=0}^{\infty} (-1)^n \frac{\alpha^{2n}}{2^n \cdot n!} \frac{1}{2^n} = \frac{\sqrt{\pi}}{2} \sum_{n=0}^{\infty} (-1)^n \frac{(\alpha^2/4)^n}{n!} = \frac{\sqrt{\pi}}{2} \mathrm{e}^{-\frac{\alpha^2}{4}}.$$

上面的结果虽然是正确的, 但是定理 40 (B) 只陈述了针对有限积分区间的无穷级数逐项积分, 因此不能在此引用它. 下面我们看一下上面计算的合理性.

根据泰勒公式

$$\cos \alpha x = 1 - \frac{(\alpha x)^2}{2!} + \cdots \pm \frac{(\alpha x)^{2n}}{(2n)!} + R_n, \quad |R_n| \leqslant \frac{(\alpha x)^{2n+2}}{(2n+2)!}. \tag{11}$$

因为积分 $J(\alpha)$ 有定义, 所以把 (11) 代入到 $J(\alpha)$ 得

$$J(\alpha) = \frac{\sqrt{\pi}}{2} \sum_{n=0}^{m} (-1)^n \frac{(\alpha^2/4)^n}{n!} + \int_0^{\infty} \mathrm{e}^{-x^2} R_m(x) \mathrm{d}x. \tag{12}$$

再由 (11)

$$\left| \int_0^{\infty} \mathrm{e}^{-x^2} R_m(x) \mathrm{d}x \right| \leqslant \int_0^{\infty} \mathrm{e}^{-x^2} \frac{(\alpha x)^{2m+2}}{(2m+2)!} \mathrm{d}x = \frac{\sqrt{\pi}}{2} \frac{(\alpha^2/4)^{m+1}}{(m+1)!}.$$

当 $m \to \infty$ 时, 上式右边 $\to 0$. 于是由 (12), 正确地得到

$$J(\alpha) = \frac{\sqrt{\pi}}{2} \sum_{n=0}^{\infty} (-1)^n \frac{(\alpha^2/4)^n}{n!} = \frac{\sqrt{\pi}}{2} \mathrm{e}^{-\frac{\alpha^2}{4}}.$$

§49 二 重 数 列

像

$$
\begin{array}{ccccc}
a_{11} & a_{12} & \cdots & a_{1n} & \cdots \\
a_{21} & a_{22} & \cdots & a_{2n} & \cdots \\
\cdots & \cdots & \cdots & \cdots & \cdots \\
a_{m1} & a_{m2} & \cdots & a_{mn} & \cdots \\
\cdots & \cdots & \cdots & \cdots & \cdots
\end{array}
$$

这样有两个下标 m, n 的数列称为二重数列. 它的项 $a_{m,n}$ 是定义在第一象限正整数坐标点 $(x, y) = (m, n)$ (m, n 是自然数) 的函数 $a_{m,n} = a(m, n)$. 当 m 和 n 无限增大时, 说 $a_{m,n}$ 有极限值 l 指的是, 对于任意给定的 $\varepsilon > 0$, 存在某个界限 N, 当 $m > N, n > N$ 时总有 $|a_{m,n} - l| < \varepsilon$. 这可以简记如下:

$$\lim_{\substack{m \to \infty \\ n \to \infty}} a_{m,n} = l. \tag{1}$$

在上面的记法中, 虽然写作 $m \to \infty, n \to \infty$, 但这并不意味着首先对 $m \to \infty$ 求极限, 然后对 $n \to \infty$ 求上面极限的极限, 即它与 $\lim_{n \to \infty} (\lim_{m \to \infty} a_{m,n})$ 及 $\lim_{m \to \infty} (\lim_{n \to \infty} a_{m,n})$ 的意义不同.

[例 1] 设 $a_{m,n} = \dfrac{n}{m + n}$.

$$\lim_{n \to \infty} a_{m,n} = 1, \text{故} \lim_{m \to \infty} (\lim_{n \to \infty} a_{m,n}) = 1.$$
$$\lim_{m \to \infty} a_{m,n} = 0, \text{故} \lim_{n \to \infty} (\lim_{m \to \infty} a_{m,n}) = 0.$$

此时

$$\lim_{\substack{m \to \infty \\ n \to \infty}} a_{m,n}$$

不存在. 这是因为: 无论取什么样的 N, 在 $m > N$ 和 $n > N$ 的范围内, 既可以取 $m = n$, 这时 $a_{m,n} = \dfrac{1}{2}$, 也可以取 $m = 2n$, 这时 $a_{m,n} = \dfrac{1}{3}$. 因此, 极限定义中的一定的极限值 l 不可能存在.

[例 2] $a_{m,n} = \dfrac{\sin m\alpha}{n}$, 其中设 α 不是 π 的倍数.

此时, 有

$$\lim_{\substack{m \to \infty \\ n \to \infty}} a_{m,n} = 0, \ \lim_{m \to \infty} (\lim_{n \to \infty} a_{m,n}) = 0.$$

因为 $\lim_{m \to \infty} a_{m,n}$ 不存在, 所以 $\lim_{n \to \infty} (\lim_{m \to \infty} a_{m,n})$ 无意义.

定理 43 当 $\lim_{\substack{m \to \infty \\ n \to \infty}} a_{m,n} = l$ 存在时, 若对于所有的 n, $\lim_{m \to \infty} a_{m,n} = \mu_n$ 存在, 则 $\lim_{n \to \infty} \mu_n = \lim_{n \to \infty} (\lim_{m \to \infty} a_{m,n}) = l$.

同样, 若 $\lim_{n \to \infty} a_{m,n} = \nu_m$ 存在, 则 $\lim_{m \to \infty} \nu_m = \lim_{m \to \infty} (\lim_{n \to \infty} a_{m,n}) = l$.

[证] 根据假设, 对应于 ε 有 N, 使得

$$\text{当 } m > N, n > N \text{ 时}, \ |a_{m,n} - l| < \varepsilon.$$

此时, 固定满足 $n > N$ 的 n, 令 $m \to \infty$. 于是, 根据假设, $\lim_{m \to \infty} a_{m,n} = \mu_n$ 存在,

所以 $|\mu_n - l| \leqslant \varepsilon$. 此不等式对于满足 $n > N$ 的 n 总是成立. 而 ε 是任意的, 于是此不等式意味着 $\lim\limits_{n \to \infty} \mu_n = l$. 即 $\lim\limits_{n \to \infty} (\lim\limits_{m \to \infty} a_{m,n}) = l$. □

定理 43 一开始就假设二重数列收敛. 而下面的定理给出了二重数列收敛性的判别方法 (充分条件).

定理 44 如果 $\lim\limits_{m \to \infty} a_{m,n} = \alpha_n$ 存在, 而 $a_{m,n}$ 关于 n 一致收敛于 α_n, 且 $\lim\limits_{n \to \infty} \alpha_n = l$ 存在, 则 $\lim\limits_{\substack{m \to \infty \\ n \to \infty}} a_{m,n}$ 存在且等于 l. 从而, 如果 $\lim\limits_{n \to \infty} a_{m,n} = \beta_m$ 存在, 则 $\lim\limits_{m \to \infty} \beta_m$ 也存在且等于 l (定理 43).

[注意] $\lim\limits_{m \to \infty} a_{m,n} = \alpha_n$ 一致收敛的意思是显然的. 即对于任意的 ε, 存在某个与 n 无关的 M, 使得当 $m > M$ 时 $|a_{m,n} - \alpha_n| < \varepsilon$.

[证] 显然, $|a_{m,n} - l| \leqslant |a_{m,n} - \alpha_n| + |\alpha_n - l|$. 而且, 当 $m > M$ 时, 对于所有的 n, 有 $|a_{m,n} - \alpha_n| < \varepsilon$. 又根据假设, 当 $n > N$ 时, $|\alpha_n - l| < \varepsilon$ 成立. 故当 $m > M, n > N$ 时, $|a_{m,n} - l| < 2\varepsilon$ 成立. 因为对于任意的 ε 都能够确定这样的 M, N, 所以

当 $m > \mathrm{Max}(M, N), n > \mathrm{Max}(M, N)$ 时, $|a_{m,n} - l| < 2\varepsilon$,

即

$$\lim\limits_{\substack{m \to \infty \\ n \to \infty}} a_{m,n} = l. \qquad \Box$$

[注意] 我们已经多次遇到连续变量的二重极限. 下面的式子不总成立. $\lim\limits_{(x,y) \to (a,b)} f(x, y) = \lim\limits_{x \to a}(\lim\limits_{y \to b} f(x, y))$. $\lim\limits_{x \to a}(\lim\limits_{y \to b} f(x, y)) = \lim\limits_{y \to b}(\lim\limits_{x \to a} f(x, y))$ 也同样.

例如, 只对 x 或者只对 y 连续的函数 $f(x, y)$ 不一定关于 x, y 连续 (即使 $x \to a$ 时 $f(x, y) \to f(a, y)$, 且 $y \to b$ 时 $f(a, y) \to f(a, b)$, 也不能说 $x \to a, y \to b$ 时 $f(x, y) \to f(a, b)$ (§10)).

另外, 对于二阶以上的偏微分, 微分的顺序也不是可以无条件地改变的 (§23).

微分、积分以及求无穷级数的总和都是求极限. 我们已经在 §47 和 §48 讨论了, 在某些条件下, 在连续求两个以上这样的极限时可以改变顺序. "粗暴地" 更改顺序是很危险的.

§50 二 重 级 数

由二重数列 $a_{m,n}$ 可以生成二重级数. 形式上模仿单级数 $\sum a_n$, 写成

$$s_{m,n} = \sum_{\mu=1}^{m} \sum_{\nu=1}^{n} a_{\mu,\nu}.$$

当 $\lim\limits_{\substack{m\to\infty \\ n\to\infty}} s_{m,n} = s$ 存在时, 暂时称二重级数收敛于 s, 而说到二重级数的求和方法, 我们很自然就想到 $\sum_{m=1}^{\infty}(\sum_{n=1}^{\infty} a_{m,n})$ 或者 $\sum_{n=1}^{\infty}(\sum_{m=1}^{\infty} a_{m,n})$, 等等. 这些都只是形式而已, 只不过是二重级数的一种特别求和方法而已. 在应用上最为重要的是收敛性与顺序无关的情况, 即绝对收敛的情况.

我们把第一象限的正整数点 (m,n) 的全体组成的集合命名为 K, 把 K 的各点附加上序号, 就形成一个无穷点列. K 就是所谓的可数集合.

下面的图 4-6 就是附加了刚才所说的序号的点集合的例子.

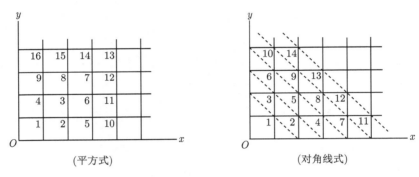

图 4–6

一般地, 有逐渐增大的 K 的有限集合组成的一列

$$K_1 \subset K_2 \subset \cdots \subset K_p \subset \cdots .$$

于是 K 的任意点 (m,n) 一定属于某个 K_p, 从而包含于 $q > p$ 的所有 K_q 之中. 这种情况似乎说明 K_p 单调收敛于 K. 设此时属于 K_p 的正整数点的数量为 k_p, 首先, 属于 K_1 的点分别附带从 1 到 k_1 的序号, 下面把属于 K_2 而不属于 K_1 的点分别附带序号 $k_1 + 1$ 到 k_2, 于是把 K 中的点变成一列点. 在上面的第一个例子中, 满足 $\mathrm{Max}(m,n) \leqslant p$ 的点组成 K_p, 而第二个例子中, 满足 $m + n \leqslant p + 1$ 的点组成 K_p. 如此这般把 K 的点列出的方法有很多. 事实上, 形成一个点列之后, 把它的顺序作任意的改变就生成其他的列. 这是显然的. 接下来, 对于 K 的某个点列化, 设 (m,n) 的序号是 p, 且写成

$$a_{m,n} = b_p,$$

于是二重级数 $\sum a_{m,n}$ 变成单级数 $\sum b_p$. 设像这样生成的一个级数 $\sum b_p$ 绝对收

敛. 如果它的和是 s, 则即使 $\sum b_p$ 的项的顺序发生改变, 它的和也不发生变化, 因此对于 $\sum a_{m,n}$ 的一个任意序列化, s 都是一定的. 此时我们称二重级数 $\sum a_{m,n}$ 绝对收敛于和 s. 在这一意义下, 绝对收敛的判别条件就是 $|a_{m,n}|$ 的有限部分和一致有界, 即

$$\sum_{\mu,\nu=1}^{n} |a_{\mu,\nu}| < M$$

对与 n 无关的常数 M 一定成立.

在绝对收敛的情况下, 如前面陈述的那样, 设集合列 K_p 单调地收敛于 K, 设对属于 K_p 的点 (m,n), $a_{m,n}$ 的和是

$$s_p = \sum_{K_p} a_{m,n},$$

则有

$$\lim_{p\to\infty} s_p = s.$$

如上所示, 根据集合列 K_p 的点列化, 实现 K 的点列化, 从而把 $\sum a_{m,n}$ 变成 $\sum b_p$, 设 s_p 是 $\sum b_p$ 的部分和, 于是上面的式子就是显然的了. 设 $\sum a_{m,n}$ 是对角线式排列,

$$s = a_{11} + (a_{12} + a_{21}) + (a_{13} + a_{22} + a_{31}) + \cdots$$

就是作为总和的一个例子.

我们更感兴趣的是, 把 K 分割成无数个无限集合, 求 $\sum a_{m,n}$ 和的方法. 现在把这样的分割写成如下形式 (简略式)

$$K = H_1 + H_2 + \cdots + H_p + \cdots$$

即 H_p 可以包含无数个整数点, 各点 (m,n) 一定属于其中某个且只属于一个 H_p.

在绝对收敛的情况下, 关于 H_p 的子级数显然也是绝对收敛. 设其和是

$$\sigma_p = \sum_{H_p} a_{m,n},$$

这个和是对属于 H_p 的所有整数点求和. 于是

$$\sum_{p=1}^{\infty} \sigma_p = \sigma_1 + \sigma_2 + \cdots = s. \tag{1}$$

例如, 按照 $a_{m,n}$ 的行的求和是 $\sum_{m=1}^{\infty}(\sum_{n=1}^{\infty} a_{m,n})$, 按列的求和是 $\sum_{n=1}^{\infty}(\sum_{m=1}^{\infty} a_{m,n})$, 它们都是 (1) 的一种特殊情况. 这已经在前面讲过了 (§43).

上面所考察的诸事项对于三重以上的级数 $\sum a_{m,n,p,\cdots}$ 也适用. 另外, 下标 $m,$ $n,p,\cdots$ 只要是区间 $(-\infty,\infty)$ 上的整数即可. 一般地, 我们可以利用同样的方法考虑对应于属于 n 元空间 K 中的整数点 $P=(x_1,x_2,\cdots,x_n)$ 的级数 $\sum_P a_P$ 的绝对收敛性, 其中 x_i 是整数. 讨论的根据都是 K 的整数点可以变成单下标点列 $(P_1,P_2,\cdots)$.

我们已经在前面描述了单下标点列化的方法. 举一个例子, 如满足

$$\mathrm{Max}(|x_1|,|x_2|,\cdots,|x_n|)\leqslant p$$

的点 $P=(x_1,x_2,\cdots,x_n)$ 可以组成的子集合 K_p (立方式). 满足

$$|x_1|+|x_2|+\cdots+|x_n|\leqslant p$$

的点也可以组成一个子集合 K_p (对角式).

[**注意**] 在一元的情况下, 左右都趋向无穷的级数

$$\sum_{\nu=-\infty}^{\infty} a_\nu \tag{2}$$

的收敛是指 (定义) 下面的极限存在

$$\lim_{\substack{n\to\infty\\ m\to\infty}} \sum_{\nu=-m}^{n} a_\nu,$$

即它是分别收敛的两个单级数 $\sum_{\nu=0}^{\infty} a_\nu, \sum_{\nu=1}^{\infty} a_{-\nu}$ 的和. 因此在收敛的情况下, 它的和等于

$$a_0+(a_1+a_{-1})+(a_2+a_{-2})+\cdots$$

反之却不为真. (例如 $\cdots+1-1+a_0+1-1+\cdots$ 不收敛.)

[**例 1**] (艾森斯坦级数)

$$\sum \frac{1}{(x_1^2+x_2^2+\cdots+x_n^2)^s}. \tag{3}$$

在此, x_i 是区间 $(-\infty,\infty)$ 上的整数, 除去 $(0,0,...,0)$ 这一组合, 即 $(x_1,x_2,\cdots,x_n)$ 在 n 元空间中, 对跑遍除原点外的所有整数点.

这个级数当 $s>\dfrac{n}{2}$ 时收敛, 而当 $s\leqslant\dfrac{n}{2}$ 时发散.

[**证**] 设 k 为自然数, 各坐标满足 $|x_i|\leqslant k$ 的整数点的总数是 $(2k+1)^n$, 因此这其中至少有一个整数点满足 $|x_i|=k$. 换句话说, 满足 $\mathrm{Max}(|x_1|,|x_2|,\cdots,|x_n|)=k$ 的整数点的总数是

$$T(k)=(2k+1)^n-(2k-1)^n. \tag{4}$$

因此, 此时令

$$S_m = \sum_{|x_i| \leqslant m} \frac{1}{(x_1^2 + x_2^2 + \cdots + x_n^2)^s},$$

则有

$$\sum_{k=1}^{m} \frac{T(k)}{(nk^2)^s} < S_m < \sum_{k=1}^{m} \frac{T(k)}{k^{2s}}. \tag{5}$$

接下来, 从 (4) 可以看到, $T(k)$ 是关于 k 的 $n-1$ 次正系数的多项式. 即

$$T(k) = a_0 k^{n-1} + a_1 k^{n-2} + \cdots + a_{n-1}, \quad a_i \geqslant 0. \tag{6}$$

因此由 (5) 可得到

$$S_m < a_0 \sum_{k=1}^{m} \frac{1}{k^{2s-n+1}} + a_1 \sum_{k=1}^{m} \frac{1}{k^{2s-n+2}} + \cdots + a_{n-1} \sum_{k=1}^{m} \frac{1}{k^{2s}}.$$

因此当 $2s - n + 1 > 1$ 即 $s > \dfrac{n}{2}$ 时, S_m 有界, 因此 (3) 收敛. 而当 $s \leqslant \dfrac{n}{2}$ 时, 由 (5) 和 (6) 得到

$$S_m > \frac{a_0}{n^s} \sum_{k=1}^{m} \frac{1}{k}.$$

因此 (3) 发散. □

如果把 $x_1^2 + x_2^2 + \cdots + x_n^2$ 换成下面正定二次型[1], 则上面的定理仍然成立:

$$Q(x_1, x_2, \cdots, x_n) = \sum_{p,q=1}^{m} a_{p,q} x_p x_q \quad (a_{pq} = a_{qp}),$$

即

$$\sum \frac{1}{Q(x_1, x_2, \cdots, x_n)^s}$$

当 $s > \dfrac{n}{2}$ 时收敛, 而当 $s \leqslant \dfrac{n}{2}$ 时发散.

此时 Q 的特征方程[2]

$$\begin{vmatrix} a_{11} - \lambda & a_{12} & \cdots & a_{1n} \\ a_{21} & a_{22} - \lambda & \cdots & a_{2n} \\ \cdots\cdots\cdots\cdots\cdots\cdots\cdots\cdots\cdots\cdots\cdots\cdots \\ a_{n1} & a_{n2} & \cdots & a_{nn} - \lambda \end{vmatrix} = 0$$

[1] 参考《代数学讲义 (修订版)》, 高木贞治著, 第 304 页.
[2] 参考《代数学讲义 (修订版)》, 高木贞治著, 第 310 页.

的根 (Q 的特征值) 都是正的, 设其中的最小值为 λ_1, 最大值为 λ_2, 则

$$\lambda_1 \leqslant \frac{Q(x_1, x_2, \cdots, x_n)}{x_1^2 + x_2^2 + \cdots + x_n^2} \leqslant \lambda_2.$$

因此 $\sum Q^{-s}$ 和 $\sum (x_1^2 + x_2^2 + \cdots + x_n^2)^{-s}$ 同时收敛或者同时发散.

例如, 设 $ax^2 + 2bxy + cy^2$ 是正定二次型 $(a > 0, c > 0, ac - b^2 > 0)$, 则跑遍所有整数点 $(x, y) \neq (0, 0)$ 的级数

$$\sum \frac{1}{(ax^2 + 2bxy + cy^2)^s} \quad 在 \quad \begin{cases} s > 1 \text{ 时收敛,} \\ s \leqslant 1 \text{ 时发散.} \end{cases}$$

[例 2] 下面给出一个非绝对收敛的例子, 看一下开尔文 (Kelvin) 使用过的级数

$$\sum \frac{(-1)^{m+n} mn}{(m+n)^2} \quad (m, n = 1, 2, 3, \cdots).$$

在 $1 = \Gamma(2) = \int_0^\infty e^{-x} x \mathrm{d}x$ 中, 把积分变量换成 mx, 则有

$$\frac{1}{m^2} = \int_0^\infty e^{-mx} x \mathrm{d}x,$$

所以上述级数的一般项是

$$a_{m,n} = (-1)^{m+n} \int_0^\infty mn e^{-(m+n)x} x \mathrm{d}x.$$

从而

$$s_{m,n} = \int_0^\infty \sum_{\mu, \nu} (-1)^{\mu+\nu} \mu \nu e^{-(\mu+\nu)x} x \mathrm{d}x \quad (\mu = 1, 2, \cdots, m; \nu = 1, 2, \cdots, n)$$

$$= \int_0^\infty \left(\sum_\mu (-1)^\mu \mu e^{-\mu x} \right) \left(\sum_\nu (-1)^\nu \nu e^{-\nu x} \right) x \mathrm{d}x$$

$$= \int_0^\infty \varphi(m, x) \varphi(n, x) \frac{x e^{-2x} \mathrm{d}x}{(1 + e^{-x})^4},$$

其中

$$\varphi(m, x) = 1 + (-1)^{m-1} \{(m+1)e^{-mx} + m e^{-(m+1)x}\}^{①}$$

---

① 这个式子可通过对 $1 + x + x^2 + \cdots + x^n = \dfrac{1 - x^{n+1}}{1 - x}$ 微分而得到, 即通过

$$1 + 2x + 3x^2 + \cdots + nx^{n-1} = \frac{1 - (n+1)x^n + nx^{n+1}}{(1-x)^2}$$

得到. 对此用 $-e^{-x}$ 替换 x 得 $\sum_{\nu=1}^n (-1)^\nu \nu e^{-\nu x} = \dfrac{-e^{-x} \varphi(n, x)}{(1 + e^{-x})^2}$.

把 $\varphi(m,x) \cdot \varphi(n,x)$ 展开, $s_{m,n}$ 变成 9 个积分的和. 其中的一个是

$$\int_0^\infty \frac{\mathrm{e}^{-2x}x\mathrm{d}x}{(1+\mathrm{e}^{-x})^4} = \frac{1}{6}\left(\ln 2 - \frac{1}{4}\right)^{①} \tag{7}$$

把上面的这个积分写成 l. 下面是其他 8 个

$$\pm(m+h)\int_0^\infty \frac{\mathrm{e}^{-(m+r)x}x\mathrm{d}x}{(1+\mathrm{e}^{-x})^4}, \quad \pm(n+k)\int_0^\infty \frac{\mathrm{e}^{-(n+r)x}x\mathrm{d}x}{(1+\mathrm{e}^{-x})^4},$$

$$\pm(m+h)(n+k)\int_0^\infty \frac{\mathrm{e}^{-(m+n+r)x}x\mathrm{d}x}{(1+\mathrm{e}^{-x})^4}$$

其中 h,k 是 0 或者 1, 而 r 是 2, 3, 4. 接下来, 因为

$$\int_0^\infty \frac{\mathrm{e}^{-\mu x}x\mathrm{d}x}{(1+\mathrm{e}^{-x})^4} < \int_0^\infty \mathrm{e}^{-\mu x}x\mathrm{d}x = \frac{1}{\mu^2}$$

在 $s_{m,n}$ 中除了 (7) 以外的其余 8 项的绝对值比下式小

$$\frac{m+h}{(m+r)^2}, \quad \frac{n+k}{(n+r)^2}, \quad \frac{(m+h)(n+k)}{(m+n+r)^2},$$

从而有

$$\lim_{m\to\infty}\left(\lim_{n\to\infty} s_{m,n}\right) = \lim_{n\to\infty}\left(\lim_{m\to\infty} s_{m,n}\right) = \int_0^\infty \frac{\mathrm{e}^{-2x}x\mathrm{d}x}{(1+\mathrm{e}^{-x})^4} = l.$$

无论是行列式 $a_{m,n}$ 的横行的和, 还是它的纵列的和都收敛于相同的极限值 l. 但是这个级数非绝对收敛.

例如 $\lim_{m\to\infty} s_{m,m} = l + \dfrac{1}{16}$. 在 $s_{m,m}$ 中, 由 $\varphi(m,x)^2$ 可以生成积分

$$(m+h)(m+k)\int_0^\infty \frac{\mathrm{e}^{-(2m+r)x}x\mathrm{d}x}{(1+\mathrm{e}^{-x})^4}.$$

把上面的积分变量变换成 $\dfrac{x}{2m+r}$, 则得到

$$\frac{(m+h)(m+k)}{(2m+r)^2}\int_0^\infty \frac{\mathrm{e}^{-x}x\mathrm{d}x}{(1+\mathrm{e}^{-\frac{x}{2m+r}})^4},$$

当 $m \to \infty$ 时, 极限值等于 $\dfrac{1}{4}\int_0^\infty \dfrac{\mathrm{e}^{-x}x\mathrm{d}x}{16} = \dfrac{1}{64}$ (定理 42). 在 $s_{m,m}$ 中, 这样的积分共有 4 个, 都是正的, 所以 $s_{m,m} \to l + \dfrac{1}{16}$.

---

① 可不定积分. 令 $\mathrm{e}^{-x} = t$ 进行计算即可. 参考习题 (3) 和习题 (6).

按照同样的方法, 得到 $s_{m,m+1} \to l - \dfrac{1}{16}$.

[附记]　按照本节一开始所陈述的纯约定式的定义, $s_{m,n}$ 的极限为 $\sum a_{m,n}$, 则以任意的 b_n (例如 $b_n = n$, 或者 $b_n = (-1)^n$ 等) 构造级数

$$b_1 + b_2 + \cdots + b_n + \cdots$$
$$-b_1 - b_2 - \cdots - b_n - \cdots$$
$$+a_{11} + a_{12} + \cdots + a_{1n} + \cdots$$
$$+a_{21} + a_{22} + \cdots + a_{2n} + \cdots,$$

这个级数的收敛性以及和都不受影响. 如 $(b_n), (-b_n)$ 这样的两行 (或者两列) 在什么地方加入以及加入多少有限项结果都相同. 由此我们可以看到形式定义的不实用性.

§51　无　穷　积

由无穷数列 a_n 可以产生无穷积 $\prod_{n=1}^{\infty} a_n$, 考虑到 0 在乘法中的特殊性, 因此对收敛的定义作适当的限制是非常重要的. 首先, 因子中含有 0, 除去这个 0 之后的无穷积不收敛是没用的情况. 或者没有 0 因子, 但是积的极限等于 0 的情况 $\left(a_n = \dfrac{1}{n} \right)$ 等, 因其不方便, 所以也不列入讨论之列. 把这些特殊情况去掉, 收敛时 $\lim\limits_{n \to \infty} a_n = 1$ 是必要的. 因此开始设

$$a_n = 1 + u_n, \quad u_n \to 0,$$

考察下面的无穷积

$$p = (1 + u_1)(1 + u_2) \cdots (1 + u_n) \cdots \quad (u_n \to 0) \tag{1}$$

最简单的是下面的情况.

定理 45　在

$$|u_1| + |u_2| + \cdots + |u_n| + \cdots \tag{2}$$

收敛时, 无穷积 (1) 收敛 (从而, 无穷积 $\prod (1 + |u_n|)$ 也收敛). 我们称它绝对收敛.

在很多方面我们可以采用与有限积相同的方法对绝对收敛的无穷积加以处理. 如因子的顺序与积无关, 或者根据分配律, 我们可以把无穷积展开成无穷级数. 另外如果因子中没有 0, 积不能等于 0, 等等.

[证]　现在设

$$p_n = (1 + u_1) \cdots (1 + u_n),$$

$$v_1 = p_1, v_n = p_n - p_{n-1} = (1 + u_1) \cdots (1 + u_{n-1}) u_n, \qquad (3)$$

因此有

$$p_n = v_1 + v_2 + \cdots + v_n,$$

于是 p_n 的收敛就变成 $\sum v_n$ 的收敛. 而根据假设, 因为 (2) 收敛所以令

$$\sigma = \sum_{\nu=1}^{\infty} |u_\nu|$$

则有

$$|p_n| \leqslant \prod_{\nu=1}^{n}(1 + |u_\nu|) \leqslant \prod_{\nu=1}^{n} \mathrm{e}^{|u_\nu|} = \mathrm{e}^{\sum_{\nu=1}^{n}|u_\nu|} \leqslant \mathrm{e}^{\sigma}$$

因此由 (3) 知

$$|v_n| = |p_{n-1} u_n| \leqslant \mathrm{e}^{\sigma}|u_n|.$$

因为 (2) 收敛, 所以 $\sum |v_n|$, $\sum v_n$ 和 p_n 都收敛.

现在把 u_n 换成 $|u_n|$, 像 v_n 那样作积 V_n, 则 $\sum V_n$ 也收敛. 尽管项 V_n 是像 (3) 那样的形式积, 但是把它展开, 即使 $\sum V_n$ 是以 $|u_\alpha||u_\beta| \cdots |u_\lambda|$ 为项的级数, 但它还是收敛的. (因为 V_n 是正项和, 所以展开 V_n, 对其收敛性不产生影响.) 因此即使 $\sum v_n$ 是以 $u_\alpha u_\beta \cdots u_\lambda$ 为项的无穷级数, 它也是绝对收敛的, 它的和显然等于 p, 即这个无穷级数是根据分配律展开 $\prod(1 + u_n)$ 而得到的级数.

可以这样根据分配律把 $p = \prod(1 + u_n)$ 展开成绝对收敛的级数, 所以改变 p 的因子顺序, 对积不产生影响.

而根据假设, 从某个下标开始 $(n \geqslant N)$ 有 $|u_n| < \dfrac{1}{2}$, $1 + |u_n| \neq 0$, 所以设 $|u| < \dfrac{1}{2}$, 则有下面的结果

$$|1 + u| \geqslant \mathrm{e}^{-2|u|}, \qquad (4)$$

从而

$$\left| \prod_{n=N}^{m}(1 + u_n) \right| \geqslant \mathrm{e}^{-2\sum_{n=N}^{m}|u_n|} > 0.$$

令 $m \to \infty$, 取极限, 仍然有

$$\left| \prod_{n=N}^{\infty}(1 + u_n) \right| \geqslant \mathrm{e}^{-2\sum_{n=N}^{\infty}|u_n|} > 0.$$

因此即使不管下标 N, 只要 $1 + u_n \neq 0$, 也有

$$p = \prod_{n=1}^{\infty}(1 + u_n) \neq 0 \qquad \qquad \square$$

不等式 (4) 是一种证明的方法, 但是我们可以像下面那样而得到它. 当 $0 \leqslant x < 1$ 时, $-\ln(1-x)$ 是凸函数. 因此设 $0 < c < 1$, 则在点 $(0, c)$ 处, 有

$$-\ln(1-x) < kx, \quad k = \frac{-\ln(1-c)}{c},$$

即

$$1 - x > \mathrm{e}^{-kx}.$$

设 $c = \dfrac{1}{2}$, 则有 $k = 2\ln 2 < 2$, 因此有

$$\text{当 } 0 < x < \frac{1}{2} \text{ 时}, 1 - x > \mathrm{e}^{-2x}.$$

于是,

$$\text{如果 } 0 \leqslant |u| < \frac{1}{2}, \text{则 } |1 + u| \geqslant 1 - |u| \geqslant \mathrm{e}^{-2|u|}.$$

[注意] 当 u 是复数时, 最后的不等式也成立, 因此在定理 45 中, u_n 是复数也可以.

[例 1] 举一个例子, 黎曼的 ζ 函数 (§44)

$$\zeta(s) = \sum_{n=1}^{\infty} \frac{1}{n^s} \quad (s > 1),$$

下面我们尝试把上面的函数变成无穷积. 现在把所有素数按着大小顺序附加上名字 $p_1 = 2, p_2 = 3, \cdots$, 然后考虑无穷积

$$\prod_{\nu=1}^{\infty} \frac{1}{1 - p_{\nu}^{-s}} = \prod_{\nu=1}^{\infty} (1 + p_{\nu}^{-s} + p_{\nu}^{-2s} + \cdots), \tag{5}$$

此时

$$u_{\nu} = \frac{1}{1 - p_{\nu}^{-s}} - 1 = \frac{1}{p_{\nu}^s - 1} < \frac{2}{p_{\nu}^s},$$

因为 $\sum \dfrac{1}{p_{\nu}^s}$ 是 $\sum \dfrac{1}{n^s}$ 的一部分, 所以它收敛. 因此 (5) 的无穷积绝对收敛. 如果在 (5) 的右边机械地使用分配律, 那么就可以得到 $\sum (p_{\alpha}^a p_{\beta}^b \cdots p_{\lambda}^l)^{-s}$ (其中 $\alpha \neq \beta \neq \cdots \neq \lambda$, 而且 $a, b, \cdots, l = 0, 1, 2, \cdots$), 但是所有的自然数 n 都可以唯一地分解成素数幂, 所以在形式上它等于 $\sum \dfrac{1}{n^s}$. 为了证明实际上二者也是相等的, 我们取 (5) 左边的前 m 个因子得

$$\prod_{\nu=1}^{m} \frac{1}{1 - p_{\nu}^{-s}} = \prod_{\nu=1}^{m} (1 + p_{\nu}^{-s} + p_{\nu}^{-2s} + \cdots) = \sum{}' \frac{1}{n^s},$$

在 $\sum'$ 中的 n 是只含有小于 p_m 的素数因子的所有自然数. 因为这些自然数中包含了所有小于 p_m 的自然数, 所以设

$$\prod_{\nu=1}^{m} \frac{1}{1-p_\nu^{-s}} = \sum_{n=1}^{p_m} \frac{1}{n^s} + \sum{}'' \frac{1}{n^s},$$

于是 $\sum'' \dfrac{1}{n^s}$ 是 $\sum \dfrac{1}{n^s}$ $(n > p_m)$ 的子级数, 因此只要取充分大的 m, 上面的部分和都会变得充分小, 即

$$\zeta(s) = \prod_{\nu=1}^{\infty} \frac{1}{1-p_\nu^{-s}}.$$

[例 2]　当 $\sum u_n$ 和 $\sum u_n^2$ 收敛时, 无穷积 $\prod(1+u_n)$ 收敛.

这给出一个非绝对收敛的无穷积的例子.

[证]　根据泰勒公式,

$$\ln(1+x) = x - \frac{1}{2}x^2 + ox^2.$$

所以设

$$\ln(1+x) = x - \theta x^2, 即 \ 1+x = \mathrm{e}^{x-\theta x^2},$$

于是当 $x \to 0$ 时, $\theta \to \dfrac{1}{2}$.

此时设

$$1 + u_n = \mathrm{e}^{u_n - \theta_n u_n^2},$$

则因为 $\sum u_n$ 收敛, 所以 $u_n \to 0$, 因此 θ_n 有界. 于是 $-\sum \theta_n u_n^2$ (绝对) 收敛. 设 $s = \sum u_n, t = -\sum \theta_n u_n^2$, 则有

$$\prod_{1}^{m}(1+u_n) = \mathrm{e}^{\sum_1^m u_n} \mathrm{e}^{-\sum_1^m \theta_n u_n^2}.$$

所以令 $m \to \infty$ 时, 取极限, 有

$$p = \prod_{1}^{\infty}(1+u_n) = \mathrm{e}^s \cdot \mathrm{e}^t.$$

$\square$

如果 $s = \sum u_n$ 非绝对收敛, 当改变因子的顺序时, s 则随着 p 而改变, 因此收敛性丧失.

当 u_n 是某个区域内的变量的函数时, 我们就可以考虑无穷积 $\prod(1+u_n)$ 的一致收敛的问题. 为了简单, 在此我们陈述一下在应用方面很重要的情况.

定理 46 设 u_n 在闭区域 K 内连续, 且 $\sum |u_n|$ 一致收敛. 则无穷积 $p = \prod(1 + u_n)$ 在 K 内一致收敛, 因此连续.

[证] 根据假设, $\sum |u_n|$ 在 K 上连续 (定理 40, (A)), 因此设它的最大值是 σ, 同前面一样, 对于任意的 n, 有

$$|p_n| \leqslant \prod_{\nu=1}^{n}(1 + |u_\nu|) \leqslant \prod_{\nu=1}^{n} \mathrm{e}^{|u_\nu|} = \mathrm{e}^{\sum_{\nu=1}^{n} |u_\nu|} \leqslant \mathrm{e}^{\sigma},$$

$$|p_n - p_{n-1}| = |p_{n-1} u_n| \leqslant \mathrm{e}^{\sigma} |u_n|.$$

而 $\sum |u_n|$ 一致收敛, 与变量无关, 有

$$当 \ n > N \ 时, \sum_{n>N} |u_n| < \varepsilon.$$

于是

$$\sum_{\nu>N} |p_\nu - p_{\nu-1}| < \mathrm{e}^{\sigma} \varepsilon.$$

而 e^{σ} 是确定的常数, ε 是任意的, 所以

$$p = p_1 + (p_2 - p_1) + \cdots + (p_n - p_{n-1}) + \cdots$$

一致收敛, 从而是连续的. □

§52 幂　级　数

幂级数指的是形如 $\sum_{n=0}^{\infty} a_n(x - \alpha)^n$ 的级数, 但是我们讨论用 x 取代 $x - \alpha$ 后, 所形成的下面的级数:

$$\sum a_n x^n. \tag{1}$$

我们把这一级数称作 x 的幂级数, 一般地, 略记作 $P(x)$. 幂级数是分析学中最重要的级数.

关于幂级数的收敛, 下面给出的阿贝尔定理 (1826 年) 是基本的定理.

定理 47 如果幂级数 (1) 在 $x = x_0$ 处收敛, 那么对于满足 $|x| < |x_0|$ 的所有 x 的值, 它绝对收敛, 而且在 $|x| < |x_0|$ 中的任意闭区域内一致收敛.

[证] 根据假设, $\sum a_n x_0^n$ 收敛, 因此 $\lim\limits_{n \to \infty} a_n x_0^n = 0$. 所以设 M 是任意的正数, 对于充分大的 n 总有 $|a_n x_0^n| < M$.

现在设 $0 < \theta < 1$, 如果 $|x| \leqslant \theta |x_0|$, 则

$$|a_n x^n| \leqslant |a_n x_0^n| \theta^n < M \theta^n.$$

从而有

$$\sum_{\nu=n}^{m} |a_\nu x^\nu| < \frac{M\theta^n}{1-\theta} \to 0.$$

所以 (1) 在闭区域 $|x| \leqslant \theta |x_0|$ 内绝对收敛且一致收敛.　　　　　　□

[注意 1]　从上面的证明我们可以看到, 在 $x = x_0$ 处, 即使 (1) 不收敛, 当 $|a_n x_0^n| < M$ 时, 即只要 $a_n x_0^n$ 有界, 定理仍然成立.

定理 47 在幂级数 $P(x)$ 的系数 a_n 以及变量 x 是复数的情况下仍然成立. 有对于所有 x 的值收敛的幂级数, 也有对于 $x = 0$ 之外的所有值发散的幂级数, 除此之外, 如果幂级数对于某个 x 的值发散, 那么对于绝对值大于这个值的所有 x 发散 (上面定理的对偶定理). 因此使这个幂级数收敛的 $|x|$ 的值有上确界. 设这个上确界为 r, 则当 x 在以原点为中心, 以 r 为半径的圆内时, 幂级数收敛, 而当 x 在这个圆的外面时, 级数发散. 我们把这个圆称为幂级数的**收敛圆**. 它的半径 r 称作**收敛半径**. 如果幂级数对于任意的 x 收敛, 令 $r = \infty$, 在 $x = 0$ 以外不收敛时, 令 $r = 0$.

定理 48　**[柯西--阿达马定理]**　幂级数 $\sum a_n x^n$ 的收敛半径 r 有下面的值:

$$\frac{1}{r} = \overline{\lim_{n\to\infty}} \sqrt[n]{|a_n|}.$$

[证]　设 $l = \overline{\lim_{n\to\infty}} \sqrt[n]{|a_n|}$, 则有

$$\overline{\lim_{n\to\infty}} \sqrt[n]{|a_n x^n|} = l|x|.$$

所以如果 $l|x| < 1$, 则 $\sum |a_n x^n|$ 收敛; 如果 $l|x| > 1$, 则 $\sum |a_n x^n|$ 发散 (§44). 因此如果设收敛半径为 r, 则 $r = \frac{1}{l}$. 特别地, 如果 $l = 0$, 则对于任意的 x, 级数 $\sum a_n x^n$ 收敛, 因此 $r = \infty$. 如果 $l = \infty$ 且 $x \neq 0$ 时, 则级数 $\sum a_n x^n$ 发散, 所以 $r = 0$.　　　　　　□

[注意 2]　当 $\lim_{n\to\infty} \frac{|a_{n+1}|}{|a_n|} = l$ 存在时, $r = \frac{1}{l}$; 如果 $l = 0$, 则 $r = \infty$, 如果 $l = \infty$, 则 $r = 0$ (§44). 这个判别法用起来通常很方便.

如果把幂级数 $f(x) = \sum_{n=0}^{\infty} a_n x^n$ 逐项微分, 则得到

$$f'(x) = \sum_{n=1}^{\infty} n a_n x^{n-1}. \tag{2}$$

在幂级数 (1) 收敛, 且 (2) 右边的幂级数一致收敛的区域内, 上面的作法才是正确的 (定理 40). 因此级数 (2) 和原级数 (1) 有相同的收敛半径. 事实上, 把 (2) 的各

项乘以 x 对它的收敛性不产生影响, 因此我们可以考虑

$$\varlimsup_{n \to \infty} \sqrt[n]{n|a_n|},$$

因为 $\sqrt[n]{n} \to 1$, 所以显然上式等于 $\varlimsup \sqrt[n]{|a_n|}$. 因此在幂级数的收敛圆内, 我们可以对它进行任意次的逐项微分, 由此而生成的幂级数全都与原来的级数有相同的收敛半径.

把上面的陈述概括为下面的定理.

定理 49　　幂级数 $\sum a_n x^n$ 是收敛圆内 x 的连续函数. 设这一函数为 $f(x)$, 则 $f(x)$ 任意阶可微, 即

$$f^{(k)}(x) = \sum_{n=k}^{\infty} n(n-1) \cdots (n-k+1) a_n x^{n-k} = k! a_k + \cdots,$$

从而

$$a_k = \frac{f^{(k)}(0)}{k!},$$

于是

$$f(x) = \sum a_n x^n$$

是 $f(x)$ 的泰勒级数展开.

因此如果 $f(x)$ 被展开成幂级数, 则这一展开是唯一的, 即如果 $f(x) = \sum a_n x^n = \sum b_n x^n$, 则 $a_n = b_n = \dfrac{f^{(k)}(0)}{n!}$.

我们称这一定理为**幂级数的唯一性定理**.

[**注意 1**]　　如下所示, 利用初等的方法就可以证明定理 49.

(1°) 设 x $(x \neq 0)$ 是 $\sum a_n x^n$ 收敛圆内的一点, 取同一收敛圆内满足 $|x_0| > |x|$ 的点 x_0, 设 $|x_0|/|x| = k > 1$. 因此当 $n \to \infty$ 时, 对于 $a_n \neq 0$ 的项有

$$\frac{|n a_n x^{n-1}|}{|a_n x_0^n|} = \frac{n}{k^n} \frac{1}{|x|} \to 0,$$

即上式左边的比有界. 而 $\sum |a_n x_0^n|$ 收敛, 所以 $\sum |n a_n x^{n-1}|$ 也收敛 (§44, (IV)). 反之, 使 $\sum |n a_n x^n|$ 收敛的点显然也使 $\sum |a_n x^n|$ 收敛.

(2°) 定理 40 中的 (C) 是由 (B) 导出的, 因此对于幂级数, 它的逐项可微性可以直接而简单地证明. 现在, 设 $f(x) = \sum a_n x^n$ 的收敛半径为 r, x 和 $x+h$ 为收敛圆内的两点. 即设 $|x| < \rho < r$, $|x+h| \leqslant \rho < r$. 因此

$$\frac{f(x+h) - f(x)}{h} = \sum_{n=0}^{\infty} a_n \frac{(x+h)^n - x^n}{h}$$

$$= \sum_{n=1}^{\infty} a_n \{(x+h)^{n-1} + (x+h)^{n-2} x + \cdots + x^{n-1}\}. \qquad (3)$$

级数 (3) 的一般项的绝对值不超过 $n|a_n|\rho^{n-1}$. 而 $\rho < r$, 所以 $\sum n|a_n|\rho^{n-1}$ 收敛. 因此 (3) 对于满足 $|h| \leqslant \rho - |x|$ 的 h 一致收敛, 因此关于 h 是连续的. 当 $h \to 0$ 时, 取极限得

$$f'(x) = \lim_{h \to 0} \frac{f(x+h) - f(x)}{h} = \sum_{n=1}^{\infty} n a_n x^{n-1}.$$

[注意 2]　如上所述, 设收敛幂级数表示的函数为 $f(x)$, 但是如果反过来, 先给定了函数 $f(x)$, 这个函数在某点 (简单地说, 比如是 $x = 0$) 任意阶可微, 那么麦克劳林级数可写成

$$a_0 + a_1 x + a_2 x^2 + \cdots, \quad a_n = \frac{f^{(n)}(0)}{n!}.$$

当这个级数收敛时, 它表示的函数与 $f(x)$ 相等吗? 这还没有被证明. 举一个例子

$$f(x) = \mathrm{e}^{-\frac{1}{x^2}} \ (x \neq 0), \quad f(0) = 0.$$

于是当 $x \neq 0$ 时, 有

$$f'(x) = \frac{2}{x^3} \mathrm{e}^{-\frac{1}{x^2}}, \quad \text{一般地 } f^{(n)}(x) = \frac{G_n(x)}{x^{3n}} \mathrm{e}^{-\frac{1}{x^2}},$$

其中上式中的 $G_n(x)$ 是 $2(n-1)$ 次多项式. 因此 $\lim\limits_{x \to 0} f^{(n)}(x) = 0$, 事实上, 根据 $f(x)$ 的定义, $f^{(n)}(0) = 0$ (定理 23). 此时由 $f(x)$ 生成的幂级数 $\sum a_n x^n$ 总等于 0. 在 $x = 0$ 以外, 这个级数不能表示函数 $f(x)$, 即 $\mathrm{e}^{-\frac{1}{x^2}}$. 由泰勒公式, 不考虑剩余项, 就给不出泰勒级数, 这并不奇怪.

幂级数 $P(z)$ 是收敛圆内的点 z 的连续函数, 对于收敛圆的圆周上的点, 判断幂级数的收敛性一般来说是很难的. 对于圆周上各点, 有的幂级数发散, 而有的幂级数收敛, 或者对于某些点是收敛的, 而对另外某些点又是发散的.

例如下列的幂级数

$$1 + z + z^2 + \cdots + z^n + \cdots \qquad (4)$$

$$1 + \frac{z}{1} + \frac{z^2}{2} + \cdots + \frac{z^n}{n} + \cdots \qquad (5)$$

$$1 + \frac{z}{1^2} + \frac{z^2}{2^2} + \cdots + \frac{z^n}{n^2} + \cdots \qquad (6)$$

它们的收敛半径都是 1, 在收敛圆周上 ($|z| = 1$), (4) 总是发散的, (5) 在除了 $z = 1$ 之外的其他点处收敛, (6) 则总是收敛的 (绝对收敛).

对于收敛的情况, 阿贝尔证明了下面的著名定理.

定理 50 [阿贝尔定理]　如果幂级数 $f(z) = \sum a_n z^n$ 在收敛圆周上的点 $z = \zeta$ 处是收敛的, 那么当 z 沿着半径向 ζ 靠近时, 有

$$\lim_{z \to \zeta} f(z) = \sum_{n=0}^{\infty} a_n \zeta^n.$$

[注意]　这个定理不是显然的, 上面的等式详细写出就是如下形式

$$\lim_{z \to \zeta} \left(\lim_{n \to \infty} \sum_{\nu=0}^{n} a_\nu z^\nu \right) = \lim_{n \to \infty} \left(\lim_{z \to \zeta} \sum_{\nu=0}^{n} a_\nu z^\nu \right),$$

我们不能随意改变上式中两个 lim 的顺序, 其原因我们已经陈述过了. 定理 50 的意思就是, 如果能够确定右边的极限值, 那么也能确定左边的极限值, 而且与右边的极限值相等. 反过来就不一定为真. 也就是说, 即使能够确定左边的极限值, 上面的等式也不一定成立.

例如, 在级数

$$\frac{1}{1+z} = 1 - z + z^2 - \cdots \quad (|z| < 1)$$

中, $\lim\limits_{z \to 1} \dfrac{1}{1+z} = \dfrac{1}{2}$, 而 $z = 1$ 时, 上式右边不收敛.

[证]　设 $z = \zeta x$, 级数 $\sum a_n z^n = \sum a_n \zeta^n x^n$ 是 x 的幂级数, 它的收敛半径是 1, $z = \zeta$ 对应于 $x = 1$. 从而问题就变得简单了, 开始设

$$f(x) = \sum a_n x^n$$

的收敛半径为 1, 并假设

$$A = a_0 + a_1 + a_2 + \cdots$$

收敛, 只需证明 $\lim_{x \to 1} f(x) = A$.

引用阿贝尔级数的变形 (§45, (Ⅷ)). 因为 $\sum a_n$ 收敛, 所以对应于 $\delta > 0$, 有 n 使得

$$\sigma_m = \sum_{\nu=n}^{n+m} a_\nu, \quad |\sigma_m| < \delta \quad (m = 0, 1, 2, \cdots).$$

因此, 如果 $0 \leqslant x \leqslant 1$, 则 $x^n \geqslant x^{n+1}$, 所以

$$\left| \sum_{\nu=n}^{n+m} a_\nu x^\nu \right| = |\sigma_0(x^n - x^{n+1}) + \cdots + \sigma_{m-1}(x^{n+m-1} - x^{n+m}) + \sigma_m x^{n+m}|$$

$$\leqslant \delta x^n \leqslant \delta.$$

因此, $f(x) = \sum_{n=0}^{\infty} a_n x^n$ 在 $0 \leqslant x \leqslant 1$ 时一致收敛, 从而是连续的, 所以有 $\lim_{x \to 1} f(x) = f(1) = \sum a_n = A$.　　　　□

[附记] 级数 $A = \sum a_n, B = \sum b_n(n = 0, 1, \cdots)$ 收敛时, 设 $C = \sum c_n, c_n = \sum a_p b_q (p + q = n)$, 于是级数 $A(x) = \sum a_n x^n, B(x) = \sum b_n x^n$ 在 $|x| < 1$ 时绝对收敛, 因此 $C(x) = \sum c_n x^n = A(x)B(x)$. 又根据阿贝尔定理, 当 $x \to 1$ 时, $A(x) \to A, B(x) \to B$, 而且如果 C 收敛, 则 $C(x) \to C$. 即如果 A, B, C 收敛, 则 $AB = C$, 其中 a_n, b_n 是复数也可以.

下面给出几个幂级数的例子.

[例 1] 最简单的一个例子是几何级数

$$\frac{1}{1-x} = 1 + x + x^2 + \cdots + x^n + \cdots,$$

它的收敛半径是

$$r = 1.$$

从 0 到 $x(|x| < 1)$ 积分得

$$-\ln(1-x) = x + \frac{x^2}{2} + \frac{x^3}{3} + \cdots + \frac{x^n}{n} + \cdots, \tag{7}$$

如果将 x 变成 $-x$, 则得

$$\ln(1+x) = x - \frac{x^2}{2} + \frac{x^3}{3} - \cdots + (-1)^{n-1} \frac{x^n}{n} + \cdots, \tag{8}$$

把 (7) 和 (8) 加起来得

$$\frac{1}{2} \ln \frac{1+x}{1-x} = x + \frac{x^3}{3} + \frac{x^5}{5} + \cdots + \frac{x^{2n+1}}{2n+1} + \cdots. \tag{9}$$

上面这个级数的收敛半径也是 1 (定理 48 后面的 [注意 2]). 另外有下面的级数

$$\frac{1}{1+x^2} = 1 - x^2 + x^4 - \cdots, \quad |x| < 1.$$

对上面级数积分得

$$\text{Arctan } x = x - \frac{x^3}{3} + \frac{x^5}{5} - \cdots, \quad |x| < 1. \tag{10}$$

[附记] π 的计算 级数 (10) 在 $x = 1$ 时收敛. 因此根据定理 50 得到

$$\frac{\pi}{4} = 1 - \frac{1}{3} + \frac{1}{5} - \frac{1}{7} + \cdots, \quad (\text{莱布尼茨级数}).$$

这个级数收敛得非常缓慢, 因此不适于 π 的计算. 又设 $\tan \alpha = \dfrac{1}{5}$, 则 4α 接近 $\dfrac{\pi}{4}$ (按照六十进制计算, α 约等于 11°19′). 下面实际计算一下,

$$\tan 2\alpha = \frac{5}{12}, \quad \tan 4\alpha = 1 + \frac{1}{119}, \quad \tan\left(4\alpha - \frac{\pi}{4}\right) = \frac{\tan 4\alpha - 1}{\tan 4\alpha + 1} = \frac{1}{239},$$

从而

$$\frac{\pi}{4} = 4 \operatorname{Arctan} \frac{1}{5} - \operatorname{Arctan} \frac{1}{239}, \quad (\text{Machin}, 1706)$$

所以

$$\pi = 16 \left(\frac{1}{5} - \frac{1}{3 \times 5^3} + \frac{1}{5 \times 5^5} - \cdots \right) - 4 \left(\frac{1}{239} - \frac{1}{3 \times 239^3} + \cdots \right). \quad (11)$$

上面这个级数收敛速度快. 下面我们利用 (11), 计算 π 到小数点后 5 位, 计算如下

$$\frac{16}{5} = 3.200\,000 \qquad [1]$$

$$\frac{16}{5^3} = 0.128\,000 \quad \Big| \quad \div 3 = 0.042\,666 \quad [2] \qquad 0.042\,666$$
$$\qquad\qquad\qquad\qquad\qquad\qquad\qquad\qquad\qquad 0.000\,029$$
$$\qquad\qquad\qquad\qquad\qquad\qquad\qquad\qquad\quad \underline{0.016\,736}$$

$$\frac{16}{5^5} = 0.005\,120 \quad \Big| \quad \div 5 = 0.001\,024 \quad [3] \qquad 0.059\,431 \qquad [2] + [4] + [6]$$

$$\qquad\qquad\qquad\qquad\qquad\qquad\qquad\qquad 3.201\,024 \qquad [1] + [3]$$

$$\frac{16}{5^7} = 0.000\,204 \quad \Big| \quad \div 7 = 0.000\,029 \quad [4] \qquad \underline{-0.059\,431} \qquad -([2] + [4] + [6])$$
$$\qquad\qquad\qquad\qquad\qquad\qquad\qquad\qquad 3.141\,593$$

$$\frac{16}{5^9} = 0.000\,008 \quad \Big| \quad \div 9 = 0.000\,000 \quad [5]$$

$$\frac{4}{239} = 0.016\,736 \qquad [6]$$

$$\frac{4}{239^3} = 0.000\,000 \qquad [7]$$

上面级数 (11) 中的两个级数都是交错级数, 因此, 由于省略了某项以后的项而产生的绝对误差小于被省略的第一项 (§45). 在上面的计算中从 [5] 和 [7] 可以看到, 误差在末位 $+2$ 以内. 另外 [1] 和 [3] 是正确的, 从 [2], [4], [6] 开始产生末位 -3 以内的误差. 因此如果设 $\pi = 3.141\,593$, 误差在末位是 $+2$ 到 -3 之间.

　　威廉・尚克斯 (William Shanks) 利用 Machin 的式子计算 (1873 年) π 到小数点后 707 位, 之后, 弗格森 (D. F. Ferguson) 发现 (1947 年) 尚克斯的计算从 527 位以后有计算错误. 1949 年, 冯・诺依曼利用电子计算机计算了 π 和 e 的足够位数, 这表明了他对掌握数字分布的无规则性的统计标准的可能性感兴趣. 以此为契机, 1950 年 6 月, ENIAC 计算了 e 和 π 到小数点后 2000 多位, 并且确认了已经计算出来的 π 的前 808 位是一致的. *MTAC(Mathematical Tables and other*

*Aids of Computations*①) vol.4.1950.pp.14–15 上, 登载了 ENIAC 计算的 π 的值到小数点后 2035 位, e 的值到小数点后 2010 位. 之后伴随着计算机的快速发展, 不仅仅局限于 π, 对数之类的计算只要想做的话, 也可以计算到小数点后一万位, 并且还包括验算. π 的前 30 位是 π = 3.141 592 653 589 793 238 462 643 383 279.

对数计算用到了 (9), 在 (9) 中设 $x = \dfrac{1}{2n+1}(n \geqslant 1)$, 则有

$$\ln(n+1) - \ln n = 2\left\{\frac{1}{2n+1} + \frac{1}{3(2n+1)^3} + \frac{1}{5(2n+1)^5} + \cdots\right\}. \tag{12}$$

上面的级数当 n 充分大时, 迅速收敛.

设 $n = 1$, (可以取到 13 项) 得

$$\ln 2 = \frac{2}{3}\left(1 + \frac{1}{3 \times 9} + \frac{1}{5 \times 9^2} + \cdots\right) = 0.693\ 147\ 180\ 559\ 9.$$

在 (12) 中, 设 $n = 4$, 得

$$\ln 5 = 2\ln 2 + \frac{2}{9}\left(1 + \frac{1}{3 \times 81} + \frac{1}{5 \times 81^2} + \cdots\right).$$

此时可以得到 6 项

$$\ln 5 = 1.609\ 437\ 912\ 434\ 0.$$

由此得

$$\ln 10 = \ln 2 + \ln 5 = 2.302\ \ 585\ 092\ 993\ 9,$$

$$M = \frac{1}{\ln 10} = 0.434\ 294\ 481\ 903\ 3.$$

M 是常用对数的模, 即

$$\log_{10} x = M \ln x.$$

关于这个常用对数, 由 (12) 得

$$\log_{10}(n+1) - \log_{10} n = 2M\left\{\frac{1}{2n+1} + \frac{1}{3(2n+1)^3} + \frac{1}{5(2n+1)^5} + \cdots\right\}. \tag{13}$$

现在在求 1 到 10^5 的整数的常用对数时, 只要计算 5 位整数的对数即可 (例如 $\log_{10} 123 = -2 + \log_{10} 12300$). 此时, 只取 (13) 中右边的第一项,

$$\log_{10}(n+1) - \log_{10} n = \frac{2M}{2n+1} + \varepsilon_n,$$

---

① 这一期刊从 1960 年 14 卷起改名为 *Mathematics of Computation*.

其误差 $(2M < 1, n \geqslant 10\,000)$ 满足

$$\varepsilon_n < \frac{1}{3(2n+1)^3}\left\{1+\frac{1}{(2n+1)^2}+\cdots\right\} = \frac{1}{12n(n+1)(2n+1)} < \frac{1}{24n^3} < \frac{1}{2\times 10^{13}}.$$

因此从 $n = 10\,000$ 开始, $\log_{10} n$ 逐个加上 $\dfrac{2M}{2n+1}$, 就求得 $\log_{10}(n+1)$ 的近似值, 尽管到 $n = 10^5$, 误差得到累积, 但是最坏的情况不超过 $\dfrac{1}{2\times 10^8}$ (这就是七位对数表的原理).

对数计算的其他方法是整数对数可以由素数对数求得.

在公式 (9) 中, 设 $x = \dfrac{1}{2p^2-1}, p > 1$ 则

$$\frac{1+x}{1-x} = \frac{p^2}{p^2-1}.$$

因此

$$\ln p = \frac{1}{2}\ln(p-1) + \frac{1}{2}\ln(p+1) + \frac{1}{2p^2-1} + \frac{1}{3(2p^2-1)^3} + \cdots. \tag{14}$$

因为 p 是整数, 所以可把 $p+1$ 分解成因数, 根据 (14), 我们可以求小于 p 的整数的对数, 以及作为快速收敛的级数的和的 $\ln p$. 于是如果首先计算出 $\ln 2$, 就可以依次求出所有素数的对数, 于是再根据已计算出的结果就得到所有整数的对数 (自然对数)[①].

Adams 计算了 $\ln 2, \ln 3, \ln 5, \ln 7$ 到 262 位[②].

[例 2]　超几何级数

$$F(\alpha, \beta, \gamma, x) = 1 \quad + \quad \frac{\alpha\cdot\beta}{1\cdot\gamma}x + \frac{\alpha(\alpha+1)\cdot\beta(\beta+1)}{1\cdot 2\cdot\gamma(\gamma+1)}x^2 + \cdots$$
$$+ \quad \frac{\alpha(\alpha+1)\cdots(\alpha+n-1)\cdot\beta(\beta+1)\cdots(\beta+n-1)}{n!\gamma(\gamma+1)\cdots(\gamma+n-1)}x^n + \cdots.$$

α, β 是任意 (实数或者复数) 的. γ 不是 0 也不是负整数. 如果 α 或者 β 是负整数, 则上式变成有限级数. 除此之外, 收敛半径是 1, 它是第 $n+1$ 项与第 n 项的系数比的极限.

$$\frac{(\alpha+n-1)(\beta+n-1)}{n(\gamma+n-1)} \to 1$$

当 α, β, γ 赋以各种值时, 生成很多非常著名的超几何级数, 例如

$$F(1, 1, 2; x) = 1 + \frac{x}{2} + \frac{x^2}{3} + \cdots + \frac{x^n}{n+1} + \cdots = \frac{-1}{x}\ln(1-x),$$

---

① Wolfram 表给出了 1000 以内素数的 50 位自然对数表. 这张表是少年高斯所喜爱的.

② J. C. Adams, Proc. Roy. Soc. London, 27 (1878).

$$F(-\mu, \mu, \mu, x) = 1 - \frac{\mu}{1}x + \frac{\mu(\mu-1)}{2!}x^2 - \cdots + (-1)^n \frac{\mu(\mu-1)\cdots(\mu-n+1)}{n!}x^n + -\cdots$$

这就是所谓的二项级数, 在 $|x| < 1$ 时, 表示为 $(1-x)^\mu$ (我们将在 §65 讲述它).

例如当 $\mu = -\frac{1}{2}$ 时, 把 x 换成 x^2, 得

$$\frac{1}{\sqrt{1-x^2}} = 1 + \frac{1}{2}x^2 + \frac{1 \times 3}{2^2 \times 2!}x^4 + \cdots + \frac{1 \times 3 \times \cdots \times (2n-1)}{2^n \times n!}x^{2n} + \cdots,$$

把上式积分得

$$\mathrm{Arcsin}\ x = x + \frac{1}{2}\frac{x^3}{3} + \frac{1 \times 3}{2 \times 4}\frac{x^5}{5} + \frac{1 \times 3 \times 5}{2 \times 4 \times 6}\frac{x^7}{7} + \cdots.^{①}$$

[例 3]   下面的指数级数作为对 x 的所有值都收敛的幂级数, 是一个非常有名的例子.

$$\mathrm{e}^x = \sum \frac{x^n}{n!}\quad (r = \infty).$$

根据定理 48

$$\lim \sqrt[n]{n!} = \infty.$$

于是得到除了 $x = 0$ 之外都发散的一个级数 $(r = 0)$

$$\sum n!x^n.$$

§53　指数函数和三角函数

在初等数学中, 指数函数 a^x 定义为任意指数 x 的幂. 其反函数就是对数函数 $\log_a x$. 特别地, e^x 的底 e 定义为 $\lim\limits_{n \to \infty}\left(1 + \frac{1}{n}\right)^n$. 这是指数函数的历史起源, 但是其理论相当复杂.

今天, 抛开历史, 首先只考虑已知的有理式函数, 如果考虑其积分生成的新函数, 就很自然地得到对数函数, 从而就可以得到其逆函数的指数函数.

下面我们概括地陈述一下其理论, 只要仔细思考一下, 其实这一切都很简单. 积分

$$y = \int_1^x \frac{\mathrm{d}x}{x} \tag{1}$$

定义了区间 $0 < x < \infty$ 上的 x 的连续函数 y. 因为这个函数是单调递增的 (从 $-\infty$ 到 ∞), 所以可以确定其反函数

$$x = f(y),\quad -\infty < y < \infty.$$

---

① 日本古代数学家实际上已经知道这个公式. 在此令 $x = 1/2$ 则得 $\pi/6$.

再由 (1) 得

$$\frac{\mathrm{d}y}{\mathrm{d}x} = \frac{1}{x}.$$

因此

$$f'(y) = \frac{\mathrm{d}x}{\mathrm{d}y} = x = f(y).$$

从而得

$$f(y) = f'(y) = f''(y) = f'''(y) = \cdots.$$

在 (1) 中设 $x = 1$, 则 $y = 0$, 于是有

$$f(0) = f'(0) = f''(0) = \cdots = 1.$$

从而得到下面的麦克劳林展开[①]

$$f(y) = 1 + \frac{y}{1!} + \frac{y^2}{2!} + \cdots. \tag{2}$$

这个级数关于 y 的所有值收敛 (§25).

如上所示可以得到指数函数, 替换变量记法得

$$f(x) = 1 + \frac{x}{1!} + \frac{x^2}{2!} + \cdots.$$

指数函数的性质可以从这个幂级数得到. 首先, 在泰勒展开[②]

$$f(x + y) = f(x) + \frac{y}{1!}f'(x) + \frac{y^2}{2!}f''(x) + \cdots + \frac{y^n}{n!}f^{(n)}(x) + \cdots$$

中, 对于所有的 n, 都有 $f^{(n)} = f$, 因此得

$$f(x + y) = f(x)\left(1 + \frac{y}{1!} + \frac{y^2}{2!} + \cdots + \frac{y^n}{n!} + \cdots\right).$$

于是有

$$f(x + y) = f(x) \cdot f(y).$$

重复上面的过程得

$$f(x_1 + x_2 + \cdots + x_n) = f(x_1) \cdot f(x_2) \cdots f(x_n). \tag{3}$$

---

① 固定泰勒公式余项 $\frac{f^{(n)}(\xi)}{n!}y^n = \frac{f(\xi)}{n!}y^n$ 中的 y, 则当 $n \to \infty$ 收敛于 0 因此 (2) 式成立.

② 同脚注①.

令 $x_1 = x_2 = \cdots = x_n = 1, f(1) = \mathrm{e}$ 得[①]

$$f(n) = \mathrm{e}^n.$$

这就是以自然数 n 为指数的幂 (乘开 $\mathrm{e} \cdot \mathrm{e} \cdot \cdots \cdot \mathrm{e}$), 但对于任意的 x 也使用相同的记法, 把 $f(x)$ 写成

$$\mathrm{e}^x \text{ 或者 } \exp(x).$$

我们称这样定义的函数是底 e 的任意指数 x 的幂. 于是由 (3) 得

$$\mathrm{e}^{x_1 + x_2} = \mathrm{e}^{x_1} \mathrm{e}^{x_2}.$$

如果 $c > 0$, 设

$$g(x) = f(cx) = \mathrm{e}^{cx},$$

那么由 (3) 得

$$g(x_1 + x_2) = g(x_1) g(x_2).$$

这一次设

$$g(1) = \mathrm{e}^c = a,$$

同前面一样, 由

$$a^x = g(x)$$

定义幂 a^x.

e^x 的反函数写成 $\ln x$, 因为 $c = \ln a$, 所以有

$$a^x = g(x) = f(cx) = \mathrm{e}^{x \ln a}.$$

由此确定了任意指数的幂的意义.

在历史上, 三角函数是从几何学的观点定义的. 但是我们也可从解析的角度, 根据积分来定义它. 此次我们取

$$\theta = \int_0^x \frac{\mathrm{d}x}{\sqrt{1 - x^2}}. \tag{4}$$

在区间 $-1 \leqslant x \leqslant 1$ 上, 这个积分是从 $-\tilde{\omega}$ 到 $\tilde{\omega}$ 单调递增的. 其中

$$\tilde{\omega} = \int_0^1 \frac{\mathrm{d}x}{\sqrt{1 - x^2}}.$$

---

① 即以 $\sum \dfrac{1}{n!}$ 作为 e 的定义. 无须使用复杂的 $\mathrm{e} = \lim\limits_{n \to \infty} \left(1 + \dfrac{1}{n}\right)^n$.

因此可以确定区间 $-\tilde{\omega} \leqslant \theta \leqslant \tilde{\omega}$ 上 θ 的函数 x. 我们把这个函数写成

$$x = \varphi(\theta) \quad (-\tilde{\omega} \leqslant \theta \leqslant \tilde{\omega}).$$

于是

$$\frac{\mathrm{d}\theta}{\mathrm{d}x} = \frac{1}{\sqrt{1-x^2}},$$

从而得

$$\varphi'(\theta) = \frac{\mathrm{d}x}{\mathrm{d}\theta} = \sqrt{1-x^2}.$$

为了方便起见, 设

$$\sqrt{1-x^2} = \psi(\theta),$$

于是

$$\psi'(\theta) = \frac{\mathrm{d}}{\mathrm{d}\theta}\sqrt{1-x^2} = \frac{\mathrm{d}}{\mathrm{d}x}\sqrt{1-x^2} \cdot \frac{\mathrm{d}x}{\mathrm{d}\theta} = \frac{-x}{\sqrt{1-x^2}}\sqrt{1-x^2} = -x = -\varphi(\theta),$$

因此有

$$\varphi''(\theta) = \psi'(\theta) = -\varphi(\theta),$$

$$\psi''(\theta) = -\varphi'(\theta) = -\psi(\theta).$$

由此得

$$\left.\begin{array}{ll} \varphi^{(2n)}(\theta) = (-1)^n\varphi(\theta), & \psi^{(2n)}(\theta) = (-1)^n\psi(\theta). \\ \varphi^{(2n+1)}(\theta) = (-1)^n\psi(\theta), & \psi^{(2n+1)}(\theta) = (-1)^{n+1}\varphi(\theta). \end{array}\right\} \tag{5}$$

在 (4) 中设 $x = 0$, 于是 $\theta = 0$, 从而

$$\varphi(0) = 0, \quad \psi(0) = 1.$$

由此, 利用 (5) 得到下面的麦克劳林展开 (§25):

$$\left.\begin{array}{l} \varphi(\theta) = \theta - \dfrac{\theta^3}{3!} + \dfrac{\theta^5}{5!} - \cdots, \\ \psi(\theta) = 1 - \dfrac{\theta^2}{2!} + \dfrac{\theta^4}{4!} - \cdots. \end{array}\right\} \tag{6}$$

这实际上是 $\varphi(\theta) = \sin\theta, \psi(\theta) = \cos\theta$, 其几何意义可以根据上面的定义导出.

积分 (4) 是计算 (§40) 半径为 1 的圆 $x^2 + y^2 = 1$ 的弧长得到的 (见图 4-7). 如果设 $x > 0$, 圆弧 AP 的长度是

$$\int_0^x \sqrt{1 + y'^2}\,\mathrm{d}x,$$

其中

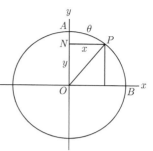

$$y = \sqrt{1 - x^2},$$

因此微分得

$$y' = \frac{-x}{\sqrt{1 - x^2}}, \quad 1 + y'^2 = \frac{1}{1 - x^2}.$$

图 4-7

所以积分 (4)

$$\theta = \int_0^x \frac{\mathrm{d}x}{\sqrt{1 - x^2}}$$

是弧 AP 的长度. 因此

$$x = \varphi(\theta) = \frac{PN}{OP}, \quad y = \psi(\theta) = \sqrt{1 - x^2} = \frac{ON}{OP}.$$

设 $x = 1$ 时, $\theta = \tilde{\omega}$, 这是弧 AB 的长度. 所以如果把圆周长写成 2π, 则

$$\tilde{\omega} = \frac{\pi}{2}.$$

这表明在 $0 \leqslant \theta \leqslant \dfrac{\pi}{2}$ 时, $\varphi(\theta), \psi(\theta)$ 等于 $\sin\theta, \cos\theta$. $\sin\theta, \cos\theta$ 的加法定理和周期性可以通过计算 (6) 而得到. 这只是单纯的计算而已, 但是为了明白其计算, 必须使用复数 (参照下节).

[附记]　上文的 $\varphi(\theta)$ 和 $\psi(\theta)$ 只是对区间 $[-\tilde{\omega}, \tilde{\omega}]$ 中的 θ 定义的, 但是麦克劳林展开 (6) 却对所有的 θ 值都收敛. 因此, 如果根据展开式 (6) 来定义 $\varphi(\theta)$ 和 $\psi(\theta)$, 那么首先要把泰勒展开[①]

$$\varphi(\alpha + \theta) = \varphi(\alpha) + \frac{\theta}{1!}\varphi'(\alpha) + \frac{\theta^2}{2!}\varphi''(\alpha) + \frac{\theta^3}{3!}\varphi'''(\alpha) + \cdots$$
$$= \varphi(\alpha) + \frac{\theta}{1!}\psi(\alpha) - \frac{\theta^2}{2!}\varphi(\alpha) - \frac{\theta^3}{3!}\psi(\alpha) + \cdots$$

的右边的偶数项和奇数项分别放到一起写出来, 即

$$\varphi(\alpha + \theta) = \varphi(\alpha)\left(1 - \frac{\theta^2}{2!} + \frac{\theta^4}{4!} - \cdots\right) + \psi(\alpha)\left(\theta - \frac{\theta^3}{3!} + \frac{\theta^5}{5!} - \cdots\right)$$
$$= \varphi(\alpha)\psi(\theta) + \psi(\alpha)\varphi(\theta).$$

① 同 218 页的脚注①.

对于 $\psi(\alpha + \theta)$ 也可以同样处理, 或者关于 α 微分, 得

$$\psi(\alpha + \theta) = \psi(\alpha)\psi(\theta) - \varphi(\alpha)\varphi(\theta),$$

即得到加法公式. 在后面的式子中以 $\theta = -\alpha$ 代入得

$$1 = \psi(\alpha)^2 + \varphi(\alpha)^2.$$

这表明在 φ 和 ψ 的定义扩张之后, 它们之间的关系仍然成立.

在上面的式子中令 $\theta = \tilde{\omega} = \dfrac{\pi}{2}$, 就可以得到三角函数的周期性, 即

$$\varphi\left(\alpha + \frac{\pi}{2}\right) = \psi(\alpha), \quad \psi\left(\alpha + \frac{\pi}{2}\right) = -\varphi(\alpha).$$

由此得

$$\varphi(\alpha + \pi) = \psi\left(\alpha + \frac{\pi}{2}\right) = -\varphi(\alpha),$$

$$\varphi(\alpha + 2\pi) = -\varphi(\alpha + \pi) = \varphi(\alpha).$$

再微分得

$$\psi(\alpha + 2\pi) = \psi(\alpha).$$

这样一来, 三角函数的诸性质不用借助几何学的帮助就可以得到.

[注意]　如果我们一定要从有理函数的积分导出三角函数, 那么从下面的积分开始比较合适,

$$\theta = \int_0^x \frac{\mathrm{d}x}{1 + x^2}, \quad (-\infty < x < \infty),$$

(即 $x = \tan\theta$), 但是, 其过程不如上面那样简单. 现在, 想象一下在微分发现之前, 如果我们不知道三角函数, 那么在进行圆弧的计算时, 就会很自然地遇到积分 (4). 青年高斯 (1797 年) 以双扭线的弧长为基础, 把 $\displaystyle\int \frac{\mathrm{d}x}{\sqrt{1 - x^4}}$ 看作 (4) 的扩张, 研究了这个积分, 结果发现了椭圆函数的线索.

§54　指数函数和三角函数的关系, 对数函数和 反三角函数

我们已经指出, 当幂级数 $\sum a_n x^n$ 的系数 a_n 和变量 x 都是复数时, 已述的关于幂级数的收敛性等法则仍然适用. 特别地, 指数级数

$$\mathrm{e}^x = \sum \frac{x^n}{n!} = 1 + \frac{x}{1!} + \frac{x^2}{2!} + \cdots$$

的收敛半径是 ∞, 因此当 x 是任意复数时, 上面的级数也绝对收敛. 于是, 它的和, 即指数函数 e^x 的定义也可以扩展到复数领域.

对于扩展后的指数函数, 加法定理

$$\mathrm{e}^{z_1+z_2} = \mathrm{e}^{z_1}\mathrm{e}^{z_2}$$

成立. 事实上, 对于任意复数 z_1, z_2, 有

$$\mathrm{e}^{z_1} \cdot \mathrm{e}^{z_2} = \sum_{m=0}^{\infty} \frac{z_1^m}{m!} \sum_{n=0}^{\infty} \frac{z_2^n}{n!} = \sum_{m,n=0}^{\infty} \frac{z_1^m z_2^n}{m!n!}.$$

把 $m+n=k$ 的各项组合到一起, 得

$$\mathrm{e}^{z_1} \cdot \mathrm{e}^{z_2} = \sum_{k=0}^{\infty} \frac{1}{k!} \sum_{n=0}^{k} \binom{k}{n} z_1^{k-n} z_2^n$$
$$= \sum_{k=0}^{\infty} \frac{(z_1+z_2)^k}{k!} = \mathrm{e}^{z_1+z_2}.$$

这些计算只有在级数是绝对收敛的情况下才是合法的 (§43, §52).

特别地, 对于复数 $z = x + y\mathrm{i}$,

$$\mathrm{e}^{x+y\mathrm{i}} = \mathrm{e}^x \mathrm{e}^{y\mathrm{i}}.$$

而

$$\mathrm{e}^{y\mathrm{i}} = 1 + \frac{y\mathrm{i}}{1!} - \frac{y^2}{2!} - \frac{y^3\mathrm{i}}{3!} + \cdots$$
$$= \left(1 - \frac{y^2}{2!} + \frac{y^4}{4!} - \cdots\right) + \mathrm{i}\left(\frac{y}{1!} - \frac{y^3}{3!} + \frac{y^5}{5!} - \cdots\right),$$

因此有

$$\mathrm{e}^{y\mathrm{i}} = \cos y + \mathrm{i}\sin y, \tag{1}$$

即

$$\mathrm{e}^z = \mathrm{e}^{x+y\mathrm{i}} = \mathrm{e}^x(\cos y + \mathrm{i}\sin y).$$

因为 x 是实数, 所以 $\mathrm{e}^x > 0$, e^z 的绝对值是 e^x, 辐角是 y. 而 $\cos y$ 和 $\sin y$ 不能同时为 0, 因此对于 z 的有限值, e^z 绝不会等于 0.

特别地, 如果 n 是整数, 由 (1) 得

$$\mathrm{e}^{2n\pi\mathrm{i}} = 1,$$

因此有

$$\mathrm{e}^{z+2n\pi\mathrm{i}} = \mathrm{e}^z,$$

即 e^z 是周期函数, $2n\pi\mathrm{i}$ 是它的周期.

　　反之, 设 ω 是 e^z 的周期, 则 $\mathrm{e}^{z+\omega} = \mathrm{e}^z$, 即 $\mathrm{e}^z\mathrm{e}^\omega = \mathrm{e}^z$. 因为 $\mathrm{e}^z \neq 0$, 所以 $\mathrm{e}^\omega = 1$. 因此设 $\omega = x + y\mathrm{i}$, 则 $\mathrm{e}^\omega = \mathrm{e}^x(\cos y + \mathrm{i}\ \sin y) = 1$. 因为 $\mathrm{e}^x > 0$, 所以它就是 e^ω 的绝对值, 即 $\mathrm{e}^x = 1$, 因此 $x = 0, \cos y + \mathrm{i}\ \sin y = 1$, 即 $y = 2n\pi$. 于是 $\omega = 2n\pi\mathrm{i}$, 即 e^z 的周期是 $2\pi\mathrm{i}$ 的整数倍, 也就是说 $2\pi\mathrm{i}$ 是基本周期.

　　在 (1) 中用 $-y$ 代替 y, 有

$$\mathrm{e}^{-y\mathrm{i}} = \cos y - \mathrm{i}\sin y.$$

把上式与 (1) 联立得

$$\cos y = \frac{\mathrm{e}^{y\mathrm{i}} + \mathrm{e}^{-y\mathrm{i}}}{2}, \quad \sin y = \frac{\mathrm{e}^{y\mathrm{i}} - \mathrm{e}^{-y\mathrm{i}}}{2\mathrm{i}}. \tag{2}$$

　　以上, 设 y 是实数, 但是在 (2) 中, 设 y 是任意的复数, 可以把 $\cos, \sin$ 扩张到复变量. 此时 $\cos, \sin$ 的加法定理以及由此而生成的许多等式也依旧成立. 例如

$$\begin{aligned}
\cos(x+y) &= \frac{\mathrm{e}^{\mathrm{i}(x+y)} + \mathrm{e}^{-\mathrm{i}(x+y)}}{2} = \frac{\mathrm{e}^{\mathrm{i}x}\mathrm{e}^{\mathrm{i}y} + \mathrm{e}^{-\mathrm{i}x}\mathrm{e}^{-\mathrm{i}y}}{2} \\
&= \frac{(\mathrm{e}^{\mathrm{i}x} + \mathrm{e}^{-\mathrm{i}x})(\mathrm{e}^{\mathrm{i}y} + \mathrm{e}^{-\mathrm{i}y})}{4} + \frac{(\mathrm{e}^{\mathrm{i}x} - \mathrm{e}^{-\mathrm{i}x})(\mathrm{e}^{\mathrm{i}y} - \mathrm{e}^{-\mathrm{i}y})}{4} \\
&= \cos x \cos y - \sin x \sin y.
\end{aligned}$$

对于 $\sin(x+y)$ 也同样.

　　但是如果扩张到复变量, 三角函数有像 (2) 那样的简略记法存在的理由.

　　在应用数学中, **双曲函数** 是如下的指数函数的合成.

$$\cos \mathrm{hyp}\ x = \frac{\mathrm{e}^x + \mathrm{e}^{-x}}{2}, \quad \sin \mathrm{hyp}\ x = \frac{\mathrm{e}^x - \mathrm{e}^{-x}}{2}. \tag{3}$$

函数记号 $\sin \mathrm{hyp}$, $\cos \mathrm{hyp}$ 略记为 $\sinh, \cosh$, 或者略记为 sh, ch; 而在德语记法中它们被略记为 $\mathfrak{sin}, \mathfrak{cos}$.

$$\tan \mathrm{hyp}\ x = \tanh x = \frac{\sinh x}{\cosh x}, \quad \cot \mathrm{hyp}\ x = \coth x = \frac{\cosh x}{\sinh x}$$

等公式也同样. 当这些函数是虚变量的三角函数时, 表示如下

$$\cosh x = \cos(\mathrm{i}x), \quad \sinh x = -\mathrm{i}\sin(\mathrm{i}x).$$

我们可以由上面这些式子导出加法定理, 即

$$\cosh(x + y) = \cos(ix + iy) = \cos ix \cos iy - \sin ix \sin iy$$
$$= \cosh x \cosh y + \sinh x \sinh y.$$

因为第二项前的符号是 i^2, 所以变成 $+$. 同样有

$$\sinh(x + y) = -i \sin(ix + iy) = -i \sin ix \cos iy - i \sin iy \cos ix$$
$$= \sinh x \cosh y + \sinh y \cosh x.$$

下面给出 $\cosh x$ 和 $\sinh x$ 的图像 (见图 4–8). $\cosh x$ 的图像是**悬链线** (cate-nary).

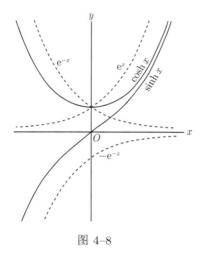

图 4–8

$\sinh, \cosh$ 的反函数可用 $\ln$ 表示. 现在设

$$x = \sinh y = \frac{e^y - e^{-y}}{2},$$

则解得 e^y,

$$e^y = x \pm \sqrt{x^2 + 1}.$$

如果 y 是实数, 则 $e^y > 0$, 所以

$$y = \ln(x + \sqrt{x^2 + 1}). \tag{4}$$

再设

$$x = \cosh y = \frac{e^y + e^{-y}}{2},$$

则

$$e^y = x \pm \sqrt{x^2 - 1}.$$

因为 $(x + \sqrt{x^2 - 1})(x - \sqrt{x^2 - 1}) = 1$, 所以有

$$y = \pm \ln(x + \sqrt{x^2 - 1}). \tag{5}$$

(4) 和 (5) 分别是 sinh 和 cosh 的反函数.

cosh 和 sinh 的反函数分别用 area cos hyp 和 area sin hyp 表示, 或者简略记为 arcosh, arsinh. 把变量写作 x, 则

$$\text{arsinh } x = \ln(x + \sqrt{x^2 + 1}), \quad \text{arcosh } x = \pm \ln(x + \sqrt{x^2 - 1}).$$

设等边双曲线 $x^2 - y^2 = 1$ 上的点 P 的坐标为 (x, y), 扇形 OAP 的面积为 $\sigma/2$ (见图 4-9), 简单地积分后得

$$\sigma = \ln(x + \sqrt{x^2 - 1}) = \ln(y + \sqrt{y^2 + 1}),$$

即

$$x = OM = \cosh \sigma, \quad y = PM = \sinh \sigma,$$
$$\sigma = 2 \times 扇形OAP = \text{arsinh } y = \text{arcosh } x.$$

由此我们可以看到三角函数和双曲函数之间的相似性. 在三角函数的情况下, 对于圆 $x^2 + y^2 = 1$, 扇形 OAP 的面积是 $\dfrac{\theta}{2}$, $OM = \cos \theta$, $PM = \sin \theta$.

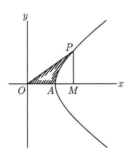 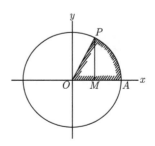

图 4-9

复变量指数函数的反函数 ln 之定义也可以扩张到复变量. 此时, $z = r(\cos \theta + i \sin \theta)$, $|z| = r$, $\arg z = \theta$, 如果

$$\ln z = u + vi$$

的意思是

$$z = \mathrm{e}^{u+vi} = r(\cos\theta + \mathrm{i}\sin\theta),$$

则由

$$\mathrm{e}^{u+vi} = \mathrm{e}^{u}(\cos v + \mathrm{i}\sin v)$$

可得

$$\mathrm{e}^{u} = r, \quad v = \theta + 2n\pi, n = 0, \pm 1, \pm 2, \cdots.$$

因为 $r > 0$, 所以可以确定实数 $u = \ln r$; 因为 n 为任意的整数, 所以无法确定 v. 因此

$$\ln z = u + vi = \ln r + \mathrm{i}(\theta + 2n\pi) = \ln|z| + \mathrm{i}\arg z, \tag{6}$$

在上式中的虚部不能唯一确定, 它可取 $2\pi\mathrm{i}$ 的任意整数倍的无限多个值. 从 e^{z} 的周期性考虑, 这是显然的. 现在, 设 $-\pi < \arg z \leqslant \pi$, 则 $\ln z$ 的虚部被限定在 $-\mathrm{i}\pi$ 和 $\mathrm{i}\pi$ 之间. 为了方便引用, 我们把这个区间称为 $\ln z$ 的**主值**, 且把它写成 $\mathrm{Ln}\, z$. 特别地, 如果 z 是实数, 当 $z > 0$ 时, $\ln z$ 的主值是实数, 而当 $z < 0$ 时, 主值的虚部是 $\pi\mathrm{i}$. 例如 $\mathrm{Ln}\,(-1) = \pi\mathrm{i}$. 同样 $\mathrm{Ln}\,\mathrm{i} = \dfrac{\pi\mathrm{i}}{2}$, $\mathrm{Ln}\,(-\mathrm{i}) = -\dfrac{\pi\mathrm{i}}{2}$, 等等.

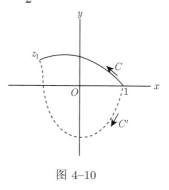

图 4–10

从 (6) 就可以看到, $\ln z$ 的多值性是由虚部 $\arg z$ 的多值性决定的. 因此, 现在在定点 $z_0(z_0 \neq 0)$ 处, 确定 $\ln z_0$ 的一个值. 用一条不通过 0 的曲线 C 把 z_0 和 z_1 连结起来, 只要 z 在这条曲线上连续地移动, 那么 $\arg z$ 也连续地发生变化, 因此就可以确定在 z_1 处 $\ln z_1$ 的值. 例如在图 4–10 中, 如果 $\ln 1 = 0$ (即 $\arg 1 = 0$), 那么 z 通过曲线到达 z_1 时, $\ln z_1$ 变成主值 $(0 < \arg z_1 < \pi)$, 如果它通过曲线 C' 到达 z_1, 则 $\ln z_1 = \mathrm{Ln}\, z_1 - 2\pi\mathrm{i}$.

[注意] 一般地, 如果把 $\arg z$ 限制在 $\alpha < \arg z \leqslant \alpha + 2\pi$ 这样的区间, 则 $\ln z$ 是确定的. 我们称它是 $\ln z$ 的一支. 等式 $\ln z_1 z_2 = \ln z_1 + \ln z_2$ 对于三个 $\ln z$ 的任意支是不成立的. 那时, 两边相差 $2\pi\mathrm{i}$ 整数倍, 即

$$\ln z_1 z_2 \equiv \ln z_1 + \ln z_2 \pmod{2\pi\mathrm{i}}.$$

例如 $z_1 = z_2 = -1, z_1 z_2 = +1$ 时, 如果上式右边的 $\ln$ 取主值, 则 $\ln(-1) = \pi\mathrm{i}$, 所以 $\ln 1 = 2\pi\mathrm{i}$. 这个结果是正确的, 但不是主值.

双曲函数的情况也一样, 可以用 $\ln$ 表示反三角函数, 即

$$x = \sin u = \frac{\mathrm{e}^{\mathrm{i}u} - \mathrm{e}^{-\mathrm{i}u}}{2\mathrm{i}}, x = \cos u = \frac{\mathrm{e}^{\mathrm{i}u} + \mathrm{e}^{-\mathrm{i}u}}{2}, x = \tan u = \frac{1}{\mathrm{i}}\frac{\mathrm{e}^{\mathrm{i}u} - \mathrm{e}^{-\mathrm{i}u}}{\mathrm{e}^{\mathrm{i}u} + \mathrm{e}^{-\mathrm{i}u}},$$

把上式关于 e^{iu} 的表达式, 变成 ln 的表达式得

$$\arcsin x = -i \ln(ix \pm \sqrt{1-x^2}),$$
$$\arccos x = -i \ln(x \pm i\sqrt{1-x^2}),$$
$$\arctan x = \frac{-i}{2} \ln \frac{1+ix}{1-ix}.$$

上面的等式在任意区间都是成立的, 特别地, arcsin 作为主值, 设

$$x = \sin\theta, \quad -\frac{\pi}{2} \leqslant \theta \leqslant \frac{\pi}{2}, -1 \leqslant x \leqslant 1,$$

则

$$\cos\theta = \sqrt{1-x^2} \geqslant 0,$$
$$\ln(\sqrt{1-x^2} + ix) = \ln(\cos\theta + i\sin\theta) = i\theta$$

是 ln 的主值. 因此

$$\theta = \text{Arcsin } x = -i \text{ Ln}(ix + \sqrt{1-x^2}).$$

如果取 $\sqrt{1-x^2}$ 的负值, 因为

$$\cos(\pi - \theta) = -\sqrt{1-x^2}, \quad \sin(\pi - \theta) = x,$$

所以有

$$\arcsin x = \pi - \text{Arcsin } x = -i \text{ Ln}(ix - \sqrt{1-x^2}).$$

如果取 ln 的其他支, 则 $\ln = \text{Ln} + 2n\pi i$, 所以 arcsin 的变化只有 $2n\pi$. 即二重符号 $\pm\sqrt{1-x^2}$ 给出了对应于 $\sin\theta$ 和 $\sin(\pi - \theta)$ 的 arcsin 的两支. 同样, 设

$$x = \cos\theta, \quad 0 \leqslant \theta \leqslant \pi, 1 \geqslant x \geqslant -1$$

如果上面的 θ 是 arccos x 的主值, 那么此时有

$$\sin\theta = \sqrt{1-x^2} \geqslant 0,$$

因此

$$\ln(x + i\sqrt{1-x^2}) = \ln(\cos\theta + i\sin\theta) = i\theta.$$

于是得

$$\text{Arccos } x = -i \text{ Ln}(x + i\sqrt{1-x^2}), \quad -\text{Arccos } x = -i \text{ Ln}(x - i\sqrt{1-x^2}).$$

ln 的其他支, 分别是由 arccos 的其他支的 $2n\pi + \text{Arccos } x$ 和 $2n\pi - \text{Arccos } x$ 生成的.

arctan 的情况略有不同, 但却变得相对简单些. 此时设

$$x = \tan\theta, \quad -\frac{\pi}{2} < \theta < \frac{\pi}{2}, \quad -\infty < x < +\infty,$$

于是有

$$1 + \mathrm{i}x = \frac{\cos\theta + \mathrm{i}\sin\theta}{\cos\theta}, \quad 1 - \mathrm{i}x = \frac{\cos\theta - \mathrm{i}\sin\theta}{\cos\theta},$$

$$\frac{1 + \mathrm{i}x}{1 - \mathrm{i}x} = \frac{\cos\theta + \mathrm{i}\sin\theta}{\cos\theta - \mathrm{i}\sin\theta} = \cos 2\theta + \mathrm{i}\sin 2\theta.$$

$$\text{Ln}\frac{1 + \mathrm{i}x}{1 - \mathrm{i}x} = 2\theta\mathrm{i}.$$

因此

$$\theta = \text{Arctan } x = \frac{-\mathrm{i}}{2}\text{Ln}\frac{1 + \mathrm{i}x}{1 - \mathrm{i}x}.$$

此时, 因为系数是 $\dfrac{-\mathrm{i}}{2}$, 所以 ln 其他支由 $\theta + n\pi$ 生成.

即使把变量限制在实数范围内, arcsin, arccos, arctan 的多值性也要受 ln 的多值性的控制.

实变量的三角函数和双曲函数只不过是复变量的指数函数的一个侧面而已, 所以这些函数的反函数都包含于对数函数之中. 此认识非常重要.

上面的所有关系, 形式上在 18 世纪就已经知晓了, 但是其重要意义只有到了 19 世纪, 在对复变量有了深入研究之后才变得明了, 从此也变得惊人地简单. 虽然它们是初等函数, 但是不把变量扩充到复数, 那么也不可能完全地进行统一处理. 我们将在第 5 章陈述其中的内容.

习　　题

(1) 设 $\sum u_n$ 是正项级数. 而 $\{a_n\}$ 是任意的正数列时, 如果对于充分大的 n 总有

$$a_n\frac{u_n}{u_{n+1}} - a_{n+1} > k \quad (k > 0),$$

则 $\sum u_n$ 收敛, 而且有

$$a_n\frac{u_n}{u_{n+1}} - a_{n+1} \leqslant 0,$$

而如果 $\sum_{n=1}^{\infty}\dfrac{1}{a_n}$ 发散, 则 $\sum u_n$ 发散 (库默尔).

特例地, 如果设 $a_n = 1, a_n = n, a_n = n\ln n$, 则可以得到已知的判别法.

(2) 求下面幂级数的收敛半径.

[1°] $\sum \dfrac{(n!)^2}{(2n)!} x^n$.　　[2°] $\sum a^{n^2} x^n$.

[解] [1°] $r = 4$.　　[2°] 根据 $|a| \geqslant 1$ 或 $|a| \leqslant 1$, 其结果不同.

(3) 如果 $a_0 > a_1 > \cdots > a_n > \cdots \to 0$, 则

$$\sum_{n=0}^{\infty} a_n \cos nx, \quad \sum_{n=0}^{\infty} a_n \sin nx$$

收敛. 但是, 对于第一个级数, 在 $x = 2k\pi$ 时, 它不收敛.

[解] 利用阿贝尔变形.

(4) 设 $a_n > 0, a_n \to 0$. 如果 $\sum a_n$ 发散, 则

$$\lim_{m \to \infty} \prod_{n=1}^{m} (1 - a_n) = 0.$$

(5) 设 $|q| < 1, Q_1 = \prod_{n=1}^{\infty}(1 + q^{2n}), Q_2 = \prod_{n=1}^{\infty}(1 + q^{2n-1}), Q_3 = \prod_{n=1}^{\infty}(1 - q^{2n-1})$, 则有

$$Q_1 Q_2 Q_3 = 1.$$

(6) 如果 $|q| < 1$, 则

$$\frac{q}{1-q} + \frac{q^3}{1-q^3} + \frac{q^5}{1-q^5} + \cdots = \frac{q}{1-q^2} + \frac{q^2}{1-q^4} + \cdots.$$

[解] 上式两边同时等于某个绝对收敛的二重级数的和.

(7) 由幂级数表示的原函数的例子.

[1°] $\displaystyle\int \frac{\sin x}{x} \mathrm{d}x = x - \frac{x^3}{3 \times 3!} + \frac{x^5}{5 \times 5!} - \cdots.$

[2°] $\displaystyle\int \mathrm{e}^{-x^2} \mathrm{d}x = x - \frac{x^3}{3 \times 1!} + \frac{x^5}{5 \times 2!} - \cdots.$

[3°] $\displaystyle\int \frac{\mathrm{e}^x}{x} \mathrm{d}x = \ln x + \frac{x}{1 \times 1!} + \frac{x^2}{2 \times 2!} + \cdots.$

(8) 在微分符号下积分

$$\int_{-\infty}^{\infty} \frac{\mathrm{d}x}{1+x^2} = \pi$$

得

$$\int_{-\infty}^{\infty} \frac{\mathrm{d}x}{(1+x^2)^{n+1}} = \pi \frac{1 \times 3 \times 5 \times \cdots \times (2n-1)}{2 \times 4 \times 6 \times \cdots \times 2n}.$$

[解] 把变量 x 换成 $\dfrac{x}{\sqrt{a}}$, 把原来的积分变成 $\displaystyle\int_0^{\infty} \frac{\mathrm{d}x}{a+x^2}$ 之后, 再关于 a 微分. 最后设 $a = 1$. 变量变成 $\dfrac{x}{a}$.

(9)

$$\int_0^\infty \left(\mathrm{e}^{-\frac{a^2}{x^2}} - \mathrm{e}^{-\frac{b^2}{x^2}}\right)\mathrm{d}x = (b-a)\sqrt{\pi}, \quad (a>0, b>0).$$

[解] 把 $2\alpha \int_0^\infty \mathrm{e}^{-\alpha^2 x^2}\mathrm{d}x = \sqrt{\pi}$ 在 $[a,b]$ 上关于 α 积分, 变量 x 变成 $\dfrac{1}{x}$.

(10) $[1°]$ $\displaystyle\int_0^\infty \mathrm{e}^{-\left(x^2+\frac{a^2}{x^2}\right)}\mathrm{d}x = \dfrac{\sqrt{\pi}}{2}\mathrm{e}^{-2a}$, $a>0$.

$[2°]$ $\displaystyle\int_0^\infty \mathrm{e}^{-\left(x-\frac{a}{x}\right)^2}\mathrm{d}x = \dfrac{\sqrt{\pi}}{2}$, $a>0$.

[解] $[1°]$ 是由 $[2°]$ 导出的. 设 $[2°]$ 的积分是 $J(a)$, 则 $\dfrac{\mathrm{d}J}{\mathrm{d}a}=0$, 因此 J 关于 a 是常数. 设 $a=0$, 得到 J.

(11) $\displaystyle\int_0^1 \dfrac{\ln x}{1-x}\mathrm{d}x = -\sum_{n=1}^\infty \dfrac{1}{n^2} = -\dfrac{\pi^2}{6}.$ $\displaystyle\int_0^1 \dfrac{\ln x}{1+x}\mathrm{d}x = -\dfrac{\pi^2}{12}.$

[解] 由 $\displaystyle\lim_{n\to\infty}\int_0^1 \dfrac{x^n \ln x}{1-x}\mathrm{d}x = 0$, 得到上面的展开式 (参照 §64, 级数的值). 对于第二个积分也同样处理.

(12) 设 $a>0, b>0$,

$$\int_0^1 \dfrac{x^{a-1}}{1+x^b}\mathrm{d}x = \dfrac{1}{a} - \dfrac{1}{a+b} + \dfrac{1}{a+2b} - \cdots.$$

[注意] a,b 都是自然数时, 如果直接计算上式左边, 可以求得右边的级数和. 例如

设 $a=1, b=1$, 则有 $1 - \dfrac{1}{2} + \dfrac{1}{3} - \cdots = \ln 2$,

设 $a=1, b=2$, 则有 $1 - \dfrac{1}{3} + \dfrac{1}{5} - \cdots = \dfrac{\pi}{4}$.

第 5 章　解析函数及初等函数

把变量由实数扩充到复数是 19 世纪以后数学分析的特色. 由此, 古往今来一直使用的初等函数的本质开始变得清晰, 这为微分积分注入了灵魂. 如果没有复数, 即使是初等函数也无法统一起来. 魏尔斯特拉斯给出了解析函数的定义, 而这一定义则宣告了这样的一个事实, 即复变量函数将占据数学分析的中心位置.

解析函数的理论有时简称为函数论, 其通用部分是现代初等分析不可缺少的最重要的部分, 这是当今数学的共识.

现在, 本书设立一章, 单独讨论解析函数. 我们的目标不是剖析所谓的 "函数论", 而是迅速地概述掌握初等函数所必需的一般基本原则.

在数学分析创立初期, 以 18 世纪的欧拉和 19 世纪的柯西为主导创建的所谓 "代数解析", 在微分积分变成常识的今天, 其原形已经没有存在的理由. 今天, 取而代之, 充当解析入门角色的是通用解析函数论.

复数当然包含实数. 本章中, 我们的目标是以复变量为出发点, 去研究它如何统治实变量的事实.

§55　解　析　函　数

我们已经在 §8 陈述了狄利克雷的函数定义法. 把这一定义法直接扩展到复数, 对于属于某个区域的任意一个复数 $z = x + y\mathrm{i}$, 能够给出确定的复数 $w = u + v\mathrm{i}$ 与之对应的某个法则时, 我们称 w 是 z 的函数. 但是, 如果仅仅如此, 那么这不过是两个实变量 x, y 的两个实函数 u, v 的组合, 而没有涉及复数. 在考察复变量时, 我们不仅需要函数的连续性, 还需要函数的可微性.

可微的意义在形式上与实数情况完全相同, 即 $f(z)$ 关于 z 可微指的是下式成立:
$$\lim_{h \to 0} \frac{f(z+h) - f(z)}{h} = f'(z).$$
换句话说, 在
$$f(z + h) = f(z) + hf'(z) + o(h) \tag{1}$$
中, $f'(z)$ 是只与 z 相关, 而与 h 无关的常数, 而 $o(h)$ 与 z 和 h 都相关, 但当 $h \to 0$ 时, 它是比 h 更高阶的无穷小量. 设 $o(h) = \varepsilon h$, 则当 $h \to 0$ 时, $\varepsilon \to 0$, 也就是当 $|h| \to 0$ 时, $|\varepsilon| \to 0$.

尽管上面的可微定义在形式上与实数的情况相同, 但是, 在复数范围内, $h \to 0$ 指的是 h 的绝对值 $|h|$ 无限地变小, 而辐角 $\arg h$ 是任意的, 即 h 无论从哪个方向, 经过怎样的过程趋近于 0, 总有

$$\frac{f(z+h) - f(z)}{h}$$

向一个确定的极限 $f'(z)$ 靠近.

称在复平面上某个区域 K 的任意点处可微的函数是 K 的正则**解析**函数. 有时简称为**正则**.

在整体意义下使用形容词 "解析" (analytic), 而在局部意义下则使用正则 (regular). 在法语中也称为**全形** (holomorph).

此后, 称函数在某个点正则指的是在这个点的邻域内 (包含这个点的某个区域), 它是正则的 (可微).

关于微分的定理 15 和在 §15 陈述的复合函数的微分显然对复变量也是通用的. 可微函数显然是连续的, 而且在某个闭区域内是一致连续的, 等等.

最简单的可微函数是

$$f(z) = z^n \quad (n \text{ 是自然数}).$$

事实上, 与实变量的情况一样,

当 $h \to 0$ 时, $\dfrac{(z+h)^n - z^n}{h} = nz^{n-1} + \dfrac{n(n-1)}{2}hz^{n-2} + \cdots + h^{n-1} \to nz^{n-1}$,

即

$$f'(z) = nz^{n-1}.$$

如上所示 z^n 可微, 因此有理函数可微. 但是, 要除去使分母为 0 的点 z (定理 15).

而更重要的可微函数是用幂级数

$$P(z) = \sum_{n=0}^{\infty} a_n z^n$$

表示的函数, 这个函数可微. 在前一章 (定理 49, [注意 1]) 讲述的证明方法对复数仍然适用. 因此, 幂级数在其收敛圆内是正则的, 而且它的各阶导函数在同一收敛圆内都是正则的.

在上面的意义下, 为了把函数 $f(z) = u + vi$ 关于 $z = x + yi$ 可微转换成关于实数的关系, 设 $f'(z) = p + qi$, $h = \Delta z = \Delta x + i\Delta y$. 这时, 由 (1) 得

$$\Delta u + i\Delta v = (p + qi)(\Delta x + i\Delta y) + o(|h|), \quad |h| = \sqrt{\Delta x^2 + \Delta y^2}.$$

于是把实部与虚部分开得

$$\Delta u = p\Delta x - q\Delta y + o(|h|),$$

$$\Delta v = q\Delta x + p\Delta y + o(|h|),$$

即 u, v 作为实变量 x, y 的函数, 在 §22 的意义下可微, 而且

$$u_x = v_y = p, \quad -u_y = v_x = q,$$

从而

$$f'(z) = u_x + \mathrm{i}v_x = -\mathrm{i}(u_y + \mathrm{i}v_y).$$

如果 $f(z)$ 是正则的, 则它的实部 u 和虚部 v 之间有如下关系

$$u_x = v_y, \quad u_y = -v_x. \tag{2}$$

这是可微的必要条件. 称 (2) 为**柯西--黎曼微分方程**.

反之, 设 u, v 是 x, y 的实函数, 在 §22 所陈述的意义下可微, 且 (2) 成立, 则设 $h = \Delta x + \mathrm{i}\Delta y$ 时, 有

$$\Delta u = u_x \Delta x + u_y \Delta y + o(|h|),$$

$$\Delta v = v_x \Delta x + v_y \Delta y + o(|h|),$$

从而利用 (2) 得

$$\Delta u + \mathrm{i}\Delta v = (u_x + \mathrm{i}v_x)(\Delta x + \mathrm{i}\Delta y) + o(|h|).$$

因此

$$\frac{\Delta u + \mathrm{i}\Delta v}{\Delta x + \mathrm{i}\Delta y} \to u_x + \mathrm{i}v_x,$$

即 $u + v\mathrm{i}$ 关于复变量 $z = x + y\mathrm{i}$ 可微.

这是显然的. 以后我们将明白, 如果 $f(z)$ 正则, 那么它的导函数 $f'(z)$ 也是正则的. 从而无论多少阶的导函数都是正则的, 因此无论多少阶, u, v 都是连续可微的.

现在, 如果假设上面的结论成立, 由 (2) 得 $u_{xx} = v_{yx}, u_{yy} = -v_{xy}$, 从而 (由定理 27) 有

$$\frac{\partial^2 u}{\partial x^2} + \frac{\partial^2 u}{\partial y^2} = 0, \quad \frac{\partial^2 v}{\partial x^2} + \frac{\partial^2 v}{\partial y^2} = 0,$$

即 u, v 必须满足**拉普拉斯微分方程** $\dfrac{\partial^2 w}{\partial x^2} + \dfrac{\partial^2 w}{\partial y^2} = 0$. 所以解析函数 $f(z)$ 的实部 $u(x, y)$ 和虚部 $v(x, y)$ 作为实变量 x 和 y 的函数, 是非常特殊的函数 (所谓的**调和函数**).

[例 1]   在 §8 的意义下, $z = x + y\mathrm{i}$ 的共轭 $\bar{z} = x - y\mathrm{i}$ 是 z 的函数, 但是它不是解析函数. 此时, $u = x, v = -y$, (2) 不成立.

$|z|, \Re(z) = x$ (z 的实部), $\Im(z) = y$ (z 的虚部) 等也是 z 的函数, 它们也不是解析函数. 一般地, 在某个区域内总取实数值的函数 $f(z)$ (排除常数的情况) 不是解析函数: 如果 $v = 0$, 由 (2) 知, $u_x = 0, u_y = 0$.

[例 2]   在某个区域内, $f(z)$ 正则且 $f'(z)$ 总是 0 的话, $f(z)$ 是常数: 因为 $f'(z) = u_x + \mathrm{i}v_x, u_x = 0, v_x = 0$. 因此由 (2) 得, $u_y = 0, v_y = 0$.

[例 3]   在某个区域内, 若 $f(z)$ 正则, 且 $|f(z)| = c$ 是常数, 则 $f(z)$ 本身是常数: $c = 0$, 显然 $f(z) = 0$. 设 $c > 0$. 于是在该区域内, $u^2 + v^2 = c^2$. 因此, $uu_x + vv_x = 0, uu_y + vv_y = 0$. 由此消去 u 或者 v, 由 (2) 得 $u(u_x^2 + v_x^2) = 0, v(u_x^2 + v_x^2) = 0$. 即 $u|f'(z)|^2 = 0, v|f'(z)|^2 = 0$. 因为在该区域内 $u \neq 0$, $v \neq 0$, 所以 $f'(z) = 0$. 因此 $f(z)$ 是常数 [例 2].

[附记]   设 $z = x + y\mathrm{i}, w = f(z) = u + v\mathrm{i}$, 则由 (2) 得

$$\frac{\mathrm{D}(u, v)}{\mathrm{D}(x, y)} = \begin{vmatrix} u_x & v_x \\ u_y & v_y \end{vmatrix} = u_x^2 + v_x^2 = |f'(z)|^2.$$

上式在除 $f'(z) = 0$ 之外, 总是正的. 因此在使 $f'(z) \neq 0$ 的点 z 的邻域内, $f(z)$ 的反函数唯一存在 (参照 §83, §84), 即 z 与 $w = f(z)$ 是局部一一对应的.

如把这种对应看作映射, 在 $f'(z) = p + q\mathrm{i} = \kappa = k\mathrm{e}^{\mathrm{i}\alpha} \neq 0$ 时,

$$\mathrm{d}u = p\mathrm{d}x - q\mathrm{d}y,$$

$$\mathrm{d}v = q\mathrm{d}x + p\mathrm{d}y.$$

使用复数简写成

$$\mathrm{d}w = \kappa\mathrm{d}z = \mathrm{d}z \times k \times \mathrm{e}^{\mathrm{i}\alpha},$$

即对于微分 (微小部分) 来说, 从 z 系转换成 w 系时, 扩大 k 倍, 并沿着正向旋转角度 α 即可. 简单地说, 这一映射在极限情形下是相似的.

可微说起来很简单, 但是其含义却很多. 因此, 即便是对有理函数及幂级数, 也只有在揭示了其 "解析性" 的前提下, 我们才能知道真相.

§56 积　　分

本节, 我们只假设 $f(z)$ 在某个区域 K 内连续. 设给定连结 K 内的点 z_0 和点 z 的曲线 $C^{①}$.

在 C 上, 在 z_0 和 z 之间依次取点 $z_1, z_2, \cdots, z_{n-1}$, 设 ζ_i 是第 i 个弧 $z_{i-1} z_i$ (我们给它命名为 C_i) 上的任意一点, 同往常一样, 考察下面的级数

$$\Sigma_{\Delta} = \sum_{i=1}^{n} f(\zeta_i)(z_i - z_{i-1}). \tag{1}$$

设弧 C_i 的长度是 σ_i, 如果 σ_i 的最大值为 σ, 则当 $\sigma \to 0$ 时, Σ_{Δ} 有极限, 这一极限与 C 的分割 Δ 及 ζ_i 的取法无关. 把这个极限称为 $f(z)$ 关于曲线 C 的积分:

$$I = \int_C f(z) \mathrm{d}z. \tag{2}$$

设 $z = x + y\mathrm{i}, f(z) = u(x, y) + \mathrm{i}v(x, y)$, 则 I 就是下面的线积分 (§41)

$$I = \int_C (u\mathrm{d}x - v\mathrm{d}y) + \mathrm{i} \int_C (u\mathrm{d}y + v\mathrm{d}x). \tag{3}$$

对于积分 I 来说, 前面关于实变量的定理当然成立, 在此无须一一赘述. 现在, 为了实现我们的目标, 重要的是以下几点.

(1°) 如果在曲线 C 上总有 $|f(z)| \leqslant M$, 则

$$\left| \int_C f(z) \mathrm{d}z \right| \leqslant ML,$$

其中 L 是曲线 C 的长度.

[证]　此时在 (1) 中, 有 $|\sum_{\Delta}| \leqslant M \sum_{i=1}^{n} |z_i - z_{i-1}|$, 而且 $\sum_{i=1}^{n} |z_i - z_{i-1}| \leqslant L$. 因此 $|\sum_{\Delta}| \leqslant ML$. 于是, 取极限, 也有

$$\lim_{\sigma \to 0} \left| \sum f(\zeta_i)(z_i - z_{i-1}) \right| \leqslant ML.$$

即

$$|I| \leqslant ML. \qquad \square$$

(2°) 比上文更精确的是, 设 s 是 C 的弧长, 则

$$\left| \int_C f(z) \mathrm{d}z \right| \leqslant \int_C |f(z)| \mathrm{d}s.$$

---

① 本章设曲线 C 是一条光滑曲线或者是有限条光滑曲线连结而成的曲线, 对此不再一一声明.

[证] 由 (1) 知

$$\left| \sum_{i=1}^{n} f(z_i)(z_i - z_{i-1}) \right| \leqslant \sum_{i=1}^{n} |f(z_i)||z_i - z_{i-1}|$$

$$\leqslant \sum_{i=1}^{n} |f(z_i)|(s_i - s_{i-1}),$$

$|z_i - z_{i-1}|$ 是子弧 C_i 的弦长, $s_i - s_{i-1}$ 是 C_i 的弧长. 取极限就可以得到上面的关系式. □

(3°) 对于在 K 内连续的 $f(z)$ 和 $g(z)$, 如果在 K 内, 或者只在 C 上, 有 $|f(z) - g(z)| < \varepsilon$, 那么

$$\left| \int_C f(z)\mathrm{d}z - \int_C g(z)\mathrm{d}z \right| < \varepsilon L.$$

[证] 显然有 $\int_C f(z)\mathrm{d}z - \int_C g(z)\mathrm{d}z = \int_C \{f(z) - g(z)\}\mathrm{d}z$. 于是对于 $f(z) - g(z)$, 在 (1°) 中设 $M < \varepsilon$ 即可.

(4°) 如果在 C 上, $f_n(z)$ 一致收敛于 $f(z)$, 则有

$$\int_C f(z)\mathrm{d}z = \lim_{n\to\infty} \int_C f_n(z)\mathrm{d}z.$$

[证] 当取充分大的 n 时, 在 C 上总有 $|f(z) - f_n(z)| < \varepsilon$. 因此, 根据 (3°) 有

$$\left| \int_C f(z)\mathrm{d}z - \int_C f_n(z)\mathrm{d}z \right| < \varepsilon L.$$ □

[注意] 如果在 C 上 $\sum_{n=0}^{\infty} f_n(z)$ 一致收敛于 $f(z)$, 则可以逐项积分. 用部分和 $\sum_{\nu=0}^{n} f_\nu(z)$ 取代 (4°) 中的 $f_n(z)$.

(5°) 把依次连结 C 上的各分点 z_i 形成的折线 $(z_0 z_1 z_2 \cdots z_{n-1} z)$ 命名为 Γ (见图 5–1). 于是, 如果分点取得充分密, 则 $\int_\Gamma f(z)\mathrm{d}z$ 可以无限接近 $\int_C f(z)\mathrm{d}z$.

用 ε-δ 式表述的话, 设子弧 C_i 的长度的最大值是 σ, 当 $\sigma < \delta$ 时, 有

$$\left| \int_C f(z)\mathrm{d}z - \int_\Gamma f(z)\mathrm{d}z \right| < \varepsilon$$

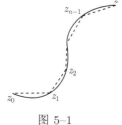

图 5–1

成立. 当然, 折线 Γ 不能超出区域 K, 显然取充分小的 σ 时, Γ 被限制在 K 的内部[①].

　　[证]　以一致连续性 (定理 14) 为证明的根据. 设 K 内包含 C (和 Γ) 的闭区域是 K_0. 对应于给定的 ε, 取充分小的 δ, 使得在 K_0 中, 当 $|z - z'| < \delta$ 时, 总有 $|f(z) - f(z')| < \varepsilon$ 成立. 在曲线 C 上把分割点取得充分密, 使得子弧的长度都小于 δ, 即上述的 $\sigma < \delta$. 于是设对应于子弧 C_i 的弦是 Γ_i, 则 $|z_i - z_{i-1}|$ 是 Γ_i 的长度. 这一长度显然也小于 δ.

　　这时, 对于 C_i 上的任意点 $z, |z - z_i| < \delta$. 因此, 在 C_i 上 $|f(z) - f(z_i)| < \varepsilon$ 成立. 于是根据 (3°) 有

$$\left| \int_{C_i} f(z)\mathrm{d}z - \int_{C_i} f(z_i)\mathrm{d}z \right| < \varepsilon\sigma_i,$$

其中 σ_i 是弧 C_i 的长度. 于是, 根据积分定义有

$$\int_{C_i} f(z_i)\mathrm{d}z = f(z_i) \int_{C_i} \mathrm{d}z = f(z_i)(z_i - z_{i-1}),$$

从而有

$$\left| \int_{C_i} f(z)\mathrm{d}z - f(z_i)(z_i - z_{i-1}) \right| < \varepsilon\sigma_i.$$

因此, 利用

$$\int_C f(z)\mathrm{d}z = \sum_{i=1}^{n} \int_{C_i} f(z)\mathrm{d}z$$

得

$$\left| \int_C f(z)\mathrm{d}z - \sum_{i=1}^{n} f(z_i)(z_i - z_{i-1}) \right| \leqslant \sum_{i=1}^{n} \left| \int_{C_i} f(z)\mathrm{d}z - f(z_i)(z_i - z_{i-1}) \right|$$

$$< \varepsilon \sum_{i=1}^{n} \sigma_i = \varepsilon L, \tag{4}$$

其中 L 是 C 的长度.

　　用折线 Γ 取代 C 也同样有

$$\left| \int_{\Gamma} f(z)\mathrm{d}z - \sum_{i=1}^{n} f(z_i)(z_i - z_{i-1}) \right| < \varepsilon L', \tag{5}$$

[①] 曲线 C 与包含它的区域 K 的边界是两个没有公共点的闭集合, 因此它们之间的距离 $\rho > 0$. 所以只要使 $\sigma < \rho$ 即可 (§12).

其中 L' 是 Γ 的长度. 因此 $L' \leqslant L$.

由 (4) 和 (5) 知

$$\left| \int_C - \int_\Gamma \right| < 2\varepsilon L.$$

因为 L 是常数且 ε 任意, 因此证明完毕. □

(6°) 尽管关于连结 z_0, z 的曲线 C 的积分 $\displaystyle\int_C f(z)\mathrm{d}z$ 有确定值, 但是它随着曲线的选择不同而发生变化. 如果 $\displaystyle\int_C f(z)\mathrm{d}z$ 只与 z_0, z 相关, 而与 K 中连结这些点的曲线 C 无关, 那么就可把 $\displaystyle\int_C f(z)\mathrm{d}z$ 记为 $\displaystyle\int_{z_0}^z f(z)\mathrm{d}z$. 此时, 固定 z_0 时, $\displaystyle\int_{z_0}^z f(z)\mathrm{d}z$ 就是 z 的函数. 令这一函数是

$$F(z) = \int_{z_0}^z f(z)\mathrm{d}z,$$

则 $F(z)$ 可微,

$$F'(z) = f(z).$$

当然, 这里假设 $f(z)$ 连续.

[证] 在 $F(z_1 + h) = \displaystyle\int_{z_0}^{z_1+h} f(z)\mathrm{d}z$ 中, 可设积分路线通过 z_1, 因此

$$F(z_1 + h) - F(z_1) = \int_{z_1}^{z_1+h} f(z)\mathrm{d}z.$$

设 $|h| < \sigma$ 时 $|f(z_1 + h) - f(z_1)| < \varepsilon$, 则

$$\left| \int_{z_1}^{z_1+h} \{f(z) - f(z_1)\}\mathrm{d}z \right| < \varepsilon|h|. \tag{6}$$

这是因为 $\displaystyle\int_{z_1}^{z_1+h}$ 与连结 $z_1, z_1 + h$ 的路线无关, 所以可以取积分路线为连结 z_1 和 $z_1 + h$ 的线段. 当然假设取充分小的 $|h|$, 使得这一线段在我们研究的区域 K 的内部. 而

$$\int_{z_1}^{z_1+h} \{f(z) - f(z_1)\}\mathrm{d}z = \int_{z_1}^{z_1+h} f(z)\mathrm{d}z - f(z_1) \int_{z_1}^{z_1+h} \mathrm{d}z$$

$$= \int_{z_1}^{z_1+h} f(z)\mathrm{d}z - hf(z_1), \tag{7}$$

因此, 由 (6), (7) 可得

$$\left| \int_{z_1}^{z_1+h} f(z)\mathrm{d}z - hf(z_1) \right| < \varepsilon|h|,$$

即

$$|F(z_1 + h) - F(z_1) - hf(z_1)| < \varepsilon|h|.$$

于是有

$$\left| \frac{F(z_1 + h) - F(z_1)}{h} - f(z_1) \right| < \varepsilon.$$

因为 ε 是任意的, 所以

$$\lim_{h \to 0} \frac{F(z_1 + h) - F(z_1)}{h} = f(z_1),$$

即

$$F'(z_1) = f(z_1). \qquad \square$$

[**例**]　设 $f(z) = a + bz$ 是 z 的一次式. 于是 $\int_{z_0}^{z} f(z)\mathrm{d}z$ 有与连结 z_0, z 的路线 C 无关的确定值. 因为

$$\int_C (a + bz)\mathrm{d}z = a \int_C \mathrm{d}z + b \int_C z\mathrm{d}z,$$

所以只需分别对 $\int \mathrm{d}z$ 和 $\int z\mathrm{d}z$ 给出证明即可. 又因为

$$\int_C \mathrm{d}z = \lim \sum (z_i - z_{i-1}) = z - z_0,$$

取各小弧两端的 z 值, 得

$$\begin{aligned}
\int_C z\mathrm{d}z &= \lim \sum z_{i-1}(z_i - z_{i-1}) = \lim \sum z_i(z_i - z_{i-1}) \\
&= \frac{1}{2} \lim \sum (z_i + z_{i-1})(z_i - z_{i-1}) = \frac{1}{2} \lim \sum (z_i^2 + z_{i-1}^2) \\
&= \frac{1}{2}(z^2 - z_0^2).
\end{aligned}$$

因此, $\int_C \mathrm{d}z$ 和 $\int_C z\mathrm{d}z$ 都与积分路线无关.

对于这些情况, $f(z) = 1, F(z) = z - z_0$, 或者, $f(z) = z, F(z) = \frac{1}{2}(z^2 - z_0^2)$, 显然都有 $F'(z) = f(z)$.

[注意] 从 z_0 到 z 有曲线 C_1 和 C_2 时 (见图 5-2), 可以从 z_0 开始沿着 C_1 移向 z, 然后从 z 开始沿着 C_2 返回到 z_0. 设这条通路为 C, 则 $\int_{C_1} - \int_{C_2} = \int_C$. 因此 $\int_{C_1} = \int_{C_2}$ 等同于 $\int_C = 0$. 其中在 $\int_C$ 中, 把 z_0, z 称为起点, 终点没有什么特殊的意思.

当 C 是一条闭曲线时, 如果取其上的点 A 和 B, 如图 5-2 所示, 则把 C 分成 AMB, BNA 两部分. 现在, 如果用曲线 L 连结 A, B, 则有

$$\int_C = \int_{AMB} + \int_{BNA} = \int_{AMB} + \int_{BLA} + \int_{ALB} + \int_{BNA} = \int_{AMBLA} + \int_{ALBNA}.$$

这样可以把 $\int_C$ 分成关于两个闭曲线的积分和. 此后我们会常常使用这一方法.

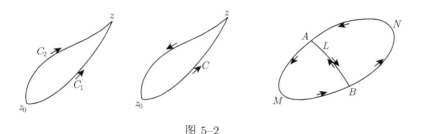

图 5-2

§57 柯西积分定理

柯西积分定理是解析学中最重要的定理之一. 下面首先描述其中最简单的情况.

定理 51 设解析函数 $f(z)$ 在区域 K 内正则, 简单闭曲线 C 及其内部都属于 K[①]. 则

$$\int_C f(z)\mathrm{d}z = 0. \tag{1}$$

[证] 证明之前, 首先简化此问题.

根据前节 (5°), 使用内接于曲线 C 的闭折线 Γ 取代 C 进行证明即可: 因为可以使 $\left| \int_C - \int_\Gamma \right|$ 充分小, 所以如果 $\int_\Gamma = 0$, 则一定有 $\int_C = 0$ 成立.

---

① 这里的简单指的是没有重合点, 即 C 是若尔当闭曲线 (§12). 参照 §56 的第一个脚注. 本节也把它们简称为闭曲线. 同时考虑闭曲线 C 及 C 包含的区域. C 的内部区域记作 (C). 这个内部区域加上 C 的边界点得到的闭区域记作 $[C]$, 上述定理中的假设是 $[C] \subset K$.

其中, Γ 必须在 K 的内部, 只要分点取得充分密集, 这一条件是可以满足的. 另外, 虽然在闭折线上可能产生重合分点, 但如果是折线, 重合点的数量是有限的, 因此 $\int_{\Gamma}$ 可以分成有限个关于简单闭折线的积分的和. 所以, 设 C 为简单多边形的边界进行证明即可.

多边形可以分割成三角形见图 5-3, 所以根据上节末的 [注意], 设 C 为三角形的边界进行证明即可.

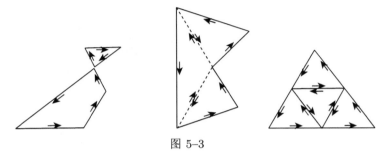

图 5-3

因此, 设 C 是三角形 $\triangle$, 我们要证明 $\int_{\triangle} f(z)\mathrm{d}z = 0$. 其中, $f(z)$ 在 $\triangle$ 的内部及其边界上的各点处是正则的.

现在, 设 $\left|\int_{\triangle} f(z)\mathrm{d}z\right| = M$, 要证明 $M = 0$. 此证明需要若干证明技巧, 在此介绍一下 Pringsheim 的证明方案: 巧妙地使用区域缩小法.

把 $\triangle$ 各边的中点相连, 把这个三角形 $\triangle$ 分成四个全等三角形 $\triangle_1, \triangle_1', \triangle_1'', \triangle_1'''$. 于是 $\int_{\triangle} = \int_{\triangle_1} + \int_{\triangle_1'} + \int_{\triangle_1''} + \int_{\triangle_1'''}$. 右边四个积分中, 如果设其中绝对值最大的 (一个) 是 $\int_{\triangle_1}$, 则有

$$M = \left|\int_{\triangle}\right| \leqslant 4\left|\int_{\triangle_1}\right|, \quad 即 \left|\int_{\triangle_1}\right| \geqslant \frac{M}{4}.$$

同样, 把 $\triangle_1$ 四等分, 得到使 $\left|\int_{\triangle_2}\right| \geqslant \frac{M}{4^2}$ 成立的三角形 $\triangle_2$. 如果这样的操作无限制进行下去, 就可以得到满足下式的三角形 $\triangle_n$,

$$\left|\int_{\triangle_n}\right| \geqslant \frac{M}{4^n},$$

因为 $\triangle \supset \triangle_1 \supset \triangle_2 \supset \cdots$, 所以 $\triangle_n$ 收敛于一点 z_0 (定理 10). z_0 属于三角形 $\triangle$, 因此是 K 内部的点.

而根据假设, 因为在点 z_0 处 $f(z)$ 可微, 所以有

$$f(z) = f(z_0) + f'(z_0)(z - z_0) + o(z - z_0),$$

即对于任意的 $\varepsilon > 0$, 可以取 δ, 使得

当 $|z - z_0| < \delta$ 时, 有 $|f(z) - \{f(z_0) + f'(z_0)(z - z_0)\}| < \varepsilon|z - z_0|$.

于是, 如果 n 取得充分大, 则 Δ_n 完全落入满足 $|z-z_0| < \delta$ 的圆内. 因此 (§56, (2°)) 下式成立

$$\left| \int_{\Delta_n} [f(z) - \{f(z_0) + f'(z_0)(z - z_0)\}] \mathrm{d}z \right| < \varepsilon \int_{\Delta_n} |z - z_0| \mathrm{d}s.$$

左边积分符号下括号 $\{\}$ 中的式子是 z 的一次式, 关于它的积分 $\displaystyle\int_{\Delta_n}$ 等于 0 (§56 末的 [例]). 而在右边, z 是 Δ_n 的边界上的点, z_0 则属于 Δ_n 或者其边界, 因此 $|z - z_0| < L_n$. 其中, L_n 是 Δ_n 的边界长度, 所以它等于 $L/2^n$. 于是上面不等式的右边满足

$$\varepsilon \int_{\Delta_n} |z - z_0| \mathrm{d}s < \varepsilon L_n \int_{\Delta_n} \mathrm{d}s = \varepsilon L_n^2 = \varepsilon \frac{L^2}{4^n}.$$

进而有

$$\left| \int_{\Delta_n} f(z) \mathrm{d}z \right| < \varepsilon \frac{L^2}{4^n}.$$

而根据上面的式子有

$$\left| \int_{\Delta_n} f(z) \mathrm{d}z \right| \geqslant \frac{M}{4^n}.$$

因此

$$M < \varepsilon L^2.$$

因为 ε 是任意的, 所以 $M = 0$. □

在上面的证明中, 必须要求 $f(z)$ 在 z_0 处正则, 这是必要条件. 因此在定理的假设中, 特别强调 C 必须包含于使 $f(z)$ 正则的区域 K 内. 如果在 C 的内部某点处, $f(z)$ 不是正则的, 那么证明就失去了说服力, 因此定理也不一定成立.

[例] 设 $f(z) = \dfrac{1}{(z - a)^n}$, a 是常数, n 是自然数. $f(z)$ 在 $z = a$ 之外正则. 现在, 设 C 是以 a 为圆心以 r 为半径的圆周, 在 C 上 (即 z 在 C 上时) 有

$$z - a = r(\cos\theta + \mathrm{i}\sin\theta), \quad \mathrm{d}z = r(-\sin\theta + \mathrm{i}\cos\theta)\mathrm{d}\theta,$$

因此

$$\frac{\mathrm{d}z}{z-a} = \mathrm{i}\,\mathrm{d}\theta.$$

(1°) 如果 $n=1$, 则

$$\int_C \frac{\mathrm{d}z}{z-a} = \mathrm{i}\int_0^{2\pi} \mathrm{d}\theta = 2\pi\mathrm{i}.$$

上式的积分不等于 0. 因为在 C 内部的点 $z=a$ 处, $f(z) = \dfrac{1}{z-a}$ 不是正则的.

(2°) 如果 $n>1$, 则有

$$\int_C \frac{\mathrm{d}z}{(z-a)^n} = \int_C \frac{1}{(z-a)^{n-1}} \frac{\mathrm{d}z}{z-a} = \mathrm{i}\int_0^{2\pi} \frac{\mathrm{d}\theta}{r^{n-1}(\cos(n-1)\theta + \mathrm{i}\sin(n-1)\theta)}$$
$$= \frac{\mathrm{i}}{r^{n-1}} \int_0^{2\pi} (\cos(n-1)\theta - \mathrm{i}\sin(n-1)\theta)\mathrm{d}\theta = 0.$$

$f(z) = \dfrac{1}{(z-a)^n}$ 在 $z=a$ 虽然不是正则的, 但是却有 $\displaystyle\int_C = 0$. 这一事实并没有违背定理.

在闭曲线内存在使 $f(z)$ 非正则的点 (奇点) 时, 可以扩展柯西定理.

如果在闭曲线 C 的内部存在闭曲线 C', 使得 $f(z)$ 在 C 与 C' 之间夹着的一个环状闭区域 K_0 (即边界线 C, C' 计在内) 上正则, 则有

$$\int_C f(z)\mathrm{d}z = \int_{C'} f(z)\mathrm{d}z, \tag{2}$$

其中, 积分路线 C, C' 取相同方向 (比如都是正向).

[证]　在 K_0 内, 如果用两条互不相交的曲线 L_1, L_2 把 C 和 C' 连结起来, 则 K_0 被分成两个区域 K_1, K_2 (见图 5-4).

对 K_1, K_2 运用定理 51, 关于 K_1 和 K_2 的边界的正向积分等于 0. 即在图 5-4 中, 关于它们边界的积分分别是

(K_1)
$$\int_{PQR} + \int_{Rr} + \int_{rqp} + \int_{pP} = 0,$$

(K_2)
$$\int_{RSP} + \int_{Pp} + \int_{psr} + \int_{rR} = 0.$$

把它们加起来得

$$\left(\int_{PQR} + \int_{RSP}\right) + \left(\int_{psr} + \int_{rqp}\right) + \left(\int_{Rr} + \int_{rR}\right) + \left(\int_{Pp} + \int_{pP}\right) = 0.$$

第一个括号内是 $\displaystyle\int_C$, 第二个括号内是 $\displaystyle\int_{C'}$, 第三个括号内和第四个括号内都等于 0, 所以有

$$\int_C f(z)\mathrm{d}z = \int_{C'} f(z)\mathrm{d}z.$$

于是得到下面的定理.

定理 52 在闭曲线 C 的内部, 存在互不相交的闭曲线 $C_1, C_2, \cdots, C_n$ (见图 5-5), 如果 $f(z)$ 在它们之间的闭区域 (C 的内部, C_i 的外部以及 C, C_i) 上正则, 则

$$\int_C f(z)\mathrm{d}z = \int_{C_1} f(z)\mathrm{d}z + \int_{C_2} f(z)\mathrm{d}z + \cdots + \int_{C_n} f(z)\mathrm{d}z,$$

其中所有积分都取正向积分.

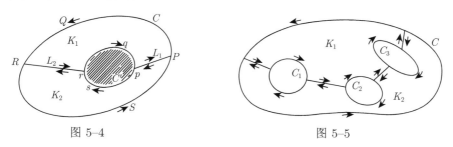

图 5-4   图 5-5

根据柯西定理, 我们可以得到关于正则函数的**不定积分定理**. 现在, 设在一条闭曲线内部的区域 K 内, $f(z)$ 正则. 于是根据柯西定理, 在 K 内, $\displaystyle\int_a^z f(z)\mathrm{d}z$ 与积分路径无关 (参照 §56). 因此, 设 $F(z) = \displaystyle\int_a^z f(z)\mathrm{d}z$, 则 $F'(z) = f(z)$. 因此 $F(z)$ 在 K 内是正则的. 反过来, 如果, $\Phi'(z) = f(z)$, 则 $\dfrac{\mathrm{d}}{\mathrm{d}z}(F(z) - \Phi(z)) = 0$. 因此 $F(z) - \Phi(z) = C$ 是常数 (§55, [例 2]).

也就是说, 如果 $\Phi'(z) = f(z)$, 则有 $\displaystyle\int_a^z f(z)\mathrm{d}z = \Phi(z) + C$. 此时, 如果设 $z = a$, 则有 $\Phi(a) = -C$. 从而再根据上面的假设, 一定存在 $f(z)$ 的原函数 $\Phi(z)$, 使得

$$\int_a^z f(z)\mathrm{d}z = \Phi(z) - \Phi(a), \tag{3}$$

即在区域 K 内, 微积分的基本公式 (3) 成立, 但此时区域 K 有附加条件. 在上文中, 我们设区域 K 是在一条闭曲线的内部, 但一般来说 K 只要单连通 (simply connected, einfach zusammenhängend) 即可. 区域当然是连通的 (§12), 说它单

连通是指在 K 内画出的所有闭曲线 C 的内部各点都属于 K. 例如 (1) 圆的内部, (2) 矩形的内部, 一般地, 一条闭曲线的内部等都是单连通区域. 这些单连通区域有的是有界的, 而有的则不是有界的, 例如, (3) 半平面或者是一个角的内部, (4) 被一条射线切割的平面, (5) 平行带 (两个平行线中间的部分) 等都是单连通的. 非单连通区域称为复连通 (multiply connected, mehrfach zusammenhängend). 例如, (6) 在一个圆的内部除去多个互不相交的圆后剩下的环状区域就是复连通的. 除圆外, 闭曲线的情况也是同样. (7) 除去圆的一个点后的区域也是复连通的. 还有, (8) 圆的外部是复连通的. 这个区域是整个平面除去一个圆后的区域, (9) 整个平面除去一点后的区域是复连通的.

以后, 我们有时用截线把复连通区域切开, 把这一复连通区域变成单连通区域. 例如在 (6) 中, 把各内圆圆周上的一点与外圆圆周上的一点连结起来, 生成很多互不相交的线段, 把这些线段都纳入到边界上, 则生成单连通区域 (见图 5-6). 在 (7) 中, 只要引圆内除去的那个点与圆周上的一点的截线即可. 在 (8) 中, 从圆内的一点作一条到圆外的射线即可. 在 (9) 中, 从被除去的这点作一条射线, 等等.

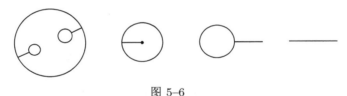

图 5-6

我们解释单连通的目标不是展开连通理论并进行详细描述, 只是为了下文中陈述上的方便.

对于公式 (3), 如果 K 是复连通的, 那么对于 K 内包含 K 的外点或者 K 的边界的闭曲线, 积分定理 $\displaystyle\int_C f(z)\mathrm{d}z = 0$ 不一定成立, 因此也无法保证由此而导出的公式 (3) 一定成立.

然而, 如果 z 为 K 的一个点, 因为 z 是内点, 所以它的邻域, 比如一个以 z 为圆心的某个圆 K_0 的内部, 属于 K. 因为 K_0 是单连通的, 所以在 K_0 中 (3) 成立. 即 (3) 局部成立, 但是对于整个 K, 无法保证原函数 $\Phi(z)$ 的存在. 其原因是复连通的限制, 而对于单连通来说就没有这样的危险.

概括说来, 在单连通区域 K 内, 如果 $f(z)$ 是正则的, 则关于 K 内闭曲线 C 积分定理 $\displaystyle\int_C f(z)\mathrm{d}z = 0$ 成立, 因此在整个 K 内, 存在原函数 $F(z)$. 此时, 在 K 内有 $F'(z) = f(z)$, 因为 $F(z)$ 可微, 所以 $F(z)$ 在 K 内正则.

§58　柯西积分公式, 解析函数的泰勒展开

从柯西定理出发很容易导出解析函数的一个非常著名的性质.

定理 53　如果 $f(z)$ 在闭曲线 C 的内部以及边界上是正则的, a 是 C 内部的任意一个点, 则

$$f(a) = \frac{1}{2\pi i} \int_C \frac{f(z)}{z-a} \mathrm{d}z. \tag{1}$$

这一定理称为**柯西积分公式**.

[证]　虽然被积函数 $f(z)/(z-a)$ 在 C 内部的点 a 处不连续, 但如图 5-7 所示, 如果以 a 为圆心, 以 ρ 为半径, 在 C 内画出圆周 Γ (定理 52), 则有

$$I = \int_C \frac{f(z)}{z-a} \mathrm{d}z = \int_\Gamma \frac{f(z)}{z-a} \mathrm{d}z.$$

因此右边的积分 $\displaystyle\int_\Gamma$ 与 ρ 无关, 有定值 (即 I). 现在, 取充分小的 ρ, 使得在 Γ 上有

$$|f(z) - f(a)| < \varepsilon.$$

而

$$I = \int_\Gamma \frac{f(z)}{z-a} \mathrm{d}z = f(a) \int_\Gamma \frac{\mathrm{d}z}{z-a} + \int_\Gamma \frac{f(z)-f(a)}{z-a} \mathrm{d}z,$$

上式右边的第一个积分等于 $2\pi i f(a)$ (§57, [例]). 而对于第二个积分, 则有

$$\left| \int_\Gamma \frac{f(z)-f(a)}{z-a} \mathrm{d}z \right| < \frac{\varepsilon}{\rho} \int_\Gamma \mathrm{d}s = \frac{\varepsilon}{\rho} 2\pi\rho = 2\pi\varepsilon,$$

即

$$|I - 2\pi i f(a)| < 2\pi\varepsilon,$$

ε 是任意的, 所以

$$I = 2\pi i f(a).$$

$\square$

定理 54　解析函数在其正则区域内的任意一点处都可以展开成泰勒级数.

[证]　设 $f(z)$ 在区域 K 内正则. 设 a 为区域 K 内的任意点, 以 a 为圆心, 通过距离 a 最近的 K 的边界点的圆为 K_0, 其半径为 r_0. 对于 K_0 内的任意点 $\zeta, |\zeta - a| = \rho$, 设以 a 为圆心, 以满足 $\rho < r < r_0$ 的 r 为半径的圆为 c (见图 5-8).

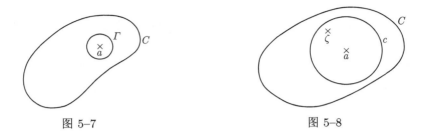

图 5-7　　　　　　　　　　　　　　　　图 5-8

当 z 在 c 上时, 考虑几何级数

$$\frac{1}{z-\zeta} = \frac{1}{(z-a)-(\zeta-a)} = \frac{1}{z-a} \cdot \frac{1}{1 - \dfrac{\zeta-a}{z-a}}$$

$$= \frac{1}{z-a} + \frac{\zeta-a}{(z-a)^2} + \frac{(\zeta-a)^2}{(z-a)^3} + \cdots.$$

因为 $\left| \dfrac{\zeta-a}{z-a} \right| = \dfrac{\rho}{r} < 1$, 所以上面这个几何级数收敛, 而

$$\frac{f(z)}{z-\zeta} = \frac{f(z)}{z-a} + \frac{(\zeta-a)f(z)}{(z-a)^2} + \frac{(\zeta-a)^2 f(z)}{(z-a)^3} + \cdots (*)$$

关于 c 上的点 z 一致收敛: 这是因为, 如果设在 c 上 $|f(z)| < M$, 则有

$$\left| \sum_{\nu=n}^{\infty} \frac{(\zeta-a)^{\nu} f(z)}{(z-a)^{\nu+1}} \right| \leqslant \frac{M}{r} \sum_{\nu=n}^{\infty} \left(\frac{\rho}{r} \right)^{\nu} = \frac{M}{r-\rho} \left(\frac{\rho}{r} \right)^{n}.$$

对上式逐项积分 (§56, (4°)), 并用 $2\pi\mathrm{i}$ 去除, 得

$$\frac{1}{2\pi\mathrm{i}} \int_{c} \frac{f(z)}{z-\zeta} \mathrm{d}z = \sum_{n=0}^{\infty} \frac{(\zeta-a)^{n}}{2\pi\mathrm{i}} \int_{c} \frac{f(z)\mathrm{d}z}{(z-a)^{n+1}}.$$

而上式左边等于 $f(\zeta)$ (定理 53), 所以有

$$f(\zeta) = \sum_{n=0}^{\infty} A_{n}(\zeta-a)^{n}, \tag{2}$$

其中

$$A_{n} = \frac{1}{2\pi\mathrm{i}} \int_{c} \frac{f(z)\mathrm{d}z}{(z-a)^{n+1}}. \tag{3}$$

　　在 (2) 中, a 是 K 中的任意一点, ζ 是以 a 为圆心的圆 c 中的任意一点. 现在固定 a, 把 ζ 看成变量, 则 (2) 即是 $f(\zeta)$ 在 a 处的泰勒展开 (定理 49).　　□

　　这样, 因为 $f(z)$ 在 a 的附近可以展开成幂级数, 任意阶可微, 导函数 $f^{(n)}(z)$ 在 a 处正则, a 是 K 的任意一点, 所以下面的定理成立.

定理 55　如果 $f(z)$ 在区域 K 内正则, 在 K 内任意阶导函数 $f^{(n)}(z)$ 存在, 则这些导函数在 K 内正则.

换句话说, 在 §55 的意义下, 如果 $f(z)$ 在区域 K 内一阶可微, 则它任意阶可微 [Goursat, 1900 年].

对第 2 章所描述的实函数来说, 这样的简洁的情况是不可想象的.

而把 (2) n 次微分后, 设 $\zeta = a$, 则

$$f^{(n)}(a) = n!A_n,$$

因此根据 (3), 有

$$f^{(n)}(a) = \frac{n!}{2\pi i} \int_c \frac{f(z)\mathrm{d}z}{(z-a)^{n+1}}.$$

这里的 c 是以 a 为圆心且半径任意小的圆周, 而一般地, 设在 K 内画出的包含 a 的闭曲线为 C (定理 52)[①], 则

$$\int_c \frac{f(z)\mathrm{d}z}{(z-a)^{n+1}} = \int_C \frac{f(z)\mathrm{d}z}{(z-a)^{n+1}},$$

从而有

$$f^{(n)}(a) = \frac{n!}{2\pi i} \int_C \frac{f(z)\mathrm{d}z}{(z-a)^{n+1}}. \tag{4}$$

这是柯西积分公式到导函数 $f^{(n)}(z)$ 上的扩展.

定理 56 (Morera 定理)　如果 $f(z)$ 在区域 K 内连续且 $\displaystyle\int_{z_0}^{z} f(z)\mathrm{d}z$ 有与积分路径无关的值, 则 $f(z)$ 是在 K 内正则的解析函数.

[证]　在这样的假设条件下, 设 $F(z) = \displaystyle\int_{z_0}^{z} f(z)\mathrm{d}z$, 则 $F'(z) = f(z)$ 已经得证 (§56, (6°)). 即 $F(z)$ 在 K 内是正则的, 再根据定理 55, $F'(z)$ 即 $f(z)$ 在 K 内也是正则的.　　　　□

§47 描述的关于一致收敛定理对于解析函数更加简洁.

定理 57　当区域 K 内的正则函数列 $f_n(z)$ 在 K 内一致收敛时, 设它的极限是 $f(z)$, 则

(A)　$f(z)$ 在 K 内正则.

(B)　关于在 K 内的任意曲线 C, 有

$$\int_C f(z)\mathrm{d}z = \lim_{n\to\infty} \int_C f_n(z)\mathrm{d}z.$$

(C)　　　　　　　　　$$f'(z) = \lim_{n\to\infty} f_n'(z).$$

---

① 当然, C 的内部全部属于 K. $[C] \subset K$.

[证] (B) 在 §56 (4°) 已经证明.

现在, 设 K_0 为 K 内任意的单连通区域, C 是 K_0 内的任意闭曲线. 于是根据柯西定理 $\int_C f_n(z)\mathrm{d}z = 0$. 因此, 取极限得 $\int_C f(z)\mathrm{d}z = 0$. 故根据 Morera 定理, $f(z)$ 在 K_0 内正则. 因为 K_0 是任意的, 所以 (A) 得证.

最引人注目的是 (C) 无条件成立. 设 a 是 K 内的任意一点, C 是包含 a 的闭曲线, 比如以 a 为圆心的圆周. 于是 $f_n(z)/(z-a)^2$ 在 C 上一致收敛. 因此

$$\int_C \frac{f(z)}{(z-a)^2}\mathrm{d}z = \lim_{n\to\infty} \int_C \frac{f_n(z)}{(z-a)^2}\mathrm{d}z.$$

因此, 根据 (4) 有

$$f'(a) = \lim_{n\to\infty} f_n'(a).$$

因为 a 是 K 内的任意点, 所以 (C) 成立. $\qquad\qquad\qquad\Box$

以 $(z-a)^k$ 取代 $(z-a)^2$ 时情况也一样, 对于各阶导函数 (C) 也成立. 特别地, 当 $k = 1$ 时, (A) 成立.

[注意] 以连续辅助变量 t 取代 n 时情况也一样. 即如果当 $z \in K$ 时 $f(z,t)$ 正则, 且当 $t \to t_0$ 时 $f(z,t)$ 一致收敛于 $f(z)$, 则 $f(z)$ 在 K 内正则, 用 $t \to t_0$ 取代 $n \to \infty$, (B) 和 (C) 也成立.

在实变量的情况下, (在实际应用方面, 通常是这种情况) 关于解析函数的实数值, 可以把沉重的定理 40 换成定理 57(C) 来使用. 多么伟大的简化!

定理 58 (魏尔斯特拉斯双重级数定理) 设当 $|z - z_0| < r$ 时,

$$f_n(z) = \sum_{k=0}^{\infty} a_k^{(n)}(z-z_0)^k \quad (n = 0,1,2,\cdots)$$

正则, 而且

$$F(z) = \sum_{n=0}^{\infty} f_n(z)$$

当 $|z - z_0| \leqslant \rho$ (ρ 是满足 $\rho < r$ 的任意正数) 时一致收敛. 这时

$$a_k^{(0)} + a_k^{(1)} + \cdots + a_k^{(n)} + \cdots = \sum_{n=0}^{\infty} a_k^{(n)} = A_k$$

收敛, 且当 $|z - z_0| < r$ 时有

$$F(z) = \sum_{k=0}^{\infty} A_k(z-z_0)^k.$$

简言之, 幂级数 $f_n(z)$ 可以逐项相加, 而 $\sum f_n(z)$ 的一致收敛是前者可行的充分条件.

[证]　根据定理 57 (**A**), $F(z)$ 在 $|z - z_0| < r$ 内是正则的, 另外根据 (**C**), $F(z)$ $= \sum f_n(z)$ 可以逐项微分. 因此

$$F^{(k)}(z_0) = \sum_{n=0}^{\infty} f_n^{(k)}(z_0) = k! \sum_{n=0}^{\infty} a_k^{(n)} = k! A_k. \qquad \square$$

对于实变量函数来说, 微分要相对麻烦些, 而积分要相对简单些. 这是一般的说法, 我们也常常有这样的体验. 例如, 连续性是不能遗传给导函数的 (§18), 而积分函数则很自然地获得连续性 (§32). 这就是一般的实函数世界. 在解析函数的世界中, 正则性不会因为微分或者积分而发生改变. 解析函数的实用性就在于此. 在 18 世纪人们还没有认识到这一点, 把解析函数作为实数的一个侧面加以研究.

我们根据可微性定义了解析函数. 简言之, 可微就是, 与 z 接近 z_0 的路径无关, $\dfrac{f(z) - f(z_0)}{z - z_0}$ 的极限为定值. 现在, 我们同样把可积定义为, 与连结 z_0 和 z 的通路无关, $\displaystyle\int_{z_0}^{z} f(z)\mathrm{d}z$ 为定值. 这时, 柯西定理 (定理 51) 表明如果复变量函数 $f(z)$ 可微, 则它也可积. 另外, Morera 定理 (定理 56) 表明, 如果在 $f(z)$ 可积, 则它也可微, 在这样的意义下, 在复变量的世界中, 可微和可积是同义词. 令人惊叹地明了! 在柯西及其前辈高斯开始研究虚数积分的一百年后, 我们到达了如此的境界.

§59　解析函数的孤立奇点

设在 a 的邻域内, 除 a 之外, $f(z)$ 是正则的. 在该区域内, 如果以 a 为圆心画出同心圆 C_1, C_2, 那么 $f(z)$ 在 C_1, C_2 之间夹着的环状带以及 C_1, C_2 的圆周上是正则的. 现在, 在这个圆环内取一点 ζ (见图 5–9), 考察下式

$$\frac{f(z)}{z - \zeta}.$$

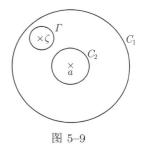

图 5–9

这时, 根据定理 52, 有

$$\int_{\Gamma} \frac{f(z)}{z - \zeta}\mathrm{d}z = \int_{C_1} \frac{f(z)}{z - \zeta}\mathrm{d}z - \int_{C_2} \frac{f(z)}{z - \zeta}\mathrm{d}z, \qquad (1)$$

其中 Γ 是以 ζ 为圆心的圆环内的圆, 积分在三个圆的圆周上都取正向积分.

对于左边的积分 (定理 53) 有

$$\frac{1}{2\pi\mathrm{i}} \int_{\Gamma} \frac{f(z)}{z - \zeta}\mathrm{d}z = f(\zeta).$$

而且在右边, 关于 C_1 的积分能够展开成 $\zeta - a$ 的幂级数 (参照本节前面的内容), 即

$$\frac{1}{2\pi i} \int_{C_1} \frac{f(z)}{z - \zeta} \mathrm{d}z = \sum_{n=0}^{\infty} a_n(\zeta - a)^n,$$

$$a_n = \frac{1}{2\pi i} \int_{C_1} \frac{f(z)}{(z - a)^{n+1}} \mathrm{d}z, \tag{2}$$

在 ζ 属于 C_1 内时这个级数是收敛的.

对于右边关于 C_2 的积分, 因为 ζ 在 C_2 的外面, 因此与前面的略有不同. 此时, 对于 C_2 上的点 z, 有

$$\left| \frac{z - a}{\zeta - a} \right| < 1,$$

下面的几何级数

$$\frac{1}{z - \zeta} = \frac{1}{(z - a) - (\zeta - a)} = \frac{-1}{\zeta - a}\left(1 + \frac{z - a}{\zeta - a} + \left(\frac{z - a}{\zeta - a}\right)^2 + \cdots\right)$$

关于 C_2 上的 z 一致收敛, 因此 (本节前面的内容相同) 有

$$-\int_{C_2} \frac{f(z)}{z - \zeta} \mathrm{d}z = \frac{1}{\zeta - a} \int_{C_2} f(z)\mathrm{d}z + \frac{1}{(\zeta - a)^2} \int_{C_2} f(z)(z - a)\mathrm{d}z$$

$$+ \frac{1}{(\zeta - a)^3} \int_{C_2} f(z)(z - a)^2\mathrm{d}z + \cdots,$$

即

$$-\frac{1}{2\pi i} \int_{C_2} \frac{f(z)}{z - \zeta} \mathrm{d}z = \sum_{n=1}^{\infty} a_{-n}(\zeta - a)^{-n},$$

其中

$$a_{-n} = \frac{1}{2\pi i} \int_{C_2} f(z)(z - a)^{n-1}\mathrm{d}z, \tag{3}$$

所以当 ζ 在 C_2 的外面时, $\dfrac{1}{\zeta - a}$ 的幂级数一定收敛.

因此, 由 (1) 可知, 对于圆环内的 ζ 有

$$f(\zeta) = \sum_{n=-\infty}^{\infty} a_n(\zeta - a)^n. \tag{4}$$

在上式中, 由 n 的正负以及 (2) 和 (3) 给出系数 a_n. 设 C 在 C_1 的内部, 且完全包含 C_2 的任意闭曲线, 在 (2) 或者 (3) 中, 积分路径也可以换成 C (定理 52), 即可以用下式取代 (2), (3)

$$a_n = \frac{1}{2\pi i} \int_C \frac{f(z)\mathrm{d}z}{(z - a)^{n+1}}, \quad n = 0, \pm 1, \pm 2, \cdots. \tag{5}$$

在 (4) 中, 把 ζ 写成 z, 则

$$f(z) = \sum_{n=-\infty}^{\infty} a_n (z-a)^n, \tag{6}$$

z 是圆环内的任意点. 在上式右边的级数中, 正幂项部分

$$a_0 + a_1(z-a) + a_2(z-a)^2 + \cdots \tag{7}$$

是通常的幂级数, 这个幂级数在 C_1 内收敛. 而其负幂项部分

$$\frac{a_{-1}}{z-a} + \frac{a_{-2}}{(z-a)^2} + \cdots + \frac{a_{-n}}{(z-a)^n} + \cdots \tag{8}$$

是 $\dfrac{1}{z-a}$ 的幂级数, 这个幂级数在 C_2 的外面一定收敛. 因此 (6) 在圆环内收敛.

我们称展开 (6) 为 $f(z)$ 关于 a 的**洛朗** (Laurent) **展开**.

把 (6) 两边乘以 $(z-a)^k$, 然后在以 a 为圆心的圆环内的圆周 C 上积分, 则

$$\int_C f(z)(z-a)^k \mathrm{d}z = \sum_{n=-\infty}^{\infty} a_n \int_C (z-a)^{n+k} \mathrm{d}z$$
$$= 2\pi \mathrm{i} a_{-k-1}, \quad k = 0, \pm 1, \pm 2, \cdots. \tag{9}$$

右边的积分当 $n+k = -1$ 时等于 $2\pi\mathrm{i}$, 其他情况下都等于 0 (参照 §57, [例]). 因此洛朗展开的各系数是唯一确定的.

[**附记**]　从上面的证明我们可以看到, 如果 $f(z)$ 在圆周 C_1, C_2 之间夹着的圆环带上是正则的, 那么对于圆环带上的任意一点 z, (6) 成立.

而在本节开始我们曾经说过, 在某个区域 K 内, 设 $f(z)$ 除 a 之外是正则的. 于是在 (5) 中, 积分路径 C 是 K 内包含 a 的任意闭曲线即可. 另外, 展开 (6) 的正幂项部分在以 a 为圆心且与 K 的边界相切的最大圆内收敛. 它在 a 处正则. 此时可以取得充分小的内圆 C_2, 使得负幂项部分

$$\frac{a_{-1}}{z-a} + \frac{a_{-2}}{(z-a)^2} + \cdots + \frac{a_{-n}}{(z-a)^n} + \cdots$$

除 $z = a$ 外, 对于所有 z 收敛, 这些负幂项部分是在 $z = a$ 处引起奇异性的主因, 因此我们称它是 $f(z)$ 关于奇点 $z = a$ 的**主要部分**.

而在此又区分下面三种情况.

(1°) 没有主要部分, 即

$$f(z) = a_0 + a_1(z-a) + a_2(z-a)^2 + \cdots, \quad z \neq a.$$

尽管一开始我们就去掉了 $z = a$ 这一点, 但是如果 $f(a) = a_0$, 则 $f(z)$ 在 $z = a$ 处也是正则的. 如果 $f(z)$ 只在 $z = a$ 处不是正则的, $f(a) \neq a_0$. 但是如果把 $f(z)$ 在 $z = a$ 处的值变成 a_0, 那么可以消除 $f(z)$ 在 $z = a$ 处非正则的事实. 我们把这样的非正则点称为黎曼**可去奇点**.

这样的奇点并没附带什么重要性质. 现在, 在 $f(z)$ 正则的区域内的一点 a 处, 如果有意改变 $f(a)$ 的值的话, 在此就生成奇点. 这就是可去奇点.

(2°) 主要部分是有限级数, 即

$$f(z) = \frac{a_{-k}}{(z-a)^k} + \cdots + \frac{a_{-1}}{z-a} + P(z-a), \quad a_{-k} \neq 0.$$

此时, 称 a 是 $f(z)$ 的 k **级极点**. 此时 $(z-a)^k f(z)$ 在 a 处是正则的, 有一个不等于 0 的值 a_{-k}. 因此当 $z \to a$ 时, $f(z) \to \infty$. 这表明无论 z 如何迫近 a, 总有 $|f(z)| \to \infty$.

[注意] 设 $f(z)$ 在 a 处正则, $f(a) = 0$. 如果去掉 $f(a)$ 总是等于 0 的情况, 则它的泰勒展开是

$$f(z) = (z-a)^k \{a_k + a_{k+1}(z-a) + \cdots\}, \quad a_k \neq 0, k \geqslant 1.$$

此时我们称 a 为 $f(z)$ 的 k **阶零点**. 根据假设 $a_k \neq 0$, 在 a 的邻域内, 上式右边的 {} 中的幂级数不等于 0, $f(z)$ 除 a 之外不等于 0. 即 a 是 $f(z)$ 的孤立零点. 此时 $a_k + a_{k+1}(z-a) + \cdots$ 的倒数在 a 的邻域内是正则的, 因此 a 是 $\dfrac{1}{f(z)}$ 的 k 级极点.

(3°) 主要部分是无穷级数, 即在

$$f(z) = \sum_{n=-\infty}^{\infty} a_n(z-a)^n$$

中 $a_{-n} \neq 0 (n > 0)$ 的负幂项有无穷多个. 此时在 $z = a$ 的邻域内, $f(z)$ 的行为变得复杂起来. 因此, 魏尔斯特拉斯把 a 称为 $f(z)$ 的**本性奇点** (相对于此, 在 (2°) 中陈述的奇点称为**假性奇点**).

如果 a 为本性奇点, 则当 $z \to a$ 时, $f(z)$ 没有确定的极限值. 而 $f(z) \to \infty$ 也不成立. 但是, 如果适当选择收敛于 a 的数列 $\{z_n\}$, 则可以使 $f(z_n) \to \infty$ 成立, 而对任意的 c, 也可以使 $f(z_n) \to c$ 成立 (**魏尔斯特拉斯定理**).

下面给出其证明.

(A) 证明使 $f(z_n) \to \infty$ 的数列 $\{z_n\}$ 存在.

为了利用反证法, 对某正数 r_0, M_0, 假设

$$0 < |z-a| < r_0 \text{ 时}, \quad |f(z)| < M_0. \tag{10}$$

于是根据 (9)

$$a_{-n} = \frac{1}{2\pi i} \int_C f(z)(z-a)^{n-1} dz.$$

此时, C 的半径可以无限变小, 因此当设 $\rho < r_0$ 时, 由 (10) 得

$$|a_{-n}| < \frac{M_0 \rho^{n-1}}{2\pi} \int_C ds = M_0 \rho^n.$$

因为 ρ 可以取得充分小, 所以 $a_{-n} = 0 (n = 1, 2, 3, \cdots)$. 这与假设不符.

(B) 证明使 $f(z_n) \to c$ 的数列 $\{z_n\}$ 存在.

只需要证明对于任意的正数 $r, \varepsilon, 0 < |z - a| < r$, 且使 $|f(z) - c| < \varepsilon$ 的 z 存在即可, 为了利用反证法, 对于某个 r_0, ε_0, 假设

$$0 < |z - a| < r_0 \text{ 时, } |f(z) - c| \geqslant \varepsilon_0. \tag{11}$$

于是对于满足 $0 < |z - a| < r_0$ 的 z, 设

$$\phi(z) = \frac{1}{f(z) - c},$$

则

$$0 < |z - a| < r_0 \text{ 时, } |\phi(z)| \leqslant \frac{1}{\varepsilon_0}. \tag{12}$$

而在 $z = a$ 的邻域内, 根据 (11), 除了 a 之外, $\phi(z)$ 是正则的. 所以根据 (12), a 不是 $\phi(z)$ 的极点, 再根据 (A), 它也不是 $\phi(z)$ 本性奇点. 因此在 $z = a$ 处, $\phi(z)$ 是正则的, 或者说 a 是 $\phi(z)$ 的可去奇点. 即极限 $\lim_{z \to a} \phi(z) = \lambda$ 存在. 因此设 $\phi(a) = \lambda$, 则 $\phi(z)$ 在 $z = a$ 处是正则的. 如果 $\lambda \neq 0$, 设 $\lambda = \frac{1}{f(a) - c}$, 从而 $f(a) = c + \frac{1}{\lambda}$, 则 $f(z)$ 在 $z = a$ 处是正则的. 如果 $\lambda = 0$, 则在 $f(z) - c = \frac{1}{\phi(z)}$ 中, $z = a$ 是 $\phi(z)$ 的零点. 从而是 $f(z) - c$ 的极点 (前一个 [注意]). 总之, 这与假设不符 (洛朗展开的唯一性).

综上所述, 反过来也可以这样描述[①].

设 $f(z)$ 在 $z = a$ 的邻域内除 a 以外是正则的. 此时

(1°) 如果 $f(z)$ 在 $z = a$ 处连续, 则它在 $z = a$ 处也是正则的 (黎曼定理).

(2°) 如果当 $z \to a$ 时 $f(z) \to \infty$, 则 a 是极点.

(3°) 如果 $\lim_{z \to a} f(z)$ 不存在, 那么 a 是本性奇点 (魏尔斯特拉斯定理的逆定理).

上面的魏尔斯特拉斯定理通常叙述如下.

[①] 转换法, 即上述的 (1°), (2°), (3°) 均成立.

解析函数 $f(z)$ 在孤立本性奇点 $z = a$ 的任意邻域无限接近任意值 c.

实际上, 在 a 的邻域内, $f(z) = c$ 一般有无数个根. 但有时对于唯一一个 c 值例外 (Picard).

[例 1]

$$e^{\frac{1}{z}} = 1 + \frac{1}{z} + \frac{1}{2z^2} + \cdots + \frac{1}{n!z^n} + \cdots.$$

因此 $z = 0$ 是本性奇点. 在实数轴上, 如果 z 从正方向向 0 靠近, 则 $e^{\frac{1}{z}} \to \infty$, 如果 z 从负方向向 0 靠近, 则 $e^{\frac{1}{z}} \to 0$, 因此它在这点处的极限不存在.

设 $c \neq 0, \ln c = \alpha$, 则 $e^{\frac{1}{z}} = c$ 的解是 $z = \dfrac{1}{\alpha + 2n\pi i}$, 当 $n \to \infty$ 时, 这些值都向 0 聚集. 此时 $c = 0$ 就是上面的 Picard 的例外值.

[例 2] 对于 $\sin \dfrac{1}{z}$, 同样 $z = 0$ 是本性奇点. 此时却没有例外值. 当 c 是 -1 和 $+1$ 之间的实数时, 我们常常引用 $\sin \dfrac{1}{z} = c$ 的根的分布.

§60　$z = \infty$ 处的解析函数

设 $f(z)$ 在区域 $|z| > R$ 内正则. 这时, 在以原点为圆心的圆环内, 在取内圆 C_2 的半径大于 R 并取外圆 C_1 任意大时, 在 $z = 0$ 的洛朗展开 (前节的 (6)) 成立 (参照前节的 [附记]), 即

$$f(z) = \sum_{n=-\infty}^{\infty} a_n z^n, \quad |z| > R, \tag{1}$$

$$a_n = \frac{1}{2\pi i} \int_C \frac{f(z)\mathrm{d}z}{z^{n+1}}, \quad n = 0, \pm 1, \pm 2, \cdots, \tag{2}$$

其中 C 是以原点为圆心且半径大于 R 的任意圆的圆周, 或者是包含内圆 C_2 的任意闭曲线.

此时洛朗展开 (1) 的负幂项部分

$$\frac{a_{-1}}{z} + \frac{a_{-2}}{z^2} + \cdots + \frac{a_{-n}}{z^n} + \cdots \tag{3}$$

在 C_2 的外部收敛, 当 $z \to \infty$ 时, 它收敛于 0. 而正幂项部分

$$a_1 z + a_2 z^2 + \cdots + a_n z^n + \cdots \tag{4}$$

对于所有的 z (在 C_1 的内部, 而是 C_1 可以取得任意大) 收敛. 当 $z \to \infty$ 时, $f(z)$ 的行为主要受这部分的支配, 所以把它称为在 $z = \infty$ 处 $f(z)$ 的 **主要部分**. (1) 在

形式上与前节的 (6) 是一样的, 但是正幂项和负幂项的角色却交换了. 对此要注意, 与前节一样, 区分下面三种情况.

(1°) 没有主要部分, 即

$$f(z) = a_0 + \frac{a_{-1}}{z} + \frac{a_{-2}}{z^2} + \cdots = P\left(\frac{1}{z}\right).$$

当 $z \to \infty$ 时, $f(z) \to a_0$. 此时, 简称 $f(z)$ "在 $z = \infty$ 处正则".

(2°) 主要部分是有限级数, 即

$$f(z) = a_k z^k + \cdots + a_1 z + P\left(\frac{1}{z}\right), \quad a_k \neq 0.$$

当 $z \to \infty$ 时, $f(z) \to \infty$, 而 $\dfrac{f(z)}{z^k}$ 在 $z = \infty$ 处正则. 此时称 "$z = \infty$ 是 $f(z)$ 的 k 级极点".

(3°) 主要部分是无穷级数, 即

$$f(z) = \sum_{n=-\infty}^{\infty} a_n z^n,$$

在该级数中, 系数 $a_n \neq 0 (n = 1, 2, 3, \cdots)$ 有无限多个. 此时称 "$z = \infty$ 是 $f(z)$ 的本性奇点". 当 $z \to \infty$ 时, $f(z)$ 没有确定的极限 (∞ 也包含在内). 但是, 如果适当地选取满足 $z_n \to \infty$ 的数列, 可使 $f(z_n) \to \infty$ 成立, 也可使 $f(z_n) \to c$ 成立 (c 是任意常数).

§61 整 函 数

在 z 平面上各点都正则的解析函数统称为整函数.

这里说的 z 平面各点不包括 $z = \infty$. 而 $z = \infty$ 只作为一个术语来使用. 当包括 $z = \infty$ 时需要特别强调.

如果 $f(z)$ 是整函数, 则 $f(z)$ 在 $z = 0$ 处的泰勒展开 $f(z) = \sum_{n=0}^{\infty} a_n z^n$ 对于所有的 z 收敛. 与前节一样, 此时也要分下面三种情况.

(1°) $f(z) = a_0$. (常数).

(2°) $f(z) = a_0 + a_1 z + \cdots + a_n z^n$, $a_n \neq 0, n \geqslant 1$. 此时 $\lim\limits_{z \to \infty} f(z) = \infty$.

(3°) $f(z) = \sum_{n=0}^{\infty} a_n z^n$ 是无穷级数, 收敛半径是 ∞. 此时 $\lim\limits_{z \to \infty} f(z)$ 不确定.

上面 (1°), (2°) 中的 $f(z)$ 是多项式. (3°) 中的 $f(z)$ 称为 **超越整函数**. e^z (以及 $\sin z, \cos z$) 都是超越整函数. 对于超越整函数, $z = \infty$ 是本性奇点, 所以前节给出的魏尔斯特拉斯定理可用.

定理 59 (刘维尔定理) 如果整函数 $f(z)$ 是有界的 (对于所有的 z, $|f(z)| < M$), 那么 $f(z)$ 是常数.

[证] 此时的 $f(z)$ 不能是上面 (2°), (3°) 的函数. □

[注意] 我们可以像下面这样描述刘维尔定理, 即如果 $f(z)$ 在包含 ∞ 的 z 平面上任意点处正则, 则 $f(z)$ 是常数.

定理 60 (代数基本定理) 次数大于等于 1 的多项式都有根.

[证] 假设 $f(z)$ 没有根, 则 $1/f(z)$ 一定是整函数. 于是根据 (2°), 当 $z \to \infty$ 时, $f(z) \to \infty$, 因此 $1/f(z) \to 0$. 所以 $1/f(z)$ 是常数 (定理 59). 这不合理. □

因为根总是存在的, 所以我们可以把 n 次多项式分解成 n 个一次因式. 而且这些一次因式是唯一确定的.

§62 定积分计算 (实变量)

我们可以把柯西定理运用于定积分计算 (实变数). 事实上, 柯西 (1825 年) 最初考虑虚数积分时, 考虑的目标是以一种统一的方法来计算当时已知的定积分. 由此产生了解析函数理论, 这一理论是近代数学史的一个转折点. 下面举几个例子.

[例 1]
$$\int_0^\infty \frac{\sin x}{x} \mathrm{d}x.$$

被积分函数等于 $\dfrac{\mathrm{e}^{\mathrm{i}x} - \mathrm{e}^{-\mathrm{i}x}}{2\mathrm{i}x}$, 首先考虑 $\dfrac{\mathrm{e}^{\mathrm{i}z}}{z}$. 除 $z = 0$ 之外, 它总是正则的, 所以如图 5-10 所示, 在 z 平面的上半平面, 关于以原点为圆心, 分别以 R 和 ε 为半径的半圆周 C 和 c, 以及实轴上的线段 AB, $A'B'$ 共同构成的闭曲线 $ABCB'A'cA$ 积分得

$$\int \frac{\mathrm{e}^{\mathrm{i}z}}{z} \mathrm{d}z = 0,$$

即

$$\int_{AB} + \int_{BCB'} + \int_{B'A'} + \int_{A'cA} = 0. \tag{1}$$

而

$$\int_{AB} = \int_\varepsilon^R \frac{\mathrm{e}^{\mathrm{i}x}}{x} \mathrm{d}x, \quad \int_{B'A'} = \int_{-R}^{-\varepsilon} \frac{\mathrm{e}^{\mathrm{i}x}}{x} \mathrm{d}x = -\int_\varepsilon^R \frac{\mathrm{e}^{-\mathrm{i}x}}{x} \mathrm{d}x,$$

所以

$$\int_{AB} + \int_{B'A'} = 2\mathrm{i} \int_\varepsilon^R \frac{\sin x}{x} \mathrm{d}x.$$

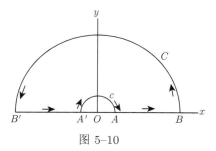

图 5–10

下面证明当 $\varepsilon \to 0, R \to \infty$ 时

$$\int_{A'cA} \to -\pi i, \tag{2}$$

$$\int_{BCB'} \to 0. \tag{3}$$

如果上面两式成立, 则由 (1) 得

$$\int_0^\infty \frac{\sin x}{x} \mathrm{d}x = \frac{\pi}{2}.$$

(2) 的证明. 在 $\dfrac{\mathrm{e}^{\mathrm{i}z}}{z} = \dfrac{1}{z} + P(z)$ 中, $P(z)$ 是 z 的幂级数, 这个幂级数在整个平面上收敛且正则, 因此是连续的. 因此在半圆周 c 上, 如果 $|P(z)| < M$, 则

$$\left| \int_c P(z)\mathrm{d}z \right| < M\pi\varepsilon \to 0,$$

且

$$\int_c \frac{\mathrm{d}z}{z} = \mathrm{i} \int_\pi^0 \mathrm{d}\theta = -\pi\mathrm{i}.$$

(3) 的证明. 在半圆周 C 上, 因为 $z = R(\cos\theta + \mathrm{i}\sin\theta)$, 所以有

$$\int_{BCB'} \frac{\mathrm{e}^{\mathrm{i}z}}{z} \mathrm{d}z = \mathrm{i} \int_0^\pi \mathrm{e}^{-R\sin\theta + \mathrm{i}R\cos\theta} \mathrm{d}\theta,$$

因此,

$$\left| \int_{BCB'} \right| \leqslant \int_0^\pi \mathrm{e}^{-R\sin\theta} \mathrm{d}\theta = 2 \int_0^{\frac{\pi}{2}} \mathrm{e}^{-R\sin\theta} \mathrm{d}\theta.$$

而在闭区间 $\left[0, \dfrac{\pi}{2}\right]$ 上, $\dfrac{\sin\theta}{\theta}$ 连续且总是正的, 所以它的最小值 $m > 0$, 即 $\sin\theta$

$\geqslant m\theta.$ (事实上, $m = \dfrac{2}{\pi}$) 因此有

$$\int_0^{\frac{\pi}{2}} e^{-R\sin\theta}d\theta \leqslant \int_0^{\frac{\pi}{2}} e^{-Rm\theta}d\theta \leqslant \int_0^{\infty} e^{-Rm\theta}d\theta = \frac{1}{Rm} \to 0.$$

[例 2]　证明

$$\int_0^{\infty} \cos(x^2)dx = \int_0^{\infty} \sin(x^2)dx = \frac{1}{2}\sqrt{\frac{\pi}{2}} \quad \text{[Fresnel 积分]}.$$

使用等式 $\cos x^2 - i\sin x^2 = e^{-ix^2}$, $\displaystyle\int_0^{\infty} e^{-x^2}dx = \frac{\sqrt{\pi}}{2}$ (§35, [例 6]) 采用与 [例 1] 相同的方法给出证明. e^{-z^2} 在整个 z 平面上都正则, 因此关于图 5–11 所示的扇形 $OABO$, 它的积分等于 0, 即

$$\int_0^R e^{-x^2}dx + \int_C e^{-z^2}dz - \int_{OB} e^{-z^2}dz = 0. \tag{4}$$

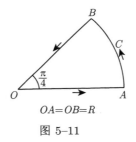

$$OA=OB=R$$

图 5–11

而在 OB 上, $z = re^{i\frac{\pi}{4}} = r\dfrac{1+i}{\sqrt{2}}$, $0 \leqslant r \leqslant R$, 因此, $e^{-z^2} = e^{-ir^2}$, $dz = \dfrac{1+i}{\sqrt{2}}dr$. 于是有

$$\int_{OB} e^{-z^2}dz = \frac{1+i}{\sqrt{2}} \int_0^R (\cos r^2 - i\sin r^2)dr. \tag{5}$$

且在 C 上, $z = R(\cos\theta + i\sin\theta)$, $0 \leqslant \theta \leqslant \dfrac{\pi}{4}$, $\dfrac{dz}{z} = i\,d\theta$. 因此

$$\left|\int_C e^{-z^2}dz\right| \leqslant \int_0^{\frac{\pi}{4}} e^{-R^2\cos 2\theta}R\,d\theta = \frac{R}{2}\int_0^{\frac{\pi}{2}} e^{-R^2\cos\varphi}d\varphi = \frac{R}{2}\int_0^{\frac{\pi}{2}} e^{-R^2\sin\varphi}d\varphi$$

$$\leqslant \frac{R}{2}\cdot\frac{1}{R^2 m} = \frac{1}{2Rm},$$

其中, m 同 [例 1] 一样. 所以当 $R \to \infty$ 时, 有 $\displaystyle\int_C \to 0$, 因此由 (4) 和 (5) 得

$$\frac{1+i}{\sqrt{2}} \int_0^{\infty} (\cos r^2 - i\sin r^2)dr = \frac{\sqrt{\pi}}{2}.$$

将上式两边乘以 $\dfrac{1-i}{\sqrt{2}}$ 得

$$\int_0^\infty (\cos(r^2) - i\sin(r^2))\mathrm{d}r = \frac{1-i}{2}\sqrt{\frac{\pi}{2}}.$$

因此

$$\int_0^\infty \cos(r^2)\mathrm{d}r = \int_0^\infty \sin(r^2)\mathrm{d}r = \frac{1}{2}\sqrt{\frac{\pi}{2}}.$$

[**例 3**]   计算积分 $\displaystyle\int_0^\pi \ln(1 - 2r\cos\theta + r^2)\mathrm{d}\theta$.

设 $|z| \leqslant r < 1$, 则

$$\frac{\ln(1-z)}{z} = -1 - \frac{z}{2} - \frac{z^2}{3} - \cdots$$

是正则的. 设 C 是 $|z| = r$ 的圆周 (见图 5–12), 则

$$\int_C \ln(1-z)\frac{\mathrm{d}z}{z} = i\int_0^{2\pi} \ln(1-z)\mathrm{d}\theta = 0. \tag{6}$$

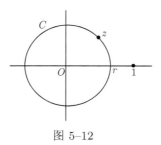

图 5–12

在 C 上有

$$|1-z|^2 = (1 - r\cos\theta)^2 + (r\sin\theta)^2 = 1 - 2r\cos\theta + r^2.$$

所以由 (6) 只取 $\ln$ 的实部得

$$\frac{1}{2}\int_0^{2\pi} \ln(1 - 2r\cos\theta + r^2)\mathrm{d}\theta = 0, \quad \int_0^\pi \ln(1 - 2r\cos\theta + r^2)\mathrm{d}\theta = 0, \quad r < 1.$$

如果 $r > 1$, 则 $r' = \dfrac{1}{r} < 1$, 因此

$$0 = \int_0^\pi \ln(1 - 2r'\cos\theta + r'^2)\mathrm{d}\theta = \int_0^\pi \ln\left(1 - \frac{2}{r}\cos\theta + \frac{1}{r^2}\right)\mathrm{d}\theta$$

$$= \int_0^\pi [\ln(1 - 2r\cos\theta + r^2) - \ln r^2]d\theta.$$

所以

$$\int_0^\pi \ln(1 - 2r\cos\theta + r^2)d\theta = 2\pi\ln r, \quad r > 1.$$

[注意] 如果 $r = 1$, 则积分关于 r 连续, 因此它等于 0. 此时积分是

$$\int_0^\pi \ln 2(1 - \cos\theta)d\theta = \int_0^\pi \ln\left(4\sin^2\frac{\theta}{2}\right)d\theta = 4\int_0^{\frac{\pi}{2}} \ln(2\sin\theta)d\theta.$$

上面的积分等于 0, 于是得到 $\int_0^{\frac{\pi}{2}} \ln\sin\theta d\theta = -\frac{\pi}{2}\ln 2$ (§34, [例 3]).

留数 在区域 K 内, 当只有 $z = a$ 是 $f(z)$ 的奇点时, 洛朗展开

$$f(z) = \sum_{n=-\infty}^{\infty} a_n(z - a)^n$$

在 K 内的以 $z = a$ 为圆心的一个小圆周 c 上一致收敛, 因此关于 c 逐项积分得

$$\int_c f(z)dz = \sum_{n=-\infty}^{\infty} a_n \int_c (z - a)^n dz.$$

上式的右边, 除 $n = -1$ 外, $\int_c (z - a)^n dz = 0$, 而且 $\int_c \frac{dz}{z - a} = 2\pi i$. 所以

$$\int_c f(z)dz = 2\pi i a_{-1}.$$

称 a_{-1} 是 $f(z)$ 在 $z = a$ 处的**留数**.

特别地, 如果 $z = a$ 是 n 级极点, 则 $(z - a)^n f(z)$ 在 $z = a$ 处正则, 于是有

$$(z - a)^n f(z) = a_{-n} + a_{-(n-1)}(z - a) + \cdots + a_{-1}(z - a)^{n-1} + \cdots.$$

因此它的留数是

$$a_{-1} = \frac{1}{(n-1)!} \lim_{z \to a} \frac{d^{n-1}}{dz^{n-1}} (z - a)^n f(z).$$

特别地, 当 $n = 1$ 时, 留数是

$$a_{-1} = \lim_{z \to a} (z - a)f(z).$$

定理 61 如果在 K 内的闭曲线 C 内, 除了有有限个孤立奇点之外 $f(z)$ 正则, 则有

$$\int_C f(z)\mathrm{d}z = 2\pi\mathrm{i}\sum a_{-1}.$$

其中右边的 $\sum$ 是 $f(z)$ 在 C 内的奇点处的留数之和.

[证] 用小圆周 $c, c', \cdots$ 把奇点包围起来, 使用积分定理 (定理 52), 得

$$\int_C f(z)\mathrm{d}z = \sum \int_c f(z)\mathrm{d}z = 2\pi\mathrm{i}\sum a_{-1}. \qquad \square$$

[例 4] 证明 $\displaystyle\int_{-\infty}^{\infty} \frac{\mathrm{d}x}{(1+x^2)^{n+1}} = \frac{\pi}{2^{2n}}\frac{(2n)!}{(n!)^2} = \pi\frac{1\times 3\times 5\times\cdots\times(2n-1)}{2\times 4\times 6\times\cdots\times 2n}.$

$f(z) = \dfrac{1}{(1+z^2)^{n+1}}$ 在图 5–13 所示的半圆内只有一个奇点 $z = \mathrm{i}$. 这个奇点是 $n+1$ 级极点, 留数是

$$\frac{1}{n!}\left(\frac{\mathrm{d}^n}{\mathrm{d}z^n}\frac{(z-\mathrm{i})^{n+1}}{(1+z^2)^{n+1}}\right)_{z=\mathrm{i}} = \frac{1}{n!}\left(\frac{\mathrm{d}^n}{\mathrm{d}z^n}(z+\mathrm{i})^{-(n+1)}\right)_{z=\mathrm{i}}$$

$$= \frac{(-1)^n(n+1)(n+2)\cdots 2n}{n!}(2\mathrm{i})^{-(2n+1)} = \frac{(2n)!}{2^{2n}(n!)^2}\frac{1}{2\mathrm{i}}.$$

因此

$$\int_{ABCA} \frac{\mathrm{d}z}{(1+z^2)^{n+1}} = \frac{\pi(2n)!}{2^{2n}(n!)^2}.$$

左边的积分是

$$\int_{-R}^{R} \frac{\mathrm{d}x}{(1+x^2)^{n+1}} + \int_C \frac{\mathrm{d}z}{(1+z^2)^{n+1}}.$$

当 $R \to \infty$ 时, 因为在 C 上有 $|1+z^2| \geqslant R^2 - 1$, 所以有

$$\left|\int_C\right| \leqslant \frac{1}{(R^2-1)^{n+1}}\cdot\pi R \to 0.$$

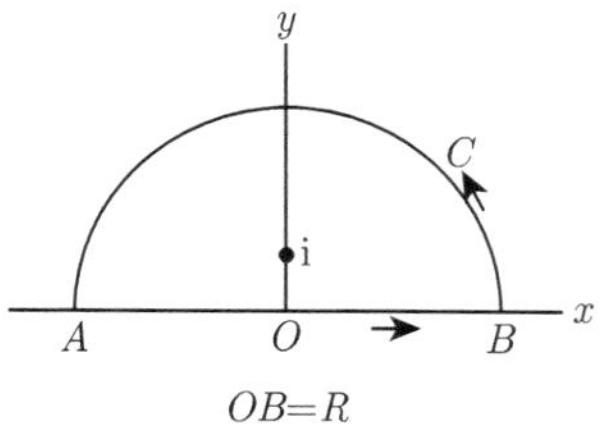

$OB = R$

图 5–13

因此得到题中结果.

[例 5] 证明 $\displaystyle\int_0^\pi \frac{\cos n\theta\,\mathrm{d}\theta}{1 - 2a\cos\theta + a^2} = \frac{\pi a^n}{1-a^2}, \quad -1 < a < 1, n = 0, 1, 2, \cdots.$

在上式积分符号中, 我们注意到分母等于 $(\mathrm{e}^{\mathrm{i}\theta} - a)(\mathrm{e}^{-\mathrm{i}\theta} - a)$, 考虑关于单位圆 C 的积分

$$\frac{1}{2\pi i} \int_C \frac{dz}{(tz-1)(z-a)(az-1)}.$$

设 $|t| < 1$, 在单位圆内, 只有 $z = a$ 是极点, 所以上式的留数等于

$$\frac{1}{(at-1)(a^2-1)}.$$

设 $z = e^{i\theta}$, 积分变量变成 θ, 则有

$$\frac{1}{2\pi i} \int_0^{2\pi} \frac{ie^{i\theta}d\theta}{(te^{i\theta}-1)(e^{i\theta}-a)(ae^{i\theta}-1)} = \frac{1}{2\pi} \int_0^{2\pi} \frac{d\theta}{(1-te^{i\theta})(1-2a\cos\theta+a^2)}.$$

因此关于 t 的升幂展开得

$$\int_0^{2\pi} \frac{\sum t^n e^{in\theta}d\theta}{1-2a\cos\theta+a^2} = \frac{2\pi \sum a^n t^n}{1-a^2}.$$

比较 t^n 的系数得

$$\int_0^{2\pi} \frac{e^{in\theta}d\theta}{1-2a\cos\theta+a^2} = \frac{2\pi a^n}{1-a^2}.$$

比较实部得到原题的结果.

当 $a > 1$ 时, $0 < \frac{1}{a} < 1$. 因此有

$$\int_0^{\pi} \frac{\cos n\theta d\theta}{1 - \frac{2}{a}\cos\theta + \frac{1}{a^2}} = \frac{\pi}{a^n\left(1 - \frac{1}{a^2}\right)}.$$

把上面等式两边的分母乘以 a^2 得

$$\int_0^{\pi} \frac{\cos n\theta d\theta}{1-2a\cos\theta+a^2} = \frac{\pi}{a^n(a^2-1)}.$$

§63 解 析 延 拓

定理 62   设 $f(z), g(z)$ 在区域 K 内正则, 且在 K 内的小区域 K_0 内, $f(z) = g(z)$. 这时, 在 K 内总有 $f(z) = g(z)$.

[证] 设 $f(z) - g(z) = \varphi(z)$, 于是 $\varphi(z)$ 在 K 内正则, 在 K_0 内 $\varphi(z) = 0$. 假设 K 内存在一点 z_1, 有 $\varphi(z_1) \neq 0$, 只要证明由此产生矛盾即可.

设 z_0 是 K_0 内的一点, 在 K 内作曲线 L 连结 z_0 和 z_1. 为了更清晰起见, 设 L 是折线即可. 而在 L 的起点 z_0 的邻域内, $\varphi(z) = 0$, 在终点 z_1 处 $\varphi(z_1) \neq 0$, 因此, 根据 $\varphi(z)$ 的连续性, 在 z_1 的邻域内, $\varphi(z) \neq 0$. 现在, 当 z 在 L 上由 z_0 开始向 z_1 移动时, 设从 z_0 开始到 z 满足 $\varphi(z) = 0$ 的点 z 的上端是 z'[①]. 于是 $z' \neq z$, z' 在 z_0 和 z_1 之间, 根据 $\varphi(z)$ 的连续性可知 $\varphi(z') = 0$. 对于 z' 前面的点显然有 $\varphi(z) = 0$. 于是在 L 上的点 z' 的任意邻域内, 满足 $\varphi(z) \neq 0$ 的点 z 都在 z' 的前面. (如果不是这样, 则 z' 应该在更前面的地方存在.) 即在 z' 处正则的 $\varphi(z)$ 在 z' 的邻域内总不等于 0, 而 $\varphi(z)$ 的零点 z' 不是孤立的, 矛盾 (§59 的 [注意]). $\qquad\square$

[注意] 在定理 62 中, 假定 $f(z)$ 和 $g(z)$ 在 K 内的小区域 K_0 内是相等的, 但只要假定在 K 内的一条线上, 或者更一般地, 假定在 K 内以某点 a 为聚点的点集合 M 内的点, $f(z)$ 和 $g(z)$ 相等即可. 此时, 因为 $\varphi(z)$ 在 a 的邻域内有无数个零点, 所以在以 a 为圆心的某个圆内总有 $\varphi(z) = 0$. 设这个圆为 K_0 即可.

现在给定在区域 K_0 内正则的函数 $f(z)$. 此时假设在 K_0 内与 $f(z)$ 相等, 且在包含 K_0 的区域 K 内正则函数存在, 那么根据定理 62, 这个正则函数只有一个. 于是, 把在包含 K_0 的区域 K 内确定的正则函数称为 $f(z)$ 向区域 K 的**解析延拓**[②].

如果这样的延拓是可能的, 那么这是唯一可能的延拓, 我们把它看作 $f(z)$ 从定义域 K_0 向 K 的扩张, 仍然用 $f(z)$ 表示. 现在, 区域 K_1 包含区域 K_0, 把 $f(z)$ 向 K_2 延拓. 此时如果设 K_1 与 K_2 的共同部分形成的区域为 D[③] (见图 5–14), 那么能够把 $f(z)$ 唯一地向 K_1 和 K_2 的合并区域 K 延拓. 事实上, 首先设向 K_1, K_2 的延拓分别是 $f_1(z)$ 和 $f_2(z)$, 根据定理 62, 在共同区域 D 上, $f_1(z) = f_2(z)$, 因此在区域 K 上, 在属于 K_1 但不属于 K_2 的区域 $K_1 - D$ 上, 设 $f(z) = f_1(z)$, 而在属于 K_2 而不属于 D 的区域 $K_2 - D$ 上, 设 $f(z) = f_2(z)$, 在属于 K_1 又属于 K_2 的区域 D 上, 设 $f(z) = f_1(z) = f_2(z)$, 则 $f(z)$ 在 K 上是正则的. 这就是 K_0 上的 $f(z)$ 向 K 的唯一延拓.

例如, 设幂级数 $\sum a_n z^n$ 的收敛圆为 C. 它表示在 C 上正则的函数 $f(z)$. 为了尝试着将此函数延拓, 设 a 为区域 C 内的一点 (见图 5–15), 把 $f(z)$ 在 a 处展开成幂级数 $P(z - a)$, 这个幂级数至少在以 a 为中心且内接于 C 内的圆内是收敛

---

① 这一方法是切割法. 设从 z_0 开始计算的 L 的弧长为 s, 把 L 上的点 z 看作 s 的函数, 对于满足 $0 \leqslant s \leqslant \sigma$ 的 z, 满足 $\varphi(z) = 0$ 的 σ 有上确界. 设这个上确界为 s', z' 就是 L 上对应于 s' 的点.

② 也称为解析延伸.

③ 不分成相互分离的部分 (即相连). 因此 K_0 中的点 z_0 与 D 中的点 z_1 由 D 内部的曲线 L 相连.

的, 但是它的收敛圆 C_a 也许比这个圆大. 在这种情况下, 可以把 $f(z)$ 延拓到 C
与 C_a 的并集形成的区域 K_1 上. 在 K_1 上取一点 b, 当作 $f(z)$ 在点 b 的泰勒展
开 $P(z - b)$ 时, 如果这个泰勒展开的收敛圆 C_b 超出 K_1, 那么可以把 $f(z)$ 延拓
到 K_1 与 C_b 的并集 K_2 上. 如果 $f(z)$ 的延拓是可能的, 那么我们可以反复执行
上面的方法 (理论可行), 得到它的延拓. 但是, 我们不能把用一个幂级数表示的函
数 $f(z)$ 向包含那个级数的收敛圆的区域 K 上延拓 (如果这个延拓是可能的, 那
么收敛圆应该再大一些才可以). 这表明, 在幂级数 $f(z) = \sum a_n(z - \alpha)^n$ 的收敛
圆的圆周上, $f(z)$ 有奇点.

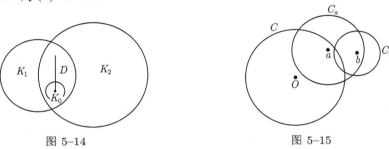

图 5–14 图 5–15

把 $f(z)$ 在各个给定的局部区域内所有可能的解析延拓总括起来, 以此尝试
着确定一个函数, 魏尔斯特拉斯把这个函数起名为单演**解析函数**. 这样的扩张与
根据任意规定而进行的形式上的扩张是完全不同的. 也就是说, 在扩张了的各个
局部区域内, 尽管函数可能被表示成各种样式, 但是它们之间存在着本质的联系,
可以从函数在某个局部区域的侧面自然地确定出在整个区域内的函数. 为了凸显
这一点, 我们采用了单演的名字, 但是所有解析函数都是单演的, 因此不用形容
词 "单演".

如果把解析函数上面的性质与狄利克雷式的实变函数 (§8) 相比较, 就可以发
现其本质上的差别. 在某个区域内定义的实变函数即使要求可微, 也可以自由地
向区域外扩张[①], 因此支配原区域上的函数法则不涉及区域外面. 与此相反, 给定
某点邻域的解析函数在它可能的解析延拓区域上是一定的, 因此在扩张的涉及范
围内, 它应该受一定的法则支配.

18 世纪人们认为函数是上天赐予的产物. 所以他们相信各函数都被上天赐予
的法则支配着. 这就是所谓的欧拉式连续性. 这一连续性除了数量的连续之外, 还
有法则上的连续. 在 18 世纪的数学中, 无意识中想象出来的法则上的连续性以解
析函数为最初的例子而成为现实.

---

① 例如, 光滑曲线可以自由地进行光滑扩展.

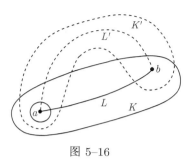

图 5-16

我们用局部正则性定义了解析函数. 因此当然假定函数是唯一的, 但是如果实施上面所说的解析延拓, 那么在整个区域上函数就可能失去了唯一性. 例如, 如图 5-16 所示, 当把函数 $f(z)$ 从 a 的邻域向 b 的邻域 (沿着曲线 L 和 L') 延拓到区域 K 和 K' 上时, 当 K 和 K' 的共同部分非连通时, 那么就有可能在 b 处产生不一致的函数值. 在包含 0 的区域上的 $\ln z$ (后面描述) 就是其中一例.

这表明解析函数本质上是**多值的**. 尽管是多值的, 各个分支在解析延拓的连锁作用下被不可分地连结到一起. 最初就是这样明确了多值函数的意义.

在实变函数的情况下, 由 $y^2 = x$ 可定义 $y = +\sqrt{x}$ 和 $y = -\sqrt{x}$ 两个函数. 或者由 $y^2 = x^4$ 所定义的二值函数 $y = \pm x^2$ 完全是纯约定的. 对于我们来说, $y^2 = x$ 在 x 平面上, 只能定义了一个二值解析函数 $y = \sqrt{x}$, 而 $y^2 = x^4$ 则分别定义了两个单值的解析函数.

下面的定理在此之前没有机会给出, 我们把它放在解析延拓之后.

定理 63　在 $f(z)$ 的正则区域内的任意一个闭区域 $[K]$ 上, $|f(z)|$ 在这个闭区域 $[K]$ 的边界上取最大值. 如果在 $[K]$ 上, $f(z) \neq 0$, 那么 $|f(z)|$ 在 $[K]$ 的边界上取到它的最小值.

[证]　设 $|f(z)|$ 在 $[K]$ 上的最大值 (定理 13) 为 M. 如果 $|f(z)|$ 在 $[K]$ 内一点 a, 有 $|f(a)| = M$, 那么关于在 $[K]$ 内以 a 为圆心任意画出的圆 C, 根据柯西积分公式, 有

$$|f(a)| = \frac{1}{2\pi}\Big| \int_C \frac{f(z)}{z-a} \mathrm{d}z \Big| \leqslant \frac{M}{2\pi} \int_0^{2\pi} \mathrm{d}\theta = M.$$

如果 $|f(a)| = M$, 此时上式的等号必须成立, 因此在 C 的圆周上, 总有 $|f(z)| = M$. 因为 C 是任意的, 因此在 a 的邻域内总有 $|f(z)| = M$, 所以 $f(z) = c$ (常数) (§55, [例 3]). 因此, 根据解析延拓原则, 在 K 上 $f(z) = c$. 总之, 不仅 $f(z)$ 是常数, 而且在 $[K]$ 内, 有 $|f(z)| < M$, 因此 $|f(z)| = M$ 的点在 K 的边界上.

如果在 $[K]$ 上, $f(z) \neq 0$, 则 $\dfrac{1}{f(z)}$ 在 $[K]$ 上正则, 所以 $|f(z)|$ 在边界上能够取得最小值.　　　　□

利用此定理最后的结果可以证明代数基本定理: 设 $f(z) = a + bz + \cdots$ 是次数大于等于 1 的多项式, 假设 $f(z)$ 没有根, 则 $f(0) = a \neq 0$. 当 $|z| = R$ 取得充分大时, 有 $|f(z)| > a$. 而 $|f(z)|$ 在闭区域 $|z| \leqslant R$ 的边界线 $|z| = R$ 上取得最小值, 这是不合理的.

§64　指数函数和三角函数

在 §54 关于实数的展开式

$$e^z = \sum \frac{z^n}{n!}$$

中, 让 z 是复数时扩展了 e^z 的定义, 这样的扩张完全是约定式的, 约束力较弱. 然而根据前面描述的解析延拓原则, 为了扩展 e^z 得到解析函数, 上面所说的方法是唯一的方法. (§63 的 [注意].) 对于 $\sin z, \cos z$ 等也是一样的.

本节, 我们从这个角度再次考虑指数函数和三角函数. (所谓的代数解析的现代化!)

为了展示这样一类扩展的本质意义, 我们做如下的考察. 在 §54, 通过计算可知, 对于扩展后的 $e^z = \exp(z)$, 它仍然满足加法定理, 即 $\exp(z_1 + z_2) = \exp(z_1) \cdot \exp(z_2)$, 然而根据解析延拓原则, 这是显然的, 不用具体计算也很清楚. 首先, 设 z_2 是一个实数. 于是左边的 $\exp(z_1 + z_2)$ 以及右边的 $\exp(z_1) \cdot \exp(z_2)$ 关于 z_1 都是正则的, 我们已经知道, 对于实数轴上的 z_1, 它们相等, 因此对于任意的 z_1 它们也相等. 现在设 z_1 是任意的复数, 把上式两边都看成 z_2 的函数, 同样利用解析延拓的方法, 可以证明, 对于任意的复数 z_1, z_2, 指数函数的加法定理成立. 简单说来, 函数 $\exp(z)$ 在解析延拓过程中, 其解析性保持不变. 这才是讨论的关键.

(1°) 展开 $\tan z, \cot z, \sec z, \operatorname{cosec} z$

$$\cot z = \frac{\cos z}{\sin z} = i\frac{e^{iz} + e^{-iz}}{e^{iz} - e^{-iz}} = i\frac{e^{2iz} + 1}{e^{2iz} - 1},$$

在上面的展开中, 为方便起见, 把 z 变换成 $\dfrac{z}{2}$, 于是有

$$\cot \frac{z}{2} = i\frac{e^{iz} + 1}{e^{iz} - 1}.$$

上式的分母在 $z = 0$ 时变成 0. 所以它是 $\cot \dfrac{z}{2}$ 的一级极点. 而

$$\frac{z}{2}\cot \frac{z}{2} = \frac{iz}{2} \cdot \frac{e^{iz} + 1}{e^{iz} - 1} = \frac{iz}{e^{iz} - 1} + \frac{iz}{2}. \tag{1}$$

在上式中, 将 iz 变换成 z, 首先考虑 $\dfrac{z}{e^z - 1}$. 这个函数在 $z = 0$ 的邻域内正则, 距离 0 最近的奇点是 $z = \pm 2\pi i$, 所以在 $|z| < 2\pi$ 内, 这个函数可以展开成泰勒级数. 这个泰勒级数如下所示,

$$\frac{z}{e^z - 1} = \sum_{n=0}^{\infty} b_n \frac{z^n}{n!}, \quad |z| < 2\pi. \tag{2}$$

系数 b_n 可以从下式中求得

$$\sum_{n=0}^{\infty} \frac{z^n}{(n+1)!} \sum_{n=0}^{\infty} \frac{b_n z^n}{n!} = 1.$$

即 $b_0 = 1$, 再与 z_n 的系数作比较得

$$\frac{b_n}{n!} + \frac{b_{n-1}}{(n-1)!2!} + \cdots + \frac{b_1}{1!n!} + \frac{b_0}{(n+1)!} = 0,$$

将上式两边乘以 $(n+1)!$ 得

$$\binom{n+1}{1} b_n + \binom{n+1}{2} b_{n-1} + \cdots + \binom{n+1}{n} b_1 + \binom{n+1}{n+1} b_0 = 0,$$

再把上式中 $n+1$ 换成 n 得

$$\sum_{k=0}^{n-1} \binom{n}{k} b_k = 0,$$

把上式用记号写出得

$$(b+1)^n - b^n = 0, \tag{3}$$

即展开后, 把 b 的指数变成下标. 例如

$$
\begin{array}{lll}
n = 2: & 2b_1 + 1 = 0, & b_1 = -\dfrac{1}{2}, \\[2mm]
n = 3: & 3b_2 + 3b_1 + 1 = 0, & b_2 = \dfrac{1}{6}, \\[2mm]
n = 4: & 4b_3 + 6b_2 + 4b_1 + 1 = 0, & b_3 = 0, \quad \text{等等}
\end{array}
$$

即

$$\frac{z}{e^z - 1} = 1 - \frac{z}{2} + \sum_{n=2}^{\infty} \frac{b_n z^n}{n!},$$

而

$$\frac{z}{e^z - 1} + \frac{z}{2} = \frac{z}{2} \cdot \frac{e^z + 1}{e^z - 1} = \frac{-z}{2} \cdot \frac{e^{-z} + 1}{e^{-z} - 1}$$

是偶函数, 除 b_1 外, 奇数下标的项 $b_3, b_5, \cdots$ 都是 0. 另外到后面我们将看到 (§65 末), 当设

$$b_{2n} = (-1)^{n-1} B_n$$

时, B_n 是正的. 我们称 B_n 为伯努利数[①]. 因此

$$\frac{z}{e^z - 1} = 1 - \frac{z}{2} - \sum_{n=1}^{\infty} \frac{(-1)^n B_n z^{2n}}{(2n)!}, \tag{4}$$

[①] 本章也把系数 b_n 写成 B_n, 并称其为伯努利数. 已计算出伯努利数 B_{110} (D. H. Lehmer, Duke Math. J. vol. 2, 1936). B_{110} 的分母是 7590, 分子是 250 位的整数.

通过下面的循环式, 我们可以求得 B_n:

$$\binom{2n+1}{2}B_1 - \binom{2n+1}{4}B_2 + \cdots + (-1)^{n-1}\binom{2n+1}{2n}B_n = n - \frac{1}{2}. \tag{5}$$

使用 $b_1 = -\dfrac{1}{2}$, 上式可以写成

$$(b+1)^{2n+1} - b^{2n+1} = 0.$$

根据这个公式, 设 $n = 1, 2, \cdots$, 得

$$B_1 = \frac{1}{6}, \ B_2 = \frac{1}{30}, \ B_3 = \frac{1}{42}, \ B_4 = \frac{1}{30}, \ B_5 = \frac{5}{66},$$

$$B_6 = \frac{691}{2730}, \ B_7 = \frac{7}{6}, \ B_8 = \frac{3617}{510}, \ B_9 = \frac{43\,867}{798}, B_{10} = \frac{174\,611}{330}, \cdots$$

[附记] B_n 是有理数, 分母是使 $p-1$ 是 $2n$ 的约数的素数 p 的积.

而对于 $\cot z$ 的展开式, 由式 (1) 和式 (4) 得

$$z \cot z = 1 - \sum_{n=1}^{\infty} \frac{2^{2n}B_n z^{2n}}{(2n)!} \quad (|z| < \pi)$$

$$= 1 - \frac{z^2}{3} - \frac{z^4}{45} - \cdots. \tag{6}$$

由 $\tan z = \cot z - 2\cot 2z$ 得

$$\tan z = \sum_{n=1}^{\infty} \frac{2^{2n}(2^{2n}-1)B_n z^{2n-1}}{(2n)!} \quad \left(|z| < \frac{\pi}{2}\right)$$

$$= z + \frac{1}{3}z^3 + \frac{2}{15}z^5 + \cdots. \tag{7}$$

而 $\operatorname{cosec} z = \cot \dfrac{z}{2} - \cot z$, 根据 (6) 得

$$\frac{z}{\sin z} = 1 + 2\sum_{n=1}^{\infty} \frac{(2^{2n-1}-1)B_n z^{2n}}{(2n)!} \quad (|z| < \pi)$$

$$= 1 + \frac{1}{6}z^2 + \frac{7}{360}z^4 + \cdots. \tag{8}$$

至于 $\sec z$ 的展开式, 可以从 $\sec z = \tan z \cdot \operatorname{cosec} z$ 而得到, 但也可以直接写成

$$\sec z = \sum_{n=0}^{\infty} \frac{E_n z^{2n}}{(2n)!} \quad \left(|z| < \frac{\pi}{2}\right) \tag{9}$$

因为

$$\cos z \cdot \sec z = \sum_{n=0}^{\infty} \frac{(-1)^n z^{2n}}{(2n)!} \sum_{n=0}^{\infty} \frac{E_n z^{2n}}{(2n)!} = 1,$$

所以得

$$E_0 = 1, E_n - \binom{2n}{2} E_{n-1} + \binom{2n}{4} E_{n-2} - \cdots + (-1)^n E_0 = 0. \tag{10}$$

由上式我们可以分别求得

$$E_0 = 1, E_1 = 1, E_2 = 5, E_3 = 61, E_4 = 1385, E_5 = 50\ 521, E_6 = 2\ 702\ 765, \cdots$$

E_n 称作**欧拉数**或者正割系数.

[附记] E_n 是正奇数, 奇数下标的 E_n 末位都是 1, 而偶数下标的 E_n (除 E_0 外) 末位是 5.

(**2°**) **自然数幂和伯努利多项式**

$$S_n(k) = 1^n + 2^n + \cdots + k^n \tag{11}$$

可以由伯努利数来表示. 下面我们描述其方法. 设

$$\varphi(x, z) = \frac{z e^{xz}}{e^z - 1} = \sum_{n=0}^{\infty} \frac{B_n(x)}{n!} z^n, \tag{12}$$

使用 (2) 的记法, 得

$$\sum_{n=0}^{\infty} \frac{b_n z^n}{n!} \sum_{n=0}^{\infty} \frac{x^n z^n}{n!} = \sum_{n=0}^{\infty} \frac{B_n(x)}{n!} z^n,$$

因此

$$B_n(x) = b_0 x^n + \binom{n}{1} b_1 x^{n-1} + \binom{n}{2} b_2 x^{n-2} + \cdots + b_n. \tag{13}$$

由此得

$$B_0(x) = 1, \quad B_1(x) = x - \frac{1}{2},$$

其他各项是

$$B_n(x) = x^n - \frac{n}{2} x^{n-1} + \binom{n}{2} B_1 x^{n-2} - \binom{n}{4} B_2 x^{n-4} + \cdots,$$

最后一项是

$$\begin{cases} -(-1)^{\frac{n}{2}} B_{\frac{n}{2}}, & n \text{ 是偶数时}, \\ -(-1)^{\frac{n-1}{2}} n B_{\frac{n-1}{2}} x, & n \text{ 是奇数时}. \end{cases}$$

$B_n(x)$ 称为**伯努利多项式**.

又由 (12) 得

$$\varphi(x+1, z) = \varphi(x, z) + z \mathrm{e}^{xz}.$$

因此比较 z^n 的系数得

$$B_n(x+1) - B_n(x) = nx^{n-1}. \tag{14}$$

在上式中把 n 换成 $n+1$ 得

$$B_{n+1}(x+1) - B_{n+1}(x) = (n+1)x^n.$$

设 $x = 0, 1, 2, \cdots, k-1$, 分别代入上式, 再相加得

$$\begin{aligned} S_n(k) &= \frac{1}{n+1}\{B_{n+1}(k) - B_{n+1}(0)\} + k^n \\ &= \frac{k^{n+1}}{n+1} + \frac{k^n}{2} + \binom{n}{1}\frac{B_1}{2}k^{n-1} - \binom{n}{3}\frac{B_2}{4}k^{n-3} + \cdots \\ &\quad + \begin{cases} (-1)^{\frac{n}{2}+1} B_{\frac{n}{2}} k & (n \text{ 是偶数}), \\ (-1)^{\frac{n+1}{2}} \dfrac{n}{2} B_{\frac{n-1}{2}} k^2 & (n \text{ 是奇数}). \end{cases} \end{aligned}$$

[附记]　伯努利多项式用于级数求和. 现在设 $f(x) = \displaystyle\sum_{\nu=0}^{n} a_\nu x^\nu$ 是给定的多项式, 令

$$F(x) = \sum_{\nu=0}^{n} \frac{a_\nu}{\nu+1} B_{\nu+1}(x),$$

于是由 (14) 得

$$F(x+1) - F(x) = f(x).$$

因此有

$$f(1) + f(2) + \cdots + f(n) = F(n+1) - F(1).$$

所以上面的 S_n 是上式的特殊情况.

把 (13) 两边微分得微分公式

$$B_n'(x) = nB_{n-1}(x) \tag{15}$$

又由 (12) 得 $\varphi(1-x,z) = \varphi(x,-z)$, 因此有

$$B_n(1-x) = (-1)^n B_n(x). \tag{16}$$

(14), (15), (16) 是伯努利多项式的基本性质.

(3°) 把 $\cot z$ 分割为部分分式

$$\cot z = \frac{1}{z} + \sum_{n=1}^{\infty}\left(\frac{1}{z-n\pi} + \frac{1}{z+n\pi}\right) = \frac{1}{z} + 2z\sum_{n=1}^{\infty}\frac{1}{z^2-n^2\pi^2}. \tag{17}$$

[证] $z = n\pi \ (n=0,\pm1,\pm2,\cdots)$ 是 $\cot z$ 的一级极点, 其留数是

$$(-1)^n \cos n\pi \cdot \lim_{z\to n\pi}\frac{z-n\pi}{\sin(z-n\pi)} = 1.$$

现在, 设由 $x = \pm R$ 和 $y = \pm R$ $\left(R = n\pi + \dfrac{\pi}{2}\right)$ 围成的正方形边界是 C (见图 5–17), 关于 C 积分得

$$\frac{1}{2\pi i}\int_C \frac{\cot z}{z-\zeta}\mathrm{d}z = \cot\zeta + \sum_{k=-\pi}^{n}\frac{1}{k\pi-\zeta}. \tag{18}$$

其中设 $\zeta \neq k\pi$, $|\zeta| < R$ (定理 61).

在正方形的纵向边界上有

$$z = \pm R + y\mathrm{i}, \quad \cot z = \cot\left(\pm n\pi \pm \frac{\pi}{2} + y\mathrm{i}\right) = -\tan y\mathrm{i},$$

$$|\cot z| = \left|\frac{\mathrm{e}^y - \mathrm{e}^{-y}}{\mathrm{e}^y + \mathrm{e}^{-y}}\right| < 1.$$

而在这个正方形的横向边界上有

$$|\cot z| = \left|\frac{\mathrm{e}^{\mathrm{i}x}\mathrm{e}^{-R} + \mathrm{e}^{-\mathrm{i}x}\mathrm{e}^R}{\mathrm{e}^{\mathrm{i}x}\mathrm{e}^{-R} - \mathrm{e}^{-\mathrm{i}x}\mathrm{e}^R}\right| \leqslant \frac{\mathrm{e}^R + \mathrm{e}^{-R}}{\mathrm{e}^R - \mathrm{e}^{-R}}.$$

因此当 R 取得充分大时, $|\cot z| < 2$.

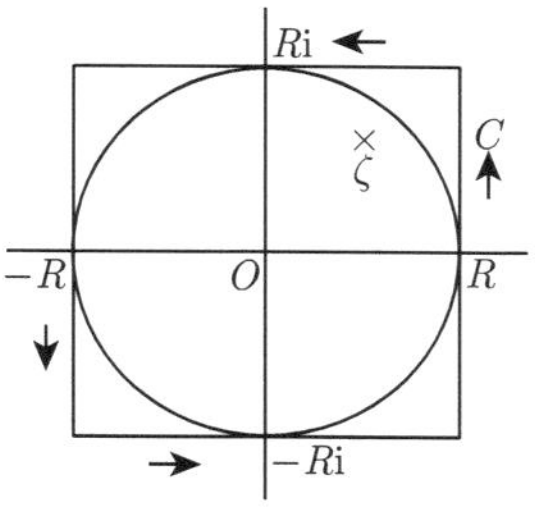

当 $R \to \infty$ 时, (18) 的左边 $\displaystyle\int_C \to 0$. 为了证明它, 把左边的积分变形得

图 5–17

$$\int_C \frac{\cot z}{z-\zeta}\mathrm{d}z = \int_C \frac{\cot z}{z}\mathrm{d}z + \zeta\int_C \frac{\cot z}{z(z-\zeta)}\mathrm{d}z.$$

因为 $\dfrac{\cot z}{z}$ 是偶函数, 所以上式右边第一个积分等于 0. 另外当 $R \to \infty$ 时有

$$\left|\int_C \frac{\cot z}{z(z-\zeta)}\mathrm{d}z\right| < \frac{2}{R(R-|\zeta|)}\int_C \mathrm{d}s = \frac{16}{R-|\zeta|} \to 0, \tag{19}$$

即 (18) 的左边 $\displaystyle\int_C \to 0$. 因此在 (18) 中, 把 ζ 写成 z 得

$$
\begin{aligned}
\cot z &= \lim_{n\to\infty} \sum_{k=-n}^{n} \frac{1}{z-k\pi} \\
&= \frac{1}{z} + \sum_{n=1}^{\infty}\left[\frac{1}{z-n\pi} + \frac{1}{z+n\pi}\right] \\
&= \frac{1}{z} + 2z\sum_{n=1}^{\infty}\frac{1}{z^2 - n^2\pi^2},
\end{aligned}
$$

即证明了 (17). □

从 (17) 这个级数的形式可以看出, 它在不包含 $z = n\pi(n = \pm 1, \pm 2, \cdots)$ 的闭区域内一致收敛. 因此利用下式

$$
\frac{\mathrm{d}}{\mathrm{d}z}\ln\frac{\sin z}{z} = \cot z - \frac{1}{z},
$$

在实数轴上从 0 到 z 逐项积分得

$$
\ln\frac{\sin z}{z} = \sum_{n=1}^{\infty}\left\{\ln\left(1-\frac{z}{n\pi}\right) + \ln\left(1+\frac{z}{n\pi}\right)\right\},
$$

因此

$$
\sin z = z\prod_{n=1}^{\infty}\left(1-\frac{z^2}{n^2\pi^2}\right). \tag{20}
$$

我们已经证明了当 $0 \leqslant z < \pi$ 为实数时上式成立, 而 $\sin z$ 是超越整函数, 而且右边的无穷积分在 z 平面的任意闭区域上一致收敛 (定理 46), 因此右边也是整函数 (定理 57). 所以根据解析延拓原则, (20) 对于任意的 z 成立.

[注意] 在 (17) 中 $\displaystyle\sum\frac{1}{z-n\pi}$ 和 $\displaystyle\sum\frac{1}{z+n\pi}$, 以及在 (20) 中 $\displaystyle\prod\left(1-\frac{z}{n\pi}\right)$ 和 $\displaystyle\prod\left(1+\frac{z}{n\pi}\right)$ 中, 它们都不收敛.

(4°) $\dfrac{1}{\sin z}$, $\dfrac{1}{\cos z}$ 分割成部分分式

利用与分割 $\cot z$ 的相同的方法, 我们可以把 $\dfrac{1}{\sin z}$ 分成部分分式. 它的极点与 $\cot z$ 相同, 都是 $z = n\pi$, 但是留数却是 $(-1)^n$. 分割结果如下:

$$
\frac{1}{\sin z} = \lim_{\nu\to\infty}\sum_{n=-\nu}^{\nu}\frac{(-1)^n}{z-n\pi} = \frac{1}{z} + 2z\sum_{n=1}^{\infty}\frac{(-1)^n}{z^2-n^2\pi^2}. \tag{21}
$$

使用同样的方法, 并在 (21), (17) 中把 z 变换成 $z + \dfrac{\pi}{2}$ 得到下面的公式:

$$\frac{1}{\cot z} = \sum_{n=0}^{\infty} (-1)^n \left(\frac{1}{z + \left(n + \dfrac{1}{2}\right)\pi} - \frac{1}{z - \left(n + \dfrac{1}{2}\right)\pi} \right)$$

$$= 2\pi \sum_{n=0}^{\infty} \frac{(-1)^n \left(n + \dfrac{1}{2}\right)}{\left(n + \dfrac{1}{2}\right)^2 \pi^2 - z^2}, \tag{22}$$

$$\tan z = -\sum_{n=0}^{\infty} \left(\frac{1}{z - \left(n + \dfrac{1}{2}\right)\pi} + \frac{1}{z + \left(n + \dfrac{1}{2}\right)\pi} \right)$$

$$= 2z \sum_{n=0}^{\infty} \frac{1}{\left(n + \dfrac{1}{2}\right)^2 \pi^2 - z^2}. \tag{23}$$

(5°) 级数 $\sum n^{-2k}, \sum (-1)^{n-1} n^{-2k}$

由 (17) 得

$$z \cot z = 1 + 2z^2 \sum_{n=1}^{\infty} \frac{1}{z^2 - n^2 \pi^2}.$$

而设 $|z| < \pi$, 则

$$\frac{z^2}{n^2 \pi^2 - z^2} = \left(\frac{z}{n\pi}\right)^2 + \left(\frac{z}{n\pi}\right)^4 + \cdots + \left(\frac{z}{n\pi}\right)^{2k} + \cdots.$$

因此 (定理 58) 得

$$z \cot z = 1 - 2 \sum_{k=1}^{\infty} s_{2k} \left(\frac{z}{\pi}\right)^{2k}, \tag{24}$$

其中

$$s_{2k} = \sum_{n=1}^{\infty} \frac{1}{n^{2k}}, \tag{25}$$

把上面这个级数与 (6) 比较得

$$s_{2k} = \frac{2^{2k-1} B_k}{(2k)!} \pi^{2k}. \tag{26}$$

例如设 $k = 1, 2$, 则

$$s_2 = 1 + \frac{1}{2^2} + \frac{1}{3^2} + \cdots = \frac{\pi^2}{6},$$

$$s_4 = 1 + \frac{1}{2^4} + \frac{1}{3^4} + \cdots = \frac{\pi^4}{90}.$$

[注意]　根据 (26) 知, $B_n > 0$ (参照公式 (3) 后的内容). 而且 $B_n \to \infty$.
同样由 (21) 得

$$\frac{z}{\sin z} = 1 + 2\sum_{k=1}^{\infty} s'_{2k}\left(\frac{z}{\pi}\right)^{2k},$$

其中

$$s'_{2k} = 1 - \frac{1}{2^{2k}} + \frac{1}{3^{2k}} - \cdots \tag{27}$$

s'_{2k} 的值可以由 s_{2k} 的值容易得到. 即

$$s_{2k} - s'_{2k} = 2\left(\frac{1}{2^{2k}} + \frac{1}{4^{2k}} + \cdots\right) = \frac{1}{2^{2k-1}}s_{2k},$$

因此得

$$s'_{2k} = \left(1 - \frac{1}{2^{2k-1}}\right)s_{2k},$$

于是由 (26) 得

$$s'_{2k} = \frac{2^{2k-1} - 1}{(2k)!}B_k\pi^{2k}. \tag{28}$$

同样由 (22) 得

$$\frac{1}{\cos z} = \sigma_1\frac{2^2}{\pi} + \sigma_3\frac{2^4}{\pi^3}z^2 + \sigma_5\frac{2^6}{\pi^5}z^4 + \cdots, \tag{29}$$

其中

$$\sigma_k = 1 - \frac{1}{3^k} + \frac{1}{5^k} - \cdots. \tag{30}$$

把 (30) 与 (9) 即下面的表达式比较

$$\frac{1}{\cos z} = E_0 + \frac{E_1}{2!}z^2 + \frac{E_2}{4!}z^4 + \cdots$$

得

$$\sigma_{2k+1} = \frac{E_k}{2^{2k+2}(2k!)}\pi^{2k+1}. \tag{31}$$

前三项是

$$1 - \frac{1}{3} + \frac{1}{5} - \cdots = \frac{\pi}{4},$$

$$1 - \frac{1}{3^3} + \frac{1}{5^3} - \cdots = \frac{\pi^3}{32},$$

$$1 - \frac{1}{3^5} + \frac{1}{5^5} - \cdots = \frac{5\pi^5}{3 \cdot 2^9}.$$

§65　对数 $\ln z$ 和一般幂 z^a

在 §54 中我们叙述了把作为指数函数的反函数的对数函数 $\ln z$ 扩张到复变量. 这是实函数 $\ln z$ 的解析延拓, 幸运的是存在简洁表示这一解析延拓的算式. 这就是下面的定积分[①]

$$\ln z = \int_1^z \frac{\mathrm{d}z}{z}. \tag{1}$$

当 z 是正实数时, (1) 就是原始的积分. 而在右边的积分中, 除去 $z = 0$ 之外, $\frac{1}{z}$ 是正则的, 因此这个积分在包含 1 但不含 0 的单连通区域 K 内正则. 从而在 K 内定义的 $\int_1^z \frac{\mathrm{d}z}{z}$ 是实变量函数 $\ln z$ 向 K 上唯一可能的解析延拓.

例如, 把 z 平面沿着实数轴的负半轴切开, 设 K 是以此为边界的区域, 根据 (1), 向 K 延拓的 $\ln z$ 是主值. 事实上, 在 K 内, 关于连结 1 与 $z = re^{\theta \mathrm{i}}(-\pi < \theta \leqslant \pi)$ 的任意曲线 C 的积分等于 (1) 沿着下面的积分路线的积分 (见图 5–18): 在实数轴上从 1 到 r, 再沿着以 0 为圆心的圆周上到 z 的积分路线 (定理 51), 即

$$\int_C \frac{\mathrm{d}z}{z} = \int_1^r \frac{\mathrm{d}x}{x} + \mathrm{i} \int_0^\theta \mathrm{d}\theta = \ln r + \mathrm{i}\theta.$$

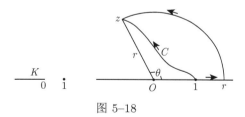

图 5–18

显然, 如果超过了上面所说的切割线, 延拓 (1) 仍然可能. 例如, 如图 5–19 所示, 即使在 $\theta > \pi$ 的扇形区域内, 下式也成立,

$$\ln z = \int_C \frac{\mathrm{d}z}{z} = \int_1^r \frac{\mathrm{d}x}{x} + \mathrm{i} \int_0^\theta \mathrm{d}\theta = \ln r + \mathrm{i}\theta,$$

因为 $\theta > \pi$, 所以这不是 $\ln z$ 的主值, 主值的虚数部分是 $-\mathrm{i}(2\pi - \theta)$, 因此 $\ln z = \mathrm{Ln}\, z + 2\pi \mathrm{i}$.

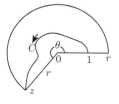

图 5–19

[①] 高斯 (1811) 已经指出通过积分 (1) 将 $\ln z$ 延拓到复数.

如果在这个扇形内, θ 不断增大超过 2π, 那么 $\ln z$ 的虚数部分就满足 $\theta > 2\pi$, 如果半径轴 $(0z)$ 继续旋转, 则 θ 超过 $(2n-1)\pi$ 时, $\ln z$ 变成 $\mathrm{Ln}\, z + 2n\pi\mathrm{i}$. 如果半径轴向负的方向旋转, 情况也是如此, 如果使上面的切割线旋转 n 次, 则 $\ln z$ 变成 $\mathrm{Ln}\, z - 2n\pi\mathrm{i}$. 因此, 可以通过积分 (1) 生动地说明 $\ln z$ 的多值性.

一般地, 如果能够确定不包含 $z = 0$ 的单连通区域 K 内某点 z_0 处的 $\ln z_0$ 的值, 那么 $\ln z$ 作为 K 上的正则解析函数是唯一确定的. 我们把这个解析函数称为 $\ln z$ 的一个分支. 如果 K 包含 $z = 0$, 那么在 K 内, 每当 z 向正向或者负向绕着 0 转一周回到出发点时, $\ln z$ 的值只发生 $\pm 2\pi\mathrm{i}$ 的变化. $\ln z$ 在 $z = 0$ 的邻域内不是单值的. $z = 0$ 是 $\ln z$ 的支点.

Ln(1+z) 的展开 几何级数

$$\frac{1}{1+z} = 1 - z + z^2 - \cdots = \sum_{n=0}^{\infty} (-1)^n z^n$$

在 $|z| < 1$ 的圆内收敛. 在这个圆内, 从 0 到 z 把上式逐项积分, 得

$$\int_0^z \frac{\mathrm{d}z}{1+z} = \frac{z}{1} - \frac{z^2}{2} + \frac{z^3}{3} - \cdots.$$

上式右边在 $|z| < 1$ 内收敛, 而左边等于 $\displaystyle\int_1^{1+z} \frac{\mathrm{d}\zeta}{\zeta}$, 这个积分变量 $\zeta = 1 + z$ 在以 $\zeta = 1$ 为圆心且半径为 1 的圆内, 所以左边是 $\ln(1+z)$ 的主值. 即

$$\mathrm{Ln}(1 + z) = \frac{z}{1} - \frac{z^2}{2} + \frac{z^3}{3} - \cdots, \quad |z| < 1. \tag{2}$$

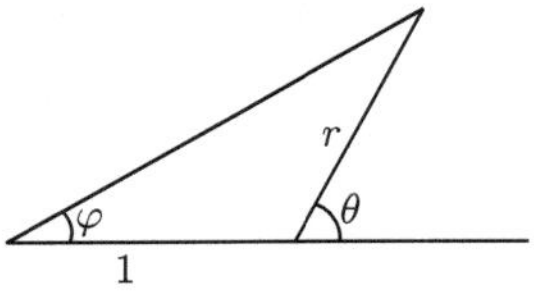

如果把上式变量变成实数, 则上式变成如下形式. 设 $z = r\mathrm{e}^{\mathrm{i}\theta}$, $0 \leqslant r < 1, -\pi \leqslant \theta \leqslant \pi$, 则式 (2) 变成

$$\frac{1}{2}\ln(1 + 2r\cos\theta + r^2) = r\cos\theta - \frac{r^2\cos 2\theta}{2} + \frac{r^3\cos 3\theta}{3} - \cdots,$$

$$\varphi = r\sin\theta - \frac{r^2\sin 2\theta}{2} + \frac{r^3\sin 3\theta}{3} - \cdots,$$

图 5-20

其中 φ 是图 5-20 所示的角 (的弧度).

如果在收敛圆的圆周上, 考察上面的展开式, 就会得到很有趣的结果. 级数 (2) 在收敛圆的圆周上除 $z = -1$ 外都是收敛的. 事实上, 设 $\zeta = \mathrm{e}^{\theta\mathrm{i}}, |\theta| < \pi$, 则

$$\frac{1}{1+z} = 1 - z + z^2 - \cdots \pm z^{n-1} \mp \frac{z^n}{1+z},$$

如果将上式沿从 0 到 ζ 的直线积分, 则得到

$$\mathrm{Ln}(1+\zeta) = \zeta - \frac{\zeta^2}{2} + \frac{\zeta^3}{3} - \cdots \pm \frac{\zeta^n}{n} \mp \int_0^\zeta \frac{z^n}{1+z}\mathrm{d}z.$$

在积分路径上, $z = r e^{\theta\mathrm{i}}, 0 \leqslant r \leqslant 1, |1+z| \geqslant |\sin\theta|$, 特别地, 如果 $|\theta| \leqslant \dfrac{\pi}{2}$, 则 $|1+z| \geqslant 1$, 于是有

$$\left| \int_0^\zeta \frac{z^n}{1+z}\mathrm{d}z \right| \leqslant \int_0^1 \frac{r^n}{|\sin\theta|}\mathrm{d}r = \frac{1}{(n+1)|\sin\theta|}, \quad \left(\frac{\pi}{2} < |\theta| < \pi \right)$$

$$\leqslant \int_0^1 r^n \mathrm{d}r = \frac{1}{n+1}. \quad \left(|\theta| \leqslant \frac{\pi}{2} \right) \tag{3}$$

因此

$$\mathrm{Ln}(1+\zeta) = \zeta - \frac{\zeta^2}{2} + \frac{\zeta^3}{3} - \cdots. \tag{4}$$

比较两边的虚数部分, 此时在上图中 $r = 1$, 因此 $\varphi = \dfrac{\theta}{2}$, 所以有

$$\frac{\theta}{2} = \sin\theta - \frac{\sin 2\theta}{2} + \frac{\sin 3\theta}{3} - \cdots, \quad -\pi < \theta < \pi. \tag{5}$$

如果 $|\theta| \leqslant \alpha < \pi$, 由 (3) 可以看到, 这个级数关于 θ 一致收敛 (参照 §46 的 [∗]).

我们是在假定 $-\pi < \theta < \pi$ 的前提下证明了 (5), 如果 $\theta = \pm\pi$, 则这个级数的和显然等于 0. 根据 $\sin$ 的周期性, (5) 右边的级数图像如图 5–21 所示 (实线部分).

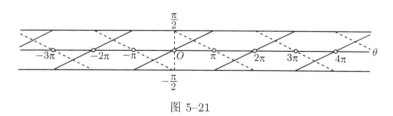

图 5–21

把 θ 变换成 $\pi - \theta$, 则 (5) 变成

$$\frac{\pi - \theta}{2} = \sin\theta + \frac{\sin 2\theta}{2} + \frac{\sin 3\theta}{3} + \cdots. \tag{6}$$

当 $0 < \theta < 2\pi$ 时上式成立. 上式右边的级数图像如图 5–21 的虚线所示.

取 (5) 和 (6) 相加之和的一半, 得

$$\frac{\pi}{4} = \sin\theta + \frac{\sin 3\theta}{3} + \frac{\sin 5\theta}{5} + \cdots. \tag{7}$$

上式在 $0 < \theta < \pi$ 时成立, 这个级数的图像如图 5-22 所示.

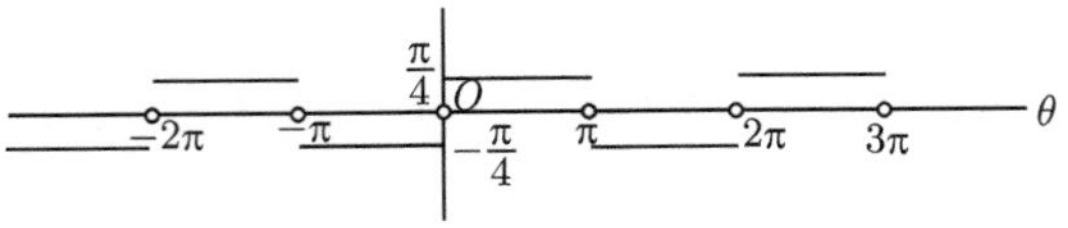

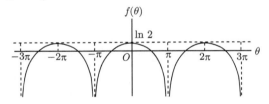

图 5-22

接下来比较 (4) 两边的实数部分. $\mathrm{Ln}(1 + \zeta)$ 的实数部分是

$$\ln|1 + \zeta| = \ln\{(1 + \cos\theta)^2 + \sin^2\theta\}^{\frac{1}{2}} = \ln(2 + 2\cos\theta)^{\frac{1}{2}}$$
$$= \ln\left(2\cos\frac{\theta}{2}\right) = \ln 2 + \ln\cos\frac{\theta}{2}.$$

因此由 (4) 知

$$\ln\cos\frac{\theta}{2} = -\ln 2 + \cos\theta - \frac{\cos 2\theta}{2} + \frac{\cos 3\theta}{3} - \cdots, \quad -\pi < \theta < \pi. \tag{8}$$

当 $z = -1$ 时, $z - \dfrac{z^2}{2} + \dfrac{z^3}{3} - \cdots$ 不收敛归因于上式的实数部分 (见图 5-23).

图 5-23 $f(\theta) = \cos\theta - \frac{\cos 2\theta}{2} + \frac{\cos 3\theta}{3} - \cdots$ 的图像

一般幂 z^a $(z \neq 0, a$ 为任意复数) 它的定义为

$$z^a = \mathrm{e}^{a\ln z}. \tag{9}$$

一般来说, 这是一个多值解析函数, 但是如果设 $\ln z$ 是主值的话, 那么它变成唯一分支. 我们把它称为 z^a 的**主值**.

如果指数是实数, 它就变成实变量 x 的幂函数 x^a 的解析延拓. 如果不局限于主值, 那么因为 $\ln z = \mathrm{Ln}\, z + 2n\pi\mathrm{i}$, 所以有

$$z^a = \mathrm{e}^{a\mathrm{Ln}\, z} \cdot \mathrm{e}^{2na\pi\mathrm{i}}$$
$$= \mathrm{e}^{a\mathrm{Ln}\, z} \cdot (\mathrm{e}^{2a\pi\mathrm{i}})^n.$$

在上式中因子 $(\mathrm{e}^{2a\pi\mathrm{i}})^n$ 表现出 z^a 的多值性. 如果 z 围绕着 0 向正向旋转一周回到出发点时, 就把 z^a 乘以 $\mathrm{e}^{2a\pi\mathrm{i}}$. $z = 0$ 是 z^a 的支点. 但是, 如果 a 是整数, 这个因子等于 1, 所以显然 z^a 是唯一的.

下面举一个例子, $\mathrm{i}^{\mathrm{i}} = \mathrm{e}^{\mathrm{i}\ln \mathrm{i}}$ 的主值是 $\mathrm{i}^{\mathrm{i}} = \mathrm{e}^{\mathrm{i}\cdot\frac{\pi \mathrm{i}}{2}} = \mathrm{e}^{-\frac{\pi}{2}}$. 一般值是

$$\mathrm{i}^{\mathrm{i}} = \mathrm{e}^{-\frac{\pi}{2}}\left(\mathrm{e}^{2\mathrm{i}\pi\mathrm{i}}\right)^n = \mathrm{e}^{-\frac{\pi}{2}(1+4n)}.$$

在 $z(\neq 0)$ 的邻域内, z^a 的各分支正则. 它的微商是

$$\frac{\mathrm{d}z^a}{\mathrm{d}z} = \frac{\mathrm{d}}{\mathrm{d}z}\mathrm{e}^{a\ln z} = \mathrm{e}^{a\ln z}\cdot\frac{a}{z} = az^{a-1}.$$

其中, 在上式右边的 $z^{a-1} = \mathrm{e}^{(a-1)\ln z}$ 中, $\ln z$ 与 $z^a = \mathrm{e}^{a\ln z}$ 是相同的. 例如, 如果 z^a 取主值, 则 z^{a-1} 也是主值.

高阶微商

$$\frac{\mathrm{d}^n z^a}{\mathrm{d}z^n} = a(a-1)\cdots(a-n+1)z^{a-n}$$

也是同样如此.

二项定理 指数 m 为任意的 (实数或者) 复数时, $(1+z)^m$ 在 $|z| < 1$ 而形成的圆内正则 (此时 $1 + z \neq 0$). 因此 $(1+z)^m$ 在 $|z| < 1$ 内有收敛的泰勒展开.

而 $(1+z)^m$ 的主值在 $z = 0$ 时是 1. 现在, 为了求它的展开式 $\sum a_n z^n$ 的系数, 把 $(1+z)^m$ 逐项微分, 并设 $z = 0$, 得到

$$a_n = \frac{m(m-1)\cdots(m-n+1)}{n!} = \binom{m}{n}, \quad a_0 = 1 = \binom{m}{0}.$$

因此, $(1+z)^m$ 的主值是

$$(1+z)^m = \sum_{n=0}^{\infty}\binom{m}{n}z^n. \tag{10}$$

上式就是一般二项式定理. 如果 m 不是自然数, 那么右边是无穷级数. 这个无穷级数在 $|z| < 1$ 时收敛, 但在 $z = -1$ 时 $(1+z)^m$ 非正则, 因此收敛半径是 1.

[例] $\quad \dfrac{1}{1+x} = 1 - x + x^2 - x^3 + \cdots,$

$$\frac{1}{(1+x)^2} = 1 - 2x + 3x^2 - 4x^3 + \cdots,$$

$$\sqrt{1+x} = 1 + \frac{x}{2} - \frac{1}{2}\frac{x^2}{4} + \frac{1\cdot 3}{2\cdot 4}\frac{x^3}{6} - \frac{1\cdot 3\cdot 5}{2\cdot 4\cdot 6}\frac{x^4}{8} + \cdots,$$

$$\frac{1}{\sqrt{1+x}} = 1 - \frac{1}{2}x + \frac{1\cdot 3}{2\cdot 4}x^2 - \frac{1\cdot 3\cdot 5}{2\cdot 4\cdot 6}x^3 + \frac{1\cdot 3\cdot 5\cdot 7}{2\cdot 4\cdot 6\cdot 8}x^4 - \cdots.$$

[附记]   即使对于多值函数, 我们仍然可以对它的单值分支使用柯西积分公式. 下面举一个这样的例子, 计算下面的积分.

[例] $\displaystyle\int_0^\infty \frac{x^{a-1}}{1+x}\mathrm{d}x = \frac{\pi}{\sin a\pi}$, $0 < a < 1$.

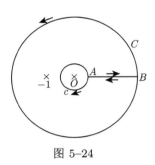

图 5–24

$z = 0$ 是 $z^{a-1} = \mathrm{e}^{(a-1)\ln z}$ 的支点, 但是它在图 5–24 所示的由实轴上的线段 AB, 圆 C, c 而围成的闭区域内是单值的. 因此 $z = -1$ 是 $\dfrac{z^{a-1}}{1+z}$ 的一级极点. 沿着这个边界积分得

$$\frac{1}{2\pi\mathrm{i}}\int \frac{z^{a-1}}{1+z}\mathrm{d}z = \mathrm{e}^{(a-1)\pi\mathrm{i}} = -\mathrm{e}^{a\pi\mathrm{i}}.$$

上式右边是 $\dfrac{z^{a-1}}{1+z}$ 在 $z = -1$ 处的留数. (即 $(-1)^{a-1}$ 的主值.)

设 $OA = \varepsilon$, $OB = R$, 则左边的积分可写成

$$\int_{AB} + \int_C + \int_{BA} + \int_c,$$

当 $R \to \infty$, $\varepsilon \to 0$ 时, 满足

$$\left|\int_C\right| < \frac{R^{a-1}}{R-1}\cdot 2\pi R \to 0, \quad \left|\int_c\right| < \frac{\varepsilon^{a-1}}{1-\varepsilon}2\pi\varepsilon \to 0.$$

而在 $\displaystyle\int_{BA}$ 中, $x^{a-1} = \mathrm{e}^{(a-1)(\ln x + 2\pi\mathrm{i})}$. 因此有

$$\int_{AB} + \int_{BA} = \int_\varepsilon^R \frac{x^{a-1}}{1+x}\mathrm{d}x\cdot(1 - \mathrm{e}^{(a-1)2\pi\mathrm{i}}).$$

所以最终得

$$\int_0^\infty \frac{x^{a-1}}{1+x}\mathrm{d}x = \frac{-2\pi\mathrm{i}\mathrm{e}^{a\pi\mathrm{i}}}{1 - \mathrm{e}^{2a\pi\mathrm{i}}} = \frac{\pi}{\sin a\pi}.$$

(上面计算的理论与 §57 的理论相同, 只是关于 AB 和 BA 的积分不能相互抵消.)

上面的积分等于 $B(a, 1-a)$ (§33, [例 3]).

§66   有理函数的积分理论

在有理函数

$$f(z) = \frac{\varphi(z)}{\psi(z)}$$

中设 φ,ψ 是没有相同根的多项式. 于是 $\psi(z)$ 的根 α 是 $f(z)$ 的极点. 如果 α 是 $\psi(z)$ 的 k 重根, 设

$$\psi(z) = (z-\alpha)^k \psi_0(z),$$

因为 $\psi_0(\alpha) \neq 0$, 所以 $(z-\alpha)^k f(z)$ 在 α 处正则, 于是 α 是 $f(z)$ 的 k 级极点. 在 α 处, $f(z)$ 的主要部分是

$$P(\alpha, z) = \frac{a_k}{(z-\alpha)^k} + \cdots + \frac{a_1}{z-\alpha}, \tag{1}$$

使用 $(z-\alpha)^k$ 去除 $(z-\alpha)^k f(z)$ 在 α 处的泰勒展开的前 k 项:

$$a_k + a_{k-1}(z-\alpha) + \cdots + a_1(z-\alpha)^{k-1}$$

就可以得到上式.

设 $\psi(z)$ 的根的最大值为 R, 则当 $|z| > R$ 时 $f(z)$ 正则, 但是如果分子 $\varphi(z)$ 的次数比分母 $\psi(z)$ 的次数低, 那么当 $z \to \infty$ 时 $f(z) \to 0$, 因此 $f(z)$ 在 $z = \infty$ 处仍然正则 (§60). 此时, 如果从 $f(z)$ 中减去它的所有极点处的主要部分 $P(\alpha, z)$, 则得

$$f(z) - \sum_\alpha P(\alpha, z).$$

上式关于所有 z 正则, 另外, 在 $z = \infty$ 处也正则, 因此它是常数, 但当 $z \to \infty$ 时, $f(z) \to 0, P(\alpha, z) \to 0$, 所以它等于 0. 即

$$f(z) = \sum_\alpha P(\alpha, z). \tag{2}$$

另外, 如果 $\varphi(z)$ 的次数大于等于 $\psi(z)$ 的次数, 那么设 $\psi(z)$ 除以 $\varphi(z)$ 的商是 $Q(z)$, 设余式为 $\varphi_0(z)$, 则有

$$f(z) = Q(z) + \frac{\varphi_0(z)}{\psi(z)},$$

在 $f(z)$ 和 φ_0/ψ 中, 关于极点 α 的主要部分是相同的 (因为 $Q(z)$ 在 α 处正则), 所以

$$f(z) = Q(z) + \sum_\alpha P(\alpha, z). \tag{3}$$

(这种情况下, 如果 $Q(z)$ 的次数大于等于 1, 因为 $z = \infty$ 是 $f(z)$ 的极点, 所以 $f(z)$ 在 $z = \infty$ 处的主要部分是 $Q(z)$ 减去常数项的差.)

在 α 处的主要部分 $P(\alpha, z)$ 如 (1) 所示, 再由 (2), (3) 把 $f(z)$ 分解成部分分式之和.

而关于 $P(\alpha, z)$ 的计算方法, 如前面所述的那样, 可以由 $(z-\alpha)^k f(z) = \dfrac{\varphi(z)}{\psi_0(z)}$ 的泰勒展开的前 k 项而得.

特别地, 如果 $z = \alpha$ 是分母的单根, 那么在主要部分

$$\frac{a}{z - \alpha}$$

中, 因为 a 是 $z = \alpha$ 处的留数 (§62), 所以

$$a = \lim_{z \to \alpha} \frac{(z - \alpha)\varphi(z)}{\psi(z)} = \frac{\varphi(\alpha)}{\psi'(\alpha)}.$$

因此 $\psi(z)$ 只有单根, 如果 $\varphi(z)$ 的次数比 $\psi(z)$ 的次数低, 则

$$\frac{\varphi(z)}{\psi(z)} = \sum_{\alpha} \frac{\varphi(\alpha)}{\psi'(\alpha)} \cdot \frac{1}{z - \alpha} \tag{4}$$

$\sum_{\alpha}$ 是关于 $\psi(z)$ 的所有根 α 求和. 这就是**拉格朗日插值公式**.

有理函数的不定积分可以通过把有理函数 $f(z)$ 像 (3) 那样分解后得到. 首先多项式 $Q(z)$ 的积分不必讨论. 而

$$P(\alpha, z) = \frac{a_k}{(z - \alpha)^k} + \cdots + \frac{a_1}{z - \alpha},$$

所以上式的积分是

$$\int P(\alpha, z)\mathrm{d}z = -\frac{a_k}{k - 1}\frac{1}{(z - \alpha)^{k-1}} - \cdots - \frac{a_2}{z - \alpha} + a_1 \ln(z - \alpha).$$

因此得到下面的定理.

定理 64　有理函数 $f(z)$ 的不定积分是有理函数和对数函数之和. 其中对数函数部分是

$$\sum_{\alpha} a_1 \ln(z - \alpha).$$

在此 $\sum_{\alpha}$ 是关于 $f(z)$ 的极点求和, 而 a_1 是 $f(z)$ 在 α 处的留数.

当 $f(x)$ 是实系数有理函数时, 显然关于实变量 x 的不定积分能够只用实数来表示. 此时, $f(x)$ 的分母的实根 α 生成实数 $a_1 \ln(x - \alpha)$, 而彼此共轭的 $\alpha, \overline{\alpha}$ 生成 $\ln$ 项和 arctan 项. 现在, 设

$$\alpha = a + bi, \quad \overline{\alpha} = a - bi, \quad a_1 = p + qi, \quad \overline{a}_1 = p - qi,$$

于是有

$$\ln(x - \alpha) = \ln(x - a - bi) = \frac{1}{2} \ln[(x - a)^2 + b^2] - i \arctan \frac{b}{x - a}.$$

因此有

$$a_1 \ln(x - \alpha) + \overline{a}_1 \ln(x - \overline{\alpha}) = p \ln[(x - a)^2 + b^2] + 2q \arctan \frac{b}{x - a}. \tag{5}$$

埃尔米特指出有理函数的不定积分中的有理部分可以通过有理计算 (不使用根) 求得.

首先, 当分母 ψ 有复数根时, 设

$$\psi = X_1 X_2^2 X_3^3 \cdots X_m^m,$$

把所有 k 重一次因子放到一起记作 X_k^k (没有 k 重因子时, 设 $X_k = 1$). 于是 X_k 只有单根, 而 $X_1, X_2 \cdots$ 是两个互相互素的多项式. 而记 ψ 和 ψ' 的最大公约数 为 $\psi_1 = (\psi, \psi')$, 于是

$$\psi_1 = X_2 X_3^2 \cdots X_m^{m-1}.$$

同样有

$$\psi_2 = (\psi_1, \psi_1') = X_3 X_4^2 \cdots X_m^{m-2},$$

等等, 所以有

$$\psi/\psi_1 = X_1 X_2 X_3 \cdots X_m, \ \psi_1/\psi_2 = X_2 X_3 \cdots X_m, \ \psi_2/\psi_3 = X_3 \cdots X_m,$$

等等, 所以由此根据除法运算, 可以得到 $X_1, X_2, X_3, \cdots, X_m$. 即可以通过有理计算把 ψ 中的这些因子分离开.

因为 $X_1, X_2, X_3, \cdots, X_m$ 是互素的, 所以可以进行如下有理分解,

$$\frac{\varphi}{\psi} = \frac{\varPhi_1}{X_1} + \frac{\varPhi_2}{X_2^2} + \cdots + \frac{\varPhi_m}{X_m^m}.$$

现在把这些部分分式中的一个记作

$$\frac{\varPhi}{X^n},$$

然后简化它的积分.

根据假设 X 和 X' 是没有共同因子的, 所以要通过有理计算求得满足

$$PX + QX' = 1$$

的多项式 P, Q. 这时

$$\int \frac{\varPhi \mathrm{d}z}{X^n} = \int \frac{(PX + QX')\varPhi}{X^n} \mathrm{d}z = \int \frac{P\varPhi}{X^{n-1}} \mathrm{d}z + \int \frac{X'}{X^n} Q\varPhi \mathrm{d}z.$$

利用 $\dfrac{X'}{X^n} = -\dfrac{\mathrm{d}}{\mathrm{d}z} \dfrac{1}{(n-1)X^{n-1}}$, 对上式第二个积分进行分部积分得

$$\int \frac{\Phi \mathrm{d}z}{X^n} = \frac{-Q\Phi}{(n-1)X^{n-1}} + \int \frac{(n-1)P\Phi + (Q\Phi)'}{(n-1)X^{n-1}} \mathrm{d}z.$$

即在上式的分母中, 变回到 X 的指数为 $n-1$ 的积分. 继续这样做下去, 最终可得

$$\int \frac{\Phi \mathrm{d}z}{X^n} = \frac{F}{X^{n-1}} + \int \frac{G \mathrm{d}x}{X},$$

$$\int \frac{G \mathrm{d}z}{X} = \sum_\alpha a_1 \ln(z-\alpha), \quad a_1 = \frac{G(\alpha)}{X'(\alpha)}, \tag{6}$$

其中 F, G 是多项式, G 是次数比 X 低的多项式 (如果不是这样, 用 X 去除 G, 把其整商分离出来即可). 上式的求和是关于 X 的所有根 α 求和. a_1 是在 α 处的留数 (X 的所有根应该都是单根).

　　[例] $\qquad\qquad\qquad\quad \displaystyle\int \frac{\mathrm{d}z}{(z^4+1)^3}.$

$X = z^4+1$, $X' = 4z^3$, $4X - zX' = 4$.

$$\int \frac{\mathrm{d}z}{X^3} = \int \frac{\mathrm{d}z}{X^2} - \frac{1}{4} \int \frac{zX'}{X^3} \mathrm{d}z = \frac{1}{8} \frac{z}{X^2} + \frac{7}{8} \int \frac{\mathrm{d}z}{X^2},$$

$$\int \frac{\mathrm{d}z}{X^2} = \int \frac{\mathrm{d}z}{X} - \frac{1}{4} \int \frac{zX'}{X^2} \mathrm{d}z = \frac{z}{4X} + \frac{3}{4} \int \frac{\mathrm{d}z}{X},$$

因此有

$$\int \frac{\mathrm{d}z}{(z^4+1)^3} = \frac{1}{8} \frac{z}{(z^4+1)^2} + \frac{7}{32} \frac{z}{(z^4+1)} + \frac{21}{32} \int \frac{\mathrm{d}z}{z^4+1}. \tag{7}$$

设 $z^4+1=0$ 的根是 α, 则 $\alpha^4 = -1$, 由 (4) 得

$$\frac{1}{z^4+1} = \sum_\alpha \frac{1}{4\alpha^3} \frac{1}{z-\alpha} = -\frac{1}{4} \sum_\alpha \frac{\alpha}{z-\alpha},$$

$$\int \frac{\mathrm{d}z}{z^4+1} = -\frac{1}{4} \sum \alpha \ln(z-\alpha).$$

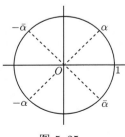

图 5–25

所以上式的根是 $\alpha = \dfrac{1+\mathrm{i}}{\sqrt{2}}, \bar{\alpha} = \dfrac{1-\mathrm{i}}{\sqrt{2}}$, 以及 $-\alpha$ 和 $-\bar{\alpha}$ (见图 5–25). 因此用实数表示的话, 由 (5) 得

$$\alpha \ln(z-\alpha) + \overline{\alpha} \ln(z-\overline{\alpha}) = \frac{1}{\sqrt{2}} \ln \left\{ \left(z - \frac{1}{\sqrt{2}}\right)^2 + \frac{1}{2} \right\} + \sqrt{2} \arctan \frac{1}{\sqrt{2}z - 1},$$

$$-\alpha \ln(z+\alpha) - \overline{\alpha} \ln(z+\overline{\alpha}) = -\frac{1}{\sqrt{2}} \ln \left\{ \left(z + \frac{1}{\sqrt{2}}\right)^2 + \frac{1}{2} \right\} + \sqrt{2} \arctan \frac{1}{\sqrt{2}z + 1}.$$

把上面两式相加, 并化简得

$$\int \frac{\mathrm{d}z}{z^4 + 1} = \frac{1}{4\sqrt{2}} \ln \frac{z^2 + \sqrt{2}z + 1}{z^2 - \sqrt{2}z + 1} - \frac{1}{2\sqrt{2}} \arctan \frac{\sqrt{2}z}{z^2 - 1},$$

这就是 (7) 右边的式子.

§67　二次平方根的不定积分

z 的二次平方根记作

$$w = \sqrt{az^2 + bz + c} = \sqrt{R}, \tag{1}$$

设 F 是有理式, 则 $F(z,w)$ 关于 z 是多值的, 但是我们可以通过有理的方式把它单值化.[①] 也就是说, z 和 w 都是中间变量 t 的有理函数, 所以反过来 t 可以被表示成 z 和 w 的有理函数. 即

$$z = \varphi(t), \quad w = \psi(t), \tag{2}$$

而且

$$t = \theta(z, w); \tag{3}$$

而其中的 φ, ψ, θ 都是有理函数. 因此我们把可以单值地表示 z 和 w 的中间变量 t 称作**单值化变量**.

把 (2) 代入 $F(z,w)$ 之中, 则下式

$$\int F(z, w)\mathrm{d}z = \int F(\varphi, \psi)\varphi'(t)\mathrm{d}t$$

是关于 t 的有理函数的积分. 此不定积分可以根据 (3), 由 z 和 w 的有理函数以及对数函数表示.

---

① 本书不讲述多值解析函数的积分理论. 但是这一理论对黎曼曲面是非常重要的. 对于解析概论来说, 这一内容过于深奥. 本节的目标是要说明它对实变函数应用上的统一, 而对于复变函数, 在函数单值的区域内也是适用的.

如 §37 中 (II) 所描述的那样, 在实变量的情况下, 上面的单值化有无数实现的例子, 对于复变量的情况, 我们也可以采用相同的方法. 下面我们举一个这样的例子.

首先, 通过变量 z 的一次变换可以把平方根变成

$$\sqrt{R} = \sqrt{z^2 - 1}.$$

如果在复数的范围内考虑的话, 上面的变换总是可行的. 然后 (如同 §37) 设

$$z + \sqrt{R} = t, \tag{4}$$

于是有

$$z - \sqrt{R} = \frac{1}{t}.$$

从而有

$$z = \frac{1}{2}\left(t + \frac{1}{t}\right), \quad \sqrt{R} = \frac{1}{2}\left(t - \frac{1}{t}\right),$$

$$\mathrm{d}z = \frac{1}{2}\left(1 - \frac{1}{t^2}\right)\mathrm{d}t,$$

$$\frac{\mathrm{d}z}{\sqrt{R}} = \frac{\mathrm{d}t}{t}. \tag{5}$$

这就是从计算上可以一目了然的有理化方法.

设 $F(z, w)$ 为有理式, 利用单值化变量 t 得

$$\int F(z, \sqrt{R})\mathrm{d}z = \int \Phi(t)\mathrm{d}t,$$

其中 $\Phi(t)$ 为有理式. 设这个有理式可分成多项式和部分分式之和:

$$\Phi(t) = P(t) + \sum_{\lambda, n} \frac{c_n}{(t - \lambda)^n},$$

其中 λ 是 $\Phi(t)$ 的极点. 因此

$$\int \Phi(t)\mathrm{d}t = \Psi(t) + \sum_{\lambda} c_1 \ln(t - \lambda), \tag{6}$$

而 $\Psi(t)$ 是有理式. 因此由 (4) 可得

$$\int F(z, \sqrt{R})\mathrm{d}z = \Psi(z + \sqrt{R}) + \sum_{\lambda} c_1 \ln(z + \sqrt{R} - \lambda), \tag{7}$$

即 $F(z, \sqrt{R})$ 的不定积分可以表示成 z 和 $\sqrt{R}$ 的有理式以及 z 和 $\sqrt{R}$ 的一次式的对数的线性组合.

上面大致论述了求 $F(z, \sqrt{R})$ 的不定积分时我们希望看到的结果.

如果 F 以及 R 的系数都是实数, 而且也认为变量是实数的话, 那么只用实数表达结果时必须分成下面三种情况. 即设

$$R = ax^2 + bx + c, \quad D = b^2 - 4ac,$$

则有下面三种情况

(I) $a > 0, D > 0$ (II) $a > 0, D < 0$,   (III) $a < 0, D > 0$.

如果 $a < 0, D < 0$, 则 R 总是负的, 因此在实数范围内无解. 对于上面各种情况, 根据实系数的一次变换, $\sqrt{R}$ 可以变成如下形式.

(I) $\sqrt{x^2 - 1}$,   (II) $\sqrt{x^2 + 1}$,   (III) $\sqrt{1 - x^2}$.

在 (I) 的情况下, 经过 (4) 的变换, 可以有理化, 但是此时 (7) 中的 ln 符号下, 如果 $\lambda = p + qi$ 是复数, 那么就必须把 ln 变成实数. 而

$$\ln(t - \lambda) = \ln(t - p - qi) = \frac{1}{2} \ln((t - p)^2 + q^2) - i \arctan \frac{q}{t - p}.$$

上式右边的 ln 的变量是关于 t 的二次式, 把它记作

$$\ln t + \ln \left(t + \frac{p^2 + q^2}{t} - 2p \right),$$

因为 $\frac{1}{t} = x - \sqrt{R}$, 所以在第二个 ln 中

$$x + \sqrt{R} + (p^2 + q^2)(x - \sqrt{R}) - 2p,$$

即是形如 $hx + k\sqrt{R} + l$ 的关于 x 与 $\sqrt{R}$ 的实系数的一次式. 如果 λ 是复数, (7) 中的系数 c_1 (留数) 也是复数, 但共轭复数不能成对出现, 所以最终不定积分是由 $x, \sqrt{R}$ 的对数 ln 的一次有理式的反正切函数 arctan 求得的. 对于情况 (II) 和 (III), 结果是相同的, 但是无论是哪种情况, 实际所涉及的计算却相当麻烦.

如上所述, 一般地在理论上, 只要对结果有一个估测且不怕麻烦, 那么计算都是可行的. 尽管说可以进行计算, 但是分解而求得部分分式, 就必须求方程的根, 因此实际上 (除极个别的情况之外) 最终也只能进行近似计算.

§68 Γ 函 数

到目前为止, 我们常常见到了 $\Gamma(s)$, 本节对 $\Gamma(s)$ 作一下概括总结.

在 $s > 0$ 的区间内的任意闭区间上,

$$\Gamma(s) = \int_0^\infty \mathrm{e}^{-x} x^{s-1} \mathrm{d}x \tag{E}$$

一致收敛, 因此它是关于实变量 s 的连续函数 (§48).

关于 $\Gamma(s)$, 下面的关系是已知的 (§ 35, [例 4]).

$$\Gamma(s+1) = s\Gamma(s), \quad s > 0. \tag{1}$$

(1°) 现在设 s 为复变量, 习惯上记作 $s = \sigma + ti$, 在 $\sigma > 0$ 的区域上 (s 平面上虚数轴的右侧), 考虑上面的积分 (E). 它的积分路径在实数轴的正向上, 因此在 $x^{s-1} = \mathrm{e}^{(s-1)\ln x}$ 中, 设 $\ln x$ 表示的是主值. 于是因为 $|x^{s-1}| = x^{\sigma-1}$, 当变量 s 在 $\sigma > 0$ 的区域的任意有界闭区间上时, 以及当 $x \to 0$ 或者 $x \to \infty$ 时, 积分 (E) 都一致收敛. 因此 $\Gamma(s)$ 在区域 $\sigma > 0$ 上连续.

(2°) $\Gamma(s)$ 在 $\sigma > 0$ 上不仅连续, 而且作为 s 的函数它是正则的. 由于上面说到的一致收敛, 当 s 在半平面 $\sigma > 0$ 上画出闭曲线 C 时, 对 $\displaystyle\int_C \Gamma(s)\mathrm{d}s$ 可以再取积分. 即

$$\int_C \Gamma(s)\mathrm{d}s = \int_0^\infty \mathrm{e}^{-x}\mathrm{d}x \int_C x^{s-1}\mathrm{d}s.$$

而 x^{s-1} 是 s 的 (超越) 整函数, 因此根据柯西积分定理, $\displaystyle\int_C x^{s-1}\mathrm{d}s = 0$, 从而 $\displaystyle\int_C \Gamma(s) \mathrm{d}s = 0$. 所以根据 Morera 定理, $\Gamma(s)$ 在 $\sigma > 0$ 上正则.

(3°) 当 $s > 0$ 时, 由 (1) 式知 $\Gamma(s+1) = s\Gamma(s)$, 于是 $\Gamma(s), \Gamma(s+1), s\Gamma(s)$ 都在 $\sigma > 0$ 上正则, 它们在实数轴上是相同的, 因此在 $\sigma > 0$ 上也是相同的. 即当 $\sigma > 0$ 时, 总有[①]

$$\Gamma(s+1) = s\Gamma(s), \quad \sigma > 0. \tag{2}$$

(4°) 利用上面的关系, 可以把 $\Gamma(s)$ 向 $\sigma > -1$ 的区域作解析延拓. 即当 $\sigma > -1$ 时, 设

$$\Gamma(s) = \frac{\Gamma(s+1)}{s}, \tag{3}$$

---

① 这就是一个在作解析延拓时, 仍然保持了函数的解析性的例子之一, 参见 §63.

如果 $\sigma > -1$, 则 $s+1$ (见图 5–26) 的实部是正的, 上式的右边除 $s=0$ 外正则, 如果 $\sigma > 0$, 则此时与原来的 $\Gamma(s)$ 相同. 因此扩张到 $\sigma > -1$ 上的 $\Gamma(s)$ 除 $s=0$ 之外正则, 而当 $s \to 0$ 时, $\Gamma(s+1) \to \Gamma(1) = 1$, 所以 $s=0$ 是 $\Gamma(s)$ 的一级极点. 主要部分是 $\dfrac{1}{s}$. 所以 (1) 在 $\sigma > -1$ 也成立. 对于 (3°) 也同样如此.

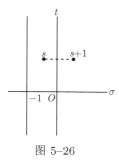

图 5–26

因为等式 (1) 在 $\sigma > -1$ 时成立, 因此与上面的作法相同, 根据 (3) 式可知, $\Gamma(s)$ 可以解析延拓到 $\sigma > -2$ 的区域. 此时, 除了 $s=0$ 外 $s=-1$ 是 $\Gamma(s)$ 的一级极点. 主要部分是 $-\dfrac{1}{s+1}$.

多次反复进行这样的操作, 则 $\Gamma(s)$ 就可以解析延拓到 s 平面上. 这时 $s = 0, -1, -2, \cdots$ 是它的一级极点, 除此之外, 它是正则的解析函数.

(5°) 如此这般就可以把 $\Gamma(s)$ 定义成为整个 s 平面的解析函数, 但是欧拉积分 (E) 只在 $\sigma > 0$ 的区域上收敛, 因此欧拉积分无法在 $\sigma \leqslant 0$ 上表示 $\Gamma(s)$. 然而当 s 是实数时, 可以根据下面的**高斯公式**表示 $\Gamma(s)$:

$$\Gamma(s) = \lim_{n \to \infty} \frac{n! \, n^s}{s(s+1) \cdots (s+n)}. \tag{G}$$

显然 $s = 0, 1, 2, \cdots$ 除外.

上式在 s 是复数时也成立. 按现代方法重写如下:

$$\frac{s(s+1) \cdots (s+n)}{n! \, n^s} = \mathrm{e}^{(1 + \frac{1}{2} + \cdots + \frac{1}{n} - \ln n)s} s \left(1 + \frac{s}{1}\right) \mathrm{e}^{-s} \left(1 + \frac{s}{2}\right) \mathrm{e}^{-\frac{s}{2}} \cdots \left(1 + \frac{s}{n}\right) \mathrm{e}^{-\frac{s}{n}}.$$

可以把 (G) 变形成如下的**魏尔斯特拉斯公式**:

$$\frac{1}{\Gamma(s)} = \mathrm{e}^{Cs} s \prod_{n=1}^{\infty} \left(1 + \frac{s}{n}\right) \mathrm{e}^{-\frac{s}{n}}. \tag{W}$$

在上式中, $C = \lim\limits_{n \to \infty} \left(1 + \dfrac{1}{2} + \cdots + \dfrac{1}{n} - \ln n\right)$ 是欧拉常数 (§44).

(W) 只是 (G) 的重写而已, 而且假定它右边的无穷积是收敛的. 下面证明 (W).

(6°) 首先, 把 (W) 右边的无穷积简记为

$$P(s) = \prod_{n=1}^{\infty} \left(1 + \frac{s}{n}\right) \mathrm{e}^{-\frac{s}{n}},$$

下面证明上式在 s 平面的任意有界闭区域上绝对一致收敛. 如果能够证明, 那么 $P(s)$ 在 s 平面上正则, 即可知它是整函数 (定理 57).

为此, 设

$$\left(1 + \frac{s}{n}\right) \mathrm{e}^{-\frac{s}{n}} = 1 + u_n,$$

当 $|s| \leqslant R$ 时, 只要取充分大的 n, 证明关于某个常数 k 有

$$|u_n| < k \frac{|s|^2}{n^2}. \tag{4}$$

如果上式成立, 则有

$$|u_n| < \frac{kR^2}{n^2},$$

$\sum \frac{1}{n^2}$ 收敛从而 $\sum |u_n|$ 收敛, 因此目标实现 (定理 46). 首先设

$$n > R,$$

则 $\frac{|s|}{n} < 1$, 现在记 $\frac{s}{n} = z$, 下面证明

$$当 |z| \leqslant 1 时, \quad |(1+z)\mathrm{e}^{-z} - 1| < 7|z|^2, \tag{5}$$

即在 (4) 中 k 等于 7 即可. 事实上, 下面考虑

$$\frac{(1+z)\mathrm{e}^{-z} - 1}{z^2},$$

$z = 0$ 也是分子的二级零点, 因此上式是整函数. 所以在区域 $|z| \leqslant 1$ 上, 它的绝对值在边界线 $|z| = 1$ 上取得最大值 (定理 63). 设这个最大值为 k 即可, 因此当 $|z| = 1$ 时有

$$\left| \frac{(1+z)\mathrm{e}^{-z} - 1}{z^2} \right| = |(1+z)\mathrm{e}^{-z} - 1| \leqslant |1+z||\mathrm{e}^{-z}| + 1 < 2\mathrm{e} + 1 < 7.$$

因此设 $k = 7$ 已经足够了 (7 没有特别意义).

我们已经明确证明了公式 (W) 右边是整函数, 因此为了证明 (W), 只需证明对于实数轴的某一个部分它是正确的即可. 如果这样, 根据解析延拓原则可知, 它在整个复平面上也是整函数.

(7°) 因此返回到实变量, 设 $s > 0$, 证明 (G). 有多种证明方法, 但是下面给出的证明方法比较简洁.[1]

---

[1] 这一证明方法来自于 Artin,Einführung in die Theorie der Gammafunktion(Hamburg,1931). 本节以及下一节的很多地方都常常要引用这个小册里的很多巧妙且很初等的方法.

首先, $\ln\Gamma(s)$ 是凸函数 (§20), 即

$$\frac{\mathrm{d}^2}{\mathrm{d}s^2}\ln\Gamma(s) = \frac{\Gamma\Gamma'' - \Gamma'^2}{\Gamma^2} \geqslant 0. \tag{6}$$

事实上, 因为 (§48)

$$\Gamma(s) = \int_0^\infty \mathrm{e}^{-x}x^{s-1}\mathrm{d}x,$$

$$\Gamma'(s) = \int_0^\infty \mathrm{e}^{-x}x^{s-1}\ln x\mathrm{d}x,$$

$$\Gamma''(s) = \int_0^\infty \mathrm{e}^{-x}x^{s-1}(\ln x)^2\mathrm{d}x.$$

所以对于任意的 u, 有

$$u^2\Gamma + 2u\Gamma' + \Gamma'' = \int_0^\infty \mathrm{e}^{-x}x^{s-1}(u^2 + 2u\ln x + (\ln x)^2)\mathrm{d}x$$
$$= \int_0^\infty \mathrm{e}^{-x}x^{s-1}(u + \ln x)^2\mathrm{d}x \geqslant 0.$$

因此左边的 u 的二次式判别式 $\Gamma'^2 - \Gamma\Gamma''$ 不是正的. 所以 (6) 成立.

此时设 n 是大于 1 的自然数, 且 $0 < s < 1$, §20 (1″) 中, 设 $y = \ln\Gamma(s)$, 首先把 $x_1 < x < x_2$ 变换成 $n < n+s < n+1$, 其次再把它变换成 $n-1 < n < n+s$, 于是得

$$\ln\Gamma(n) - \ln\Gamma(n-1) \leqslant \frac{\ln\Gamma(n+s) - \ln\Gamma(n)}{s} \leqslant \ln\Gamma(n+1) - \ln\Gamma(n).$$

利用 (1) 并化简得

$$\ln(n-1) \leqslant \frac{\ln\Gamma(n+s) - \ln\Gamma(n)}{s} \leqslant \ln n,$$

从而

$$(n-1)^s\Gamma(n) \leqslant \Gamma(n+s) \leqslant n^s\Gamma(n).$$

由 (1) 可得

$$\Gamma(n+s) = (s+n-1)(s+n-2)\cdots(s+1)s\Gamma(s),$$

所以有

$$\frac{(n-1)^s\Gamma(n)}{s(s+1)\cdots(s+n-1)} \leqslant \Gamma(s) \leqslant \frac{n^s\Gamma(n)}{s(s+1)\cdots(s+n-1)}$$

$$= \frac{n^s \Gamma(n+1)}{s(s+1)\cdots(s+n)} \frac{s+n}{n}.$$

$n > 1$ 是任意的, 所以把上式中的 n 换成 $n+1$ 得

$$\frac{n^s \Gamma(n+1)}{s(s+1)\cdots(s+n)} \leqslant \Gamma(s) \leqslant \frac{n^s \Gamma(n+1)}{s(s+1)\cdots(s+n)} \frac{s+n}{n},$$

即

$$\Gamma(s) \frac{n}{s+n} \leqslant \frac{n^s \Gamma(n+1)}{s(s+1)\cdots(s+n)} \leqslant \Gamma(s).$$

把 $\Gamma(n+1) = n!$ 代入上式, 且令 $n \to \infty$, 则得到高斯公式 (G). 前面已经说了 (W) 是这个公式的变形.

因此对于所有的复数 s, (W) 成立.

[注意] 上面的证明, 当 $s > 0$ 时, 依据 $\ln \Gamma(s)$ 是凸函数, 以及函数方程 (1). 现在用 $f(s)$ 取代 $\Gamma(s)$, 当 $s > 0$ 时, $f(s) > 0$ 以及 $\ln f(s)$ 是凸函数, 而且如果 $f(s+1) = sf(s)$ 成立, 那么关于 $f(s)$ 上面公式 (G) 的证明仍然适用, 只是最后在 $\Gamma(n+1) = n!$ 的地方要换成 $f(n+1) = n!f(1)$. 因此根据 $f(s)$ 的假设可以得到 $f(s) = a\Gamma(s)$. $a = f(1)$ 是常数. 在以后的内容中, 我们将利用这个结果.

(8°) 在公式 (W) 中把 s 变换成 $-s$, 并利用 $\Gamma(1-s) = -s\Gamma(-s)$, 得

$$\frac{1}{\Gamma(s)\Gamma(1-s)} = s \prod_{n=1}^{\infty} \left(1 - \frac{s^2}{n^2}\right).$$

因此由 §64 的 (20) 可得

$$\Gamma(s)\Gamma(1-s) = \frac{\pi}{\sin \pi s}. \tag{7}$$

在 (7) 中令 $s = \dfrac{1}{2}$ 得

$$\Gamma\left(\frac{1}{2}\right) = \sqrt{\pi}. \tag{8}$$

在 (E) 中把积分变量由 x 变换成 x^2, 由 (8) 可得已知的下面的积分

$$\int_0^{\infty} \mathrm{e}^{-x^2} \mathrm{d}x = \frac{\sqrt{\pi}}{2}.$$

另外在 (8) 中, 用 (G) 表示 $\Gamma\left(\dfrac{1}{2}\right)$, 则得到沃利斯公式 (§35, [例 5]). 即

$$\sqrt{\pi} = \lim_{n \to \infty} \frac{n!\sqrt{n}}{\dfrac{1}{2} \cdot \dfrac{3}{2} \cdots \dfrac{2n+1}{2}} = \lim_{n \to \infty} \frac{2^{2n+1}(n!)^2}{(2n)!} \frac{\sqrt{n}}{2n+1} = \lim_{n \to \infty} \frac{2^{2n}(n!)^2}{(2n)!\sqrt{n}}. \tag{9}$$

(9°) 关于 Γ 函数, 必须要提到下面这个公式

$$B(p,q) = \frac{\Gamma(p)\Gamma(q)}{\Gamma(p+q)}. \tag{10}$$

关于这个公式, 我们将在后面描述 (§96), 但是在这里, 我们利用已知的结果也可以推导出这个公式. $B(p,q)$ 的意思是 (§33, [例 3])

$$B(p,q) = \int_0^1 x^{p-1}(1-x)^{q-1}\mathrm{d}x \quad (p > 0, q > 0). \tag{11}$$

现在设

$$f(p) = B(p,q)\Gamma(p+q), \tag{12}$$

首先证明

$$f(p+1) = pf(p). \tag{13}$$

由 (11) 可知

$$B(p+1,q) = \frac{p}{p+q}B(p,q).$$

上式由二项微分的积分的简约式 (第 3 章的习题 (5)) 可得. 也可以直接根据分部积分得出这个结果. 因为

$$\Gamma(p+q+1) = (p+q)\Gamma(p+q),$$

所以可得 (13).

我们可以用与前面的 (7°) 同样的方法证得当 $p > 0$ 时 $\ln f(p) = \ln B(p,q) + \ln\Gamma(p+q)$ 是凸函数. 因此 (前面的 [注意]) 有

$$f(p) = a\Gamma(p), \quad a = f(1).$$

而由 (12) 可知

$$f(1) = B(1,q)\Gamma(q+1).$$

因为

$$B(1,q) = \int_0^1 (1-x)^{q-1}\mathrm{d}x = \frac{1}{q},$$

所以

$$a = \Gamma(q),$$

即

$$f(p) = \Gamma(p)\Gamma(q).$$

因此由 (12) 可得到公式 (10).

(10°) 把公式 (W) 两边除以 s, 并利用 $s\Gamma(s) = \Gamma(1+s)$, 再两边取 $\ln$, 设 $s > 0$ 得

$$\ln\Gamma(1 + s) = -Cs + \sum_{n=1}^{\infty} \left(\frac{s}{n} - \ln\left(1 + \frac{s}{n}\right) \right). \tag{14}$$

把上式右边的 $\ln$ 展开成关于 s 的幂级数 ($|s| < 1$) 得

$$\ln\Gamma(1 + s) = -Cs + \frac{S_2}{2}s^2 - \frac{S_3}{3}s^3 + \cdots + \frac{(-1)^n S_n}{n}s^n + \cdots, \tag{15}$$

其中

$$S_n = \sum_{\nu=1}^{\infty} \frac{1}{\nu^n}, \quad (\S\,64 \text{ 的 } s_n)$$

再把 (14) 和 (15) 的右边逐项微分, 得

$$\frac{\Gamma'(s)}{\Gamma(s)} = -\frac{1}{s} - C + \sum_{n=1}^{\infty} \left(\frac{1}{n} - \frac{1}{n+s} \right) \tag{16}$$

$$= -\frac{1}{s} - C + S_2 s - S_3 s^2 + \cdots, \quad |s| < 1. \tag{17}$$

上面的 (14) 可由 (W) 得到, 而对于右边的级数, 由于

$$0 < s - \ln(1+s) < \frac{s^2}{2}, \quad s > 0,$$

可知它在 $s > 0$ 的任意有限区间内一致收敛. 因此利用 $\Gamma(s)$ 的解析性, 根据定理 57 **(C)** 可以得到 (16). 同样, 根据定理 58, 可以得到 (15) 和 (17), 但是在虚数轴的右侧 $\Gamma(s)$ 正则, 而 $s = 0$ 是极点, 因此 (15) 和 (17) 右边的级数的收敛半径是 1. 如果 s 是复数, 对 $\ln$ 采用适当的技巧, 可以证得 (14) 和 (15) 不成立, 而当 $s \neq 0, -1, -2, \cdots$ 时 (16) 成立, 当 $|s| < 1$ 时 (17) 成立.

根据 (15), 在区间 $1 \leqslant s < 2$ 上, 应该能够计算出 $\Gamma(s)$, 但是从下面给出的 S_n 的表 (表 5–1) 可以看到, 因为 (15) 的收敛性不好, 所以不太适合计算 (我们将在后面描述计算方法).

表 5–1

n	$S_n - 1$	n	$S_n - 1$	n	$S_n - 1$
2	0.644 934 07	7	0.008 349 28	12	0.000 246 09
3	0.202 056 90	8	0.004 077 36	13	0.000 122 71
4	0.082 323 23	9	0.002 008 39	14	0.000 061 25
5	0.036 927 76	10	0.000 994 58	15	0.000 030 59
6	0.017 343 06	11	0.000 494 19	16	0.000 015 28

当 n 是偶数时, 级数 $S_n = 1 + \dfrac{1}{2^n} + \dfrac{1}{3^n} + \cdots$ 可以展开成与伯努利数相关的三角函数, 当 n 为奇数时, S_n 可以展开成与 Γ 函数相关的表达式. 到 $n = 70$ 为止, 可以把 S_n 的值计算到小数点后 32 位.[①]下表给出最初几项化简后的结果. 因为

$$S_{n+1} - 1 < \frac{1}{2}(S_n - 1),$$

所以很容易明白 $S_n - 1$ 相当缓慢地收敛于 0. 对于 $n \geqslant 16$, 计算到小数点后 8 位时 $S_{n+1} - 1 \approx \dfrac{1}{2}(S_n - 1)$.

图 5-27 给出 $\Gamma(s)$ 的图像, 表 5-2 给出 $\Gamma(s)$ 在 $1 \leqslant s \leqslant 2$ 上的情况.

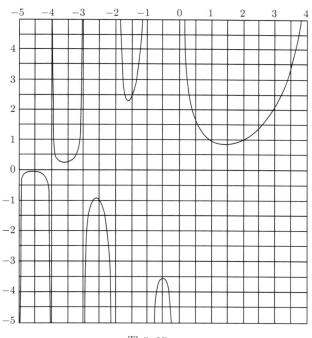

图 5-27

$\ln \Gamma(s)$ 栏里给出的是常用对数.

前面已经说过, 当 $s > 0$ 时, $\Gamma(s)$ 是凸函数. 而又因为 $\Gamma(1) = \Gamma(2) = 1$, $\Gamma(s)$ 在 1 和 2 之间取极小值. 计算可得极值点 s_0 及极小值 $\Gamma(s_0)$, 即

$$s_0 = 1.4616\cdots, \quad \Gamma(s_0) = 0.8856\cdots.$$

关于具体计算在此不再详述, 但是表 5-2 给出了利用比例插值法计算出的 s_0 和 $\Gamma(s_0)$.

① Stieltjes,Acta Mathematica, 10(1887).

(11°) 最后, 计算几个定积分.

表　5-2

s	$\ln\Gamma(s)$	$\Gamma(s)$	$\Gamma'(s)/\Gamma(s)$	s	$\ln\Gamma(s)$	$\Gamma(s)$	$\Gamma'(s)/\Gamma(s)$
1.00	0.000 00	1.0000	-0.5772	1.50	$\bar{1}.947\ 54$	0.8862	0.0365
1.05	$\bar{1}.988\ 34$	0.9735	-0.4978	1.55	$\bar{1}.948\ 84$	0.8889	0.0822
1.10	$\bar{1}.978\ 34$	0.9514	-0.4238	1.60	$\bar{1}.951\ 10$	0.8935	0.1260
1.15	$\bar{1}.969\ 90$	0.9330	-0.3543	1.65	$\bar{1}.954\ 30$	0.9001	0.1681
1.20	$\bar{1}.962\ 92$	0.9182	-0.2890	1.70	$\bar{1}.958\ 39$	0.9086	0.2085
1.25	$\bar{1}.957\ 32$	0.9064	-0.2275	1.75	$\bar{1}.963\ 35$	0.9191	0.2475
1.30	$\bar{1}.953\ 02$	0.8975	-0.1692	1.80	$\bar{1}.969\ 13$	0.9314	0.2850
1.35	$\bar{1}.949\ 95$	0.8912	-0.1139	1.85	$\bar{1}.975\ 71$	0.9456	0.3212
1.40	$\bar{1}.948\ 05$	0.8873	-0.0614	1.90	$\bar{1}.983\ 07$	0.9618	0.3562
1.45	$\bar{1}.947\ 27$	0.8857	-0.0113	1.95	$\bar{1}.991\ 17$	0.9799	0.3900
1.50	$\bar{1}.947\ 54$	0.8862	$+0.0365$	2.00	0.000 00	1.0000	0.4228

[例 1]　　$s>0,\ \ p>0$, 计算积分

$$\int_0^\infty e^{-px}x^{s-1}\frac{\cos}{\sin}\ qx\mathrm{d}x = \frac{\Gamma(s)}{(p^2+q^2)^{s/2}}\frac{\cos}{\sin}\ s\varphi \tag{18}$$

$$\left(\varphi=\operatorname{Arctan}\frac{q}{p},\ \ -\frac{\pi}{2}<\varphi<\frac{\pi}{2}\right).$$

这个古典积分 (欧拉) 的计算有效地利用了复数积分.

在 (18) 的两边, cos, sin 是相互对应的, 把 sin 部分乘以 $-\mathrm{i}$, 并把它们加起来, 得

$$\int_0^\infty e^{-(p+q\mathrm{i})x}x^{s-1}\mathrm{d}x = \frac{\Gamma(s)}{(p^2+q^2)^{s/2}}e^{-s\varphi\mathrm{i}}. \tag{19}$$

现在设

$$\alpha=p+q\mathrm{i}=re^{\varphi\mathrm{i}},\ \ r=\sqrt{p^2+q^2},\ \ \tan\varphi=\frac{q}{p},$$

由 $p>0$ 可知 α 的实部 $\Re(\alpha)>0$, 所以 $-\dfrac{\pi}{2}<\varphi<\dfrac{\pi}{2}$. 因此, 取 α^s 的主值, 得

$$\alpha^{-s}=r^{-s}e^{-s\varphi\mathrm{i}}.$$

因此 (19) 可以写成如下形式

$$\int_0^\infty e^{-\alpha x}x^{s-1}\mathrm{d}x = \frac{\Gamma(s)}{\alpha^s}. \tag{20}$$

只要证明上式即可. 如果 $\alpha=r>0$ 是实数, 把

$$\Gamma(s) = \int_0^\infty e^{-x} x^{s-1} dx \tag{21}$$

的积分变量 x 变成 rx 即可以得到 (20), 即

$$\int_0^\infty e^{-rx} x^{s-1} dx = \frac{\Gamma(s)}{r^s}. \tag{22}$$

当 α 是复数时, 把 (21) 中的变量 x 变成 αx, 就可以得到 (22) 式, 但是这个积分是广义积分, 必须考虑极限. 下面利用柯西积分定理, 说明如何考虑这个极限.

对于图 5–28 所示的积分路径, 有

$$\int_{ABB'A'A} e^{-rz} z^{s-1} dz = 0,$$

其中

$$OA = OA' = \varepsilon,$$
$$OB = OB' = R,$$

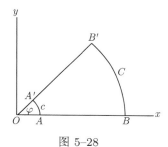

图 5–28

即

$$\int_{AB} - \int_{A'B'} + \int_C - \int_c = 0. \tag{23}$$

此时, 如例子所示, 我们考虑当 $\varepsilon \to 0, R \to \infty$ 时的极限.

首先, 因为

$$\left| \int_C \right| \leqslant \int_0^\varphi e^{-rR\cos\theta} R^s d\theta < e^{-rR\cos\varphi} R^s \varphi.$$

$r > 0$, $|\varphi| < \dfrac{\pi}{2}$, $\cos\varphi > 0$, 所以

$$\lim_{R \to \infty} \int_C = 0.$$

同样, 当 $\varepsilon \to 0$ 时有

$$\lim_{\varepsilon \to 0} \left| \int_c \right| < e^{-r\varepsilon\cos\varphi} \varepsilon^s \varphi \to 0.$$

再根据 (22) 有

$$\int_{AB} = \int_\varepsilon^R e^{-rx} x^{s-1} dx \to \frac{\Gamma(s)}{r^s}.$$

因此由 (23) 得

$$\lim_{\varepsilon \to 0, R \to \infty} \int_{A'B'} = \int_0^\infty \mathrm{e}^{-r\mathrm{e}^{\varphi\mathrm{i}}x} x^{s-1} \mathrm{e}^{s\varphi\mathrm{i}} \mathrm{d}x = \frac{\Gamma(s)}{r^s},$$

即

$$\mathrm{e}^{s\varphi\mathrm{i}} \int_0^\infty \mathrm{e}^{-\alpha x} x^{s-1} \mathrm{d}x = \frac{\Gamma(s)}{r^s},$$

也就是

$$\int_0^\infty \mathrm{e}^{-\alpha x} x^{s-1} \mathrm{d}x = \frac{\Gamma(s)}{\alpha^s}.$$

上式就是 (20), 因此也就证明了 (18).

[例 2]　设 $1 > s > 0$, 有

$$\int_0^\infty x^{s-1} \cos x \mathrm{d}x = \Gamma(s) \cos \frac{s\pi}{2}, \quad \int_0^\infty x^{s-1} \sin x \mathrm{d}x = \Gamma(s) \sin \frac{s\pi}{2}.$$

或者把它们加起来 (使用 $\mathrm{i}^s = \exp \dfrac{s\pi\mathrm{i}}{2}$) 有

$$\int_0^\infty \mathrm{e}^{-x\mathrm{i}} x^{s-1} \mathrm{d}x = \frac{\Gamma(s)}{\mathrm{i}^s}. \tag{24}$$

在上面的 (20) 中, 令 $\alpha = \mathrm{i}$, 就能变成刚才的等式, 在 [例 1] 中, 是在 $\Re(\alpha) > 0$ 的前提下进行的计算, 对于 $\alpha = \mathrm{i}$ 的情况不成立. 但是, 加强 [例 1] 中的假设 $s > 0$, 如上所示设 $1 > s > 0$, 就可以采用 [例 1] 的方法得到 (24).

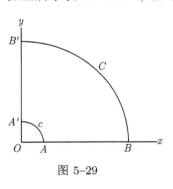

图 5–29

在 [例 1] 的积分路径中, 设 $\varphi = \dfrac{\pi}{2}$ (如图 5–29 所示), 同往常一样, 有

$$\int_{ABB'A'A} \mathrm{e}^{-z} z^{s-1} \mathrm{d}z = 0,$$

即

$$\int_{AB} - \int_{A'B'} + \int_C - \int_c = 0.$$

同样只需证明当 $\varepsilon \to 0, R \to \infty$ 时, $\displaystyle\int_C \to 0, \int_c \to 0$ 即可. 而

$$\left| \int_C \right| \leqslant R^s \int_0^{\frac{\pi}{2}} \mathrm{e}^{-R\sin\theta} \mathrm{d}\theta < R^s \int_0^{\frac{\pi}{2}} \mathrm{e}^{-Rm\theta} \mathrm{d}\theta < \frac{1}{R^{1-s}m} \to 0.$$

上式中的 m 与 §62 中的 [例 1] 相同. 在此利用了假设 $1 > s$. 于是有

$$\left| \int_c \right| \leqslant \varepsilon^s \int_0^{\frac{\pi}{2}} \mathrm{e}^{-\varepsilon \sin \theta} \mathrm{d}\theta < \varepsilon^s \frac{\pi}{2} \to 0.$$

在此利用了假设 $s > 0$.

而当 $\varepsilon \to 0, R \to \infty$ 时有

$$\lim \int_{AB} = \Gamma(s),$$

所以 (24) 成立, 从而原题结论成立.

[注意] 广义积分 $\displaystyle\int_0^\infty x^{s-1} \sin x \mathrm{d}x$ 在 $1 > s > -1$ 时收敛. 在 [例 2] 中

$$\int_0^\infty x^{s-1} \sin x \mathrm{d}x = \Gamma(s) \sin \frac{s\pi}{2}$$

在 $1 > s > 0$ 的前提下证明了上式, 但是这个等式在 $1 > s > -1$ 的条件下仍然成立. 为此只需如前面的 (1°) 和 (2°) 那样进行证明即可. 记 $s = \sigma + \mathrm{i}t$, 当 $1 > s_1 \geqslant \sigma \geqslant s_0 > -1$ 时, 无论是 $x \to 0$ 还是 $x \to \infty$, 上面的广义积分都收敛, 因此它是 $1 > \sigma > -1$ 上的正则解析函数. 从而根据解析延拓原则, 上面的等式在 $1 > \sigma > -1$ 上仍然成立. (等式右边在 $s = 0$ 时正则.)

§69 斯特林公式

对于充分大的 n, 为了大致评估 $n!$ 的行为, 把 $\ln n$ 换成 $\displaystyle\int_{n-\frac{1}{2}}^{n+\frac{1}{2}} \ln x \mathrm{d}x$, 如图 5–30 所示.

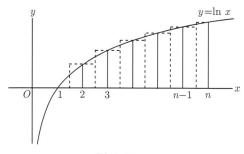

图 5–30

$$\ln 2 + \ln 3 + \cdots + \ln(n-1) + \frac{1}{2} \ln n + \delta_n = \int_1^n \ln x \mathrm{d}x = n \ln n - n + 1,$$

即

$$\ln(n-1)! = \left(n - \frac{1}{2}\right)\ln n - n + 1 - \delta_n,$$

从而有

$$\Gamma(n) = (n-1)! = n^{n-\frac{1}{2}}\mathrm{e}^{-n}\mathrm{e}^{1-\delta_n}.$$

如图 5–31 所示, 误差 $\delta_n = \alpha_1 - \beta_2 + \alpha_2 - \beta_3 + \cdots - \beta_n$ 是交错级数, 其项单调减少, 当 $n \to \infty$ 时, 它收敛.

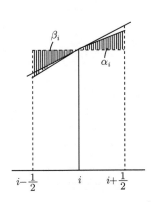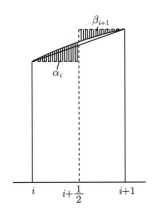

图 5–31

事实上, $\ln x$ 的图像是向上凸起的, 因此它在切线的下方, 弦的上方. 于是 $\beta_i > \alpha_i$, $\alpha_i > \beta_{i+1}$. 且当 $n \to \infty$ 时, $\alpha_n \to 0, \beta_n \to 0$.

因此, 当 $n \to \infty$ 时, $\delta_n \to \delta$, 此时令 $\delta = \delta_n + \mu(n)$, $\mathrm{e}^{1-\delta} = a$, 有

$$\Gamma(n) = an^{n-\frac{1}{2}}\mathrm{e}^{-n}\mathrm{e}^{\mu(n)}, \tag{1}$$

$$\lim_{n\to\infty} \mu(n) = 0. \tag{2}$$

上面的常数 a 可以简单地通过下面的沃利斯公式 (§68 的 (9)) 求得

$$\sqrt{\pi} = \lim_{n\to\infty} \frac{(n!)^2 2^{2n}}{(2n)!\sqrt{n}},$$

即把 (1) 代入到上面的等式之中, 并利用 (2) 得

$$\sqrt{\pi} = \lim_{n\to\infty} \frac{n^2 a^2 n^{2n-1}\mathrm{e}^{-2n}2^{2n}}{2na(2n)^{2n-\frac{1}{2}}\mathrm{e}^{-2n}\sqrt{n}} = \frac{a}{\sqrt{2}}.$$

所以

$$a = \sqrt{2\pi}.$$

把 (1) 两边乘以 n, 得

$$n! \sim \sqrt{2\pi}n^{n+\frac{1}{2}}\mathrm{e}^{-n}.$$

这就是斯特林公式.[①]

很容易就得到了斯特林公式, (1) 对于任意的实数成立, 即

其中
$$\left.\begin{array}{l}\Gamma(s) = \sqrt{2\pi}s^{s-\frac{1}{2}}\mathrm{e}^{-s}\mathrm{e}^{\mu(s)}, \quad s > 0, \\[2mm] \mu(s) = \dfrac{\theta}{12s}, \quad 0 < \theta < 1, \text{从而} \lim_{s\to\infty}\mu(s) = 0. \end{array}\right\} \tag{3}$$

下面对此加以验证. 如果设 (3) 成立, 则把 (3) 代入到 $\Gamma(s+1) = s\Gamma(s)$ 得到

$$\mu(s) - \mu(s+1) = \left(s + \frac{1}{2}\right)\ln\left(1 + \frac{1}{s}\right) - 1.$$

把上式右边记作 $\lambda(s)$, s 分别换成 $s+1, s+2, \cdots$ 代入并加起来得

$$\mu(s) - \mu(s+n+1) = \sum_{\nu=0}^{n}\lambda(s+\nu). \tag{4}$$

而在公式 (§52 的 (9)) 中设 $x = 1/(2s+1)$, 有

$$\frac{1}{2}\ln\left(1 + \frac{1}{s}\right) = \frac{1}{2s+1} + \frac{1}{3(2s+1)^3} + \frac{1}{5(2s+1)^5} + \cdots,$$

上式两边乘以 $2s+1$ 再减去 1, 得

$$\lambda(s) = \left(s + \frac{1}{2}\right)\ln\left(1 + \frac{1}{s}\right) - 1 = \frac{1}{3(2s+1)^2} + \frac{1}{5(2s+1)^4} + \cdots, \tag{5}$$

从而有

$$\begin{aligned} 0 < \lambda(s) \quad &< \quad \frac{1}{3(2s+1)^2}\left(1 + \frac{1}{(2s+1)^2} + \cdots\right) \\[2mm] &= \frac{1}{12s(s+1)} = \frac{1}{12s} - \frac{1}{12(s+1)}. \end{aligned} \tag{6}$$

所以当 $n \to \infty$ 时, (4) 右边的级数收敛. 从而当 $\mu(s) \to 0$ 时, 有

$$\mu(s) = \sum_{n=0}^{\infty}\lambda(s+n). \tag{7}$$

因此由 (6) 得

$$\mu(s) = \frac{\theta}{12s}, \quad 0 < \theta < 1.$$

① 记号 $\sim$ 如前所述 (§35).

但是, 根据 (7) 确定 $\mu(s)$ 时, (3) 必须成立, 对此给出验证是关键. 为此利用 (7) 的 $\mu(s)$, 设

$$f(s) = s^{s-\frac{1}{2}} \mathrm{e}^{-s} \mathrm{e}^{\mu(s)},$$

由前面的计算可知

$$f(s+1) = sf(s),$$

而由

$$\ln f(s) = \left(s - \frac{1}{2}\right) \ln s - s + \mu(s)$$

得

$$\frac{\mathrm{d}^2}{\mathrm{d}s^2} \ln f(s) = \frac{1}{s} + \frac{1}{2s^2} + \mu''(s).$$

由 (5) 和 (7) 可知 $\mu''(s) > 0$. 即 $\ln f(s)$ 是凸函数. 因此 (§68 的 [注意]) 存在某个常数因子 a, 满足

$$\Gamma(s) = af(s),$$

即

$$\Gamma(s) = as^{s-\frac{1}{2}} \mathrm{e}^{-s} \mathrm{e}^{\mu(s)}.$$

当 $s = n$ 是自然数时计算得到常数 $a = \sqrt{2\pi}$. 即证明了 (3).

　　[附记]　在斯特林公式

$$\Gamma(s) = \sqrt{2\pi} s^{s-\frac{1}{2}} \mathrm{e}^{-s} \mathrm{e}^{\mu(s)}$$

中

$$\mu(s) = \sum_{n=0}^{\infty} \left\{ \left(s + n + \frac{1}{2}\right) \ln \left(1 + \frac{1}{s+n}\right) - 1 \right\}, \tag{8}$$

为了计算 $\mu(s)$, 要使用下面的公式:

$$\mu(s) = \frac{B_1}{1 \times 2} \frac{1}{s} - \frac{B_2}{3 \times 4} \frac{1}{s^3} + \cdots + \frac{(-1)^{n-1} B_n}{(2n-1)2n} \frac{\theta}{s^{2n-1}}, \quad 0 < \theta < 1, \tag{9}$$

B_n 是伯努利数. 上式中只有最后一项例外, 它乘以一个小于 1 的系数 θ. 把上式继续下去, 形成一个无穷级数, 它虽然不收敛,[①]但对应于 s, 适当地确定 n, 使得剩余项变小, 还是可以利用它进行计算的.

　　下面证明 (9).

$$\lambda(s) = \left(s + \frac{1}{2}\right) \ln \left(1 + \frac{1}{s}\right) - 1 = \int_0^1 \frac{\frac{1}{2} - x}{x + s} \mathrm{d}x$$

---

① 通项的系数 $B_n/(2n-1)2n$ 无限增大. 参照 §65 的 (26).

把上面等式代入到 (8) 中得

$$\mu(s) = \sum_{n=0}^{\infty} \int_0^1 \frac{\frac{1}{2} - x}{x + n + s} \mathrm{d}x.$$

此时令

$$\begin{cases} \varphi(x) = \frac{1}{2} - x & (0 < x < 1) \\ \varphi(0) = 0 \\ \varphi(x+1) = \varphi(x) & (x \leqslant 0, 1 \leqslant x) \end{cases}$$

定义 $\varphi(x)$ 是周期为 1 的函数 (见图 5–32), 则有

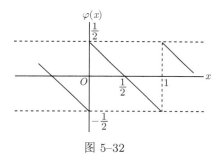

图 5–32

$$\mu(s) = \sum_{n=0}^{\infty} \int_0^1 \frac{\varphi(x)\mathrm{d}x}{x + n + s} = \sum_{n=0}^{\infty} \int_n^{n+1} \frac{\varphi(x)\mathrm{d}x}{x + s} = \int_0^{\infty} \frac{\varphi(x)\mathrm{d}x}{x + s}. \tag{10}$$

把 $\varphi(x)$ 展开成三角级数 (§ 65), 即

$$\varphi(x) = 2 \sum_{\nu=1}^{\infty} \frac{\sin 2\nu\pi x}{2\nu\pi}.$$

此时, 令

$$\left. \begin{array}{l} \varphi_{2n}(x) = (-1)^{n-1} 2 \sum_{\nu=1}^{\infty} \frac{\cos 2\nu\pi x}{(2\nu\pi)^{2n}}, \\[4mm] \varphi_{2n+1}(x) = (-1)^{n+1} 2 \sum_{\nu=1}^{\infty} \frac{\sin 2\nu\pi x}{(2\nu\pi)^{2n+1}}, \end{array} \right\} \tag{11}$$

则有

$$\varphi_1(x) = -\varphi(x). \tag{12}$$

如果 $n > 1$, $\varphi_n(x)$ 一致收敛, 而且

$$\varphi'_{n+1}(x) = \varphi_n(x). \tag{13}$$

如果 $n = 1$, 在不包含 $\varphi_1(x)$ 的不连续点 ($x = 0, \pm 1, \pm 2, \cdots$) 的闭区域内 (13) 成立. 另外, 由 (11) 可得

$$\left.\begin{array}{l} \varphi_{2n+1}(0) = 0, \\[2mm] \varphi_{2n}(0) = \dfrac{(-1)^{n-1} 2}{(2\pi)^{2n}} \displaystyle\sum_{\nu=1}^{\infty} \dfrac{1}{\nu^{2n}} = \dfrac{(-1)^{n-1} B_n}{(2n)!}. \end{array}\right\} \tag{14}$$

利用 (13), 反复进行分部积分得

$$\int \frac{\varphi_1(x)\mathrm{d}x}{x+s} = \frac{\varphi_2(x)}{x+s} + \frac{\varphi_3(x)}{(x+s)^2} + \frac{2\varphi_4(x)}{(x+s)^3} + \cdots + (2n-2)! \int \frac{\varphi_{2n-1}(x)\mathrm{d}x}{(x+s)^{2n-1}}.$$

利用 (12) 得

$$\mu(s) = \int_0^{\infty} \frac{\varphi(x)\mathrm{d}x}{x+s} = -\int_0^{\infty} \frac{\varphi_1(x)\mathrm{d}x}{x+s}$$

$$= \frac{\varphi_2(0)}{s} + \frac{\varphi_3(0)}{s^2} + \frac{2\varphi_4(0)}{s^3} + \cdots - (2n-2)! \int_0^{\infty} \frac{\varphi_{2n-1}(x)\mathrm{d}x}{(x+s)^{2n-1}}.$$

把 (14) 代入, 除了剩余项之外, 其他各项都与 (9) 一致, 即

$$\mu(s) = \frac{B_1}{1 \cdot 2} \frac{1}{s} - \frac{B_2}{3 \cdot 4} \frac{1}{s^3} + \cdots + \frac{(-1)^{n-2} B_{n-1}}{(2n-3)(2n-2)} \frac{1}{s^{2n-3}} + R_{2n-2}, \tag{15}$$

其中

$$R_{2n-2} = -(2n-2)! \int_0^{\infty} \frac{\varphi_{2n-1}(x)\mathrm{d}x}{(x+s)^{2n-1}}.$$

为了把上式中的剩余项变成 (9) 中的形式, 把 R_{2n-2} 的右边的积分再进行一次分部积分得

$$\int_0^{\infty} \frac{\varphi_{2n-1}(x)\mathrm{d}x}{(x+s)^{2n-1}} = \frac{-\varphi_{2n}(0)}{s^{2n-1}} + (2n-1) \int_0^{\infty} \frac{\varphi_{2n}(x)\mathrm{d}x}{(x+s)^{2n}}$$

$$= (2n-1) \int_0^{\infty} \frac{\varphi_{2n}(x) - \varphi_{2n}(0)}{(x+s)^{2n}} \mathrm{d}x.$$

由 (11) 知, 这个积分的符号是 $(-1)^n$. 即 R_{2n-2} 的符号等于 $(-1)^{n-1}$. 在 (15) 中把 n 换成 $n+1$ 得

$$R_{2n-2} = \frac{(-1)^{n-1} B_n}{(2n-1) \cdot 2n} \frac{1}{s^{2n-1}} + R_{2n}. \tag{16}$$

如上所述, R_{2n-2} 与 R_{2n} 的符号相反, 所以

$$R_{2n-2} = \frac{(-1)^{n-1}B_n}{(2n-1)\cdot 2n}\frac{\theta}{s^{2n-1}}, \quad 0 < \theta < 1. \tag{17}$$

把上式代入 (15) 得到 (9).

由 (16) 导出 (17) 是关键. 在 $a = b+c$ 中, 如果 a 与 c 符号相反, 则 $0 < \frac{a}{b} < 1$. 举一个手边的例子, 选取较小的 $B_4 = \frac{1}{30}$, 在 (9) 中代入 $n = 4$ 得

$$\mu(s) = \frac{1}{12s} - \frac{1}{360s^3} + \frac{1}{1260s^5} - \frac{\theta}{1680s^7}.$$

因此, $s \geqslant 4(4^7 = 16\,384)$ 时, 剩余项的绝对值比 $\frac{1}{2}\times 10^{-7}$ 小. 因此取这个式子的前三项以及区间 $4 \leqslant s < 5$ 内的 $\mu(s)$, 根据 (3) 可以计算 $\ln\Gamma(s)$ 到小数点后 6 位. 然后再根据 $\Gamma(s)$ 的函数方程, 可以以相同的精度求得区间 $1 \leqslant s < 2$ 的 $\Gamma(s)$.

[注意]　(11) 给出了伯努利多项式 (§64) 的傅里叶级数 (参照第 6 章) 展开. 即

$$B_n(x) = n!\varphi_n(x), \quad 0 < x < 1.$$

当 $n = 1$ 时, $B_1(x) = x - \frac{1}{2} = \varphi_1(x)$ (§64). 其他可以利用 §64 的 (15) 由上面的 (13) 由归纳法求得.

习　题

(1)[①]$(1+x)^{\frac{1}{x}}$ 可以展开成麦克劳林级数. 其收敛半径是 1. 前若干项为

$$(1+x)^{\frac{1}{x}} = e\Big(1 - \frac{x}{2} + \frac{11}{24}x^2 - \frac{7}{16}x^3 + \cdots\Big).$$

[解] $f(x) = (1+x)^{\frac{1}{x}} = e^{\frac{1}{x}\ln(1+x)}$ 在 $|x| < 1$ 上正则, 但 $x = -1$ 是支点, 所以麦克劳林级数的收敛半径是 1. 展开可以由下式求得 (定理 58),

$$\frac{f(x)}{e} = e^{\frac{1}{x}\ln(1+x)-1} = e^{-\frac{x}{2}+\frac{x^2}{3}-\cdots}$$

$$= 1 - x\Big(\frac{1}{2} - \frac{x}{3} + \frac{x^2}{4} - \cdots\Big) + \frac{x^2}{2!}\Big(\frac{1}{2} - \frac{x}{3} + \cdots\Big)^2 - \frac{x^3}{3!}\Big(\frac{1}{2} - \frac{x}{3} + \cdots\Big)^3 + \cdots$$

这样的问题并没有什么特殊的意义. 只是给出一个利用解析性的例子. 而用 §25 的方法, 计算太冗长.

---

① 习题 (1) ～ (19) 是对实数的应用.

(2) **(不定形)** 如果 $x = a$ 是解析函数 $f(x), g(x)$ 的零点, 则有

$$\lim_{x \to a} \frac{f(x)}{g(x)} = \lim_{x \to a} \frac{f'(x)}{g'(x)} = \lim_{x \to a} \frac{f''(x)}{g''(x)} = \cdots = \lim_{x \to a} \frac{f^{(n)}(x)}{g^{(n)}(x)},$$

其中, 作为极限允许 ∞ 出现. 而且, n 是 $f^{(n)}(a) = g^{(n)}(a) = 0$ 不成立的第一个自然数. 例如

[1°] $\displaystyle\lim_{x \to 0} \frac{\tan x - x}{x - \sin x} = 2.$

[2°] $\displaystyle\lim_{x \to 0} \frac{\ln(1 + x + x^2) + \ln(1 - x + x^2)}{x \sin x} = 1.$

[解] [1°] 中把 $\dfrac{f'(x)}{g'(x)}$ 变形, 再求 lim.[2°] 中, 只要利用分母的泰勒展开即可.

(3) [1°] $\displaystyle\lim_{x \to 0} (1 + ax)^{\frac{1}{x}} = \mathrm{e}^a.$

[2°] $\displaystyle\lim_{x \to 0} \left(\frac{\tan x}{x}\right)^{\frac{1}{x^2}} = \mathrm{e}^{\frac{1}{3}}.$

[3°] $\displaystyle\lim_{x \to +\infty} \left(\frac{2}{\pi}\mathrm{Arctan}\, x\right)^x = \mathrm{e}^{-\frac{2}{\pi}}.$

(4) $\displaystyle\int_0^\infty \frac{\cos ax - \cos bx}{x^2}\mathrm{d}x = \frac{\pi}{2}(b - a), a > 0, b > 0$

[解] 为了简单起见, 先做 $\mathrm{e}^{\mathrm{i}az}/z^2$ 的计算, 得

$$\int_\varepsilon^\infty \frac{\cos ax}{x^2}\mathrm{d}x = \frac{1}{\varepsilon} - \frac{a\pi}{2} + O\varepsilon,$$

然后再以 b 取代 a, 再相减即可.

(5) $\displaystyle\int_0^\infty \mathrm{e}^{-x^2} \cos 2ax\mathrm{d}x = \frac{\sqrt{\pi}}{2}\mathrm{e}^{-a^2}.$

[解] 上面的结果是已知的 [§ 48, 例 6], 使用虚数积分, 求 e^{-z^2} 在 $x = 0, x = R, y = 0, y = a$ 围成的矩形边界的积分, 就可以非常简单地求得.

(6) $\displaystyle\int_0^\infty \frac{\mathrm{d}x}{ax^4 + bx^2 + c} = \frac{\pi}{2\sqrt{c}\sqrt{b + 2\sqrt{ac}}}, \quad a > 0, b > 0, c > 0.$

[解] 根据 $at^2 + bt + c = 0$ 没有实根, 有两个不同的负根, 有相等的负根而分成三种情况. 结果如上所示.

(7) $\displaystyle\int_0^\infty \frac{\mathrm{d}x}{(1 + x^4)^{n+1}} = \frac{\pi}{2\sqrt{2}} \cdot \frac{3 \cdot 7 \cdots (4n - 1)}{n!4^n}.$

[解] 当 $n = 0$ 时, 用图 5-33 的第一象限积分路径取代半圆求得 $\displaystyle\int_0^\infty \frac{\mathrm{d}x}{1 + x^4} = \frac{\pi}{2\sqrt{2}}.$ 把上式变成

$$\int_0^\infty \frac{\mathrm{d}x}{a + x^4} \quad (a > 0)$$

的形式, 并关于 a 求导即可.

(8) $\displaystyle\int_0^\infty \frac{x^{m-1}\mathrm{d}x}{1+x^n} = \frac{\pi}{n\sin\dfrac{m\pi}{n}}.$

其中 m,n 是正整数, $m<n$.

[解] $\alpha = \mathrm{e}^{\frac{\pi\mathrm{i}}{n}}$ 是被积函数的极点. 如图 5–34 所示沿着角等于 $\dfrac{2\pi}{n}$ 的扇形边界积分即可.

[注意] 然后再取极限 (§65 末的 [例]), 得

$$\int_0^\infty \frac{x^{a-1}}{1+x}\mathrm{d}x = \frac{\pi}{\sin a\pi}, \quad 0 < a < 1.$$

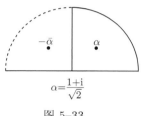

$\alpha = \dfrac{1+\mathrm{i}}{\sqrt{2}}$

图 5–33

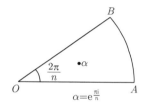

$\alpha = \mathrm{e}^{\frac{\pi\mathrm{i}}{n}}$

图 5–34

(9) $\displaystyle\int_0^\infty \frac{\cos ax\mathrm{d}x}{1+x^2} = \frac{1}{2}\pi\mathrm{e}^{-a}, \quad a>0.$ （拉普拉斯）

(10) 当 $n \geqslant 3$ 是奇数时, 在区间 $[0,1]$ 上的 $x = 0, \dfrac{1}{2}, 1$ 处, 伯努利多项式 $B_n(x)$ 等于 0. 当 $n \geqslant 2$ 是偶数时, $B_n(x)$ 在 $[0,1]$ 上正好有两个根 $x_0, 1-x_0$. 且当 $n > 0$ 时, $B_{2n+1}(x)$ 在 $\left(0, \dfrac{1}{2}\right)$ 上与 $B_{2n}(0)$ 同号, 而在 $\left(\dfrac{1}{2}, 1\right)$ 上二者又是反号.

[解] 设 $n \geqslant 3$ 是奇数. 从 (§64) 的 $B_n(x)$ 可知 $B_n(0) = 0$, 并从 §64 的 (16) 可知 $B_n(1) = B_n\left(\dfrac{1}{2}\right) = 0$. 如果 $B_n(x)$ 在 $[0,1]$ 上还有其他根, 由 §64 的 (15) 可知 $B_{n-1}(x)$ 在 $[0,1]$ 之内至少有三个根, 因此 $B_{n-2}(x)$ 至少有两个根. 即一定存在除 $x = \dfrac{1}{2}$ 之外的根. $B_{n-4}, B_{n-5}, \cdots$ 也同样, 但是 $B_3(x)$ 是三次式, 它至少存在 $n-3$ 个根. 这是不可能的. 至于问题的后半部分, 从上面的描述可知 (参照 §64 的 (16)).

(11) $\Gamma\left(\dfrac{s}{n}\right)\Gamma\left(\dfrac{s+1}{n}\right)\cdots\Gamma\left(\dfrac{s+n-1}{n}\right) = \dfrac{(2\pi)^{\frac{n-1}{2}}}{n^{s-\frac{1}{2}}}\Gamma(s).$ （高斯）

[解] 设

$$f(s) = n^s\Gamma\left(\frac{s}{n}\right)\Gamma\left(\frac{s+1}{n}\right)\cdots\Gamma\left(\frac{s+n-1}{n}\right).$$

由 $f(s+1) = sf(s)$ (§68 的 [注意]) 可知, $f(s) = a\Gamma(s)$. 设 $s = 1$ 求得常数 a. 利用 §68 的 (7).

(12) $\displaystyle\int_0^1 \frac{x^{m-1}\mathrm{d}x}{\sqrt{1-x^n}} = \frac{\sqrt{\pi}}{n}\Gamma\left(\frac{m}{n}\right)\bigg/\Gamma\left(\frac{m}{n}+\frac{1}{2}\right).$ (m, n 是正整数.)

特别地 (参照习题 (3) 和习题 (10))

$$\int_0^1 \frac{\mathrm{d}x}{\sqrt{1-x^4}} = \frac{\Gamma\left(\dfrac{1}{4}\right)^2}{\sqrt{32\pi}}, \quad \int_0^1 \frac{x\mathrm{d}x}{\sqrt{1-x^4}} = \frac{\pi}{4},$$

$$\int_0^1 \frac{x^2\mathrm{d}x}{\sqrt{1-x^4}} = \frac{\pi\sqrt{2\pi}}{\Gamma\left(\dfrac{1}{4}\right)^2}, \quad \int_0^1 \frac{x^3\mathrm{d}x}{\sqrt{1-x^4}} = \frac{1}{2}.$$

[解] 在 $B\left(\dfrac{m}{n}, \dfrac{1}{2}\right)$ 中作变换 $x = t^n$ 即可.

(13)

$$\Gamma'(1) + C = 0. \tag{1}$$

$$\frac{\Gamma'(n)}{\Gamma(n)} + C = 1 + \frac{1}{2} + \cdots + \frac{1}{n-1}, n = 2, 3, \cdots \tag{2}$$

C 是欧拉常数.

[解] 可以根据 §68 的 (16) 得到 (1), (2) 也同样. 但是, 也可以利用 Γ 的函数方程, 由 (1) 得到 (2).

(14) 设 $\mu(s)$ 如 §69 所示, 则

$$\begin{cases} \dfrac{\Gamma'(s)}{\Gamma(s)} = \ln s - \dfrac{1}{2s} + \mu'(s), \\ \mu'(s) = -\dfrac{B_1}{2s^2} + \dfrac{B_2}{4s^4} - \cdots + \theta\dfrac{(-1)^m B_m}{2ms^{2m}}, \quad 0 < \theta < 1. \end{cases}$$

[解] 可以根据 §69 的 (15) 同样的方法 (求剩余项积分下的微分) 求得第二个等式.

[注意] **C 的计算**　在习题 (13) 中如果根据习题 (14) 计算 $\Gamma'(n)/\Gamma(n)$, 那么就可以计算出 C 来. 现在, $n = 10$ 时 $B_2 = \dfrac{1}{30}$, 所以, 只取 $\mu'(s)$ 的第一项, 得

$$C = 1 + \frac{1}{2} + \cdots + \frac{1}{9} - \ln 10 + \frac{1}{20} + \frac{1}{1200} = 0.577\,216,$$

这样也可以得到小数点后第 6 位的正确结果.

(15) 在实数轴上的区间 $[a, b]$ 上, 如果 $\varphi(x)$ 是连续的, 设 ζ 是线段 ab 之外的任意复数, 则

$$f(\zeta) = \int_a^b \frac{\varphi(x)}{x - \zeta}\mathrm{d}x$$

是正则解析函数 (关于 ζ 可微). 用任意的曲线取代 ab 也可以. 特别地, 如果 C 是闭曲线则

$$f(\zeta) = \int_C \frac{\varphi(z)\mathrm{d}z}{z - \zeta}$$

在 C 内及 C 之外都是正则解析函数.

[注意] 通常情况下, 这些是不同的解析函数. $\varphi(z)$ 只是在 C 上是连续的, 而且不是解析函数, 所以上式与柯西积分公式不同.

(16) 为了把以原点 O 为圆心, 以 R 为半径的圆周 C 上的柯西积分公式

$$f(a) = \frac{1}{2\pi i} \int_C \frac{f(z)\mathrm{d}z}{z-a}$$

变成实数, 令 $f(z) = u + v i$, 再利用极坐标. 即设在 C 上, $z = Re^{\theta i}$, 而在 C 内, $a = re^{\varphi i}(r < R)$, 得到

$$u(r, \varphi) = \frac{1}{2\pi} \int_0^{2\pi} u(R, \theta) \frac{R^2 - r^2}{R^2 - 2Rr\cos(\theta - \varphi) + r^2} \mathrm{d}\theta, \tag{1}$$

$$v(r, \varphi) = v_0 + \frac{1}{\pi} \int_0^{2\pi} u(R, \theta) \frac{Rr\sin(\varphi - \theta)}{R^2 - 2Rr\cos(\theta - \varphi) + r^2} \mathrm{d}\theta. \tag{2}$$

其中, v_0 是 v 在原点的值 (泊松).

[解] 设 a' 为 C 外的一点, 根据积分定理有

$$\int_C \frac{f(z)\mathrm{d}z}{z-a'} = 0.$$

因此

$$f(a) = \frac{1}{2\pi i} \int_C f(z)\left(\frac{1}{z-a} \pm \frac{1}{z-a'}\right)\mathrm{d}z. \tag{3}$$

利用上面的公式, 就可以简化计算. 为了使问题简化, 可以设 C 是单位圆 ($R = 1$), 设 a 是实数, $0 \leqslant a < 1$. 此时设 $a' = \dfrac{1}{a}$, 取 (3) 中的 $\pm$ 为 $-$ 得到 (1). 在处理 (2) 时利用下式即可

$$f(a) - f(0) = \frac{1}{2\pi i} \int_C f(z)\left(\frac{1}{z-a} + \frac{1}{z-\dfrac{1}{a}} - \frac{1}{z}\right)\mathrm{d}z.$$

(17) $$\frac{1}{\sqrt{1 - 2xz + z^2}} = \sum_{n=0}^{\infty} P_n(x)z^n, \tag{1}$$

系数 $P_n(x)$ 是勒让德球函数 (§36). 收敛半径在 $|x| \leqslant 1$ 时等于 1, 而在 $|x| > 1$ 时, 收敛半径比 1 小. 其中平方根在 $z = 0$ 时取 1 的分支, 且 x 为实数.

[解] 可以根据 $1 - 2xz + z^2 = 0$ 确定收敛半径. 并对此关于 z 求导, 然后再与 (1) 比较, 则可以根据 §36 的 (7) 知道 $P_n(x)$ 是勒让德球函数.

(18) 根据柯西积分公式 (§58 的 (4)), 由 $P_n(x) = \dfrac{1}{n!2^n} \dfrac{\mathrm{d}^n(x^2-1)^n}{\mathrm{d}x^n}$ (§36 的 (1)) 可得

$$P_n(x) = \frac{1}{2\pi i} \int_C \frac{(z^2 - 1)^n \mathrm{d}z}{2^n(z-x)^{n+1}}.$$

C 是包含 x 的闭曲线. 此时设 $-1 < x < 1$, 以 x 为圆心以 $\sqrt{1-x^2}$ 为半径的圆为 C, 则有

$$P_n(x) = \frac{1}{\pi} \int_0^{\pi} (x + i\sqrt{1-x^2}\cos\varphi)^n \mathrm{d}\varphi. \qquad \text{(勒让德)}$$

[解] 利用在 C 的圆周上的等式 $z = x + \sqrt{1-x^2}\mathrm{e}^{\theta\mathrm{i}}$ 和 $\dfrac{z^2-1}{z-x} = z + x - \dfrac{1-x^2}{z-x}$.

(19) $P_n(x) = \pm\dfrac{1}{\pi}\displaystyle\int_0^\pi \dfrac{\mathrm{d}\varphi}{(x + \mathrm{i}\sqrt{1-x^2}\cos\varphi)^{n+1}}$, $0 < |x| < 1$, 其中符号由 x 的正负决定 (拉普拉斯).

[解] 在 z 平面上, 把连结 $1 - 2xz + z^2 = 0$ 的两个根 α 和 β 的线段 $\overline{\alpha\beta}$ 去掉, 则

$$\frac{1}{z^{n+1}\sqrt{1-2xz+z^2}}$$

除了有极点 $z = 0$ 外, 在整个 z 平面上 $(z = \infty)$ 正则, 因此, 设包含 $\overline{\alpha\beta}$ 的闭曲线是 C (见图 5–35), 则

$$-\frac{1}{2\pi\mathrm{i}}\int_C \frac{\mathrm{d}z}{z^{n+1}\sqrt{1-2xz+z^2}}$$

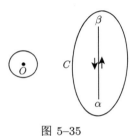

图 5–35

等于在 $z = 0$ 处的留数. 这个留数等于习题 17 的 (1) 中的 $P_n(x)$. 另外, 从极限的角度看, C 可以是往返 $\alpha\beta$ 之间的重合线段. 此时由关于 C 的积分 $\displaystyle\int_C$ 得到原题的结果. 在 $\overline{\alpha\beta}$ 上, $z = x + \mathrm{i}\sqrt{1-x^2}\cos\varphi$, $0 \leqslant \varphi \leqslant \pi$.

(20) 如果 $z = a$ 是 $f(z)$ 的 k 级零点, 那么 $z = a$ 就是 $\dfrac{f'(z)}{f(z)}$ 的一级极点. 留数等于 k. 当 $z = a$ 是 $f(z)$ 的 k 级极点时, $z = a$ 仍然是 $\dfrac{f'(z)}{f(z)}$ 的一级极点, 但留数等于 $-k$.

(21) 在区域 K 上, $f(z)$ 为单值, 且除了极点之外没有其他奇点 (本性奇点) 时, 称 $f(z)$ 在 K 上是有理型的. 此时在 K 内的闭区域内, $f(z)$ 的极点数量是有限的. $f(z)$ 取定值 c 的点的数量也是有限的.

[解] 在习题给出的条件下, $f(z)$ 的极点和 $f(z) - c$ 的零点都是孤立的. 与 §59 的 [注意] 作同样处理.

(22) 在单连通区域 K 上, $f(z)$ 是有理型的, 设 C 是不通过 $f(z)$ 在区域 K 的零点和极点的闭曲线. 设 C 内所包含的 $f(z)$ 的零点和极点 (级数计在内) 的数量分别是 n 和 p, 则

$$n - p = \frac{1}{2\pi\mathrm{i}}\int_C \frac{f'(z)}{f(z)}\mathrm{d}z,$$

即 z 在 C 上向正方向移动一周时, $\ln f(z)$ (任意支) 的增量等于 $2(n-p)\pi i$.

[解] 利用习题 (20).

(23) [**鲁歇定理**]　$f(z)$ 和 $\varphi(z)$ 正则, C 是上面习题中的闭曲线, 而且在 C 上总是有 $|\varphi(z)| < |f(z)|$, 则在 C 的内部

$$f(z) + \varphi(z) = 0$$

与 $f(z) = 0$ 有相同数量的根.

[解] 利用前面的习题. z 在 C 上移动一周时, 只需看

$$\ln(f(z) + \varphi(z)) = \ln f(z) + \ln\left(1 + \frac{\varphi(z)}{f(z)}\right)$$

的增量即可. 在 C 上, 利用事实 $\left|\dfrac{\varphi(z)}{f(z)}\right| < 1$.

第 6 章　傅里叶展开

§70　傅里叶级数

在某个条件下, 给定区间 $[-\pi, \pi]$ 上的函数 $f(x)$ 可以展开为下面的三角函数:

$$f(x) = \frac{a_0}{2} + a_1 \cos x + b_1 \sin x + \cdots + a_n \cos nx + b_n \sin nx + \cdots. \qquad (1)$$

如果假定这样的展开是可能的, 而且 $f(x)$ 可积, 且假定允许对级数逐项积分, 那么就可以确定其系数 a_n, b_n.

(1) 两边分别积分, 得

$$\int_{-\pi}^{\pi} f(x)\mathrm{d}x = \pi a_0,$$

再把上式两边分别乘以 $\cos nx, \sin nx$ 再积分得

$$\int_{-\pi}^{\pi} f(x) \cos nx\mathrm{d}x = \pi a_n, \quad \int_{-\pi}^{\pi} f(x) \sin nx\mathrm{d}x = \pi b_n.$$

上面的结果是利用下面结果得到的,

$$\int_{-\pi}^{\pi} \cos^2 nx\mathrm{d}x = \int_{-\pi}^{\pi} \sin^2 nx\mathrm{d}x = \pi,$$

$$\int_{-\pi}^{\pi} \cos mx \cos nx\mathrm{d}x = 0, \quad \int_{-\pi}^{\pi} \sin mx \sin nx\mathrm{d}x = 0, \quad (m \neq n)$$

$$\int_{-\pi}^{\pi} \cos mx \sin nx\mathrm{d}x = 0,$$

即系数如下所示

$$\left.\begin{array}{l} a_n = \dfrac{1}{\pi} \displaystyle\int_{-\pi}^{\pi} f(x) \cos nx\mathrm{d}x, \quad n = 0, 1, 2, \cdots, \\[3mm] b_n = \dfrac{1}{\pi} \displaystyle\int_{-\pi}^{\pi} f(x) \sin nx\mathrm{d}x, \quad n = 1, 2, \cdots. \end{array}\right\} \qquad (2)$$

现在, 如果只假定 $f(x)$ 可积, 那么就可以由 (2) 确定 a_n, b_n 并以其为系数构造三角级数. 我们把这个三角级数称作由 $f(x)$ 生成的傅里叶级数, 并把它记作:

$$f(x) \sim \frac{a_0}{2} + a_1 \cos x + b_1 \sin x + \cdots + a_n \cos nx + b_n \sin nx + \cdots.$$

可以从可积的 $f(x)$ 如上所示构造傅里叶级数, 但是它是否收敛, 而且即使它收敛, 这个级数的和是否等于 $f(x)$ 呢?

首先, 最重要的是傅里叶级数一致收敛且等于 $f(x)$ 的情况. 因此, 考虑到三角函数的周期性, 暂时限定 $f(x)$ 是周期为 2π 的连续函数.

§71　正交函数系

当在区间 $[a, b]$ 上 $f(x), g(x)$ 可积, 且

$$\int_a^b f(x)g(x)\mathrm{d}x = 0$$

时, 称 $f(x), g(x)$ 相互正交.

这里的正交与几何学中的正交类似. 在直角坐标中, 向量 (a_1, a_2, a_3) 与 (b_1, b_2, b_3) 满足 $a_1b_1 + a_2b_2 + a_3b_3 = 0$ 时, 它们相互正交. 上面的正交定义是这个定义的扩展.

当指定区间时, 上面那样的积分简记为 (f, g), 即

$$(f, g) = \int_a^b f(x)g(x)\mathrm{d}x.$$

特别地

$$(f, f) = \int_a^b f(x)^2\mathrm{d}x \geqslant 0.^{①}$$

如果设 $f(x)$ 连续, 只有 $f(x) = 0$ 时才有 $(f, f) = 0$ 成立. 因此, 如果 $f(x) \neq 0$, 则 $(f, f) > 0$. 此时用常数 $\sqrt{(f, f)}$ 去除 $f(x)$, 设

$$f_0(x) = \frac{f(x)}{\sqrt{(f, f)}},$$

则

$$(f_0, f_0) = \frac{1}{(f, f)} \int_a^b f(x)^2\mathrm{d}x = 1.$$

此时称 f_0 被规范化 (或者标准化).

给定区间 $[a, b]$ 上的函数

$$\varphi_1(x), \varphi_2(x), \cdots, \varphi_n(x), \cdots$$

---

① 也把 (f, f) 简记为 Nf, 而把 $\sqrt{(f, f)}$ 简记为 $\|f\|$ (参见 §73 的 [附记]).

两两正交, 而且 $\varphi_i(x)$ 被规范化时, 称这些函数整体为规范正交函数系, 即

$$(\varphi_i, \varphi_i) = 1, \quad (\varphi_i, \varphi_j) = 0. \quad (i \neq j)$$

例如,

$$1, \cos x, \sin x, \cdots, \cos nx, \sin nx, \cdots$$

是区间 $[-\pi, \pi]$ 上的正交系, 它们没有被规范化. 为了得到规范正交系, 只要取

$$\frac{1}{\sqrt{2\pi}}, \cdots, \frac{\cos nx}{\sqrt{\pi}}, \frac{\sin nx}{\sqrt{\pi}}, \cdots$$

即可.

正交函数系的另一个例子是区间 $[-1, 1]$ 上的勒让德多项式

$$P_0(x), P_1(x), \cdots, P_n(x), \cdots,$$

它们也没有被规范化, 为了得到规范系, 只需取 $\sqrt{\dfrac{2n+1}{2}} P_n(x)$ 即可 (参照 §36,(3°)).
重要的是正交性, 规范化是为了简化一般理论中的描述.

§72　任意函数系的正交化

给定区间 $[a, b]$ 上的函数系 (为了简单起见, 假定它们都是连续的),

$$u_1(x), u_2(x), \cdots, u_n(x), \cdots, \tag{1}$$

利用线性组合构造正交系.

现在设 (1) 线性无关, 即取任意的 n, 对于常系数 a_i, 只有当 $a_1 = a_2 = \cdots = a_n = 0$ 时, 下面的关系

$$a_1 u_1(x) + a_2 u_2(x) + \cdots + a_n u_n(x) = 0 \tag{2}$$

在 $[a, b]$ 上总成立.

因此, 特别地, 在 $[a, b]$ 上, 不可能总有 $u_n(x) = 0$, 否则, 如果 $u_n(x) = 0$, 设 $a_1 = a_2 = \cdots = a_{n-1} = 0, a_n = 1$, 则 (2) 成立.

规范正交函数系 $\varphi_n(x)$ 线性无关. 否则, 如果

$$\sum_{i=1}^{n} a_i \varphi_i(x) = 0,$$

则上式两边乘以 $\varphi_i(x)$, 并在 $[a, b]$ 上积分得 $a_i = 0$.

而由函数列 (1), 根据线性组合

$$\varphi_n(x) = c_{n,1}u_1(x) + c_{n,2}u_2(x) + \cdots + c_{n,n}u_n(x) \quad (n = 1, 2, \cdots) \tag{3}$$

可以构造规范正交列 $\varphi_n(x)$. 关键的问题是首先对于所有的 n, 使 φ_n 与 $\varphi_1, \varphi_2, \cdots,$ φ_{n-1} 正交, 为此, 只需 φ_n 与 $u_1, u_2, \cdots, u_{n-1}$ 正交即可. 现在令

$$(u_i, u_j) = a_{ij}, \tag{4}$$

$$\Phi_n(x) = \begin{vmatrix} a_{11} & a_{12} & \cdots & a_{1n} \\ a_{21} & a_{22} & \cdots & a_{2n} \\ \cdots\cdots\cdots\cdots\cdots\cdots\cdots\cdots\cdots \\ a_{n-1,1} & a_{n-1,2} & \cdots & a_{n-1,n} \\ u_1(x) & u_2(x) & \cdots & u_n(x) \end{vmatrix} \tag{5}$$

于是, $\Phi_n(x)$ 是 $u_1(x), u_2(x), \cdots, u_n(x)$ 的线性组合, (u_i, Φ_n) 就是上面的行列式的第 i 行上用 $(u_i, u_1), \cdots, (u_i, u_n)$ 替换 $a_{i1}, \cdots, a_{in}$ 而得到的, 所以 $(u_i, \Phi_n) = 0(i = 1, 2, \cdots, n-1)$, 即 Φ_n 与 $\Phi_1, \Phi_2, \cdots, \Phi_{n-1}$ 正交. 剩余的事情就是 Φ_n 的规范化. 一般地把 $a_{ij} = (u_i, u_j)$ 的行列式记作

$$A_0 = 1, A_n = |a_{ij}| \quad (i, j = 1, 2, \cdots, n), \tag{6}$$

利用 $(u_i, \Phi_n) = 0 \ (i = 1, 2, \cdots, n-1)$, 由 (5) 知

$$(\Phi_n, \Phi_n) = \begin{vmatrix} a_{11} & a_{12} & \cdots & a_{1n} \\ \cdots\cdots\cdots\cdots\cdots\cdots\cdots\cdots \\ \cdots\cdots\cdots\cdots\cdots\cdots\cdots\cdots \\ a_{n-1,1} & \cdots & a_{n-1,n} \\ 0 & 0 & \cdots & (u_n, \Phi_n) \end{vmatrix} = (u_n, \Phi_n)A_{n-1}.$$

再由 (5) 和 (6) 得

$$(u_n, \Phi_n) = \begin{vmatrix} a_{11} & a_{12} & \cdots & a_{1n} \\ \cdots\cdots\cdots\cdots\cdots\cdots\cdots\cdots\cdots \\ a_{n-1,1} & a_{n-1,2} & \cdots & a_{n-1,n} \\ (u_n, u_1) & (u_n, u_2) & \cdots & (u_n, u_n) \end{vmatrix} = A_n.$$

从而

$$(\Phi_n, \Phi_n) = A_{n-1}A_n,$$

因此

$$\varphi_n = \frac{\Phi_n}{\sqrt{A_{n-1}A_n}} \quad (n = 1, 2, \cdots)$$

是规范正交列.

在上文中假定了 $A_{n-1}A_n > 0$, 事实上这也的确如此. 首先, $A_1 = (u_1, u_1) > 0$, 根据归纳法, 假设 $A_1, A_2, \cdots, A_{n-1} > 0$. 因为 Φ_n 是 $u_1, u_2, \cdots, u_n$ 的线性组合, u_n 的系数是 $A_{n-1}, u_1, u_2, \cdots, u_n$ 线性无关, 所以 $\Phi_n \neq 0$, 因此 $(\Phi_n, \Phi_n) = A_{n-1}A_n > 0$, 所以 $A_n > 0$.

上面的行列式 $A_n = | (u_i, u_j)|$ 称为区间 $[a, b]$ 上的函数列 $u_1(x), u_2(x), \cdots, u_n(x)$ 的**格拉姆行列式**. $A_n > 0$ 是 $u_1, u_2, \cdots, u_n$ 线性无关的判别条件.[①]

如果 $u_1, u_2, \cdots, u_n$ 非线性无关, 则很容易看到 $A_n = 0$. 即一般地 $A_n \geqslant 0$.

[**附记**]　Gram 行列式可以表示成如下形式:

$$A_n = \frac{1}{n!} \int_a^b \cdots \int_a^b \begin{vmatrix} u_1(x_1) & u_2(x_1) & \cdots & u_n(x_1) \\ \hdotsfor{4} \\ u_1(x_n) & u_2(x_n) & \cdots & u_n(x_n) \end{vmatrix}^2 \mathrm{d}x_1 \cdots \mathrm{d}x_n.$$

由此显然有 $A_n \geqslant 0$.

§73　正交函数列表示的傅里叶展开

给定区间 $[a, b]$ 上的规范正交函数列:

$$\varphi_1(x), \varphi_2(x), \cdots, \varphi_n(x), \cdots. \tag{1}$$

如果在区间 $[a, b]$ 上, 展开

$$f(x) = \sum_{n=1}^{\infty} c_n \varphi_n(x) \tag{2}$$

可行且允许对级数逐项积分, 那么同 §70 一样, 根据

$$(f, \varphi_n) = \sum_{\nu=1}^{\infty} c_\nu (\varphi_\nu, \varphi_n) = c_n$$

可以确定系数 c_n. 反之, 给定 $f(x)$, 令

$$c_n = (f, \varphi_n), \tag{3}$$

---

① 《代数学讲义 (修订版)》, 高木贞治著, 第 324 页.

称级数

$$\sum c_n \varphi_n(x)$$

为由 $f(x)$ 生成的**傅里叶级数**. $c_n = (f, \varphi_n)$ 称为 $f(x)$ 的**傅里叶系数**. 那么, 由 $f(x)$ 生成的傅里叶级数最终是否收敛于 $f(x)$ 呢?

这是一个难题, 但是为了寻找解决它的方法, 我们做下面的尝试.

(1°) 首先取任意的系数 γ_i 作有限级数 $\sum_{i=1}^{n} \gamma_i \varphi_i(x)$, 并计算

$$J = \int_a^b \left\{ f(x) - \sum_{i=1}^{n} \gamma_i \varphi_i(x) \right\}^2 \mathrm{d}x. \tag{4}$$

根据 §71 的简记方法 $\left((f, g) = \int_a^b f(x)g(x) \right)$, 得

$$J = (f, f) - 2 \sum_{i=1}^{n} \gamma_i (f, \varphi_i) + \sum_{i=1}^{n} \gamma_i^2 (\varphi_i, \varphi_i) + \sum_{i \neq j} \gamma_i \gamma_j (\varphi_i, \varphi_j).$$

因为 $(f, \varphi_i) = c_i$, $(\varphi_i, \varphi_i) = 1$, $(\varphi_i, \varphi_j) = 0 (i \neq j)$, 所以有

$$J = (f, f) - 2 \sum_{i=1}^{n} c_i \gamma_i + \sum_{i=1}^{n} \gamma_i^2$$

$$= (f, f) - \sum_{i=1}^{n} c_i^2 + \sum_{i=1}^{n} (c_i - \gamma_i)^2. \tag{5}$$

因此, 当 $\gamma_i = c_i$ 时, J 最小. 又因为 $J \geqslant 0$, 所以

$$(f, f) \geqslant \sum_{i=1}^{n} c_i^2. \tag{6}$$

所以无穷级数 $\sum_{i=1}^{\infty} c_i^2$ 收敛, 且

$$\sum_{i=1}^{\infty} c_i^2 \leqslant (f, f). \tag{7}$$

称上面的不等式为**贝塞尔不等式**.

特别地

$$\lim_{n \to \infty} c_n = 0. \tag{8}$$

例如,

$$\pi a_n = \int_{-\pi}^{\pi} f(x) \cos nx \mathrm{d}x \to 0,$$

$$\pi b_n = \int_{-\pi}^{\pi} f(x) \sin nx \mathrm{d}x \to 0.$$

(2°) 如果对任意的 $f(x)$ 有

$$\sum_{i=1}^{\infty} c_i^2 = (f, f), \tag{9}$$

那么称规范正交列 $\varphi_n(x)$ 是**完备的** (或完全的), 称 (9) 是**完备条件** (或者称作**帕塞瓦尔等式**).

所谓完备指的是在正交列 $\varphi_n(x)$ 中加入其他函数时, 这个新函数列不可能成为正交列. 事实上, 如果 $(f, \varphi_i) = c_i = 0$ $(i = 1, 2, \cdots)$ 那么由 (9) 可知 $(f, f) = 0$, 从而 $f(x) = 0$.

准确地说, 把要考虑的函数限定为特定的 C 类函数, 当 $\varphi_n(x), f(x)$ 属于 C, 且 (9) 成立时, 那么应该说 $\varphi_n(x)$ 关于 C 满足完备条件. 现在我们只把在区间 $[a, b]$ 上的连续函数放入 C 中.

在 (4) 中, 设 $\gamma_i = c_i$, 那么由 (5) 可得, $J = (f, f) - \sum_{i=1}^{n} c_i^2$. 所以上面的 (9) 详细地写成下式

$$\lim_{n \to \infty} \int_a^b \left\{ f(x) - \sum_{i=1}^{n} c_i \varphi_i(x) \right\}^2 \mathrm{d}x = 0. \tag{10}$$

但是, 即使是连续函数, 我们也不可能仅仅由 (10) 得出

$$f(x) = \lim_{n \to \infty} \sum_{i=1}^{n} c_i \varphi_i(x),$$

即

$$f(x) = \sum_{i=1}^{\infty} c_i \varphi_i(x). \tag{11}$$

如果由 $f(x)$ 生成的傅里叶级数是

$$\sum_{i=1}^{\infty} c_i \varphi_i(x),$$

且在 $[a, b]$ 上一致收敛, 那么就可以由完备条件 (10) 得到 (11). 事实上, 在一致收敛的假设之下, 可以逐项积分, 即

$$\left(\sum_{i=1}^{\infty} c_i \varphi_i, \varphi_n \right) = \int_a^b \left(\sum_{i=1}^{\infty} c_i \varphi_i(x) \right) \varphi_n(x) \mathrm{d}x = \sum_{i=1}^{\infty} \int_a^b c_i \varphi_i(x) \varphi_n(x) \mathrm{d}x$$

$$= \sum_{i=1}^{\infty} c_i(\varphi_i, \varphi_n) = c_n.$$

此时令 $r(x) = f(x) - \sum_{i=1}^{\infty} c_i \varphi_i(x)$, 则

$$(r, \varphi_n) = (f, \varphi_n) - \sum_{i=1}^{\infty} c_i(\varphi_i, \varphi_n) = c_n - c_n = 0.$$

因此对 $r(x)$ 使用完备条件 (9), 则 $(r, r) = 0$, 即

$$\int_a^b r(x)^2 \mathrm{d}x = 0.$$

因为 $r(x)$ 连续, 所以 $r(x) = 0$, 从而得到 (11).

[附记] 在 §71 ~ §73 所进行的计算过程中, 如果我们把它与欧式几何学类似的东西联系起来就会更容易理解. 把某个区间 $[a, b]$ 上的连续函数集合 C 看作无穷维空间, 那么属于 C 的各函数 $f(x), g(x), \cdots$ 是空间 C 上的点或者向量. 于是 $\|f\| = \sqrt{(f, f)}$ 是向量 $f(x)$ 的长度. 而设 $\|f - g\|$ 是点 $f(x)$ 和点 $g(x)$ 的距离. 于是规范正交函数列 $\varphi_1(x), \varphi_2(x), \cdots$ 就是两两正交的单位向量, 设 $\|\varphi\| = 1$, $(f, \varphi) = c$, 由 $f(x) = \{f(x) - c\varphi(x)\} + c\varphi(x)$ 可知, 向量 f 可以分解成两部分 $f - c\varphi$ 和 $c\varphi$, 因为

$$(f - c\varphi, \varphi) = (f, \varphi) - c(\varphi, \varphi) = 0,$$

所以这两个部分相互正交, 即 $c\varphi(x)$ 应该是 $f(x)$ 在 $\varphi(x)$ 轴上的正射影.

规范正交列 $\varphi_1(x), \varphi_2(x), \cdots$ 满足完备条件 (9) 相当于 $\varphi_i(x)$ 是函数空间 C 的某个坐标系中各轴上的单位向量, 于是 (9) 就是 C 空间中的毕达哥拉斯定理. 对于三维空间, 利用 §27 的记法, 设坐标轴上的单位向量为 $\boldsymbol{i}, \boldsymbol{j}, \boldsymbol{k}$, 任意的向量为 $\boldsymbol{v} = a\boldsymbol{i} + b\boldsymbol{j} + c\boldsymbol{k}$, 则有 $|\boldsymbol{v}|^2 = a^2 + b^2 + c^2$, $|\boldsymbol{v}|$ 相当于 $\|f\|$, "内积" $a = \boldsymbol{v}\boldsymbol{i}$ 相当于 $c_1 = (f, \varphi_1)$. 如果傅里叶级数展开 $f(x) = \sum_{i=1}^{\infty} c_i \varphi_i(x)$ 可行, 那么它就相当于上面的 $\boldsymbol{v} = a\boldsymbol{i} + b\boldsymbol{j} + c\boldsymbol{k}$, 在 C 的情况下, 这种展开不是无条件可行的, 这与有限空间的几何学非常类似. 如此这般地考察函数空间系统, 就是希尔伯特空间理论的研究目标.

为了把上述考察方法运用于三角函数系

$$1, \cos x, \sin x, \cdots, \cos nx, \sin nx, \cdots, \tag{12}$$

我们需要解决下面两个问题.

(I) 对于所有连续函数 $f(x)$, 三角函数系 (12) 满足完备条件.

(II) 如果 $f(x)$ 是周期为 2π 的光滑函数, 则 $f(x)$ 生成的傅里叶级数一致收敛.

所谓光滑函数指的是 $f'(x)$ 连续.

如果能够证明 (I) 和 (II), 利用上面的方法, 光滑的周期函数 $f(x)$ 一定可以展开成傅里叶级数.

§74 傅里叶级数累加平均求和法 (费耶定理)

设无穷级数的部分和为 s_n $(n = 1, 2, \cdots)$, 令

$$S_n = \frac{1}{n}(s_1 + s_2 + \cdots + s_n).$$

如果级数收敛, 则 $s = \lim\limits_{n \to \infty} s_n$ 存在, 从而 $\lim\limits_{n \to \infty} S_n = s$ (§4, [例 4]). 但是, 即使 s_n 不收敛, S_n 也有可能收敛. 此时设 $S_n \to S$, 称 S 是 S_n 经累加平均求和法的和. 另外也称此方法为切萨罗 (Cesáro) **求和法**, 记作 $(C, 1)$ 求和法.

[例] 在级数 $1 - 1 + 1 - 1 + \cdots$ 中, $s_{2n} = 0$, $s_{2n+1} = 1$. 因此

$$S_{2n} = \frac{n}{2n} = \frac{1}{2}, \quad S_{2n+1} = \frac{n+1}{2n+1}.$$

所以 $S_n \to \frac{1}{2}$, 即根据 $(C, 1)$ 求和法, 上面的级数和是 $\frac{1}{2}$.

为了对 $f(x)$ 的傅里叶级数实施这一求和法, 取 §70 的级数为下式

$$\frac{a_0}{2} + (a_1 \cos x + b_1 \sin x) + \cdots + (a_n \cos nx + b_n \sin nx) + \cdots,$$

计算它的部分和 $s_n(x)$. 代入系数 a_n, b_n 得

$$
\begin{aligned}
s_n(x) &= \frac{a_0}{2} + \sum_{\nu=1}^{n-1} (a_\nu \cos \nu x + b_\nu \sin \nu x) \\
&= \frac{1}{\pi} \int_{-\pi}^{\pi} f(t) \left(\frac{1}{2} + \sum_{\nu=1}^{n-1} (\cos \nu t \cos \nu x + \sin \nu t \sin \nu x) \right) \mathrm{d}t \\
&= \frac{1}{\pi} \int_{-\pi}^{\pi} f(t) \left(\frac{1}{2} + \sum_{\nu=1}^{n-1} \cos \nu(t - x) \right) \mathrm{d}t.
\end{aligned}
$$

利用 $f(x)$ 的周期性得

$$s_n(x) = \frac{1}{\pi} \int_{-\pi}^{\pi} f(x + t) \left(\frac{1}{2} + \sum_{\nu=1}^{n-1} \cos \nu t \right) \mathrm{d}t. \tag{1}$$

而

$$\frac{1}{2} + \sum_{\nu=1}^{n-1} \cos \nu t = \frac{1}{2} \frac{\sin\left(n - \frac{1}{2}\right)t}{\sin\frac{1}{2}} = \frac{1}{2} \frac{\cos(n-1)t - \cos nt}{1 - \cos t}.$$

把上式代入 (1) 中得

$$s_n(x) = \frac{1}{2\pi} \int_{-\pi}^{\pi} f(x+t) \frac{\sin\left(n - \frac{1}{2}\right)t}{\sin\frac{1}{2}t} \mathrm{d}t \qquad (2)$$

$$= \frac{1}{2\pi} \int_{-\pi}^{\pi} f(x+t) \frac{\cos(n-1)t - \cos nt}{1 - \cos t} \mathrm{d}t. \qquad (3)$$

从而有

$$S_n(x) = \frac{1}{n}\{s_1(x) + \cdots + s_n(x)\} = \frac{1}{2\pi n} \int_{-\pi}^{\pi} f(x+t) \frac{1 - \cos nt}{1 - \cos t} \mathrm{d}t,$$

$$S_n(x) = \frac{1}{2\pi n} \int_{-\pi}^{\pi} f(x+t) \left(\frac{\sin\frac{nt}{2}}{\sin\frac{t}{2}}\right)^2 \mathrm{d}t. \qquad (4)$$

特别地, 设 $f(x) = 1$, 则 $a_0 = 2$, 除此之外其他 a_n, b_n 都等于 0, 所以 $s_n(x) = 1, S_n(x) = 1$. 因此得到下面的等式:

$$1 = \frac{1}{2\pi n} \int_{-\pi}^{\pi} \left(\frac{\sin\frac{nt}{2}}{\sin\frac{t}{2}}\right)^2 \mathrm{d}t. \qquad (5)$$

把上面等式的两边乘以 $f(x)$, 并由 (4) 减去上面的结果得

$$S_n(x) - f(x) = \frac{1}{2\pi n} \int_{-\pi}^{\pi} \{f(x+t) - f(x)\} \left(\frac{\sin\frac{nt}{2}}{\sin\frac{t}{2}}\right)^2 \mathrm{d}t. \qquad (6)$$

这是一种非常巧妙的计算方法. 利用这个结果, 且只假定 $f(x)$ 连续, 就可以证明

$$S_n(x) \to f(x).$$

因为 $f(x)$ 连续, 所以对于任意的 ε, 在区间 $[-\pi, \pi]$ 上, 存在与 x 无关的 δ, 使得

$$当 \ |t| < \delta \ 时, \quad |f(x+t) - f(x)| < \varepsilon. \qquad (7)$$

如此确定了 δ 后, 可以把积分 (6) 分成三部分:

$$\int_{-\pi}^{\pi} = \int_{-\pi}^{-\delta} + \int_{-\delta}^{\delta} + \int_{\delta}^{\pi}.$$

再利用 (7), 由 (5) 和 (6) 可知

$$\frac{1}{2\pi n}\left|\int_{-\delta}^{\delta}\right| < \frac{\varepsilon}{2\pi n}\int_{-\delta}^{\delta}\left(\frac{\sin\dfrac{nt}{2}}{\sin\dfrac{t}{2}}\right)^2 \mathrm{d}t < \varepsilon.$$

设 $|f(x)|$ 在 $[-\pi,\pi]$ 上的上界是 M, 则

$$\frac{1}{2\pi n}\left|\int_{-\pi}^{-\delta} + \int_{\delta}^{\pi}\right| < \frac{2M}{2\pi n}\left\{\int_{-\pi}^{-\delta}\left(\frac{\sin\dfrac{nt}{2}}{\sin\dfrac{t}{2}}\right)^2\mathrm{d}t + \int_{\delta}^{\pi}\right\} < \frac{2M}{n\sin^2\dfrac{\delta}{2}}.$$

因此

$$|S_n(x) - f(x)| < \varepsilon + \frac{2M}{n\sin^2\dfrac{\delta}{2}},$$

此时如果 n 取得充分大, 则上式右边的第二项 $< \varepsilon$, 即可得到下面的结论:

如果 $f(x)$ 在区间 $[-\pi,\pi]$ 上连续, 且 $f(\pi) = f(-\pi)$, 则下式关于 x 一致收敛

$$S_n(x) \to f(x).$$

这就是**费耶定理**.

上面的费耶定理并不是我们的目标, 我们感兴趣的是从这个定理可以得到三角函数系的完备性.

因为 $S_n(x)$ 是三角多项式, 相当于 §73, (4) 的 $\sum \gamma_i \varphi_i(x)$. 显然 $s_n(x)$ 相当于 $\sum c_i \varphi_i(x)$. 从而

$$\int_{-\pi}^{\pi}(f(x) - S_n(x))^2\mathrm{d}x \geqslant \int_{-\pi}^{\pi}(f(x) - s_n(x))^2\mathrm{d}x.$$

所以当 $f(x)$ 连续时, 根据费耶定理知

$$\lim_{n\to\infty}\int_{-\pi}^{\pi}(f(x) - s_n(x))^2\mathrm{d}x = 0.$$

这就是完备条件, 即解决了 §73 的 (I) 提出的问题.

§75 光滑周期函数的傅里叶展开

§73 的问题 (II) 比较容易解决. 如问题所示, 假定 $f(x)$ 是周期为 2π 的光滑函数, 即在区间 $[-\pi, \pi]$ 上 $f'(x)$ 连续且

$$f(-\pi) = f(\pi). \tag{1}$$

于是, 分部积分得 $(n > 0)$

$$
\begin{aligned}
a_n &= \frac{1}{\pi} \int_{-\pi}^{\pi} f(t) \cos nt \, \mathrm{d}t \\
&= \frac{1}{\pi} f(t) \frac{\sin nt}{n} \Big|_{-\pi}^{\pi} - \frac{1}{\pi n} \int_{-\pi}^{\pi} f'(t) \sin nt \, \mathrm{d}t,
\end{aligned}
$$

即

$$a_n = -\frac{1}{\pi n} \int_{-\pi}^{\pi} f'(t) \sin nt \, \mathrm{d}t. \tag{2}$$

而

$$
\begin{aligned}
b_n &= \frac{1}{\pi} \int_{-\pi}^{\pi} f(t) \sin nt \, \mathrm{d}t \\
&= -\frac{1}{\pi} f(t) \frac{\cos nt}{n} \Big|_{-\pi}^{\pi} + \frac{1}{\pi n} \int_{-\pi}^{\pi} f'(t) \cos nt \, \mathrm{d}t,
\end{aligned}
$$

即

$$b_n = \frac{1}{n\pi} \int_{-\pi}^{\pi} f'(t) \cos nt \, \mathrm{d}t. \tag{3}$$

在这里使用了假设 (1). 设 $f'(x)$ 的傅里叶系数为 a'_n, b'_n, 由 (2) 和 (3) 可知

$$a_n = -\frac{b'_n}{n}, \quad b_n = \frac{a'_n}{n}. \tag{4}$$

$\sum a'^2_n, \sum b'^2_n$ 收敛 (§73 的 (7)). 因此, 利用

$$\left| \frac{2a'_n}{n} \right| \leqslant a'^2_n + \frac{1}{n^2},$$

再根据 (4) 可知, $\sum b_n$ 绝对收敛. $\sum a_n$ 也同样绝对收敛. 因此

$$\sum (a_n \cos nx + b_n \sin nx)$$

在 $[-\pi, \pi]$ 上一致 (且绝对) 收敛.

于是我们可以得到下面的结论.

定理 65　如果 $f(x)$ 在区间 $[-\pi, \pi]$ 上连续, 且是 (分段) 光滑的, $f(-\pi) = f(\pi)$, 则 $f(x)$ 可以展开成傅里叶级数:

$$f(x) = \frac{a_0}{2} + \sum_{n=1}^{\infty}(a_n \cos nx + b_n \sin nx).$$

这一级数一致且绝对收敛.

[注意]　以任意区间 $[a, a+2\pi]$ 取代区间 $[-\pi, \pi]$ 也可得到相同的结论. 此时, 设 $f(a) = f(a+2\pi)$.

在上面的证明中, (2) 和 (3) 的分部积分利用了 $f'(x)$ 的连续性. 即使 $f'(x)$ 在全区间 $[a, a+2\pi]$ 上不连续, 可以把整个区间分成许多小区间, 如果 $f'(x)$ 在各个小区间上连续, 那么分部积分 (2) 和 (3) 可行, 从而得到 (4). 用术语来说, 就是 $f(x)$ 是分段光滑的, 我们将其写入定理之中.

§76　非连续函数的情况

傅里叶展开的目的是将给定区间 $[a, b]$ (或者 $b-a = 2\pi$) 上的函数 $f(x)$ 在这个区间上展开成三角级数. 如果三角级数在区间 $[a, b]$ 上收敛, 那么它就可以表示关于 x 的所有值都收敛的周期函数, 为了把 $f(x)$ 周期性地延拓到给定的区间之外, 我们设 $f(x)$ 是周期函数. 此时因为 $f(x)$ 连续, 所以 $f(x)$ 在给定的区间的两个端点处的值必须相等.

例如, 在 $[-\pi, \pi]$ 上, 设 $f(x) = x$. 把这个函数周期性地延拓到区间外时, $f(x)$ 的图像如图 6–1 所示, $f(x)$ 在 $x = \pm\pi, \pm 3\pi \cdots$ 处不连续. $x = \pm\pi, \pm 3\pi, \cdots$ 是函数的不连续点.

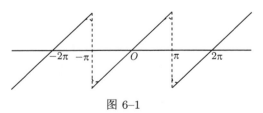

图 6–1

为了除掉不连续点, 取任意小的 δ, 在各不连续点的两侧、区间长度为 δ 的小区间内, 改变 $f(x)$, 使其变成光滑曲线. 这时, 改造后的 $f(x)$ 可以展开成傅里叶级数, 但是确定 a_n, b_n 的积分也发生变化. 但是, 因为改造区间可以任意小, 当 $\delta \to 0$ 时, 傅里叶系数变成原来的 a_n, b_n. 那么, 在前节刚刚给出的定理中, 如果去掉假定 $f(a) = f(a+2\pi)$, 那么在区间 $[a, a+2\pi]$ 上, 傅里叶展开是不是就不成立呢?

另外, 此时在区间两端 $x = a, x = a + 2\pi$ 处, 傅里叶级数的行为如何呢? 这是非常重要的问题.

对于此问题, 首先解决关于

$$\text{在区间 } [-\pi, \pi] \text{ 上}, \quad f(x) = x$$

的问题.

实际上我们已经在 §65 处理过这个函数, 即在区间 $-\pi < x < \pi$ 上, 有下面的展开:

$$x = 2\left(\sin x - \frac{\sin 2x}{2} + \frac{\sin 3x}{3} - \cdots \right). \tag{1}$$

而计算 $f(x) = x$ 的傅里叶系数得:

$$\frac{1}{\pi} \int_{-\pi}^{\pi} x \cos nx \, \mathrm{d}x = 0, \quad \frac{1}{\pi} \int_{-\pi}^{\pi} x \sin nx \, \mathrm{d}x = (-1)^{n-1} \frac{2}{n}.$$

(1) 的右边正好是 $f(x) = x$ 在 $[-\pi, \pi]$ 上的傅里叶级数, 在这个区间的内部, 这个级数等于 x. 但是, 在这个区间的两端不相等. 在 $x = \pm\pi$ 处, 级数的值等于 0, 而函数的值等于 $\pm\pi$, 所以 (1) 在两端不成立. 级数的值 0 等于函数两端的值 $\pm\pi$ 的累加平均值. 如果如图 6-1 所示那样把 $f(x)$ 周期性地延拓到区间外, 则在不连续点 $x = \pi$ 处

$$f(\pi - 0) = \pi, \quad f(\pi + 0) = -\pi.$$

虽然 $f(x)$ 本身意义不确定, 但是如果设

$$f(\pi) = \frac{f(\pi - 0) + f(\pi + 0)}{2},$$

即设 $f(\pi) = 0$, 则 (1) 在 $x = \pi$ 处成立. 对于 $x = -\pi$ 情况也一样.

在 (1) 中, 用 $x - a - \pi$ 取代 x, 设

$$\begin{aligned} f(x) &= -2 \sum \frac{1}{n} \sin n(x - a) \\ &= 2 \sum \left(\frac{\sin na}{n} \cos nx - \frac{\cos na}{n} \sin nx \right), \end{aligned} \tag{2}$$

则 $f(x)$ 在 $a \pm 2k\pi$ $(k = 0, 1, 2, \cdots)$ 有不连续点, 而在连续区间上它被表示成一次式的周期函数, 而右边是它的傅里叶级数. 这样, 在不连续点处, $f(x)$ 刚好有跳跃 -2π (见图 6-2), 而级数在这些点的值如前所述等于 $\frac{1}{2}[f(a-0) + f(a+0)] = 0$.

利用这样的特殊函数展开, 可以把前节的定理扩展到分段连续函数. 首先, 为了方便起见, 设 $f(x)$ 只在区间 $[-\pi, \pi]$ 上一点 $x = a$ 处不连续 (见图 6-3), 而且

区间 $[-\pi, a]$ 和区间 $[a, \pi]$ 上它是分段光滑的, 而且 $a \neq \pm\pi$ 时, 设 $f(\pi) = f(-\pi)$, 即 $x = a$ 是 $f(x)$ 的所谓第一种不连续点, $f(x)$ 在此点处的跳跃是

$$h = f(a+0) - f(a-0). \tag{3}$$

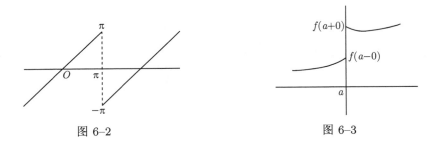

图 6-2   图 6-3

这时, 把 (2) 的函数记作 $f_a(x)$, 令

$$F(x) = f(x) + \frac{h}{2\pi} f_a(x),$$

则 $F(x)$ 在 $x = a$ 处连续.

事实上, 因为

$$F(a-0) = f(a-0) + \frac{h}{2\pi}\pi,$$

$$F(a+0) = f(a+0) - \frac{h}{2\pi}\pi.$$

根据 (3) 可知, $F(a-0) = F(a+0)$. 因此在 $x = a$ 处设

$$F(a) = \frac{f(a-0) + f(a+0)}{2},$$

则 $F(x)$ 在 $x = a$ 处连续.

因此, 根据前节的定理, $F(x)$ 可以展开成傅里叶级数. 于是,

$$f(x) = F(x) - \frac{h}{2\pi} f_a(x)$$

作为展开成傅里叶式的函数的和, 它本身也展开成傅里叶级数. 其中, 这个级数在 $x = a$ 处的值是 $\dfrac{f(a-0) + f(a+0)}{2}$.

如果像 $x = a$ 这样的不连续点在区间内不止一个, 但是它们的数量也是有限的. 如果在各连续区间内, $f(x)$ 是分段光滑的, 那么 $f(x)$ 就可以如上展开成傅里叶级数.

[注意] 级数 (1) 在 $-\pi+\delta \leqslant x \leqslant \pi-\delta$ 上一致收敛 (§65). 因此上面的 $f(x)$ 的傅里叶展开在不包含不连续点的闭区间上一致收敛.

上文中, 为了简单起见, 设区间 $[a,b]$ 的长度是 2π, 如果 $b-a=2l$, 用 $\dfrac{\pi}{l}x$ 取代 x, 并设

$$\left.\begin{array}{c} f(x) = \dfrac{a_0}{2} + \displaystyle\sum_{n=1}^{\infty} \left(a_n \cos \dfrac{n\pi x}{l} + b_n \sin \dfrac{n\pi x}{l}\right) \\[3mm] a_n = \dfrac{1}{l} \displaystyle\int_{-l}^{l} f(x) \cos \dfrac{n\pi x}{l} \mathrm{d}x, \quad b_n = \dfrac{1}{l} \int_{-l}^{l} f(x) \sin \dfrac{n\pi x}{l} \mathrm{d}x \\[3mm] l = \dfrac{b-a}{2} \end{array}\right\} \tag{4}$$

即可. 综上所述:

定理 66 区间 $[a,b]$ 上的分段光滑函数 $f(x)$ 能够展开成傅里叶级数 (4). 这个级数在不包含不连续点的闭区间上一致收敛. 其中, 在不连续点 x_0 处, 这个级数收敛于[①]

$$\frac{f(x_0 - 0) + f(x_0 + 0)}{2}.$$

§77 傅里叶级数的例子

下面举出若干傅里叶级数的例子. 在此之前, 首先说明一个注意事项.

如果 $f(x)$ 是偶函数, 即 $f(-x) = f(x)$, 则 $f(x)$ 在 $[-\pi, \pi]$ 上展开成只有 $\cos$ 的级数. 此时

$$a_n = \frac{2}{\pi} \int_0^{\pi} f(x) \cos nx \, \mathrm{d}x, \quad b_n = 0.$$

如果 $f(x)$ 是奇函数, 即 $f(-x) = -f(x)$, 那么 $f(x)$ 在 $[-\pi, \pi]$ 上展开成只有 $\sin$ 的级数. 此时

$$b_n = \frac{2}{\pi} \int_0^{\pi} f(x) \sin nx \, \mathrm{d}x, \quad a_n = 0.$$

这是显然的. 而 $f(x)$ 只在给定的区间 $[0, \pi]$ 上有定义时, 根据 $f(-x) = f(x)$ 或者 $f(-x) = -f(x)$, 把这个函数延拓到区间 $[-\pi, 0]$ 上, 那么由延拓到区间 $[-\pi, \pi]$ 上的函数 $f(x)$ 的展开, 就可以得到在区间 $[0, \pi]$ 上的 $f(x)$ 的只有 $\cos$ 或 $\sin$ 的级数. 当然此时的前提是定理 66 的假定.

---

① 在上面说明中, 展开 (1) 引用于第 5 章, 从三角级数理论看, 这在方法上有些不纯净. 然而, 三角级数是解析概论中一个非常特殊的问题. 我们更加重视数学的连带性.

[**例 1**] $f(x) = x$, 这是一个奇函数 (见图 6–4), 所以由

$$b_n = \frac{2}{\pi} \int_0^\pi x \sin nx \mathrm{d}x = (-1)^{n-1} \frac{2}{n}$$

得到下面的展开:

$$\frac{x}{2} = \sin x - \frac{\sin 2x}{2} + \frac{\sin 3x}{3} - \cdots, \quad -\pi < x < \pi.$$

我们已经在前节用过这个展开.

特别地, $f(x)$ 在 $x = \frac{\pi}{2}$ 处连续, 所以

$$\frac{\pi}{4} = 1 - \frac{1}{3} + \frac{1}{5} - \cdots, \quad (\text{莱布尼茨级数}).$$

这个级数在前面出现过 (§52).

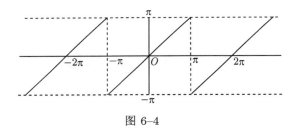

图 6–4

[**例 2**] $f(x) = |x|$ (偶函数), 如图 6–5 所示. 有

$$a_0 = \frac{2}{\pi} \int_0^\pi x \mathrm{d}x = \pi.$$

$$a_n = \frac{2}{\pi} \int_0^\pi x \cos nx \; \mathrm{d}x = \frac{2}{\pi} \left[\frac{x \sin nx}{n} + \frac{\cos nx}{n^2} \right]_0^\pi = \begin{cases} 0, & n \text{ 是偶数} \\ \dfrac{-4}{n^2 \pi}, & n \text{ 是奇数} \end{cases}$$

因此 (对 $-\pi \leqslant x \leqslant \pi$) 有

$$|x| = \frac{\pi}{2} - \frac{4}{\pi} \left(\cos x + \frac{\cos 3x}{3^2} + \frac{\cos 5x}{5^2} + \cdots \right)$$

当 $x = 0$ 时, $|x|$ 连续, 于是有

$$\frac{\pi^2}{8} = 1 + \frac{1}{3^2} + \frac{1}{5^2} + \cdots, (\text{参照 } §64).$$

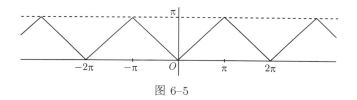

图 6–5

[注意]　如果把区间限定在 $[0, \pi]$, 从 [例 1], [例 2] 可得

$$x = 2\left(\sin x - \frac{\sin 2x}{2} + \frac{\sin 3x}{3} - \cdots \right)$$

$$= \frac{\pi}{2} - \frac{4}{\pi}\left(\cos x + \frac{\cos 3x}{3^2} + \frac{\cos 5x}{5^2} + \cdots \right).$$

其中, 当 $x = \pi$ 时, sin 的级数等于 0, 而 cos 的级数等于 π. 事实上, 如果设 $x = \pi$, 则得到上面 $\frac{\pi^2}{8}$ 的级数.

[例 3]　$f(x) = \cos \mu x$ (μ 是非整数的实数). 因为

$$\int_0^\pi \cos \mu x \cos nx \, \mathrm{d}x = \frac{1}{2}\left[\frac{\sin(\mu - n)x}{\mu - n} + \frac{\sin(\mu + n)x}{\mu + n} \right]_0^\pi = \frac{(-1)^n \mu \sin \mu \pi}{\mu^2 - n^2},$$

所以

$$\cos \mu x = \frac{2\mu \sin \mu \pi}{\pi}\left(\frac{1}{2\mu^2} - \frac{\cos x}{\mu^2 - 1} + \frac{\cos 2x}{\mu^2 - 2^2} - \cdots \right). \tag{1}$$

特别地, 设 $x = \pi$, 把 μ 替换成 z, 得

$$\pi \cot \pi z = \frac{1}{z} + \sum_{n=1}^\infty \frac{2z}{z^2 - n^2}, \quad (\text{参照 } \S 64).$$

再设 $x = 0$, 把 μ 换成 z, 则

$$\frac{\pi z}{\sin \pi z} = 1 + 2z^2 \sum_{n=1}^\infty \frac{(-1)^n}{z^2 - n^2}, \quad (\text{参照 } \S 64, (21)).$$

[例 4]　$f(x) = \sin \mu x$ (μ 同上), 则

$$\int_0^\pi \sin \mu x \sin nx \, \mathrm{d}x = \frac{1}{2}\left[\frac{\sin(\mu - n)x}{\mu - n} - \frac{\sin(\mu + n)x}{\mu + n} \right]_0^\pi = \frac{(-1)^n n \sin \mu \pi}{\mu^2 - n^2}.$$

$$\sin \mu x = -\frac{2 \sin \mu \pi}{\pi}\left(\frac{\sin x}{\mu^2 - 1} - \frac{2 \sin 2x}{\mu^2 - 2^2} + \frac{3 \sin 3x}{\mu^2 - 3^2} - \cdots \right), \quad -\pi < x < \pi. \tag{2}$$

设 $x = \frac{\pi}{2}$ ($\mu = 2z$) 则得

$$\pi \sec \pi z = 4 \sum_{n=1}^\infty \frac{(-1)^n (2n - 1)}{4z^2 - (2n - 1)^2}, \quad (\text{参照 } \S 64).$$

[注意]　对 (1) 逐项微分, 得到 (2)(定理 57).

[例 5]　$f(x) = \dfrac{1}{1 - 2a\cos x + a^2}$　$(|a| < 1)$

在 $[-\pi, \pi]$ 上是正则解析函数. 因此是光滑的, 而且是周期的, 于是它可以展开成傅里叶级数. 但是我们也可以直接求得这个级数, 即

$$
\begin{aligned}
\frac{1 - a^2}{1 - 2a\cos x + a^2} &= \frac{1}{1 - ae^{ix}} + \frac{ae^{-ix}}{1 - ae^{-ix}} \\
&= 1 + \sum_{n=1}^{\infty} a^n e^{inx} + \sum_{n=1}^{\infty} a^n e^{-inx} \\
&= 1 + 2\sum_{n=1}^{\infty} a^n \cos nx.
\end{aligned}
$$

因为上式一致收敛, 所以是傅里叶级数 (§70). 因此

$$
\int_0^{\pi} \frac{\cos nx \, dx}{1 - 2a\cos x + a^2} = \frac{\pi a^n}{1 - a^2}. \quad (\text{参照 } \S62 \ [\text{例 } 5])
$$

[注意]　如果复变量 z 的函数 $f(z)$ 在包含单位圆周 C $(z = e^{i\theta})$ 的区域上正则, 那么在 $f(z)$ 的拉格朗日展开

$$
f(z) = \sum_{n=-\infty}^{\infty} c_n z^n, \quad c_n = \frac{1}{2\pi i} \int_C \frac{f(z) dz}{z^{n+1}}
$$

中, 设 $z = e^{i\theta}$ (θ 为变量) 则可得到 $f(e^{i\theta})$ 的傅里叶展开, 即

$$
f(e^{i\theta}) = \frac{a_0}{2} + \sum(a_n \cos n\theta + b_n \sin n\theta),
$$
$$
a_n = 2c_0, \quad a_n = (c_n + c_{-n}), \quad b_n = i(c_n - c_{-n}).
$$

特别地, 设 $f(z) = \dfrac{z + a}{z - a}(-1 < a < 1)$, 则

$$
\frac{z + a}{z - a} = 1 + 2\left(\frac{a}{z} + \frac{a^2}{z^2} + \cdots\right).
$$

在此令 $z = e^{i\theta}$, 并比较实部, 则可得到 [例 5] 的展开, 而比较虚部则得到

$$
\frac{\sin\theta}{1 - 2a\cos\theta + a^2} = \sin\theta + a\sin 2\theta + a^2 \sin 3\theta + \cdots.
$$

§78 魏尔斯特拉斯定理

下面关于连续函数的定理非常重要.

定理 67 [**魏尔斯特拉斯定理**] 设 $f(x)$ 在闭区间 $[a, b]$ 上连续. 则对于任意取定的 $\varepsilon > 0$, 存在多项式 $P(x)$, 使得在 $[a, b]$ 上总有

$$|f(x) - P(x)| < \varepsilon$$

成立.

简言之, 在闭区间上, 总存在与连续函数一致逼近的多项式.

在这样的意义下, 上面定理对任意维度都成立, 但是, 在一维空间上, 利用 §74 的费耶定理可以给出这个较难定理的一个简单证明.

[**证**] 对变量 x 作一次变换, 完全可以把 $[a, b]$ 看作在 $[-\pi, \pi]$ 内部. 这样, 可以把在 $[a, b]$ 外面定义的函数 $f(x)$ 向 $[-\pi, \pi]$ 上连续延拓, 并设 $f(-\pi) = f(\pi)$. 于是根据费耶定理, 在 $[a, b]$ 上有

$$\text{当 } n > n_0 \text{ 时}, \quad |f(x) - S_n(x)| < \frac{\varepsilon}{2}.$$

因为 $S_n(x)$ 是整函数, 设它的泰勒展开的前 m 项的部分和为 $P_{m,n}(x)$ 时, 根据一致收敛性, 得

$$\text{当 } m > m_0 \text{ 时}, \quad |S_n(x) - P_{m,n}(x)| < \frac{\varepsilon}{2}.$$

因此对于充分大的 n, 如果 m 取得充分大, 则对于多项式 $P_{m,n}(x) = P(x)$, 有

$$|f(x) - P(x)| < \varepsilon. \qquad \square$$

由费耶定理出发, 如上所述, 魏尔斯特拉斯的证明变得很简单, 但下面给出的直接证明 [伯恩斯坦] 更加初等.

从二项式定理

$$(x + y)^n = \sum_{\nu=0}^{n} \binom{n}{\nu} x^\nu y^{n-\nu}$$

出发, 对于 x 做一次和两次微分, 并乘以 x, x^2, 得

$$nx(x + y)^{n-1} = \sum_{\nu=0}^{n} \nu \binom{n}{\nu} x^\nu y^{n-\nu},$$

$$n(n-1)x^2(x + y)^{n-2} = \sum_{\nu=0}^{n} \nu(\nu-1) \binom{n}{\nu} x^\nu y^{n-\nu}.$$

在此, 设 $y = 1 - x$, 且设

$$\varphi_\nu(x) = \binom{n}{\nu} x^\nu (1-x)^{n-\nu} \quad (\nu = 0, 1, \cdots, n), \tag{1}$$

有

$$\sum_{\nu=0}^{n} \varphi_\nu(x) = 1, \tag{2}$$

$$\sum_{\nu=0}^{n} \nu \varphi_\nu(x) = nx, \tag{3}$$

$$\sum_{\nu=0}^{n} \nu(\nu-1) \varphi_\nu(x) = n(n-1)x^2. \tag{4}$$

由上面这些等式可知

$$\begin{aligned}
\sum_{\nu=0}^{n} (\nu - nx)^2 \varphi_\nu(x) &= n^2 x^2 \sum \varphi_\nu(x) - 2nx \sum \nu \varphi_\nu(x) + \sum \nu^2 \varphi_\nu(x) \\
&= n^2 x^2 \cdot 1 - 2nx \cdot nx + (nx + n(n-1)x^2) \\
&= nx(1-x).
\end{aligned} \tag{5}$$

在下面的证明中要使用这个结果.

可以对变量作一次变换使区间变成 [0,1]. 同时, 对给定的连续函数乘以某个定数, 使得

$$\text{在 } [0,1] \text{ 上,} \quad |f(x)| < 1. \tag{6}$$

根据连续的一致性, 对应于 $\varepsilon > 0$, 存在 δ, 使得 [0,1] 上

$$\text{当 } |x - x'| < \delta \text{ 时,} \quad |f(x) - f'(x)| < \varepsilon. \tag{7}$$

于是, 取充分大的 n, 有

$$\left| f(x) - \sum_{\nu=0}^{n} f\left(\frac{\nu}{n}\right) \varphi_\nu(x) \right| < 2\varepsilon \tag{8}$$

成立, 定理得证. 首先由 (2) 可知

$$(8) \text{ 的左边} = \left| \sum_{\nu=0}^{n} \left(f(x) - f\left(\frac{\nu}{n}\right) \right) \varphi_\nu(x) \right|.$$

把这个和分成满足 $\left| \dfrac{\nu'}{n} - x \right| < \delta$ 和 $\left| \dfrac{\nu''}{n} - x \right| \geqslant \delta$ 的 ν', ν'' 两部分.

对于 ν', 由 (1) 知, 在 $[0,1]$ 上 $\varphi_\nu(x) \geqslant 0$, 由 (7) 知, 与 n 无关, 有

$$\left|\sum_{\nu'}\right| < \varepsilon \sum_{\nu'} \varphi_\nu(x) \leqslant \varepsilon \sum_{\nu=0}^{n} \varphi_\nu(x) = \varepsilon.$$

而对于 ν'', 首先由 (6) 可知

$$\left|\sum_{\nu''}\right| < 2 \sum_{\nu''} \varphi_\nu(x).$$

因为 $\dfrac{(\nu'' - nx)^2}{\delta^2 n^2} \geqslant 1$, 所以

$$\left|\sum_{\nu''}\right| < 2 \sum_{\nu''} \frac{(\nu - nx)^2}{\delta^2 n^2} \varphi_\nu(x) \leqslant \frac{2}{\delta^2 n^2} \sum_{\nu=0}^{n} (\nu - nx)^2 \varphi_\nu(x).$$

此时利用 (5), 得

$$\left|\sum_{\nu''}\right| < \frac{2x(1-x)}{\delta^2 n} \leqslant \frac{1}{2\delta^2 n},$$

要想使上式小于 ε, 只需取 $n > 1/2\delta^2 \varepsilon$ 即可, 即 (8) 成立.

[附记]　根据魏尔斯特拉斯定理可知, 在区间 $[-1,1]$ 上, 勒让德球函数 $P_n(x)$ 对于连续函数满足 §73 的完备条件: 任意多项式可以表示成 $\sum \gamma_i P_i(x)$ 的形式, 所以由 §73 的 (1°) 可知, 这是显然的 (参见 §74 末的内容).

利用正交函数系 $P_n(x)$, 可以把任意的函数 $f(x)$ 在区间 $[-1,1]$ 上展开成傅里叶级数, 这在古典数学中有着非常重要的应用.

由 $f(x)$ 生成的傅里叶级数 $\sum c_n P_n(x)$ 中的系数是

$$c_n = \frac{2n+1}{2} \int_{-1}^{+1} f(x) P_n(x) \mathrm{d}x,$$

于是

$$f(x) = \sum_{n=0}^{\infty} c_n P_n(x),$$

当右边级数在区间 $[-1,1]$ 一致收敛时, 上式成立 (§73).

对于 $P_n(x)$, §73 的 (I) 的问题已经得到解决, 但是对于 (II) 的问题, 即使设 $f(x)$ 是光滑的, 也会像三角函数那样不能简单解决. 事实上, 在与 $f(x)$ 能够展开成三角级数的同样条件下, $f(x)$ 可以展开成 $P_n(x)$ 的级数, 但是, 遗憾的是, 其证明却不是轻而易举的.

§79　积分第二中值定理

到此本书都没有机会使用积分第二中值定理, 因此也就没有陈述过此定理. 但是该定理很重要, 因此在附记中给出描述.

§45 描述过的阿贝尔级数的变形法中使用的初等不等式在此也是证明的根据. 即从

$$\varepsilon_0 \geqslant \varepsilon_1 \geqslant \cdots \geqslant \varepsilon_{n-1} \geqslant 0,$$

$$a_0, a_1, \cdots, a_{n-1}$$

构造, 以及

$$s_\nu = a_0 + a_1 + \cdots + a_\nu, \quad (\nu = 0, 1, \cdots, n-1)$$

$$S = \varepsilon_0 a_0 + \varepsilon_1 a_1 + \cdots + \varepsilon_{n-1} a_{n-1}$$

时, 如果

$$A \leqslant s_\nu \leqslant B \quad (\nu = 0, 1, \cdots, n-1)$$

则

$$A\varepsilon_0 \leqslant S \leqslant B\varepsilon_0. \tag{1}$$

下面的证明中, 要利用这一不等式.

定理 68 [积分第二中值定理]　*如果 $f(x)$ 在区间 $[a,b]$ 上可积, 且 $\varphi(x)$ 单调有界, 则存在 ξ, 使得*

$$\int_a^b f(x)\varphi(x)\mathrm{d}x = \varphi(a)\int_a^\xi f(x)\mathrm{d}x + \varphi(b)\int_\xi^b f(x)\mathrm{d}x, \quad a \leqslant \xi \leqslant b$$

成立.

[证]　根据假定, $f(x)$ 和 $\varphi(x)$ 在区间 $[a,b]$ 上可积, 因此它们的积 $f(x)\varphi(x)$ 也可积 (§31 的 (6°)).

因为 $f(x)$ 可积, 根据 §30 的记法, 在区间 $[a,b]$ 的分割 Δ 中, 设小区间 δ_i 的最大长度为 δ, 有

$$\int_a^b f(x)\mathrm{d}x = \lim_{\delta \to 0} \sum_{i=0}^{n-1} f(x_i)\delta_i,$$

且 $\displaystyle\int_a^b$ 和 $\sum$ 的误差的绝对值小于 $\sum_{i=0}^{n-1} v_i \delta_i$. 因为可积, 所以当 $\delta \to 0$ 时 $\sum v_i \delta_i \to 0$.

现在, 任取 $\varepsilon > 0$. 对应于这个 ε, 取充分小的 δ, 使得关于上面的分割 Δ 有 $\sum v_i \delta_i < \varepsilon$.

这个误差界限对于区间 $[a, b]$ 的子区间 $[a, x_\nu]$ 也适用. 即注意到 $v_i \geqslant 0$, 有

$$\left| \int_a^{x_\nu} f(x)\mathrm{d}x - \sum_{i=0}^{\nu-1} f(x_i)\delta_i \right| \leqslant \sum_{i=0}^{\nu-1} v_i\delta_i \leqslant \sum_{i=0}^{n-1} v_i\delta_i < \varepsilon. \tag{2}$$

又 $\displaystyle\int_a^x f(x)\mathrm{d}x$ 在区间 $[a, b]$ 上关于 x 连续 (定理 34). 设它的最小值和最大值分别是 A 和 B.

于是, 由 (2) 可得

$$A - \varepsilon \leqslant \sum_{i=0}^{\nu-1} f(x_i)\delta_i \leqslant B + \varepsilon. \tag{3}$$

首先假设 $\varphi(x)$ 单调递减 (不增大), 且设 $\varphi(x) \geqslant 0$, 用 $\varphi(x_i)$ 和 $f(x_i)\delta_i$ 对应上面的不等式 (1) 中的 ε_i 和 a_i. 于是由 (3) 可得

$$(A - \varepsilon)\varphi(a) \leqslant \sum_{i=0}^{n-1} f(x_i)\varphi(x_i)\delta_i \leqslant (B + \varepsilon)\varphi(a).$$

因此固定 ε, 令 $\delta \to 0$, 则

$$(A - \varepsilon)\varphi(a) \leqslant \int_a^b f(x)\varphi(x)\mathrm{d}x \leqslant (B + \varepsilon)\varphi(a),$$

因为 ε 是任意的, 所以有

$$A\varphi(a) \leqslant \int_a^b f(x)\varphi(x)\mathrm{d}x \leqslant B\varphi(a),$$

即

$$\int_a^b f(x)\varphi(x)\mathrm{d}x = C\varphi(a), \quad A \leqslant C \leqslant B.$$

C 是 A 和 B 之间的值. 因为 A 和 B 是区间 $[a, b]$ 上的连续函数 $\displaystyle\int_a^x f(x)\mathrm{d}x$ 的最小值和最大值, 所以存在满足 $a \leqslant \xi \leqslant b$ 的某个 ξ 值 (介值定理), 使得

$$\int_a^\xi f(x)\mathrm{d}x = C.$$

从而

$$\int_a^b f(x)\varphi(x)\mathrm{d}x = \varphi(a) \int_a^\xi f(x)\mathrm{d}x. \text{①} \tag{4}$$

---

① 同样, 如果 $\varphi(x) \geqslant 0$ 单调递增, 则有 $\displaystyle\int_a^b f(x)\varphi(x)\mathrm{d}x = \varphi(b) \int_\xi^b f(x)\mathrm{d}x$.

在上面的证明中, 假设了 $\varphi(x)$ 单调递减且 $\varphi(x) \geqslant 0$, 如果去掉条件 $\varphi(x) \geqslant 0$, 只留下 $\varphi(x)$ 单调, 则因为 $\varphi(x) - \varphi(b) \geqslant 0$, 用 $\varphi(x) - \varphi(b)$ 取代 $\varphi(x)$, 并由 (4) 可得

$$\int_a^b f(x)(\varphi(x) - \varphi(b))\mathrm{d}x = (\varphi(a) - \varphi(b)) \int_a^\xi f(x)\mathrm{d}x,$$

即

$$\int_a^b f(x)\varphi(x)\mathrm{d}x = \varphi(b) \int_a^b f(x)\mathrm{d}x + (\varphi(a) - \varphi(b)) \int_a^\xi f(x)\mathrm{d}x.$$

上式右边第一项满足 $\displaystyle\int_a^b = \int_a^\xi + \int_\xi^b$, 所以代入得

$$\int_a^b f(x)\varphi(x)\mathrm{d}x = \varphi(a) \int_a^\xi f(x)\mathrm{d}x + \varphi(b) \int_\xi^b f(x)\mathrm{d}x, \quad a \leqslant \xi \leqslant b.$$

把 $\varphi(x)$ 变成 $-\varphi(x)$, 则这个公式在 $\varphi(x)$ 有界且单调递增时也成立. $\qquad\square$

$\varphi(x)$ 在 a 或者 b 处不连续时, 把 $\varphi(a), \varphi(b)$ 换成 $\varphi(a+0), \varphi(b-0)$, 定理仍然成立, 即

$$\int_a^b f(x)\varphi(x)\mathrm{d}x = \varphi(a+0) \int_a^\xi f(x)\mathrm{d}x + \varphi(b-0) \int_\xi^b f(x)\mathrm{d}x.$$

§80　关于傅里叶级数的狄利克雷–若尔当条件

这一内容本来不在本章预定之中, 但是, 这里把它作为积分第二中值定理的一个应用例子附加进来.

定理 69 [狄利克雷–若尔当]　在区间 $[-\pi, \pi]$ 上有界变差函数 $f(x)$ 可以展开成傅里叶三角级数. 而其中, 在 $f(x)$ 的不连续点处, 级数收敛于

$$\frac{f(x+0) + f(x-0)}{2}.$$

在连续点处, 上式等于 $f(x)$, 设傅里叶级数的部分和为 $s_n(x)$, 则有

$$s_n(x) \to \frac{f(x+0) + f(x-0)}{2}.$$

首先, 证明下面的预备定理.

[狄利克雷积分]　如果 $f(x)$ 在区间 $[0, a]$ 上是有界变差的, 则

$$\lim_{u \to \infty} \int_0^a f(x) \frac{\sin ux}{x}\mathrm{d}x = \frac{\pi}{2}f(+0), \quad a > 0. \tag{1}$$

根据定理 38, 令 $f(x)$ 单调递增即可. 而

$$\lim_{u \to \infty} \int_0^a \frac{\sin ux}{x} \mathrm{d}x = \lim_{u \to \infty} \int_0^{ua} \frac{\sin x}{x} \mathrm{d}x = \frac{\pi}{2}.$$

所以 (1) 变成下式

$$\lim_{u \to \infty} \int_0^a (f(x) - f(+0)) \frac{\sin ux}{x} \mathrm{d}x = 0.$$

用 $f(x)$ 取代 $f(x) - f(+0)$ 时, $f(x)$ 在 $[0, a]$ 上单调递增且

$$f(x) \geqslant 0, \quad f(+0) = 0. \tag{2}$$

所以在此假定之下, 只要证明

$$\lim_{u \to \infty} \int_0^a \frac{f(x) \sin ux \, \mathrm{d}x}{x} = 0 \tag{3}$$

即可.

任取 $\varepsilon > 0$, 根据假设 (2), 设

$$0 < c < a, \quad 0 \leqslant f(c) < \varepsilon.$$

然后, 在区间 $[0, c]$ 运用第二中值定理[①], 得

$$\int_0^c f(x) \frac{\sin ux}{x} \mathrm{d}x = f(c) \int_\xi^c \frac{\sin ux}{x} \mathrm{d}x = f(c) \int_{u\xi}^{uc} \frac{\sin x}{x} \mathrm{d}x.$$

$\int_0^\infty \frac{\sin x}{x} \mathrm{d}x$ 收敛, 所以 $\int_0^x \frac{\sin x}{x} \mathrm{d}x$ 作为 x 的函数在 $[0, \infty)$ 上有界. 因此上面等式的最后的积分的绝对值在某个界限以内. 设这一界限为 A, 则

$$\left| \int_0^c f(x) \frac{\sin ux}{x} \mathrm{d}x \right| < Af(c) < A\varepsilon. \tag{4}$$

这样确定了 c 后, 对

$$\int_c^a f(x) \frac{\sin ux}{x} \mathrm{d}x$$

使用第二中值定理 (利用假设 (2)), 得到

$$\int_c^a f(x) \frac{\sin ux}{x} \mathrm{d}x = f(a) \int_{u\xi}^{ua} \frac{\sin x}{x} \mathrm{d}x,$$

---

① 参照 337 页脚注①.

而 $\xi \geqslant c$, 取充分大的 u, 则

$$\int_{u\xi}^{ua} \frac{\sin x}{x} \mathrm{d}x < \varepsilon,$$

从而在 $[0, a]$, 设 $|f(x)| < M$, 则

$$\left| \int_c^a f(x) \frac{\sin ux}{x} \mathrm{d}x \right| < M\varepsilon. \tag{5}$$

由 (4) 和 (5) 可知

$$\left| \int_0^a f(x) \frac{\sin ux}{x} \mathrm{d}x \right| < (A + M)\varepsilon.$$

因为 ε 是任意的, 因此这证明了 (3), 从而证明了 (1).

下面证明定理 69. 设 $f(x)$ 生成的傅里叶级数的部分和为 $s_n(x)$, 由 §74 的 (2) 得

$$2\pi s_n(x) = \int_0^\pi f(x+t) \frac{\sin\left(n - \dfrac{1}{2}\right)t}{\sin \dfrac{1}{2}t} \mathrm{d}t + \int_0^\pi f(x-t) \frac{\sin\left(n - \dfrac{1}{2}\right)t}{\sin \dfrac{1}{2}t} \mathrm{d}t. \tag{6}$$

下面要求 $\lim\limits_{n\to\infty} s_n(x)$, 把上式右边积分符号下的分母 $\sin \dfrac{1}{2}t$ 替换成 $\dfrac{t}{2}$ 即可. 事实上 $\left(\text{设 } u = n - \dfrac{1}{2}\right)$

$$\int_0^\pi f(x+t) \frac{\sin ut}{\sin \dfrac{1}{2}t} \mathrm{d}t - \int_0^\pi f(x+t) \frac{\sin ut}{t/2} \mathrm{d}t = \int_0^\pi f(x+t) \left(\frac{t}{\sin \dfrac{1}{2}t} - 2\right) \frac{\sin ut}{t} \mathrm{d}t \to 0. \tag{7}$$

上式关于变量 t 利用了 (3), 当 $t \to 0$ 时, $\dfrac{t}{\sin(t/2)} - 2$ 为 0, 而且在 $0 \leqslant t \leqslant \pi$ 上, 它是单调递增的, 因此, (3) 中的 $f(x)$ 替换成 $f(x+t)\left(\dfrac{t}{\sin(t/2)} - 2\right)$ 时极限为 0.

根据 (1) 可得

$$\int_0^\pi f(x+t) \frac{\sin\left(n - \dfrac{1}{2}\right)t}{t} \mathrm{d}t \to \frac{\pi}{2} f(x+0), \tag{8}$$

因此由 (7) 可得

$$\int_0^\pi f(x+t) \frac{\sin\left(n - \dfrac{1}{2}\right)t}{\sin \dfrac{t}{2}} \mathrm{d}t \to \pi f(x+0). \tag{9}$$

同样

$$\int_0^\pi f(x-t)\frac{\sin\left(n-\frac{1}{2}\right)t}{\sin\frac{t}{2}}\mathrm{d}t \to \pi f(x-0). \tag{10}$$

所以由 (6) 可得

$$s_n(x) \to \frac{f(x+0)+f(x-0)}{2}.$$

定理 69 得证.

在上文中为了避免混乱没有提及下面的事实, 回顾一下上面的证明可知, 在 $f(x)$ 连续的区间上, (7), (8), (9), (10) 收敛, 事实上它们关于 x 一致收敛. 因此定理 65 是定理 69 的特殊情况. 但是, 我们在 §73 中介绍了一般方法, 对于解析概论来说, 这样做是比较合适的.

§81 傅里叶积分公式

前节我们证明的是, 在区间 $[-\pi,\pi]$ 上, 对于有界变动函数 $f(x)$,

$$\frac{\pi}{2}(f(x+0)+f(x-0)) = \lim_{u\to\infty}\int_{-\pi}^\pi f(x+t)\frac{\sin ut}{t}\mathrm{d}t$$

成立. 证明的根据是勒让德积分 (前面的 (1)). 现在设 $f(x)$ 在 $(-\infty,\infty)$ (即任意闭区间) 上是有界变差的, 则上式右边的积分区间可以是满足 $a<0<b$ 的任意 $[a,b]$. 此时 $\lim$ 与 a,b 无关, 因此如果可积, 则区间也可以是 $(-\infty,\infty)$. 为此, 只要

$$\int_{-\infty}^\infty |f(x)|\mathrm{d}x = k \tag{1}$$

存在即可, 即在这样的条件下

$$\frac{\pi}{2}(f(x+0)+f(x-0)) = \lim_{u\to\infty}\int_{-\infty}^\infty f(x+t)\frac{\sin ut}{t}\mathrm{d}t. \tag{2}$$

另外,

$$\frac{\sin ut}{t} = \int_0^u \cos ut\ \mathrm{d}u,$$

所以, 上面的 $\lim$ 下是

$$\int_{-\infty}^\infty \mathrm{d}t \int_0^u f(x+t)\cos ut\ \mathrm{d}u. \tag{3}$$

如果此时积分可交换顺序, 则 (2) 的右边变成

$$\int_0^\infty \mathrm{d}u \int_{-\infty}^\infty f(x+t)\cos ut\,\mathrm{d}t,$$

或者把积分变量 t 变成 $t-x$, 得到下面的公式.

定理 70 假设 $f(x)$ 在 $(-\infty,\infty)$ 上是有界变差的, 且 (1) 成立, 则

$$\frac{f(x+0)+f(x-0)}{2}=\frac{1}{\pi}\int_0^\infty \mathrm{d}u \int_{-\infty}^\infty f(t)\cos u(t-x)\mathrm{d}t. \tag{4}$$

此公式称为**傅里叶积分公式**.

[证] 首先设 $f(x)$ 在任意闭区间上光滑, 或者分段光滑.① 由 (定理 41) 可知

$$\int_a^b \mathrm{d}t \int_0^u f(x+t)\cos ut\,\mathrm{d}u = \int_0^u \mathrm{d}u \int_a^b f(x+t)\cos ut\,\mathrm{d}t. \tag{5}$$

因为当 $a\to-\infty, b\to\infty$ 时左边的积分收敛于 (3), 所以有

$$(3)=\lim_{\substack{a\to-\infty\\ b\to\infty}}\int_0^u \mathrm{d}u \int_a^b f(x+t)\cos ut\,\mathrm{d}t. \tag{6}$$

而根据条件 (1), $\displaystyle\int_{-\infty}^\infty f(x+t)\cos ut\,\mathrm{d}t$ 收敛, 所以有

$$\int_a^b f(x+t)\cos ut\,\mathrm{d}t = \int_{-\infty}^\infty f(x+t)\cos ut\,\mathrm{d}t - \int_{-\infty}^a - \int_b^\infty.$$

把上式代入到 (6) 中得

$$(3)=\int_0^u \mathrm{d}u \int_{-\infty}^\infty f(x+t)\cos ut\,\mathrm{d}t$$
$$-\lim_{a\to-\infty}\int_0^u \mathrm{d}u \int_{-\infty}^a f(x+t)\cos ut\,\mathrm{d}t - \lim_{b\to\infty}\int_0^u \mathrm{d}u \int_b^\infty f(x+t)\cos ut\,\mathrm{d}t.$$

上式中最后两个 $\lim$ 等于 0. 事实上, 根据条件 (1), 对于任意的 $\varepsilon>0$, $|a|,b$ 充分大时, 有

$$\left|\int_{-\infty}^a f(x+t)\cos ut\,\mathrm{d}t\right|<\varepsilon, \quad \left|\int_b^\infty\right|<\varepsilon.$$

从而, 上面的两个 $\lim$ 下的式子绝对值都比 εu 小. 因为 ε 是任意的, 所以 $\lim$ 等于 0. 即

$$(3)=\int_0^u \mathrm{d}u \int_{-\infty}^\infty f(x+t)\cos ut\,\mathrm{d}t.$$

---

① 这样就使得 $f(x)$ 成为有界变差函数 (§39).

把上式代入 (2) 右边的 lim 之中即可.　　　　　　　　　　　　　　　□

[注意]　在上面证明中, 为了从已知的定理 41 得到 (5), 特别假设 $f(x)$ 是光滑的, 事实上, 一般地, 当 $f(x)$ 是有界变差时, (5) 中的积分允许改变顺序 (参照 §93), 因此 (4) 仍然成立. 正因为如此才有了定理 70 的陈述.

因为积分公式 (4) 的右边是

$$\frac{1}{\pi}\int_0^\infty du \int_{-\infty}^\infty f(t)\cos ut \cos ux\, dt + \frac{1}{\pi}\int_0^\infty du \int_{-\infty}^\infty f(t)\sin ut \sin ux\, dt,$$

如果 $f(x)$ 是偶函数或者是奇函数, 上面总有一项是 0, 所以公式 (4) 的右边变成

偶函数:　　$\dfrac{2}{\pi}\displaystyle\int_0^\infty \cos ux\, du \int_0^\infty f(t)\cos ut\, dt.$

奇函数:　　$\dfrac{2}{\pi}\displaystyle\int_0^\infty \sin ux\, du \int_0^\infty f(t)\sin ut\, dt.$

[例]　设 $f(x) = \begin{cases} 1, & |x| < 1, \\ 1/2, & |x| = 1, \\ 0, & |x| > 1, \end{cases}$

因为 $f(x)$ 是偶函数, 所以有

$$f(x) = \frac{2}{\pi}\int_0^\infty \cos ux\, du \int_0^1 \cos ut\, dt = \frac{2}{\pi}\int_0^\infty \frac{\sin u \cos ux}{u} du,$$

即

$$\int_0^\infty \frac{\sin u \cos ux}{u} du = \begin{cases} \pi/2, & |x| < 1, \\ \pi/4, & |x| = 1, \\ 0, & |x| > 1. \end{cases}$$

我们把上式称为狄利克雷不连续因子.

习　　题

(1) 在区间 [0,1] 上, 把伯努利多项式展开成傅里叶级数时, 有

$$B_{2n}(x) = (-1)^{n+1} 2(2n)! \sum_{\nu=1}^\infty \frac{\cos 2\pi\nu x}{(2\pi\nu)^{2n}},$$

$$B_{2n+1}(x) = (-1)^{n+1} 2(2n+1)! \sum_{\nu=1}^\infty \frac{\sin 2\pi\nu x}{(2\pi\nu)^{2n+1}}.$$

[解] 上面的展开已经出现过 (§69 末的 [注意]), 直接计算时, 把

$$\frac{te^{xt}}{e^t - 1} = \sum_{n=0}^{\infty} \frac{B_n(x)}{n!} t^n \quad (\text{参照 §64, (12)})$$

的左边展开成 $\sum_{n=-\infty}^{\infty} c_n e^{2n\pi xi}$ 的形式, 然后比较 t^n 的系数即可.

(2) 若 $f(x)$ 连续且 $\int_a^b x^n f(x)\mathrm{d}x = 0 \ (n = 0, 1, 2, \cdots)$, 则在 $[a, b]$ 上 $f(x) = 0$.

(3) 对 $f(x) = e^{-|x|}$ 运用傅里叶积分公式则得

$$\int_0^{\infty} \frac{\cos \alpha x}{1 + x^2} \mathrm{d}x = \frac{\pi}{2} e^{-|\alpha|}.$$

(参见第 5 章的习题 (9)).

第 7 章　微分续篇 (隐函数)

本章, 以实变量的隐函数为主线, 继续讨论微分. 假设所给函数都是连续的, 而且任意阶连续可微. 或者说, 关于各变量是解析正则的. 没有特殊情况, 上面各假设不再一一声明.

§82　隐　函　数

给定两个变量 x, y 之间的关系式 $F(x, y) = 0$ 时, x, y 不能取任意值. 如果把 x 的函数 $y = f(x)$ 代入 y 时上面的关系在某个区间内总成立, 则称 $f(x)$ 是由 $F(x, y) = 0$ 决定的隐函数. 如果像 $f(x)$ 这样的函数有两个以上, 则称它们为隐函数的**分支**. 此时, 总括这些分支, 把 y 称作 x 的**多值函数**.

举一个简单的例子, $x^2 + y^2 = a^2$. 此时 $y = \pm\sqrt{a^2 - x^2}$ 是区间 $[-a, a]$ 上的隐函数 y 的两个分支. 以符号 $\pm$ 区别两个分支是基于连续性 (如果不要求连续, 那么对应于 x 的各个值, 可以任意地确定符号).

再举一个例子, $y^2 = x^2(x + 1)$. 对此有 $y = \pm\sqrt{x^2(x + 1)}$, 如果当 $x > 0$ 时平方根取正值, 而当 $x < 0$ 时平方根取负值, 那么在 $[-1, \infty)$ 上得到一个光滑的分支. 而如果取与之相反符号, 则得到另一个光滑分支 (图 7–1 的 (1)).

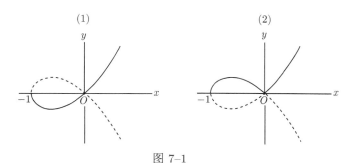

图 7–1

如果 $y = \pm\sqrt{x^2(x + 1)}$ 总是正的或者总是负的, 那么 y 在 $x = 0$ 处连续, 但是却不可微 (图 7–1 的 (2)).

平方根总是正的这样的约定虽然十分廉价, 但未必给我们带来幸福.

定理 71　设 $F(x, y)$ 和导数 F_x, F_y 在某个区域上连续. 而且在这个区域内的某点 $P_0 = (x_0, y_0)$ 处 $F(x_0, y_0) = 0$, 而 $F_x(x_0, y_0), F_y(x_0, y_0)$ 至少有一个不

为 0. 例如设关于 y 的偏微商 $F_y(x_0, y_0) \neq 0$. 那么根据方程 $F(x, y) = 0$, 可以唯一确定如下的 x 的隐函数 $y = f(x)$.

1) $y = f(x)$ 在包含 x_0 的某个区间 $x_1 \leqslant x \leqslant x_2$ 上是 x 的连续函数, 在这个区间上总有 $F(x, f(x)) = 0$.

2) $y_0 = f(x_0)$.

3) $\dfrac{\mathrm{d}y}{\mathrm{d}x} = -\dfrac{F_x(x, y)}{F_y(x, y)}$.

[证]　根据假设, $F_y(x_0, y_0) \neq 0$, 这里设 $F_y(x_0, y_0) > 0$. (相反的情况也同样, 也可以用 $-F$ 代替 F.)

根据假设, $F_y(x, y)$ 连续, 所以在包含 (x_0, y_0) 的某个区域 K 上, $F_y(x, y) > 0$.

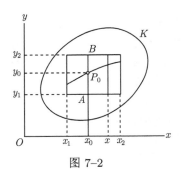

在该区域内, 设 $x = x_0$, 只让 y 变动, 那么根据假设 $F_y(x_0, y) > 0$, 所以 $F(x_0, y)$ 关于 y 单调递增, 且 $y = y_0$ 时它等于 0, 因此在 K 内存在某个点 $A = (x_0, y_1)$ (见图 7–2), 使得 $y_1 < y_0, F(x_0, y_1) < 0$, 而且存在 $B = (x_0, y_2)$, 使得 $y_2 > y_0, F(x_0, y_2) > 0$.

根据假设 $F(x, y)$ 连续, 在 A 处它是负的, 所以在通过点 A 的水平线之上, 在包含 A 的某个区域内它总是负的. 而在 B 处它是正的, 因此在通过 B 处的水平线之上, 在包含 B 的某个区域内它总是正的. 因此在包含 x_0 的某个区间 $x_1 \leqslant x \leqslant x_2$ 上, 有

图 7–2

$$F(x, y_1) < 0, \quad F(x, y_2) > 0.$$

因此, 在区间 $[x_1, x_2]$ 上, 如果固定 x 的值, 让 y 从 y_1 到 y_2 变动, 那么因为 $F_y > 0$, 所以 $F(x, y)$ 关于 y 单调递增, 而且 $F(x, y_1) < 0$, $F(x, y_2) > 0$, 所以在区间 $y_1 < y < y_2$ 上, 存在唯一一点 y 满足 $F(x, y) = 0$.

这样, 对应于区间 $x_1 \leqslant x \leqslant x_2$ 上 x 的任意值, 都能在区间 $y_1 < y < y_2$ 上根据条件 $F(x, y) = 0$ 确定出一个 y 的值. 即这个 y 的值是 x 的函数. 设它是 $y = f(x)$.

这个函数的连续性几乎是显然的, 下面给出其一般证明. 此时, 在上面的区间中取收敛于 x 的任意数列 $\{x_n\}$, $x_n \neq x$, 设 y 对应于此数列的值为 $\{y_n\}$. 于是, 因为点列 $\{x_n, y_n\}$ 有界, 所以有聚点. 设其中一个聚点是 (x, η), 则存在收敛于 (x, η) 的 $\{x_n, y_n\}$ 的子列 $\{x_{a_n}, y_{a_n}\}$. 于是 $F(x_{a_n}, y_{a_n}) = 0$, 因为 F 连续, 所以 $F(x, \eta) = 0$. 因此 η 是对应于 x 的 y 的值, 这是一定的. 因此聚点只有 (x, y) 一个, 因此它是 $\{x_n, y_n\}$ 的极限 (§7 的 [注意]), 即 $x_n \to x$ 时, $y_n \to y$, 从而 y 连续.

至此都没有使用 $F_x(x,y)$, 现在, 假设 $F_x(x,y)$ 连续, 那么根据中值定理, 在区域 K 上有

$$F(x+\Delta x, y+\Delta y) - F(x,y) = \Delta x F_x(x+\theta\Delta x, y+\theta\Delta y) + \Delta y F_y(x+\theta\Delta x, y+\theta\Delta y),$$
$$(1)$$

其中 $0 < \theta < 1$. 特别地, 如果 (x,y) 及 $(x+\Delta x, y+\Delta y)$ 满足 $F(x,y) = 0$, 那么上式左边等于 0, 所以有

$$\frac{\Delta y}{\Delta x} = -\frac{F_x(x+\theta\Delta x, y+\theta\Delta y)}{F_y(x+\theta\Delta x, y+\theta\Delta y)},$$

根据假设, $F_y \neq 0$, 而且显然 $\Delta x \neq 0$, 所以可以这样写上式. 因为 F_x, F_y 连续, 所以当 $\Delta x \to 0$ 时有

$$\frac{\mathrm{d}y}{\mathrm{d}x} = -\frac{F_x(x,y)}{F_y(x,y)}. \qquad (2)$$

至此, 定理的所有部分都得到证明. □

[**注意**] 设 (1) 中左边等于 0, 因为 F_x, F_y 是连续的, 所以

$$\Delta x F_x(x,y) + \Delta y F_y(x,y) + o(\rho) = 0, \quad \rho = \sqrt{(\Delta x)^2 + (\Delta y)^2}.$$

从而, 根据假设 $F_y \neq 0$ 可知 y 可微, 而且

$$F_x \mathrm{d}x + F_y \mathrm{d}y = 0.$$

由此也可以得到 (2).

如果 F_x, F_y 可微, 关于独立变量 x, 把 (2) 式右边微分, 得到 $\dfrac{\mathrm{d}^2 y}{\mathrm{d}x^2}$. 为了计算它, 把 (2) 式写成

$$F_x(x,y) + F_y(x,y)y' = 0$$

的形式再关于 x 微分, 得

$$F_{xx} + F_{xy}y' + (F_{yx} + F_{yy}y')y' + F_y y'' = 0.$$

因此有

$$y'' = -\frac{F_{xx} + 2F_{xy}y' + F_{yy}y'^2}{F_y}.$$

把由 (2) 式求得的 y' 的值代入上式, 可以用 F 的二阶及低于二阶的偏微分表示 y'' (三阶以上也一样).

定理 71 也可以扩展到三个以上的变量. 例如, 对于三个变量有下面定理.

定理 72 假设 $F(x, y, z)$ 在点 (x_0, y_0, z_0) 的邻域连续可微, 且

$$F(x_0, y_0, z_0) = 0,$$

$$F_z(x_0, y_0, z_0) \neq 0.$$

那么在 xy 平面上, 在点 (x_0, y_0) 的邻域内可以确定满足 $z = f(x, y)$ 的隐函数, 即

1) $F(x, y, f(x, y)) = 0$,

2) $z_0 = f(x_0, y_0)$,

3) $\dfrac{\partial z}{\partial x} = -\dfrac{F_x}{F_z}, \ \dfrac{\partial z}{\partial y} = -\dfrac{F_y}{F_z}$.

如果 F_x, F_y 存在, 则 z 作为 x, y 的函数可微, 且全微分 $\mathrm{d}z$ 可由

$$F_x \mathrm{d}x + F_y \mathrm{d}y + F_z \mathrm{d}z = 0$$

求得 (前面的 [注意]). 这样, 如上所示有

$$\frac{\partial z}{\partial x} = -\frac{F_x}{F_z}, \quad \frac{\partial z}{\partial y} = -\frac{F_y}{F_z}. \tag{3}$$

如果 F 高阶可微, 那么 z 关于 x, y 也同阶可微并可通过对 (3) 微分求得.

扩展上面的考察, 得到下面定理.

定理 73 设 $n + p$ 个变量 $x_1, x_2, \cdots, x_{n+p}$ 之间的 n 个关系式

$$F_i(x_1, x_2, \cdots, x_{n+p}) = 0 \quad (i = 1, 2, \cdots, n) \tag{4}$$

在点 $P_0 = (x_1^0, x_2^0, \cdots, x_{n+p}^0)$ 成立, 且 F_i 在点 P_0 的邻域内连续可微. 另外在点 P_0 处**函数行列式**

$$\frac{\mathrm{D}(F_1, F_2, \cdots, F_n)}{\mathrm{D}(x_\alpha, x_\beta, \cdots, x_\lambda)} = \begin{vmatrix} \dfrac{\partial F_1}{\partial x_\alpha}, & \dfrac{\partial F_1}{\partial x_\beta}, & \cdots, & \dfrac{\partial F_1}{\partial x_\lambda} \\ \dfrac{\partial F_2}{\partial x_\alpha}, & \dfrac{\partial F_2}{\partial x_\beta}, & \cdots, & \dfrac{\partial F_2}{\partial x_\lambda} \\ \cdots\cdots\cdots\cdots\cdots\cdots\cdots\cdots \\ \dfrac{\partial F_n}{\partial x_\alpha}, & \dfrac{\partial F_n}{\partial x_\beta}, & \cdots, & \dfrac{\partial F_n}{\partial x_\lambda} \end{vmatrix}$$

$(\alpha, \beta, \cdots, \lambda$ 是 $1, 2, \cdots, n + p$ 中 n 个互不相同的序号) 至少有一个不等于 0. 例如, 关于 $x_1, x_2, \cdots, x_n$ 的函数行列式在点 P_0 处满足

$$\frac{\mathrm{D}(F_1, F_2, \cdots, F_n)}{\mathrm{D}(x_1, x_2, \cdots, x_n)} = \begin{vmatrix} \dfrac{\partial F_1}{\partial x_1} & \dfrac{\partial F_1}{\partial x_2}, & \cdots, & \dfrac{\partial F_1}{\partial x_n} \\ \dfrac{\partial F_2}{\partial x_1} & \dfrac{\partial F_2}{\partial x_2}, & \cdots, & \dfrac{\partial F_2}{\partial x_n} \\ \cdots\cdots\cdots\cdots\cdots\cdots\cdots\cdots \\ \dfrac{\partial F_n}{\partial x_1} & \dfrac{\partial F_n}{\partial x_2}, & \cdots, & \dfrac{\partial F_n}{\partial x_n} \end{vmatrix} \neq 0 \tag{5}$$

那么根据上面的关系式 (4), 可以如下确定 $x_1, x_2, \cdots, x_n$ 为其他变量 $x_{n+1}, x_{n+2}, \cdots,$ x_{n+p} 的函数. 现在, 为了方便起见, 把记号 $x_{n+1}, x_{n+2}, \cdots, x_{n+p}$ 换成 $u, v, \cdots, w$, 在点 $(u^0, v^0, \cdots, w^0)$ 的邻域内, 可以确定 p 个变量 $u, v, \cdots, w$ 的 n 个函数

$$x_i = \varphi_i(u, v, \cdots, w) \quad (i = 1, 2, \cdots, n)$$

1) $F_i(\varphi_1, \varphi_2, \cdots, \varphi_n, u, v, \cdots, w) = 0,$

2) $x_i^0 = \varphi_i(u^0, v^0, \cdots, w^0).$

3) 关于 $u, v, \cdots, w$ 的全微分 $\mathrm{d}x_i$ 可以由下面的一次联立方程求得, 即

$$\frac{\partial F_i}{\partial x_1}\mathrm{d}x_1 + \frac{\partial F_i}{\partial x_2}\mathrm{d}x_2 + \cdots + \frac{\partial F_i}{\partial x_n}\mathrm{d}x_n + \left(\frac{\partial F_i}{\partial u}\mathrm{d}u + \frac{\partial F_i}{\partial v}\mathrm{d}v + \cdots + \frac{\partial F_i}{\partial w}\mathrm{d}w\right) = 0.$$
$$(i = 1, 2, \cdots, n)$$

[证]   首先, 为了方便起见, 在下面的两个方程

$$F(x, y, u) = 0, \tag{6}$$
$$G(x, y, u) = 0 \tag{7}$$

中, 考察独立变量 u 的函数 x, y. 设 (x_0, y_0, u_0) 满足这些方程, 且在 (x_0, y_0, u_0) 处有

$$\frac{\mathrm{D}(F, G)}{\mathrm{D}(x, y)} = \begin{vmatrix} \dfrac{\partial F}{\partial x} & \dfrac{\partial F}{\partial y} \\[2ex] \dfrac{\partial G}{\partial x} & \dfrac{\partial G}{\partial y} \end{vmatrix} \neq 0. \tag{8}$$

这时, 在点 (x_0, y_0, u_0) 处, $\dfrac{\partial F}{\partial x}$ 和 $\dfrac{\partial F}{\partial y}$ 不能同时等于 0, 于是可设 $\dfrac{\partial F}{\partial x} \neq 0$, 即

$$F_x(x_0, y_0, u_0) \neq 0.$$

那么, 根据定理 72, 在点 (y_0, u_0) 的邻域内, 由 (6) 可确定函数

$$x = f(y, u). \tag{9}$$

把这个函数代入 G 中, 生成 y, u 的函数

$$G(f(y, u), y, u) = H(y, u).$$

而

$$H_y = G_x\frac{\partial f}{\partial y} + G_y, \quad \frac{\partial f}{\partial y} = -\frac{F_y}{F_x},$$

因此有

$$H_y = -\frac{G_x F_y}{F_x} + G_y = \frac{1}{F_x} \begin{vmatrix} F_x & F_y \\ G_x & G_y \end{vmatrix},$$

由 (8) 可知, 上式在 (x_0, y_0, u_0) 处不等于 0.

因此, 在包含 $u = u_0$ 的某个区间上, 可以确定满足 $H(y, u) = 0$ 的函数 $y = \psi(u)$. 把这个函数代入 (9) 中, 并设 $x = \varphi(u)$, 则 $x = \varphi(u), y = \psi(u)$ 满足 (6) 和 (7). 显然有

$$x_0 = \varphi(u_0), \quad y_0 = \psi(u_0).$$

而 $\dfrac{\mathrm{d}x}{\mathrm{d}u}, \dfrac{\mathrm{d}y}{\mathrm{d}u}$ 的存在性证明以及计算与前面相同. 即由下面的方程组

$$\left. \begin{array}{l} F_x \mathrm{d}x + F_y \mathrm{d}y + F_u \mathrm{d}u = 0 \\ G_x \mathrm{d}x + G_y \mathrm{d}y + G_u \mathrm{d}u = 0 \end{array} \right\} \tag{10}$$

得

$$\mathrm{d}x : \mathrm{d}y : \mathrm{d}u = \begin{vmatrix} F_y & F_u \\ G_y & G_u \end{vmatrix} : \begin{vmatrix} F_u & F_x \\ G_u & G_x \end{vmatrix} : \begin{vmatrix} F_x & F_y \\ G_x & G_y \end{vmatrix}.$$

如果 F, G 高阶可微, 那么可以求得 x, y 关于 u 直至同阶的微商. 例如

$$\left(\frac{\mathrm{d}x}{\mathrm{d}u} \frac{\partial}{\partial x} + \frac{\mathrm{d}y}{\mathrm{d}u} \frac{\partial}{\partial y} + \frac{\partial}{\partial u} \right)^2 F + \frac{\partial F}{\partial x} \frac{\mathrm{d}^2 x}{\mathrm{d}u^2} + \frac{\partial F}{\partial y} \frac{\mathrm{d}^2 y}{\mathrm{d}u^2} = 0,$$

$$\left(\frac{\mathrm{d}x}{\mathrm{d}u} \frac{\partial}{\partial x} + \frac{\mathrm{d}y}{\mathrm{d}u} \frac{\partial}{\partial y} + \frac{\partial}{\partial u} \right)^2 G + \frac{\partial G}{\partial x} \frac{\mathrm{d}^2 x}{\mathrm{d}u^2} + \frac{\partial G}{\partial y} \frac{\mathrm{d}^2 y}{\mathrm{d}u^2} = 0.$$

求解上面的方程得到 $\dfrac{\mathrm{d}^2 x}{\mathrm{d}u^2}, \dfrac{\mathrm{d}^2 y}{\mathrm{d}u^2}$. 再逐次微分, 得到求解 $\dfrac{\mathrm{d}^n x}{\mathrm{d}u^n}, \dfrac{\mathrm{d}^n y}{\mathrm{d}u^n}$ 的二元一次联立方程. 解这个联立方程组时分子是非常复杂的式子, 但分母总是 $F_x G_y - F_y G_x$, 根据假设, 它不等于 0. 从而可求得 $x^{(n)}, y^{(n)}$.

含 x, y 之外的其他变量时, 上面的关系式 (6) 和 (7) 仍然是一样的. 例如, 还包含变量 u, v 时, (10) 变成

$$\left. \begin{array}{l} F_x \mathrm{d}x + F_y \mathrm{d}y + (F_u \mathrm{d}u + F_v \mathrm{d}v) = 0, \\ G_x \mathrm{d}x + G_y \mathrm{d}y + (G_u \mathrm{d}u + G_v \mathrm{d}v) = 0. \end{array} \right\}$$

关于 $\mathrm{d}x, \mathrm{d}y$ 求解, 得

$$\begin{vmatrix} F_x & F_y \\ G_x & G_y \end{vmatrix} \mathrm{d}x = \begin{vmatrix} F_y & F_u \\ G_y & G_u \end{vmatrix} \mathrm{d}u + \begin{vmatrix} F_y & F_v \\ G_y & G_v \end{vmatrix} \mathrm{d}v,$$

$$\begin{vmatrix} F_x & F_y \\ G_x & G_y \end{vmatrix} \mathrm{d}y = \begin{vmatrix} F_u & F_x \\ G_u & G_x \end{vmatrix} \mathrm{d}u + \begin{vmatrix} F_v & F_x \\ G_v & G_x \end{vmatrix} \mathrm{d}v,$$

即

$$\frac{\partial x}{\partial u} = \frac{\mathrm{D}(F,G)}{\mathrm{D}(y,u)} \Big/ \Delta, \quad \frac{\partial x}{\partial v} = \frac{\mathrm{D}(F,G)}{\mathrm{D}(y,v)} \Big/ \Delta.$$

$$\frac{\partial y}{\partial u} = \frac{\mathrm{D}(G,F)}{\mathrm{D}(x,u)} \Big/ \Delta, \quad \frac{\partial y}{\partial v} = \frac{\mathrm{D}(G,F)}{\mathrm{D}(x,v)} \Big/ \Delta.$$

分母是 $\Delta = \dfrac{\mathrm{D}(F,G)}{\mathrm{D}(x,y)} = \dfrac{\mathrm{D}(G,F)}{\mathrm{D}(y,x)}$, 根据假设 $\Delta \neq 0$.

一般情况下的定理 73 可用数学归纳法证明. 方法与上面从 $n = 1$ 的结论得到 $n = 2$ 的结论的推导相同. $\qquad\square$

§83　反　函　数

定理 74　设 n 个独立变量 $x_1, x_2, \cdots, x_n$ 的 n 个函数

$$u_i = f_i(x_1, x_2, \cdots, x_n) \quad (i = 1, 2, \cdots, n) \tag{1}$$

在点 $P_0 = (x_1^0, x_2^0, \cdots, x_n^0)$ 的邻域内连续可微, 函数行列式是

$$J(x_1, x_2, \cdots, x_n) = \frac{\mathrm{D}(u_1, u_2, \cdots, u_n)}{\mathrm{D}(x_1, x_2, \cdots, x_n)} = \begin{vmatrix} \dfrac{\partial u_1}{\partial x_1}, & \cdots, & \dfrac{\partial u_1}{\partial x_n} \\ \cdots\cdots\cdots\cdots\cdots\cdots \\ \dfrac{\partial u_n}{\partial x_1}, & \cdots, & \dfrac{\partial u_n}{\partial x_n} \end{vmatrix}.$$

现在, 把关于变量 x 的点 $P_0 = (x_1^0, x_2^0, \cdots, x_n^0)$ 对应于关于变量 u 的点 $Q_0 = (u_1^0, u_2^0, \cdots, u_n^0)$, 且如果 $J(x_1^0, x_2^0, \cdots, x_n^0) \neq 0$, 则在包含 Q_0 的某个区域内, 能够唯一确定作为点 $Q = (u_1, u_2, \cdots, u_n)$ 的函数且满足 (1) 的 $x_1, x_2, \cdots, x_n$, 它们都连续可微.

[证]　把 (1) 看作 $x_1, x_2, \cdots, x_n; u_1, u_2, \cdots, u_n$ 之间的 n 个关系式, 考察作为 $u_1, u_2, \cdots, u_n$ 的隐函数的 $x_1, x_2, \cdots, x_n$, 因此可以运用定理 73, 即令

$$F_i = f_i(x_1, x_2, \cdots, x_n) - u_i, \quad i = 1, 2, \cdots, n,$$

则

$$\frac{\mathrm{D}(F_1, F_2, \cdots, F_n)}{\mathrm{D}(x_1, x_2, \cdots, x_n)} = \begin{vmatrix} \dfrac{\partial f_1}{\partial x_1}, & \dfrac{\partial f_1}{\partial x_2}, & \cdots, & \dfrac{\partial f_1}{\partial x_n} \\ \cdots\cdots\cdots\cdots\cdots\cdots\cdots\cdots \\ \cdots\cdots\cdots\cdots\cdots\cdots\cdots\cdots \\ \dfrac{\partial f_n}{\partial x_1}, & \dfrac{\partial f_n}{\partial x_2}, & \cdots, & \dfrac{\partial f_n}{\partial x_n} \end{vmatrix} = J.$$

而根据假设, $J(x_1^0, x_2^0, \cdots, x_n^0) \neq 0$. 因此关系式

$$F_i = 0, \quad i = 1, 2, \cdots, n$$

成立, 即在 $Q_0 = (u_1^0, u_2^0, \cdots, u_n^0)$ 的邻域内能够确定满足 (1) 的 $(u_1, u_2, \cdots, u_n)$ 的函数

$$x_i = \varphi_i(u_1, u_2, \cdots, u_n) \quad (i = 1, 2, \cdots, n).$$

这些函数的可微性及其全微分的求法与前节描述的相同. □

函数之间的关系　把定理 74 一般化得到下面的定理.

定理 75　设 n 个变量 $x_1, x_2, \cdots, x_n$ 的 m 个函数

$$u_i = f_i(x_1, x_2, \cdots, x_n), \quad (i = 1, 2, \cdots, m) \tag{2}$$

在点 $P_0 = (x_1^0, x_2^0, \cdots, x_n^0)$ 的邻域内连续可微. 而且在偏微分矩阵

$$\begin{array}{cccc} \dfrac{\partial u_1}{\partial x_1}, & \dfrac{\partial u_1}{\partial x_2}, & \cdots, & \dfrac{\partial u_1}{\partial x_n} \\ \dfrac{\partial u_2}{\partial x_1}, & \dfrac{\partial u_2}{\partial x_2}, & \cdots, & \dfrac{\partial u_2}{\partial x_n} \\ \multicolumn{4}{c}{\cdots\cdots\cdots\cdots\cdots\cdots\cdots\cdots\cdots\cdots} \\ \dfrac{\partial u_m}{\partial x_1}, & \dfrac{\partial u_m}{\partial x_2}, & \cdots, & \dfrac{\partial u_m}{\partial x_n} \end{array} \tag{3}$$

中, 存在一个在点 P_0 处不等于 0 的 r 阶 $(r < m, r \leqslant n)$ 行列式. 比如, 设

$$\left(\frac{\mathrm{D}(u_1, u_2, \cdots, u_r)}{\mathrm{D}(x_1, x_2, \cdots, x_r)} \right)_0 \neq 0^{①}, \tag{4}$$

而且包含这个行列式的所有 $r+1$ 阶行列式在 P_0 的邻域内总是等于 0, 即

$$\frac{\mathrm{D}(u_1, \cdots, u_r, u_\rho)}{\mathrm{D}(x_1, \cdots, x_r, x_\sigma)} = 0 \quad \begin{pmatrix} r < \rho \leqslant m \\ r < \rho \leqslant n \end{pmatrix}. \tag{5}$$

那么, 在 P_0 的邻域内, $u_1, u_2, \cdots, u_r$ 独立, 且 $u_{r+1}, \cdots, u_m$ 只是 $u_1, u_2, \cdots, u_r$ 的函数.

当 x 系的点 $P_0 = (x_1^0, x_2^0, \cdots, x_n^0)$ 与 u 系的点 $Q_0 = (u_1^0, u_2^0, \cdots, u_m^0)$ 对应时, 在点 P_0 的邻域内, $(u_1, u_2, \cdots, u_r)$ 能够取到与 $(u_1^0, u_2^0, \cdots, u_r^0)$ 充分接近的任意值, 在这样的意义下 $u_1, u_2, \cdots, u_r$ 独立, 但是, 这时自然地确定了 $u_{r+1}, \cdots, u_m$ 的取值. 换句话说, 当 $P = (x_1, x_2, \cdots, x_n)$ 在 P_0 的邻域内自由地变动时, 虽然

---

① 为了表示 P_0 处的值, 这里运用了左边那样的记法.

与此对应的 $Q = (u_1, u_2, \cdots, u_m)$ 在 Q_0 的邻域内变动, 但是 Q 却无法充满 m 维空间中无论是多么小的区域. 简称其为 $u_1, u_2, \cdots, u_m$ 非独立[①](简单地说, 例如 $m = 3$, 而 $r = 2$, 则 Q 被限制在某个曲面上, 如果 $r = 1$, 则 Q 被限制在某条曲线上).

[注意]　对于上面的假定, 虽然假定 (4) 只是对点 P_0 的假定, 但因为这是不等式, 因此根据连续性, 它在点 P_0 的邻域内也成立, 而 (5) 是等式, 所以只在点 P_0 处成立是不充分的, 必须让它在 P_0 邻域内总成立. 简单地说, 假设在点 P_0 的邻域, 存在一个 r 阶行列式, 它的符号总是一定的, 而且包含它的所有 $r + 1$ 阶行列式总是等于 0.

[证]　本定理只考虑 $x_1^0, x_2^0, \cdots, x_n^0; u_1^0, u_2^0, \cdots, u_m^0$ 附近的各变量 x, u, 为此不再一一声明. 根据 (4), 当把 $u_1, u_2, \cdots, u_r; x_{r+1}, \cdots, x_n$ 看作独立变量时, 可以作为它们的隐函数确定 $x_1, x_2, \cdots, x_r$ (定理 73). 因此, 给定 $u_1, u_2, \cdots, u_r$ 和 $x_{r+1}, \cdots, x_n$ 的任意值, 如果确定了与此对应的 $x_1, x_2, \cdots, x_r$ 的值, 这些值满足

$$u_i = f_i(x_1, x_2, \cdots, x_n) \quad (i = 1, 2, \cdots, r), \tag{6}$$

即因为 $u_1, u_2, \cdots, u_r$ 可以取任意值, 所以彼此相互独立.

把这样确定的 $x_1, x_2, \cdots, x_r$ 代入

$$u_\rho = f_\rho(x_1, x_2, \cdots, x_r; x_{r+1}, \cdots, x_n) \quad (\rho = r+1, \cdots, m), \tag{7}$$

u_ρ 成为 $u_1, u_2, \cdots, u_r$ 和 $x_{r+1}, \cdots, x_n$ 的函数, 根据 (5), 这个函数与 $x_{r+1}, \cdots, x_m$ 无关, 因此 u_ρ 只是 $u_1, u_2, \cdots, u_r$ 的函数. 为此, 证明当把 u_ρ 表示为 $u_1, u_2, \cdots, u_r$, $x_{r+1}, \cdots, x_n$ 的函数时, 必定有 $\dfrac{\partial u_\rho}{\partial x_{r+1}} = 0, \cdots, \dfrac{\partial u_\rho}{\partial x_n} = 0$.

设 $r < \sigma \leqslant m$, 由 (7) 可知

$$\frac{\partial u_\rho}{\partial x_\sigma} = \frac{\partial f_\rho}{\partial x_1}\frac{\partial x_1}{\partial x_\sigma} + \frac{\partial f_\rho}{\partial x_2}\frac{\partial x_2}{\partial x_\sigma} + \cdots + \frac{\partial f_\rho}{\partial x_r}\frac{\partial x_r}{\partial x_\sigma} + \frac{\partial f_\rho}{\partial x_\sigma}. \tag{8}$$

上式的右边 $\dfrac{\partial x_i}{\partial x_\sigma}$ 是把 $x_1, x_2, \cdots, x_r$ 看作 $x_{r+1}, \cdots, x_n$ (以及 $u_1, \cdots, u_r$) 的隐函数时的微商, 可以从把 (6) 微分而得到的等式

$$0 = \frac{\partial f_i}{\partial x_1}\frac{\partial x_1}{\partial x_\sigma} + \cdots + \frac{\partial f_i}{\partial x_r}\frac{\partial x_r}{\partial x_\sigma} + \frac{\partial f_i}{\partial x_\sigma}, \quad (i = 1, 2, \cdots, r) \tag{9}$$

中求得这些微商. 从 (8) 和 (9) 消掉 $\dfrac{\partial x_i}{\partial x_\sigma}$, 得

---

① 这是由假设 $r < m$ 得到的结论. 如果 $r = m$, 则定理 75 就是定理 73 的特殊情况.

$$\begin{vmatrix} \dfrac{\partial f_1}{\partial x_1}, & \cdots, & \dfrac{\partial f_1}{\partial x_r}, & \dfrac{\partial f_1}{\partial x_\sigma} \\ \cdots\cdots\cdots\cdots\cdots\cdots\cdots\cdots\cdots\cdots\cdots\cdots\cdots\cdots \\ \dfrac{\partial f_r}{\partial x_1}, & \cdots, & \dfrac{\partial f_r}{\partial x_r}, & \dfrac{\partial f_r}{\partial x_\sigma} \\ \dfrac{\partial f_\rho}{\partial x_1}, & \cdots, & \dfrac{\partial f_\rho}{\partial x_r}, & \dfrac{\partial f_\rho}{\partial x_\sigma} - \dfrac{\partial u_\rho}{\partial x_\sigma} \end{vmatrix} = 0,$$

即

$$\frac{\mathrm{D}(f_1, \cdots, f_r, f_\rho)}{\mathrm{D}(x_1, \cdots, x_r, x_\sigma)} - \frac{\partial u_\rho}{\partial x_\sigma} \frac{\mathrm{D}(f_1, \cdots, f_r)}{\mathrm{D}(x_1, \cdots, x_r)} = 0.$$

根据假设, 第一个函数行列式等于 0, 第二个函数行列式不等于 0, 所以

$$\frac{\partial x_\rho}{\partial x_\sigma} = 0. \quad (\sigma = r+1, \cdots, m)$$

因此 u_ρ 只是 $u_1, u_2, \cdots, u_r$ 的函数. □

[注意] 定理 75 是局部性质, r 即矩阵 (3) 的秩可以因位置不同而不同. 设如上所示函数 u_i 的数量是 m, 那么 r 就有可能取 0 到 m 之间的值. 如果 $r=0$, 则表明在 $P_0 = (x_1^0, x_2^0, \cdots, x_n^0)$ 的邻域内 $\dfrac{\partial u_\mu}{\partial x_\nu}$ 都等于 0, 从而表明 u_μ 都是常数. 如果 $r=m$, 则表明在 P_0 的邻域内, 矩阵 (3) 的某个 m 阶行列式不等于 0 (于是 $m \leqslant n$), 此时 $u_1, u_2, \cdots, u_m$ 在 P_0 的邻域内独立.

§84 映 射

像前节 (1) 那样, 如果给定 x 系 n 维空间某个区域 K 内连续可微的 n 个函数

$$u_i = f_i(x_1, x_2, \cdots, x_n), \quad (i = 1, 2, \cdots, n) \tag{1}$$

K 中的点 $P = (x_1, x_2, \cdots, x_n)$ 对应于 u 系的点 $Q = (u_1, u_2, \cdots, u_n)$. 换句话说, 点 Q 是点 P 的 "函数". 因此把 (1) 简记为

$$Q = f(P). \tag{2}$$

称这样的对应关系为**映射**, Q 称作 P 的**像**, 反过来称 P 是 Q 的**原像**. 如上所示, 如果函数 f_i 连续, 那么当 P 连续变化时, 点 P 的像 Q 也连续地变化, 因此称 (2) 是连续映射.

在映射 (2) 中, 各点 P 的像 Q 是确定的, 反过来对于点 Q 可能有不同的点 P 与之对应, 即 Q 的原像 P 不一定是唯一的. 如果点 Q 的原像 P 能够唯一确定,

即 P 与 Q 一一对应 (1–1 对应), 那么 (2) 的逆映射存在,

$$P = \varphi(Q). \tag{3}$$

而如果函数行列式 $J(P) = \dfrac{\mathrm{D}(u_1, u_2, \cdots, u_n)}{\mathrm{D}(x_1, x_2, \cdots, x_n)}$ 在点 P_0 处不等于 0, 那么在点 P_0 的邻域内, (2) 是一一映射. 下面证明这一结论. 为了更清楚起见, 设 $n = 2$, 考虑下面的映射

$$u = f(x, y), \quad v = g(x, y). \tag{4}$$

如上所示, 一般地写作 $P = (x, y)$, $Q = (u, v)$, 从 xy 平面到 uv 平面的映射 (4) 简记为

$$Q = F(P). \tag{5}$$

现在设 $Q_0 = (u_0, v_0)$ 对应于 $P_0 = (x_0, y_0)$, 且 $J(P_0) \neq 0$. 此时在 xy 平面上, 如图 7–3 所示, 取包含 P_0 的充分小区域 K_0, 在 uv 平面上取包含 Q_0 的区域 K_0', 使得 K_0' 上任意点的原像在 K_0 上至多只有一个. 这是可以做到的.

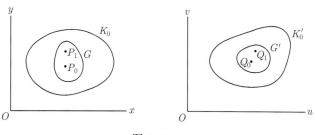

图 7–3

事实上, 如果不是这样, 在 uv 平面上, 适当地取收敛于 Q_0 的点列 $\{Q_i\}$, Q_i 有不同的原像 $P_i = (x_i, y_i)$ 和 $P_i' = (x_i', y_i')$, $(P_i \neq P_i')$, 且 $P_i \to P_0, P_i' \to P_0$. 于是根据平均值定理, 在线段 $P_i P_i'$ 上取适当的点 R_i, S_i, 有

$$0 = f(P_i) - f(P_i') = (x_i - x_i') f_x(R_i) + (y_i - y_i') f_y(R_i),$$

$$0 = g(P_i) - g(P_i') = (x_i - x_i') g_x(S_i) + (y_i - y_i') g_y(S_i).$$

因为 $P_i \neq P_i'$, 所以 $x_i - x_i'$, $y_i - y_i'$ 不能同时等于 0. 因此

$$\begin{vmatrix} f_x(R_i) & f_y(R_i) \\ g_x(S_i) & g_y(S_i) \end{vmatrix} = 0, \quad (i = 1, 2, \cdots).$$

此时, 当 $i \to \infty$ 时, 因为 $R_i \to P_0, S_i \to P_0$, 所以 $J(P_0) = 0$. 这与假设不符.

根据定理 74, 如果取 K'_0 内包含 Q_0 的充分小区域 G', 于是在 K_0 上能够唯一确定 G' 的点 Q 的原像, 所以在 G' 中能够确定 (5) 的逆映射. 现在, 设 uv 平面的区域 G' 的点 Q 在 K_0 内的所有原像 P 的集合为 G, 则 G 是 xy 平面上包含 P_0 的区域. 事实上, 如果 G 的任意点 P_1 与 Q_1 对应, 在 K_0 内取与 P_1 充分接近的任意点 P, 那么因为 $F(P)$ 连续, 所以 P 的像 Q 属于 G', 因此 P 属于集合 G. 这表明 G 的各点 P_1 是内点, G 是开集合. 对于 G 内任意两点 P_1, P_2, 设与它们对应的 G' 内的两点是 Q_1, Q_2, 这时连结 Q_1, Q_2 的 G' 内的曲线 (若尔当曲线, 例如折线) 与连结 P_1, P_2 的 G 内的曲线对应. 因此 G 是连通的开集合, 即区域.

现在, 在 G' 内任取包含点 Q_0 且其闭包包含于 G' 的区域, 如果以这个区域代替 G', 同上, 与这个 G' 对应的 G 的点与区域 G' 的点连续地一一对应, 此时 G, G' 的闭包都在连续一一对应的区域内. 此时, 根据 F 和 φ 的连续性可简单地得出结论: G 的边界点与 G' 的边界点一一对应. 因此, 加入边界点, K_0 内的闭区域 $[G]$ 与 K'_0 内的闭区域 $[G']$ 可以生成一一连续映射, 内点对应内点, 边界点对应于边界点. 特别地, 如果 $[G]$ 的边界是若尔当闭曲线, 则 $[G']$ 的边界也是若尔当闭曲线.

上面的讨论是局部的, 因此即使在 K 中总有 $J(P) \neq 0$, 也无法保证在整个 K 上映射是一一对应的. 例如, 设

$$u = x^2 - y^2, \quad v = 2xy$$

(它们来自于 $u + iv = (x + yi)^2$). 这时有

$$J = \frac{\mathrm{D}(u, v)}{\mathrm{D}(x, y)} = \begin{vmatrix} 2x & -2y \\ 2y & 2x \end{vmatrix} = 4(x^2 + y^2),$$

如果 $(x, y) \neq (0, 0)$, 则 $J \neq 0$, 但是, 因为 $(x, y), (-x, -y)$ 都与 (u, v) 对应, 所以当 K 同时包含 $(x, y), (-x, -y)$ 时, 上面的对应不是一一对应. 一般地, 设在 K 上正则解析的函数 $f(z) = f(x + yi) = u + iv$ 的实部是 $u(x, y)$ 而虚部是 $v(x, y)$, 那么根据柯西 – 黎曼微分方程 (§55) 有

$$\frac{\mathrm{D}(u, v)}{\mathrm{D}(x, y)} = \begin{vmatrix} u_x & u_y \\ v_x & v_y \end{vmatrix} = u_x^2 + u_y^2 = |f'(z)|^2,$$

当 $f'(z) \neq 0$ 时, 上式也不等于 0, 但是 $f(z)$ 的反函数不一定是唯一的.

尽管上面的讨论是局部的, 但是利用这一讨论可以得到若干全局性的结论.

(1°) 首先, 假设由映射 $Q = f(P)$ 可以建立 xy 平面的区域 K 与 uv 平面的区域 K' 之间的一一对应. 这时可以确定逆映射 $P = \varphi(Q)$, 如果 f 连续, 则 φ 也

连续 (参照下面的 [注意] 及 §82). 这时, K 内的闭区域与 K' 的闭区域对应, 内点对应于内点, 边界点对应于边界点, 证明与上面的证明相同.

[注意] 通过一一对应的连续映射, n 维空间的区域对应于 n 维空间的区域 (Brouwer). 这看起来很显然, 但其证明却异常困难. 在 (1) 中, 假定这是成立的. 特别地, 这里省略了 K 是区域时 K' 也是区域的证明.

(2°) 设映射 (2) 的函数行列式 J 不等于 0. 这时可以把有界闭区域 K 分割成有限个小的闭区域, 在各个小的闭区域上建立一一对应: 事实上, 因为对于 K 内的任意点 $P, J(P) \neq 0$, 在 P 的邻域内可以建立局部一一对应. 现在, 设在以 P 为圆心, 以 ρ 为半径的圆内一一对应成立, 设其半径的最大值为 $\rho(P)$, 则可以用定理 14 的证明方法证明 $\rho(P)$ 关于 P 连续, 即 $|\rho(P) - \rho(P')| \leqslant PP'$ (见图 7–4). 因此设在闭区域 K 内 $\rho(P)$ 的最小值是 ρ_0, 则 $\rho_0 > 0$. 于是当把 K 分割成边长小于 $\sqrt{2}\rho_0$ 的方格时, 在各方格上, 一一对应成立.

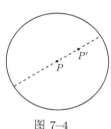

图 7–4

(3°) 通过映射 (2), 在 K 上一一对应成立时 (参照上面的 [注意]), 在 K 内无论如何小的区域内, 都不能总有 $J(P) = 0$ (定理 75). 但是, 在 K 内的孤立点或者某条线上的点却有可能 $J = 0$.

[例 1] 设 $u = x, v = y^3$, 在整个平面上一一对应成立, 但是

$$J = \begin{vmatrix} 1 & 0 \\ 0 & 3y^2 \end{vmatrix} = 3y^2,$$

在 x 轴上 $J = 0$.

[例 2] 从原点开始的半直线上取 $P = (x, y), Q = (u, v)$, 使得 $OQ = OP^2$, 那么在整个平面上一一对应成立, 但

$$u = x\sqrt{x^2 + y^2}, \quad v = y\sqrt{x^2 + y^2}, \quad J = 2(x^2 + y^2),$$

在 $(x, y) = (0, 0)$ 处 $J = 0$.

(4°) K 与 K' 在整个区域上一一对应时, 即使在 K 上 J 有可能取到 0, 但只要 K 是连通的, 则在 K 内 J 不可能取到相反的符号 (参照上面的例子). 为了证明这一点, 我们考察函数行列式 J 的符号的几何学意义. 设从 K 内的一点 P 出发的曲线为 l, 与此对应, 在 K' 内由点 Q 出发的曲线为 λ, 在它们的切线上有

$$\left. \begin{array}{l} \mathrm{d}u = \varphi_x \mathrm{d}x + \varphi_y \mathrm{d}y \\ \mathrm{d}v = \psi_x \mathrm{d}x + \psi_y \mathrm{d}y \end{array} \right\} \quad \text{从而} \quad \frac{\mathrm{d}v}{\mathrm{d}u} = \frac{\psi_x + \psi_y \dfrac{\mathrm{d}y}{\mathrm{d}x}}{\varphi_x + \varphi_y \dfrac{\mathrm{d}y}{\mathrm{d}x}}.$$

$\dfrac{\mathrm{d}y}{\mathrm{d}x}, \dfrac{\mathrm{d}v}{\mathrm{d}u}$ 是 l 和 λ 过 P 和 Q 处的曲线 l 和 λ 的斜率. 随着 l 变动 $\dfrac{\mathrm{d}y}{\mathrm{d}x}$ 增大时, 根据 $J(P) = \varphi_x \psi_y - \varphi_y \psi_x \geqslant 0$ 或者 $J(P) = \varphi_x \psi_y - \varphi_y \psi_x \leqslant 0$, $\dfrac{\mathrm{d}v}{\mathrm{d}u}$ 随着增大或者减小.

这是线性变换的性质, 即从 $\eta = \dfrac{r + s\xi}{p + q\xi}$ 到 $\dfrac{\mathrm{d}\eta}{\mathrm{d}\xi} = \dfrac{ps - qr}{(p + q\xi)^2}$, 因此 $\dfrac{\mathrm{d}\eta}{\mathrm{d}\xi}$ 的符号与行列式 $ps - qr$ 的符号相同. 这里 ξ, η 分别相当于 $\dfrac{\mathrm{d}y}{\mathrm{d}x}, \dfrac{\mathrm{d}v}{\mathrm{d}u}$.

因此, 根据 $J(P) > 0$ 或者 $J(P) < 0$, 在 P 和 Q 处相互对应的旋转方向相同或者相反 (见图 7-5).

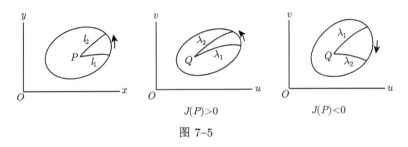

$$J(P)>0 \qquad\qquad J(P)<0$$

图 7-5

假设在 K 中, J 取相反符号的值, 根据介值定理, 在 K 中存在满足 J 等于 0 的点 P, 但是在 K 中无论如何小的区域中, 其中的点都无法满足 $J(P) = 0$, 所以对于任意的 ε, 总存在点 P_1, P_2, 使得 $P_1 P_2 < \varepsilon$ 且 $J(P_1) > 0, J(P_2) < 0$. 现在, 在 $P_1 P_2$ 上的点 M 处, 作 MN 垂直于 $P_1 P_2$, 设在 K' 中, 与它们对应的点 Q_1, Q_2 以及曲线 $M'N'$ 如图 7-6 所示. 于是当 P 在 MN 上移动时, 由假设 $J(P_1) > 0$, 与 P 对应的点 Q 在 $M'N'$ 上必须从 M' 向 N' 移动, 而由假设 $J(P_2) < 0$, Q 必须从 N' 向 M' 移动. 产生矛盾, $J(P_1) > 0$, $J(P_2) < 0$ 不合理. 因此, 在一一对应的情况下, 在 K, K' 内相互对应的旋转方向必须是同向或者反向, 因此或者总有 $J(P) \geqslant 0$ 或者总有 $J(P) \leqslant 0$.

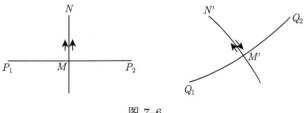

图 7-6

上面的说明有些直观且粗略, 但是它还是点明了问题的要害. 而且做适当的辅助之后上面的说明也可能推广到三维及更高维空间.

§85 对解析函数的应用

讨论隐函数的解析性当然很重要, 但在这里我们只对最简单的情况加以说明, 并重点着眼于与 §82 的定理的联系, 给出几点说明.

定理 76 设在复平面 (z 平面) 的某个区域 K 上,

$$w = f(z) \tag{1}$$

正则, 且在 K 内的某一点 $z = z_0$ 处, 有 $w = w_0$. 如果在 z_0 处, $f'(z_0) \neq 0$, 则在 $w = w_0$ 的邻域内存在正则反函数 $z = g(w)$.

[证] 把复变量 z, w 的实部和虚部分开, 设

$$z = x + y\mathrm{i}, \quad w = u + v\mathrm{i},$$

把 (1) 写成

$$u = \varphi(x, y), \quad v = \psi(x, y). \tag{2}$$

这时有

$$\varphi_x = \psi_y, \quad \varphi_y = -\psi_x,$$

$$f'(z) = \varphi_x + \mathrm{i}\psi_x = \psi_y - \mathrm{i}\varphi_y,$$

$$\frac{\mathrm{D}(u, v)}{\mathrm{D}(x, y)} = \begin{vmatrix} \varphi_x & \psi_x \\ \varphi_y & \psi_y \end{vmatrix} = \varphi_x^2 + \psi_x^2 = |f'(z)|^2.$$

根据假设 $f'(z) \neq 0$, 所以在点 (x_0, y_0) 处

$$\frac{\mathrm{D}(u, v)}{\mathrm{D}(x, y)} \neq 0.$$

因此, 根据定理 74, 在点 (u_0, v_0) 的邻域内可以确定 (2) 的反函数 (逆映射), 即作为 $w = u + \mathrm{i}v$ 的函数 $z = g(w)$ 给出复变量 $z = x + y\mathrm{i}$. 为了说明这个函数是正则解析函数, 只需证明 $g(w)$ 可微即可, 而这是显然的, 即

$$f'(z) = \lim_{z_1 \to z} \frac{w_1 - w}{z_1 - z} \neq 0$$

在 $z = z_0$ 的邻域内是确定的, 因此

$$g'(w) = \lim_{w_1 \to w} \frac{z_1 - z}{w_1 - w} = \frac{1}{f'(z)}$$

也是确定的.   □

一般地, $F(w, z) = 0$ 作为复变量 z, w 的函数, 把它的实部和虚部分开, 设

$$F(w, z) = \Phi(u, v, x, y) + \mathrm{i}\Psi(u, v, x, y).$$

今设 $F(w_0, z_0) = 0$, 当 z 在 z_0 的邻域内时 $F(w, z)$ 关于 w 正则, 且当 w 在 w_0 的邻域内时 $F(w, z)$ 关于 z 正则. 这时,

$$\left.\begin{array}{ll} \Phi_u = \Psi_v, & \Phi_v = -\Psi_u \\ \Phi_x = \Psi_y, & \Phi_y = -\Psi_x \end{array}\right\} \tag{3}$$

$$F_w = \frac{\partial F}{\partial w} = \Phi_u + \mathrm{i}\Psi_u, \quad F_z = \frac{\partial F}{\partial z} = \Phi_x + \mathrm{i}\Psi_x. \tag{4}$$

这就是 F_w, F_z 的意思.

如上所示, 当设

$$F(w_0, z_0) = 0$$

时, 如果 $F_w(w_0, z_0) \neq 0$, 则在 z_0 的邻域内, 由方程 $F(w, z) = 0$ 可知, 可以定义 $w = f(z)$ 为 z 的隐函数, 而且在 $z = z_0$ 的邻域内 w 是正则解析函数. 即字面上与定理 71 相同, 但是如果改用实数描述的话, 条件是: 首先由 $F(w, z) = 0$ 得

$$\left.\begin{array}{l} \Phi(u, v, x, y) = 0, \\ \Psi(u, v, x, y) = 0. \end{array}\right\} \tag{5}$$

其次由 $F_w(w_0, z_0) \neq 0$, 在 (u_0, v_0, x_0, y_0) 处, 有

$$\frac{\mathrm{D}(\Phi, \Psi)}{\mathrm{D}(u, v)} = \left| \begin{array}{ll} \Phi_u & \Psi_u \\ \Phi_v & \Psi_v \end{array} \right| = \Phi_u^2 + \Psi_u^2 = |F_w|^2 \neq 0.$$

因此根据定理 73, 在 (x_0, y_0) 的邻域内, 可以确定满足 (5) 的 x, y 的函数 u, v.

因此可以确定关于 z 的函数 w, 关于它的解析性即可微性的讨论可以引用 §82 的计算, 即

$$\Phi_u \mathrm{d}u + \Phi_v \mathrm{d}v + \Phi_x \mathrm{d}x + \Phi_y \mathrm{d}y = 0,$$

$$\Psi_u \mathrm{d}u + \Psi_v \mathrm{d}v + \Psi_x \mathrm{d}x + \Psi_y \mathrm{d}y = 0.$$

利用 (3) 改写上式, 得

$$\Phi_u \mathrm{d}u - \Psi_u \mathrm{d}v + \Phi_x \mathrm{d}x - \Psi_x \mathrm{d}y = 0, \tag{6}$$

$$\Psi_u \mathrm{d}u + \Phi_u \mathrm{d}v + \Psi_x \mathrm{d}x + \Phi_x \mathrm{d}y = 0. \tag{7}$$

把 (7) 的两边乘以 i 再与 (6) 相加得

$$(\Phi_u + \mathrm{i}\Psi_u)(\mathrm{d}u + \mathrm{i}\,\mathrm{d}v) + (\Phi_x + \mathrm{i}\,\Psi_x)(\mathrm{d}x + \mathrm{i}\,\mathrm{d}y) = 0,$$

即

$$\frac{\mathrm{d}u + \mathrm{i}\,\mathrm{d}v}{\mathrm{d}x + \mathrm{i}\,\mathrm{d}y} = -\frac{\Phi_x + \mathrm{i}\Psi_x}{\Phi_u + \mathrm{i}\Psi_u}.$$

因此有

$$\frac{\mathrm{d}w}{\mathrm{d}z} = -\frac{F_z}{F_w}.$$

所以 w 作为 z 的函数是 (正则) 解析的.

根据 §82 的定理推导出的上面结论是局部的, 但是, 如果利用解析性, 则可以得到更精密的结论.

(1°) 在定理 76 中, 为了简单起见, 用 z, w 取代 $z - z_0, w - w_0$, 利用 $f'(0) \neq 0$, 则在 $z = 0$ 的邻域内, 有

$$w = f(z) = a_1 z + a_2 z^2 + \cdots, \quad a_1 \neq 0. \tag{8}$$

而在 $w = 0$ 的邻域内, 已知反函数正则, 所以可设

$$z = b_1 w + b_2 w^2 + \cdots. \tag{9}$$

把上式代入 (8) 中, 根据定理 58, (8) 的右边成为 w 的幂级数, 根据幂级数的唯一性, 可以一一计算出系数 $b_1, b_2, \cdots$. 已知这样得到的幂级数 (9) 在 $w = 0$ 的邻域内收敛, 至少在 (9) 收敛时, 反函数是唯一的 (解析的延拓原则).

(2°) 在上面的反函数唯一确定的 z 平面的区域内, 设以原点为圆心的圆为 C, 可以把 (9) 中的系数 b_n 表示成更简单的形式. 设 z_1 为 C 内的点, 并设 $w_1 = f(z_1)$, 令

$$I = \frac{1}{2\pi\mathrm{i}} \int_C \frac{z f'(z) \mathrm{d}z}{f(z) - w_1}, \tag{10}$$

则上式的被积函数在 C 内只在 $z = z_1$ 有一级极点, 因此 I 等于在 $z = z_1$ 处的留数, 于是有

$$I = \lim_{z \to z_1} \frac{z(z - z_1) f'(z)}{f(z) - w_1} = z_1.$$

而在 (10) 中, 利用

$$\frac{z f'(z)}{f(z) - w_1} = \frac{z f'(z)}{f(z)} \left\{ 1 + \frac{w_1}{f(z)} + \frac{w_1^2}{f(z)^2} + \cdots \right\}$$

的一致收敛性[①]进行逐项积分, 可以把 I 即 z_1 展开成 w_1 的幂级数. 即在 (9) 中的

$$b_n = \frac{1}{2\pi i} \int_C \frac{z f'(z) \mathrm{d}z}{f(z)^{n+1}}, \tag{11}$$

或者利用

$$\frac{\mathrm{d}}{\mathrm{d}z} \frac{z}{f(z)^n} = \frac{1}{f(z)^n} - \frac{n z f'(z)}{f(z)^{n+1}},$$

得

$$n b_n = \frac{1}{2\pi i} \int_C \frac{\mathrm{d}z}{f(z)^n}.$$

上式右边就是 $f(z)^{-n}$ 在 $z = 0$ 处的留数, 从而有

$$b_n = \frac{1}{n!} \Big[\frac{\mathrm{d}^{n-1}}{\mathrm{d}z^{n-1}} \Big(\frac{z}{f(z)} \Big)^n \Big]_{z=0}. \tag{12}$$

上式就是 (9) 中系数的值 (拉格朗日展开).

应用上时常遇到这样的情形: z 和 w 之间的关系以下面的形式给出

$$z = a + w\varphi(z). \tag{13}$$

为此, 改变书写形式, 设

$$z_0 = a, \quad w_0 = 0, \quad \varphi(a) \neq 0$$

(当然设 $\varphi(z)$ 在 $z = a$ 的邻域正则), 有

$$\left. \begin{aligned} z &= a + b_1 w + b_2 w^2 + \cdots \\ b_n &= \frac{1}{n!} \frac{\mathrm{d}^{n-1}}{\mathrm{d}a^{n-1}} \varphi(a)^n. \end{aligned} \right\} \tag{14}$$

　　[附记]　可以像下面那样得到展开 (9) 的收敛半径的一个下界. 假设在 z 平面上, 以原点为圆心, 除原点外不包含 $f(z)$ 的零点的圆周 C 上, $|f(z)|$ 的最小值为 $m > 0$, 那么当 $|w| < m$ 时, $w = f(z)$ 在 C 内只有一个根[②], 即在 w 平面的圆 $\varGamma$ ($|w| < m$) 内, 反函数 $z = g(w)$ 唯一确定, 所以 (9) 的收敛半径至少等于 m.

---

① 在圆 C 上 z 与 w 一一对应, $z = 0$ 对应于 $w = 0$, 因此在 C 的圆周上, $f(z) \neq 0$, 所以 $|f(z)|$ 的最小值 $m > 0$. 因此, 如果 $|w_1| < m$, 则 $\Big| \dfrac{w_1}{f(z)} \Big| \leqslant \dfrac{|w_1|}{m} < 1$. 由此可证一致收敛性. 其中 $|w_1| < m$ 的假设是证明手法, 对 (9) 没有影响.

② 鲁歇定理 (第 5 章习题 (23)).

举一个天文学上的例子, 取开普勒方程

$$z = a + w \sin z.$$

如果 $a \neq n\pi$, 由 (14) 得

$$z = a + w \sin a + \frac{w^2}{2!} \frac{\mathrm{d} \sin a}{\mathrm{d} a} + \cdots + \frac{w^n}{n!} \frac{\mathrm{d}^{n-1} (\sin a)^n}{\mathrm{d} a^{n-1}} + \cdots. \tag{15}$$

此时设 a 是实数, 且 $0 < a < \pi$, 则

$$w = \frac{z - a}{\sin z}$$

在以 $z = a$ 为圆心且半径 r 不超过 a 和 $\pi - a$ 的圆 C 内正则, 在这个圆的圆周上有

$$|w| = \left| \frac{z - a}{\sin z} \right| \geqslant \frac{2r}{\mathrm{e}^r + \mathrm{e}^{-r}}.$$

如果求 $\dfrac{2r}{\mathrm{e}^r + \mathrm{e}^{-r}}$ 的最大值, 它是

$$r > 0, \quad \mathrm{e}^{2r} = \frac{r+1}{r-1} \quad \text{时 的} \quad \sqrt{r^2 - 1}. \tag{16}$$

根据 Stieltjes 的计算, 这个值是

$$r_0 = 1.1996 \cdots, \quad \sqrt{r_0^2 - 1} = 0.662\,74 \cdots.$$

于是得到 (15) 的收敛半径的下界.

(3°) 一般地, 当在 $z = 0$ 处 $f'(z) = 0$ 时, 设

$$w = f(z) = a z^k (1 + a_1 z + \cdots).$$

$$k > 1, \quad a \neq 0.$$

这时, 令

$$W^k = \frac{w}{a},$$

则因为

$$W = z (1 + a_1 z + \cdots)^{\frac{1}{k}},$$

所以根据二项式定理, 在 $z = 0$ 的邻域内有

$$W = z (1 + c_1 z + \cdots).$$

从而根据 (1°), 在 $W = 0$ 的邻域内有

$$z = W + b_1 W^2 + \cdots.$$

所以, 此时反函数 z 被表示成 $w^{\frac{1}{k}}$ 的幂级数, 即作为 w 的函数 z 在 $w = 0$ 的邻域内是多值的 (k 值).

§86 曲 线 方 程

假设 x, y 为平面直角坐标, 则方程

$$F(x, y) = 0$$

一般表示一条曲线. 假设在 $P_0 = (x_0, y_0)$ 处 $F(x_0, y_0) = 0$, 则 P_0 是曲线上的一点, 但是如果 $F_y(x_0, y_0) \neq 0$, 则根据定理 71 可知, 通过点 P_0 的曲线只有一个分支 $y = f(x)$. 如果还有 $F_x(x_0, y_0) \neq 0$, 则这一分支也可以表示成 $x = g(y)$ 的形式.

在点 P_0 处 $y = f(x)$ 的切线方程是

$$y - y_0 = f'(x_0)(x - x_0),$$

因为

$$\frac{\mathrm{d}y}{\mathrm{d}x} = -\frac{F_x}{F_y}.$$

所以可以把切线方程写成关于 x, y 对称的形式

$$(x - x_0)F_x(x_0, y_0) + (y - y_0)F_y(x_0, y_0) = 0.$$

在曲线 $F(x, y) = 0$ 上的一点处, 如果 $F_x \neq 0$ 或者 $F_y \neq 0$, 则称这个点为曲线上的**正则点**. 在正则点处, 曲线只有一条切线. 如果 $F_x = 0$, 则切线平行于 x 轴, 而如果 $F_y = 0$, 则切线平行于 y 轴. 反之, 如果 $F_x = 0$ 且 $F_y = 0$, 则称这个点为**奇点**.

根据定理 71, 可以把曲线 $F(x, y) = 0$ 在它的正则点的邻域内, 局部地表示成 $y = f(x)$ 或者 $x = g(y)$ 的形式, 而在某种情况下, 适当地利用这个结果, 可以知道整个曲线的形状, 即可以描绘出曲线的轨迹. 下面举一个这样的例子.

[**例 1**]

$$F(x, y) = x^3 + y^3 - 3axy = 0, \quad a \neq 0. \tag{1}$$

称这条曲线为笛卡儿叶线.

在 (1) 中设 $a > 0$. (否则将 x 轴和 y 轴的方向反过来即可.) 此时

$$F_x = 3(x^2 - ay), \quad F_y = 3(y^2 - ax).$$

因此在抛物线

$$y^2 = ax \tag{2}$$

的外部有 $F_y > 0$, 在它的内部有 $F_y < 0$.

首先, 在第一象限内, 求抛物线 (2) 外部的分支. 在抛物线 (2) 上, 把 $x = y^2/a$ 代入到 $F(x,y)$ 求值得 $F(x,y)$, 即

$$y^3 \left(\frac{y^3}{a^3} - 2 \right),$$

在第一象限内, 在

$$0 < y < a\sqrt[3]{2}, \quad \text{从而有} \ 0 < x < a\sqrt[3]{4}$$

之间 (O 与 A 之间, 见图 7–7) $F(x,y) < 0$. 于是在各条纵向线上, 只要 y 取得充分大, $F(x,y)$ 就变为正值, 所以在抛物线 (2) 的上方, 有从 O 到 A 的分支 (OBA).

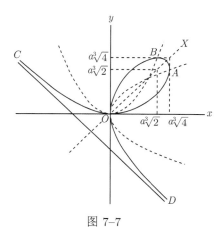

图 7–7

同样, 在抛物线的内部, 也有从 O 到 A 的一个分支, 但因为 (1) 关于 x, y 对称, 所以这一分支以角 xOy 的平分线为轴与 OB 对称.

在 y 轴的左侧 $F_y > 0$, 在各条纵线上, 当 y 从 $-\infty$ 到 $+\infty$ 变动时, $F(x,y)$ 单调递增, 所以存在一个分支, 而在 x 轴上, $F(x,y) < 0$, 另外在抛物线 $F_x = x^2 - ay = 0$ 上, $F(x,y) = x^3 \left(\dfrac{x^3}{a^3} - 2 \right) > 0$, 所以这一分支 OC 在第二象限内位于 x 轴与抛物线 $x^2 = ay$ 之间. 而且在第四象限内有与其对称的支线 OD.

上面我们求出了作为 x 的隐函数的 y 的所有分支, 这些分支以原点为两次相交点连通而成一条曲线.

而在这条曲线上, 因为

$$\frac{\mathrm{d}y}{\mathrm{d}x} = -\frac{F_x}{F_y} = -\frac{x^2 - ay}{y^2 - ax},$$

所以上式的符号取决于点 (x, y) 在抛物线 $x^2 = ay$ 和 $y^2 = ax$ 之内还是之外. 例如, 对于分支 OBA, 在 O 与 B 之间, $\dfrac{\mathrm{d}y}{\mathrm{d}x} > 0$, 而在 B 和 A 之间, $\dfrac{\mathrm{d}y}{\mathrm{d}x} < 0$. 其他情况也同样如此. 如图 7-7 所示, 在曲线上, 它们伴随着 x, y 增大或减小而发生变化. (其中, 曲线的凸凹可以根据 $\dfrac{\mathrm{d}^2 y}{\mathrm{d}x^2}$ 的符号来确定, 利用计算来确定实在太麻烦, 如果强行计算的话, 必须利用曲线 (1) 是三次曲线这一事实.)

要格外注意奇点 O 的邻域. 为了弄清楚在 O 的邻域内曲线的行为, 改变成极坐标, 则 (1) 变成

$$r = \frac{3a \cos\theta \sin\theta}{\cos^3\theta + \sin^3\theta},$$

或者设 $t = \tan\theta$, 则

$$\left.\begin{array}{c} x = r\cos\theta = \dfrac{3at}{1+t^3}, \quad y = r\sin\theta = \dfrac{3at^2}{1+t^3}, \\[2mm] t = \dfrac{y}{x}. \end{array}\right\} \tag{3}$$

因此, 当 t 在 $-\infty$ 到 $+\infty$ 变动时, 曲线 (1) 以 t 为中间变量, 表示成 (3) 的形式, 而且曲线上的点与 t 的值是一一对应的.

如此, 曲线上的点 (x, y) 的坐标被表示成某个中间变量的有理式时, 称这条曲线为**有理曲线**. 例如, 二次曲线, 或者有奇点的三次曲线是有理曲线.

在 t 处的切线方程是

$$(X - x)\frac{\mathrm{d}y}{\mathrm{d}t} = (Y - y)\frac{\mathrm{d}x}{\mathrm{d}t},$$

把 (3) 代入计算并化简得

$$Xt(2 - t^3) - Y(1 - 2t^3) = 3at^2.$$

特别地, $t = 0$ 时的切线为 $Y = 0$. 即分支 COA 在点 O 处与 x 轴相切 (见图 7-8). 交换 x, y, 则分支 BOD 在点 O 处与 y 轴相切. 这也可以考虑成为当 $|t| \to \infty$ 时的极限. 而当 $t \to -1$ 时, 这条切线的极限位置是 $X + Y = -a$. 称这条直线为**渐近线**.

事实上, 点 t 到 $X + Y + a = 0$ 的距离是

$$\frac{3at + 3at^2 + a(1+t^3)}{\sqrt{2}(1+t^3)} = \frac{a(1+t)^2}{\sqrt{2}(1 - t + t^2)},$$

当 $t \to -1$ 时这个距离无限变小.

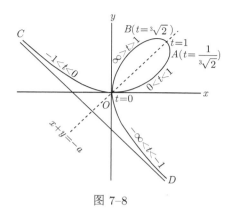

图 7-8

接下来, 把 $\dfrac{\mathrm{d}^2 y}{\mathrm{d} x^2}$ 看作 t 的函数, 做下面的计算.

$$\frac{\mathrm{d} x}{\mathrm{d} t} = \frac{3a(1 - 2t^3)}{(1 + t^3)^2}, \quad \frac{\mathrm{d} y}{\mathrm{d} t} = \frac{3a(2t - t^4)}{(1 + t^3)^2}, \quad \frac{\mathrm{d} y}{\mathrm{d} x} = \frac{2t - t^4}{1 - 2t^3},$$

化简后得

$$\frac{\mathrm{d}}{\mathrm{d} t}\left(\frac{\mathrm{d} y}{\mathrm{d} x}\right) = \frac{2(1 + t^3)^2}{(1 - 2t^3)^2},$$

从而有

$$\frac{\mathrm{d}^2 y}{\mathrm{d} x^2} = \frac{\mathrm{d}}{\mathrm{d} t}\left(\frac{\mathrm{d} y}{\mathrm{d} x}\right) \cdot \frac{\mathrm{d} t}{\mathrm{d} x} = \frac{2(1 + t^3)^4}{3a(1 - 2t^3)^3}.$$

因此, $\dfrac{\mathrm{d}^2 y}{\mathrm{d} x^2}$ 在 $t < \dfrac{1}{\sqrt[3]{2}}$ 时为正, 而在 $t > \dfrac{1}{\sqrt[3]{2}}$ 时它为负. 于是由曲线的凸凹性, 我们大致可以知道曲线的形状.

一般地, 当在曲线 $F(x, y) = 0$ 上的一点 (x_0, y_0) 处 $F_x(x_0, y_0) = 0$, $F_y(x_0, y_0) = 0$ 时, 前面已经提到这个点 (x_0, y_0) 被称为奇点. 在这样的奇点的邻域内, 曲线的行为多种多样. 这是曲线论中讨论的问题, 这里只举出一两个简单的典型例子.

[**例 2**] $F(x, y) = y^2 - x^2(x + a) = 0$, 即 $y = \pm x\sqrt{x + a}$. $F_x = -3x^2 - 2ax$, $F_y = 2y$. 因此 $(0,0)$ 是奇点, 根据 a 的符号, 生成下面三种情况.

(1°) $a > 0$. 在 $x = 0$ 的邻域内, $x + a > 0$, 关于 x 轴对称的两条光滑分支通过 $(0,0)$ 点 (见图 7-9). 此时把 $(0,0)$ 称为**节点**.

[例 1] 中的奇点也是节点.

(2°) 如果 $a < 0$, 那么在 $x = 0$ 的邻域 $x + a < 0$, 所以与此对应的 y 的实数值不存在. $(0,0)$ 称为曲线的**孤立点**.

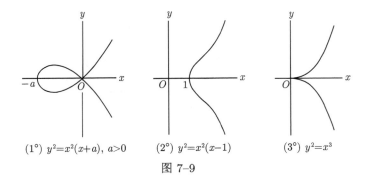

(1°) $y^2=x^2(x+a)$, $a>0$ (2°) $y^2=x^2(x-1)$ (3°) $y^2=x^3$

图 7–9

(3°) $a = 0$, 即 $y = \pm x^{\frac{3}{2}}$. $x > 0$ 时, 有关于 x 轴对称的两条如抛物线切割而来的分支. 根据指数 $\dfrac{3}{2}$, 这条曲线被称为半立方抛物线. 这两个分支在点 $(0,0)$ 有一条公共切线 $(y = 0)$, 这样的奇点称为**尖点** (cusp).

[**例 3**] $y^3 - x^4 = 0$, 即 $y = \sqrt[3]{x^4}$. 虽然 $(0,0)$ 是奇点, 但是曲线呈抛物线状 (见图 7–10 左图), 乍看起来二者没有什么不同, 但是由于与切线 $y=0$ 最多相交一次, 因此曲率半径为无限小. $\left(y' = \dfrac{4}{3}x^{\frac{1}{3}}, y'' = \dfrac{4}{9}x^{-\frac{2}{3}}, \text{在原点, } \rho = 0.\right)$

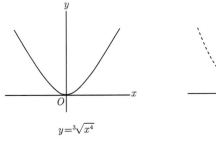

$y=\sqrt[3]{x^4}$

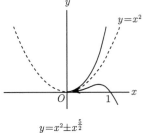

$y=x^2\pm x^{\frac{5}{2}}$

图 7–10

[**例 4**] $y^2 - 2x^2y + x^4 - x^5 = 0$, 即 $y = x^2 \pm x^{\frac{5}{2}}$. 在原点处, 在 x 轴同侧曲线有两个分支 (见图 7–10 右图), 且与 x 轴相切. 这样的奇点称为**喙点**.

[**例 5**] $$x^4 + x^2y^2 - 6x^2y + y^2 = 0,$$
即
$$y = \frac{3x^2 \pm x^2\sqrt{8 - x^2}}{1 + x^2}$$
或者
$$x^2 = \frac{1}{2}(6y - y^2 \pm y\sqrt{(y - 4)(y - 8)})$$
在原点处两个分支与 x 轴相切 (见图 7–11).

下面考察曲线 $F(x,y)=0$ 的奇点与函数 $z=F(x,y)$ 的极值之间的关系. 曲线 $F(x,y)=0$ 是函数 $z=F(x,y)$ 表示的曲面与平面 xy 的交. 奇点的条件 $F_x=0, F_y=0$ 正是函数在 (x_0,y_0) 处 $z=0$ 是极值的必要条件.

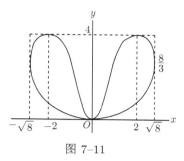

图 7–11

而如果在 (x_0,y_0) 处 $F_{xx}F_{yy}-F_{xy}^2>0$, 则 $z=F(x,y)$ 在点 (x_0,y_0) 处取极值 (§26), 这个极值是 $F(x_0,y_0)=0$, 而面 $z=F(x,y)$ 在点 (x_0,y_0) 处与 xy 平面相切, 但在 (x_0,y_0) 的邻域不与 xy 平面相交, 即 (x_0,y_0) 是曲线 $F(x,y)=0$ 上的孤立点. 上面 [例 2] 中的 $(2°)$ 就是一个例子.

我们更感兴趣的是在 $P_0=(x_0,y_0)$ 处

$$F_{xx}F_{yy}-F_{xy}^2<0$$

的情况. 此时, $z=F(x,y)$ 在点 (x_0,y_0) 不取极值, 即在点 (x_0,y_0) 的邻域内 $F(x,y)$

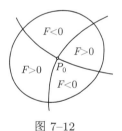

图 7–12

既能取正值又能取负值, 即根据

$$(F_{xx})_0\cos^2\theta+2(F_{xy})_0\cos\theta\sin\theta+(F_{yy})_0\sin^2\theta=0 \qquad (4)$$

所确定的 $\tan\theta$ 的两个值所限定的两组对顶角的内部, $F(x,y)$ 在 P_0 的邻域内或者取正值, 或者取负值 (见图 7–12).

对于这种情况, 曲线 $F(x,y)=0$ 的两条光滑分支在点 P_0 处相交. P_0 处的切线 $y-y_0=(x-x_0)\tan\theta$ 中, $\tan\theta$ 可由 (4) 求得. ([例 1] 中 $\tan\theta=0$ 及 ∞. 而 [例 2] 的 $(1°)$ 中, $\tan\theta=\pm\sqrt{a}$.)

§87 曲 面 方 程

假设 x,y,z 是三维空间中的直角坐标, 方程

$$F(x,y,z)=0 \qquad (1)$$

一般表示一个曲面. 在曲面上的点 $P_0=(x_0,y_0,z_0)$ 处, 如果 $F_z\neq 0$, 则在 P_0 的邻域内 (1) 被表示成如下形式 (定理 72)

$$z=f(x,y).$$

在这一部分, 在曲面上的点 (x, y, z) 处的切平面方程是

$$Z - z = (X - x)\frac{\partial f}{\partial x} + (Y - y)\frac{\partial f}{\partial y},$$

因为 $\dfrac{\partial f}{\partial x} = -\dfrac{F_x}{F_z}, \dfrac{\partial f}{\partial y} = -\dfrac{F_y}{F_z}$, 所以上面这个方程变成

$$(X - x)F_x + (Y - y)F_y + (Z - z)F_z = 0, \tag{2}$$

其关于 x, y, z 是对称的. 在曲面上的点 (x, y, z) 处, 如果 F_x, F_y, F_z 中有一个不等于 0, 那么与其对应, x, y, z 中有一个变量可以表示成其他两个变量的函数, 所以切平面方程 (2) 在 $F_x^2 + F_y^2 + F_z^2 \neq 0$ 时总有效. 在这样的条件下, 法线方向的余弦是

$$\cos\alpha = \frac{F_x}{\sqrt{F_x^2 + F_y^2 + F_z^2}}, \quad \cos\beta = \frac{F_y}{\sqrt{F_x^2 + F_y^2 + F_z^2}}, \quad \cos\gamma = \frac{F_z}{\sqrt{F_x^2 + F_y^2 + F_z^2}}. \tag{3}$$

其中, 它的方向为 $F > 0$ 的方向, 即

$$F(x + \rho\cos\alpha, y + \rho\cos\beta, z + \rho\cos\gamma)$$
$$= F(x, y, z) + \rho(F_x\cos\alpha + F_y\cos\beta + F_z\cos\gamma) + o(\rho)$$
$$= \rho\sqrt{F_x^2 + F_y^2 + F_z^2} + o(\rho),$$

所以, 根据 $\rho > 0$ 或者 $\rho < 0$, 左边分别 > 0 或者 < 0.

如果在曲面 $F = 0$ 上的某点 F_x, F_y, F_z 同时等于 0, 那么这个点就是曲面的奇点, 在此处通常不存在确定的切平面.

数量场和等位面 给定函数 $u = F(P)$, 将其考虑成为对空间上任意点 $P = (x, y, z)$ 赋数值 u, 此时这个空间的区域称作标量场或者数量场. 如果在这个区域中 $F_x^2 + F_y^2 + F_z^2 \neq 0$, 设 $F(P_0) = c_0$, 则存在通过 P_0 的一个面 $F(x, y, z) = c_0$. 称这个面为数量场的**等位面**. 根据上面的假设, c_0 不是 $F(P)$ 的极大值或者极小值 (§26), 所以对应于 c_0 附近的某个区域内的值 c 生成一系列的等位面 $F(P) = c$, 这些等位面充满空间的某个区域. 曲线 $F = 0$ 就是对应于 $c = 0$ 的等位面.

以这个区域内的各点 P 为起点, 把以

$$F_x(P), F_y(P), F_z(P)$$

为分量的向量称为数量场在这个点处的**梯度**, 并记作

$$\operatorname{grad} F.$$

这样, 当空间上各点 P 被赋予向量时, 把这个空间称为**向量场**.

由 (3) 可知, 上面的向量 $\operatorname{grad} F$ 垂直于点 P 处的等位面, 其大小是

$$|\operatorname{grad} F| = \sqrt{F_x^2 + F_y^2 + F_z^2}.$$

现在在点 P, 沿着方向余弦 $\cos \lambda, \cos \mu, \cos \nu$ 的方向, 对 F 微分, 其微商是 (§22)

$$\lim_{PP' \to 0} \frac{F(P') - F(P)}{PP'} = F_x \cos \lambda + F_y \cos \mu + F_z \cos \nu.$$

又, 设向量 PP' 的分量是 $\mathrm{d}x, \mathrm{d}y, \mathrm{d}z$, 设其长度为 $\mathrm{d}s$, 因为 $\cos \lambda = \dfrac{\mathrm{d}x}{\mathrm{d}s}$, $\cos \mu = \dfrac{\mathrm{d}y}{\mathrm{d}s}$, $\cos \nu = \dfrac{\mathrm{d}z}{\mathrm{d}s}$, 所以沿 PP' 方向的微商是

$$\frac{\mathrm{d}F}{\mathrm{d}s} = \frac{\partial F}{\partial x} \frac{\mathrm{d}x}{\mathrm{d}s} + \frac{\partial F}{\partial y} \frac{\mathrm{d}y}{\mathrm{d}s} + \frac{\partial F}{\partial z} \frac{\mathrm{d}z}{\mathrm{d}s},$$

即

$$\begin{aligned}
\frac{\mathrm{d}F}{\mathrm{d}s} &= \sqrt{F_x^2 + F_y^2 + F_z^2}(\cos \alpha \cos \lambda + \cos \beta \cos \mu + \cos \gamma \cos \nu) \\
&= |\operatorname{grad} F| \cos \theta,
\end{aligned}$$

其中 θ 是 $\operatorname{grad} F$ 与 PP' 之间的夹角. 因此 P 处的向量 $\operatorname{grad} F$ 的方向是 $F(P)$ 递增率最大的方向, 而 $\operatorname{grad} F$ 的大小等于 $F(P)$ 的最大递增率.

$\dfrac{\mathrm{d}F}{\mathrm{d}s}$ 是 $\operatorname{grad} F$ 在 PP' 上的正射影, 即它是关于 PP' 的向量 $\operatorname{grad} F$ 的分量.

两个曲面的交　设点 $P_0 = (x_0, y_0, z_0)$ 是两个曲面

$$F(x, y, z) = 0, \quad G(x, y, z) = 0 \tag{4}$$

的公共点, 并设在这个点处行列式

$$\frac{\mathrm{D}(F, G)}{\mathrm{D}(y, z)}, \quad \frac{\mathrm{D}(F, G)}{\mathrm{D}(z, x)}, \quad \frac{\mathrm{D}(F, G)}{\mathrm{D}(x, y)} \tag{5}$$

中至少有一个不等于 0. 比如说在 P_0 处, 行列式

$$\left[\frac{\mathrm{D}(F, G)}{\mathrm{D}(y, z)} \right]_0 \neq 0.$$

这时, 在 P_0 的邻域内, 由 (4) 可得 (定理 73)

$$y = \varphi(x), \quad z = \psi(x). \tag{6}$$

φ, ψ 可微且 $x = x_0$ 时 $\varphi(x_0) = y_0, \psi(x_0) = z_0$, 即在点 P_0 的邻域内, (4) 的两个曲面的交线是曲线 (6). 换句话说, 在 P_0 的邻域内, 曲线 (6) 可由两个方程即 (4) 表示.

在 P_0 处曲线 (6) 的切线方程是

$$\frac{x - x_0}{1} = \frac{y - y_0}{\varphi'(x_0)} = \frac{z - z_0}{\psi'(x_0)},$$

而 $\varphi'(x_0)$ 和 $\psi'(x_0)$ 可以由方程组

$$\left.\begin{array}{l} F_x + F_y\varphi'(x) + F_z\psi'(x) = 0 \\ G_x + G_y\varphi'(x) + G_z\psi'(x) = 0 \end{array}\right\}$$

求得. 切线方程可以写成

$$\frac{x - x_0}{\left[\dfrac{\mathrm{D}(F, G)}{\mathrm{D}(y, z)}\right]_0} = \frac{y - y_0}{\left[\dfrac{\mathrm{D}(F, G)}{\mathrm{D}(z, x)}\right]_0} = \frac{z - z_0}{\left[\dfrac{\mathrm{D}(F, G)}{\mathrm{D}(x, y)}\right]_0}.$$

这是 (4) 的两个曲面在 P_0 处的切平面

$$(F_x)_0(x - x_0) + (F_y)_0(y - y_0) + (F_z)_0(y - y_0) = 0,$$

$$(G_x)_0(x - x_0) + (G_y)_0(y - y_0) + (G_z)_0(z - z_0) = 0$$

的交.

如果在 P_0 处, (5) 中的三个行列式都等于 0, 则 P_0 处的两个曲面相切, P_0 通常是曲线上的奇点.

使用中间变量表示曲面　　与使用某个中间变量定义曲线一样, 也可以使用两个中间变量表示曲面, 这也是非常合理的. 如果设中间变量 u, v 的函数

$$x = f(u, v), \quad y = g(u, v), \quad z = h(u, v) \tag{7}$$

为点的直角坐标, 那么当 u, v 在 uv 平面上的某个区域内变动时, 则点 (x, y, z) 画出一个曲面. $z = f(x, y)$ 只不过是 $x = u, y = v$ 的特殊情况. 事实上, 通过 (7) 中三个方程中的两个, u, v 是 x, y, z 中的两个隐函数, 把隐函数代入另一个方程中, 则 x, y, z 中有一个变量被其他两个变量表示出来. 详细说来, 它就是行列式

$$\frac{\mathrm{D}(f, g)}{\mathrm{D}(u, v)}, \frac{\mathrm{D}(f, h)}{\mathrm{D}(u, v)}, \frac{\mathrm{D}(g, h)}{\mathrm{D}(u, v)} \tag{8}$$

中的一个. 例如, 设 $\dfrac{\mathrm{D}(f, g)}{\mathrm{D}(u, v)}$ 在点 (u_0, v_0) 处不等于 0, 则当用 (x_0, y_0, z_0) 对应 (u_0, v_0) 时, 由 (7) 的前两个方程可知, 在 (x_0, y_0) 的邻域内有

$$u = \varphi(x, y), \quad v = \psi(x, y).$$

从而由 (7) 的最后一个方程得

$$z = h(\varphi, \psi) = F(x, y). \tag{9}$$

由 (7) 得到的 (x, y, z) 在点 (x_0, y_0, z_0) 的邻域内与 (9) 给出的完全相同.

[注意]   在 uv 平面上的某个闭区域上, 当 (u, v) 与 (7) 中的 (x, y, z) 之间一一对应时, 称曲面 (7) 是若尔当曲面. 如上所示, 如果 (8) 中的某个行列式在 (u_0, v_0) 处不等于 0, 那么在 (u_0, v_0) 的邻域内, (u, v) 与 (x, y, z) 之间一一对应.

§88 包 络 线

在平面 xy 上, 包含中间变量 α 的方程

$$f(x, y, \alpha) = 0 \tag{1}$$

表示一个曲线族. 固定 α 的值, (1) 则表示一条曲线, 如果 α 的值连续变化, 这条曲线的形状和位置也连续变化. 当曲线 E 与 (1) 的各曲线相切, 且它是切点的轨迹时, 称 E 是曲线族 (1) 的**包络线**.

例如, 一条曲线 C 的所有法线的包络线是 C 的渐屈线 E(§27). 另外, 曲线 C 的所有切线的包络线就是曲线 C 本身.

假设曲线族 (1) 有包络线 E, 而当 (1) 和 E 的切点是 (x, y) 时, x, y 是 α 的函数. 设这个函数是

$$x = \varphi(\alpha), \quad y = \psi(\alpha) \tag{2}$$

时, 这就是以 α 为中间变量的 E 的方程. (2) 在点 (x, y) 与 (1) 相切, 所以有

$$f_x \varphi'(\alpha) + f_y \psi'(\alpha) = 0.$$

而 $\varphi(\alpha), \psi(\alpha)$ 是 (1) 上的点, 所以有

$$f(\varphi(\alpha), \psi(\alpha), \alpha) = 0,$$

关于 α 对上式微分, 得

$$f_x \varphi'(\alpha) + f_y \psi'(\alpha) + f_\alpha = 0,$$

从而

$$f_\alpha = 0.$$

因此包络线的各点 (2) 是曲线

$$f(x, y, \alpha) = 0, \quad f_\alpha(x, y, \alpha) = 0 \tag{3}$$

的交 (见图 7–13).

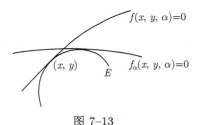

图 7–13

反之, 由 (3) 的两个方程, 在定理 73 的条件下生成 α 的函数

$$x = \Phi(\alpha), \quad y = \Psi(\alpha). \tag{4}$$

或者, 消去 α 得

$$R(x, y) = 0. \tag{5}$$

而因为

$$f(\Phi(\alpha), \Psi(\alpha), \alpha) = 0, \quad f_\alpha(\Phi(\alpha), \Psi(\alpha), \alpha) = 0,$$

有

$$f_x \Phi'(\alpha) + f_y \Psi'(\alpha) + f_\alpha = 0,$$

从而

$$f_x \Phi'(\alpha) + f_y \Psi'(\alpha) = 0.$$

所以, 如果 $f_x = f_y = 0$ 不成立, 则曲线 (5) 与 (1) 相切, 即 $\Phi(\alpha), \Psi(\alpha)$ 是包络线上的点. 所以 (5) 是由曲线族 (1) 的奇点轨迹和 (1) 的包络线组成的. 借用方程式论的术语, 称 (5) 是 (1) 的**判别式**.

　　[**例 1**]　$y^4 - y^2 + (x - \alpha)^2 = 0$. 此时 $f_\alpha = 0$ 就是 $x - \alpha = 0$. 于是 (5) 就是 $y^4 - y^2 = 0$. 它表示三条直线 $y = 0$ 和 $y = \pm 1$ (见图 7–14). $y = 0$ 是奇点 $(x = \alpha, y = 0)$ 的轨迹, $y = \pm 1$ 是包络线.

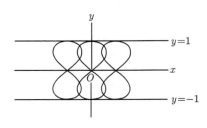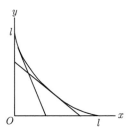

图 7–14

[例 2]   定长 l 的线段 (见图 7–14) 在直角坐标轴上移动时, 其方程是

$$x \cos \alpha + y \sin \alpha = l \sin \alpha \cos \alpha.$$

关于 α 微分, 得

$$-x \sin \alpha + y \cos \alpha = l \cos 2\alpha.$$

此时 (4) 是

$$x = l \sin^3 \alpha, \quad y = l \cos^3 \alpha.$$

因此包络线是 (星形线, §27)

$$x^{\frac{2}{3}} + y^{\frac{2}{3}} = l^{\frac{2}{3}}.$$

设 (1) 的一条曲线 $f(x, y, \alpha) = 0$ 与逼近它的曲线 $f(x, y, \alpha + \Delta\alpha) = 0$ 相交, 如果当 $\Delta\alpha$ 无限变小时, 作为极限交点逼近 $f(x, y, \alpha)$ 上的点 (x_1, y_1), 则 (x_1, y_1) 是判别式 $R(x, y) = 0$ 上的点. 事实上, 由

$$f(x, y, \alpha + \Delta\alpha) - f(x, y, \alpha) = \Delta\alpha \cdot f_\alpha(x, y, \alpha + \theta\Delta\alpha)$$

有

$$f_\alpha(x, y, \alpha + \theta\Delta\alpha) = 0,$$

从而当 $\Delta\alpha \to 0$ 时,

$$f_\alpha(x_1, y_1, \alpha) = 0.$$

然而, 即使 (1) 中逼近的曲线不相交, 也可能生成包络线. 例如, 三次抛物线族

$$y = (x - \alpha)^3$$

没有交点 (见图 7–15), 但 $y = 0$ 是它的包络线.

可以用同样的方法考察有一个或两个中间变量的曲面族的包络面. 包络在几何学以及微分方程理论中非常重要, 但在此只叙述它的基本概念.

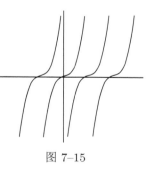

图 7–15

§89 隐函数的极值

考察下面的问题, 这是隐函数极值的一个最简单的例子.

[问题]   变量 x, y 满足关系

$$\varphi(x, y) = 0 \tag{1}$$

时, 寻找 $f(x, y)$ 的极值的必要条件.

现在, 假设在点 $P_0 = (x_0, y_0)$ 处 $f(x_0, y_0) = c_0$ 是极值. 如果 P_0 不是曲线 (1) 的奇点, 那么在 P_0 处, φ_x 或者 φ_y 不等于 0. 比如说设 φ_y 不等于 0, 那么在 P_0 的邻域内, (1) 可以表示成如下形式

$$y = \Phi(x).$$

把上式代入 $f(x, y)$ 中, 设

$$f(x, y) = f(x, \Phi(x)) = F(x), \tag{2}$$

于是上面的问题变成求 $F(x)$ 的极值. 其必要条件是

$$\frac{\mathrm{d}F}{\mathrm{d}x} = 0,$$

但是可以用 f, φ 表示这个必要条件, 即由 (2) 得

$$\frac{\mathrm{d}F}{\mathrm{d}x} = f_x + f_y \frac{\mathrm{d}y}{\mathrm{d}x} = 0. \tag{3}$$

由 (1) 得

$$\varphi_x + \varphi_y \frac{\mathrm{d}y}{\mathrm{d}x} = 0. \tag{4}$$

因此, 由 (3) 和 (4) 得

$$\frac{f_x}{\varphi_x} = \frac{f_y}{\varphi_y}. \tag{5}$$

(x_0, y_0) 必须满足 (1) 和 (5). 这就是极值的必要条件.

$f(x, y)$ 的等位线族是 $f(x, y) = c$, 它们覆盖了 xy 平面的一部分, 想象点 P 在曲线 $\varphi(x, y) = 0$ 上移动 (见图 7–16). 于是在 P 的某个位置处, $f(P)$ 的值就是表示通过点 P 的等位线 $f(x, y) = c$ 的等级的数 c. 如果 $f(x, y)$ 在 $\varphi = 0$ 上的点 P_0 处取极值, 那么根据 (5) 可知, $\varphi = 0$ 与 P_0 处的等位线 $f(x, y) = c_0$ 相切 (其中, 假设 P_0 不是 $\varphi = 0$ 的奇点. 在奇点处 $\varphi_x = \varphi_y = 0$, 所以 (5) 显然成立). 这样表示等位线 $f(x, y) = c_0$ 的等级的数 c_0 就是 $f(x, y)$ 的极值.

但是, (5) 只是极值的必要条件, 即使 $f = c_0$ 和 $\varphi = 0$ 相切, 也无法断言 c_0 就是 f 的极值.

[例]　求定点 $A = (a, b)$ 到曲线 $\varphi(x, y) = 0$ 的距离的极大值和极小值.

考虑距离的平方, 设

$$f(x, y) = (x - a)^2 + (y - b)^2,$$

那么得到极值的必要条件

$$\frac{\varphi_x}{x-a} = \frac{\varphi_y}{y-b}.$$

如果曲线上的点 P 满足上面方程, 那么或者 P 是曲线上的奇点 ($\varphi_x = \varphi_y = 0$), 或者 AP 是曲线的法线. 所以, 作为极大值或者极小值的候选者, 应该取从 A 引出的法线和 A 与奇点的连线的线段长度.

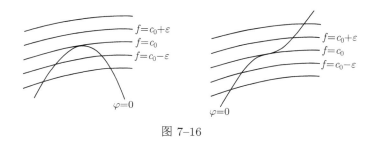

图 7–16

但是, 事实上确定极值需要非常复杂的计算 (例如, 可尝试求点 $(0,1)$ 到曲线 $y^2 = x^3$ 的最短距离).

一般地, 设 n 个变量 $x_1, x_2, \cdots, x_n$ 的函数

$$f(x_1, x_2, \cdots, x_n)$$

在

$$\varphi^{(i)}(x_1, x_2, \cdots, x_n) = 0 \quad (i = 1, 2, \cdots, p; p < n) \tag{6}$$

的条件下, 在点 $P^0 = (x_1^0, x_2^0, \cdots, x_n^0)$ 处取极值.

如果在 P^0 的邻域内, $\varphi^{(1)}, \varphi^{(2)}, \cdots, \varphi^{(p)}$ 相互独立, 比如

$$\frac{\mathrm{D}(\varphi^{(1)}, \varphi^{(2)}, \cdots, \varphi^{(p)})}{\mathrm{D}(x_1, x_2, \cdots, x_p)} \neq 0, \tag{7}$$

则 $x_1, x_2, \cdots, x_p$ 是其他 x_ρ ($\rho = p+1, \cdots, n$) 的函数, 于是 f 是 x_ρ 的函数. 因此, 把 $f(x_1, x_2, \cdots, x_n)$ 写成

$$f(x_1, x_2, \cdots, x_n) = F(x_{p+1}, \cdots, x_n),$$

这时极值的必要条件是

$$\frac{\partial F}{\partial x_\rho} = 0 \quad (\rho = p+1, \cdots, n), \tag{8}$$

于是可以用 f 和 $\varphi^{(i)}$ 的偏微商 $f_\nu = \dfrac{\partial f}{\partial x_\nu}$, $\varphi_\nu^{(i)} = \dfrac{\partial \varphi^{(i)}}{\partial x_\nu}$ 表示它们. 首先由 (8) 得

$$f_\rho + \sum_{\nu=1}^{p} f_\nu \frac{\partial x_\nu}{\partial x_\rho} = 0, \quad p < \rho \leqslant n. \tag{9}$$

而从 (6) 可以求得 $\dfrac{\partial x_\nu}{\partial x_\rho}$ (定理 73), 即

$$\varphi_\rho^{(i)} + \sum_{\nu=1}^{p} \varphi_\nu^{(i)} \frac{\partial x_\nu}{\partial x_\rho} = 0. \tag{10}$$

从 (9) 和 (10) 消去 $\dfrac{\partial x_\nu}{\partial x_\rho}$, 得

$$\frac{\mathrm{D}(f, \varphi^{(1)}, \varphi^{(2)}, \cdots, \varphi^{(p)})}{\mathrm{D}(x_1, x_2, \cdots, x_p, x_\rho)} = 0, \quad \rho = p+1, \cdots, n, \tag{11}$$

即 $P^0 = (x_1^0, x_2^0, \cdots, x_n^0)$ 在条件 (7) 下必须满足 (6) 和 (11) 组合而成的 n 个方程. 这就是极值的必要条件.

上面的讨论中使用了隐函数理论, 可以如下更直接地, 而且关于所有变量对称地考虑.

同前面一样, 假设 P^0 是极值点, 在 P^0 处有

$$\mathrm{d}\varphi^{(1)} = 0, \ \mathrm{d}\varphi^{(2)} = 0, \ \cdots, \ \mathrm{d}\varphi^{(p)} = 0$$

时, 一定有

$$\mathrm{d}f = 0,$$

即 (用下标 i 表示关于 x_i 的微分)

$$f_1 \mathrm{d}x_1 + f_2 \mathrm{d}x_2 + \cdots + f_n \mathrm{d}x_n = 0 \tag{12}$$

是

$$\varphi_1^{(i)} \mathrm{d}x_1 + \varphi_2^{(i)} \mathrm{d}x_2 + \cdots + \varphi_n^{(i)} \mathrm{d}x_n = 0 \ \ (i = 1, 2, \cdots, p) \tag{13}$$

的结果. 因此, 根据线性方程理论, (12) 是 (13) 的线性组合. 因此存在满足

$$f_\nu = \lambda_1 \varphi_\nu^{(1)} + \lambda_2 \varphi_\nu^{(2)} + \cdots + \lambda_p \varphi_\nu^{(p)}, \quad (\nu = 1, 2, \cdots, n) \tag{14}$$

的乘数 $\lambda_1, \lambda_2, \cdots, \lambda_p$, 即 $x_1^0, x_2^0, \cdots, x_n^0$ 和 $\lambda_1, \lambda_2, \cdots, \lambda_p$ 必须满足 (6) 和 (14) 组合起来的 $n+p$ 个方程. 这里的乘数 (λ_i) 是用于求 (x_ν^0) 的辅助变量 (拉格朗日乘数法). 如果由 (14) 消去 λ_i, 则在假设 (7) 下得到 (11).

本节一开始所描述的情况是 $n = 2, p = 1$, (14) 是

$$f_x = \lambda\varphi_x, \quad f_y = \lambda\varphi_y,$$

即 λ 是 (5) 两边的比值.

习　　题

(1) 在定理 72 的情况下, 求 $\dfrac{\partial^2 z}{\partial x^2}, \dfrac{\partial^2 z}{\partial x \partial y}, \dfrac{\partial^2 z}{\partial y^2}$.

[解]

$$\frac{\partial^2 z}{\partial x^2} = -\frac{F_{xx}}{F_z} + \frac{2F_x F_{xz}}{F_z^2} - \frac{F_x^2 F_{xz}}{F_z^3},$$

$$\frac{\partial^2 z}{\partial x \partial y} = -\frac{F_{xy}}{F_z} + \frac{F_x F_{yz} + F_y F_{xz}}{F_z^2} - \frac{F_x F_y F_{zz}}{F_z^3},$$

$$\frac{\partial^2 z}{\partial y^2} = -\frac{F_{yy}}{F_z} + \frac{2F_y F_{yz}}{F_z^2} - \frac{F_y^2 F_{zz}}{F_z^3}.$$

(2) 给定 $x, y; u, v$ 之间的两个关系式, 作为 u, v 的函数确定 x, y, 作为 x, y 的函数确定 u, v 时,

$$\frac{\partial u}{\partial x}\frac{\partial x}{\partial u} + \frac{\partial v}{\partial x}\frac{\partial x}{\partial v} = 1, \quad \frac{\partial u}{\partial x}\frac{\partial y}{\partial u} + \frac{\partial v}{\partial x}\frac{\partial y}{\partial v} = 0,$$

$$\frac{\partial u}{\partial y}\frac{\partial x}{\partial u} + \frac{\partial v}{\partial y}\frac{\partial x}{\partial v} = 0, \quad \frac{\partial u}{\partial y}\frac{\partial y}{\partial u} + \frac{\partial v}{\partial y}\frac{\partial y}{\partial v} = 1$$

成立.

[解] 关于 ${\rm d}x, {\rm d}y$ 求解 ${\rm d}u = \dfrac{\partial u}{\partial x}{\rm d}x + \dfrac{\partial u}{\partial y}{\rm d}y$, ${\rm d}v = \dfrac{\partial v}{\partial x}{\rm d}x + \dfrac{\partial v}{\partial y}{\rm d}y$, 必定得

$$\mathrm{d}x = \frac{\partial x}{\partial u}\mathrm{d}u + \frac{\partial x}{\partial v}\mathrm{d}v, \quad \mathrm{d}y = \frac{\partial y}{\partial u}\mathrm{d}u + \frac{\partial y}{\partial v}\mathrm{d}v$$

(3) $\varphi(x_1, x_2, \cdots, x_n; u_1, u_2, \cdots, u_m)$ 关于 $x_1, x_2, \cdots, x_n$ 是齐次二次式时, 设

$$\frac{\partial\varphi}{\partial x_i} = p_i, \quad i = 1, 2, \cdots, n,$$

且设取代 $x_1, x_2, \cdots, x_n$, 以 $p_1, p_2, \cdots, p_n$ 为独立变量时有

$$\varphi(x, u) = \psi(p, u),$$

则

$$\frac{\partial\psi}{\partial p_i} = x_i, \quad \frac{\partial\psi}{\partial u_i} = -\frac{\partial\varphi}{\partial u_i}.$$

(4) z 是 x, y 的函数时, 记

$$\frac{\partial z}{\partial x} = p, \quad \frac{\partial z}{\partial y} = q; \quad \frac{\partial^2 z}{\partial x^2} = r, \quad \frac{\partial^2 z}{\partial x \partial y} = s, \quad \frac{\partial^2 z}{\partial y^2} = t.$$

作为独立变量取 p, q, 且把

$$Z = px + qy - z$$

看作 p, q 的函数, 记 $\dfrac{\partial^2 Z}{\partial p^2} = R$, $\dfrac{\partial^2 Z}{\partial p \partial q} = S$, $\dfrac{\partial^2 Z}{\partial q^2} = T$, 则有

$$\mathrm{d}Z = x\mathrm{d}p + y\mathrm{d}q,$$

$\left(\text{即 } \dfrac{\partial Z}{\partial p} = x, \dfrac{\partial Z}{\partial q} = y \right)$. 且

$$\frac{R}{t} = \frac{S}{-s} = \frac{T}{r} = \frac{1}{h}, \quad h = rt - s^2. \quad (\text{勒让德变换})$$

(5) 设 V 是 x, y, z 的函数, 且设

$$\Delta_1 = \left(\frac{\partial V}{\partial x} \right)^2 + \left(\frac{\partial V}{\partial y} \right)^2 + \left(\frac{\partial V}{\partial z} \right)^2, \quad \Delta_2 = \frac{\partial^2 V}{\partial x^2} + \frac{\partial^2 V}{\partial y^2} + \frac{\partial^2 V}{\partial z^2}.$$

现在, 如果把直角坐标从 (x, y, z) 变换成 (X, Y, Z), 则

$$\Delta_1 = \left(\frac{\partial V}{\partial X} \right)^2 + \left(\frac{\partial V}{\partial Y} \right)^2 + \left(\frac{\partial V}{\partial Z} \right)^2, \quad \Delta_2 = \frac{\partial^2 V}{\partial X^2} + \frac{\partial^2 V}{\partial Y^2} + \frac{\partial^2 V}{\partial Z^2}.$$

(6) 在区域 K 内连续可微的函数 $f(x, y)$ 成为 (只是)$x + ay$ 的函数的充分必要条件是 $f_y = af_x$ (a 是常数).

[解] 令 $u = f(x, y)$, $v = x + ay$, 条件是 $\dfrac{\mathrm{D}(u, v)}{\mathrm{D}(x, y)} = 0$. 此时定理 75 中的 $r = 1$.

(7) 作为极值, 求通过椭圆体中心的截面的主轴.

[解] 设椭圆体和截面方程分别是 (直角坐标)

$$\frac{x^2}{a^2} + \frac{y^2}{b^2} + \frac{z^2}{c^2} = 1,$$

$$lx + my + nz = 0, \quad l^2 + m^2 + n^2 = 1,$$

求 $r^2 = x^2 + y^2 + z^2$ 的极值.

极值是

$$\frac{a^2 l^2}{r^2 - a^2} + \frac{b^2 m^2}{r^2 - b^2} + \frac{c^2 n^2}{r^2 - c^2} = 0$$

的根.

第 8 章 多变量积分

§90 二元以上的定积分

考察两个或更多独立变量的函数的定积分时, 可以采用 §30 同样的方法. 下面的陈述适用于多元函数, 但为了方便起见, 我们对二元的情况给以说明.

设函数 $f(x, y)$ 在 xy 平面的闭矩形

$$[K] \qquad a \leqslant x \leqslant b, \quad c \leqslant y \leqslant d$$

上有界.

把区间 $[a, b], [c, d]$ 用分点

$$\Delta \qquad \begin{cases} a = x_0 < x_1 < \cdots < x_{m-1} < x_m = b \\ c = y_0 < y_1 < \cdots < y_{n-1} < y_n = d \end{cases}$$

分别分成 m 份和 n 份, 通过各分点作平行于两轴的平行线把矩形 $[K]$ 分割成 mn 个小矩形. 在这个矩形网 Δ 中的小矩形

$$[\omega_{ij}] \qquad x_{i-1} \leqslant x \leqslant x_i, \quad y_{j-1} \leqslant y \leqslant y_j$$

上, 设 $f(x, y)$ 的上确界和下确界分别是 M_{ij} 和 m_{ij}, 考察对所有小矩形的和

$$\begin{aligned} S_\Delta &= \sum M_{ij}(x_i - x_{i-1})(y_j - y_{j-1}) \\ s_\Delta &= \sum m_{ij}(x_i - x_{i-1})(y_j - y_{j-1}) \end{aligned} \quad \left(\begin{array}{l} i = 1, 2, \cdots, m \\ j = 1, 2, \cdots, n \end{array} \right).$$

或者, 小矩形 $[\omega_{ij}]$ 的面积也用 ω_{ij} 表示的话, 则

$$S_\Delta = \sum M_{ij}\omega_{ij}, \quad s_\Delta = \sum m_{ij}\omega_{ij}.$$

还有, $f(x, y)$ 在小矩形 $[\omega_{ij}]$ 上的振幅记作

$$v_{ij} = M_{ij} - m_{ij},$$

则有

$$S_\Delta - s_\Delta = \sum v_{ij}\omega_{ij}.$$

这些量的记法与 §30 相同.

而对于所有矩形网 Δ, S_Δ 和 s_Δ 都有界. 因此, 同前面一样, 设 S_Δ 的下确界是 S, s_Δ 的上确界是 s. 现在, 设矩形网 Δ 中的所有小矩形的最长边为 δ. 于是采用 §30 相同的方法可证达布定理

$$\delta \to 0 \text{ 时 } \quad S_\Delta \to S, \quad s_\Delta \to s, \quad \sum_\Delta v_{ij}\omega_{ij} \to S - s.$$

现在, 在各小矩形 $[\omega_{ij}]$ 上任意取一点 $P_{ij} = (\xi_i, \eta_j)$, 作和

$$\sum_\Delta = \sum f(P_{ij})\omega_{ij} = \sum f(\xi_i, \eta_j)(x_i - x_{i-1})(y_j - j_{j-1}) \qquad (1 \leqslant i \leqslant m, \, 1 \leqslant j \leqslant n)$$

时, 如果极限

$$\lim_{\delta \to 0} \sum_\Delta = I$$

存在, 则称 I 是 $f(x, y)$ 在矩形 $[K]$ 上的积分, 记作

$$I = \int_K f(P)\mathrm{d}\omega$$
$$= \int_a^b \int_c^d f(x, y)\mathrm{d}x\mathrm{d}y.$$

我们将在 §93 说明上式中最后记法的意思.

可积条件也与 §30 相同, 即

(1°) $f(x, y)$ 在 K 上可积的充分必要条件是

$$S = s, \quad \text{即} \quad \lim_{\delta \to 0} \sum v_{ij}\omega_{ij} = 0.$$

(2°) 如果 $f(x, y)$ 在 K 上连续, 则它在 K 上可积.

(3°) 即使 $f(x, y)$ 不连续, 但如果它有界, 且在矩形网 Δ 中, 包含不连续点的所有小矩形的面积总和 Ω_Δ 满足 $\lim_{\delta \to 0} \Omega_\Delta = 0$, 则 $f(x, y)$ 在 $[K]$ 上可积 (充分条件).

简言之, 只要所有不连续点能落入总面积任意小的小矩形群中, 那么函数可积.

§91　面积的定义和体积的定义

前节讨论的积分区域是矩形, 但是对于二元积分, 必须考虑任意区域上的积分. 为此, 必须首先明确任意区域的面积的意思.

至此我们还没有给出面积的确切定义, 但是我们可以利用前节的内容, 非常简单地给出其定义.

设 K 是任意有界区域 (或者点集), 考虑下面这样的函数 $\varphi(P)$: 即当点 $P(x, y)$ 属于 K 时 $\varphi(P) = 1$, 而当点 P 不属于 K 时, $\varphi(P) = 0$. 称这样的函数 $\varphi(P)$ 是点集合 K 的**定义函数**.

考虑在包含 K 的矩形 K^*:

$$[K^*] \qquad\qquad a \leqslant x \leqslant b, \quad c \leqslant y \leqslant d$$

上 $\varphi(P)$ 的积分. 对于任意的矩形网 Δ, 作 $s_\Delta = \sum m_{ij} \omega_{ij}$, 根据 $\varphi(P)$ 的定义, 只有当小矩形 ω_{ij} 的所有点 (包括边界上的点) 都属于 K 时 $m_{ij} = 1$, 其他情况 $m_{ij} = 0$, 因此 s_Δ 也就是矩形网 Δ 中完全包含于 K 的小矩形群的总面积. 这个总面积的上确界是 $s = \lim\limits_{\delta \to 0} s_\Delta$. 称它是区域 K 的**内面积**.

而对于 $S_\Delta = \sum M_{ij} \omega_{ij}$, 根据 $\varphi(P)$ 的定义, 小矩形 ω_{ij} 包含属于 K 的点时 $M_{ij} = 1$, 其他情况 $M_{ij} = 0$. 因此 S_Δ 是在矩形网中包含属于 K 的点的小矩形群的总面积. 它的下确界 $S = \lim\limits_{\delta \to 0} S_\Delta$ 称为 K 的**外面积**.

如果 K 有界, 与包含 K 的矩形 K^* 的选择无关, K 的内面积和外面积都是确定的. (当然 $S \geqslant s \geqslant 0$.) K 的内面积等于外面积时, 其共同值称为 K 的面积. 这就是**面积的定义**. 简言之:

有界区域 K 的面积是定义 K 的函数 $\varphi(P)$ 在包含 K 的矩形 K^* 上的积分的值. 如果 $\varphi(P)$ 不可积, 则 K 没有确定面积.

而 $S_\Delta - s_\Delta$ 是 $\varphi(P)$ 在矩形网 Δ 中各小矩形上的振幅总和, K 有确定面积的条件是关于 $\varphi(P)$,

$$\lim_{\delta \to 0}(S_\Delta - s_\Delta) = S - s = 0. \tag{1}$$

现在, 设矩形网 Δ 中包含 K 的边界点的小矩形群 (临界矩形群) 的总面积为 Ω_Δ, $\lim_{\delta \to 0} \Omega_\Delta$ 是边界 F 的外面积. 关于这个外面积有

$$\lim_{\delta \to 0} \Omega_\Delta = S - s. \tag{2}$$

如果承认 (2), 那么 K 的边界 F 的外面积等于 0(从而 F 的内面积也等于 0, 所以 F 的面积等于 0) 时, K 有确定的面积.(因此, 有些讽刺的是, 下面的陈述是可能的: K 有确定面积的充分必要条件是 K 的边界面积等于 0!)

(2) 是显然的, 不过下面还是给出其证明. 记只包含 K 的内点的小矩形群的总面积为 $s_\Delta(K)$, 而包含 K 的内点或者边界点 (即使是一个点) 的小矩形群的总面积记作 $S_\Delta[K]$, 则有

$$\Omega_\Delta = S_\Delta[K] - s_\Delta(K). \tag{3}$$

也就是

$$\lim_{\delta \to 0} S_\Delta[K] = S, \tag{4}$$

$$\lim_{\delta \to 0} s_\Delta(K) = s \tag{5}$$

分别成立, 由上面各式可以得到 (2). ((4) 和 (5) 表示 K 的闭包的外面积等于 K 的外面积, 而 K 的开核的内面积等于 K 的内面积.)

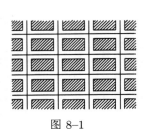

图 8-1

下面证明 (5), (4) 可以用与 (5) 相同的方法证明. K 包含 K 的开核 (K), 所以显然有 $s_\Delta(K) \leqslant s_\Delta$. 因此, 记 K 的开核的内面积为 $s(K)$, 则 $s(K) \leqslant s$. 因此, 只要证 $s \leqslant s(K)$ 即可.

在与面积 s_Δ 相关的各个小矩形的内部, 把各边缩进 δ 作矩形 (见图 8-1), 设所有这些矩形的全体为 σ, 它的面积也记作 σ. 此时, 对于任意的 $\varepsilon(>0)$, 取充分小的 δ, 使得 $s_\Delta - \sigma < \varepsilon$. 于是 K 的开核 (K) 包含 σ, K 的边界和 σ 的距离大于 δ, 所以可以再次分割 Δ, 得到使小矩形的边长的最大值比 δ 小的分割 Δ', 这时包含于 (K) 的 Δ' 的小矩形群包含 σ. 因此对于它们的面积, 有 $\sigma \leqslant s_\Delta(K)$, 故

$$s_\Delta - \varepsilon < \sigma \leqslant s_{\Delta'}(K) \leqslant s(K).$$

因为 ε 是任意的, 所以 $s_\Delta \leqslant s(K)$. 因此, 取 s_Δ 的上确界, 得 $s \leqslant s(K)$.

而因为已证 $s \geqslant s(K)$, 所以有 $s = s(K)$. 这就是 (5).

为了正确理解面积的定义, 下面举一个面积不确定的实例. 例如, 现在取矩形 $Q(0 \leqslant x \leqslant 1,\ 0 \leqslant y \leqslant 2)$, 根据上面的面积定义, 它的面积等于 2. 如果在 Q 的上半部分 $(0 \leqslant x \leqslant 1,\ 1 \leqslant y \leqslant 2)$ 除去稠密分布的点, 如图 8-2 所示, 比如说除去 Q 中的所有有理点 $(x, y$ 都是有理数的点), 设剩余部分为 K, 则 K 的外面积等于 2, 而它的内面积等于 1, 所以 K 的面积是不确定的. Q 的上半部分都是 K 的边界, 边界占据的面积等于 1, 使得 K 的内面积和外面积不能接近.

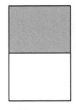

图 8-2

作为面积不确定的一个实例, 上面的 K 有些平凡, 但是理论上不能无视面积不确定区域的存在. 重要的是, 必须意识到面积不是天生就有的, 我们可以自己定义, 也必须自己处理.

易用且在实际应用中常常遇到的当然是有确定面积的区域, 下面描述其中标准的情况.

图 8-3

[例 1] 区域 K 的边界是光滑曲线或者是若干个光滑曲线连接而成时, K 的面积是确定的 (见图 8-3).

[证] 设 $x = \varphi(t), \quad y = \psi(t) \quad (0 \leqslant t \leqslant 1)$

是光滑的曲线, 即 $\varphi'(t), \psi'(t)$ 连续 (且 $\varphi'(t)^2 + \psi'(t)^2 \neq 0$). 于是根据微分中值定理得

$$x_1 - x = (t_1 - t)\varphi'(\tau_1), \quad y_1 - y = (t_1 - t)\psi'(\tau_2),$$

其中 τ_1, τ_2 是 t, t_1 之间的值. 设在闭区间 $0 \leqslant t \leqslant 1$ 上, $|\varphi'(t)|, |\psi'(t)|$ 的最大值为 M (设 $t_1 > t$), 则

$$|x_1 - x| \leqslant M(t_1 - t), \quad |y_1 - y| \leqslant M(t_1 - t).$$

所以, 如果把区间 $0 \leqslant t \leqslant 1$ 分成 n 等份, 则对应于各个小区间 $\left[t, t + \dfrac{1}{n}\right]$ 上的 t, 曲线上的点 (x, y) 包含在边长为 $\dfrac{2M}{n}$ 的正方形内, 因此整个曲线被总面积小于

$$n\left(\frac{2M}{n}\right)^2 = \frac{4M^2}{n}$$

的矩形群覆盖. 如果 n 取得充分大, 则这个总面积可以变得充分小, 因此满足有确定面积的条件. □

在上面的证明中, $\varphi'(t), \psi'(t)$ 的连续性只是为了保证最大值 M 的存在. 因此只要 $\varphi'(t), \psi'(t)$ 有界 (可以非连续) 即可.

一般地, 只要 $\varphi(t), \psi(t)$ 有界变差, 因而 K 的边界是有限长的闭曲线即可. 事实上, 设这条曲线的长度是 l, 把它 n 等分, 设 $\dfrac{1}{n} = \delta$, 则各条小弧包含在以它的中点为中心且边长为 δ 的正方形内, 因此整个曲线被面积不超过 $n\delta^2 = \dfrac{l^2}{n}$ 的矩形群覆盖.

[例 2] 如图 8–4 所示, 两条垂直直线 $x = a, x = b$ 与两条连续曲线 $y = \varphi(x), y = \psi(x)$ 围成的区域 K 有确定的面积.

详细说来, 设 $\varphi(x), \psi(x)$ 在区间 $a \leqslant x \leqslant b$ 上连续, 且 $\varphi(x) > \psi(x)$ (其中在 $x = a$ 或者 $x = b$ 上, $\varphi(x) = \psi(x)$ 也可以). 于是满足 $a < x < b$, $\psi(x) < y < \varphi(x)$ 的点 (x, y) 是 K 的全部内点.

K 的边界分成四部分: AC, BD, AB, CD, 对于每一部分, 我们分别证明它们满足条件 (1), 首先, 对于 AC, BD 无须讨论. 而对于 AB, 因为 $\varphi(x)$ 是一致

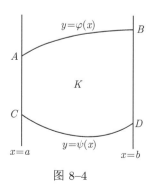

图 8–4

连续的, 当 n 取得充分大时, 如果把区间 $[a, b]$ 分成 n 等份, 则 $\varphi(x)$ 在各个区间上的振幅小于任给的 ε. 因此 AB 被总面积小于 $\varepsilon \cdot \dfrac{b-a}{n} \cdot n = \varepsilon(b-a)$ 的矩形群

覆盖. 而 ε 可以取任意小, 所以 AB 满足条件 (1). 对于 CD 情况相同.

显然, 交换 x, y, K 是由两条水平直线 $y = c, y = d$ 和两条连续曲线 $x = \varphi(y), x = \psi(y)$ 围成的区域时情况同上.

[注意] 上面的 K 的边界 $(ACDBA)$ 是一条若尔当闭曲线. 这是一条若尔当闭曲线把平面分成内外两部分的简明例子 (参照 §12 末).

在应用上, 便于我们使用的区域是 [例 1] 和 [例 2] 中的区域, 或者是有限个这样区域的组合.

在上面的例子中, 我们确认了在某一条件下有限曲线没有面积. 没有适当的条件这是不成立的. 例如, §12 描述的皮亚诺等曲线显然是不行的, 另外, 即便是若尔当曲线, 我们也可以构造外面积不等于 0 的实例. (参照附录 II.)

设面积为 I 的区域 K 被曲线 L 分成两个区域 K_1 和 K_2, 而且对于分割线 L, 条件 (1) 成立. 于是 K_1, K_2 都有确定的面积, 假设其面积分别为 I_1, I_2, 则 $I = I_1 + I_2$. 这是显然的. 事实上, 在矩形网 Δ 中, 如果把关于 K 的 s_Δ, 分成完全包含在 K_1, K_2 的矩形群 s_1, s_2 和包含分割线 L 的点的 s' 三种的话, 则 $s_\Delta = s_1 + s_2 + s'$. 于是根据面积的定义, 当 $\delta \to 0$ 时, $s_\Delta \to I$, $s_1 \to I_1, s_2 \to I_2$, 而根据假设 $s' \to 0$. 因此 $I = I_1 + I_2$.

一般地, 假设 K_1 是包含于 K 的面积确定的区域, 它的面积为 I_1, 则 $I \geqslant I_1$.

如果 K_1, K_2 有确定的面积, K_1, K_2 的共同部分 D (属于 K_1 和 K_2 的所有点的集合) 以及 K_1 与 K_2 的并集 D (属于 K_1 或者 K_2 的所有点的集合) 都有确定的面积. 如果用相同字母表示面积, 则 $K_1 + K_2 = S + D$. 对此可以采用与上相同的方法证明.

关于面积还剩下一个非常重要的结果. 那就是相互同构的区域面积是否相等的问题. 我们是通过平行于坐标轴的直线而生成的矩形网为基础定义面积的, 因此就产生了上面的问题. 或者, 固定某个区域, 证明变换坐标轴 (正交变换) 时面积不变即可.

首先, 设某个区域 K 关于某个坐标轴面积确定. 然后, 用边平行于坐标轴、边长为 δ 的正方形把平面分成方格, 假设 K 的临界正方形总面积是 Ω, 则当 $\delta \to 0$ 时, Ω 收敛于 0. 这时, 边长为 δ 的正方形包含于直径为 $\sqrt{2}\delta$ 的圆中, 这个圆内切于边与新坐标轴平行、边长为 $\sqrt{2}\delta$ 的正方形. 因此, 原来的临界正方形群包含于各边边长最大值不超过 $\sqrt{2}\delta$ 的临界正方形群 (新坐标系下的) 之中, 这些新临界正方形群的总面积不超过 2Ω. 因此坐标轴变换后, 临界正方形群的总面积也收敛于 0. 因此假设在旧坐标下 K 的面积是确定的, 那么在新坐标之下 K 的面积仍然是确定的. 设这个面积为 I', 那么 $I = I'$ 吗? 这是这个问题的残留部分.

当 K 是矩形时, 上面的结论是显然的. 事实上, 设矩形 K 在旧坐标下的面积是 s, 用平行于新坐标轴的平行线把 K 适当地分割, 如果此时对生成的图形作适当的平行移动, 那么其中就有一些矩形的边平行于新坐标轴, 在新坐标之下计算这些矩形的面积, 假设它们合计为 s', 则 $s' = s$ (某个区域 (点集合) 的面积, 由它的平行移动生成的区域在相同的坐标轴之下, 显然面积是相同的). 而对于一般的区域 K, 在新坐标轴之下的矩形网中, 如果包含于 K 中的矩形群关于新旧两坐标轴的总面积分别为 s', s, 因为 s 是包含于 K 的内部的矩形群的总面积, 所以由上可知 $s' = s \leqslant I$, 而 I' 是 s' 的上确界, 因此 $I' \leqslant I$. 交换旧新坐标轴, 则 $I \leqslant I'$. 所以 $I = I'$.

我们可以采用相同的方法定义三维空间内的区域 K 的**体积**, 只是此时把矩形替换成立方体. 有确定体积的条件也是一样的, K 的边界被总体积任意小的立方体群包围时, K 有确定体积. 下面的例子相对于前面给出的关于面积的例子.

[**例 3**]   区域 K 被有限个光滑曲面界定时, K 有确定体积. 曲面

$$x = \varphi(u, v), \quad y = \psi(u, v), \quad z = \chi(u, v), \quad 0 \leqslant u \leqslant 1, 0 \leqslant v \leqslant 1$$

光滑指的是 φ, ψ, χ 连续可微.

K 有确定体积的证明与 [例 1] 一样, 利用中值定理.

[**例 4**]   设 k 是 xy 平面上有确定面积的区域, 如图 8–5 所示, $\varphi_1(x, y), \varphi_2(x, y)$ 在包含 k 的闭区域上连续且 $\varphi_1(x, y) \leqslant \varphi_2(x, y)$. 那么满足

$$(x, y) \in k, \quad \varphi_1(x, y) \leqslant z \leqslant \varphi_2(x, y)$$

的点 (x, y, z) 的集合 K 有确定体积.

在 K 的边界上, 它的上下两底 A_1, A_2 分别属于曲面 $z = \varphi_1(x, y)$ 和曲面 $z = \varphi_2(x, y)$. 我们可以像例 2 那样根据 φ_1, φ_2 的连续性证明它们的体积等于 0. 而 K 的 "侧面" L 包含在以 k 的临界矩形为底, 以某个高度 h (比如说是 $\varphi_2 - \varphi_1$ 的上界) 为高的立方体群之中. 根据假设, k 有确定面积, 所以这些立方体群的总体积收敛于 0.

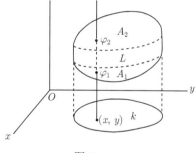

图 8–5

§92 一般区域上的积分

关于一般区域上的积分, 首先设 xy 平面上的积分区域 K 是有界的, 并限定它有确定的面积. 而函数 $f(P)$ 至少在 K 上有定义, 且在 K 上有界.

在矩形网 Δ 中, 在包含 K 的点的小矩形 ω_i 中任意取 K 的点 P_i, 作和

$$\sum_{\Delta} = \sum f(P_i)\omega_i, \tag{1}$$

如果

$$I = \lim_{\delta \to 0} \sum_{\Delta} \tag{2}$$

存在, 则它就是 $f(P)$ 在区域 K 上的积分.

和 (1) 中, 包含 K 的边界点的小矩形 ω_i (或者说是临界矩形) 的部分和之绝对值不超过 $M\Omega_\Delta$. 这里的 M 是 $|f(P)|$ 在 K 中的上确界, 而 Ω_Δ 是临界矩形的总面积. 根据假设 (K 有确定面积), 当 $\delta \to 0$ 时, $\Omega_\Delta \to 0$, 所以和 (1) 中的小矩形 ω_i 只取完全包含在 K 的内部的小矩形即可.

对于不属于 K 的点, 变更或者说扩张函数 $f(P)$ 为

$$f^*(P) = \begin{cases} f(P), & (P \text{ 属于 } K \text{ 时}) \\ 0, & (P \text{ 不属于 } K \text{ 时}) \end{cases}$$

取包含 K 的矩形 (边平行于坐标轴)K^*, 考虑 $f^*(P)$ 在 K^* 上的积分. 这个积分是

$$\sum_i f^*(P_i)\omega_i \tag{3}$$

的极限, 此时, 对于 K 外面的小矩形 ω_i, 有 $f^*(P_i) = 0$, 而对于临界矩形, 因为 $\Omega_\Delta \to 0$, 所以不需要考虑. 因此在 (3) 中, 只取完全包含在 K 内部的小矩形 ω_i 即可, 对于这些小矩形, $f^*(P_i) = f(P_i)$, 所以 $f(P)$ 在 K 上的积分归结为 $f^*(P)$ 在 K^* 上的积分. K 的边界点可以是 $f^*(P)$ 的不连续点, 但它们的总面积可以被任意小的小矩形群覆盖. 因此我们得到下面的定理 (§ 90).

定理 77 设 $f(P)$ 在面积确定的区域 K 上有界. 于是

(1°) $f(P)$ 可积的必要充分条件是 $\lim\limits_{\delta \to 0} \sum v_i\omega_i = 0$. 这里, ω_i 是包含 $f(P)$ 在 K 上的不连续点的小矩形, 而 v_i 是 $f(P)$ 在 ω_i 上的振幅.

(2°) 如果 $f(P)$ 在 K 的内点上连续, 则 $f(P)$ 在 K 上可积.

(3°) 如果 $f(P)$ 的所有不连续点能够被总面积任意小的小矩形群覆盖, 则 $f(P)$ 可积 (充分条件).

在 §31 中陈述的关于积分的定理对于二元以上的积分也可以同样证明. 在这里不再一一说明. 下面是最基本的结果 (当然要假设区域有确定面积且函数可积).

(1°) (关于区域的可加性) 如果区域 K 被分成 K_1, K_2, 则

$$\int_K f(P)\mathrm{d}\omega = \int_{K_1} f(P)\mathrm{d}\omega + \int_{K_2} f(P)\mathrm{d}\omega.$$

(2°) (关于函数的线性性) 如果 a, b 为常数, 则

$$\int_K (af(P) + bg(P))\mathrm{d}\omega = a\int_K f(P)\mathrm{d}\omega + b\int_K g(P)\mathrm{d}\omega.$$

(3°) 如果 $f(P)$ 在 K 上可积, 则 $|f(P)|$ 也在 K 上可积, 且

$$\left| \int_K f(P)\mathrm{d}\omega \right| \leqslant \int_K |f(P)|\mathrm{d}\omega.$$

(4°) (中值定理)

$$\int_K f(P)\mathrm{d}\omega = \mu A, \quad m \leqslant \mu \leqslant M,$$

A 是区域 K 的面积, m, M 分别是 $f(P)$ 在 K 上的下确界和上确界.

特别地, 如果 K 是闭区域且 $f(P)$ 在 K 上连续, 则 $\mu = f(P_0), P_0 \in K$.

(5°) 这个结果是一元积分没有必要考虑的问题. 设 $f(P)$ 在 K 区域中可积且

$$I = \int_K f(P)\mathrm{d}\omega.$$

此时, 把 K 分割成任意的 (面积确定的) 小区域 ω_i 而不是小矩形, 关于这个分割 Δ, 如上所示作和

$$\sum_\Delta = \sum_i f(P_i)\omega_i.$$

当无限缩小小区域 ω_i (让区域 ω_i 的直径 (§12) δ_i 的最大值 δ 无限变小) 时, 和 $\sum_\Delta$ 收敛于积分 I, 即

$$I = \lim_{\delta \to 0} \sum_i f(P_i)\omega_i. \tag{4}$$

尽管这一结论是显然的, 但是下面还是简略地陈述其证明. 首先, 对各小区域 ω_i 使用中值定理, 得

$$I = \sum_i \int_{\omega_i} f(P)\mathrm{d}\omega = \sum_i \mu_i \omega_i,$$

从而

$$I - \sum_\Delta = \sum_i (\mu_i - f(P_i))\omega_i.$$

而 $|\mu_i - f(P_i)| \leqslant v_i (v_i$ 是 $f(P)$ 在 ω_i 上的振幅), 所以

$$\left| I - \sum_\Delta \right| \leqslant \sum v_i \omega_i.$$

因此只需证明

$$\lim_{\delta \to 0} \sum v_i \omega_i = 0 \tag{5}$$

即可.

根据假设 $f(P)$ 可积, 因此关于矩形网 (5) 它是已知的. 因此任取 $\varepsilon_1 (> 0)$, 取满足

$$\sum_\sigma v(\sigma)\sigma < \varepsilon_1 \tag{6}$$

的矩形网. 其中的 σ 是这个矩形网的一个小矩形的面积, 而 $v(\sigma)$ 是 $f(P)$ 在小矩形 σ 上的振幅. 如前节那样, 在各小矩形 σ 上, 让 σ 的各边缩进 δ 作矩形 σ'. 其中 δ 取得充分小, 使得区域 K 中除掉所有的 σ' 后的剩余面积, 即 $\sum(\sigma - \sigma')$ 小于任给的 ε_2. 于是即使与 σ' 有公共点的小区域 ω_i 被排除在 σ' 之外, 它们也包含在 σ 之中 (ω_i 的直径比 δ 小). 因此关于包含于某个 σ 中的这些小区域 $\omega_i(v_i \leqslant v(\sigma))$ 有

$$\sum v_i \omega_i \leqslant v(\sigma)\sigma.$$

再对所有 σ' 求和, 由 (6) 得

$$\sum_{\sigma'} v_i \omega_i \leqslant \sum_\sigma v(\sigma)\sigma < \varepsilon_1. \tag{7}$$

又, 在 (5) 中, 没有在这个和 $\sum_{\sigma'}$ 之中的剩余的小区域 ω_i 都在区域 $\sum(\sigma - \sigma')$ 之中, 所以关于这些区域的和满足

$$\sum_{\sigma - \sigma'} v_i \omega_i \leqslant v(K) \sum(\sigma - \sigma') \leqslant v(K)\varepsilon_2, \tag{8}$$

其中 $v(K)$ 是 $f(P)$ 在整个区域 K 上的振幅.

由 (7) 和 (8) 可得, 遍取所有的 ω_i, 有

$$\sum v_i \omega_i < \varepsilon_1 + v(K)\varepsilon_2.$$

而 $\varepsilon_1, \varepsilon_2$ 是任意的, 可以使上式右边小于任意的 ε. 此时

$$\sum v_i \omega_i < \varepsilon.$$

这就是 (5). 因此得到 (4).

(6°) 一元积分

$$I = \int_a^b f(x)\mathrm{d}x$$

归于二维空间上的面积. 现在, 设 $f(x)$ 在区间 $[a, b]$ 上有界, 且 $f(x) \geqslant 0$, 在二维空间上, 设

$$K: \qquad\qquad a \leqslant x \leqslant b, \qquad 0 \leqslant y \leqslant f(x)$$

形成的区域为 K. 于是积分 I 等于区域 K 的面积. 在 §30 中, 关于积分 I, 所提到的 S, s 即为 §91 的意义下的 K 的外面积和内面积, 积分 I 存在 $(S = s = I)$ 即 K 有确定面积. $f(x)$ 在区间 $[a, b]$ 上有界, 其符号不定时, 设 C 是 $f(x)$ 的下界并 $\overline{f}(x) = f(x) - C$, 则 $\overline{f}(x) \geqslant 0$, 而 $I = \int_a^b \overline{f}(x)\mathrm{d}x - C(a - b)$, 或者如 §39 那样, 设 $f(x) = f^+(x) - f^-(x)$ 也可以. 同样, 二元积分归于三维空间中的体积.

在第 3 章中, 关于一元积分, 积分区域限定于区间, 而对于二元以上积分, 并没有假定积分区域 K 是连通的. 但是, 事实上, 如本节所描述的那样, 可以把函数 $f(P)$ 变更为 $f^*(P)$, 而把积分区域 K 归于矩形 K^*. 与此同样, 对于一元积分, 也可以把区间变成任意的有界点集 K 并讨论关于点集 K 的积分 $\int_K f(x)\mathrm{d}x$. 这个积分就是关于包含 K 的区间 $[a, b]$ 上的积分 $\int_a^b f^*(x)\mathrm{d}x$. 特别地, 设 $\varphi(x)$ 是 K 的定义函数, 可以用 $\int_a^b \varphi(x)\mathrm{d}x$ 定义 K 的 "长度".

一维中的长度、二维中的面积以及三维中的体积等都可能扩展到任意维空间, 对于各维空间, Jordan 把它们总称为集合的 étendue, 翻译成英语是 extent, 而在德语系中没有直译, 而是称其为 Inhalt. 可以折中地称为容积. 这时集合 K 的容积是 K 的定义函数 $\varphi(P)$ 的黎曼积分. 勒贝格通过更深刻的考察, 扩展了容积的概念, 把它命名为测度. "测度" 的意思更加广泛, 不应该作为特殊的术语来使用, 因此在明确各种不同情况之下, 与勒贝格测度相对, 上面的 Jordan 式的容积, 即 étendue, 称为黎曼测度可能更合适.

§93　化简成一元积分

在一定的条件下, 二元以上的积分都可归结为反复的一元积分 (累次积分). 从下面的定理开始, 我们给出其中最简单的情况.

定理 78 　如果 $f(x, y)$ 在矩形 $K(a \leqslant x \leqslant b, c \leqslant y \leqslant d)$ 上连续, 则

$$\int_K f(x, y)\mathrm{d}\omega = \int_c^d \mathrm{d}y \int_a^b f(x, y)\mathrm{d}x. \tag{1}$$

此定理的意义如下. 根据 $f(x, y)$ 的连续性, 上式左边二元积分可积. 在右边, 首先固定 y 的值, $f(x, y)$ 关于 x 是连续的, 所以 $\int_a^b f(x, y)\mathrm{d}x$ 存在. 这个积分值是 y 的函数, 把它记作

$$F(y) = \int_a^b f(x, y)\mathrm{d}x, \tag{2}$$

(1) 式的右边的意义是

$$\int_c^d F(y)\mathrm{d}y, \tag{3}$$

即 $\int_c^d \left\{ \int_a^b f(x,y)\mathrm{d}x \right\}\mathrm{d}y$, 但是为了明了起见, 把 $\mathrm{d}y$ 写在前面, 而括号 {} 不写. 因此定理的意义是因为允许上面的第二次单变量积分 (3), 而且这个积分等于 (1) 左边的双变量积分.

或者, 不假定 $f(x,y)$ 连续, 可以证明下面比定理 78 更一般的定理.

定理 79 如果在上面的矩形 K 上有界的函数 $f(x,y)$ 可积, 而且当 $c < y < d$ 时, 积分 $F(y) = \int_a^b f(x,y)\mathrm{d}x$ 成立, 那么等式 (1) 成立.

[证] 沿用 §90 的记法, 在矩形网 Δ 中, 设

$$x_{i-1} \leqslant x \leqslant x_i, \quad y_{j-1} \leqslant \eta_j \leqslant y_j,$$

根据中值定理有

$$m_{ij}(x_i - x_{i-1}) \leqslant \int_{x_{i-1}}^{x_i} f(x,\eta_j)\mathrm{d}x \leqslant M_{ij}(x_i - x_{i-1}).$$

对上式关于 i 求和, 则得

$$\sum_{i=1}^m m_{ij}(x_i - x_{i-1}) \leqslant \int_a^b f(x,\eta_j)\mathrm{d}x \leqslant \sum_{i=1}^m M_{ij}(x_i - x_{i-1}),$$

即 (利用上面的记法 (2))

$$\sum_{i=1}^m m_{ij}(x_i - x_{i-1}) \leqslant F(\eta_j) \leqslant \sum_{i=1}^m M_{ij}(x_i - x_{i-1}).$$

上式两边乘以 $(y_j - y_{j-1})$, 并关于 j 求和得

$$\sum_{i,j} m_{ij}(x_i-x_{i-1})(y_j-y_{j-1}) \leqslant \sum_{j=1}^n F(\eta_j)(y_j-y_{j-1}) \leqslant \sum_{i,j} M_{ij}(x_i-x_{i-1})(y_j-y_{j-1}),$$

即

$$s_\Delta \leqslant \sum F(\eta_j)(y_j - y_{j-1}) \leqslant S_\Delta.$$

根据假设 $f(x,y)$ 在 K 上可积, 假设其积分为 I, 当 $\delta \to 0$ 时, $s_\Delta \to I$, $S_\Delta \to I$. 从而有

$$\sum_{j=1}^n F(\eta_j)(y_j - y_{j-1}) \to I,$$

即

$$I = \int_c^d F(y) \mathrm{d}y.$$

这就是待证的 (1). □

[**注意 1**]   在上面的定理中, 交换变量 x, y 的顺序, 则有

$$I = \int_a^b \mathrm{d}x \int_c^d f(x, y) \mathrm{d}y.$$

当 $a \leqslant x \leqslant b$ 时, 如果上式关于 y 总可积, 则上式成立.

特别地, 如果 $f(x, y)$ 在 K 上连续, 则

$$\int_a^b \mathrm{d}x \int_c^d f(x, y) \mathrm{d}y = \int_c^d \mathrm{d}y \int_a^b f(x, y) \mathrm{d}x.$$

这就是 §48 的定理 41 (**B**).

[**注意 2**] K 是 §91 中如 [例 2] 那样的区域, 即

$$a \leqslant x \leqslant b, \quad \varphi_1(x) \leqslant y \leqslant \varphi_2(x),$$

如果 $f(x, y)$ 在 K 上连续, 则

$$I = \int_K f(x, y) \mathrm{d}\omega = \int_a^b \mathrm{d}x \int_{\varphi_1(x)}^{\varphi_2(x)} f(x, y) \mathrm{d}y. \tag{4}$$

上式可以由定理 79 推导出来. 同 §92 一样, 在包含 K 的矩形 K^* 上 (见图 8–6), 如果考虑把 f 改造成 f^*, 则 f^* 在各纵线上的不连续点 (K 的边界上) 不超过两个, 所以积分 $\int_c^d f^*(x, y) \mathrm{d}y$ 存在, 于是有

$$I = \int_a^b \mathrm{d}x \int_c^d f^*(x, y) \mathrm{d}y,$$

上式里面的积分等于 $\int_{\varphi_1(x)}^{\varphi_2(x)} f(x, y) \mathrm{d}y.$

特别地, 如果 $f(x, y)$ 等于常数 1, 则 I 就是 K 的面积, 它等于

$$I = \int_a^b (\varphi_2(x) - \varphi_1(x)) \mathrm{d}x = \int_a^b \varphi_2(x) \mathrm{d}x - \int_a^b \varphi_1(x) \mathrm{d}x. \tag{5}$$

这就是根据定积分求面积的公式.

[**例 1**]   设双曲线 $\dfrac{x^2}{a^2} - \dfrac{y^2}{b^2} = 1$ 上的任意一点为 $P = (x_0, y_0)$, 设顶点为 $A =$

$(a,0)$, 求动径 OA, OP 之间的扇形 AOP 的面积 S (见图 8–7).

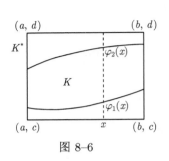

图 8–6

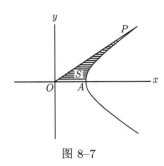

图 8–7

[解] 设 $a > 0, b > 0$, 且 P 在第一象限, 即 $x_0 \geqslant 0, y_0 \geqslant 0$. 于是弧 AP, 动径 OP 的方程分别是

$$x = a\sqrt{1 + \frac{y^2}{b^2}}, \quad x = \frac{x_0}{y_0}y,$$

在 (5) 中, 交换 x 和 y, 得

$$S = \int_0^{y_0} a\sqrt{1 + \frac{y^2}{b^2}}\mathrm{d}y - \int_0^{y_0} \frac{x_0}{y_0}y\mathrm{d}y.$$

在上式的右边第一个积分中假设 $\frac{y}{b} = t$, 则有

$$ab\int_0^{\frac{y_0}{b}} \sqrt{1 + t^2}\mathrm{d}t = \frac{ab}{2}\left[t\sqrt{1 + t^2} + \ln\left(t + \sqrt{1 + t^2}\right)\right]_0^{\frac{y_0}{b}}$$

$$= \frac{ab}{2}\left\{\frac{y_0}{b}\sqrt{1 + \frac{y_0^2}{b^2}} + \ln\left(\frac{y_0}{b} + \sqrt{1 + \frac{y_0^2}{b^2}}\right)\right\}$$

$$= \frac{x_0 y_0}{2} + \frac{ab}{2}\ln\left(\frac{x_0}{a} + \frac{y_0}{b}\right).$$

第二个积分是

$$\int_0^{y_0} \frac{x_0}{y_0}y\mathrm{d}y = \frac{x_0 y_0}{2},$$

所以

$$S = \frac{ab}{2}\ln\left(\frac{x_0}{a} + \frac{y_0}{b}\right),$$

这就是所求的面积.

如果取中间变量 σ, 则双曲线方程改写为

$$\frac{x}{a} = \frac{\mathrm{e}^\sigma + \mathrm{e}^{-\sigma}}{2}, \quad \frac{y}{b} = \frac{\mathrm{e}^\sigma - \mathrm{e}^{-\sigma}}{2}.$$

于是

$$S = \frac{1}{2}ab\sigma_0$$

(参照 §54).

采用与上面相同的方法可以讨论多变量积分. 下面简要陈述一下三元积分. 设 $f(x,y,z)$ 在立方体 K

$$[K] \qquad a_1 \leqslant x \leqslant a_2, \quad b_1 \leqslant y \leqslant b_2, \quad c_1 \leqslant z \leqslant c_2$$

上可积. 假设在这个区域内固定 x,y 时 $f(x,y,z)$ 关于 z 可积,

$$F(x,y) = \int_{c_1}^{c_2} f(x,y,z)\mathrm{d}z, \tag{6}$$

则有

$$I = \iiint_K f(x,y,z)\mathrm{d}x\mathrm{d}y\mathrm{d}z = \iint_C F(x,y)\mathrm{d}x\mathrm{d}y, \tag{7}$$

即

$$I = \int_C \mathrm{d}x\mathrm{d}y \int_{c_1}^{c_2} f(x,y,z)\mathrm{d}z.$$

其中 C 是 xy 平面上的矩形 $a_1 \leqslant x \leqslant a_2, b_1 \leqslant y \leqslant b_2$. 这样, 计算了定积分 (6) 之后, I 就归结为二元积分 (7).

或者, 对偶地, 假设固定 z 时关于 x,y 的积分

$$Q(z) = \iint f(x,y,z)\mathrm{d}x\mathrm{d}y \tag{8}$$

存在, 则有

$$I = \int_{c_1}^{c_2} Q(z)\mathrm{d}z = \int_{c_1}^{c_2} \mathrm{d}z \iint_C f(x,y,z)\mathrm{d}x\mathrm{d}y. \tag{9}$$

与前面一样, C 是 xy 平面上的矩形.

无论哪种方法, 如果二元积分又可以归结为一元积分, 那么 I 就可以转化为三次一元积分.[①]

特别地, 如果 $f(x,y,z)$ 在 K 上连续, 则 $F(x,y)$ 在 C 上连续, 且 $Q(z)$ 在区间 $[c_1, c_2]$ 上连续, 且有

$$I = \int_{a_1}^{a_2} \mathrm{d}x \int_{b_1}^{b_2} \mathrm{d}y \int_{c_1}^{c_2} f(x,y,z)\mathrm{d}z.$$

[①] 如 (7) 所示, 写出三个积分符号的这种记法就促使人们联想要把它们向一元积分简化.

把 $f(P)$ 在一般区域 K 上的积分看成 $f^*(P)$ 在包含 K 的立方体 K^* 上的积分, 则这个积分可以变成累次积分. 其中最简单的是下面两种情况.

(1°) 设 K 是 §91 的 [例 4] 中的区域. 此时积分 (6) 变成

$$F(x,y) = \int_{\varphi_1(x,y)}^{\varphi_2(x,y)} f(x,y,z)\mathrm{d}z.$$

假设上式可积, 则

$$I = \int_K f(P)\mathrm{d}\omega = \int_k \mathrm{d}x\mathrm{d}y \int_{\varphi_1}^{\varphi_2} f(x,y,z)\mathrm{d}z.$$

特别地, 如果设 $f(P) = 1$, 则得 K 的体积 V, 即

$$V = \int_k (\varphi_2(x,y) - \varphi_1(x,y))\mathrm{d}x\mathrm{d}y. \tag{10}$$

图 8-8

这实际上是把 K 分割成微小的柱体, 然后计算其体积的方法.

(2°) 设 K 在 z 轴上的正射影是线段 $[c_1, c_2]$, 与 z 轴垂直的截面是 $C(z)$, 即满足 $(x,y,z) \in K$ 的点 (x,y) 的集合有确定的面积 (见图 8-8). 那么, 积分 (8) 变成

$$Q(z) = \iint_{C(z)} f(x,y,z)\mathrm{d}x\mathrm{d}y.$$

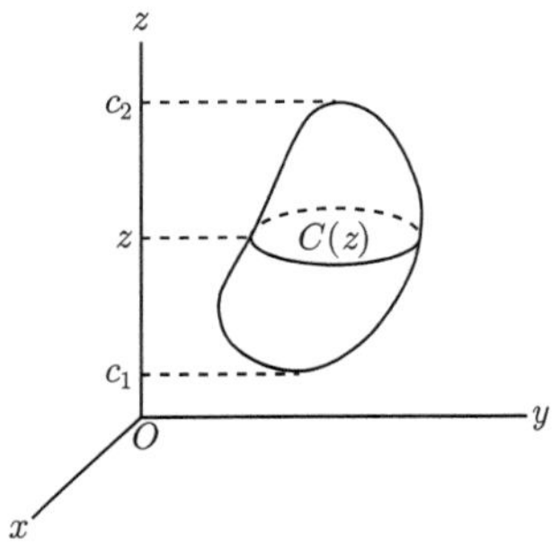

如果 $Q(z)$ 可积, 则

$$I = \int_K f(P)\mathrm{d}\omega = \int_{c_1}^{c_2} Q(z)\mathrm{d}z = \int_{c_1}^{c_2} \mathrm{d}z \int_{C(z)} f(x,y,z)\mathrm{d}x\mathrm{d}y.$$

特别地, 如果 $f(P) = 1$, 则 K 的体积是

$$V = \int_{c_1}^{c_2} Q(z)\mathrm{d}z, \tag{11}$$

其中, $Q(z)$ 是截面 $C(z)$ 的面积. 这是把立体 K 分割成微小层片, 然后求其体积的方法.

[例 2]   底面积为 A, 高为 h 的斜棱柱的体积是 $V = Ah$.

设底是 xy 平面上的区域 k, 截面都与 k 同构, 在 (11) 中设 $Q(z) = A$, 则

$$V = \int_0^h A\mathrm{d}z = A \int_0^h \mathrm{d}z = Ah.$$

如果斜棱柱的体积是确定的, 这样很好, 但是我们只假定棱柱底 k 的面积是确定的. 从这一假设出发我们是否能够推出棱柱的体积是确定的呢? 这是问题的关键. 如果底是矩形, 则斜棱柱是多面体, 因此有确定的体积 (§91, [例 3]), 可以利用上面的公式. 然而, 当用矩形网 Δ 覆盖 xy 平面时, 设底 k 的临界矩形的总面积为 Ω_Δ, 那么棱柱的侧面被总体积为 $h\Omega_\Delta$ 的斜棱柱群包围, 根据假设 (k 有确定的面积), $\Omega_\Delta \to 0$, 所以这些临界斜棱柱群的总体积可以无限变小. 因此它们 (从而 K 的侧面) 可以被总体积可以任意小的立方体群包围. 即 K 有确定的体积 (§91).

[**例 3**]   底面积为 A, 高为 h 的锥体体积 $V = \dfrac{1}{3}Ah$.

体积确定的说明与例 2 相同, 体积的计算如下所示. 在这里 $Q(z) = A\left(\dfrac{z}{h}\right)^2$, 所以有

$$V = \int_0^h \frac{Az^2}{h^2}\mathrm{d}z = \frac{A}{h^2}\int_0^h z^2\mathrm{d}z = \frac{1}{3}Ah.$$

在初等几何中, 计算几何体的体积时, 直截面积 $Q(z)$ 是 z 的二次式. 在这种情况下, 一般有

$$V = \int_{c_1}^{c_2} Q(z)\mathrm{d}z = \frac{h}{6}\left\{Q(c_1) + Q(c_2) + 4Q\left(\frac{c_1 + c_2}{2}\right)\right\},$$

其中 $h = c_2 - c_1$ (§38).

例如, 对于椭圆体

$$\frac{x^2}{a^2} + \frac{y^2}{b^2} + \frac{z^2}{c^2} \leqslant 1,$$

截面是椭圆

$$\frac{x^2}{a^2} + \frac{y^2}{b^2} = 1 - \frac{z^2}{c^2},$$

从而有

$$Q(z) = \pi ab\left(1 - \frac{z^2}{c^2}\right).$$

因此有

$$c_2 = c, \quad c_1 = -c, \quad Q(c_1) = Q(c_2) = 0, \quad Q\left(\frac{c_1 + c_2}{2}\right) = \pi ab,$$

$$V = \frac{2c}{6} \cdot 4\pi ab = \frac{4}{3}\pi abc.$$

一般地, 两个平行平面和一个直纹曲面围起来的立体 K 的体积也属于上述范畴. 设平行平面为 $z = c_1, z = c_2$, 而直纹曲面的母线方程为

$$x = az + p,$$

$$y = bz + q,$$

其中 a, b, p, q 是某个中间变量 t 的函数, 当 t 从 t_0 到 T 变动时, 母线画出 K 的侧面. 设 a, b, p, q 关于 t 连续可微, 则 K 的侧面是光滑曲面, 于是 K 有确定体积. 而截面积 $Q(z)$ 通常可以作为其边界 (周) 上的线积分计算得到 (§41). 即

$$Q(z) = \frac{1}{2} \int_{t_0}^{T} (xy' - x'y)\mathrm{d}t$$

$$= \frac{1}{2} \int_{t_0}^{T} \{(az + p)(b'z + q') - (a'z + p')(bz + q)\}\mathrm{d}t,$$

其中, a', b', p', q' 是关于 t 的导函数. 积分号下的函数是关于 z 的二次式, 因此 $Q(z)$ 是关于 z 的二次式.

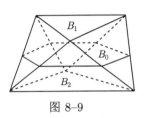

图 8–9

t 的函数 a', b', p', q' 在区间 $[t_0, T]$ 上有有限个不连续点, 也没有问题. K 的侧面由有限个多边形组成时就是一例 (参照图 8–9).

在这些情况之下, K 的体积如上所示可由下面公式计算而得 (开普勒公式):

$$V = \frac{h}{6}(B_1 + B_2 + 4B_0).$$

其中, $B_1 = Q(c_1), B_2 = Q(c_2)$ 是底面积, $B_0 = Q\left(\dfrac{c_1 + c_2}{2}\right)$ 是中央截面积, h 是高度.

[例 4] 旋转体的体积. 设 xz 平面上, 给定区间 $a \leqslant z \leqslant b$ 上的曲线 AB 的方程是

$$x = \varphi(z) \geqslant 0.$$

对于 AB 绕着 z 轴旋转时生成的旋转体, 直截面 $Q(z)$ 是圆

$$x^2 + y^2 = \varphi(z)^2,$$

它的面积是 $Q(z) = \pi\varphi(z)^2$. 因此有

$$V = \pi \int_{a}^{b} \varphi(z)^2 \mathrm{d}z.$$

§94 积分意义的扩展 (广义积分)

目前为止, 我们都设积分区域 K 有界且有确定的面积, 并设被积分函数 $f(P)$ 在 K 上有界, 但是当 $f(P)$ 在 K 上无界或者区域 K 无界时, 在应用上扩展积分的意义是非常重要的. 为此我们作下面的假设.

(1°) 当 K 有界时, 设 K 有确定的面积. 当 K 无界时, K 包含在正方形 $|x| < R, |y| < R (R > 0$ 是任意的) 的部分有确定的面积.

(2°) 在 K 的内部取有确定面积的有界区域, 然后我们可以逐步扩展这个区域使其与 K 无限接近. 即包含于 K 的有确定面积的有界闭区域的无穷序列 $\{K_n\}$ 存在, 区域 K 中的任意有界闭区域都包含在从某个充分大的 n 开始的所有 K_n 之中.

(3°) 在包含于 K 中的任意面积确定的有界区域上, $f(P)$ 有界且可积.

为简化起见, 称具有上面假设 (2) 中描述性质的区域列 $\{K_n\}$ 收敛于 K.(记作 $K_n \to K$). 特别地, 如果 $K_1 \subset K_2 \subset \cdots \subset K_n \subset \cdots$, 则称 $\{K_n\}$ 单调收敛于 K.

一般地, 区域列 $\{K_n\}$ 收敛于 K 时, 假设 $K_1, K_2, \cdots, K_n$ 的并集为区域 H_n, 则 $\{H_n\}$ 单调收敛于 K.

首先, 设 $f(P)$ 在 K 上是正的: $f(P) \geqslant 0$. 如果此时对于所有收敛于 K 的区域列 $\{K_n\}$, 当 $n \to \infty$ 时, 积分

$$I(K_n) = \int_{K_n} f(P)\mathrm{d}\omega$$

收敛于某个极限值 I, 那么就把这个极限值 I 定义为 $f(P)$ 在区域 K 上的积分, 即

$$I = \int_K f(P)\mathrm{d}\omega.$$

把这样意义下的积分称作正函数 $f(P)$ 的广义积分.

在上面定义中, 如果对于收敛于 K 的所有区域列 $\{K_n\}, I(K_n)$ 收敛, 那么其极限值当然是相等的. 事实上, 如果 $\{K_n\}, \{K_n'\}$ 都收敛于 K, 那么区域 $K_1, K_1', K_2, K_2', \cdots$ 也收敛于 K, 所以上面的结论是显然的 (参照 §9). 同样我们也可以考虑连续变量 λ 的情况, 对于连续变量 λ, 当 $\lambda \to \infty$ 时, 闭区域 K_λ 收敛于 K. 即给定 K 内部的任意有界闭区域 H 时, 假设对于所有满足 $\lambda > \lambda_0$ 的 λ, K_λ 包含 H. 根据上面的定义, 如果 $\int_K f(P)\mathrm{d}\omega$ 收敛, 则 $\lim\limits_{\lambda \to \infty} \int_{K_\lambda} f(P)\mathrm{d}\omega = I$.

如果你明白了上面广义积分的定义, 那么广义积分的收敛条件就是显然的. 对于在 K 上为正的 $f(P) \geqslant 0, \int_K f(P)\mathrm{d}\omega$ 收敛的充分必要条件是对于 K 中所有面积确定的有界闭区域 $H, I(H) = \int_H f(P)\mathrm{d}\omega$ 有界, 即存在某个常数 M, 对于所有 H, 总有 $I(H) \leqslant M$ 成立.

[证] 设 $\{K_n\}$ 是单调地收敛于 K 的区域列. 于是, 因为 $f(P) \geqslant 0$, 所以数列 $I(K_n)$ 单调递增. 所以如果 $I(K_n) \leqslant M$, 则 $I(K_n)$ 收敛.

设 $I(K_n) \to \gamma$, 而收敛于 K 的任意区域列为 $\{K_n'\}$. 于是当固定下标 ν 时, 对于某个下标以后的 K_n 有 $K_\nu' \subset K_n$, 又因为 $f(P) \geqslant 0$, 所以 $I(K_\nu') \leqslant I(K_n) \leqslant \gamma$. 即 $I(K_n')$ 有界, γ 是其中的一个上界. 任取 $\varepsilon > 0$, 因为 $I(K_n) \to \gamma$, 所以存在满足 $\gamma - \varepsilon < I(K_p) \leqslant \gamma$ 的下标 p, 又因为 $K_n' \to K$, 所以某个下标以后总有 $K_p \subset K_n'$ 成立, 于是 $I(K_p) \leqslant I(K_n')$, 即 $\gamma - \varepsilon < I(K_n') \leqslant \gamma$ 成立. 因为 ε 是任意的, 所以 $I(K_n') \to \gamma$.

反之, 如果 $I(K_n)$ 收敛, 因为 $K_n \to K$, 所以从某个下标开始, 任意的 H 包含于 K_n 之中, 所以 $I(H)$ 有界. 因此上面的条件是收敛的充分必要条件[1]. □

其次, 在 K 上, $f(P)$ 的符号不确定的情况下, 假设 $|f(P)|$ 在 K 上的广义积分存在, 下面定义 $f(P)$ 在 K 上的广义积分. 为此, 首先如下定义两个函数 (§39)$f^+(P), f^-(P)$:

$$\text{如果 } f(P) \geqslant 0, \quad \text{则 } f^+(P) = f(P), \quad f^-(P) = 0,$$

$$\text{如果 } f(P) < 0, \quad \text{则 } f^+(P) = 0, \quad f^-(P) = -f(P).$$

于是有

$$f^+(P) \geqslant 0, \quad f^-(P) \geqslant 0,$$

$$f(P) = f^+(P) - f^-(P), \quad |f(P)| = f^+(P) + f^-(P),$$

$$f^+(P) = \frac{1}{2}(|f(P)| + f(P)), \quad f^-(P) = \frac{1}{2}(|f(P)| - f(P)).$$

因此, $f^+(P) \leqslant |f(P)|$, $f^-(P) \leqslant |f(P)|$, 所以 $f^+(P)$ 和 $f^-(P)$ 在 K 上的广义积分存在. 利用它的广义积分

$$\int_K f(P)\mathrm{d}\omega = \int_K f^+(P)\mathrm{d}\omega - \int_K f^-(P)\mathrm{d}\omega$$

我们可以定义 $f(P)$ 在 K 的广义积分.

[附记] 一般地, 在满足 1°, 2° 的区域 K 上, 当广义积分 $\int_K f(P)\mathrm{d}\omega$ 存在时, 设 K 和 K 的边界上的点的并集区域为 $H, f(P)$ 在 H 上的广义积分 ($f(P)$ 在边界点 P 上有无定义都可以) 可以定义为[2]

$$\int_H f(P)\mathrm{d}\omega = \int_K f(P)\mathrm{d}\omega. \tag{1}$$

---

[1] 事实上, 只要对某个单调的 $\{K_n\}, I(K_n)$ 有界即可. 因为对任意的 H, 只要取充分大的 n, 就有 $H \subset K_n$, 所以 $I(H)$ 有界.

[2] 在下面的 [例 1] 中, 在原点处, 函数 $r^{-\alpha}$ 没有定义. 此时的积分区域 K 是 (1) 中的 H, 边界加上了原点.

事实上, 对于某个 H, 当如上所示的 K 有两个以上时, 对于这些 K, 可以证明 (1) 的右边的积分相等. 本书不给出其一般证明, 而实际应用时, 具体遇到的情况其证明一般都比较简单.

[**注意**]　二元以上的广义积分, 只对绝对收敛的情况给出定义. 而对非绝对收敛的情况, 当 $K_n \to K$ 时, $I^+(K_n) = \int_{K_n} f^+(P)\mathrm{d}\omega \to \infty$, 或者　$I^-(K_n) = \int_{K_n} f^-(P)\mathrm{d}\omega \to \infty$. 如果只一方是 ∞, 那么 $I(K_n) \to \pm\infty$, 即使这不能说它收敛, 但 $I(K_n)$ 的行为也是确定的, 如果双方都是 ∞, 那么根据收敛于 K 的 K_n 的不同 $\lim I(K_n)$ 出现摆动, 所以 $\int_K f(P)\mathrm{d}\omega$ 没有确定值 (参照后面的 [例 4]). 这刚好与条件收敛级数项的顺序变更相同.(对于一元积分, 积分区域 K 是区间, 通过限定 $\{K_n\}$ 为单调递增且收敛于 K 的区间列, 来定义了广义积分, 而对于二元以上的积分, $\{K_n\}$ 的选择自由度增大, 因此情况也就不同了.)[①]

[**例 1**]　在 xy 平面上, 设 r 是原点 $(0,0)$ 到 $P = (x,y)$ 的距离, 而积分区域 K 为单位圆 $(x^2 + y^2 \leqslant 1)$, 考察下面的积分

$$I(K) = \int_K \frac{\mathrm{d}\omega}{r^\alpha} = \iint_K \frac{\mathrm{d}x\mathrm{d}y}{(x^2 + y^2)^{\frac{\alpha}{2}}} \quad (\alpha > 0).$$

这就是上面 $f(P) = r^{-\alpha} \geqslant 0$ 的情况, 只有原点是不连续点, 令 K_n 为圆环 $\rho_n \leqslant r \leqslant 1(\rho_n \to 0)$, 见图 8–10, 则 $K_n \to K$, 且

$$I(K_n) = \iint_{K_n} \frac{\mathrm{d}x\mathrm{d}y}{(x^2 + y^2)^{\frac{\alpha}{2}}}.$$

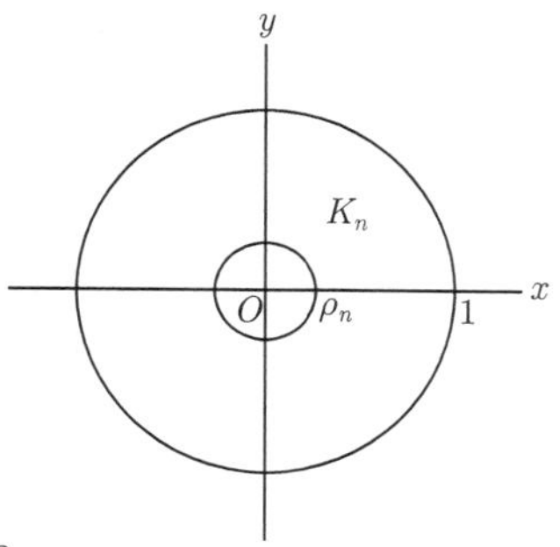

或者在极坐标的情况下[②],

$$I(K_n) = \int_{\rho_n}^1 \int_0^{2\pi} \frac{r\mathrm{d}r\mathrm{d}\theta}{r^\alpha} = 2\pi \int_{\rho_n}^1 r^{1-\alpha}\mathrm{d}r = \frac{2\pi}{2-\alpha}(1-\rho_n^{2-\alpha}).$$

图 8–10

其中在上面的计算中, 设 $\alpha \neq 2$. 因此

(1) 如果 $0 < \alpha < 2$, 则当 $\rho_n \to 0$ 时, $\rho_n^{2-\alpha} \to 0$, 所以有

$$I(K) = \frac{2\pi}{2 - \alpha}.$$

---

① 单变量广义积分以及条件收敛级数作为实际计算的一种方法非常重要. 这就是它们存在的理由.

② 后面 (§96) 将讲述把积分变量转化成极坐标的理论, 在此假设该计算方法为已知.

(2) 如果 $\alpha = 2$, 则有

$$I(K_n) = 2\pi \int_{\rho_n}^{1} \frac{\mathrm{d}r}{r} = -2\pi \ln \rho_n \to +\infty.$$

(3) 如果 $\alpha > 2$, 因为 $\dfrac{1}{r^\alpha} > \dfrac{1}{r^2}$, 所以 $I(K_n) \to +\infty$.

设 K 是包含原点的任意有界区域时, 收敛条件也一样.

(而反过来, 如果 K 是单位圆的外部, 则 $\displaystyle\int_K \frac{\mathrm{d}\omega}{r^\alpha}$ 的收敛条件是 $\alpha > 2$.)

一般地, 如果 $f(P)$ 只在原点不连续, 且在原点的邻域内有

$$|f(P)| < \frac{M}{r^\alpha} \quad (0 < \alpha < 2, M \text{是常数}),$$

那么 $\displaystyle\int_K f(P)\mathrm{d}\omega$ 收敛, 而如果

$$f(P) \geqslant \frac{M}{r^2} \quad (M > 0),$$

则积分不收敛.

上面讲述了一元积分的定理 36 到二元积分的扩展, 把 α 的上界变成 n 时, 可以扩展到 n 元积分.

[例 2]　下面是无穷区域上积分的例子. 考虑积分

$$I = \int_0^\infty \mathrm{e}^{-x^2}\mathrm{d}x.$$

我们已经知道这个积分结果 (§35, [例 6]), 但是也可以如下计算它.

令

$$I(R) = \int_0^R \mathrm{e}^{-x^2}\mathrm{d}x.$$

于是

$$I = \lim_{R \to \infty} I(R).$$

而设 K 是 xy 平面的整个第一象限, 假设 $Q(R)$ 是下面的正方形

$$0 \leqslant x \leqslant R, \quad 0 \leqslant y \leqslant R,$$

当 $R \to \infty$ 时, 区域 $Q(R)$ 单调收敛于 K.

于是 (根据定理 78)

$$\iint\limits_{Q(R)} \mathrm{e}^{-x^2-y^2}\mathrm{d}x\mathrm{d}y = \int_0^R \mathrm{e}^{-x^2}\mathrm{d}x \cdot \int_0^R \mathrm{e}^{-y^2}\mathrm{d}y = I(R)^2.$$

因此有

$$\iint\limits_{K} \mathrm{e}^{-x^2-y^2}\mathrm{d}x\mathrm{d}y = I^2.$$

假设 $C(R)$ 是圆 $x^2 + y^2 \leqslant R^2$ 的第一象限部分, 当 $R \to \infty$ 时, $C(R)$ 单调收敛于 K. 因此有

$$\lim_{R\to\infty} \iint\limits_{C(R)} \mathrm{e}^{-x^2-y^2}\mathrm{d}x\mathrm{d}y = I^2.$$

改用极坐标得

$$\iint\limits_{C(R)} \mathrm{e}^{-x^2-y^2}\mathrm{d}x\mathrm{d}y = \int_0^R \int_0^{\frac{\pi}{2}} \mathrm{e}^{-r^2}r\mathrm{d}r\mathrm{d}\theta = \frac{\pi}{2}\int_0^R \mathrm{e}^{-r^2}r\mathrm{d}r$$

$$= \frac{\pi}{4}(1 - \mathrm{e}^{-R^2}),$$

从而

$$I^2 = \lim_{R\to\infty} \frac{\pi}{4}(1 - \mathrm{e}^{-R^2}) = \frac{\pi}{4}.$$

因为 $I > 0$,

$$I = \frac{\sqrt{\pi}}{2}.$$

或者

$$2I = \int_{-\infty}^{\infty} \mathrm{e}^{-x^2}\mathrm{d}x = \sqrt{\pi}.$$

对于二元积分, $f(P)$ 可能在某条线上的各点处不连续, 对于三元积分, 它可能在某条线上或者某个面上不连续. 下面举一个这样的例子.

[例 3]   对于矩形

[K] $0 \leqslant x \leqslant 1, \ \ 0 \leqslant y \leqslant 1,$

设对角线 $x = y$ 是 $f(x, y)$ 的不连续线 (见图 8–11). 此时如果在 K 上, 存在某个常数 M 使得

$$|f(x, y)| < \frac{M}{|x - y|^\alpha}, \qquad 0 < \alpha < 1$$

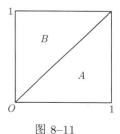

图 8–11

成立, 那么 $\iint\limits_K f(x,y)\mathrm{d}x\mathrm{d}y$ 收敛.

究其原因, 只需证明在对角线 $x=y$ 的两侧的三角形 A 和 B 上,

$$\iint \frac{\mathrm{d}x\mathrm{d}y}{|x-y|^\alpha}$$

收敛即可. 而

$$\begin{aligned}
\iint\limits_A \frac{\mathrm{d}x\mathrm{d}y}{(x-y)^\alpha} &= \int_0^1 \mathrm{d}y \int_y^1 \frac{\mathrm{d}x}{(x-y)^\alpha} \\
&= \int_0^1 \mathrm{d}y \cdot \left[\frac{(x-y)^{1-\alpha}}{1-\alpha}\right]_{x=y}^{x=1} \\
&= \frac{1}{1-\alpha} \int_0^1 (1-y)^{1-\alpha}\mathrm{d}y \\
&= \frac{1}{(1-\alpha)(2-\alpha)},
\end{aligned}$$

所以 $1 > \alpha > 0$ 时, 积分收敛.

[例 4]　下面举一个积分不收敛的例子. 设

$$f(x,y) = \frac{y^2 - x^2}{(x^2+y^2)^2},$$

在区域

[K]　　　　　　　$0 \leqslant x \leqslant 1, \quad 0 \leqslant y \leqslant 1$

上考察积分

$$\int_K f(x,y)\mathrm{d}\omega. \tag{2}$$

可以如下得到 $f(x,y)$:

$$\left.\begin{aligned}
\frac{\partial}{\partial x}\operatorname{Arctan}\frac{y}{x} = \frac{-y}{x^2+y^2}, \quad \frac{\partial}{\partial y}\operatorname{Arctan}\frac{y}{x} = \frac{x}{x^2+y^2}, \\
\frac{\partial^2}{\partial x \partial y}\operatorname{Arctan}\frac{y}{x} = f(x,y).
\end{aligned}\right\} \tag{3}$$

$f(x,y)$ 在点 $(0,0)$ 上不连续, 而在三角形 B 上 $f > 0$, 在 A 上 $f < 0$. 因此 (利用前面的记法) 得

$$\int_K f^+(P)\mathrm{d}\omega = \int_B f(P)\mathrm{d}\omega = \int_0^1 \mathrm{d}y \int_0^y f(x,y)\mathrm{d}x$$

$$= \int_0^1 \mathrm{d}y \left[\frac{x}{x^2+y^2}\right]_{x=0}^{x=y} = \int_0^1 \frac{\mathrm{d}y}{2y} = +\infty$$

对于 $f^-(P)$ 结果相同. 所以积分 (2) 不收敛.

现在, 如图 8-12 所示, 切掉三角形 A, B 在原点的尖端, 设剩余的区域为 $K(\varepsilon, \varepsilon')$, 并记在这个区域上 $f(x,y)$ 的积分为 $J(\varepsilon,\varepsilon')$. 于是 $\varepsilon \to 0, \varepsilon' \to 0$ 时, $K(\varepsilon,\varepsilon')$ 收敛于 K, 如果计算 $J(\varepsilon,\varepsilon')$, 如 (4) 那样得

$$J(\varepsilon,\varepsilon') = -\int_\varepsilon^1 \frac{\mathrm{d}x}{2x} + \int_{\varepsilon'}^1 \frac{\mathrm{d}y}{2y} = \frac{1}{2}\ln\frac{\varepsilon}{\varepsilon'}.$$

因此, $\varepsilon \to 0, \varepsilon' \to 0$ 时, 依据 $\frac{\varepsilon}{\varepsilon'}$ 的选择, 可以使 $J(\varepsilon,\varepsilon')$ 收敛于 $-\infty$ 和 $+\infty$ 之间的任意值, 也可以使其发散.

如果首先求 $f(x,y)$ 关于 x 从 0 到 1 的积分, 然后求关于 y 从 0 到 1 的积分, 那么利用 (3) 得

$$\int_0^1 \mathrm{d}y \int_0^1 f(x,y)\mathrm{d}x = \int_0^1 \mathrm{d}y \left[\frac{x}{x^2+y^2}\right]_{x=0}^{x=1} = \int_0^1 \frac{\mathrm{d}y}{1+y^2} = \frac{\pi}{4},$$

变更积分顺序, 则得

$$\int_0^1 \mathrm{d}x \int_0^1 f(x,y)\mathrm{d}y = \int_0^1 \mathrm{d}x \left[\frac{-y}{x^2+y^2}\right]_{y=0}^{y=1} = -\int_0^1 \frac{\mathrm{d}x}{1+x^2} = -\frac{\pi}{4}.$$

上面两个积分分别对应于图 8-13 所示收敛于 K 的矩形 $K(\varepsilon)$ 和 $K'(\varepsilon)$.

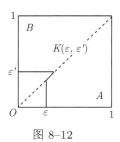 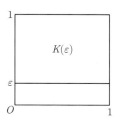 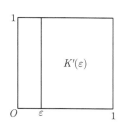

图 8-12　　　　　　　　图 8-13

§95　多变量定积分表示的函数

也可以如 §48 那样讨论两个变量以上的积分. 下面是一个最简单的例子. 设

$$F(t) = \iint_K f(x,y,t)\mathrm{d}x\mathrm{d}y \tag{1}$$

中, 关于 x, y 的积分区域 K (闭区域) 与变量 t 无关. 如果当 (x, y) 属于 K, t 属于 $t_1 \leqslant t \leqslant t_2$ 时 $f(x, y, t)$ 连续, 则 $F(t)$ 在区间 $[t_1, t_2]$ 上连续, 且如果 $\dfrac{\partial f}{\partial t} = f_t(x, y, t)$ 在上面的区域上连续, 则可以在积分符号下对 $F(t)$ 微分. 即

$$\frac{\mathrm{d}}{\mathrm{d}t} F(t) = \iint\limits_{K} f_t(x, y, t)\mathrm{d}x\mathrm{d}y, \tag{2}$$

这与定理 41 相同. 又在连续的假设下, $F(t)$ 的积分归于 $f(x, y, t)$ 的三元积分, 即归于积分符号下的再积分, 即

$$\int_{t_1}^{t_2} F(t)\mathrm{d}t = \iint\limits_{K} \mathrm{d}x\mathrm{d}y \int_{t_1}^{t_2} f(x, y, t)\mathrm{d}t, \tag{3}$$

这一内容已经在 §93 中讲过.

对于广义积分, 我们也可以采用 §48 的讨论方法.

下面举一个经典例子, 势

$$V(a, b, c) = \int_{K} \frac{\mu(x, y, z)\mathrm{d}\omega}{r}.$$

这里设 K 是 xyz 空间中体积确定的闭区域, 而

$$r = \sqrt{(x - a)^2 + (y - b)^2 + (z - c)^2}$$

是点 $P = (x, y, z)$ 与点 $A = (a, b, c)$ 的距离, 而且设 $\mu(x, y, z)$ 在 K 上连续, 即在此把 V 看作点 (a, b, c) 的函数.

如果点 A 在区域 K 的外面, 那么由

$$\frac{\partial \left(\dfrac{1}{r} \right)}{\partial a} = \frac{x - a}{r^3},$$

如 (2) 那样得

$$X = \frac{\partial V}{\partial a} = \int_{K} \frac{(x - a)\mu\mathrm{d}\omega}{r^3}. \tag{4}$$

如果 A 在 K 的内部, 则 V, X 都是广义积分, 它们收敛 (参照 §94 的 [例 1]), 于是 (4) 仍然成立. 但是, 在此不连续点 A 与 P 同样在 K 的内部变动, 所以与 (2) 不同, 为了得到 (4), 必须作下面的讨论.

现在, 设从 K 扣除包含 A 的小区域 K_1 后剩余的区域是 K_2, K_1 内的点 $A' = (a + h, b, c)$ 到点 P 的距离记作 r', 令

$$V_1 = \int_{K_1} \frac{\mu\mathrm{d}\omega}{r}, \quad V_1' = \int_{K_1} \frac{\mu\mathrm{d}\omega}{r'},$$

$$V_2 = \int_{K_2} \frac{\mu \mathrm{d}\omega}{r}, \quad V_2' = \int_{K_2} \frac{\mu \mathrm{d}\omega}{r'},$$

则有

$$\frac{V(A') - V(A)}{h} = \frac{V_1' - V_1}{h} + \frac{V_2' - V_2}{h}. \tag{5}$$

而在

$$\frac{V_1' - V_1}{h} = \int_{K_1} \frac{1}{h}\left(\frac{1}{r'} - \frac{1}{r}\right)\mu \mathrm{d}\omega = \int_{K_1} \frac{r - r'}{h} \frac{\mu \mathrm{d}\omega}{rr'}$$

中, 因为 $|r - r'| \leqslant |h|$, 假设 μ 在 K 上的最大值为 m 时, 有

$$\left|\frac{V_1' - V_1}{h}\right| \leqslant m \int_{K_1} \frac{\mathrm{d}\omega}{rr'} < \frac{m}{2} \int_{K_1} \left(\frac{1}{r^2} + \frac{1}{r'^2}\right)\mathrm{d}\omega.$$

此时假设 K_1 的直径是 ρ, 则因为

$$\int_{K_1} \frac{\mathrm{d}\omega}{r^2}, \quad \int_{K_1} \frac{\mathrm{d}\omega}{r'^2}$$

分别比关于以 A 和 A' 为球心、以 ρ 为半径的球上的积分 $\int \frac{\mathrm{d}\omega}{r^2} = 4\pi\rho$ 小, 所以有

$$\left|\frac{V_1' - V_1}{h}\right| < 4\pi m\rho.$$

因此, 对于 $\varepsilon > 0$, 只要取 ρ 充分小, 由 (5) 可得

$$\left|\frac{V(A') - V(A)}{h} - \frac{V_2' - V_2}{h}\right| < \varepsilon. \tag{6}$$

又因为 A, A' 在区域 K_2 的外部, 所以对于 K_2 使用 (4), 得

$$\lim_{h \to 0} \frac{V_2' - V_2}{h} = \int_{K_2} \frac{(x - a)\mu a\omega}{r^3}. \tag{7}$$

另外有

$$\lim_{\rho \to 0} \int_{K_2} \frac{(x - a)\mu \mathrm{d}\omega}{r^3} = \int_K \frac{(x - a)\mu \mathrm{d}\omega}{r^3}, \tag{8}$$

所以上式右边的广义积分收敛[①]. 由 (6), (7), (8) 可得

$$\lim_{h \to 0} \frac{V(A') - V(A)}{h} = \int_K \frac{(x - a)\mu \mathrm{d}\omega}{r^3},$$

[①] 我们已经在前一页讲述了积分的收敛性, 但是利用极坐标, 设 $\mathrm{d}\omega = r^2 \sin\theta \mathrm{d}r \mathrm{d}\theta \mathrm{d}\varphi$, 则这一广义积分的收敛就会变得更明朗 (参见 §96).

即有

$$X = \frac{\partial V}{\partial a} = \int_K \frac{(x-a)\mu \mathrm{d}\omega}{r^3},$$

同样有

$$Y = \frac{\partial V}{\partial b} = \int_K \frac{(y-b)\mu \mathrm{d}\omega}{r^3},$$

$$Z = \frac{\partial V}{\partial c} = \int_K \frac{(z-c)\mu \mathrm{d}\omega}{r^3}.$$

[注意]　当 A 在 K 的外部时, 再次微分可得

$$\frac{\partial^2 V}{\partial a^2} = \int_K \left(\frac{3(x-a)^2}{r^5} - \frac{1}{r^3} \right) \mu \mathrm{d}\omega \tag{9}$$

等, 由此可得拉普拉斯微分方程

$$\Delta V \equiv \frac{\partial^2 V}{\partial a^2} + \frac{\partial^2 V}{\partial b^2} + \frac{\partial^2 V}{\partial c^2} = 0.$$

当 A 在 K 的内部时, (9) 的积分不收敛.[①]

§96　变　量　变　换

在多变量积分计算中, 变量变换也非常重要. 当在变换式

$$x = \varphi(u, v), \quad y = \psi(u, v) \tag{1}$$

的作用之下, 变量 x, y 被变成新变量 u, v 时, 这一变换的基本条件是 xy 系的积分区域 K 和与此对应的 uv 系的区域 K' 之间存在一一对应.

如 §84 描述的那样, 作为 xy 平面上的点 $P = (x, y)$ 与 uv 平面上的点 $Q = (u, v)$ 之间的对应, 把 (1) 简记为

$$P = A(Q). \tag{1'}$$

设通过这样的对应关系, uv 平面的区域 U' 与 xy 平面的区域 U 一一对应, 并假设 φ, ψ 在 U' 上连续可微. 这时, (1') 的逆映射在 U 上连续可微 (§84, (1°)). 而设积分区域 K 是包含于 U 中的有界闭区域, 设 K 与 K' 通过 (1) 相互对应. 于是 K' 是包含于 U' 的有界区域.

当把 (1) 中的变量 u, v 通过

$$u = f(\xi, \eta), \quad v = g(\xi, \eta) \tag{2}$$

[①] 关于 $\partial^2 V/\partial a^2$ 的求法可以参见 §102 的 [例 3].

再次变换成变量 $\xi\eta$ 时, 如果把 (2) 代入 (1) 中, 则 x, y 就变成 ξ, η 的函数, 即

$$x = \varphi(f(\xi, \eta), g(\xi, \eta)), \quad y = \psi(f(\xi, \eta), g(\xi, \eta)). \tag{3}$$

称这个变换 (3) 是 (1) 和 (2) 的合成. 此时, $\xi\eta$ 平面上的点 (ξ, η) 记作 Z, 如果 (2) 简记为

$$Q = B(Z), \tag{2'}$$

则由 $(1')$, (3) 可写作

$$P = A(B(Z)). \tag{3'}$$

关于这些变换, 函数行列式之间存在着下面的关系:

$$\frac{\mathrm{D}(x, y)}{\mathrm{D}(u, v)} \cdot \frac{\mathrm{D}(u, v)}{\mathrm{D}(\xi, \eta)} = \frac{\mathrm{D}(x, y)}{\mathrm{D}(\xi, \eta)}, \tag{4}$$

即

$$\begin{vmatrix} \dfrac{\partial x}{\partial u} & \dfrac{\partial x}{\partial v} \\[2mm] \dfrac{\partial y}{\partial u} & \dfrac{\partial y}{\partial v} \end{vmatrix} \begin{vmatrix} \dfrac{\partial u}{\partial \xi} & \dfrac{\partial u}{\partial \eta} \\[2mm] \dfrac{\partial v}{\partial \xi} & \dfrac{\partial v}{\partial \eta} \end{vmatrix} = \begin{vmatrix} \dfrac{\partial x}{\partial \xi} & \dfrac{\partial x}{\partial \eta} \\[2mm] \dfrac{\partial y}{\partial \xi} & \dfrac{\partial y}{\partial \eta} \end{vmatrix}.$$

对此稍作计算, 可知下式成立:

$$\frac{\partial x}{\partial \xi} = \frac{\partial x}{\partial u}\frac{\partial u}{\partial \xi} + \frac{\partial x}{\partial v}\frac{\partial v}{\partial \xi}, \qquad \frac{\partial x}{\partial \eta} = \frac{\partial x}{\partial u}\frac{\partial u}{\partial \eta} + \frac{\partial x}{\partial v}\frac{\partial v}{\partial \eta},$$

$$\frac{\partial y}{\partial \xi} = \frac{\partial y}{\partial u}\frac{\partial u}{\partial \xi} + \frac{\partial y}{\partial v}\frac{\partial v}{\partial \xi}, \qquad \frac{\partial y}{\partial \eta} = \frac{\partial y}{\partial u}\frac{\partial u}{\partial \eta} + \frac{\partial y}{\partial v}\frac{\partial v}{\partial \eta}.$$

所以, 由行列式的乘法可以得到 (4). 三个变量以上时也相同.

如果在变换式 (1) 中, 在点 $Q_0 = (u_0, v_0)$ 处的函数行列式

$$\frac{\mathrm{D}(x, y)}{\mathrm{D}(u, v)} \neq 0,$$

则在 Q_0 的邻域内, 存在逆变换

$$Q = A_1(P),$$

用此替换 $(2')$, 再与 $(1')$ 合成, 得 $P = P$, 即 $x = x, y = y$. 因为

$$\frac{\mathrm{D}(x, y)}{\mathrm{D}(x, y)} = \begin{vmatrix} 1 & 0 \\ 0 & 1 \end{vmatrix} = 1,$$

此时由 (4) 得

$$\frac{\mathrm{D}(x,y)}{\mathrm{D}(u,v)} \cdot \frac{\mathrm{D}(u,v)}{\mathrm{D}(x,y)} = 1. \tag{5}$$

利用前面所述简记法

$$P = (x,y), \quad Q = (u,v), \quad Z = (\xi,\eta),$$

做下面简化

$$\frac{\mathrm{D}(x,y)}{\mathrm{D}(u,v)} = \frac{\mathrm{D}(P)}{\mathrm{D}(Q)}, \quad \frac{\mathrm{D}(u,v)}{\mathrm{D}(\xi,\eta)} = \frac{\mathrm{D}(Q)}{\mathrm{D}(Z)}, \quad \frac{\mathrm{D}(x,y)}{\mathrm{D}(\xi,\eta)} = \frac{\mathrm{D}(P)}{\mathrm{D}(Z)},$$

则 (4) 和 (5) 可简写为

$$\frac{\mathrm{D}(P)}{\mathrm{D}(Q)} \cdot \frac{\mathrm{D}(Q)}{\mathrm{D}(Z)} = \frac{\mathrm{D}(P)}{\mathrm{D}(Z)}, \tag{4'}$$

$$\frac{\mathrm{D}(P)}{\mathrm{D}(Q)} \cdot \frac{\mathrm{D}(Q)}{\mathrm{D}(P)} = 1. \tag{5'}$$

对于任意个变量也相同, 可以认为这些是一元函数的合成以及反函数的微商公式

$$\frac{\mathrm{d}y}{\mathrm{d}x}\frac{\mathrm{d}x}{\mathrm{d}t} = \frac{\mathrm{d}y}{\mathrm{d}t}, \quad \frac{\mathrm{d}y}{\mathrm{d}x}\frac{\mathrm{d}x}{\mathrm{d}y} = 1$$

的扩展.

那么, 对于变换式 $P = A(Q)$,

$$\frac{\mathrm{D}(P)}{\mathrm{D}(Q)} \quad \text{即} \quad \frac{\mathrm{D}(x,y)}{\mathrm{D}(u,v)}$$

是什么意思呢?

作为一个最简单的例子, 考虑对二元变量的线性变换. 在 (1) 中, 设 φ, ψ 是 u, v 的线性式

$$x = au + bv, \quad y = cu + \mathrm{d}v.$$

这就是所谓的仿射变换. 这时的函数行列式是

$$J = \frac{\mathrm{D}(x,y)}{\mathrm{D}(u,v)} = \begin{vmatrix} a & b \\ c & d \end{vmatrix},$$

如果 $ad - bc \neq 0$, 则整个 xy 平面与整个 uv 平面之间一一对应, 而且直线对应直线, 平行线对应平行线, 所以 uv 平面的方格对应于 xy 平面上的平行格. 从而相互对应的面积 Ω, Ω' 的比一定. 因此, 为了求它们的比, 只需求 uv 平面上的单位正方形 (在坐标轴上的边的长度为 1 的正方形)Ω' 及与这个正方形对应的 xy 平面

上的平行四边形 Ω 的面积比即可, 见图 8–14. 根据几何学的知识, 我们知道这个比是 $|J| = |ad - bc|$. 因此任意相互对应的 xy 系的面积 Ω 与 uv 系的面积 Ω' 之间有下面的关系:

$$\frac{\Omega}{\Omega'} = |J|.$$

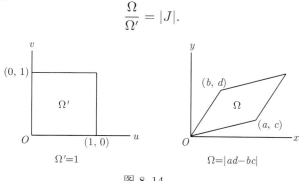

图 8–14

三个变量的情况也同样. 即对于

$$x = a_1 u + b_1 v + c_1 w,$$
$$y = a_2 u + b_2 v + c_2 w,$$
$$z = a_3 u + b_3 v + c_3 w,$$

如果函数行列式 $J = \sum \pm a_1 b_2 c_3 \neq 0, xyz$ 空间与 uvw 空间中相互对应的体积 Ω, Ω' 之间满足关系 $\dfrac{\Omega}{\Omega'} = |J|$.

对于一般的一一对应变换, 在相互对应的微小面积之间, 上面的关系式也成立. 假设根据变换 (1), xy 系的闭区域 K 与 uv 系的闭区域 K' 之间一一对应, 那么 K' 内包含一点 Q_0 的面积确定的区域 Ω' 收敛于 Q_0 时, 相应地, xy 平面上包含一点 P_0 的区域 Ω 收敛于 P_0, 此时, Ω 的面积是确定的[①], 且

$$\lim_{\rho \to 0} \frac{\Omega}{\Omega'} = |J|, \tag{6}$$

这里 J 是函数行列式在点 Q_0 的值, Ω, Ω' 是区域的面积, ρ 是区域 Ω 的直径.

下面证明 (6). 设 $P_0 = (x_0, y_0)$ 与 K' 的点 $Q_0 = (u_0, v_0)$ 对应, 令

$$x = x_0 + \Delta x, \quad y = y_0 + \Delta y,$$
$$u = u_0 + \Delta u, \quad v = v_0 + \Delta v.$$

如果 $\Delta u, \Delta v$ 从 0 到 ρ 变化, 则 $Q = (u, v)$ 画出以 Q_0 为一个顶点且面积为 ρ^2 的正方形 Ω', 在 φ, ψ 连续可微的假设下, 有

---

① 设 Ω' 的闭包包含于 U' 中.

$$\left.\begin{array}{l} \Delta x = \varphi(Q) - \varphi(Q_0) = \varphi_u(Q_0)\Delta u + \varphi_v(Q_0)\Delta v + o\rho, \\ \Delta y = \psi(Q) - \psi(Q_0) = \psi_u(Q_0)\Delta u + \psi_v(Q_0)\Delta v + o\rho. \end{array}\right\} \tag{7}$$

对任意的 ε, 如果取充分小的 ρ_0, 则对于满足 $\rho < \rho_0$ 的 ρ 有 $|o\rho| < \varepsilon\rho$. 而且可设 ρ_0 与 Q_0 在闭区域 K' 中的位置无关 (φ, ψ 的偏微商的一致连续性).

只取 $\Delta x, \Delta y$ 的主要部分, 设

$$\left.\begin{array}{l} x^* = x_0 + \varphi_u(Q_0)\Delta u + \varphi_v(Q_0)\Delta v, \\ y^* = y_0 + \psi_u(Q_0)\Delta u + \psi_v(Q_0)\Delta v, \end{array}\right\} \tag{8}$$

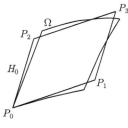

图 8–15

则当 Q 画出上述正方形 Ω' 时, (x^*, y^*) 画出平行四边形 $P_0P_1P_3P_2$, 如图 8–15 所示. 把这个平行四边形记作 H_0. 其顶点为

$$\begin{array}{l} P_0 = (x_0, y_0), \\ P_1 = (x_0 + \varphi_u(Q_0)\rho, y_0 + \psi_u(Q_0)\rho), \\ P_2 = (x_0 + \varphi_v(Q_0)\rho, y_0 + \psi_v(Q_0)\rho). \end{array}$$

从而, H_0 的面积等于 $(\varphi_u\psi_v - \varphi_v\psi_u)\rho^2$ 的绝对值, 即

$$H_0 = |J|\rho^2, \tag{9}$$

其中 J 是下面函数行列式在 Q_0 处的值:

$$\frac{\mathrm{D}(x, y)}{\mathrm{D}(u, v)} = \left| \begin{array}{cc} \varphi_u & \varphi_v \\ \psi_u & \psi_v \end{array} \right|.$$

因为 (7) 中剩余项 $o\rho$, 所以点 $P = (x, y)$ 画出的区域与 H_0 稍有不同. 假设这个区域是 Ω, 那么 Ω 有确定的面积 (§91, [例 1]). Ω 与 H_0 不同, 但是只要让 ρ 无限变小, 因为 H_0 已经是与 ρ^2 同等程度的无穷小量[①], 所以可以推测 Ω 与 H_0 的差是与 $o\rho^2$ 同等程度的无穷小量, 且

$$当 \rho \to 0 时 \quad \Omega = |J|\rho^2 + o\rho^2, \quad 即 \quad \frac{\Omega}{\rho^2} \to |J|.$$

事实上, 与 Q_0 在 K' 中的位置无关, Ω/ρ^2 一致收敛于 $|J|$. 为了证明这个结论, 做下面微分式的讨论.

对于与属于 Ω' 的边界的点 $Q = (u, v)$ 对应的点 $P = (x, y)$ 和 $P^* = (x^*, y^*)$, 有

$$|x - x^*| < \varepsilon\rho, \quad |y - y^*| < \varepsilon\rho,$$

所以 $P^*P < 2\varepsilon\rho$.

---

① 同前面一样, 区域和区域的面积用相同符号表示. 下同.

所以, 当平行四边形 H_0 的平行边之间的距离都大于 $4\varepsilon\rho$ 时, 在 H_0 的外部和内部, 在距离这些边 $2\varepsilon\rho$ 处作平行线, 得到两个平行四边形 H' 和 H'' (见图 8–16), 这时 H_0 和 Ω 包含于 H', 它们的边界包含于 H' 和 H'' 之间的带状区域. 因此, 它们的面积满足

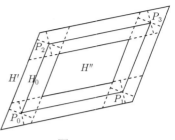

图 8–16

$$H'' < \Omega < H', \ H'' < H_0 < H', \ |\Omega - H_0| < H' - H''.$$

$H' - H''$ 就是上面所说的带状区域的面积, 假设 H_0 的边界长是 $p\rho$, 易知这个带状区域的面积等于 $p\rho \cdot 4\varepsilon\rho$.

又, 当 H_0 的两个平行边 (比如说是 P_0P_1 和 P_2P_3) 之间的距离小于 $4\varepsilon\rho$ 时, 画出与 H_0 有相同中心的矩形 H', 其中有两条边与 P_0P_1 平行, 其长度等于 $\dfrac{p\rho}{2} + 4\varepsilon\rho$, 另两条边的长度等于 $8\varepsilon\rho$, 这时 Ω 和 H_0 都包含于 H' 之中, H' 的面积等于 $4\varepsilon\rho^2(p + 8\varepsilon)$. 因此, 无论哪种情况, 都有

$$|\Omega - H_0| < 4\varepsilon\rho^2(p + 8\varepsilon). \tag{10}$$

而

$$p = 2(\sqrt{\varphi_u(Q_0)^2 + \psi_u(Q_0)^2} + \sqrt{\varphi_v(Q_0)^2 + \psi_v(Q_0)^2}),$$

所以当 Q_0 属于闭区域 K' 时, (与 Q_0 的位置及 $\varepsilon < 1$ 无关地) 可设

$$p + 8\varepsilon < M.$$

因此, 根据 (10), 在 K' 之中有

$$|\Omega - H_0| < 4\varepsilon M\rho^2,$$

而 $H_0 = |J|\rho^2$, 所以有

$$\left| \frac{\Omega}{\rho^2} - |J| \right| < 4\varepsilon M. \tag{11}$$

因此, 在 K' 上一致收敛

$$\lim_{\rho \to 0} \frac{\Omega}{\rho^2} = |J|. \tag{12}$$

因为 F' 包含于 U' 之中, 所以设 K' 是包含 F' 的内部 (F' 的开核) 的有界闭区域[①]. 又, 可取 $\rho > 0$ 充分小, 并用边长为 ρ 的小方格 ω_i' 覆盖 K', 使得与 K'

[①] 由于 U' 的边界与 K' 之间距离为正, 所以可以这样选取 F' (§12).

相交的 ω_i' 完全包含于 F' 之中, 设 xy 平面上与 ω_i' 对应的小区域是 ω_i. 那么, 在 (11) 中, 用 F' 代替 K', 对于包含于 F' 中的各小区域 ω_i' 有

$$|\omega_i - |J_i|\rho^2| < \varepsilon\rho^2. \tag{13}$$

其中, 为了简便起见, (11) 中的 $4\varepsilon M$ 换成了 ε. J_i 是函数行列式在小方格 ω_i' 左下顶点处的值.

现在, 设 Ω, Ω' 是 K 和 K' 中相互对应的区域, 且设 Ω' 有确定的面积. 而为了方便起见, 在小区域 ω_i 中, 把包含于 Ω 的区域和与 Ω 相交的区域分别记作 ω_k 和 ω_l. 于是由 (13) 可知

$$\left|\sum_k \omega_k - \sum_k |J_k|\rho^2\right| < \varepsilon\sum_k \rho^2 < A\varepsilon, \quad \left|\sum_l \omega_l - \sum_l |J_l|\rho^2\right| < \varepsilon\sum_l \rho^2 < A\varepsilon. \tag{14}$$

其中, A 是 F' 的内面积. 而由假设 Ω' 有确定的面积, 所以当 $\rho \to 0$ 时, 有

$$\lim\sum_k |J_k|\rho^2 = \lim\sum_l |J_l|\rho^2 = \iint\limits_{\Omega'} |J|\mathrm{d}u\mathrm{d}v. \tag{15}$$

从而, 由 (14) 和 (15) 可知, 极限 $\lim\limits_{\rho\to 0}\sum_k \omega_k$ 和 $\lim\limits_{\rho\to 0}\sum_l \omega_l$ 存在, 且

$$\lim\sum \omega_k = \lim\sum \omega_l = \iint\limits_{\Omega'} |J|\mathrm{d}u\mathrm{d}v. \tag{16}$$

另一方面, 假设 Ω 的内面积与外面积分别是 s 和 S 时, 有

$$\sum \omega_k \leqslant s \leqslant S \leqslant \sum \omega_l.$$

因此根据 (16), Ω 有确定的面积, 且

$$\Omega = \iint\limits_{\Omega'} |J|\mathrm{d}u\mathrm{d}v. \tag{17}$$

因为在一一对应中 J 的符号不变 (§84, (4°)), 所以

$$\Omega = \pm\iint\limits_{\Omega'} J\mathrm{d}u\mathrm{d}v. \tag{18}$$

这就是 xy 系中区域 Ω 的面积变换成 uv 系中的积分的公式 ($\pm$ 是 J 的符号, 所以 Ω 是正的).

而由 (17) 得

$$\Omega = \iint\limits_{\Omega'} |J| \mathrm{d}u\mathrm{d}v = |J_0| \iint\limits_{\Omega'} \mathrm{d}u\mathrm{d}v = |J_0|\Omega',$$

J_0 是 J 在区域 Ω 上的平均值. 如果 Ω' 收敛于一点 $Q = (u, v)$, 那么 Ω 收敛于 K 中与 Q 对应的点 $P = (x, y)$, 此时 J_0 收敛于 $J(Q)$. 因此, 如预见的那样, 对于相互对应的微小面积, 有

$$\lim_{\rho \to 0} \frac{\Omega}{\Omega'} = \left| \frac{\mathrm{D}(x, y)}{\mathrm{D}(u, v)} \right|. \tag{19}$$

当 Ω' 是正方形时, 在 (12) 中已经证明了 (19). 我们从局部公式 (12) 出发导出全局公式 (17), 再把 (17) 还原到局部, 导出 (12) 的一般化公式 (19).

在上面的讨论中, 由 Ω' 有确定面积导出 Ω 有确定面积. 反过来, 假设 Ω 有确定面积时, 却无法保证 Ω' 一定有确定面积 (有这样的实例). 但是, 如果 $J \neq 0$ 在 K' 中总成立, 则 (1) 的逆映射在 K 上连续可微 (定理 74), 所以与上面同样, Ω' 也有确定的面积. 一般地, 设满足 $J = 0$ 的 K' 的点集为 Z' 时, 当 Z' 有确定面积时, Ω' 也有确定面积. 下面对此给出证明. Z' 的内面积等于 0 (§84, (3°)), 因为它的面积是确定的, 所以 Z' 的面积等于 0. 因此, 任给 $\varepsilon > 0$, 可适当取包含 Z' 的小矩形群 w', 使得它们的总面积 $w' < \varepsilon$. 在这里, 可设 w' 是开集合. 现在, 设从 K' 中去掉属于 w' 的点所得的闭集合是 K_0', 而 Ω' 与 K_0' 的公共部分是 Ω_0'. 又设与 w' 和 Ω_0' 对应的区域分别是 w 和 Ω_0. 于是, 因为 w 和 Ω 都有确定的面积, 所以 Ω_0 也有确定的面积. 而且在 K_0' 中 $J \neq 0$. 因此, 如前所述, Ω_0' 有确定面积. Ω' 是由包含在 Ω_0' 和小矩形群 w_i 中的某个集合组成的, 而且 $w' < \varepsilon$, 所以 Ω' 的边界的外面积不超过 ε. 因为 ε 是任意的, 所以 Ω' 有确定的面积.

假设积分区域 K 是 U 中面积确定的闭区域, 且 K' 也有确定的面积. (例如, 当在 K' 中有 $J \neq 0$, 或者 K' 中 $J = 0$ 的点集合的面积等于 0 时, 都满足上面的假设.) 而且, 设函数 $f(x, y)$ 在 K 上 (狭义) 可积. 此时, 在积分

$$S = \int_K f(P)\mathrm{d}\omega = \iint\limits_K f(x, y)\mathrm{d}x\mathrm{d}y$$

中, 如果根据

$$x = \varphi(u, v), \quad y = \psi(u, v)$$

把积分变量由 xy 系变成 uv 系, 则对于 xy 系的区域 K 及 uv 系中与 K 对应的区域 K', 相对应的微小面积之间下式成立

$$\mathrm{d}\omega = |J|\mathrm{d}\omega',$$

所以有

$$S = \iint\limits_{K} f(x,y)\mathrm{d}x\mathrm{d}y = \pm \iint\limits_{K'} f(\varphi,\psi)\frac{\mathrm{D}(\varphi,\psi)}{\mathrm{D}(u,v)}\mathrm{d}u\mathrm{d}v. \tag{20}$$

上式中的 $\pm$ 号是符号确定的函数行列式 J 的符号.

这就是二元积分中变量变换的公式.

这一公式的合理性是显然的, 但下面还是给出其证明.

设与在 uv 平面上覆盖 K' 的矩表网对应的曲线网覆盖 xy 平面的区域 K, 且 K' 中的小矩形 ω_i' 与 K 中的小区域 ω_i 对应. 现在设 P_i' 是 ω_i' 上的任意一点, 而 P_i 是与 P_i' 对应的 ω_i 内的点. 因为 J 在 K' 上一致连续, 只要取 ρ 充分小, 用 $J_i(P_i')$ 代替 J_i, (13) 仍然成立, 所以利用这个新 (13) 式, 把其两边乘以 $f(P_i)$ 并求和, 得

$$\left| \sum f(P_i)\omega_i - \sum f(\varphi(P_i'),\psi(P_i')|J(P_i')|\rho^2 \right| \leqslant MA\varepsilon, \tag{21}$$

这里的 M 是 $|f(P)|$ 在 K 上的上确界, A 是常数, 比如是上述 F' 的内面积. 这时

$$\lim_{\rho \to 0} \sum_i f(P_i)\omega_i = \iint\limits_{K} f(x,y)\mathrm{d}x\mathrm{d}y.$$

因此, 由 (21), $f(\varphi,\psi)|J|$ 在 K' 上可积, 且 (20) 成立.

上面的方法可以照搬到三元以上的积分. 而对于广义积分的情况, 将这一方法用于收敛于 K 的闭区域 K_n, 然后取 $K_n \to K$ 的极限.

应用上最常用的就是从直角坐标 (x,y) 到极坐标 (r,θ) 的变换. 此时有

$$x = r\cos\theta, \quad y = r\sin\theta,$$

$$J = \frac{\mathrm{D}(x,y)}{\mathrm{D}(r,\theta)} = \left| \begin{array}{cc} \cos\theta & \sin\theta \\ -r\sin\theta & r\cos\theta \end{array} \right| = r,$$

$$\iint\limits_{K} f(x,y)\mathrm{d}x\mathrm{d}y = \iint\limits_{K'} f(r\cos\theta, r\sin\theta)r\mathrm{d}r\mathrm{d}\theta.$$

把 (r,θ) 当作 xy 系的区域 K 的点 (x,y) 的极坐标, 在 xy 平面上确定 $r\theta$ 系的积分区域 K'. 例如, 在图 8–17 中, 有

$$S = \int_0^{2\pi} \mathrm{d}\theta \int_0^{r(\theta)} fr\mathrm{d}r. \tag{22}$$

但是, 在原点, $r = 0$, 而 θ 是任意的. 在极坐标系下, $r \geqslant 0, 0 \leqslant \theta \leqslant 2\pi$, 因此在 $r\theta$ 平面中这个区域的边界线上, 与 xy 平面之间不是一一对应的. 为了使区域间一一

对应, 只要设

$$\rho \leqslant r(\rho > 0), \quad \varepsilon \leqslant \theta \leqslant \alpha \quad (0 < \varepsilon < \alpha < 2\pi)$$

即可, 这时, 上面的 (22) 的意思是

$$S = \lim_{\varepsilon, \rho \to 0, \alpha \to 2\pi} \int_{\varepsilon}^{\alpha} d\theta \int_{\rho}^{r(\theta)} fr dr.$$

在三维情况下, 如下定义点 $P = (x, y, z)$ 的极坐标 (r, θ, φ)

$$x = r \sin \theta \cos \varphi, \quad y = r \sin \theta \sin \varphi, \quad z = r \cos \theta$$

$$r \geqslant 0, \quad 0 \leqslant \theta \leqslant \pi, \quad 0 \leqslant \varphi \leqslant 2\pi.$$

r 是动径 OP 的长度, θ 是离开 z 轴的角度即**余纬度**, φ 是离开 x 轴的角度即**经度** (见图 8–18).

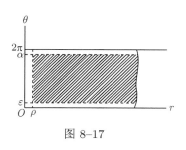

图 8–17

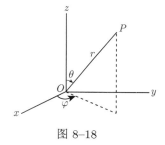

图 8–18

如果按 r, θ, φ 的顺序取极坐标, 则是正系 (右手系), 即与 x, y, z 的顺序一致. 函数行列式为

$$\frac{D(x, y, z)}{D(r, \theta, \varphi)} = \begin{vmatrix} \sin \theta \cos \varphi & \sin \theta \sin \varphi & \cos \theta \\ r \cos \theta \cos \varphi & r \cos \theta \sin \varphi & -r \sin \theta \\ -r \sin \theta \sin \varphi & r \sin \theta \cos \varphi & 0 \end{vmatrix} = r^2 \sin \theta \geqslant 0.$$

如果从上面行列式的第二行和第三行提取因数 $r^2 \sin \theta$, 则它变成正交行列式, 其值等于 1. 用几何学术语解释的话 (见图 8–19), 由原点为圆心 r 和 $r + dr$ 为半径的两个球面, 轴在 z 轴上且顶角为 θ 和 $\theta + d\theta$ 的两个正圆锥面, 以及经度为 φ 和 $\varphi + d\varphi$ 的两个平面围起来的微小的曲六面体的体积的主要部分等于

$$J dr d\theta d\varphi = r^2 \sin \theta dr d\theta d\varphi$$

因此, xyz 系的区域 K 的体积 V 在极坐标系下等于

$$V = \iiint r^2 \sin \theta dr d\theta d\varphi,$$

而函数 $f(x, y, z)$ 在区域 K 上的积分是

$$S = \iiint f \mathrm{d}x\mathrm{d}y\mathrm{d}z = \iiint f r^2 \sin\theta \mathrm{d}r\mathrm{d}\theta\mathrm{d}\varphi.$$

此时, 我们也可以采用与二元积分相同的方法确定积分区域的边界.

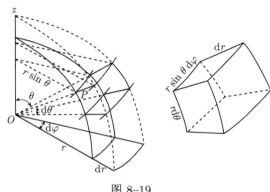

图 8–19

下面举几个一般变换的例子.

[例 1]　设 xy 平面的第一象限 $(0 < x < \infty, 0 < y < \infty)$ 为积分区域 K, 考察积分

$$S = \int_0^\infty \int_0^\infty \mathrm{e}^{-x-y} x^{p-1} y^{q-1} \mathrm{d}x\mathrm{d}y,$$

其中 $p > 0, q > 0$.

上面的积分是一个广义积分, 其值等于 (参照 §33)

$$S = \Gamma(p)\Gamma(q) = \int_0^\infty \mathrm{e}^{-x} x^{p-1}\mathrm{d}x \cdot \int_0^\infty \mathrm{e}^{-y} y^{q-1}\mathrm{d}y. \tag{23}$$

而通过变换

$$x + y = u, \quad x = uv \tag{24}$$

把 S 转换到 uv 系. 由 (24) 得

$$x = uv, \quad y = u - uv.$$

反过来有

$$u = x + y, \quad v = \frac{x}{x + y}.$$

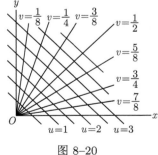

图 8–20

因此, xy 平面的第一象限 $(0 < x < \infty, 0 < y < \infty)$ 与 uv 平面的区域 $0 < u < \infty, 0 < v < 1$ 之间一一对应 (见图 8–20), 且由函数行列式

$$\frac{\mathrm{D}(x,y)}{\mathrm{D}(u,v)} = \begin{vmatrix} v & u \\ 1-v & -u \end{vmatrix} = -u$$

得

$$S = \int_{u=0}^{\infty} \int_{v=0}^{1} \mathrm{e}^{-u}(uv)^{p-1}u^{q-1}(1-v)^{q-1}u\mathrm{d}u\mathrm{d}v$$
$$= \int_{0}^{\infty} \mathrm{e}^{-u}u^{p+q-1}\mathrm{d}u \cdot \int_{0}^{1} v^{p-1}(1-v)^{q-1}\mathrm{d}v$$
$$= \Gamma(p+q)B(p,q). \tag{25}$$

把 (23) 和 (25) 相比较, 得到已知公式 (§68)

$$B(p,q) = \frac{\Gamma(p)\Gamma(q)}{\Gamma(p+q)}. \tag{26}$$

[**注意**]　上面的积分 S 是广义积分. 计算的意思是在 xy 平面上对应于

$$0 < \varepsilon \leqslant u \leqslant R, \quad 0 < \eta \leqslant v \leqslant 1 - \eta' < 1$$

的四边形为 Ω (参照图) 时, 因为

$$\iint_{\Omega} \mathrm{e}^{-x-y}x^{p-1}y^{q-1}\mathrm{d}x\mathrm{d}y$$
$$= \int_{\varepsilon}^{R} \mathrm{e}^{-u}u^{p+q-1}\mathrm{d}u \cdot \int_{\eta}^{1-\eta'} v^{p-1}(1-v)^{q-1}\mathrm{d}v,$$

所以, 当 $\varepsilon \to 0, R \to \infty; \eta \to 0, \eta' \to 0$ (因此 $\Omega \to K$) 时, 上式的极限就是 S.

　　[**例 2**] (**狄利克雷积分**)　　三维空间中, 设坐标面与平面 $x+y+z=1$ 围成的四面体为积分区域 K, 求

$$S = \iiint_{K} x^{p-1}y^{q-1}z^{r-1}(1-x-y-z)^{s-1}\mathrm{d}x\mathrm{d}y\mathrm{d}z,$$

其中 $p > 0, q > 0, r > 0, s > 0$.
　　设

$$x + y + z = \xi, \quad y + z = \xi\eta, \quad z = \xi\eta\zeta,$$

则有

$$\xi = x + y + z, \quad \eta = \frac{y+z}{x+y+z}, \quad \zeta = \frac{z}{y+z}.$$

反过来有

$$x = \xi(1-\eta), \quad y = \xi\eta(1-\zeta), \quad z = \xi\eta\zeta.$$

由此, xyz 系的四面体 K 与 $\xi\eta\zeta$ 系的四面体 K':

$$K': \qquad\qquad 0 \leqslant \xi \leqslant 1, \ \ 0 \leqslant \eta \leqslant 1, \ \ 0 \leqslant \zeta \leqslant 1$$

在内部一一对应. 此时, 为了计算函数行列式

$$\frac{\mathrm{D}(x,y,z)}{\mathrm{D}(\xi,\eta,\zeta)},$$

取中间变量

$$u = \xi, \ \ v = \xi\eta, \ \ w = \xi\eta\zeta.$$

于是

$$x = u - v, \ \ y = v - w, \ \ z = w,$$

因此, 函数行列式变成

$$
\begin{aligned}
\frac{\mathrm{D}(x,y,z)}{\mathrm{D}(\xi,\eta,\zeta)} &= \frac{\mathrm{D}(x,y,z)}{\mathrm{D}(u,v,w)} \cdot \frac{\mathrm{D}(u,v,w)}{\mathrm{D}(\xi,\eta,\zeta)} \\
&= \begin{vmatrix} 1 & -1 & 0 \\ 0 & 1 & -1 \\ 0 & 0 & 1 \end{vmatrix} \begin{vmatrix} 1 & 0 & 0 \\ \eta & \xi & 0 \\ \eta\zeta & \xi\zeta & \xi\eta \end{vmatrix} = \xi^2\eta.
\end{aligned}
$$

所以有

$$
\begin{aligned}
S &= \int_0^1 \int_0^1 \int_0^1 \xi^{p-1}(1-\eta)^{p-1}(\xi\eta)^{q-1}(1-\zeta)^{q-1}(\xi\eta\zeta)^{r-1}(1-\xi)^{s-1}\xi^2\eta \,\mathrm{d}\xi\mathrm{d}\eta\mathrm{d}\zeta \\
&= \int_0^1 \xi^{p+q+r-1}(1-\xi)^{s-1}\mathrm{d}\xi \cdot \int_0^1 \eta^{q+r-1}(1-\eta)^{p-1}\mathrm{d}\eta \cdot \int_0^1 \zeta^{r-1}(1-\zeta)^{q-1}\mathrm{d}\zeta \\
&= B(p+q+r,s) \cdot B(q+r,p) \cdot B(r,q).
\end{aligned}
$$

因此, 利用 (26) 式得

$$S = \frac{\Gamma(p+q+r)\Gamma(s)}{\Gamma(p+q+r+s)} \frac{\Gamma(q+r)\Gamma(p)}{\Gamma(p+q+r)} \frac{\Gamma(r)\Gamma(q)}{\Gamma(q+r)} = \frac{\Gamma(p)\Gamma(q)\Gamma(r)\Gamma(s)}{\Gamma(p+q+r+s)}.$$

如果上式中的 p,q,r,s 中有小于 1 的, 那么 S 就是广义积分, 计算的依据与例 1 相同 (参照前面的 [注意]).

特别地, 设 $p=q=r=s=1$, 则四面体 K 的体积为

$$\iiint\limits_K \mathrm{d}x\mathrm{d}y\mathrm{d}z = \frac{1}{\Gamma(4)} = \frac{1}{3!} = \frac{1}{6}.$$

可以把上面狄利克雷积分以相同的方法扩展到任意维.

对于 n 维的区域 K:

$$x_1 \geqslant 0, x_2 \geqslant 0, \cdots, x_n \geqslant 0, \quad x_1 + x_2 + \cdots + x_n \leqslant 1,$$

在 $p_1, p_2, \cdots, p_n > 0, q > 0$ 的假设下, 有

$$\int_K x_1^{p_1-1} x_2^{p_2-1} \cdots x_n^{p_n-1} (1 - x_1 - x_2 - \cdots - x_n)^{q-1} \mathrm{d}x_1 \cdots \mathrm{d}x_n$$

$$= \frac{\Gamma(p_1)\Gamma(p_2)\cdots\Gamma(p_n)\Gamma(q)}{\Gamma(p_1 + p_2 + \cdots + p_n + q)}.$$

§97 曲 面 面 积

在三维空间中, 除曲线的长度之外, 还有曲面面积的问题. 如果模仿曲线的例子, 考虑把曲面的面积定义为内接多面体表面积的极限, 我们会碰壁. 这是因为在没有任何条件下, 这样的极限是不存在的 (参照本节末的内容).

给定 xy 平面的区域 K 及由方程

$$z = f(x, y)$$

确定的曲面 S, 设 $f(x, y)$ 在 K 上连续可微, 即设切平面连续变化. 把 S 分割成小区域 $\sigma_i(i = 1, 2, \cdots, n)$, 设 σ_i 在其上任意点 $P_i = (x_i, y_i, z_i)$ 处的切平面上的正投影为 τ_i. 在 S 的 σ_i 分割中, 如果各 σ_i 在 xy 平面上的正投影有确定面积, 那么如后面所示, τ_i 也有确定面积. 对于 S 的这样的分割, 如果区域 σ_i 的直径变得充分小时, 平面面积 τ_i 的总和 $\sum_{i=1}^{n} \tau_i$ 存在极限, 则定义这个极限为**曲面 S 的面积**.

下面讨论一下如何确认这个极限是否存在. 首先, 设 S 上的小区域统称为 σ, 同上一样, 设 $P_0 = (x_0, y_0, z_0)$ 为 σ 上的点, 而 σ 在 $P_0 = (x_0, y_0, z_0)$ 处的切平面上的正投影为 τ. 又设 σ 和 τ 在 xy 平面上的正投影分别是 ω 和 τ'. 于是, 当区域 σ 的直径 ρ 无限变小时

$$\lim_{\rho \to 0} \frac{\tau}{\omega} = \frac{1}{\cos \gamma_0}, \tag{1}$$

其中 γ_0 是切平面与 xy 平面之间所夹的锐角 (即法线与 z 轴之间的夹角). 或者, 以 τ' 代替 τ, 因为 $\tau \cos \gamma_0 = \tau'$, 所以有

$$\lim \frac{\tau'}{\omega} = 1. \tag{2}$$

这就是讨论的目标.

把任意点 P_0 处的切平面替换成任意与其平行的平面, 正投影 τ', τ 的面积不变, 所以为了计算上的方便, 设射影平面为

$$Z = p_0 X + q_0 Y, \tag{3}$$

其中 p, q 是 f_x, f_y 的简略表示, 即

$$p_0 = f_x(x_0, y_0), \quad q_0 = f_y(x_0, y_0).$$

于是设 σ 上的任意一点 $P = (x, y, z)$ 在平面 (3) 上的正投影是 $Q(X, Y, Z)$ 时 (见图 8–21), 有

$$\left. \begin{array}{ll} X = x - p_0 t, & t = C(z - p_0 x - q_0 y), \\ Y = y - q_0 t, & \\ Z = z + t, & C = \dfrac{1}{1 + p_0^2 + q_0^2}. \end{array} \right\} \tag{4}$$

P, Q 在 xy 平面上的正投影分别是 $P_1 = (x, y), Q_1 = (X, Y)$, 当 P 在区域 σ 上移动时, P_1, Q_1 分别在 ω 和 τ' 上移动, 当 σ 充分小时, P_1 和 Q_1 之间一一对应, 它们的对应关系由 (4) 给出, 即

$$\begin{array}{ll} X = x - p_0 t, & \\ Y = y - q_0 t, & t = C(z - p_0 x - q_0 y). \end{array} \tag{5}$$

其中 $z = f(x, y)$.

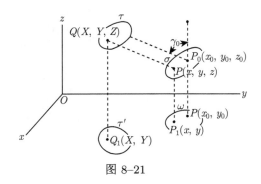

图 8–21

为了求 ω 和 τ' 之间的面积关系, 计算函数行列式, 由 (5) 可得

$$\frac{\partial X}{\partial x} = 1 - p_0 \frac{\partial t}{\partial x}, \quad \frac{\partial X}{\partial y} = -p_0 \frac{\partial t}{\partial y},$$

$$\frac{\partial Y}{\partial x} = -q_0 \frac{\partial t}{\partial x}, \quad \frac{\partial Y}{\partial y} = 1 - q_0 \frac{\partial t}{\partial y},$$

从而

$$J(x, y) = \frac{\mathrm{D}(X, Y)}{\mathrm{D}(x, y)} = 1 - p_0 \frac{\partial t}{\partial x} - q_0 \frac{\partial t}{\partial y}.$$

而

$$\frac{\partial t}{\partial x} = C(f_x - p_0), \quad \frac{\partial t}{\partial y} = C(f_y - q_0),$$

所以

$$J(x_0, y_0) = 1.$$

从而由 §96 的 (19) 可得

$$\lim_{\rho \to 0} \frac{\tau'}{\omega} = 1.$$

更精确地说, 在 K 上一致地有

$$|\tau' - \omega| < \varepsilon \omega.$$

利用 $\tau \cos \gamma_0 = \tau'$ 得

$$\left| \tau - \frac{\omega}{\cos \gamma_0} \right| < \frac{\varepsilon}{\cos \gamma_0} \omega.$$

而如最开始所述, 把曲面 S 分割成小区域 σ_i, 并假设 τ_i 是 σ_i 在其上任意点 P_i 处的切平面上的正投影, 这个切平面与 xy 平面之间的夹角 (P_i 处的法线与 z 轴之间的锐角) 是 γ_i, 于是

$$\left| \tau_i - \frac{\omega_i}{\cos \gamma_i} \right| < \frac{\varepsilon}{\cos \gamma_i} \omega_i,$$

根据假设 f_x, f_y 在闭区域 K 上连续, 从而

$$\frac{1}{\cos \gamma} = \sqrt{1 + f_x(x, y)^2 + f_y(x, y)^2}$$

也连续. 假设其最大值为 M, 则

$$\left| \tau_i - \frac{\omega_i}{\cos \gamma_i} \right| < \varepsilon M \omega_i,$$

所以有

$$\left| \sum_{i=1}^{n} \tau_i - \sum_{i=1}^{n} \frac{\omega_i}{\cos \gamma_i} \right| < \varepsilon M \Omega.$$

这里 $\Omega = \sum \omega_i$ 是区域 K 的面积.

而因为 $\dfrac{1}{\cos\gamma}$ 在 K 上连续, 当 σ_i 从而 ω_i 的直径无限变小时

$$\lim\sum_{i=1}^{n}\frac{\omega_i}{\cos\gamma_i}=\int_K\frac{\mathrm{d}\omega}{\cos\gamma}.$$

因此极限值 $S=\lim\sum_{i=1}^{n}\tau_i$ 也存在, 且

$$S=\int_K\frac{\mathrm{d}\omega}{\cos\gamma}=\int_K\sqrt{1+f_x^2+f_y^2}\mathrm{d}\omega$$

$$=\int_K\sqrt{1+\left(\frac{\partial z}{\partial x}\right)^2+\left(\frac{\partial z}{\partial y}\right)^2}\mathrm{d}x\mathrm{d}y, \tag{6}$$

这就是曲面 (1) 的面积公式.

[**注意**] 当 S 是广义积分时, 只要上式收敛, 也把它定义为曲面面积.

[**例 1**] 下面考察一个最经典的例子, 即半径为 a 的球面面积. 球的方程是

$$x^2+y^2+z^2=a^2,$$

所以有

$$x\mathrm{d}x+y\mathrm{d}y+z\mathrm{d}z=0,$$

因此

$$\frac{\partial z}{\partial x}=-\frac{x}{z}, \quad \frac{\partial z}{\partial y}=-\frac{y}{z},$$

且 xy 平面上侧半球的面积是

$$\frac{S}{2}=\iint\limits_{K}\sqrt{1+\frac{x^2}{z^2}+\frac{y^2}{z^2}}\mathrm{d}x\mathrm{d}y=a\iint\limits_{K}\frac{\mathrm{d}x\mathrm{d}y}{z},$$

积分区域 K 是 xy 平面上的圆 $x^2+y^2=a^2$ 的内部. 如果在 xy 平面上变换成极坐标, 则得

$$\frac{S}{2}=a\int_0^{2\pi}\int_0^a\frac{r\mathrm{d}r\mathrm{d}\theta}{\sqrt{a^2-r^2}}=2\pi a\int_0^a\frac{r\mathrm{d}r}{\sqrt{a^2-r^2}}=2\pi a^2,$$

因此有

$$S=4\pi a^2.$$

[**例 2**][**Viviani 穹面**] 在球的某个大圆内, 作两个半径等于这个大圆半径一半的内切小圆, 如图 8–22 所示. 把以它们为直截面的两个穿过这个球面的圆柱切掉时, 剩余的球面被分成两个降落伞状的面. 称其为 Viviani 穹面.

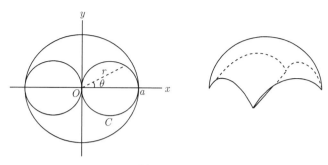

图 8–22

设球面的方程为 $x^2 + y^2 + z^2 = a^2$, 在 xy 平面上, 以 x 轴上的半径为直径的圆 C 作为圆柱的直截面, 设这个圆柱在 xy 平面的上方从球面上撕掉的部分的面积为 Ω, 则

$$\Omega = a \iint\limits_C \frac{\mathrm{d}x\mathrm{d}y}{z} = a \iint\limits_C \frac{\mathrm{d}x\mathrm{d}y}{\sqrt{a^2 - x^2 - y^2}}.$$

在 xy 面上变换成极坐标, 则得到

$$\Omega = 2a \int_0^{\frac{\pi}{2}} \mathrm{d}\theta \int_0^{a\cos\theta} \frac{r\mathrm{d}r}{\sqrt{a^2 - r^2}}$$
$$= 2a^2 \int_0^{\frac{\pi}{2}} (1 - \sin\theta)\mathrm{d}\theta = \pi a^2 - 2a^2.$$

Viviani 穹面是从半球面上去掉两个 2Ω 而剩余的面积, 所以它的面积等于 $4a^2$, 即等于球直径的平方. 据说当时 (1692 年) 发现这个结果时引起了轰动.

[例 3]   假设椭圆体的表面方程是

$$\frac{x^2}{a^2} + \frac{y^2}{b^2} + \frac{z^2}{c^2} = 1 \quad (a > b > c > 0),$$

则有

$$z = c\sqrt{1 - \frac{x^2}{a^2} - \frac{y^2}{b^2}},$$
$$p = \frac{\partial z}{\partial x} = -\frac{c^2 x}{a^2 z}, \quad q = \frac{\partial z}{\partial y} = -\frac{c^2 y}{b^2 z}.$$

因此令

$$\cos\gamma = u,$$

因为

$$1 + p^2 + q^2 = \frac{1}{u^2}$$

所以有

$$c^2 u^2 \Big(\frac{x^2}{a^4} + \frac{y^2}{b^4} \Big) = (1 - u^2) \Big(1 - \frac{x^2}{a^2} - \frac{y^2}{b^2} \Big).$$

从而 $\cos\gamma$ 等于某个确定值的点在 xy 平面上的正投影是椭圆

$$\frac{x^2}{a^2} \frac{1 - \alpha^2 u^2}{1 - u^2} + \frac{y^2}{b^2} \frac{1 - \beta^2 u^2}{1 - u^2} = 1,$$

其中

$$\alpha^2 = \frac{a^2 - c^2}{a^2}, \quad \beta^2 = \frac{b^2 - c^2}{b^2}.$$

这个椭圆的面积是

$$\pi a b \frac{1 - u^2}{\sqrt{1 - \alpha^2 u^2} \sqrt{1 - \beta^2 u^2}}.$$

现在, 利用 $u = \cos\gamma$ 等于某个常数的等倾斜线把椭圆体的表面细分, 那么与 u 和 $u + \mathrm{d}u$ 对应的等倾线之间所夹的小长条的面积为

$$\pi a b \frac{\mathrm{d}U}{u}.$$

其中

$$U = \frac{1 - u^2}{\sqrt{1 - \alpha^2 u^2} \sqrt{1 - \beta^2 u^2}}. \tag{7}$$

因此, 在 xy 平面的上方, γ 从 $\frac{\pi}{2}$ 到 0 变化, 从而 u 从 1 到 0 变化, 所以, 假设椭圆的表面积为 S, 则

$$\frac{S}{2\pi a b} = -\int_0^1 \frac{\mathrm{d}U}{u} = -\int_0^1 \frac{\mathrm{d}U}{\mathrm{d}u} \cdot \frac{\mathrm{d}u}{u}. \tag{8}$$

我们可以把积分 (8) 作如下变换. 令

$$A = \sqrt{1 - \alpha^2 u^2}, \quad B = \sqrt{1 - \beta^2 u^2}, \tag{9}$$

于是由 (7) 可得

$$U = \frac{1 - u^2}{AB},$$

$$\begin{aligned}
-\int \frac{\mathrm{d}U}{u} &= -\frac{U}{u} - \int \frac{U}{u^2} \mathrm{d}u \\
&= -\frac{U}{u} - \int \frac{\mathrm{d}u}{u^2 AB} + \int \frac{\mathrm{d}u}{AB}.
\end{aligned} \tag{10}$$

而根据 (9) 得

$$\frac{\mathrm{d}}{\mathrm{d}u}\left(\frac{AB}{u}\right) = -\frac{\alpha^2 B}{A} - \frac{\beta^2 A}{B} - \frac{AB}{u^2} \tag{11}$$

$$\frac{AB}{u^2} = \frac{A^2 B^2}{u^2 AB} = \frac{(1-\alpha^2 u^2)(1-\beta^2 u^2)}{u^2 AB}$$
$$= \frac{1}{u^2 AB} - \frac{\alpha^2}{AB} - \frac{\beta^2(1-\alpha^2 u^2)}{AB}.$$

把上式代入到 (11) 中, 并利用

$$\frac{\beta^2 A}{B} = \frac{\beta^2 A^2}{AB} = \frac{\beta^2(1-\alpha^2 u^2)}{AB},$$

得

$$\frac{\mathrm{d}}{\mathrm{d}u}\left(\frac{AB}{u}\right) = -\frac{\alpha^2 B}{A} - \frac{1}{u^2 AB} + \frac{\alpha^2}{AB}.$$

利用上式消掉 (10) 右边的第一积分, 即把上式两边积分, 再代入得

$$-\int_0^1 \frac{\mathrm{d}U}{u} = \frac{AB-U}{u}\Big|_0^1 + \alpha^2 \int_0^1 \frac{B}{A}\mathrm{d}u + (1-\alpha^2)\int_0^1 \frac{\mathrm{d}u}{AB}. \tag{12}$$

而因为 $u=0$ 时 $\dfrac{AB-U}{u} = \dfrac{A^2 B^2 - (1-u^2)}{uAB} = 0$, 所以 (12) 右边的第一项是

$$\sqrt{(1-\alpha^2)(1-\beta^2)} = \frac{c^2}{ab},$$

在上式的右边的两个积分中, 作变量替换

$$\alpha u = \sin\varphi,$$

则有

$$\frac{\mathrm{d}\varphi}{\alpha} = \frac{\mathrm{d}u}{A}.$$

积分的上下限是: $u=0$ 时 $\varphi=0, u=1$ 时 $\varphi = \mathrm{Arcsin}\,\alpha$, 把这个结果简记作 φ_0, 于是有

$$\frac{S}{2\pi ab} = \frac{c^2}{ab} + \alpha \int_0^{\varphi_0} \sqrt{1-k^2\sin^2\varphi}\,\mathrm{d}\varphi + \frac{1-\alpha^2}{\alpha}\int_0^{\varphi_0} \frac{\mathrm{d}\varphi}{\sqrt{1-k^2\sin^2\varphi}}, \tag{13}$$

其中

$$k = \frac{\beta}{\alpha} = \sqrt{\frac{1-\dfrac{c^2}{b^2}}{1-\dfrac{c^2}{a^2}}}, \qquad \varphi_0 = \mathrm{Arcsin}\sqrt{1-\frac{c^2}{a^2}}.$$

于是, 椭圆体的表面积归结为椭圆积分. 对于旋转椭圆体来说, 被积函数是初等函数, 产生下面两种情况.

(1°) 扁平: $a = b > c$, 此时有

$$k = 1, \quad \alpha = \frac{\sqrt{a^2 - c^2}}{a} = \sin \varphi_0,$$

$$\frac{S}{2\pi a^2} = \frac{c^2}{a^2} + \alpha \int_0^{\varphi_0} \cos \varphi \mathrm{d}\varphi + \frac{1 - \alpha^2}{\alpha} \int_0^{\varphi_0} \frac{\mathrm{d}\varphi}{\cos \varphi}$$

$$= \frac{c^2}{a^2} + \alpha \sin \varphi_0 + \frac{1 - \alpha^2}{2\alpha} \ln \frac{1 + \sin \varphi_0}{1 - \sin \varphi_0}.$$

因此有

$$\frac{S}{2\pi} = a^2 + \frac{c^2}{2\alpha} \ln \frac{1 + \alpha}{1 - \alpha}.$$

(2°) 扁长: $a > b = c$, 此时有

$$k = 0, \quad \alpha = \frac{\sqrt{a^2 - b^2}}{a}.$$

$$\frac{S}{2\pi ab} = \frac{b}{a} + \alpha \varphi_0 + \frac{1 - \alpha^2}{\alpha} \varphi_0 = \frac{b}{a} + \frac{\varphi_0}{\alpha}.$$

因此有

$$\frac{S}{2\pi} = b^2 + ab \frac{\text{Arcsin } \alpha}{\alpha}.$$

(1°) 和 (2°) 的 α 是穿过旋转轴的截面的离心率.

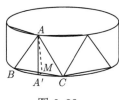

图 8-23

[附记] Schwarz 通过一个实例指出, 把曲面面积定义为其内接多面体表面积的极限是困难的. 现在, 在半径为 r, 高为 h 的正圆柱内, 把高度分成 m 等份, 通过这些分点作直截面, 在这些直截面里作内接正 n 边形. 其中在各截面上, 设正 n 边形的各顶点 A 与相邻直截面的正 n 边形的一条边 BC 所在弧的中点 A' 在同一条母线上 (见图 8-23). 连结这些内接多边形的顶点, 构造出 $2mn$ 个以等腰三角形 ABC 为侧面的多面体时, 则各等腰三角形的底边 BC 为 $2r \sin \frac{\pi}{n}$, 高 AM 等于

$$\sqrt{\left(\frac{h}{m}\right)^2 + r^2 \left(1 - \cos \frac{\pi}{n}\right)^2},$$

因此这个多面体的表面积是

$$S_{m,n} = 2mn \cdot r \sin \frac{\pi}{n} \sqrt{\left(\frac{h}{m}\right)^2 + 4r^2 \sin^4 \frac{\pi}{2n}}.$$

为了简单起见, 设 $r = h = 1$, 于是有

$$S_{m,n} = 2\left(n\sin\frac{\pi}{n}\right)\sqrt{1 + 4\left(\frac{m}{n^2}\right)^2\left(n\sin\frac{\pi}{2n}\right)^4}.$$

当 m, n 无限变大时, 上式没有一定的极限值. 例如设 $m = n$ 时极限值为 2π, 而设 $m = n^2$ 时极限值为 $2\pi\sqrt{1 + \dfrac{\pi^4}{4}}$, 而设 $m = n^3$ 时极限值为 ∞.

产生这样的情况的原因是显然的. 让 m, n 无限变大时, 上面的内接多面体的表面上的各点到圆柱面的距离无限变小, 但多面体各面与圆柱面之间的夹角不一定变小, 而是可以逼近 0 到 $\dfrac{\pi}{2}$ 之间的任意值. 如果选择使这个角也无限变小的 m, n, 那么多面体的表面积的极值则成为我们期待的圆柱面的面积 2π.[①]

§98　曲线坐标 (体积、曲面积和弧长等的变形)

在三维空间的某个区域上, 当 xyz 系空间与 uvw 系空间的点之间一一对应时, 点 (x, y, z) 可以由与之对应的点 (u, v, w) 来确定, 所以我们可以把 (u, v, w) 看作 (x, y, z) 的一种坐标 (曲线坐标). 现在, 固定 u, v, w 中的两个变量, 只允许 u, 或者 v 或者 w 变动, 那么与此对应的点 (x, y, z) 也就分别画出某条曲线来. 把它们简称为 u 线、v 线和 w 线.

例如, 固定 $v = v_0, w = w_0$ (函数符号延用变量符号), 假设

$$x = x(u, v_0, w_0), \quad y = y(u, v_0, w_0), \quad z = z(u, v_0, w_0),$$

于是在 xyz 系空间, u 作为一个中间变量确定一条曲线. 这就是所谓的 u 线 (与 v_0, w_0 对应的 u 线).

这样经过 xyz 系空间的各点都有一条 u 线、v 线和 w 线, xyz 空间被这些 u 线、v 线和 w 线而形成的网覆盖.

在极坐标 (r, θ, φ) 中, 通过点 P 的 r 线是射线 OP, θ 线是通过点 P 的子午线, φ 线是通过点 P 的纬度线.

同样, 固定 u, v, w 中的一个, 比如说是 $w = w_0$, 只允许 u, v 变动, 则

$$x = x(u, v, w_0), \quad y = y(u, v, w_0), \quad z = z(u, v, w_0)$$

以 u, v 为中间变量确定 xyz 系的一个曲面. 把它称作 uv 面 (与 w_0 对应的 uv 面).

---

① 对于曲线的情况, 只要切线连续变化, 那么弦与曲线之间的夹角自然满足上述条件.

如果把与 uvw 系中微小立方体对应的 xyz 系中的微小体积简记为 $\mathrm{d}\omega$, 则

$$\left.\begin{array}{l}\mathrm{d}\omega = |J|\mathrm{d}u\mathrm{d}v\mathrm{d}w, \\[2mm] J = \dfrac{\mathrm{D}(x,y,z)}{\mathrm{D}(u,v,w)}.\end{array}\right\} \tag{1}$$

上式的意义与前面描述的相同 (§96). 把 (u,v,w) 看作 (x,y,z) 的曲线坐标时, (1) 表示 xyz 空间的微小体积.

因此, $\mathrm{d}\omega$ 的意思当然不是 u,v,w 的某个函数 ω 的微分. 设 uvw 系中的立方体的棱是 $\Delta u, \Delta v, \Delta w$, 设与此对应的 xyz 系的区域的体积是 $\Delta\omega$, 则

$$\Delta\omega = |J|\Delta u\Delta v\Delta w + o(\delta^3), \quad \text{其中} \quad \delta = \mathrm{Max}(\Delta u, \Delta v, \Delta w).$$

(1) 简单明了地表明 Δw 的主要部分是 $|J|\Delta u\Delta v\Delta w$.

同样, 设 xyz 空间的曲线的弧长为 s, 这条曲线上的点的坐标 (x,y,z) 的微分为 $\mathrm{d}x, \mathrm{d}y, \mathrm{d}z$ 则有

$$\mathrm{d}s^2 = \mathrm{d}x^2 + \mathrm{d}y^2 + \mathrm{d}z^2$$

而

$$\begin{aligned}\mathrm{d}x &= \frac{\partial x}{\partial u}\mathrm{d}u + \frac{\partial x}{\partial v}\mathrm{d}v + \frac{\partial x}{\partial w}\mathrm{d}w, \\[1mm] \mathrm{d}y &= \frac{\partial y}{\partial u}\mathrm{d}u + \frac{\partial y}{\partial v}\mathrm{d}v + \frac{\partial y}{\partial w}\mathrm{d}w, \\[1mm] \mathrm{d}z &= \frac{\partial z}{\partial u}\mathrm{d}u + \frac{\partial z}{\partial v}\mathrm{d}v + \frac{\partial z}{\partial w}\mathrm{d}w,\end{aligned}$$

所以

$$\begin{aligned}\mathrm{d}s^2 = &\, H_1\mathrm{d}u^2 + H_2\mathrm{d}v^2 + H_3\mathrm{d}w^2 \\ &+ 2F_1\mathrm{d}v\mathrm{d}w + 2F_2\mathrm{d}u\mathrm{d}w + 2F_3\mathrm{d}u\mathrm{d}v.\end{aligned} \tag{2}$$

其中

$$\left.\begin{array}{lll}H_1 = \sum\left(\dfrac{\partial x}{\partial u}\right)^2, & H_2 = \sum\left(\dfrac{\partial x}{\partial v}\right)^2, & H_3 = \sum\left(\dfrac{\partial x}{\partial w}\right)^2, \\[3mm] F_1 = \sum\dfrac{\partial x}{\partial v}\dfrac{\partial x}{\partial w}, & F_2 = \sum\dfrac{\partial x}{\partial u}\dfrac{\partial x}{\partial w}, & F_3 = \sum\dfrac{\partial x}{\partial u}\dfrac{\partial x}{\partial v},\end{array}\right\} \tag{3}$$

上式中的 $\sum$ 是关于 x,y,z 的三个项的和.

上面 (1) 所示的微小体积 $\mathrm{d}\omega$ 可以由六个 H 和 F 表示, 即令

$$J^2 = \begin{vmatrix}\dfrac{\partial x}{\partial u} & \dfrac{\partial x}{\partial v} & \dfrac{\partial x}{\partial w} \\[3mm] \dfrac{\partial y}{\partial u} & \dfrac{\partial y}{\partial v} & \dfrac{\partial y}{\partial w} \\[3mm] \dfrac{\partial z}{\partial u} & \dfrac{\partial z}{\partial v} & \dfrac{\partial z}{\partial w}\end{vmatrix}^2 = \begin{vmatrix}H_1 & F_3 & F_2 \\ F_3 & H_2 & F_1 \\ F_2 & F_1 & H_3\end{vmatrix} = M \tag{4}$$

则

$$d\omega = \sqrt{M}dudvdw. \tag{5}$$

对于曲面来说, 为了简单起见, 固定 w 考察 uv 面. 于是, 这个曲面可以以 u, v 为中间变量通过

$$x = \varphi_1(u, v), \quad y = \varphi_2(u, v), \quad z = \varphi_3(u, v) \tag{6}$$

来表示. 如果这个曲面局部可以表示为

$$z = f(x, y), \tag{7}$$

则设曲面上的微小面积为 $d\sigma$ (§97) 时, 有

$$d\sigma = \sqrt{1 + \left(\frac{\partial z}{\partial x}\right)^2 + \left(\frac{\partial z}{\partial y}\right)^2}dxdy$$

$$= \sqrt{1 + \left(\frac{\partial z}{\partial x}\right)^2 + \left(\frac{\partial z}{\partial y}\right)^2}\left|\frac{D(x, y)}{D(u, v)}\right|dudv.$$

而

$$z_u = \frac{\partial z}{\partial x}x_u + \frac{\partial z}{\partial y}y_u,$$

$$z_v = \frac{\partial z}{\partial x}x_v + \frac{\partial z}{\partial y}y_v,$$

所以有

$$\frac{\partial z}{\partial x} : \frac{\partial z}{\partial y} : -1 = \begin{vmatrix} y_u & z_u \\ y_v & z_v \end{vmatrix} : \begin{vmatrix} z_u & x_u \\ z_v & x_v \end{vmatrix} : \begin{vmatrix} x_u & y_u \\ x_v & y_v \end{vmatrix}, \tag{8}$$

因此

$$d\sigma = \sqrt{(y_u z_v - y_v z_u)^2 + (z_u x_v - z_v x_u)^2 + (x_u y_v - x_v y_u)^2}dudv$$

$$= \sqrt{\left(\frac{D(y, z)}{D(u, v)}\right)^2 + \left(\frac{D(z, x)}{D(u, v)}\right)^2 + \left(\frac{D(x, y)}{D(u, v)}\right)^2}dudv. \tag{9}$$

上面的公式关于 x, y, z 是对称的, 所以曲面 (6) 即使不能表示成 (7) 的形式, 上面的公式也是适用的.

在 (9) 中, 根号下的三个函数行列式, 与通过 (8) 与 (u, v) 对应的点处的曲面的法线的方向余弦 $\cos\alpha, \cos\beta, \cos\gamma$ 成比例. 所以

$$\cos\alpha = \pm\frac{\dfrac{\mathrm{D}(y,z)}{\mathrm{D}(u,v)}}{\sqrt{\sum\left(\dfrac{\mathrm{D}(x,z)}{\mathrm{D}(u,v)}\right)^2}}, \quad \cos\beta = \pm\frac{\dfrac{\mathrm{D}(z,x)}{\mathrm{D}(u,v)}}{\sqrt{\sum\left(\dfrac{\mathrm{D}(x,z)}{\mathrm{D}(u,v)}\right)^2}},$$

$$\cos\gamma = \pm\frac{\dfrac{\mathrm{D}(x,y)}{\mathrm{D}(u,v)}}{\sqrt{\sum\left(\dfrac{\mathrm{D}(x,z)}{\mathrm{D}(u,v)}\right)^2}},$$

上面三个 $\pm$ 一致, 且分母与 (9) 的右边的平方根相同. 因此, 只要不通过分子的三个函数行列式同时为 0 的点 (曲面的奇点), 法线的方向就连续变化.

在 (6) 中, 如果把 (u,v) 看作曲面上的点的坐标, 那么根据 u,v 之间的函数关系, 可以确定曲面上的曲线. 假设这条曲线的弧长是 s, 则可以由 (2)(除去与 w 相关的项) 求得 $\mathrm{d}s$, 即

$$\mathrm{d}s^2 = E\mathrm{d}u^2 + 2F\mathrm{d}u\mathrm{d}v + G\mathrm{d}v^2, \tag{10}$$

其中

$$\left.\begin{aligned}
E &= \left(\frac{\partial x}{\partial u}\right)^2 + \left(\frac{\partial y}{\partial u}\right)^2 + \left(\frac{\partial z}{\partial u}\right)^2, \\
F &= \frac{\partial x}{\partial u}\frac{\partial x}{\partial v} + \frac{\partial y}{\partial u}\frac{\partial y}{\partial v} + \frac{\partial z}{\partial u}\frac{\partial z}{\partial v}, \\
G &= \left(\frac{\partial x}{\partial v}\right)^2 + \left(\frac{\partial y}{\partial v}\right)^2 + \left(\frac{\partial z}{\partial v}\right)^2,
\end{aligned}\right\} \tag{11}$$

这就是前面 (3) 中的 H_1, F_3, H_2. 由 (11) 知

$$\begin{vmatrix} E & F \\ F & G \end{vmatrix} = \begin{vmatrix} \dfrac{\partial y}{\partial u} & \dfrac{\partial y}{\partial v} \\ \dfrac{\partial z}{\partial u} & \dfrac{\partial z}{\partial v} \end{vmatrix}^2 + \begin{vmatrix} \dfrac{\partial z}{\partial u} & \dfrac{\partial z}{\partial v} \\ \dfrac{\partial x}{\partial u} & \dfrac{\partial x}{\partial v} \end{vmatrix}^2 + \begin{vmatrix} \dfrac{\partial x}{\partial u} & \dfrac{\partial x}{\partial v} \\ \dfrac{\partial y}{\partial u} & \dfrac{\partial y}{\partial v} \end{vmatrix}^2$$

即

$$EG - F^2 = \left(\frac{\mathrm{D}(y,z)}{\mathrm{D}(u,v)}\right)^2 + \left(\frac{\mathrm{D}(z,x)}{\mathrm{D}(u,v)}\right)^2 + \left(\frac{\mathrm{D}(x,y)}{\mathrm{D}(u,v)}\right)^2,$$

从而由 (9) 得

$$\mathrm{d}\sigma = \sqrt{EG - F^2}\,\mathrm{d}u\mathrm{d}v. \tag{12}$$

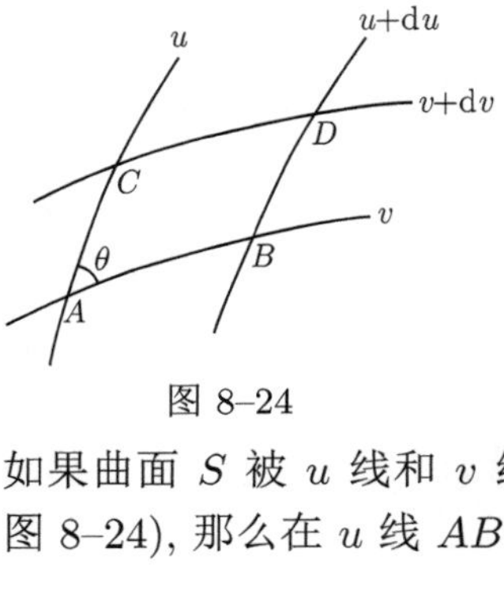

图 8–24

下面从几何学的角度看一下公式 (12) 的意义. 如果曲面 S 被 u 线和 v 线织成的网分割成 $ABCD$ 那样的微小曲线四边形 (见图 8–24), 那么在 u 线 AB 上, v 一定, u 在 u 到 $u+\mathrm{d}u$ 之间变化, 弧 AB 的主要

部分是 $\sqrt{E}\mathrm{d}u$. 同样, v 线弧 AC 的主要部分是 $\sqrt{G}\mathrm{d}v$. 又, 点 A 处的 u 线 AB 的切线的方向余弦是

$$\frac{\frac{\partial x}{\partial u}}{\sqrt{E}}, \quad \frac{\frac{\partial y}{\partial u}}{\sqrt{E}}, \quad \frac{\frac{\partial z}{\partial u}}{\sqrt{E}},$$

而 v 线 AC 的切线的方向余弦是

$$\frac{\frac{\partial x}{\partial v}}{\sqrt{G}}, \quad \frac{\frac{\partial y}{\partial v}}{\sqrt{G}}, \quad \frac{\frac{\partial z}{\partial v}}{\sqrt{G}},$$

设这两条切线之间的夹角为 θ, 则

$$\cos\theta = \frac{F}{\sqrt{EG}}, \quad \text{从而} \ \sin\theta = \frac{\sqrt{EG - F^2}}{\sqrt{EG}}.$$

因此, 在不计高阶无穷小量时, 下式

$$\sqrt{EG - F^2}\,\mathrm{d}u\mathrm{d}v = \sqrt{E}\mathrm{d}u \cdot \sqrt{G}\mathrm{d}v \cdot \sin\theta$$

等于 A 处的切平面上以小弧 AB, AC 为两条边且夹角为 θ 的平行四边形的面积. 这就是公式 (12) 中小面积 $\mathrm{d}\sigma$ 的几何意义.

[**注意**] 由 (10) 可知, 上面的 E, F, G 只取决于曲面上的弧长, 所以它们是只与曲面的形状有关的量. 即与直角坐标 (x, y, z) 的选择无关, E, F, G 有确定值[①]. 这也可以通过计算加以验证, 即设

$$x' = x'_0 + l_1 x + m_1 y + n_1 z,$$

$$y' = y'_0 + l_2 x + m_2 y + n_2 z,$$

$$z' = z'_0 + l_3 x + m_3 y + n_3 z$$

是把直角坐标 (x, y, z) 变换成直角坐标 (x', y', z') 的变换式, 令

$$E' = \left(\frac{\partial x'}{\partial u}\right)^2 + \left(\frac{\partial y'}{\partial u}\right)^2 + \left(\frac{\partial z'}{\partial u}\right)^2,$$

$$F' = \frac{\partial x'}{\partial u}\frac{\partial x'}{\partial v} + \frac{\partial y'}{\partial u}\frac{\partial y'}{\partial v} + \frac{\partial z'}{\partial u}\frac{\partial z'}{\partial v},$$

$$G' = \left(\frac{\partial x'}{\partial v}\right)^2 + \left(\frac{\partial y'}{\partial v}\right)^2 + \left(\frac{\partial z'}{\partial v}\right)^2$$

则有

$$E' = \left(l_1\frac{\partial x}{\partial u} + m_1\frac{\partial y}{\partial u} + n_1\frac{\partial z}{\partial u}\right)^2 + \left(l_2\frac{\partial x}{\partial u} + m_2\frac{\partial y}{\partial u} + n_2\frac{\partial z}{\partial u}\right)^2$$

---

① 据此, §97 所述曲面面积的定义合理.

$$+\left(l_3\frac{\partial x}{\partial u}+m_2\frac{\partial y}{\partial u}+n_3\frac{\partial z}{\partial u}\right)^2=\left(\frac{\partial x}{\partial u}\right)^2+\left(\frac{\partial y}{\partial u}\right)^2+\left(\frac{\partial z}{\partial u}\right)^2=E.$$

这里使用了下面的关系式:

$$l_1^2+l_2^2+l_3^2=1,\quad m_1^2+m_2^2+m_3^2=1,\quad n_1^2+n_2^2+n_3^2=1,$$

$$l_1m_1+l_2m_2+l_3m_3=0,\quad l_1n_1+l_2n_2+l_3n_3=0,\quad m_1n_1+m_2n_2+m_3n_3=0.$$

同样可以得到 $F=F',G'=G$.

下面讨论一两个特殊的曲面.

(1°) **旋转面**　　在 xz 平面上, z 轴的右侧 $(x>0)$ 的曲线

$$x=\varphi(u),\quad z=\psi(u),\quad a\leqslant u\leqslant b \tag{13}$$

绕着 z 轴旋转生成的旋转面的方程是

$$x=\varphi(u)\cos v,\quad y=\varphi(u)\sin v,\quad z=\psi(u),$$

其中 v 是旋转角. 由此得

$$E=(\varphi'(u)\cos v)^2+(\varphi'(u)\sin v)^2+\psi'(u)^2=\varphi'(u)^2+\psi'(u)^2,$$
$$G=(-\varphi(u)\sin v)^2+(\varphi(u)\cos v)^2=\varphi(u)^2,$$
$$F=0,$$

$$\sqrt{EG}=\varphi(u)\sqrt{\varphi'(u)^2+\psi'(u)^2},$$

$$S=\int_0^{2\pi}\mathrm{d}v\int_a^b\varphi(u)\sqrt{\varphi'(u)^2+\psi'(u)^2}\mathrm{d}u$$
$$=2\pi\int_a^b\varphi(u)\sqrt{\varphi'(u)^2+\psi'(u)^2}\mathrm{d}u.$$

把母线 (13) 记作 C, 它的弧长记为 s, 则

$$\mathrm{d}s=\sqrt{\varphi'(u)^2+\psi'(u)^2}\mathrm{d}u,$$

所以有

$$S=2\pi\int_C x\mathrm{d}s. \tag{14}$$

$2\pi x\mathrm{d}s$ 是母线上的小弧 $\mathrm{d}s$ 旋转时生成的小圆台的侧面积 (见图 8–25).

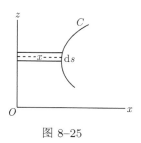

图 8–25

如果假设曲线 C 的重心是 (x_0, z_0), 且 C 的全长为 l, 则有

$$x_0 = \frac{1}{l}\int_C x\mathrm{d}s, \quad z_0 = \frac{1}{l}\int_C z\mathrm{d}s.$$

因此能够把 (14) 写成

$$S = 2\pi x_0 l,$$

即旋转曲面的面积等于母线长度与母线重心所画出的圆周的长度的积 [Guldin 法则].

[**注意**]　对于旋转体的体积类似的法则也成立. 此时, 假设在 xy 平面上母线的方程式是

$$x = f(z) \geqslant 0,$$

则 $z = a, z = b$ 之间所夹的旋转体 (见图 8–26) 的体积 $V = \int_a^b \pi f(z)^2\mathrm{d}z$. 而设在子午线面的截口的面积为 A, 截口的中心为 (ξ, ζ) 时,

$$\xi = \frac{1}{A}\int_A x\mathrm{d}x\mathrm{d}z$$

$$= \frac{1}{2A}\int_a^b f(z)^2\mathrm{d}z.$$

所以有

$$V = 2\pi\xi \cdot A,$$

即旋转体的体积 V 等于子午线面的面积与它的重心画出的圆周的周长的积 (这是关于体积的 Guldin 法则). 这一法则也适用于与 z 轴不相交的闭曲线绕着 z 轴旋转时生成的旋转体的体积.

[**例 1**]　在 xz 平面上, 与 z 轴不相交的圆绕着 z 轴旋转时生成的立体称为圆环体. 设圆的半径为 r, 圆心和旋转轴之间的距离为 a (见图 8–27), 则因为 $x_0 = a, \xi = a$, 所以有

$$S = 2\pi a \cdot 2\pi r = 4\pi^2 ar,$$

$$V = 2\pi a \cdot \pi r^2 = 2\pi^2 ar^2.$$

[**例 2**]　我们已经计算了旋转椭圆体的表面积 (§97). 它的体积当然也是已知的. 因此, 反过来我们可以根据 Guldin 法则确定以长轴或者短轴为界限的椭圆的半周长或者半面的重心位置.

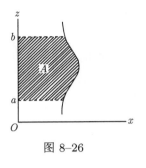

图 8-26

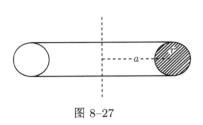

图 8-27

(2°) 螺旋面　母线

$$x = \varphi(u), \quad z = \psi(u), \quad a \leqslant u \leqslant b,$$

在以 z 轴为轴以一定的角速度旋转的同时, 沿着 z 轴以一定的速度平移, 由此生成螺旋面. 设 v 是旋转角 $(0 \leqslant v \leqslant 2\pi)$, 螺旋面的方程是

$$x = \varphi(u) \cos v, \quad y = \varphi(u) \sin v, \quad z = \psi(u) + cv,$$

其中 c 是常数. 由此得

$$E = \varphi'(u)^2 + \psi'(u)^2,$$
$$G = \varphi(u)^2 + c^2,$$
$$F = c\psi'(u),$$
$$EG - F^2 = \varphi(u)^2(\varphi'(u)^2 + \psi'(u)^2) + c^2\varphi'(u)^2.$$

上面的方程式只与 u 相关, 所以

$$S = v \int_a^b \{\varphi^2(\varphi'^2 + \psi'^2) + c^2\varphi'^2\}^{\frac{1}{2}} \mathrm{d}u,$$

其中 v 是母线的旋转角.

例如, 如果母线是与轴垂直的长度为 a 的直线, 则令 $\varphi(u) = u, 0 \leqslant u \leqslant a, \psi(u) = 0$, 有 $E = 1, G = u^2 + c^2, F = 0$. 因此, 旋转一周所对应的表面积是

$$S = 2\pi \int_0^a \sqrt{u^2 + c^2}\,\mathrm{d}u = \pi\left|u\sqrt{u^2 + c^2} + c^2\ln(u + \sqrt{u^2 + c^2})\right|_0^a$$
$$= \pi\left\{a\sqrt{a^2 + c^2} + c^2\ln\frac{a + \sqrt{a^2 + c^2}}{c}\right\}.$$

这里的 $2\pi c$ 是螺旋的高度.

(3°) 直纹面　在直线

$$x = a_1 u + b_1, \quad y = a_2 u + b_2, \quad z = a_3 u + b_3$$

上, 设系数 a, b 是 v 的函数. 当 v 变化时, 直线移动生成直纹面. 此时

$$E = a_1^2 + a_2^2 + a_3^2,$$
$$G = (a_1'u + b_1')^2 + (a_2'u + b_2')^2 + (a_3'u + b_3)^2,$$
$$F = a_1(a_1'u + b_1') + a_2(a_2'u + b_2') + a_3(a_3'u + b_3').$$

($'$ 表示关于 v 的微分). 因此

$$EG - F^2 = Lu^2 + Mu + N.$$

其中的 L, M, N 是 v 的函数. 因此在 S 的计算过程中, 可以求关于 u 的不定积分.

§99 正 交 坐 标

如 §98 所述, 固定 u, v, w 中的两个, 则 u 线、 v 线和 w 线的切线的方向余弦与函数行列式分别与下面矩阵的纵列成比例:

$$\begin{bmatrix} \dfrac{\partial x}{\partial u} & \dfrac{\partial x}{\partial v} & \dfrac{\partial x}{\partial w} \\ \dfrac{\partial y}{\partial u} & \dfrac{\partial y}{\partial v} & \dfrac{\partial y}{\partial w} \\ \dfrac{\partial z}{\partial u} & \dfrac{\partial z}{\partial v} & \dfrac{\partial z}{\partial w} \end{bmatrix}.$$

应用上最方便的是这些曲线相互垂直的情况, 此时称 (u, v, w) 为正交坐标. 在正交坐标中, 上面给出的行列式的列满足正交条件

$$\sum \frac{\partial x}{\partial u}\frac{\partial x}{\partial v} = 0, \quad \sum \frac{\partial x}{\partial u}\frac{\partial x}{\partial w} = 0, \quad \sum \frac{\partial x}{\partial v}\frac{\partial x}{\partial w} = 0,$$

即在前节的 (3) 中

$$F_1 = F_2 = F_3 = 0.$$

因此在正交坐标之下, 前节的 (2), (5), (12) 可以化简成下面的形式

$$\mathrm{d}s = \sqrt{H_1\mathrm{d}u^2 + H_2\mathrm{d}v^2 + H_3\mathrm{d}w^2}, \tag{1}$$

$$\mathrm{d}\omega = \sqrt{H_1 H_2 H_3}\mathrm{d}u\mathrm{d}v\mathrm{d}w, \tag{2}$$

$$\mathrm{d}\sigma = \sqrt{H_1 H_2}\mathrm{d}u\mathrm{d}v = \sqrt{EG}\mathrm{d}u\mathrm{d}v. \tag{3}$$

极坐标是最常见的正交曲线坐标. 即用 r, θ, φ 取代 u, v, w, 因为

$$x = r\sin\theta\cos\varphi, \quad y = r\sin\theta\sin\varphi, \quad z = r\cos\theta,$$

所以
$$J = \begin{vmatrix} \sin\theta\cos\varphi & r\cos\theta\cos\varphi & -r\sin\theta\sin\varphi \\ \sin\theta\sin\varphi & r\cos\theta\sin\varphi & r\sin\theta\cos\varphi \\ \cos\theta & -r\sin\theta & 0 \end{vmatrix}.$$

H_1, H_2, H_3 是各列上各项的平方和, 即
$$H_1 = 1, \quad H_2 = r^2, \quad H_3 = r^2\sin^2\theta.$$

因此由 (1), (2) 可得
$$(J = \sqrt{H_1 H_2 H_3} = r^2\sin\theta)$$
$$\mathrm{d}s^2 = \mathrm{d}r^2 + r^2\mathrm{d}\theta^2 + r^2\sin^2\theta \mathrm{d}\varphi^2, \tag{4}$$
$$\mathrm{d}\omega = r^2\sin\theta \mathrm{d}r\mathrm{d}\theta\mathrm{d}\varphi. \tag{5}$$

对于面积, 如果给定曲面的形式是 $r = f(\theta, \varphi)$, 那么由 (4) 可知
$$\mathrm{d}s^2 = (r_\theta\mathrm{d}\theta + r_\varphi\mathrm{d}\varphi)^2 + r^2\mathrm{d}\theta^2 + r^2\sin^2\theta \mathrm{d}\varphi^2,$$

从而
$$\left.\begin{array}{l} E = r^2 + r_\theta^2, \quad F = r_\theta r_\varphi, \quad G = r^2\sin^2\theta + r_\varphi^2, \\[2mm] \mathrm{d}\sigma = \sqrt{EG - F^2}\mathrm{d}\theta\mathrm{d}\varphi = r\sqrt{(r^2 + r_\theta^2)\sin^2\theta + r_\varphi^2}\mathrm{d}\theta\mathrm{d}\varphi. \end{array}\right\} \tag{6}$$

特别地, 设在球面 (r 是常数) 上, 余纬度 θ, 经度 φ 为曲线坐标, 则由 (6) 可得
$$E = r^2, \quad G = r^2\sin^2\theta, \quad F = 0,$$
$$\left.\begin{array}{l} \mathrm{d}s^2 = r^2(\mathrm{d}\theta^2 + \sin^2\theta \mathrm{d}\varphi^2), \\[2mm] \mathrm{d}\sigma = r^2\sin\theta \mathrm{d}\theta\mathrm{d}\varphi. \end{array}\right\} \tag{7}$$

由 (7) 可知, 球面上的面积可以如下计算. 设从北极 $(0, 0, r)$ 到球面上的一点 P 的直线距离为 ρ, P 的极坐标为 (r, θ, φ), 则
$$\rho = 2r\sin\frac{\theta}{2}, \quad \rho^2 = 2r^2(1 - \cos\theta), \quad \rho\mathrm{d}\rho = r^2\sin\theta \mathrm{d}\theta,$$

因此, 由 (7) 可得
$$\mathrm{d}\sigma = \rho\mathrm{d}\rho\mathrm{d}\varphi.$$

当球面被闭曲线 C 分成两部分时 (见图 8–28), 设其中的一部分是 S. 取极坐标使得北极在 S 的内部, 并设在 C 上的点 P 处 $\rho = F(\varphi)$ (这是 C 关于 ρ, φ 的方程式). 于是面积 S (§57 脚注的记法是 $[C]$) 为
$$S = \int_{[C]} \mathrm{d}\sigma = \int_0^{2\pi} \mathrm{d}\varphi \int_0^\rho \rho\mathrm{d}\rho = \frac{1}{2}\int_0^{2\pi} \rho^2\mathrm{d}\varphi. \tag{8}$$

例如, 假设 ρ 是一定的, 则作为球的一部分的面积 $S = \pi\rho^2$. 特别地, 假设 $\rho = 2r$, 则 S 是整个球的全部面积, 它等于 $S = 4\pi r^2$.

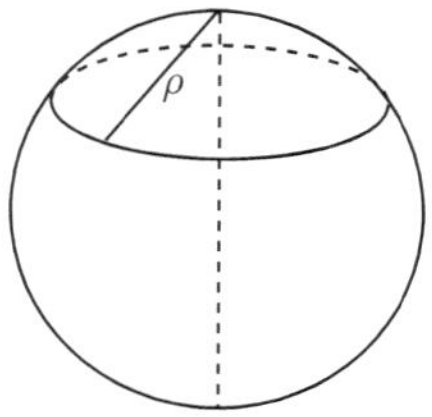

图 8-28

因为 (8) 中不包含 θ, 所以也可以不以 z 轴上的原点为球心.

[例]   求从球面 $x^2 + y^2 + (z - R)^2 = R^2$ 上用锥面 $z^2 = ax^2 + by^2$ $(a > 0, b > 0)$ 截取的面积 S.

这里 $\rho = 2R\sin\theta$, 在锥面上有

$$\cos^2\theta = (a\cos^2\varphi + b\sin^2\varphi)\sin^2\theta.$$

把上式两边加上 $\sin^2\theta$ 得

$$1 = (a\cos^2\varphi + b\sin^2\varphi + 1)\sin^2\theta.$$

因此

$$\rho^2 = \frac{4R^2}{a\cos^2\varphi + b\sin^2\varphi + 1},$$

从而由 (8) 得 (参照 §37, [例 2])

$$\begin{aligned}
S &= 2R^2\int_0^{2\pi}\frac{\mathrm{d}\varphi}{a\cos^2\varphi + b\sin^2\varphi + 1}\\
&= 2R^2\int_0^{2\pi}\frac{\mathrm{d}\varphi}{(a+1)\cos^2\varphi + (b+1)\sin^2\varphi} = \frac{4\pi R^2}{\sqrt{(a+1)(b+1)}}.
\end{aligned}$$

作为正交坐标的另一个例子, 看一下**椭圆坐标**. 假设

$$a > b > c > 0,$$

在同焦点的二次曲面

$$\frac{x^2}{a - \lambda} + \frac{y^2}{b - \lambda} + \frac{z^2}{c - \lambda} = 1 \tag{9}$$

中, 通过一点 (x, y, z) 的曲面有三个, 即对于给定的 (x, y, z), 存在三个使 (9) 成立的实数值 $\lambda_1, \lambda_2, \lambda_3$, 它们满足

$$\lambda_1 < c < \lambda_2 < b < \lambda_3 < a.$$

λ_1 对应的是椭圆面, λ_2 对应的是单叶双曲面, λ_3 对应的是双叶双曲面, 这些曲面两两正交. 因此, 在一个八分之一象限, 比如说是 $x > 0, y > 0, z > 0$ 中的点 (x, y, z), 与半直棱柱

$$-\infty < \lambda_1 < c, \quad c < \lambda_2 < b, \quad b < \lambda_3 < a$$

中的点 $(\lambda_1, \lambda_2, \lambda_3)$ 之间存在一一对应. 称 $(\lambda_1, \lambda_2, \lambda_3)$ 为点 (x, y, z) 的椭圆坐标.

设 λ 为变量时, 由于 (9) 的根是 $\lambda_1, \lambda_2, \lambda_3$, 所以关于 λ 有恒等式

$$\frac{x^2}{a-\lambda} + \frac{y^2}{b-\lambda} + \frac{z^2}{c-\lambda} - 1 = \frac{(\lambda-\lambda_1)(\lambda-\lambda_2)(\lambda-\lambda_3)}{(a-\lambda)(b-\lambda)(c-\lambda)}. \tag{10}$$

分别用 $a-\lambda, b-\lambda, c-\lambda$ 乘以上式, 并分别用 a, b, c 替换 λ 得

$$\left. \begin{aligned} x^2 &= \frac{(a-\lambda_1)(a-\lambda_2)(a-\lambda_3)}{(a-b)(a-c)}, \\ y^2 &= \frac{(b-\lambda_1)(b-\lambda_2)(b-\lambda_3)}{(b-a)(b-c)}, \\ z^2 &= \frac{(c-\lambda_1)(c-\lambda_2)(c-\lambda_3)}{(c-a)(c-b)}. \end{aligned} \right\} \tag{11}$$

通过上式, 可以用 $(\lambda_1, \lambda_2, \lambda_3)$ 表示 (x, y, z). 对上面各式做对数微分, 得

$$\left. \begin{aligned} -2\mathrm{d}x &= \frac{x\mathrm{d}\lambda_1}{a-\lambda_1} + \frac{x\mathrm{d}\lambda_2}{a-\lambda_2} + \frac{x\mathrm{d}\lambda_3}{a-\lambda_3}, \\ -2\mathrm{d}y &= \frac{y\mathrm{d}\lambda_1}{b-\lambda_1} + \frac{y\mathrm{d}\lambda_2}{b-\lambda_2} + \frac{y\mathrm{d}\lambda_3}{b-\lambda_3}, \\ -2\mathrm{d}z &= \frac{z\mathrm{d}\lambda_1}{c-\lambda_1} + \frac{z\mathrm{d}\lambda_2}{c-\lambda_2} + \frac{z\mathrm{d}\lambda_3}{c-\lambda_3}. \end{aligned} \right\}$$

把上面各式平方后再相加 (利用正交条件), 可求得下式中的系数 H_i:

$$\mathrm{d}s^2 = H_1\mathrm{d}\lambda_1^2 + H_2\mathrm{d}\lambda_2^2 + H_3\mathrm{d}\lambda_3^2.$$

例如有

$$4H_1 = \frac{x^2}{(a-\lambda_1)^2} + \frac{y^2}{(b-\lambda_1)^2} + \frac{z^2}{(c-\lambda_1)^2},$$

为了使上式计算方便, 把 (10) 右边的分母记作

$$\varphi(\lambda) = (a-\lambda)(b-\lambda)(c-\lambda),$$

对 (10) 两边关于 λ 微分, 并把 λ 替换成 λ_1, 得

$$\left. \begin{aligned} H_1 &= \frac{(\lambda_1-\lambda_2)(\lambda_1-\lambda_3)}{4\varphi(\lambda_1)}, \\ H_2 &= \frac{(\lambda_2-\lambda_1)(\lambda_2-\lambda_3)}{4\varphi(\lambda_2)}, \\ H_3 &= \frac{(\lambda_3-\lambda_1)(\lambda_3-\lambda_2)}{4\varphi(\lambda_3)}. \end{aligned} \right\} \tag{12}$$

从而

$$\frac{\mathrm{D}(x,y,z)}{\mathrm{D}(\lambda_1,\lambda_2,\lambda_3)} = \sqrt{H_1 H_2 H_3} = \frac{(\lambda_3-\lambda_2)(\lambda_3-\lambda_1)(\lambda_2-\lambda_1)}{8\sqrt{-\varphi(\lambda_1)\varphi(\lambda_2)\varphi(\lambda_3)}}. \tag{13}$$

这里, $\lambda_1 < \lambda_2 < \lambda_3$, 分母的根号中 $\varphi(\lambda_1) > 0, \varphi(\lambda_3) > 0, -\varphi(\lambda_2) > 0$. 把 (13) 代入 (2) 得 $\mathrm{d}\omega$.

对于面积, 以椭圆体为例, 求它的表面积. 设椭圆体为

$$\frac{x^2}{a} + \frac{y^2}{b} + \frac{z^2}{c} = 1 \quad (x > 0, y > 0, z > 0),$$

因为 $\lambda_1 = 0, c < \lambda_2 < b, b < \lambda_3 < a$, 所以在 H_2, H_3 中设 $\lambda_1 = 0$, 得

$$E = \frac{\lambda_2(\lambda_3-\lambda_2)}{-4\varphi(\lambda_2)}, \quad G = \frac{\lambda_3(\lambda_3-\lambda_2)}{4\varphi(\lambda_3)},$$

$$\mathrm{d}\sigma = \sqrt{EG}\mathrm{d}\lambda_2\mathrm{d}\lambda_3 = \frac{\sqrt{\lambda_2\lambda_3}(\lambda_3-\lambda_2)}{4\sqrt{-\varphi(\lambda_2)\varphi(\lambda_3)}}\mathrm{d}\lambda_2\mathrm{d}\lambda_3.$$

把上式在区域 $c < \lambda_2 < b, b < \lambda_3 < a$ 上积分, 得到上面椭圆体的表面积 $\frac{1}{8}$, 当然这个积分是椭圆积分.

§100 面 积 分

给定在三维空间某个区域上的连续函数 $f(P)$ 和光滑曲面 S, 通过曲线网把 S 分割成诸多微小面积 σ_i, 设 P_i 是 σ_i 上任意一点, 则 $\sum_i f(P_i)\sigma_i$ 的极限有确定的值. 我们把这个极限值称为函数 $f(P)$ 的面积分, 记作

$$\int_S f(P)\mathrm{d}\sigma. \tag{1}$$

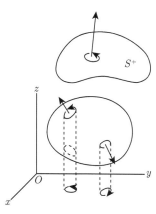

在线积分时, 我们要把积分路线赋予方向, 同样, 对于面积分, 根据曲面 S 的表面 (表) 和背面 (里) 为面积分定符号, 这样做在应用上很方便. 曲面的哪一侧是表, 哪一侧是里是随意的, 若决定一侧为表 (正侧), 另一侧为里 (负侧), 并分别记作 S^+, S^- (见图 8–29), 则作为定义有

$$\int_{S^-} f(P)\mathrm{d}\sigma = -\int_{S^+} f(P)\mathrm{d}\sigma.$$

设 S 上各点 P 处的法线的方向为表面方向的正向, 并由此决定面上旋转方向的正负, 即如果坐标轴是右手系, 那么面上旋转的正向与法线的正向为向右旋转.

设 P 处法线的正向与 x, y, z 轴的正向之间的夹角

图 8–29

分别为 α, β, γ. 如果把 S 在 P 处的微小面积 (设其为绝对的, 即总为正) 连同旋转方向向某个坐标面, 比如 xy 面上投影, 则在 xy 面上的这个微小面积 $\mathrm{d}\sigma \cdot \cos\gamma$ 根据 σ 小于 $\frac{\pi}{2}$ 还是大于 $\frac{\pi}{2}$ 有正值或者负值, 我们把带有符号的微小面积记作 $\mathrm{d}x\mathrm{d}y$, 而关于 S 的函数 w 的面积分记作

$$\iint\limits_{S} w\mathrm{d}x\mathrm{d}y.$$

因此, 这里应该把 $\mathrm{d}x\mathrm{d}y$ 理解成 $\mathrm{d}\sigma\cos\gamma$. $\iint u\mathrm{d}y\mathrm{d}z$ 和 $\iint v\mathrm{d}z\mathrm{d}x$ 的意思也是一样的. 应用上, 常把 u, v, w 看作向量 (u, v, w) 的分量, 在这样的意义下有

$$\iint\limits_{S} u\mathrm{d}y\mathrm{d}z + v\mathrm{d}z\mathrm{d}x + w\mathrm{d}x\mathrm{d}y = \int_{S} (u\cos\alpha + v\cos\beta + w\cos\gamma)\mathrm{d}\sigma.$$

上式左边的记法有很多疏漏, 但在应用上很方便.

区分曲面的正面和反面是一种直观表述, 但对我们来说, 重要的是在曲面各点 P 处的法线的正向伴随着 P 连续变动时, 能够区分整个曲面的法线的正向和负向即可. 即当 P 处的法线伴随着 P 连续变化, 当 P 返回到出发点时, 需要与原来的方向相同.

如果我们能够给出无法分出正反面的曲面存在的事实, 其中的意义就更加明确了. 最简单的例子就是莫比乌斯带.

把一个细长的矩形纸带 $ABDC$ 扭转一次, 把边 CD 向里与边 AB 汇合 (A 与 D 重合, B 与 C 重合) 粘在一起, 形成一个曲面 S, 这就是莫比乌斯带的模型 (见图 8–30).

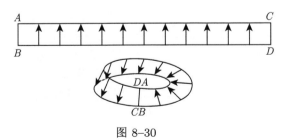

图 8–30

这个曲面 S 没有正反面. 现在, 设矩形纸带 $ABDC$ 一面是红的, 另一面是白的. 如上面所述那样把 AB 和 CD 接在一起, 那么在曲面 S 上, 接合处红白相接.

用中间变量 u, v 表示曲面 S, 设为

$$x = x(u, v), \quad y = y(u, v), \quad z = z(u, v).$$

假设 (u,v) 在 uv 平面上某个区域 K 变动时, K 上的点 (u,v) 与 S 上的点 (x,y,z) 之间一一对应.

设 S 没有奇点, 即在 K 上有

$$\Delta = \left(\frac{\mathrm{D}(y,z)}{\mathrm{D}(u,v)}\right)^2 + \left(\frac{\mathrm{D}(z,x)}{\mathrm{D}(u,v)}\right)^2 + \left(\frac{\mathrm{D}(x,y)}{\mathrm{D}(u,v)}\right)^2 \neq 0.$$

此时, 设 S 的法线正向的方向余弦是

$$\cos\alpha = \frac{\mathrm{D}(y,z)}{\mathrm{D}(u,v)}\Big/\sqrt{\Delta}, \quad \cos\beta = \frac{\mathrm{D}(z,x)}{\mathrm{D}(u,v)}\Big/\sqrt{\Delta}, \quad \cos\gamma = \frac{\mathrm{D}(x,y)}{\mathrm{D}(u,v)}\Big/\sqrt{\Delta},$$

则它们在 K 上有确定的值, 所以 S 有正反两个侧面. 因此 S 上的微小面积是

$$\mathrm{d}\sigma = \sqrt{\Delta}\mathrm{d}u\mathrm{d}v,$$

所以, 如果记 $f(x,y,z) = F(u,v)$, 则 (1) 的面积分变成如下形式:

$$\int_S f(P)\mathrm{d}\sigma = \int_K F(u,v)\sqrt{\Delta}\mathrm{d}u\mathrm{d}v.$$

§101 向 量 记 号

为了能够简单地叙述高斯定理和 Stokes 定理, 下面说明一下古典物理学中使用的向量法记号.

给 xyz 空间的某个区域内的各点 $P = (x,y,z)$ 赋予向量 $\boldsymbol{u} = (a,b,c)$ 时, 我们称其为向量场 (§87), 即 $\boldsymbol{u}$ 的坐标 a,b,c 是 x,y,z 的函数. 根据下面的定义我们可以由这个向量场生成数量场 $\mathrm{div}\,\boldsymbol{u}$ 和向量场 $\mathrm{rot}\,\boldsymbol{u}$:

$$\mathrm{div}\,\boldsymbol{u} = \frac{\partial a}{\partial x} + \frac{\partial b}{\partial y} + \frac{\partial c}{\partial z}, \tag{1}$$

$$\mathrm{rot}\,\boldsymbol{u} = \left(\frac{\partial c}{\partial y} - \frac{\partial b}{\partial z}, \frac{\partial a}{\partial z} - \frac{\partial c}{\partial x}, \frac{\partial b}{\partial x} - \frac{\partial a}{\partial y}\right). \tag{2}$$

把 (1) 称作 $\boldsymbol{u}$ 的**散度** (divergence), 而 (2) 称作 $\boldsymbol{u}$ 的**旋度** (rotation).

如果 f 是数量场时, 它的梯度 (§87)

$$\mathrm{grad}f = (f_x, f_y, f_z) \tag{3}$$

是向量场. 将此代入上述的 $\boldsymbol{u}$, 得

$$\mathrm{rot}\,\mathrm{grad}\,f = 0, \tag{4}$$

$$\operatorname{div}\operatorname{grad} f = \Delta f = \frac{\partial^2 f}{\partial x^2} + \frac{\partial^2 f}{\partial y^2} + \frac{\partial^2 f}{\partial z^2}. \tag{5}$$

利用上面的定义直接可得

$$\operatorname{div}\operatorname{rot}\boldsymbol{u} = 0. \tag{6}$$

如果把演算记号 ∇:

$$\nabla = \left(\frac{\partial}{\partial x}, \frac{\partial}{\partial y}, \frac{\partial}{\partial z} \right)$$

像向量那样使用的话, 有

$$\left.\begin{aligned} \operatorname{grad} f &= \nabla f, \\ \operatorname{div}\boldsymbol{u} &= \nabla \cdot \boldsymbol{u}, \\ \operatorname{rot}\boldsymbol{u} &= \nabla \times \boldsymbol{u}, \\ \Delta f &= \nabla \cdot \nabla f. \end{aligned}\right\} \tag{7}$$

[注意] 当把向量 $\boldsymbol{u} = (a, b, c)$ 看成 $P = (x, y, z)$ 的函数时, $\boldsymbol{u}$ 应该与坐标轴的选取无关. 因此做正交坐标变换

$$\left.\begin{aligned} \xi &= l_1 x + m_1 y + n_1 z \\ \eta &= l_2 x + m_2 y + n_2 z \\ \zeta &= l_3 x + m_3 y + n_3 z \end{aligned}\right| \begin{aligned} x &= l_1 \xi + l_2 \eta + l_3 \zeta, \\ y &= m_1 \xi + m_2 \eta + m_3 \zeta, \\ z &= n_1 \xi + n_2 \eta + n_3 \zeta \end{aligned} \tag{8}$$

时, 设 $\boldsymbol{u}$ 关于新坐标 ξ, η, ζ 的分量是 α, β, γ, 则有

$$\left.\begin{aligned} \alpha &= l_1 a + m_1 b + n_1 c, \\ \beta &= l_2 a + m_2 b + n_2 c, \\ \gamma &= l_3 a + m_3 b + n_3 c. \end{aligned}\right\} \tag{9}$$

特别地, 给定两个向量 $\boldsymbol{u}, \boldsymbol{v}$ 时, 根据变换 (8) 可以如 (9) 那样对向量积 $\boldsymbol{u} \times \boldsymbol{v}$ 进行变换. 当然数量积 $\boldsymbol{u} \cdot \boldsymbol{v}$ 不变. 根据数量积与向量积的意义很容易明白这一事实. 如果具体计算一下, 也很容易验证这些事实.

即使把 $\boldsymbol{u}$ 看作点 P 的函数, 也需要验证由 (1) 和 (2) 定义的 $\operatorname{div}\boldsymbol{u}, \operatorname{rot}\boldsymbol{u}$ 确实给出了数量场和向量场. 可以如下验证. 首先, 由 (8) 可以形式地给出

$$\begin{aligned} \frac{\partial}{\partial \xi} &= \frac{\partial x}{\partial \xi} \frac{\partial}{\partial x} + \frac{\partial y}{\partial \xi} \frac{\partial}{\partial y} + \frac{\partial z}{\partial \xi} \frac{\partial}{\partial z} \\ &= l_1 \frac{\partial}{\partial x} + m_1 \frac{\partial}{\partial y} + n_1 \frac{\partial}{\partial z}, \\ \frac{\partial}{\partial \eta} &= l_2 \frac{\partial}{\partial x} + m_2 \frac{\partial}{\partial y} + n_2 \frac{\partial}{\partial z}, \end{aligned}$$

$$\frac{\partial}{\partial \zeta} = l_3 \frac{\partial}{\partial x} + m_3 \frac{\partial}{\partial y} + n_3 \frac{\partial}{\partial z},$$

即对于变换 (8), $\left(\dfrac{\partial}{\partial x}, \dfrac{\partial}{\partial y}, \dfrac{\partial}{\partial z}\right)$ 在计算上可以如向量那样使用. 因此由 (7) 可知

数量积 $\operatorname{div} \boldsymbol{u} = \left(\dfrac{\partial}{\partial x}, \dfrac{\partial}{\partial y}, \dfrac{\partial}{\partial z}\right) \cdot (a, b, c)$ 不变, 而向量积 $\operatorname{rot} \boldsymbol{u} = \left(\dfrac{\partial}{\partial x}, \dfrac{\partial}{\partial y}, \dfrac{\partial}{\partial z}\right) \cdot$
(a, b, c) 可以如 (9) 那样做变换, 即

$$\frac{\partial \gamma}{\partial \eta} - \frac{\partial \beta}{\partial \zeta} = l_1 \left(\frac{\partial c}{\partial y} - \frac{\partial b}{\partial z}\right) + m_1 \left(\frac{\partial a}{\partial z} - \frac{\partial c}{\partial x}\right) + n_1 \left(\frac{\partial b}{\partial x} - \frac{\partial a}{\partial y}\right),$$

后面两个就不用写了. 根据这样的计算, 我们就可以确定 $\operatorname{div} \boldsymbol{u}$ 是数量场, $\operatorname{rot} \boldsymbol{u}$ 是向量场.

§102　高 斯 定 理

前面已经陈述过, 平面上的闭曲线 C 的内部的面积可以用关于 C 的线积分表示 (§41, [例 2]). 这是最简单的线积分应用例子之一, 也可以把它扩展到三维空间上, 关于闭曲面 S 的任意面积分, 可以转化成关于 S 内部的区域 K 上的三元积分. 其结果表述如下: 设

$$a(x, y, z), \quad b(x, y, z), \quad c(x, y, z)$$

是 (x, y, z) 的函数, 它们在 K 上连续可微, 则

$$\iint\limits_{S} a\mathrm{d}y\mathrm{d}z + b\mathrm{d}z\mathrm{d}x + c\mathrm{d}x\mathrm{d}y = \iiint\limits_{K} (a_x + b_y + c_z)\mathrm{d}x\mathrm{d}y\mathrm{d}z. \tag{1}$$

这就是高斯定理.[①]

(1) 采用了容易记忆的形式. 下面说明其意义. 在闭曲面 S 的各点上, 设其外部的法线的方向余弦是 $\cos\alpha, \cos\beta, \cos\gamma$, 则

$$\int_{K} (a_x + b_y + c_z)\mathrm{d}\omega = \int_{C} (a\cos\alpha + b\cos\beta + c\cos\gamma)\mathrm{d}\sigma. \tag{1'}$$

再作进一步的简化, 把 (a, b, c) 看作向量 $\boldsymbol{v}$ 的坐标, 设上面法线上的单位向量为 $\boldsymbol{n}$, 则

$$\int_{K} \operatorname{div} \boldsymbol{v}\mathrm{d}\omega = \int_{S} \boldsymbol{v} \cdot \boldsymbol{n}\mathrm{d}\sigma. \tag{G}$$

---

① 也称格林 (Green) 定理.

[证] 观察 (1) 的形式可知, 只要证它的两边与 a, b, c 相关的各部分分别相等即可. 因此, 下面证明

$$\iint\limits_S c\mathrm{d}x\mathrm{d}y = \iiint\limits_K \frac{\partial c}{\partial z}\mathrm{d}x\mathrm{d}y\mathrm{d}z. \tag{2}$$

首先, 为了简单起见, 假设闭曲面 S 和与 z 轴平行的直线至多有两个交点, 考察积分

$$\iiint\limits_K \frac{\partial c}{\partial z}\mathrm{d}x\mathrm{d}y\mathrm{d}z.$$

设曲面 S 在 xy 平面上的正投影为 B, 则 S 被以 B 为底的直筒面包围, 且沿着一条闭曲线 L 与这个筒面相切 (见图 8–31). 于是这条闭曲线把 S 分成上下两部分 S_1, S_2. 即假设过 B 内部的点 (x, y) 且与 z 轴平行的直线与 S 的交点是 $P_1 = (x, y, z_1), P_2 = (x, y, z_2)$, 设 $z_1 > z_2$, 则 P_1 属于 S_1, P_2 属于 S_2. 关于 z 求积分, 得

$$\iiint\limits_K \frac{\partial c}{\partial z}\mathrm{d}x\mathrm{d}y\mathrm{d}z = \iint\limits_B \{c(x, y, z_1) - c(x, y, z_2)\}\mathrm{d}z\mathrm{d}y. \tag{3}$$

于是, 如果设 K 的外部为 S 的正侧面, 取面积分, 得

$$\iint\limits_B c(x, y, z_1)\mathrm{d}x\mathrm{d}y = \iint\limits_{S_1} c(x, y, z)\mathrm{d}x\mathrm{d}y$$

$$-\iint\limits_B c(x, y, z_2)\mathrm{d}x\mathrm{d}y = \iint\limits_{S_2} c(x, y, z)\mathrm{d}x\mathrm{d}y.$$

因此有

$$\iiint\limits_K \frac{\partial c}{\partial z}\mathrm{d}x\mathrm{d}y\mathrm{d}z = \iint\limits_S c(x, y, z)\mathrm{d}x\mathrm{d}y = \iint\limits_S c \cdot \cos\gamma \mathrm{d}\sigma. \tag{4}$$

$\iint\limits_B$ 是通常意义下的二元积分, 在 $\iint\limits_S$ 中, 设 $\mathrm{d}x\mathrm{d}y = \cos\gamma\mathrm{d}\sigma$, 那么就可以把 (3) 变成 (4) 那样的简单形式. □

(2) 对于 S 的某部分在以 B 为底的直筒面上的情况也成立. 例如, 设 L_1, L_2 是筒面部分的边界 (见图 8–32), 则

$$\iiint\limits_K c_z\mathrm{d}x\mathrm{d}y\mathrm{d}z = \iint\limits_B c(x, y, z_1)\mathrm{d}x\mathrm{d}y - \iint\limits_B c(x, y, z_2)\mathrm{d}x\mathrm{d}y$$

$$= \iint\limits_S c(x, y, z)\mathrm{d}x\mathrm{d}y.$$

在 L_1, L_2 之间所夹部分上, $\cos\gamma = 0$, 所以有

$$\iint c\mathrm{d}x\mathrm{d}y = \iint c\cos\gamma\mathrm{d}\sigma = 0.$$

因此, (2) 式仍然成立.

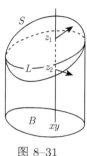

图 8–31

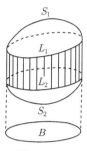

图 8–32

区域 K 的边界面 S 与 z 轴的平行线有多于两个交点时, 如果可以把区域 K 分割成上述的区域, 那么 (1) 式仍然成立. 例如, 用曲面 T 把区域 K 分成 K_1 和 K_2 两部分 (见图 8–33), 设这些区域的边界面分别是 S_1 和 S_2, 对于 K_1, S_1 和 K_2, S_2, (1) 式成立. 而

$$\iiint_K = \iiint_{K_1} + \iiint_{K_2} = \iint_{S_1} + \iint_{S_2} = \iint_S$$

对于 S_1 和 S_2 的共同边界面 T, 取其正反两个侧面的积分, 因此它们相互抵消.

如果 K 的边界是两个以上相互分离的曲面, (1) 式也成立. K 是图 8–34 所示的闭曲面 S_1 与包含于它的内部的闭曲面 S_2 之间所夹的区域时, 就是这种情况的一个例子. 而对于这种情况, 因为 S_2 的内部是区域 K 的外部, 所以如果设闭曲面的外侧为正侧面, 并取面积分, 则应该注意到, 此时关于 K 的边界 S 的面积分是 $\displaystyle\int_S = \int_{S_1} - \int_{S_2}$.

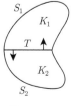

图 8–33

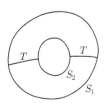

图 8–34

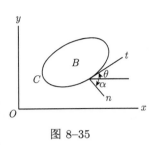

图 8–35

高斯定理在平面上也成立. 可以采用与前面相同的方法证明, 或者为了由 (1) 导出这一结果, 令 $c = 0, \boldsymbol{v} = (a, b, 0)$, 并设闭区域 K 是高度为 1 的直筒, 它在 xy 平面上的底为 B, 而 B 的周曲线为 C (见图 8–35). 于是由 (1) 得

$$\iint\limits_{B} (a_x + b_y)\mathrm{d}x\mathrm{d}y = \int_C (a\cos\alpha + b\cos\beta)\mathrm{d}s.$$

这里, α 是向 C 的外面所作的法线 $\boldsymbol{n}$ 与 x 轴正向的夹角, β 是这条法线与 y 轴正向的夹角, $\mathrm{d}s$ 是 C 上的微小弧. 设 C 的周围向正向 (内部在左手侧) 旋转, 并设切线与 x 轴正向之间的夹角是 θ, 那么

$$\mathrm{d}x = \mathrm{d}s\cos\theta = -\mathrm{d}s\cos\beta,$$

$$\mathrm{d}y = \mathrm{d}s\sin\theta = \mathrm{d}s\cos\alpha.$$

因此

$$\iint\limits_{B} (a_x + b_y)\mathrm{d}x\mathrm{d}y = \int_C a\mathrm{d}y - b\mathrm{d}x.$$

用两个函数 φ, ψ 取代 $-b, a$, 得

$$\iint\limits_{B} \left(\frac{\partial\psi}{\partial x} - \frac{\partial\varphi}{\partial y}\right)\mathrm{d}x\mathrm{d}y = \int_C \varphi\mathrm{d}x + \psi\mathrm{d}y. \tag{5}$$

这就是平面上的高斯定理.

[例 1]　设以闭曲面 S(两个以上也可以) 为边界的区域 K 的体积为 V, 则

$$V = \iint\limits_{S} x\mathrm{d}y\mathrm{d}z = \iint\limits_{S} y\mathrm{d}z\mathrm{d}x = \iint\limits_{S} z\mathrm{d}x\mathrm{d}y$$

$$= \frac{1}{3}\int_S (x\cos\alpha + y\cos\beta + z\cos\gamma)\mathrm{d}\sigma.$$

[证]　在 (1) 中, 设 $a = x, b = c = 0$, 则

$$\iiint\limits_{K} \mathrm{d}x\mathrm{d}y\mathrm{d}z = \iint\limits_{S} x\mathrm{d}y\mathrm{d}z = \int_S x\cos\alpha\mathrm{d}\sigma.$$

对于 y, z 也同样.

假设从坐标原点到 S 上的点 P 的动径为 r, 而在 P 处指向 K 的外部的法线与 r 之间的夹角为 (r, n), 则有

$$x \cos \alpha + y \cos \beta + z \cos \gamma = r \cos(r, n),$$

因此有

$$V = \frac{1}{3} \int_S r \cos(r, n) \mathrm{d}\sigma. \tag{6}$$

现在, 设 K 是一个卵形区域, 并设原点 O 在它的内部, 则 $\frac{1}{3} r \cos(r, n) \mathrm{d}\sigma$ 就是以原点为顶点, 以边界面 S 上的微小面积 $\mathrm{d}\sigma$ 为底的微小锥体的体积, 所以 (6) 的几何意义十分明了. 但是, 留意 $\cos(r, n)$ 的符号, 就可知道, 无论原点相对任意 K 的位置如何, (6) 都成立. □

[例 2]　设原点 O 到闭曲面 S 上的点 P 的动径为 r, 在 P 处指向 S 外面所作的单位法线为 $\boldsymbol{n}$, 则根据 O 在 S 的外面还是里面,

$$\int_S \frac{\cos(r, n) \mathrm{d}\sigma}{r^2} = 0, \quad \text{或者} = 4\pi.$$

[证]　设　　　　　　　$\boldsymbol{u} = \operatorname{grad} \dfrac{1}{r},$

则 $\boldsymbol{u}$ 的坐标是

$$\frac{\partial}{\partial x}\left(\frac{1}{r}\right) = \frac{-x}{r^3}, \quad \frac{\partial}{\partial y}\left(\frac{1}{r}\right) = \frac{-y}{r^3}, \quad \frac{\partial}{\partial z}\left(\frac{1}{r}\right) = \frac{-z}{r^3}.$$

设 OP 的方向余弦为 λ, μ, ν, 则上面的坐标分别等于

$$\frac{-\lambda}{r^2}, \quad \frac{-\mu}{r^2}, \quad \frac{-\nu}{r^2}.$$

因此有

$$\frac{\cos(r, n)}{r^2} = -\boldsymbol{u} \cdot \boldsymbol{n}.$$

如果 O 在 S 的外面, 则因为在 S 的内部 K 上 $1/r$ 连续, 所以根据高斯定理有

$$\int_S \frac{\cos(r, n) \mathrm{d}\sigma}{r^2} = -\int_S \boldsymbol{u} \cdot \boldsymbol{n} \mathrm{d}\sigma = -\int_K \operatorname{div} \boldsymbol{u} \, \mathrm{d}\omega.$$

因此, $\operatorname{div} \boldsymbol{u} = \operatorname{div} \operatorname{grad} \dfrac{1}{r} = \Delta\left(\dfrac{1}{r}\right) = 0$ (§21, [例 2]), 因此有

$$\int_S \frac{\cos(r, n) \mathrm{d}\sigma}{r^2} = 0.$$

其次, 如果 O 在 S 的内侧, 设以 O 为圆心、以 ρ 为半径的小球面为 S_0, 设从 K 中扣除 S_0 后剩余的区域为 K^*. 因为 O 在 K^* 的外侧, 所以对于 K^* 来说, 上面的结果成立. 于是有

$$\int_S \frac{\cos(r,n)\mathrm{d}\sigma}{r^2} - \int_{S_0} \frac{\cos(r,n)\mathrm{d}\sigma}{r^2} = 0.$$

对于 S_0 来说, 因为 $\cos(r,n) = 1, r = \rho$, 所以上式第二个积分是

$$\frac{1}{\rho^2} \int_{S_0} \mathrm{d}\sigma = \frac{1}{\rho^2} \cdot 4\pi\rho^2 = 4\pi.$$

因此

$$\int_S \frac{\cos(r,n)\mathrm{d}\sigma}{r^2} = 4\pi. \qquad \square$$

[注意] 当 O 在 S 上时, 只取上述球面 S_0 在 S 内部的部分, 设这部分为 S_0', 于是有

$$\int_S \frac{\cos(r,n)\mathrm{d}\sigma}{r^2} = \frac{1}{\rho^2} \int_{S_0'} \mathrm{d}\sigma.$$

当 $\rho \to 0$ 时, 上式也成立, 取极限时 S_0' 是半球面, 所以右边等于 2π. 其中, 假设 S 是光滑曲面.

一般地, 设点 O 不在曲面 S 上, 并设当 P 在 S 上移动时 OP 与以 O 为圆心、以 ρ 为半径的球面的交点是 P', 则 P' 扫过球面上某个面积. 其中, 当 OP (的延长) 是从 S 的负侧面进入而从其正侧面出来时, 球面上的面积为正, 相反的情况则面积为负. 这样一来, 设要计算的球面上的面积为 S', 则因为 S' 与半径 ρ 的平方成正比, 所以 S'/ρ^2 与 ρ 无关. 我们把这个比称为从 O 看时曲面 S 的 **立体角**. 此时, 设 O 为原点, OP 的长度为 r, OP 与 S 在 P 处的法线的正向的夹角为 (r,n), 与 S 上微小面积 $\mathrm{d}\sigma$ 对应的球面上的微小面积为 $\mathrm{d}\sigma'$, 则

$$\frac{\mathrm{d}\sigma'}{\rho^2} = \frac{\cos(r,n)\mathrm{d}\sigma}{r^2}.$$

因此, 上述立体角等于面积分

$$\int_S \frac{\cos(r,n)\mathrm{d}\sigma}{r^2}.$$

在 [例 2] 中, 当 S 为闭曲面时, 在令其外侧为正的情况下, 我们计算了立体角.

[**例 3**] 对于 §95 给出的积分

$$V(a,b,c) = \int_K \frac{\mu(x,y,z)}{r}\mathrm{d}\omega,$$

关于 a 微分得

$$\frac{\partial V}{\partial a} = \int_K \frac{x-a}{r^3}\mu\mathrm{d}\omega = \int_K \frac{\partial\left(\frac{1}{r}\right)}{\partial a}\mu\mathrm{d}\omega. \tag{7}$$

之前 (§95 末), 当 A 在 K 的内部时, 无法对上式在积分符号下关于 a 再次微分来求得 $\frac{\partial^2 V}{\partial a^2}$. 现在, 利用本节讲述的方法, 尝试着求解这个问题. 因为

$$r = \sqrt{(x-a)^2 + (y-b)^2 + (z-c)^2},$$

所以有

$$\frac{\partial\left(\frac{1}{r}\right)}{\partial a} = \frac{\partial\left(-\frac{1}{r}\right)}{\partial x} = \frac{x-a}{r^3}, \tag{8}$$

从而由 (7) 得

$$\frac{\partial V}{\partial a} = \int_K \mu\frac{\partial\left(-\frac{1}{r}\right)}{\partial x}\mathrm{d}x\mathrm{d}y\mathrm{d}z. \tag{9}$$

对于上式关于 x 求部分积分, 得

$$\frac{\partial V}{\partial a} = -\int_S \frac{\mu}{r}\mathrm{d}y\mathrm{d}z + \int_K \frac{1}{r}\cdot\frac{\partial\mu}{\partial x}\mathrm{d}x\mathrm{d}y\mathrm{d}z.$$

在这里, 右边第一项是关于 K 的边界 S 的积分. 因此与 (4) 相同,

$$\int_S \frac{\mu}{r}\mathrm{d}y\mathrm{d}z = \int_S \frac{\mu}{r}\cos\alpha\mathrm{d}\sigma,$$

α 是曲面 S 向外的法线与 x 轴的夹角, 而 $\mathrm{d}\sigma$ 是 S 上的微小面积. 因此有

$$\frac{\partial V}{\partial a} = -\int_S \frac{\mu}{r}\cos\alpha\mathrm{d}\sigma + \int_K \frac{1}{r}\frac{\partial\mu}{\partial x}\mathrm{d}x\mathrm{d}y\mathrm{d}z. \tag{10}$$

上式右边的第一项积分是在边界面 S 上的积分, 所以 $r \neq 0$. 而第二项积分是用 $\frac{\partial\mu}{\partial x}$ 取代 μ 时的势. 所以可以关于 a 在积分符号下求 $\frac{\partial V}{\partial a}$ 的微分. 此时, 再次使用 (8), 得

$$\frac{\partial^2 V}{\partial a^2} = \int_S \mu\frac{\partial\left(\frac{1}{r}\right)}{\partial x}\cos\alpha\mathrm{d}\sigma - \int_K \frac{\partial\left(\frac{1}{r}\right)}{\partial x}\cdot\frac{\partial\mu}{\partial x}\mathrm{d}\omega. \tag{11}$$

这就是要求的公式. 当 A 在 K 的内部时, 由上式可知 $\frac{\partial^2 V}{\partial a^2}$ 关于 A 连续. 当 A 在 K 的外部时, 它的连续性是已知的 (而且 (11) 也适用于 A 在 K 的外部的情况).

对于 $\dfrac{\partial^2 V}{\partial b^2}$ 与 $\dfrac{\partial^2 V}{\partial c^2}$ 情况也一样.

设 A 在 K 的内部, 下面验证著名的泊松公式

$$\Delta V = \frac{\partial^2 V}{\partial a^2} + \frac{\partial^2 V}{\partial b^2} + \frac{\partial^2 V}{\partial c^2} = -4\pi\mu(A).$$

由 (11) 可知

$$\Delta V = \int_S \mu\left(\frac{\partial\left(\frac{1}{r}\right)}{\partial x}\cos\alpha + \frac{\partial\left(\frac{1}{r}\right)}{\partial y}\cos\beta + \frac{\partial\left(\frac{1}{r}\right)}{\partial z}\cos\gamma\right)\mathrm{d}\sigma$$

$$- \int_K \left(\frac{\partial\left(\frac{1}{r}\right)}{\partial x}\cdot\frac{\partial\mu}{\partial x} + \frac{\partial\left(\frac{1}{r}\right)}{\partial y}\cdot\frac{\partial\mu}{\partial y} + \frac{\partial\left(\frac{1}{r}\right)}{\partial z}\cdot\frac{\partial\mu}{\partial z}\right)\mathrm{d}\omega$$

$$= \int_S \mu\frac{\partial\left(\frac{1}{r}\right)}{\partial n}\mathrm{d}\sigma - \int_K \sum\frac{\partial\left(\frac{1}{r}\right)}{\partial x}\cdot\frac{\partial\mu}{\partial x}\mathrm{d}\omega.$$

这里, α, β, γ 是 S 向外的法线与坐标轴之间的夹角, $\partial\left(\dfrac{1}{r}\right)/\partial n$ 是其法线上的微商, 而 $\sum$ 是对所有 x, y, z 求和.

设在 K 的内部以 A 为球心 ρ 为半径的小球为 k, 把这个小球从 K 中除去, 其剩余部分记作 $K-k$. 于是 A 在 $K-k$ 的外面. 关于 $K-k, (\Delta V)_{K-k} = 0$ (§95 末的 [注意]). 因此

$$(\Delta V)_K = (\Delta V)_k.$$

因此, 设球 k 的表面为 S, 则

$$(\Delta V)_K = \int_S \mu\frac{\partial\left(\frac{1}{r}\right)}{\partial n}\mathrm{d}\sigma - \int_k \sum\frac{\partial\left(\frac{1}{r}\right)}{\partial x}\cdot\frac{\partial\mu}{\partial x}\mathrm{d}\omega. \tag{12}$$

因为球 k 的半径 ρ 是任意的, 所以设 $\dfrac{\partial\mu}{\partial x}, \dfrac{\partial\mu}{\partial y}, \dfrac{\partial\mu}{\partial z}$ 在 K 上的绝对值的上界为 m 时, 有

$$\left|\frac{\partial\left(\frac{1}{r}\right)}{\partial x}\right| = \left|\frac{a-x}{r^3}\right| \leqslant \frac{1}{r^2},$$

于是

$$\left| \int_k \sum \frac{\partial \left(\frac{1}{r}\right)}{\partial x} \cdot \frac{\partial \mu}{\partial x} \mathrm{d}\omega \right| < 3m \int_k \frac{\mathrm{d}\omega}{r^2} = 3m \cdot 4\pi\rho.$$

因此, 当 $\rho \to 0$ 时, (12) 的右边的第二个积分 $\int_k \to 0$. 而它的第一个积分是

$$\int_S \mu \frac{\partial \left(\frac{1}{r}\right)}{\partial n} \mathrm{d}\sigma = \mu_0 \int_S \frac{\partial \left(\frac{1}{r}\right)}{\partial n} \mathrm{d}\sigma.$$

μ_0 是 S 上 μ 的平均值, 而 $-\int_S \partial \left(\frac{1}{r}\right) / \partial n \cdot \mathrm{d}\sigma$ 则是 [例 2] 的积分 $\int_S \frac{\cos(r, n)}{r^2} \mathrm{d}\sigma = -\int_S \operatorname{grad} \frac{1}{r} \cdot \boldsymbol{n} \mathrm{d}\sigma = 4\pi$, 即

$$\lim_{\rho \to 0} \int_S \mu \frac{\partial \left(\frac{1}{r}\right)}{\partial n} \mathrm{d}\sigma = -4\pi \lim_{\rho \to 0} \mu_0 = -4\pi\mu(A),$$

因此, 最终我们由 (12) 得, 当 $A \in K$ 时,

$$\Delta V = -4\pi\mu(A).$$

§103　斯托克斯定理

在高斯定理中, 设

$$\operatorname{div} \boldsymbol{u} = 0,$$

则有

$$\int_S \boldsymbol{u} \cdot \boldsymbol{n} \mathrm{d}\sigma = 0.$$

现在, 如果闭曲线 C 把闭曲面 S 分成两部分 S_1, S_2, 则

$$\int_{S_1} \boldsymbol{u} \cdot \boldsymbol{n} \mathrm{d}\sigma = -\int_{S_2} \boldsymbol{u} \cdot \boldsymbol{n} \mathrm{d}\sigma.$$

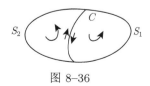

图 8–36

这里的面积分都以 S 外侧为正, 所以 S_1 和 S_2 上的正旋转在其边界线 C 上产生两个互为相反的方向 (见图 8–36). 现在, 如果改变 S_1 (或者 S_2) 的正负面, 则

$$\int_{S_1} \boldsymbol{u} \cdot \boldsymbol{n} \mathrm{d}\sigma = \int_{S_2} \boldsymbol{u} \cdot \boldsymbol{n} \mathrm{d}\sigma, \tag{1}$$

此时, S_1, S_2 上的正旋转在 C 上取相同的旋转方向.

于是, 先在 C 上确定一个方向, 对于任何以 C 为边界的曲面 S_1, 决定其正面, 使得 C 的旋转方向为正, 那么, 当 $\operatorname{div} \boldsymbol{u} = 0$ 时, 由 (1) 可知

$$\int_{S_1} \boldsymbol{u} \cdot \boldsymbol{n} \mathrm{d}\sigma$$

的值只与 S_1 的边界线 C 有关.

任取向量 $\boldsymbol{v} = (a, b, c)$, 如果令 (§101 的 (6))

$$\boldsymbol{u} = \operatorname{rot} \boldsymbol{v} = (c_y - b_z, a_z - c_x, b_x - a_y),$$

则

$$\operatorname{div} \boldsymbol{u} = 0.$$

因此, 设 $\boldsymbol{n} = (\cos\alpha, \cos\beta, \cos\gamma)$, 则

$$\int_S \boldsymbol{u} \cdot \boldsymbol{n} \mathrm{d}\sigma = \int_S ((c_y - b_z)\cos\alpha + (a_z - c_x)\cos\beta + (b_x - a_y)\cos\gamma)\mathrm{d}\sigma \quad (2)$$

的值只与 S 的边界线 C 有关. 如下所示, 实际上, 这个面积分可以变形成为关于闭曲线 C 的线积分.

设 S 是由中间变量 u, v 表示的, 且设 S 及它的边界 C 与 uv 平面的区域 S' 及它的边界 C' 对应. 于是, 在积分 (2) 中, 把变量变换成 u, v (§98), 则

$$\int_{S'} [(c_y - b_z)(y_u z_v - y_v z_u) + (a_z - c_x)(z_u x_v - z_v x_u) + (b_x - a_y)(x_u y_v - x_v y_u)]\mathrm{d}u\mathrm{d}v. \quad (3)$$

把上式积分符号中与 a 相关的项放到一起, 有

$$a_z(z_u x_v - z_v x_u) - a_y(x_u y_v - x_v y_u)$$
$$= (a_x x_u + a_y y_u + a_z z_u)x_v - (a_x x_v + a_y y_v + a_z z_v)x_u = a_u x_v - a_v x_u.$$

它的积分

$$\int_{S'} (a_u x_v - a_v x_u)\mathrm{d}u\mathrm{d}v$$

根据 uv 平面上的高斯定理 (§102 的 (5), φ, ψ 换成 $a x_u, a x_v$) 等于线积分

$$\int_{C'} (a x_u \mathrm{d}u + a x_v \mathrm{d}v).$$

再把变量变换回到 x, y, z, 于是上面的线积分等于

$$\int_C a \frac{\mathrm{d}x}{\mathrm{d}s} \mathrm{d}s = \int_C a \mathrm{d}x,$$

即

$$\int_{S'} (a_u x_v - a_v x_u)\mathrm{d}u\mathrm{d}v = \int_C a\mathrm{d}x.$$

同样, 把 (3) 中与 b, c 相关的项分别放到一起, 则得

$$\int_{S'} (b_u y_v - b_v y_u)\mathrm{d}u\mathrm{d}v = \int_C b\mathrm{d}y,$$

$$\int_{S'} (c_u z_v - c_v z_u)\mathrm{d}u\mathrm{d}v = \int_C c\mathrm{d}z.$$

因此, 最后积分 (2) 变形为线积分

$$\iint_S (c_y - b_z)\mathrm{d}y\mathrm{d}z + (a_z - c_x)\mathrm{d}z\mathrm{d}x + (b_x - a_y)\mathrm{d}x\mathrm{d}y$$

$$= \int_C a\mathrm{d}x + b\mathrm{d}y + c\mathrm{d}z. \tag{4}$$

这就是斯托克斯 (Stokes) 定理.

前面阐述了面积分和线积分的方向确定问题. 也就是说, 如果选定了曲面 S 的一侧为正并确定了旋转的正向, 那么这个方向将诱导边界线 C 上的正向. 因此, 当让 C 的切线 t 与 S 的法线 n 的方向对应时, 我们就可以明确地把 (4) 写成下面的形式

$$\iint_S [(c_y - b_z)\cos(x, n) + (a_z - c_x)\cos(y, n) + (b_x - a_y)\cos(z, n)]\mathrm{d}\sigma$$

$$= \int_C [a\cos(x, t) + b\cos(y, t) + c\cos(z, t)]\mathrm{d}s, \tag{5}$$

其中, $\mathrm{d}s$ 是 C 上的微小弧, $\mathrm{d}\sigma$ 是 S 上的微小面积, 这些都是绝对值. 设上述切线和法线上的单位向量分别是 t, n, 那么, 利用向量记号, 斯托克斯定理可以简明地写成如下形式:

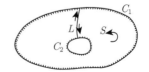

$$\int_S \mathrm{rot}\,\boldsymbol{v}\cdot\boldsymbol{n}\mathrm{d}\sigma = \int_C \boldsymbol{v}\cdot\boldsymbol{t}\mathrm{d}s. \tag{S}$$

在斯托克斯定理中, 曲面 S 的边界也可以是两条以上的闭曲线. 但是, 需要各边界线上的方向是由 S 上的旋转方向来确定. 例如, 当 S 的边界是两条闭曲线 C_1, C_2 时, 如果用曲面 S 上的光滑曲线 L 把 C_1, C_2 连结起来 (见图 8–37), 从而把两个边界合并成一个边

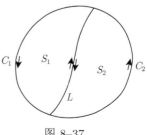

图 8–37

界, 那么, 这个边界从互相相反的方向两次通过 L, 所以 L 对线积分没有影响. 当然 L 对面积分也没有影响, 所以斯托克斯定理成立.

同样, 如果 S 本身不是一个光滑曲面, 而是由若干个光滑曲面接合而成的, 则斯托克斯定理仍然成立. 例如, S 是由在光滑曲线 L 处相连的两个曲面 S_1, S_2 组成的时, S_1, S_2 的边界是 C 的两个部分 C_1, C_2 及共同部分 L, 在 S_1 和 $C_1 + L$, 以及 S_2 和 $C_2 + L$ 上, 有

$$\int_{C_1} + \int_L = \int_{S_1}, \quad \int_{C_2} + \int_L = \int_{S_2}.$$

上式中的两个 $\int_L$ 是取相反方向的积分, 因此把两式相加得

$$\int_{C_1} + \int_{C_2} = \int_{S_1} + \int_{S_2}, 即 \quad \int_C = \int_S.$$

[注意] 斯托克斯定理中, 设 C 是 xy 平面上的闭曲线, S 是这条闭曲线的内部, 则 n 与 z 轴平行, t 与 z 轴垂直, 所以用 φ, ψ 代替 a, b, 由 (5) 得

$$\iint_S (\psi_x - \varphi_y) \mathrm{d}\sigma = \int_C [\varphi \cos(x, t) + \psi \cos(y, t)] \mathrm{d}s$$

$$= \int_C \varphi \mathrm{d}x + \psi \mathrm{d}y.$$

这就是 §102 所述的平面上的高斯定理, 虽然上面证明中使用了这个定理, 但当把它作为斯托克斯定理的特殊情况时, 在左边, $-\varphi_y$ 所带负号的意思就一目了然了.

[附记] 通过高斯定理和斯托克斯定理, $\operatorname{div} \boldsymbol{u}, \operatorname{rot} \boldsymbol{u}$ 在应用上的意义可以得到简明诠释. 想象没有被压缩且有一定浓度的流体做恒定运动, 设 $\boldsymbol{u}$ 是在点 (x, y, z) 处的速度. 于是高斯定理中的面积分 $\int_S \boldsymbol{u} \cdot \boldsymbol{n} \mathrm{d}\sigma$ 是单位时间内通过闭曲面 S 的流出量 (带上符号), 对没有被压缩的流体来说, 这个量应该与区域 K 上的流出量相等. 根据高斯定理, 这个流出量等于 $\int_K \operatorname{div} \boldsymbol{u} \mathrm{d}\omega = (\operatorname{div} \boldsymbol{u})_0 \int_K \mathrm{d}\omega$, 所以 $(\operatorname{div} \boldsymbol{u})_0$ 是单位体积上的平均流出率. 如果曲面 S 收敛于一点 P, 那么 $(\operatorname{div} \boldsymbol{u})_0$ 也收敛于 P 处的 $\operatorname{div} \boldsymbol{u}$. 因此, $\operatorname{div} \boldsymbol{u}$ 是 P 处的流出率.

而斯托克斯定理中的线积分 $\int_C \boldsymbol{u} \cdot \boldsymbol{t} \mathrm{d}s$ 是单位时间内, 沿曲线 C 的循环, 当 C 收敛于曲面 S 上的一点 P 时, $\operatorname{rot} \boldsymbol{u}$ 在 P 处的法线上的正投影就是相对于面积的循环率. 有其最大值的方向就是 $\operatorname{rot} \boldsymbol{u}$ 的方向, 这个最大值就是 $\operatorname{rot} \boldsymbol{u}$ 的大小.

作为最简单的情况, 如果流体以角速度 ω 绕 z 轴旋转时, 设 r, θ 是 xy 平面上的极坐标, 则

$$\boldsymbol{u} = (-r\omega \sin \theta, r\omega \cos \theta, 0) = (-\omega y, \omega x, 0),$$

$$\operatorname{rot} \boldsymbol{u} = (0, 0, 2\omega).$$

取代 z 轴, 取方向余弦 l, m, n 为轴, 则

$$\boldsymbol{u} = \omega(mz - ny, nx - lz, ly - mx),$$

$$\operatorname{rot} \boldsymbol{u} = 2\omega(l, m, n).$$

§104 全微分条件

给定在 xy 平面的区域 K 上连续可微的两个函数 $\varphi(x, y), \psi(x, y)$, 设微分式

$$\varphi(x, y)\mathrm{d}x + \psi(x, y)\mathrm{d}y \tag{1}$$

是某个函数 $F(x, y)$ 的全微分 (§22), 即

$$\mathrm{d}F = \varphi \mathrm{d}x + \psi \mathrm{d}y,$$

从而, 设

$$F_x = \varphi, \quad F_y = \psi.$$

于是根据假设, $F_{xy} = \varphi_y, F_{yx} = \psi_x$, 因此 (定理 27) 有

$$\varphi_y = \psi_x. \tag{2}$$

(2) 是 (1) 是全微分的必要条件, 而如果区域 K 是单连通的 (§57), 那么 (2) 也是充分条件, 即下面的定理成立.

定理 80 如果 φ_y, ψ_x 在 xy 平面上的单连通区域 K 上连续, 且 $\varphi_y = \psi_x$, 则在 K 上存在满足下面条件的函数 $F(x, y)$.

$$F_x = \varphi, \quad F_y = \psi.$$

[证] 取 K 内任意闭曲线 C, 由 K 单连通的假设, C 的内部 $[C]$ 属于 K. 因此根据高斯定理

$$\int_C \varphi \mathrm{d}x + \psi \mathrm{d}y = \iint\limits_{[C]} (\psi_x - \varphi_y)\mathrm{d}x\mathrm{d}y = 0.$$

换句话说, 在 K 的内部, 对于连结一个定点 (x_0, y_0) 与任意点 (x, y) 的任意曲线, 其线积分

$$F(x, y) = \int_{(x_0, y_0)}^{(x,y)} \varphi \mathrm{d}x + \psi \mathrm{d}y$$

确定 $K(x, y)$ 的一个函数 $F(x, y)$, 即这个线积分与连结 (x_0, y_0) 和 (x, y) 的积分路线无关, 只与上限 (x, y) 相关, 有确定的值. 这个 $F(x, y)$ 就是定理要求的函数. 事实上, 如上所述 (见图 8–38),

$$F(x + h, y) - F(x, y) = \int_{(x, y)}^{(x+h, y)} \varphi \mathrm{d}x + \psi \mathrm{d}y$$

是连结 (x, y) 和 $(x + h, y)$ 的线路上的线积分, 因为在这条线路上 $\mathrm{d}y = 0$, 所以

$$F(x + h, y) - F(x, y) = \int_x^{x+h} \varphi(x, y)\mathrm{d}x = h\varphi(x + \theta h, y), \quad 0 < \theta < 1.$$

因此由 φ 的连续性, 有

$$\frac{\partial F}{\partial x} = \varphi(x, y).$$

同样有

$$\frac{\partial F}{\partial y} = \psi(x, y). \qquad \square$$

[例 1] $\qquad \varphi = 6x^2 + 4xy + 2, \quad \psi = 2x^2 - 3y^2 + 5.$

对此有 $\varphi_y = \psi_x = 4x$, 因此, 全微分的条件在整个平面上成立. 所以, 以 $(0,0)$ 为起点, 以平行于坐标轴的折线为积分路线 (参照图 8–39), 有

$$F(x, y) = \int_0^x (6x^2 + 2)\mathrm{d}x + \int_0^y (2x^2 - 3y^2 + 5)\mathrm{d}y$$
$$= 2x^3 + 2x + 2x^2 y - y^3 + 5y.$$

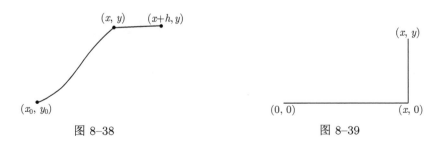

图 8–38 图 8–39

[例 2] $\qquad \varphi = \dfrac{-y}{x^2 + y^2}, \quad \psi = \dfrac{x}{x^2 + y^2}.$

除了原点 $(0,0)$ 之外有

$$\varphi_y = \psi_x = \frac{y^2 - x^2}{(x^2 + y^2)^2},$$

因此满足全微分的条件. 为得到单连通区域, 在 x 轴的负半部分加上一个头 (原点的小邻域), 并以其作为 K 的边界. 以 O 为圆心、以 a 为半径画圆, 如图 8-40 所示取以 A 为起点的圆弧 AB 及线段 BP 为积分路线, 令

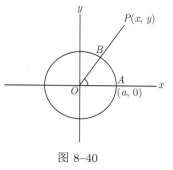

$$F(x, y) = \int_{AB} \frac{-y\mathrm{d}x + x\mathrm{d}y}{x^2 + y^2} + \int_{BP} \frac{-y\mathrm{d}x + x\mathrm{d}y}{x^2 + y^2},$$

则因为在 AB 上有

图 8-40

$$\begin{vmatrix} x & y \\ \mathrm{d}x & \mathrm{d}y \end{vmatrix} = a^2 \begin{vmatrix} \cos\theta & \sin\theta \\ -\sin\theta & \cos\theta \end{vmatrix} \mathrm{d}\theta = a^2 \mathrm{d}\theta,$$

设 AB 的弧度是 α, 则

$$\int_{AB} = \int_0^\alpha \mathrm{d}\theta = \alpha.$$

而在 BP 上, $x\mathrm{d}y - y\mathrm{d}x = 0$, 所以上面的第二个积分等于 0. 于是有

$$F(x, y) = \alpha, \quad -\pi < \alpha < \pi,$$

即

$$F(x, y) = \operatorname{Arctan} \frac{y}{x} + k\pi,$$

其中

$$\text{如果 } x \geqslant 0, \text{则 } k = 0,$$

$$\text{如果 } x < 0, \ y > 0, \text{则 } k = 1,$$

$$\text{如果 } x < 0, \ y < 0, \text{则 } k = -1.$$

如此确定 k 时, $F(x, y)$ 在 K 上连续. 在 x 轴的负半轴上, $F(x, y)$ 不连续.

在三维及更高维空间中积分定理仍然成立. 设三个函数 $\varphi(x, y, z), \psi(x, y, z)$, $\chi(x, y, z)$ 在 xyz 空间的某个区域 K 上连续可微. 于是如果

$$\mathrm{d}F = \varphi\mathrm{d}x + \psi\mathrm{d}y + \chi\mathrm{d}z$$

是全可微, 则

$$F_x = \varphi, \quad F_y = \psi, \quad F_z = \chi, \tag{3}$$

从而需要有

$$F_{xy} = \varphi_y = \psi_x, \quad F_{xz} = \varphi_z = \chi_x, \quad F_{yz} = \psi_z = \chi_y.$$

如果 K 是单连通的, 上面的条件也是充分条件. 即如果 φ, ψ, χ 在 K 上连续可微, 且

$$\chi_y = \psi_z, \quad \varphi_z = \chi_x, \quad \psi_x = \varphi_y, \tag{4}$$

则函数式

$$\varphi \mathrm{d}x + \psi \mathrm{d}y + \chi \mathrm{d}z$$

是全微分.(即在 K 上存在满足 (3) 的函数 F.)

简言之, 设 $\boldsymbol{u} = (\varphi, \psi, \chi)$ 是向量时,

$$\text{如果 rot } \boldsymbol{u} = 0, \quad \text{则 } \boldsymbol{u} = \operatorname{grad} F.$$

区域 K 是单连通的, 意思是 K 内的任意闭曲线可以在 K 内连续变动地收敛于 K 内的一点. 例如, 球的内部, 或者从球的内部扣除若干个小球之后剩余的区域是单连通的. 环面的内部不是单连通的.

对于证明, 这次也只需证关于 K 内的任意闭曲线 C

$$\int_C \varphi \mathrm{d}x + \psi \mathrm{d}y + \chi \mathrm{d}z = 0 \tag{5}$$

即可. 此时利用斯托克斯定理, 如果设 K 内以 C 为边界的曲面为 S, 则

$$\int \varphi \mathrm{d}x + \psi \mathrm{d}y + \chi \mathrm{d}z = \iint\limits_S (\chi_y - \psi_z)\mathrm{d}y\mathrm{d}z + (\varphi_z - \chi_x)\mathrm{d}z\mathrm{d}x + (\psi_x - \varphi_y)\mathrm{d}x\mathrm{d}y, \tag{6}$$

于是由 (4) 可以得到 (5).

这个证明很简单, 因为我们利用了斯托克斯定理, 只要能够保证可以在 K 的内部构造出通过闭曲线 C 的光滑曲面 S, 上面的证明就是合法的. 为了能够保证做到这一点, K 必须是单连通区域. 因为单连通的假设, 闭曲线 C 在 K 内部连续变动地收敛于 K 内的一点时, 它在 K 内部画出一个光滑的曲面 S. 对于这个曲面 S, 斯托克斯定理适用, 但是下面还是作一下简单的讨论.

利用连续性的假设, 可设 (5) 中的积分路线 C 为闭折线 $A_1, A_2, \cdots, A_n$ 即可 (§56, (5°)). 而当 C 收敛于点 P 时, 则点 $A_1, A_2, \cdots, A_n$ 在 K 内画出曲线 (见图 8-41), 密集地在这些曲线上取分点, 把这些分点连结起来做成折线. 而把相邻的折线上的分点相连, 以 $A_1, A_2, \cdots, A_n$ 为边, 形成一个由许多三角形组成的 "折面" (如多面体表面的一部分那样的面), 设这个 "折面" 为 S, 只要所有分点都取得充分密集, 那么这些三角形就完全落入到 K 的内部. 而这个面 S 是由许多光滑面 (三角形) 组合而成的, 所以斯托克斯定理成立.

如果 K 是立方体 (棱平行于坐标轴), 那么我们可以像前面 [例] 那样根据积分求条件 (4) 下的函数 F. 即在 K 内, 设点 $P_0 = (a_0, b_0, c_0)$ 为定点, 而 $P = (a, b, c)$ 是任意点, 设连结 P_0 和 P 的积分路径是下面三条折线组成的 C (见图 8–42): 首先从 (a_0, b_0, c_0) 开始平行于 x 轴移动到点 (a, b_0, c_0), 接下来是从 (a, b_0, c_0) 开始平行于 y 轴移动到 (a, b, c_0), 最后是从 (a, b, c_0) 开始平行于 z 轴移动到 (a, b, c). 设 k 是任意的常数, 则

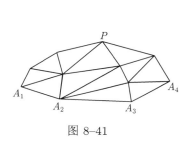

图 8–41

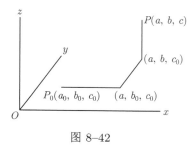

图 8–42

$$F(a, b, c) = \int_C \varphi \mathrm{d}x + \psi \mathrm{d}y + \chi \mathrm{d}z + k$$
$$= \int_{a_0}^a \varphi(x, b_0, c_0) \mathrm{d}x + \int_{b_0}^b \psi(a, y, c_0) \mathrm{d}y + \int_{c_0}^c \chi(a, b, z) \mathrm{d}z + k.$$

事实上,

$$F_a = \varphi(a, b_0, c_0) + \int_{b_0}^b \psi_x(a, y, c_0) \mathrm{d}y + \int_{c_0}^c \chi_x(a, b, z) \mathrm{d}z$$
$$= \varphi(a, b_0, c_0) + \int_{b_0}^b \varphi_y(a, y, c_0) \mathrm{d}y + \int_{c_0}^c \varphi_z(a, b, z) \mathrm{d}z$$
$$= \varphi(a, b_0, c_0) + \varphi(a, b, c_0) - \varphi(a, b_0, c_0) + \varphi(a, b, c) - \varphi(a, b, c_0)$$
$$= \varphi(a, b, c).$$

同样有

$$F_b = \psi(a, b, c), \quad F_c = \chi(a, b, c).$$

习　　题

(1) 半径为 a 的两个圆柱的轴相交, 其交角为 ω, 求两者的共有部分的体积.

[解] $\dfrac{16}{3} a^3 / \sin \omega$.

(2) 求抛物面 $z = \dfrac{x^2}{2a} + \dfrac{y^2}{2b} (a > 0, b > 0)$ 在球面 $x^2 + y^2 + z^2 = 2Rz (R > 0)$ 上截取的面积.

其中设 $\mathrm{Max}(a, b) \leqslant R$.

[解] $4\pi R\sqrt{ab}$, 参照 §99 的 [例].

(3) 对于习题 (2) 的抛物面,

[1°] 求二条 (相对于 xy 面的) 等倾线之间的面积.

[2°] 在椭圆 $\dfrac{x^2}{a^2} + \dfrac{y^2}{b^2} = 1$ 内部的面积.

[解] $\dfrac{2}{3}\pi ab(\sec^3\gamma_1 - \sec^3\gamma_2)$, $\dfrac{2}{3}\pi ab(\sqrt{8} - 1)$.

(4) n 维空间中

$$|x_1|^\alpha + |x_2|^\alpha + \cdots + |x_n|^\alpha \leqslant r^\alpha \quad (\alpha > 0)$$

所形成的区域的体积是

$$V = \frac{(2r)^n}{\alpha^{n-1}} \frac{\Gamma\left(\dfrac{1}{\alpha}\right)^n}{n\Gamma\left(\dfrac{n}{\alpha}\right)}.$$

特别地, 设 $\alpha = 2, n$ 维空间的球的体积是

$$V = \frac{(r\sqrt{\pi})^n}{\Gamma\left(\dfrac{n}{2} + 1\right)} = \begin{cases} r^n \dfrac{\pi^{\frac{n}{2}} 2^{\frac{n}{2}}}{2 \cdot 4 \cdot 6 \cdots \cdot n}, & (n \text{ 是偶数}) \\[3mm] r^n \dfrac{\pi^{\frac{n-1}{2}} 2^{\frac{n+1}{2}}}{1 \cdot 3 \cdot 5 \cdots \cdot n}, & (n \text{ 是奇数}) \end{cases}$$

[解] 由 §96 的 [例 2] 可以导出这个公式. 另外, 可证当 $\alpha \to 0$ 时 $V \to 0$, 而当 $\alpha \to \infty$ 时 $V \to (2r)^n$.

(5) 当曲面 S 由中间变量表示成如下形式: $x = x(u, v), y = y(u, v), z = z(u, v)$ 时, 设 $\boldsymbol{r} = (x, y, z)$, $\boldsymbol{r}_u = (x_u, y_u, z_u), \boldsymbol{r}_v = (x_v, y_v, z_v)$, 则从原点看到的 S 的立体角是

$$\iint\limits_K \frac{\boldsymbol{r} \cdot (\boldsymbol{r}_u \times \boldsymbol{r}_v)}{|\boldsymbol{r}|^3} \mathrm{d}u\mathrm{d}v.$$

其中 K 是 uv 平面上 (u, v) 的变动区域.

(6) 在适当的一般假设之下, 面积分

$$\int_S P\mathrm{d}y\mathrm{d}z + Q\mathrm{d}z\mathrm{d}x + R\mathrm{d}x\mathrm{d}y$$

只与 S 的边界线 C 相关的充分必要条件是

$$\frac{\partial P}{\partial x} + \frac{\partial Q}{\partial y} + \frac{\partial R}{\partial z} = 0.$$

[解] 这个问题归结为关于通过 C 的任意闭曲面的面积分等于 0 的问题, 所以由高斯定理知上面的条件是充分条件. 利用反证法可证它是必要条件.

(7) 在适当的一般假设之下, 如果 $\operatorname{div} \boldsymbol{u} = 0$, 则 $\boldsymbol{u} = \operatorname{rot} \boldsymbol{v}$.

[解] 设 $\boldsymbol{u} = (a, b, c)$, $\boldsymbol{v} = (\varphi, \psi, \chi)$, 只需证存在满足下面条件的 φ, ψ, χ 即可.

$$\frac{\partial \chi}{\partial y} - \frac{\partial \psi}{\partial z} = a, \quad \frac{\partial \varphi}{\partial z} - \frac{\partial \chi}{\partial x} = b, \quad \frac{\partial \psi}{\partial x} - \frac{\partial \varphi}{\partial y} = c.$$

设 $\chi = 0$, 可以根据积分求得 φ, ψ (如果 $\boldsymbol{v}$ 是一个解, 则 $\boldsymbol{v} + \operatorname{grad} f$ 也是解).

我们已经知道这个定理的逆定理 (§101).

(8) 设对于定义在区域 K 上的函数 $f(P)$, 广义积分

$$\int_K |f(P)| \mathrm{d}\omega$$

存在 (参照 §94 的定义). 那么, 关于收敛于 K 的任意区域列 $\{K_n\}$ (参照 §94 的定义) 有

$$\lim_{n \to \infty} \int_{K_n} f(P) \mathrm{d}\omega = \int_K f^+(P) \mathrm{d}\omega - \int_K f^-(P) \mathrm{d}\omega.$$

[解] 根据假设 $\int_K |f| \mathrm{d}\omega$ 收敛, 因此对于任意的闭区域 $H \subset K$, $\int_H |f| \mathrm{d}\omega$ 有界 (§94). 从而, 因为 $f^+(P) \leqslant |f(P)|, f^-(P) \leqslant |f(P)|$, 所以 $\int_H f^+ \mathrm{d}\omega, \int_H f^- \mathrm{d}\omega$ 有界. 因此, $\int_K f^+ \mathrm{d}\omega$ 和 $\int_K f^- \mathrm{d}\omega$ 收敛. 从而

$$\int_{K_n} f \mathrm{d}\omega = \int_{K_n} f^+ \mathrm{d}\omega - \int_{K_n} f^- \mathrm{d}\omega$$

在 $n \to \infty$ 时收敛 (是两个收敛数列的差!). 于是得到原题中的等式.

第 9 章   勒贝格积分

I 概   论

§105 集 合 运 算

我们的目标是欧几里得空间的集合, 概论部分 (§105~§112) 首先抽象地讨论任意的集合. 尽管说的是任意集合, 其实也是选取一个集合 Ω, 只以它的子集作为讨论对象.

如果把集合 Ω 及其元素 x 作一个空间 (Ω) 和这个空间的点 (x), 也许更容易理解. 所以, 我们把 Ω 称为一个 (抽象的) 空间, 把 x 称为这个空间中的点.[①]

x 是集合 A 的元素, 记作 $x \in A$. $x \in A$ 的否定记作 $x \notin A$.

A 是 B 的子集 (如果 $x \in A$, 则有 $x \in B$), 记作 $A \subset B$, 称作 A 包含于 B. 当 $A \subset B$ 且 $B \subset A$ 时, 称集合 A 和集合 B 相等, 记作 $A = B$. 因此 $A = B$ 时, 有 $A \subset B$.

并集 (和)   构造一个集合, 它包含属于集合 $A, B, \cdots$ 中任意一个集合的所有元素. 我们把这个集合称作 $A, B, \cdots$ 的**并集**, 记作 $A \cup B \cup \cdots$. 集合的并集满足交换律和结合律.

当集合数目有限或者可数时, 可以给它们加上标号, 记作 A_n $(n = 1, 2, \cdots)$, 并把这些集合的全体称作集合列 $\{A_n\}$. 这个集合列的并集记作 $\bigcup\limits_{n=1}^{\infty} A_n$ (或者简记为 $\bigcup A_n$), 附加标号的方法是随意的, 重要的是 A_i 和 $A_j (i \neq j)$ 若没有共同的元素, 此时称集合列 $\{A_n\}$ 为**单纯列**, 它们的并集简称为**单纯和**[②], 特别地, 对于单纯和我们使用记号 $+$ 和 $\sum$.

公共部分 (积)   用属于所有集合 $A, B, \cdots$ 的元素构造的集合, 称为 $A, B, \cdots$ 的**公共部分**, 或者**交**, 记作 $A \cap B \cap \cdots$ (或者用积的形式, 记作 $AB \cdots$). 对于集

[①] 于是, 在这个空间 Ω 中, "一开始就存在的东西" 是点与点之间的相斥关系 $x = y, x \neq y$, 以及点与集合 A 之间的相斥关系 $x \in A, x \notin A$. 这里的集合运算可以以此为基础构建起来.

[②] 在本书中, 单纯和这一概念借用了代数中的直和 (direct sum) 概念, 但我认为不该直译 direct.

合列 $\{A_n\}$, 则记作 $\bigcap_{n=1}^{\infty} A_n$. 当 A, B 没有共同元素时, 它们没有交, 为了陈述方便, 称它们的交是空集. 通常利用数字 0, 把空集记作 0. 集合的积同样满足交换律和结合律.

补集 集合 Ω 中不属于集合 A 的元素形成的集合. 称为 A 的补集. 按惯例把它记作 CA①, 本书中常简单地写作 A'.

Ω 的各元素 x 或者属于 A, 或者属于 A'. 即 $x \notin A$ 与 $x \in A'$ 同意. 当然, $(A')' = A$.

显然下面两个对偶等式成立.

$$(A \cup B)' = A' \cap B', \quad (A \cap B)' = A' \cup B'. \tag{1}$$

对于无数个集合也同样. 特别地, 对于集合列有

$$\left(\bigcup A_n\right)' = \bigcap A'_n, \quad \left(\bigcap A_n\right)' = \bigcup A'_n. \tag{2}$$

事实上, 如果 $x \in \bigcup A_n$, 则对于某个 n 有 $x \in A_n$. 因此 $x \in \left(\bigcup A_n\right)'$ 表明, 对于所有的 $n, x \notin A_n$, 即 $x \in A'_n$, 因此表明 $x \in \bigcap A'_n$, 即 $\bigcup A_n$ 和 $\bigcap A'_n$ 互为补集. 用 A'_n 替换 A_n 可得第二个等式.

集合的差 属于集合 A 但不属于集合 B 的所有元素组成的集合记作 $A - B$ (见图 9–1). 因此

$$\begin{aligned} A - B &= A - AB = AB' = B' - A', \\ B - A &= B - AB = BA' = A' - B', \\ A \cup B &= (A - B) + (B - A) + AB. \end{aligned} \tag{3}$$

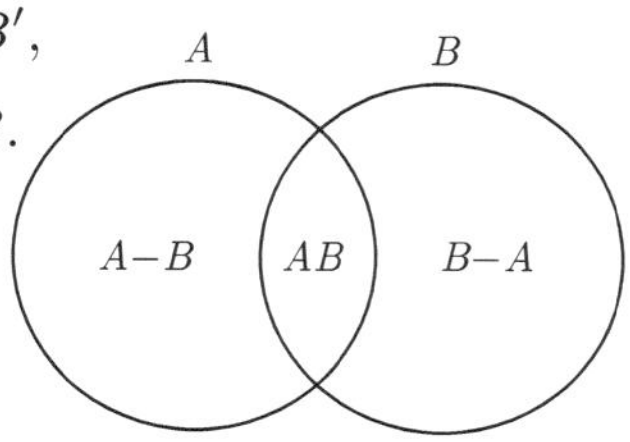

图 9–1

最后一个等式的右边是单纯和.

当 $A \supset B$ 时, 称 $A - B$ 是相对于 A 的 B 的补集. 当 A, B 包含于 K 中时, 对于相对于 K 的 A, B 的补集, (1) 式也成立 (以 K 取代 Ω 即可).

分配律 关于集合的和与积, 两个相互对偶的分配律成立, 即

$$\left.\begin{aligned} (A \cup B) \cap C &= (A \cap C) \cup (B \cap C), \\ (A \cap B) \cup C &= (A \cup C) \cap (B \cup C). \end{aligned}\right\} \tag{4}$$

① “补”=complement, 与余角、余弦等是类似用语. C 是它的字头.

　　可以从并集和交集的意义, 同 (2) 一样导出. 也可以利用 (2), 对其中一个等式的两边取补而得到另一个等式.

　　在图 9–2 的左 (右) 图中, 带有 × 的部分就是 (4) 中的第一个 (第二个) 等式的两边.

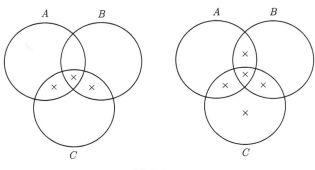

图 9–2

对于集合列, 分配律也成立, 即

$$\bigcap_i \Big(\bigcup_j A_j^{(i)}\Big) = \bigcup \Big(A_{j_1}^{(1)} \cap A_{j_2}^{(2)} \cap A_{j_3}^{(3)} \cap \cdots\Big),$$
$$(j_1, j_2, \cdots = 1, 2, 3, \cdots)$$
$$\bigcup_i \Big(\bigcap_j A_j^{(i)}\Big) = \bigcap \Big(A_{j_1}^{(1)} \cup A_{j_2}^{(2)} \cup A_{j_3}^{(3)} \cup \cdots\Big).$$

定理 81　集合的积可以用和与差来表示. 即对于集合列来说, 有

$$\bigcap_{n \geqslant 1} A_n = A_1 - \bigcup_{n \geqslant 2} (A_1 - A_n). \tag{5}$$

[证]　　右边　$= A_1 - \bigcup\limits_{n \geqslant 2} A_1 A_n'$　　　　　　　　　根据 (3).

　　　　　　　　$= A_1 - A_1 \bigcup\limits_{n \geqslant 2} A_n' = A_1 - \bigcup\limits_{n \geqslant 2} A_n'$　　根据分配律和 (3).

　　　　　　　　$= A_1 \Big(\bigcup\limits_{n \geqslant 2} A_n'\Big)' = A_1 \bigcap\limits_{n \geqslant 2} A_n$　　　根据 (3) 和 (2).

　　　　　　　　$= \bigcap\limits_{n \geqslant 1} A_n.$　　　　　　　　　　　　　　□

[注意]　　可以把集合列的并集 $E = \bigcup E_n$ 修改成单纯和 $E = \sum e_n$, 其中 $e_n \subset E_n$. 例如, 只要设 $e_1 = E_1, e_n = E_n - (E_1 \cup E_2 \cup \cdots \cup E_{n-1})$ 即可, 其中 $n = 2, 3, \cdots$.

集合的上下极限　对于集合列 $\{A_n\}$, 如下定义它的**上极限** $\overline{\lim}$、**下极限** $\underline{\lim}$ 以及**极限** $\lim$:

$$\overline{\lim} A_n = \bigcap_{n \geqslant 1} \Big(\bigcup_{i \geqslant n} A_i \Big), \quad \underline{\lim} A_n = \bigcup_{n \geqslant 1} \Big(\bigcap_{i \geqslant n} A_i \Big). \tag{6}$$

当 $\overline{\lim} A_n = \underline{\lim} A_n$ 时, 把这个值定义为 $\lim A_n$.

从上面的定义可以看到, $\overline{\lim}$, $\underline{\lim}$ 与 A_n 的顺序无关. 即 $\overline{\lim} A_n$ 是属于无数个 A_n 的公共元素的全体, 而 $\underline{\lim} A_n$ 是除去有限个集合之外, 其他所有 A_n 的公共元素的全体 (除去的集合可以因元素的不同而不同). 因此有 $\underline{\lim} A_n \subset \overline{\lim} A_n$.

如果 $\{A_n\}$ 是递增列, 即 $A_1 \subset A_2 \subset \cdots \subset A_n \subset \cdots$, 则

$$\lim A_n = \bigcup_{n \geqslant 1} A_n, \tag{7}$$

如果 $\{A_n\}$ 是递减列, 即 $A_1 \supset A_2 \supset \cdots \supset A_n \supset \cdots$, 则

$$\lim A_n = \bigcap_{n \geqslant 1} A_n. \tag{8}$$

根据定义, (7), (8) 显然成立, 由此, 一般地, 有

$$\overline{\lim} A_n = \lim \bigcup_{i \geqslant n} A_i, \quad \underline{\lim} A_n = \lim \bigcap_{i \geqslant n} A_i. \tag{9}$$

又, 对于补集有

$$(\overline{\lim} A_n)' = \underline{\lim} A_n', \quad (\underline{\lim} A_n)' = \overline{\lim} A_n'.$$

集合的定义函数 (特征函数[①])　对于集合 E 的各元素 x 总有一个数 $f(x)$ 与之对应时, 称 f 是 E 上的点函数.

特别地, 满足 $x \in A$ 时 $\varphi(x) = 1, x \in A'$ (补集) 时 $\varphi(x) = 0$ 的函数 $\varphi(x)$ 称作 A 的定义函数. 反之, 给定 Ω 上只取值 1 和 0 的函数 $\varphi(x)$ 时, 如果设 $\varphi(x) = 1$ 的点的全部为 A, 那么 $\varphi(x)$ 就是 A 的定义函数, 而 $\varphi'(x) = 1 - \varphi(x)$ 则是补集 A' 的定义函数.

对于集合列 $\{A_n\}$, 设 A_n 的定义函数为 $\varphi_n(x)$, 则

$$\sup \varphi_n(x), \quad \inf \varphi_n(x), \quad \overline{\lim} \varphi_n(x), \quad \underline{\lim} \varphi_n(x), \quad \lim \varphi_n(x)$$

分别是集合

$$\bigcup A_n, \quad \bigcap A_n, \quad \overline{\lim} A_n, \quad \underline{\lim} A_n, \quad \lim A_n$$

的定义函数.

[①] fonction caractéristique (de la Vallée-Poussin).

§106　加法集合类 (σ 系)

Ω 的子集组成的一个类 M, 当它满足下面的条件时, 称它是 **σ 系** (或者**加法集合类**), 属于 σ 系 M 的集合简称为 **M 集合**.[①]

1°. M 集合的列 $\{e_n\}$ 的并集是 M 集合, 即

$$\text{如果 } e_n \in M(n = 1, 2, \cdots), \quad \text{则 } \bigcup e_n \in M.$$

2°. M 集合的差是 M 集合, 即

$$\text{如果 } e_1 \in M, \ e_2 \in M, \ \text{则 } e_1 - e_2 \in M.$$

特别地, 空集 $e_1 - e_1$ 属于 M.

根据前节的 (5), (6) 可知, 当 $e_n \in M$ 时, $\bigcap e_n, \overline{\lim} e_n, \underline{\lim} e_n$ 也是 M 集合.

M 中有最大集合 ω 时 (即如果 $e \in M$, 则 $e \subset \omega$), 称 M 是**封闭 σ 系**. 此时, 可以把 2° 置换成下面条件.

2′. M 同时包含 e 以及 e 对 ω 的补集 e'.

事实上, 如果 $e_1 \in M, e_2 \in M$, 则 $e_1 - e_2 = (e_1' \cup e_2') \in M$.

给定 Ω 的任意一组子集 S 时, 由属于 S 的集合开始, 通过集合列的并及差运算而生成的集合的全体形成一个 σ 系. 这个 σ 系是包含 S 的最小的 σ 系 (由 S 生成的 σ 系).

Ω 的所有子集生成一个 σ 系, 这个 σ 系也包含 S. 所以存在包含 S 的 σ 系, 包含 S 的所有 σ 系的公共部分就是由 S 生成的 σ 系.

一般地, 若由属于 S 的集合列的并生成的集合记作 S_σ, 而由它们的交生成的集合记作 S_δ, 则 $S_\sigma, S_{\sigma\delta}, S_{\sigma\delta\sigma}, \cdots, S_\delta, S_{\delta\sigma}, S_{\delta\sigma\delta}, \cdots$, 以及由此生成的一组集合 T 生成的 $T_\sigma, T_\delta, \cdots$ 都属于这个 σ 系. (因此即使这个最小的 σ 系也基本上是无边无涯、难以想象的. 只有已经构造出来的 σ 系才能令我们安心!)

§107　M 函数

设对于属于 σ 系 M 的某个 M 集合 e, 已经定义了点函数 $f(x)$, 即 x 是集合 e 的元素: $x \in e, e \in M$. 此时, 对于某个实数 a, 满足 $f(x) > a$ 的 x 的全体的集合 E 在一般情况下不一定是 M 集合. 如果对于所有实数 a, 相应的集合 E 都是 M 集合, 那么 $f(x)$ 简称为 **M 函数**.

[①] 类 = class 指的是逻辑学上的意思. 通俗地也说成族 (family) 和系 (system) 等. 从外延看, 集合 M 是以 Ω 的特殊子集为元素的集合 (集合的集合). 因此, $e \in M$ 表明 "e 是一个 M 集合". σ 暗示关于无限列可加, 而 M 暗示可测 (mesurable).

以后, 具有指定性质 P (或者满足条件 P) 的点 x 的全体的集合记作

$$\{x; P\} \quad \text{或者} \quad E\{x; P\}.$$

例如, 对于上述 M 函数的定义, 定义集合 E 的条件 P 是

$$x \in e, \ e \in M, \ f(x) > a,$$

$f(x)$ 是 M 函数指的是, 对于所有实数 a,

$$E\{x; x \in e, \ e \in M, \ f(x) > a\} \in M$$

成立. 这里, 对于集合 E 的元素 x, 只简单地写成

$$E\{f(x) > a\} \in M, \tag{1}$$

而作为当然要满足的条件省去 $x \in e, e \in M$.

对于所有实数 a,

$$E\{f(x) > a\}, \ E\{f(x) \geqslant a\}, \ E\{f(x) \leqslant a\}, \ E\{f(x) < a\} \tag{2}$$

为 M 集合的条件是等同的: 第一个集合与第三个集合, 第二个集合与第四个集合关于 e 互为补集, 又因为

$$E\{f(x) \geqslant a\} = \bigcap_{n \geqslant 1} E\left\{f(x) > a - \frac{1}{n}\right\},$$

$$E\{f(x) \leqslant a\} = \bigcap_{n \geqslant 1} E\left\{f(x) < a + \frac{1}{n}\right\},$$

所以它们都是等同的. 因此, 对于 M 函数的定义, 取 (2) 中的四个集合中的任何一个都可以.

如果 $f(x)$ 是 M 函数, 则 $E\{f(x) = a\} = E\{f(x) \geqslant a\} - E\{f(x) > a\}$ 是 M 集合. 反之不成立.

设

$$\left. \begin{array}{l} x \in E\{f(x) \geqslant 0\} \text{ 时} \quad f^+(x) = f(x), \ f^-(x) = 0, \\ x \in E\{f(x) < 0\} \text{ 时} \quad f^+(x) = 0, \ f^-(x) = -f(x), \end{array} \right\}$$

分别称 $f^+(x), f^-(x)$ 为 $f(x)$ 的正部分和负部分, 即 $f(x) = f^+(x) - f^-(x)$, 如果 $f(x)$ 是 M 函数, 则 $f^+(x), f^-(x)$ 也是 M 函数.

定理 82 为使函数 $f(x)$ 为 M 函数, 只需 (1) 对所有有理数 a (或者一般地在实数内稠密的数, 例如小数部分的位数是有限的十进制数也可以) 成立即可.

[证] 设收敛于 a 的单调递减有理数列为 r_n, 因为 $E\{f(x) > a\} = \bigcup_n E\{f(x) > r_n\}$, 所以 (1) 中的 a 只需取有理数即可. □

下面的定理作为一种证明手法经常用到.

定理 83 正 (非负)[1] M 函数 $f(x)$ 是阶段 M 函数的递增列[2] $\{f_n(x)\}$ 的极限. 所谓阶段函数指的是函数取的不同值的个数是有限的 (即值域是有限集合).

[证] 把 $f(x)$ 的值用十进制数表示, 在小数点前后 n 位的地方切掉, 把这个值当作 $f_n(x)$ 的值即可. $f_n(x)$ 至多取 10^{2n} 个不同的值. 即它是阶段函数, 因此, 要证明这个函数是 M 函数, 只需证对于 $f_n(x)$ 所取的各值 a, 集合 $E\{f_n(x) = a\}$ 是 M 集合即可. 而因为这个集合等于 $\sum_{h=0}^{\infty} E\left\{ a + 10^n h \leqslant f(x) < a + \dfrac{1}{10^n} + 10^n h \right\}$, 所以它是一个 M 集合. 显然有 $f_n(x) \leqslant f_{n+1}(x)$, $\lim_{n\to\infty} f_n(x) = f(x)$. □

只考察以某个 M 集合 e 为共同定义域的函数, 下面各定理成立.

定理 84 如果 f, g 是 M 函数, 则

$$E\{f(x) > g(x)\} \in M.$$

[证] 如果 $f(x) > g(x)$, 则存在满足 $f(x) > r > g(x)$ 的有理数 r. 因此

$$E\{f(x) > g(x)\} = \bigcup_r (E\{f(x) > r\} \cap E\{g(x) < r\}) \in M.$$ □

定理 85 M 函数构成实系数环. 即如果 $f(x), g(x)$ 是 M 函数, 则

$$(1°)\ af(x),\ (a\ \text{是实数}),\quad (2°)\ f(x) + g(x),\quad (3°)\ f(x) \cdot g(x)$$

也是 M 函数. 有限个 M 函数的和与积也是 M 函数.

[证] $(1°)$ 对于 $af(x)$, 特别地, 对于 $-f(x)$, 显然.

$(2°)$ 因为 $E\{f(x) + g(x) > a\} = E\{f(x) > a - g(x)\}$, 且显然 $a - g(x)$ 是 M 函数 (定理 84).

$(3°)$ 因为 $fg = \dfrac{1}{4}((f+g)^2 - (f-g)^2)$, 所以只要证 M 函数的平方是 M 函数即可, 而因为当 $a > 0$ 时 $E\{f^2 > a\} = E\{f > \sqrt{a}\} \cup E\{f < -\sqrt{a}\}$, 当 $a = 0$ 时 $E\{f^2 > a\} = E\{f > 0\} \cup E\{f < 0\}$, 当 $a < 0$ 时 $E\{f^2 > a\} = e$, 得证. □

定理 86 对于 M 函数列 $\{f_n(x)\}$,

$$\sup f_n(x),\quad \inf f_n(x),\quad \overline{\lim} f_n(x),\quad \underline{\lim} f_n(x),$$

都是 M 函数, 因此, 如果其极限存在, 则 $\lim f_n(x)$ 也是 M 函数.

---

[1] 广义地说, "正" 就是非负 ($\geqslant 0$). 严格限定正 (> 0) 的情况时将特别强调.

[2] 递增列指的是 $f_1(x) \leqslant f_2(x) \leqslant \cdots \leqslant f_n(x) \leqslant \cdots$, 递减列也同样.

[证]   令 $\sup f_n(x) = g(x)$, 则 $E\{g(x) > a\} = \bigcup E\{f_n(x) > a\} \in \mathrm{M}$. $\inf f_n(x)$ 也同样. 又, 令 $g_n(x) = \sup\limits_{i \geqslant n} f_i(x)$, 则 $g_n(x)$ 是 M 函数且构成递减列. 从而 $\overline{\lim} f_n(x) = \lim g_n(x) = \inf g_n(x)$ 是 M 函数. $\underline{\lim}$ 也同样 (或者, 由 $\underline{\lim} f_n(x) = -\overline{\lim}(-f_n(x))$ 得出结论).   □

为了顺应把函数值定义为极限的情况, 允许 $+\infty, -\infty$ 作为函数值. 这样可以缓解区分各种情况而产生的麻烦, 从而使得陈述变得简洁. 为了与 $\pm\infty$ 区分开来, 各个实数 a 称为**有限**. 函数 $f(x)$ 有限指的是它不取 $+\infty, -\infty$ 为值. 因此有限与有界不同. 另外, 在运用上, 作下面的规定.

$$+\infty > a, -\infty < a.$$
$$a + (\pm\infty) = (\pm\infty) + a = \pm\infty, \quad \pm\infty - a = \pm\infty.$$
$$(+\infty) + (+\infty) = +\infty, \quad (-\infty) + (-\infty) = -\infty.$$
$$a \cdot (\pm\infty) = (\pm\infty) \cdot a = \begin{cases} \pm\infty, (a > 0), \\ \mp\infty, (a < 0). \end{cases}$$
$$0 \cdot (\pm\infty) = (\pm\infty) \cdot 0 = 0.$$

这些只是为了方便而做的约定. 尤其是最后一条在后面很方便.

规定 $(+\infty) - (+\infty), (-\infty) - (-\infty)$ 没有意义. $+\infty$ 也简写成 ∞.

[附记]   以上面规定为基础, 也允许无穷级数 $\sum a_n$ 的项为 $+\infty, -\infty$. 级数 $\sum a_n$ 的项包含 $+\infty$ 或者 $-\infty$ 时, $+\infty$ 算在内, 设级数 $\sum a_n$ 的所有正项和为 $s, -\infty$ 包括在内, 设它的所有负项和为 $-t$ 时, 除去 $s - t$ 变成 $\infty - \infty$ 的情况, $\sum a_n$ 有确定值, 并规定 $s - t$ 为其值.

M 函数 $f(x)$ 非有限时, 也有

$$E\{f(x) < +\infty\} = \bigcup_{n \geqslant 1} E\{f(x) < n\} \in \mathrm{M}.$$
$$E\{f(x) > -\infty\} = \bigcup_{n \geqslant 1} E\{f(x) > -n\} \in \mathrm{M}.$$
$$E\{f(x) = +\infty\} = CE\{f(x) < +\infty\} \in \mathrm{M}.$$
$$E\{f(x) = -\infty\} = CE\{f(x) > -\infty\} \in \mathrm{M}.$$

C 是相对于 e 的补集记号.

[注意]   当允许函数值取 $\pm\infty$ 时, 定理 82 及以后的各定理仍然成立. 但是, 考虑到函数可以取 $\pm\infty$, 需要减弱定理 85 的结论.

将与给定任意集合 E 上的点函数 $f(x)$ 对应的 E 内的集合

$$E(t) = E\{f(x) \geqslant t\} \tag{3}$$

看成 t 的函数时, 这个函数单调递减, 即

$$t' < t \text{ 时}, \quad E(t') \supset E(t),$$

再根据 (3) 可得

$$\left.\begin{array}{c} E(t) = \bigcap_{t' < t} E(t'), \\[2mm] E(-\infty) = E, \quad E(\infty) = \bigcap_{t' < \infty} E(t'). \end{array}\right\} \tag{4}$$

现在, 反过来, 假设给定 E 中满足条件 (4) 的集合 $E(t)$, 那么可以定义满足条件 (3) 的点函数 $f(x)$. 当满足 $x_0 \in E(t)$ 的 t 的上确界为 t_0 时, 设 $f(x_0) = t_0$ 即可, 这是显然的. 事实上, 如果 $x_0 \in E(t)$, 则 $t \leqslant t_0 = f(x_0)$, 因此, $x_0 \in E\{f(x) \geqslant t\}$. 所以 $E(t) \subset E\{f(x) \geqslant t\}$. 另外, 如果 $x_0 \in E\{f(x) \geqslant t\}$, 则 $f(x_0) \geqslant t$, 即 $t_0 \geqslant t$, 因此如果 $t > t'$ 则 $x_0 \in E(t')$. 从而由 (4) 得 $x_0 \in E(t)$. 因此 $E\{f(x) \geqslant t\} \subset E(t)$, 即 (3) 式成立.

当 $t_0 = \infty$ 时, 设 $f(x_0) = \infty$, 此时, 因为对于所有的 t 都有 $x_0 \in E(t)$, 所以当 $t = \infty$ 时 (3) 也成立. 另外, $t = -\infty$ 时 (3) 变成 $E = E$.

t_0 是有限时, 满足 $x_0 \in E(t)$ 的 t 是实数的一个切割的下组, 而 t_0 是这个下组的最大数. 这意味着 $x_0 \in E(t_0)$.

而对所有有理数 r (或者属于在实数内稠密分布的数的可数集合的 r), 当给定 E 内的集合 e_r 时, 对于任意的实数 t 和 $t = \infty$, 由

$$E(t) = \bigcap_{r < t} e_r \tag{5}$$

定义 $E(t)$, 而令 $E(-\infty) = E$, 则 $E(t)$ 满足条件 (4). 事实上, 当 $t \neq -\infty$ 时, 如果设 $t' < t$, 则有

$$E(t) = \bigcap_{r < t'} e_r \cdot \bigcap_{t' \leqslant r < t} e_r \subset E(t'),$$

从而有

$$E(t) \subset \bigcap_{t' < t} E(t').$$

反过来, 设 $x \in \bigcap_{t' < t} E(t')$. 令 $r < t$, 取满足 $r < t' < t$ 的 t', 于是因为 $x \in E(t')$, 由 (5) 可知 $x \in e_r$. 而上面 $r < t$ 中的 r 是任意的有理数, 所以 $x \in E(t)$. 从而 $\bigcap_{t' < t} E(t') \subset E(t)$. 因此 (4) 式成立.

如果 e_r 是 M 集合, 那么因为 (5) 是 M 集合列的公共部分, 所以 $E(t)$ 是 M 集合, 因此由此定义的函数 $f(x)$ 是 M 函数.

§108　集合的测度

当函数 $f(e)$ 使属于集合类 M (M 不必构成 σ 系) 的每个集合 e 对应于一个实数或者 $\pm\infty$, 称 f 是 M 上的**集合函数**. 对于 σ 系 M 上的集合函数, $e = \sum e_n, e_n \in$ M 是单纯和时, 下面的 (1) 式的右边有确定值 (参照 §107 的 [附记]), 且

$$f(e) = \sum f(e_n) \tag{1}$$

时, 称 $f(e)$ 是**可加的**. 因为 $\sum e_n$ 满足交换律, 所以级数 $\sum f(e_n)$ 绝对收敛. 这里的绝对收敛指的是无条件收敛, 即级数 $\sum f(e_n)$ 与项的顺序以及加入括号进行组合的方式无关, 它有确定的值 (包括 $\pm\infty$).

为了强调 (1) 对无穷列也成立, 也称它为 "**完全可加的**"[①]. 而强调 (1) 式只对有限列成立时, 称其是 "弱可加的".

下面构建测度的定义.

定义　当封闭 σ 系 M 上的集合函数 $\mu(e)$ 完全可加且总是取正 (非负) 值时, 定义 $\mu(e)$ (或写成 μe) 为集合 e 的**测度**. 允许 $\mu(e)$ 的值是 ∞, 而当 $\mu(e) = \infty$ 时, 设 e 作为使 $\mu(e_n)$ 为有限的集合列 e_n 的递增列的极限 "可达". (即, 假定存在使 $e_n \uparrow e, \mu(e_n) < \infty$ 的集合列 $\{e_n\}$.)[②]

下述的定理 87 将证明, 在这一假设下 $\mu(e_n) \to \infty$.

如果 $e_1 \supset e_2$, 则因为 $e_1 = (e_1 - e_2) + e_2$ 是单纯和, 所以根据定义, $\mu(e_1) = \mu(e_1 - e_2) + \mu(e_2)$. 而根据定义 $\mu(e_1 - e_2) \geqslant 0$, 所以 $\mu(e_1) \geqslant \mu(e_2)$. 即 μ 是 "单调递增的".

因为 M 是封闭 σ 系, 所以它有最大集合 ω, 因此当存在使 $\mu(e) = \infty$ 的 e 时, 由 $\omega \supset e$ 得 $\mu(\omega) = \infty$. 因此, 根据假设, 存在使 $e_n \uparrow \omega, \mu(e_n) < \infty(\lim \mu(e_n) = \infty)$ 的集合列 $\{e_n\}$. 此时, $e = e\omega, ee_n \uparrow e$, 且 $\mu(ee_n) \leqslant \mu(e_n) < \infty$. 即 $\{ee_n\}$ 是上面定义末尾所述的集合列.

对于空集, $\mu(0) = 0$: 事实上, 根据定义存在满足 $\mu(e) < \infty$ 的 e. 因此, 由 $e = e + 0, \mu(e) = \mu(e) + \mu(0)$. 因为 $\mu(e) < \infty$, 所以 $\mu(0) = 0$.

对于这一定义, 重要的是 μ 的完全可加性. 完全可加性意味着连续. 即, 下面定理成立.

定理 87　(1°) 设 $e_1 \subset e_2 \subset \cdots \subset e_n \subset \cdots, \lim e_n = e$, 则 $\lim\limits_{n \to \infty} \mu(e_n) = \mu(e)$.

[证]　因为

$$e = e_1 + (e_2 - e_1) + \cdots + (e_n - e_{n-1}) + \cdots,$$

[①] completely additive, total-additiv, voll-additiv.

[②] ↑ 是表示递增列收敛的符号, 同样 ↓ 是表示递减列收敛的符号.

所以
$$\mu(e) = \mu(e_1) + \mu(e_2 - e_1) + \cdots + \mu(e_n - e_{n-1}) + \cdots .$$

如果所有的 $\mu(e_n)$ 都是有限的, 则因为 $\mu(e_n - e_{n-1}) = \mu(e_n) - \mu(e_{n-1})$, 所以有

$$\mu(e) = \mu(e_1) + \lim_{n \to \infty} \{\mu(e_2) - \mu(e_1) + \cdots + \mu(e_n) - \mu(e_{n-1})\}$$
$$= \mu(e_1) + \lim_{n \to \infty} \{\mu(e_n) - \mu(e_1)\} = \lim_{n \to \infty} \mu(e_n).$$

如果 $\mu(e_i) = \infty$, 则 $\mu(e_n) = \infty (n > i), \mu(e) = \infty$, 即 $\mu(e) = \lim \mu(e_n)$. □

(2°) 设 $e_1 \supset e_2 \supset \cdots \supset e_n \supset \cdots$, $\lim e_n = e$, 且设 $\mu(e_1) < \infty$, 则 $\lim_{n \to \infty} \mu(e_n) = \mu(e)$.

[证]　设 e_n, e 相对于 e_1 的补集分别是 e_n', e', 则

$$e_1' \subset e_2' \subset \cdots \subset e_n' \subset \cdots , \quad \lim e_n' = e'.$$

因此, 由 (1°) 可知 $\lim \mu(e_n') = \mu(e')$. 而由 $\mu(e_1) \neq \infty, \mu(e_n') = \mu(e_1 - e_n) = \mu(e_1) - \mu(e_n), \mu(e') = \mu(e_1) - \mu(e)$ 可得

$$\lim(\mu(e_1) - \mu(e_n)) = \mu(e_1) - \mu(e).$$

因为 $\mu(e_1) \neq \infty$, 所以 $\lim \mu(e_n) = \mu(e)$. □

[注意]　如果对某个 i 有 $\mu(e_i) < \infty$, 那么 (2°) 仍然成立, 但是, 对于所有的 n, 当 $\mu(e_n) = \infty$ 时, 无法保证 $\mu(e) = \infty$.

(3°) 对于一般的集合列 e_n, 令

$$E_n = \bigcap_{i=n}^{\infty} e_i,$$

则 E_n 是递增列且 $\lim E_n = \underline{\lim} e_n$, 所以由 (1°) 得, $\mu(\underline{\lim} e_n) = \lim \mu E_n$.

而因为 $E_n \subset e_n, \mu E_n \leqslant \mu e_n, \lim \mu E_n \leqslant \underline{\lim} \mu e_n$, 所以

$$\mu(\underline{\lim} e_n) \leqslant \underline{\lim} \mu e_n. \tag{2}$$

同样, 令

$$E_n = \bigcup_{i=n}^{\infty} e_i,$$

则因为 E_n 为递减列且 $\overline{\lim} e_n = \lim E_n$, 所以由 (2°), $\mu(\overline{\lim} e_n) = \lim \mu E_n$.

这次有 $E_n \supset e_n, \mu E_n \geqslant \mu e_n, \lim \mu E_n \geqslant \overline{\lim} \mu e_n$, 所以有

$$\mu(\overline{\lim} e_n) \geqslant \overline{\lim} \mu e_n, \tag{3}$$

其中, 在这里设 $\mu E_1 = \mu\left(\bigcup e_n\right) < \infty$.

(4°) 如果 $\lim e_n = e$, 则因为

$$e = \overline{\lim} e_n = \underline{\lim} e_n,$$

所以由 (2), (3) 可知

$$\overline{\lim} \mu e_n \leqslant \mu e \leqslant \underline{\lim} \mu e_n.$$

因为显然有 $\overline{\lim} \mu e_n \geqslant \underline{\lim} \mu e_n$, 所以等号成立, 有

$$\overline{\lim} \mu e_n = \lim \mu e_n = \underline{\lim} \mu e_n,$$

即

$$\mu e = \lim \mu e_n, \tag{4}$$

其中, 在这里同 (3) 一样, 设 $\mu\left(\bigcup e_n\right) < \infty$.

[注意] 如果假定弱可加性, 则由 (1°) 或者 (2°) 可以导出完全可加性: 设 $e = \sum e_n$ 是单纯和, 则令 $e'_n = e - \sum\limits_{i=1}^{n} e_i$, 得 $e'_n \downarrow 0$. 从而如果 $\mu e < \infty$, 则由 (2°) 可得 $\lim \mu e'_n = 0$. 根据弱可加性可得

$$\mu e'_n = \mu e - \sum_{i=1}^{n} \mu e_i, \quad \text{从而} \quad \mu e = \sum_{i=1}^{\infty} \mu e_i,$$

这就是完全可加性. 下面, 如果 $\mu e = \infty$, 那么根据定义的约定, 对于任意的 $M > 0$, 存在满足 $e_0 \subset e, M < \mu e_0 < \infty$ 的 e_0, 而因为 $e_0 = e_0 e = \sum\limits_{n=1}^{\infty} e_0 e_n$, 所以如上所示有 $\mu e_0 = \sum\limits_{n=1}^{\infty} \mu e_0 e_n \leqslant \sum\limits_{n=1}^{\infty} \mu e_n$, 即 $\sum \mu e_n > M$. 因为 M 是任意的, 所以 $\sum \mu e_n = \infty, \mu e = \sum \mu e_n = \infty$.

又因为从 (1°) 可以导出 (2°), 所以由 (1°) 也可以导出完全可加性.

§109 积 分

给定封闭 σ 系 M 上的测度 μe 以及集合 E 上的点函数[①] $f(x)$ 时, 如下定义 $f(x)$ 在集合 E 上的积分.

1°. 当 $f(x) \geqslant 0$ 时, 设

(Δ) $\qquad\qquad E = e_1 + e_2 + \cdots + e_n$

---

① 本节只考虑 M 集合和 M 函数, 对此不再一一声明 (以下相同).

是 E 的任意分割, 即设 E 是 $e_i(i = 1, 2, \cdots, n)$ 的有限单纯和. 此时设 $f(x)$ 的值在 e_i 上的下确界是

$$v_i = \inf_{x \in e_i} f(x),$$

作和

$$s_\Delta = \sum_{i=1}^n v_i \mu e_i.$$

于是, 关于所有的分割 Δ 的上确界 $\sup s_\Delta$, 称为 $f(x)$ 在 E 上的积分. 记作

$$\int_E f(x) \mathrm{d}\mu,$$

其中, 允许 s_Δ 等于 ∞, 但此时, v_i 或者 μe_i 是 ∞ 时适用规定 $0 \cdot \infty = \infty \cdot 0 = 0$ (§107).

2°. $f(x)$ 的符号不确定时, 把它分成正负部分 (§107), 设 $f(x) = f^+(x) - f^-(x)$, 由

$$\int_E f(x) \mathrm{d}\mu = \int_E f^+(x) \mathrm{d}\mu - \int_E f^-(x) \mathrm{d}\mu$$

定义积分. 除当右边两个积分同时为 ∞, 右边变成 $\infty - \infty$ 的形式这种情况之外, 这个积分定义有意义, 有确定的积分值.

这样定义的积分值有限时, 称 $f(x)$ 在 E 上**积分有限** (可积[①]).

从积分的定义就可以直接得到下面的定理.

1. 如果 $E = E_1 + E_2 + \cdots + E_p$ 是单纯和, 且 $\int_E f(x) \mathrm{d}\mu$ 在 E 上确定, 则

$$\int_E f(x) \mathrm{d}\mu = \sum_{i=1}^p \int_{E_i} f(x) \mathrm{d}\mu.$$

[证] 不妨设 $p = 2$. 根据积分的定义 2°, 不妨设 $f \geqslant 0$. 设 $E = \sum_{i=1}^n e_i$ 为 E 的分割 Δ, 令

$$e_i^{(1)} = E_1 \cap e_i, \quad e_i^{(2)} = E_2 \cap e_i \quad (i = 1, 2, \cdots, n),$$

则

$$E_1 = \sum e_i^{(1)}, \quad E_2 = \sum e_i^{(2)}$$

是 E_1, E_2 的分割. 把它们分别记作 Δ_1 和 Δ_2. 于是有

$$s_\Delta \leqslant s_{\Delta_1} + s_{\Delta_2} \leqslant \int_{E_1} + \int_{E_2}.$$

---

① 积分值有限叫作 intégrable, 或者按勒贝格的说法叫作 sommable. 用日语可以简短地说成积分确定 (即使是 $\pm\infty$ 的情况) 和积分有限.

因为 Δ 是任意的, 取上确界得

$$\int_E \leqslant \int_{E_1} + \int_{E_2}.$$

反之, 设 E_1, E_2 的任意的分割为 Δ_1, Δ_2, 把它们合并起来形成 E 上的分割 Δ, 于是有

$$s_{\Delta_1} + s_{\Delta_2} = s_\Delta \leqslant \int_E.$$

因为 Δ_1, Δ_2 是任意的, 所以取上确界得

$$\int_{E_1} + \int_{E_2} \leqslant \int_E.$$

因此,

$$\int_E = \int_{E_1} + \int_{E_2}. \qquad \square$$

2. 设 $f(x)$ 是 E 上的阶段函数, 取互不相同的有限个值 $a_1, a_2, \cdots, a_p$, 且

$$E_i = E\{f(x) = a_i\} \quad (i = 1, 2, \cdots, p).$$

这时, 因为 $E = \sum_{i=1}^p E_i$ 是单纯和, 由 **1.** 得

$$\int_E f(x)\mathrm{d}\mu = \sum_{i=1}^p \int_{E_i} f(x)\mathrm{d}\mu = \sum_{i=1}^p a_i \mu E_i.$$

因为 $f(x)$ 在 E_i 上是常数, 所以 $\int_{E_i} = a_i \mu E_i$. 根据积分定义这是显然的.

这里利用了 f 是 M 函数. 因此 E_i 是 M 集合, μE_i 确定.

3. 如果在 E 上 $f(x) \leqslant g(x)$, 则下面不等式两边有确定积分时, 有

$$\int_E f(x)\mathrm{d}\mu \leqslant \int_E g(x)\mathrm{d}\mu. \tag{1}$$

[证] 设 $E_1 = E\{0 \leqslant f(x) \leqslant g(x)\}, E_2 = E\{f(x) < 0 \leqslant g(x)\}, E_3 = E\{f(x) \leqslant g(x) < 0\}$, 则 $E = E_1 + E_2 + E_3$ 是单纯和. 而由积分定义 1°, 在 E_1 上 (1) 成立. 根据积分定义 2°, 在 E_2 上, (1) 的左边 $\leqslant 0$, 右边 $\geqslant 0$, 所以在 E_2 上 (1) 成立. 在 E_3 上, 因为 $\int_{E_3} f(x)\mathrm{d}\mu = -\int_{E_3} f^-(x)\mathrm{d}\mu$; $\int_{E_3} g(x)\mathrm{d}\mu = -\int_{E_3} g^-(x)\mathrm{d}\mu$, 且 $0 < g^-(x) \leqslant f^-(x)$, 所以 (1) 式成立. 因此由 **1.**, 在 E 上 (1) 式成立. $\qquad \square$

4. $\int_E f(x)\mathrm{d}\mu$ 有限的充分必要条件是 $\int_E |f(x)|\mathrm{d}\mu$ 有限.

[证] 设 $E_1 = E\{f(x) \geqslant 0\}$, $E_2 = E\{f(x) < 0\}$, $E = E_1 + E_2$, 由 **1.** 得

$$\int_E |f(x)|\mathrm{d}\mu = \int_{E_1} |f(x)|\mathrm{d}\mu + \int_{E_2} |f(x)|\mathrm{d}\mu.$$

因此, 利用 $f(x)$ 的正负部分 f^+, f^- (§107), 有

$$\int_E |f(x)|\mathrm{d}\mu = \int_E f^+(x)\mathrm{d}\mu + \int_E f^-(x)\mathrm{d}\mu. \tag{2}$$

而 (2) 的左边有限等价于它右边的两个积分有限, 这又与 $\int_E f(x)\mathrm{d}\mu$ 有限等价. 所以 **4.** 成立. $\qquad\qquad\square$

5. [中值定理]. 设 $f(x)$ 在 E 上有界, $m \leqslant f(x) \leqslant M$, 又设 $g(x)$ 的积分有限, 那么存在 m, M 之间的某个值 c $(m \leqslant c \leqslant M)$, 使得

$$\int_E f(x)|g(x)|\mathrm{d}\mu = c \int_E |g(x)|\mathrm{d}\mu.$$

因为 $m|g| \leqslant f|g| \leqslant M|g|$, 所以由 **3.** 得

$$m \int_E |g|\mathrm{d}\mu \leqslant \int_E f|g|\mathrm{d}\mu \leqslant M \int_E |g|\mathrm{d}\mu.$$

由 **4.** 上面的左右两端有限, 所以结论成立.

6. 如果 $\mu E = 0$, 则 $\int_E f(x)\mathrm{d}\mu = 0$.

根据积分的定义 2° 不妨设 $f(x) \geqslant 0$. 对于 E 的任意分割 Δ, 因为 $\mu E = 0$, 所以 $\mu e_i = 0$, 因此, (即使 $v_i = \infty$)$s_\Delta = 0$.

7. 如果 $\int_E f(x)\mathrm{d}\mu$ 有限, 则 $E\{f(x) = \pm\infty\}$ 的测度等于 0.

此时, $f^+(x), f^-(x)$ 的积分有限, 因此可设 $f \geqslant 0$. 如果关于 $E_1 = E\{f = \infty\}$, $\mu E_1 \neq 0$, 那么在以 E_1 为一个部分的 E 的分割 Δ, 有 $s_\Delta = \infty$, 所以有 $\int_E = \infty$. 矛盾.

8. $\int_E f(x)\mathrm{d}\mu$ 有限时, 设 $e_n = E\{|f(x)| \geqslant n\}$, 则

$$当 \ n \to \infty \ 时, \ \mu e_n \to 0.$$

[证] 此时, 由 **4.** 知 $\int_E |f(x)|\mathrm{d}\mu$ 有限. 而对于任意的 n, 由 **1.** 和 **3.** 得

$$\int_E |f(x)|\mathrm{d}\mu \geqslant \int_{e_n} |f(x)|\mathrm{d}\mu \geqslant \int_{e_n} n\mathrm{d}\mu = n\mu e_n.$$

所以当 $n \to \infty$ 时, $\mu e_n \to 0$. $\qquad\qquad\qquad\qquad\qquad\qquad$ □

下面给出与上面的 **6.**, **7.**, **8.** 相关联的定理, 后面将给出其详细证明 (参照 §112 的 **6.** 和 [注意]).

9. 如果 $\displaystyle\int_E f(x)\mathrm{d}\mu$ 有限且 $e \subset E$, 则

$$\mu e \to 0 \text{ 时} \quad \int_e f(x)\mathrm{d}\mu \to 0.$$

§110 积分的性质

下面陈述积分的性质.

定理 88 (预备定理) 设 $\{f_n(x)\}$ 是 E 上正函数的递增列[①], 设 $f(x) = \lim\limits_{n\to\infty} f_n(x)$, 则

$$\lim_{n\to\infty}\int_E f_n(x)\mathrm{d}\mu = \int_E f(x)\mathrm{d}\mu. \tag{1}$$

[证] 根据假设 $f(x) \geqslant f_n(x) \geqslant 0$, 因此 (前节的 **3.**) 有

$$\int_E f(x)\mathrm{d}\mu \geqslant \int_E f_n(x)\mathrm{d}\mu,$$

当 $n \to \infty$ 时, 取极限得

$$\int_E f(x)\mathrm{d}\mu \geqslant \lim_{n\to\infty}\int_E f_n(x)\mathrm{d}\mu.$$

因此, 只要证反向不等式即可. 为此, 在 E 的分割 $E = \sum e_i (i = 1, 2, \cdots, p)$ 中, 设 $v_i = \inf\limits_{x\in e_i} f(x), s_\Delta = \sum v_i \mu e_i$, 证明

$$\lim_{n\to\infty}\int_{e_i} f_n(x)\mathrm{d}\mu \geqslant v_i \mu e_i. \tag{2}$$

如果上式成立, 根据前节的 **1.** 得

$$\lim_{n\to\infty}\int_E f_n(x)\mathrm{d}\mu \geqslant s_\Delta,$$

因为分割 Δ 是任意的, 取上确界得

$$\lim_{n\to\infty}\int_E f_n(x)\mathrm{d}\mu \geqslant \int_E f(x)\mathrm{d}\mu,$$

---

① 参照 470 页的脚注②.

从而得到 (1). $\qquad\square$

因此, 为了记法简单, 在 (2) 中, 设 $e_i = e, v_i = v$, 于是记 $v = \inf\limits_{x \in e} f(x) \geqslant 0$, 证明

$$\lim \int_e f_n(x)\mathrm{d}\mu \geqslant v\mu e. \tag{3}$$

如果 $v = 0$, 则 (即使 $\mu e = \infty$) 上式右边等于 0, 而左边 $\geqslant 0$, 所以 (3) 成立. 同样, $\mu e = 0$ 时 (即使 $v = \infty$), (3) 也成立. 因此设 $v > 0, \mu e > 0$.

(I) $\mu(e) < \infty$ 时.

(1°) 设 $v < \infty$. 设 $v > \varepsilon > 0$, 令 $e_n = e \cdot E\{f_n(x) > v - \varepsilon\}$. 于是, 因为 $\{f_n(x)\}$ 是递增列, 所以 $e_1 \subset e_2 \subset \cdots \subset e_n \subset \cdots$, 且 $\lim e_n = \bigcup e_n = e$. 这是因为, 如果设 $x_0 \in e$, 则从某个 n 开始, $f_n(x_0) > v - \varepsilon$, 从而有 $x_0 \in e_n$. 因此,

$$\lim \mu e_n = \mu e, \tag{定理 87}$$

所以当 $n > N$ 时, 有

$$\mu e - \mu e_n < \varepsilon,$$

$$\int_e f_n(x)\mathrm{d}\mu \geqslant \int_{e_n} f_n(x)\mathrm{d}\mu \tag{前节 1.}$$

$$\geqslant (v - \varepsilon)\mu e_n \tag{前节 3.}$$

$$> (v - \varepsilon)(\mu e - \varepsilon)$$

$$> v\mu e - \varepsilon(v + \mu e).$$

因为 $\varepsilon > 0$ 是任意的, 所以可得 (3).

(2°) 设 $v = \infty$. 此时, 设 $m > 0$, 而令

$$e_n = e \cdot E\{f_n(x) > m\},$$

则与前面一样, $e = \lim e_n$, 所以, 对于 $\varepsilon > 0$, 取充分大的 n. 有

$$\int_e f_n(x)\mathrm{d}\mu \geqslant \int_{e_n} f_n(x)\mathrm{d}\mu \geqslant m\mu e_n \geqslant m\mu e - \varepsilon m.$$

ε 是任意的, 所以

$$\int_e f_n(x)\mathrm{d}\mu \geqslant m\mu e.$$

$m > 0$ 也是任意的, 而且前面假设了 $\mu e > 0$, 所以 $\lim\limits_{n \to \infty} \int_e f_n(x)\mathrm{d}\mu = \infty$, 因此 (3) 成立 ($\infty = \infty$).

(Ⅱ) 如果 $\mu e = 0$, 设 $v < \infty$, 利用 (1°) 的记法, 因为 $\lim e_n = e$, 所以 $\lim \mu e_n = \infty$ (定理 87, (1°)), 从而因为

$$\int_e f_n(x)\mathrm{d}\mu \geqslant \int_{e_n} f_n(x)\mathrm{d}\mu \geqslant (v-\varepsilon)\mu e_n,$$

所以 $\lim \int_e f_n(x)\mathrm{d}\mu = \infty$, 即在 $\infty = \infty$ 的意义下, (3) 成立. $v = \infty$ 时也同样.

定理 89 积分关于函数是线性的. 具体说来, 对于任意的实系数 a_i, 有

$$\int_E (a_1 f_1 + a_2 f_2 + \cdots + a_n f_n)\mathrm{d}\mu = a_1 \int_E f_1\mathrm{d}\mu + a_2 \int_E f_2\mathrm{d}\mu + \cdots + a_n \int_E f_n\mathrm{d}\mu.$$

其中, 右边的项中 $+\infty$ 和 $-\infty$ 不能同时出现. 特别地, 当右边各项的积分都有限时, 左边的积分也有限且上面等式成立.[①]

[**证**] 对于两个函数 f, g, 只要证明下面的等式即可:

$$\int_E (f+g)\mathrm{d}\mu = \int_E f\mathrm{d}\mu + \int_E g\mathrm{d}\mu. \tag{4}$$

(1°) 设 $f \geqslant 0, g \geqslant 0$ 是阶段函数, 且它们分别有有限个互不相同的值 a_i, b_j $(i = 1, 2, \cdots, p; j = 1, 2, \cdots, q)$. 令

$$E_i = E\{f(x) = a_i\}, \quad E'_j = E\{g(x) = b_j\},$$

且 $E_i \cap E_j = e_{i,j}$, 那么 $E_i = \sum_{j=1}^q e_{ij}$, $E'_j = \sum_{i=1}^p e_{ij}$, $E = \sum e_{i,j}$ 是单纯和, 且在 $e_{i,j}$ 上, $f(x) = a_i, g(x) = b_j$. 因此 (§109 的 **2**.) 有

$$\int_E f(x)\mathrm{d}\mu = \sum_{i=1}^p a_i \mu E_i, \quad \int_E g(x)\mathrm{d}\mu = \sum_{j=1}^q b_j \mu E'_j, \tag{5}$$

$$\int_E (f+g)\mathrm{d}\mu = \sum_{i,j} \left(a_i + b_j\right)\mu e_{ij} = \sum_i \left(a_i \sum_j \mu e_{ij}\right) + \sum_j \left(b_j \sum_i \mu e_{ij}\right)$$
$$= \sum_i a_i \mu E_i + \sum_j b_j \mu E'_j.$$

把上式与 (5) 比较, 得 (4).

---

① 即使存在使得 $\sum a_i f_i(x)$ 无意义 $(\infty - \infty)$ 的点, 在定理的 "其中" 中所说的情况中, 这些点 x 组成的集合 e 的测度为 0. 事实上, 右边的各项, 比如说都不是 ∞, 那么使 $a_i f_i(x)$ 为 $+\infty$ 的点 x 的集合的测度是 0. (前节的 **7**.). 因此, 可以无视测度为 0 的集合, 把上式左边的积分写作集合 E 上的积分 (前节的 **6**.).

　　(2°) $f \geqslant 0, g \geqslant 0$ 时, 设 $f_n \to f, g_n \to g$ 是定理 83 (参照 §107 的 [注意]) 的阶段函数, 由 (1°) 得

$$\int_E (f_n + g_n)\mathrm{d}\mu = \int_E f_n\mathrm{d}\mu + \int_E g_n\mathrm{d}\mu.$$

再根据定理 88 得到 (4).

　　(3°) 一般情况. 根据 $f, g, f + g$ 的符号, 把 E 分成六个集合, 其中可能有空集, 根据 §109 的 **1.** 可知, 只要证在各个集合上 (4) 成立即可. 因此, 在 E 上, 例如设 $f \geqslant 0, g < 0, f + g \geqslant 0$. 于是, 因为 $f = (f + g) + (-g)$, 所以由 (2°) 得

$$\int_E f\mathrm{d}\mu = \int_E (f + g)\mathrm{d}\mu + \int_E (-g)\mathrm{d}\mu.$$

移项得 (4)[①]. 其他情况也同样. 　　　　　　　　　　　　　　　　　　□

　　定理 90 (逐项积分定理)　设函数列 $\{f_n(x)\}$ 满足 $f_n(x) \to f(x)$, 且存在满足不等式

$$|f_n(x)| \leqslant S(x) \quad (n = 1, 2, \cdots) \tag{6}$$

且积分有限的函数 $S(x)$ (特别地, 如果 $\mu E < \infty, |f_n(x)| < c$ (常数)), 则

$$\lim_{n \to \infty} \int_E f_n(x)\mathrm{d}\mu = \int_E f(x)\mathrm{d}\mu. \tag{7}$$

各积分有限且等式成立.

　　[证]　根据假设 (6) 可知, $f_n(x)$ 的积分有限. 又由 §109 的 **6.** 和 **7.**, 不妨设 $S(x) \neq \infty$.

　　首先, 一般地, 令 $g_n(x) \geqslant 0, h_n(x) = \inf(g_n(x), g_{n+1}(x), \cdots) \geqslant 0$, 则 $\underline{\lim} g_n(x) = \lim h_n(x)$, 且 $h_n(x)$ 是递增列, 所以, 根据定理 88,

$$\int_E \underline{\lim} g_n(x)\mathrm{d}\mu = \int_E \lim h_n(x)\mathrm{d}\mu = \lim \int_E h_n(x)\mathrm{d}\mu.$$

因为 $g_n(x) \geqslant h_n(x)$, 所以有

$$\int_E g_n(x)\mathrm{d}\mu \geqslant \int_E h_n(x)\mathrm{d}\mu,$$

从而

$$\underline{\lim} \int_E g_n(x)\mathrm{d}\mu \geqslant \lim \int_E h_n(x)\mathrm{d}\mu,$$

即

---

① 同上页的脚注.

$$\int_E \varliminf g_n(x)\mathrm{d}\mu \leqslant \varliminf \int_E g_n(x)\mathrm{d}\mu. \tag{8}①$$

对上式使用 $S(x) + f_n(x) \geqslant 0$, (使用上面的假设 $S(x) \neq \infty$), 得

$$\int_E S(x)\mathrm{d}\mu + \int_E \varliminf f_n(x)\mathrm{d}\mu \leqslant \int_E S(x)\mathrm{d}\mu + \varliminf \int_E f_n(x)\mathrm{d}\mu.$$

把上面的不等式两边减去有限的 $\displaystyle\int_E S(x)\mathrm{d}\mu$, 得

$$\int_E \varliminf f_n(x)\mathrm{d}\mu \leqslant \varliminf \int_E f_n(x)\mathrm{d}\mu. \tag{9}$$

同样, 因为 $S(x) - f_n(x) \geqslant 0$, 所以有

$$\int_E \varliminf (-f_n)\mathrm{d}\mu \leqslant \varliminf \int_E (-f_n)\mathrm{d}\mu,$$

即

$$-\int_E \varlimsup f_n \mathrm{d}\mu \leqslant -\varlimsup \int_E f_n \mathrm{d}\mu,$$

于是

$$\int_E \varlimsup f_n \mathrm{d}\mu \geqslant \varlimsup \int_E f_n \mathrm{d}\mu. \tag{10}$$

上面只使用了假设 (6), 而显然有 $\lim f_n(x) = f(x)$, 由 (9) 和 (10) 可知

$$\varlimsup \int_E f_n \mathrm{d}\mu \leqslant \int_E f(x)\mathrm{d}\mu \leqslant \varliminf \int_E f_n \mathrm{d}\mu.$$

因为本来就有 $\displaystyle\varlimsup \int_E f_n \mathrm{d}\mu \geqslant \varliminf \int_E f_n \mathrm{d}\mu$, 所以等式成立, 因此得 (7). □

在如上所示的宽泛的条件下定理 90 成立, 应该说这就是勒贝格理论最成功的地方.

定理 91   积分作为集合函数具有可加性②, 即如果 $E = \sum_{n=1}^{\infty} E_n$ 是单纯和, 则

$$\int_E f(x)\mathrm{d}\mu = \sum_{n=1}^{\infty} \int_{E_n} f(x)\mathrm{d}\mu. \tag{11}$$

左边的积分非有限时也成立 (只要不是无意义即可).

---

① 根据下面的定理 91, 关系 (8) 等同于 §108 的 (2).

② 某个 M 集合 H 的 M 子集的全体以 H 为最大 M 集合构成一个封闭 σ 系. 把这个 σ 系记作 M(H).

当 H 上的函数 $f(x)$ 有确定积分 $\displaystyle\int_H f(x)\mathrm{d}x$ 时, $E \in$ M(H) 上的 $f(x)$ 的积分 $\varphi(E) = \displaystyle\int_E f(x)\mathrm{d}\mu$

是 M(H) 上的可加性集合函数时, 简称为积分作为集合函数是可加的 (参照 §107 的 [附记]).

[证]　不妨设 $f(x) \geqslant 0$. 令 $\widetilde{E}_n = \sum_{i=1}^{\infty} E_i$ (§109 的 **1**.), 则

$$\int_{\widetilde{E}_n} f(x)\mathrm{d}\mu = \sum_{i=1}^{n} \int_{E_i} f(x)\mathrm{d}\mu.$$

因此只要证

$$\int_{\widetilde{E}_n} f(x)\mathrm{d}\mu \to \int_{E} f(x)\mathrm{d}\mu \tag{12}$$

即可. 而令

$$\left. \begin{array}{ll} x \in \widetilde{E}_n \text{ 时}, & f_n(x) = f(x), \\ x \in E - \widetilde{E}_n \text{ 时}, & f_n(x) = 0, \end{array} \right\}$$

则 $\int_{\widetilde{E}_n} f(x)\mathrm{d}\mu = \int_{E} f_n(x)\mathrm{d}\mu$. $f_n(x)$ 是递增列且收敛于 $f(x)$, 因此 (12) 成立 (定理 88). □

　　上面陈述了积分最重要的性质, 下面回过头来看一下积分的定义. 我们分割 E, 并以 $f(x) \geqslant 0$ 在 e_i 上的下确界 v_i 作和 $s_\Delta = \sum v_i \mu e_i$, 定义积分为这个和的上确界, 同样, 也可以考虑利用 $f(x)$ 在 e_i 上的上确界 u_i 作和 $S_\Delta = \sum u_i \mu e_i$, 以 S_Δ 的下确界定义积分. 但是, 在 μE 有限且 $f(x)$ 在 E 上有界 $(0 \leqslant f(x) < m)$ 这样的框架下, 这样的积分定义与原来的定义是一致的.[①]

　　现在, 如下分割实数区间 $[0, m]$

$$0 = a_0 < a_1 < \cdots < a_m = m, \quad \max(a_i - a_{i-1}) = \delta,$$

并设

$$E_i = E\{a_i \leqslant f(x) < a_{i+1}\}, \quad E = \sum_{i=0}^{n-1} E_i,$$

则对于 E 的这个分割, 有

$$s_\Delta \geqslant \sum a_i \mu E_i, \quad S_\Delta \leqslant \sum a_{i+1} \mu E_i.$$

而

$$0 \leqslant \sum a_{i+1} \mu E_i - \sum a_i \mu E_i = \sum(a_{i+1} - a_i)\mu E_i \leqslant \delta \sum \mu E_i = \delta \cdot \mu E.$$

因此

$$0 \leqslant S_\Delta - s_\Delta \leqslant \delta \cdot \mu E.$$

----

① 当 $\mu E = \infty$ 或者 $f(x)$ 无界时, 由 S 定义积分不适宜. 为了能够顺利地包括这些情况下的极限, 必须取得 s.

Δ 是特殊的分割, 但一般地, 可以把两个分割 $\Delta^{(1)}, \Delta^{(2)}$ 合并起来生成一个新的分割 $\Delta^{(3)}$, 即

$$\Delta^{(1)} : E = \sum_i e_i^{(1)}, \quad \Delta^{(2)} : E = \sum_j e_j^{(2)},$$

$$\Delta^{(3)} : E = \sum_{i,j} e_i^{(1)} e_j^{(2)}.$$

这样一来, 有

$$S_{\Delta^{(1)}} \geqslant S_{\Delta^{(3)}} \geqslant s_{\Delta^{(3)}} \geqslant s_{\Delta^{(2)}},$$

即

$$S_{\Delta^{(1)}} \geqslant s_{\Delta^{(2)}}.$$

因为 $\Delta^{(1)}, \Delta^{(2)}$ 是任意的, 所以有

$$\inf S \geqslant \sup s.$$

因此, 利用上面的 S_Δ, s_Δ, 得

$$0 \leqslant \inf S - \sup s \leqslant S_\Delta - s_\Delta \leqslant \delta \mu E.$$

因为 δ 是任取的, 所以

$$\inf S = \sup s = \int_E f(x) \mathrm{d}\mu.$$

应该考虑的是, 在 §109, 是用有限列 e_i 分割 E 来定义 s_Δ, 而在如上所示的想法中, 是用无穷单纯列 $\sum e_i$ 分割 E, 对于这样的分割 Δ', 定义 $s_{\Delta'}$, 用 $\sup s_{\Delta'}$ 定义积分. 然而, 因为可以把 Δ' 看作 Δ 的细分, 所以 $s_{\Delta'} \geqslant s_\Delta$, 另外有 $s_\Delta \leqslant S_{\Delta'} \leqslant S_\Delta$, 所以 $\sup s_{\Delta'} = \int_E f(x) \mathrm{d}\mu$. 对于 S 也同样.

关于黎曼积分, 对于 §30 陈述的达布和, 没有得到这样的结果. 在那里, 假设 $f(x)$ 单调有界. 而这里, 假设 $f(x)$ 是 M 函数. 在那里限定 Δ 是区间在区间上的分割, 而这里允许用 M 集合自由地分割 M 集合 E.

§109 中陈述的积分定义很简洁, 但为了给出它与勒贝格积分之间的关联, 给出下面的定理. 为了方便起见, 考虑正函数.

定理 92 设在集合 E 上 $f(x) \geqslant 0$. 对 E 给出下面的正数分割点

$$(\Delta) \qquad 0 = l_0 < l_1 < \cdots < l_n < \cdots, \quad \sup(l_n - l_{n-1}) = \delta, \qquad (13)$$

令

$$e_n = E\{l_n \leqslant f(x) < l_{n+1}\}, \quad e_\infty = E\{f(x) = \infty\},$$

则在 $\mu(e_\infty) = 0$ 的条件下, 有

$$\int_E f(x)\mathrm{d}\mu = \lim_{\delta \to 0} \sum_{1 \leqslant n < \infty} l_n \mu e_n. \tag{14}$$

勒贝格最初是在 μE 和 $f(x)$ 都有界的情况下, 以 (14) 右边的极限定义左边的积分.

[证] 对应于分割 Δ, 如果取满足下面条件的函数 $f_\Delta(x)$

$$f_\Delta(x) = \begin{cases} l_n, & x \in e_n \ (n = 1, 2, \cdots) \\ \infty, & x \in e_\infty, \end{cases}$$

则 $x \in e_n$ 时有

$$f(x) - f_\Delta(x) < l_{n+1} - l_n \leqslant \delta,$$

所以, 当 $\delta \to 0$ 时

$$f_\Delta(x) \to f(x). \tag{15}$$

又根据定理 91, 有

$$\int_E f_\Delta(x)\mathrm{d}\mu = \sum_{1 \leqslant n < \infty} \int_{e_n} f_\Delta(x)\mathrm{d}\mu + \int_{e_\infty} f_\Delta(x)\mathrm{d}\mu^{①}$$

$$= \sum_{1 \leqslant n < \infty} l_n \mu e_n. \tag{16}$$

上面第二个等式是由 $\mu e_\infty = 0$ 得到的 (§109, **6.**). 在此, 分两种情况.

(1°) 如果 $f(x)$ 的积分有限 ($f(x)$ 相当于定理 90 中的 $S(x)$), 由 (15) 得

$$\int_E f(x)\mathrm{d}\mu = \lim_{\delta \to 0} \int_E f_\Delta(x)\mathrm{d}\mu.$$

从而由 (16) 可以得到 (14).

(2°) 如果 $\int_E f(x)\mathrm{d}\mu = \infty$, 则 (14) 的右边也是 ∞. 对于这种情况, 与 (8) 同样, 有

$$\varliminf \int_E f_\Delta(x)\mathrm{d}\mu \geqslant \int_E \varliminf f_\Delta(x)\mathrm{d}\mu,$$

---

① 这个 $\sum$ 按惯例写成 $\sum_{n=1}^{\infty}$, 但是, 因为是对所有的自然数 n 求和, 所以 $n \neq \infty$. 既然做了 §107 所述的规定, 那么就应该如上所述在 $\sum$ 附上 $1 \leqslant n < \infty$. 特别是这里关于 e_∞ 的项要单独考虑, 所以为了明确起见采用了这样的写法.

所以由 (15) 得

$$\varliminf \int_E f_\Delta(x)\mathrm{d}\mu \geqslant \int_E f(x)\mathrm{d}\mu = \infty.$$

从而有

$$\lim_{\delta \to 0} \int_E f_\Delta(x)\mathrm{d}\mu = \infty. \qquad \square$$

[附记]　令 $E_t = E\{t \leqslant f(x)\}, \mu E_t = \psi(t)$, 则 $\psi(t) \geqslant 0$ 单调递减, 因为 $e_n = E_{l_n} - E_{l_{n+1}}$, 所以有

$$\sum l_n \mu e_n = \sum \psi(l_n)(l_n - l_{n-1}),$$

且 $\lim \sum l_n \mu e_n$ 即积分 $\int_E f(x)\mathrm{d}x$ 等于黎曼积分 $(R)\int_e^\infty \psi(t)\mathrm{d}t$.

在以后的内容里, 要使用到下面的定理, 而且这个定理本身也很有意思.

在 §109 的 **5.** 中, 设 $g(x) = 1$, 则在 e 上 $a \leqslant f(x) \leqslant b$ 时, $a\mu e \leqslant \int_e f(x)\mathrm{d}\mu \leqslant b\mu e$, 这就是中值定理的内容. 这一关系是可加集合函数的积分的特征. 即下面的定理成立.

定理 93　在 μE 有限的集合 E 上, 设 $f(x)$ 是 M 函数, $F(e)$ 是可加集合函数[①], 且对于满足 $-\infty \leqslant a \leqslant b \leqslant \infty$ 的所有 a, b, 有

$$e \subset E\{a \leqslant f(x) \leqslant b\} \text{ 时 } a\mu e \leqslant F(e) \leqslant b\mu e, \tag{17}$$

则

$$F(E) = \int_E f(x)\mathrm{d}\mu.$$

[注意]　当 a, b 的值等于 $\pm\infty$ 时, 适用规定 $0 \cdot \infty = 0$.

因为可以分别考察 $E\{f(x) \geqslant 0\}$ 和 $E\{f(x) < 0\}$, 所以可设在 E 上, $f(x) \geqslant 0$. 于是, 在 (17) 中, 令 $a = 0$, 得 $F(e) \geqslant 0$. 令 $e_\infty = E\{f(x) = \infty\}$, 当 $\mu e_\infty > 0$ 时, 在 (17) 中令 $a = \infty$, 得 $F(e_\infty) = \infty$, 从而 $F(E) = \infty$. 又因为 $\int_E f(x)\mathrm{d}\mu = \infty$, 所以定理在 $\infty = \infty$ 的意义下成立. 因此, 可设 $\mu e_\infty = 0$, 这时, 在 (17) 中令 $a = \infty$, 则得 $F(e_\infty) = 0$ (规定 $0 \cdot \infty = 0$). 因此, 在假设

$$f(x) \geqslant 0, \quad F(e) \geqslant 0, \quad \mu e_\infty = 0, \quad F(e_\infty) = 0 \tag{18}$$

下进行证明即可. 在此假设下, 证明对于满足 $-\infty < a \leqslant b < \infty$ 的 a, b, 假设 (17) 成立时定理成立.

---

① E 的 M 子集构成的 σ 系上的可加集合函数简称为 E 上的可加集合函数. 下同.

[证] 对于 (13) 的分割, 如前一样, 令

$$e_n = E\{l_n \leqslant f(x) < l_{n+1}\}, \quad \sup(l_{n+1} - l_n) = \delta$$

时, 有

$$E = \sum_{0 \leqslant n < \infty} e_n + e_\infty.$$

由 (17) 可得

$$l_n \mu e_n \leqslant F(e_n) \leqslant l_{n+1} \mu e_n.$$

由 $F(e)$ 的可加性, 并利用 $F(e_\infty) = 0$ 得

$$\sum l_n \mu e_n \leqslant F(E) \leqslant \sum l_{n+1} \mu e_n.$$

由 $\mu e_\infty = 0$ 可知, 积分 $\displaystyle\int_E f(x)\mathrm{d}\mu$ 也在相同范围内, 所以, 利用 $\mu e_n < \infty$, 得

$$\left| F(E) - \int_E f(x)\mathrm{d}\mu \right| \leqslant \sum (l_{n+1} - l_n)\mu e_n \leqslant \delta \sum \mu e_n \leqslant \delta \mu E.$$

因为 $\delta > 0$ 是任意的, 利用 $\mu E < \infty$ 得

$$F(E) = \int_E f(x)\mathrm{d}\mu. \qquad \square$$

[注意] 如果 $\mu E = \infty$, 根据规定有 $E_n \uparrow E, \mu E_n < \infty$, 因此, 由 $F(E_n) = \displaystyle\int_{E_n} f(x)\mathrm{d}\mu$, 取 $n \to \infty$ 的极限得到定理的结果.

§111　可加集合函数

我们已 (§108) 陈述了 σ 系 M 上的可加集合函数 $F(e)$ 的定义, 即

(1°) 对于单纯和 $e = \sum e_n$, 有 $F(e) = \sum F(e_n)$,

此后, 为了简单起见, 给这个定义追加下面的条件.

(2°) 在一个 M 集合 E 内, $F(e)$ 有限: 如果 $e \subset E$, 且 $e \in$ M, 那么 $F(e) \neq \pm\infty$.

因为有这个条件, 所以下面的定理成立.

定理 94　$F(e)$ 在 E 上有界, 即存在某个常数 m, 当 $e \subset E$ 时, $|F(e)| < m$.

[证]　令 $|F(E)| = c$, 根据 (2°) 的定义 $c \neq \infty$, 假设 $F(e)$ 没有界, 则对任意的 $\eta > 0$, 存在满足下式的 e_1:

$$e_1 \subset E, \quad |F(e_1)| > c + \eta.$$

从而, 因为

$$F(e_1) + F(E - e_1) = F(E),$$

所以

$$|F(E - e_1)| > \eta.$$

从而 F 在 e_1 或者 $E - e_1$ 内应该无界. 把 F 在其上无界的集合改写成 e_1, 继续同样的讨论, 我们可以得到下面的集合列 $\{e_n\}$

$$e_1 \supset e_2 \supset \cdots \supset e_n \supset \cdots, \quad |F(e_n - e_{n+1})| > \eta. \tag{1}$$

这里设 $e_0 = \lim e_n$, 则

$$e_1 - e_0 = \sum_{n=1}^{\infty} (e_n - e_{n+1})$$

是单纯和, 所以应该有

$$F(e_1 - e_0) = \sum F(e_n - e_{n+1}),$$

根据 (1), 上式右边不收敛, 这是不合理的. □

定理 95 *如果 F 是可加的, 则*

$$e_n \to e \text{ 时}, \quad F(e_n) \to F(e).$$

[证] F 总是正的: 当 $F(e) \geqslant 0$ 时, 因为 F 是有限的, 这与定理 87 中对 μe 陈述的情况相同. 而当 F 的符号不确定时, 根据下面的定理 96, 此时还是归结为 $F \geqslant 0$ 的情况. □

给定可加的集合函数 $F(e)$, 令

$$F^+(E) = \sup_{e \subset E} F(e), \quad F^-(E) = \inf_{e \subset E} F(e), \tag{2}$$

由此定义了集合函数 F^+, F^-. 假设 $e = 0$ 是空集合, 则 $F(0) = 0$, 上面的 $\sup \geqslant 0$, $\inf \leqslant 0$, 因此, 有

$$F^+(E) \geqslant 0, \quad F^-(E) \leqslant 0. \tag{3}$$

定义 称 F^+ 和 F^- 分别是 F 的**正变差** (或者**变分**) 和**负变差**, 而称 $V(E) = F^+(E) + |F^-(E)|$ 是 $F(E)$ 的**绝对变差** (或者**全变差**).

定理 96 $F(E) = F^+(E) + F^-(E)$.

[证] 设 $E = E_1 + E_2$ 是单纯和, 则有

$$F(E) = F(E_1) + F(E_2).$$

因为 $E_2 \subset E$, 根据 (2) 可得

$$F(E_2) \leqslant F^+(E), \quad F(E_2) \geqslant F^-(E).$$

因此

$$F(E) - F^-(E) \geqslant F(E_1) \geqslant F(E) - F^+(E).$$

E_1 是 E 的任意子 (M) 集, 对上式取上确界和下确界, 得

$$F(E) - F^-(E) \geqslant F^+(E), \quad F^-(E) \geqslant F(E) - F^+(E).$$

所以定理中的等式成立. □

定理 97 F^+, F^-, V 是可加的.

[证] 设 $E = \sum E_n$ 是单纯和, $F^+(E) = g, F^+(E_n) = g_n$, 下面证明 $g = \sum g_n$. 取任意的 $\varepsilon > 0, \varepsilon = \sum \varepsilon_n, \varepsilon_n > 0$. 于是因为 F^+ 是上确界, 所以满足

$$e_n \subset E_n, \quad F(e_n) > g_n - \varepsilon_n \quad (n = 1, 2, \cdots)$$

的 e_n 存在. 此时设 $e = \sum e_n$, 这也是单纯和, 且 $e \subset E$, 所以

$$g \geqslant F(e) = \sum F(e_n) > \sum g_n - \varepsilon.$$

因此, $\sum g_n$ 收敛, 而 $\varepsilon > 0$ 是任意的, $g \geqslant \sum g_n$.

反过来, 设 $e \subset E, F(e) > g - \varepsilon, eE_n = e_n$, 于是 $e = \sum e_n$ 是单纯和, 因此

$$g - \varepsilon < F(e) = \sum F(e_n) \leqslant \sum g_n.$$

因为 ε 是任意的, 所以 $g \leqslant \sum g_n$. 从而 $g = \sum g_n$, 即 $F^+(E)$ 是可加的. 从而 $F^- = F - F^+, V = F^+ + |F^-|$ 也是可加的. □

定理 98 在 E 内, 可以达到上确界 $F^+(E)$ 和下确界 $F^-(E)$, 即

1°. 存在满足 $E = P + N$ (Hahn 分割) 的分割, 且

$$F^+(E) = F(P), \quad F^-(E) = F(N).$$

2°. 如果 $e \subset P, F(e) \geqslant 0$, 如果 $e \subset N$, 则 $F(e) \leqslant 0$.

3°. 对于 $e \subset E$ 的 e, 有

$$F^+(e) = F(eP), \quad F^-(e) = F(eN).$$

[证] 只需证明满足 $E = P + N, \ F^+(N) = 0, \ F^-(P) = 0$ \hfill (4)

的 P, N 存在即可. 如果存在 (根据定理 96) 得

$$F(P) = F^+(P) + F^-(P) = F^+(P).$$

$$F(N) = F^+(N) + F^-(N) = F^-(N).$$

另外根据 (定理 97) 得

$$F^+(E) = F^+(P) + F^+(N) = F^+(P),$$

$$F^-(E) = F^-(P) + F^-(N) = F^-(N),$$

所以可以得到 1°.

2° 也可以由 (4) 得到. 事实上, 由 (4) 可得 $F^-(P) = 0$, 当 $e \subset P$ 时 $F(e) \geqslant 0$. 同样, $F^+(N) = 0$, 所以当 $e \subset N$ 时, $F(e) \leqslant 0$.

接下来, 如果 $e' \subset eP$, 则由 2° 可知, $F(e') \geqslant 0$, 从而 $F^-(eP) = 0$, 而如果 $e' \subset eN$, 则 $F(e') \leqslant 0$, 从而 $F^+(eN) = 0$. 因此存在 e 的 Hahn 分割 $e = eP + eN$. 这就是 3°.

下面求满足 (4) 的 P, N. 令 $F^+(E) = g$. 对于小于 1 的常数 ε, E 内存在满足

$$F(e_n) > g - \varepsilon^n \quad (1 > \varepsilon > 0)$$

的集合列 e_n. 因此

$$F^+(e_n) > g - \varepsilon^n, \quad F^+(E - e_n) < \varepsilon^n.$$

令

$$P = \varliminf e_n, \quad N = E - P,$$

于是对于任意 p 有

$$N = \varlimsup (E - e_n) \subset \bigcup_{p \leqslant n < \infty} (E - e_n).$$

因此有

$$0 \leqslant F^+(N) \leqslant \sum_{p \leqslant n < \infty} F^+(E - e_n) < \sum_{n=p}^{\infty} \varepsilon^n = \frac{\varepsilon^p}{1 - \varepsilon}.$$

$1 > \varepsilon > 0$, 且 p 是任意的, 所以当 $p \to \infty$ 时, 取极限得 $F^+(N) = 0$.

另外, $F^+(e_n) \leqslant g, F(e_n) = F^+(e_n) + F^-(e_n) > g - \varepsilon^n$, 所以 $-F^-(e_n) < \varepsilon^n$. 因此与 §108 的 (2) 一样, (此时的 $-F^-$ 相当于那里的 μ) 有

$$\varepsilon^n \geqslant \varliminf (-F^-(e_n)) \geqslant -F^-(\varliminf e_n) = -F^-(P) \geqslant 0.$$

从而, $n \to \infty$ 时, 取极限, 得 $F^-(P) = 0$, 即满足 (4) 的 P, N 存在. □

§112 绝对连续性和奇异性

为了在 δ 系 M 的某个测度 μ 上研究一般可加集合函数的连续性, 给出下面的定义.

如果 E 上的可加集合函数 $F(e)$ 满足条件

$$\text{当}\quad \mu e = 0 \quad \text{时,}\quad \text{总有}\quad F(e) = 0, \tag{1}$$

则称 $F(e)$ 在 E 上**绝对连续**.

另外, $F(e)$ 在 E 内几乎处处等于 0 时, 即存在某个集合 e_0, 有 $\mu(e_0) = 0$, 除此之外, $F(e)$ 等于 0 时, 称 $F(e)$ 是**奇异函数**. 此时, 因为 $e = e_0 e + (e - e_0)$, $F(e - e_0) = 0$, 所以 $F(e) = F(e_0 e)$.

根据定义, 下述事实是显然成立的.

1. 绝对连续的函数 F 的正部分 F^+、负部分 F^- 以及绝对变差 V 也是绝对连续的.

2. 绝对连续的函数形成线性空间, 即, 如果 F, G 是绝对连续的, a 为任意实数, 则 $aF, F + G$ 也是绝对连续的. 一般地, 绝对连续函数 $F_i (i = 1, 2, \cdots, n)$ 的实系数 a_i 的线性组合 $\sum_{i=1}^{n} a_i F_i$ 是绝对连续的.

3. 如果对于所有的 $e \subset E$, 在 E 上绝对连续的函数列 $\{F_n(e)\}$ 都收敛于 $F(e)$, 那么 F 是绝对连续的.

4. 如果 F 在集合列 E_n 的各个集合上绝对连续, 则 F 在 E_n 的并集 $E = \bigcup E_n$ 上也绝对连续.

在上面的 **1.** $\sim$ **4.** 中, 如果把 "绝对连续" 换成 " 奇异" 也成立.

5. 在 E 上绝对连续且奇异的函数总等于 0.

如果 F 是奇异的, 则存在 $e_0 \subset E$, 有 $\mu e_0 = 0$; $F(e) = F(e e_0)$. 如果 F 绝对连续, 因为 $\mu e e_0 = 0$, 所以 $F(e e_0) = 0$, 从而 $F(e) = 0$.

6. 积分 $\displaystyle\int_e f(x)\mathrm{d}\mu$ 看作集合 e 的函数, 把这个积分称作**不定积分**. 如果这个不定积分在 E 上有限, 那么它在 E 内的 e 上也有限, 且它是可加的 (定理 91), 它在 E 上是绝对连续的 (§109, **6.**).

[**注意**] 在上面的定义中, 用语绝对连续给人一种奇特的感觉. 我们将在后面讲述它的由来, 这里, 关于集合函数的连续性问题, 给出简单的解释. 首先, 如果 $F(e)$ 是绝对连续的, 证明当 $\mu e \to 0$ 时, $F(e) \to 0$. 根据定理 96, 只考虑 $F(e) \geqslant 0$ 的情况, 为了利用反证法, 假设当 $\mu e_n \to 0$ 时, 而 $F(e_n) \to 0$ 却不成立. 于是在 $\{e_n\}$ 中, 对于某个数 $\eta > 0$, 存在无数个 e_n 满足 $F(e_n) > \eta > 0$, 从中我

们可以取出满足 $\mu e_n < \delta^n (0 < \delta < 1)$ 的 $\{e_n\}$. 对于这些 e_n, 令 $e_0 = \overline{\lim} e_n$, 则 $e_0 \subset \bigcup_{n \geqslant p} e_n$, 于是 $\mu e_0 \leqslant \sum_{n \geqslant p} \mu e_n < \dfrac{\delta^p}{1 - \delta}$. 因为 p 是任意的, 所以 $\mu e_0 = 0$. 因此根据绝对连续的定义, $F(e_0) = 0$. 于是同 §108 的 (3) 一样,[①]有 $F(e_0) = F(\overline{\lim} e_n) \geqslant \overline{\lim} F(e_n) \geqslant \eta > 0$. 这是不可能的. 所以当 $\mu e_n \to 0$ 时, $F(e_n) \to 0$, 即 $\mu e = 0$ 时, $F(e) = 0$ 意味着 $\mu e \to 0$, $F(e) \to 0$. 由此可见, 我们采用了如上所述的方法定义了绝对连续. 使 $\mu e = 0$, 这并不能表明 $e = 0$, 即 e 是空集. 因此仅仅从 $\mu e \to 0$, 就可以保证 $F(e) \to 0$, 这必须要求高度的连续性.

定理 99 E 的测度有限时 (或者一般地, E 是有有限测度集合的并集), 在 E 上可加的集合函数可以唯一地表示成为绝对连续函数和奇异函数的和 (勒贝格分割).

定理 100 E 如同上面的集合, E 上的可加集合函数绝对连续的充分必要条件是它是某个点函数的不定积分 [Radon-Nikodym 定理].

[证] 为了一起证明定理 99 和定理 100, 设 $\mu E < \infty$, 而 $F(e)$ 在 E 上是可加的, 对于 $e \subset E$ 的 e, 我们要证明满足

$$F(e) = F(eH) + \int_e f(x) \mathrm{d}\mu \tag{2}$$

的 M 函数 $f(x)$ 的存在, 以及 $\mu H = 0$ 成立的 M 集合 $H \subset E$ 存在. 于是, $e \subset E - H$, 从而当 $eH = 0$ 时, $\Phi(e) = F(eH) = 0$, 所以 Φ 是奇异函数. 而 $\int_e f(x) \mathrm{d}\mu$ 绝对连续, 于是定理 99 中所描述的勒贝格的分割是可能的.

$\mu E_n < \infty$, 如果 $E = \bigcup E_n$, 那么我们可以把这个和变成直和, 根据可加性, 在 E 上, (2) 成立. 勒贝格分割的唯一性非常简单. 现在, 设

$$F(e) = \Phi_1(e) + \Psi_1(e) = \Phi_2(e) + \Psi_2(e),$$

假设 Φ_1, Φ_2 是奇异的, Ψ_1, Ψ_2 是连续的, 则在

$$\Phi_1 - \Phi_2 = \Psi_2 - \Psi_1$$

中, 左边是奇异的, 右边是绝对连续的, 所以两边等于 0 (前面的 **5.**).

因此勒贝格分割是唯一的, 所以由 (2) 可知定理 100 所说的条件是必要的. 这一条件也是充分的, 这是已知的 (§109, **6.**).

下面证明 (2), 对于 F 的 Hahn 分割 (定理 98) 是 $E = P + N$, 因此, 如例所示可以设 $F(e) \geqslant 0$. 根据假设 $\mu E < \infty$, $r > 0$ 是任意的有理数, 对在 E 上满足

---

① 在此处, 把 μ 替换成 F, 得到关于 $\overline{\lim}$ 的不等式.

可加性的 $F(e) - r\mu e$ 运用 Hahn 分割, 于是设

$$\text{在 } e_r \text{ 上}, \quad F(e) \geqslant r\mu e, \quad \text{在 } e'_r \text{ 上}, \quad F(e) \leqslant r\mu e, \tag{3}$$

其中 $e'_r = E - e_r$, 即 $'$ 是对 E 的补集 (下同). 而对于负的 ($\leqslant 0$) 有理数 r, 令 $e_r = E$. 于是当 $r \leqslant 0$ 时, (3) 也成立.

现在, 对于任意的实数 t, 令 (§107)

$$E(t) = \bigcap_{r<t} e_r, \tag{4}$$

于是由 (3) 可知, 对于实数 t 有[①]

$$\text{在 } E(t) \text{ 上}, \quad F(e) \geqslant t\mu e, \tag{5}$$

$$\text{在 } E(t)' = \bigcup_{r<t} e'_r \text{ 上}, \quad F(e) \leqslant t\mu e, \tag{6}$$

现在令

$$H = E(\infty) = \bigcap_{r<\infty} e_r, \tag{7}$$

对于任意的 r, 由 (3) 可知

$$F(H) \geqslant r\mu H.$$

$F(H) < \infty$, 所以 $\mu H = 0$. 因此 $\Phi(e) = F(eH)$ 是奇异函数. 令 $H' = E - H$, 则因为

$$F(e) = F(eH) + F(eH'), \quad \mu e = \mu eH',$$

所以为了得到 (2), 只需求满足

$$F(eH') = \int_{eH'} f(x)\mathrm{d}\mu = \int_e f(x)\mathrm{d}\mu$$

的函数即可. 如 §107 陈述的那样, 令 $E(-\infty) = E$, 由 (4) 和 (7) 的集合 $E(t)$, $-\infty \leqslant t \leqslant \infty$ 求得这一函数.

事实上, 此时有

$$E(t) = E\{f(x) \geqslant t\}, \quad E(s)' = E\{f(x) < s\} \tag{8}$$

成立, 所以根据 (5) 和 (6) 可知, 对于区间 $-\infty < t \leqslant s < \infty$ 上的 t, s 以及满足 $e \subset H'$ 的 e 有

$$\text{当 } e \subset E\{t \leqslant f(x) \leqslant s\} \text{ 时}, \quad t\mu e \leqslant F(e) \leqslant s\mu e. \tag{9}$$

[①] 如果 $e \subset E(t)'$, 则 $e = \sum_{r<t} e^{(r)}, e^{(r)} \subset e'_r$ 是单纯和, 因此有 $F(e) = \sum F(e^{(r)}) \leqslant \sum r\mu e^{(r)} \leqslant t \sum \mu e^{(r)} = t\mu e$.

这里, §110 中 (18) 的假设在 H' 上成立. 事实上, 由 (4) 和 (7) 可知 $E(0) = E, E(\infty) = H$, 所以根据 (8) 前面的式子可知, 在 H' 上 $0 \leqslant f(x) < \infty$, 从而此时的 $e_\infty = E(\infty) \cap H'$ 是空集, 所以 $\mu(e_\infty) = 0, F(e_\infty) = 0$. 我们已经假设 $F(e) \geqslant 0$.

而 $H' \subset H$, 所以有 $\mu H' < \infty$, 从而根据 (9), 对于满足 $e \subset H'$ 的 e 有

$$F(e) = \int_e f(x) \mathrm{d}\mu$$

(定理 93 及其 [注意]). □

II 勒贝格测度和积分

§113 欧式空间和区间的体积

称 n 个实数的组合 $(x_1, x_2, \cdots, x_n)$ 为点 x, 点的全体形成 n 维空间. 两个点 x, y 之间的距离定义为

$$\rho(x, y) = ((x_1 - y_1)^2 + (x_2 - y_2)^2 + \cdots + (x_n - y_n)^2)^{\frac{1}{2}},$$

此时把这个空间称为欧式空间, 记作 $\mathbb{R}^n$. 我们把满足

$$a_i \leqslant x_i \leqslant b_i \quad (i = 1, 2, \cdots, n) \tag{1}$$

的点的集合称为 (闭) 区间. 如果不取等号, 则称这个区间为开区间, 如果只取右边或者左边的等号, 则这个区间称为半开区间 (左半开或者右半开).

这是对一维空间的扩张. 如果是二维空间, 这时的区间是矩形, 三维空间则是直立方体, 即边或者棱与坐标轴平行.

在区间 (1) 上,

$$\prod_{i=1}^n (b_i - a_i)$$

称为区间的体积 (无论是开区间还是闭区间).

扩张区间的意义, 在 (1) 中, 有若干个 a_i 或者 b_i 是 $-\infty$ 或者 $+\infty$ 时, 设这个区间的体积是 $+\infty$.

反之, 有若干个 i, 当 $a_i = b_i$ 时, (1) 则变成低维空间, 此时, 即使其他的 a_i, b_i 中有 $\pm\infty$, 在 n 维空间也规定这个区间的体积等于 0.

有限个区间的并集称为**区间块**. 两个区间 (从而是有限个) 块的并集、交集、差集还是区间块.

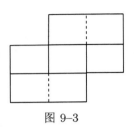

可以把区间块 (把组成它的各区间的边界增大) 分割成相互之间没有重合的区间 (没有共同点). 这些区间上的体积和就是区间块上的体积, 显然这个体积与分割无关, 其值是一个常数 (见图 9–3).

区间块的体积是次可加的. 设互不相交的区间块 $w_i(i = 1, 2, \cdots, n)$ 合并生成的区间块是 w, 假设它们的体积分别是 mw_i, mw, 则有

图 9–3

$$mw = \sum_{i=1}^{n} mw_i.$$

这是显然的. 而这里最重要的是区间块上的体积是完全可加的 (§108), 即当区间块 w 被无数个互不相交的区间块 w_i 分割时, 有

$$mw = \sum_{i=1}^{\infty} mw_i. \tag{2}$$

其实上面的结果也是显然的, 但下面给出其证明. 首先, 设 (2) 中的 w, w_i 只是单个区间, 且 $0 < mw < \infty$. 假设 $s_n = \sum_{i=1}^{n} mw_i$, 则数列 s_n 是单调递增数列, 因为 $\sum_{i=1}^{n} w_i \subset w$, 所以 $s_n \leqslant mw$. 因此 (2) 的右边收敛. 设其和为 $s, s \leqslant mw$. 因此下面只需证明相反的不等式 $s \geqslant mw$ 即可, 这是问题的关键. 取任意的 $\varepsilon > 0$, 设 $\varepsilon = \sum_{i=1}^{\infty} \varepsilon_i, \varepsilon_i > 0$. 把区间 w_i 扩大成区间 w_i', 设 $w_i' \supset w_i$, $mw_i' < mw_i + \varepsilon_i$. 把区间 w 缩小成闭区间 w', 设 $w' \subset w$, $mw' > mw - \varepsilon$. 于是, 这些开区间列 w_i' 覆盖有界的闭区间 w', 根据 Heine-Borel 的覆盖定理 (定理 11), 有限个 w_i' 也可以完全覆盖 w'. 因此对某个自然数 n 有

$$mw - \varepsilon < mw' \leqslant \sum_{i=1}^{n} mw_i' < \sum_{i=1}^{n} (mw_i + \varepsilon_i) < s_n + \varepsilon \leqslant s + \varepsilon.$$

$\varepsilon > 0$ 是任意的, 所以 $mw \leqslant s$. $\qquad\qquad\qquad\qquad\qquad\qquad\square$

其次, 设 $mw = \infty$. 对于任意的 $M > 0$, 取满足如下条件的区间 $w_0 : w_0 \subset w$, $M < mw_0 < \infty$, 则

$$w_0 = \sum_{i=1}^{\infty} w_0 w_i,$$

而 $w_0 w_i$ (即 $w_0 \cap w_i$) 是区间, 所以如上所示有

$$M < mw_0 = \sum_{i=1}^{\infty} mw_0 w_i \leqslant \sum_{i=1}^{\infty} mw_i,$$

M 是任意的, 所以有 $\sum_{i=1}^{\infty} mw_i = \infty$.

当 w, w_i 是任意区间块时, 只需把各区间块分割成区间即可, 于是就可以采用上面的方法, 证明 (2).

上面的 (2) 中, 假设了 w_i 互不相交, 如果去掉这个条件, 只假设

$$w = \bigcup_{i=1}^{\infty} w_i, \tag{3}$$

则有

$$mw \leqslant \sum_{i=1}^{\infty} mw_i. \tag{4}$$

事实上, 如果区间块相交, 则当 $mw < \infty$ 时, 等式不再成立.

事实上, 由 (3) 可知

$$w = \sum_{i=1}^{\infty} w_i', \quad w_i' = w_i - w_1 - w_2 - \cdots - w_{i-1}.$$

这里的 $\sum$ 是单纯和. 因此根据 (2) 可得

$$mw = \sum mw_i' \leqslant \sum mw_i, \quad w_i' \subset w_i, \tag{5}$$

即得到 (4). $mw < \infty$, 如果区间块相交, 则 w_1, w_2 就有共同点, 此时对于 $w_2' = w_2 - w_1$, 因为 $mw_2' < mw_2$, 所以 (5) 式中必须是不等号.

§114　勒贝格测度

勒贝格测度论的目标是把一维空间中线段的长度、二维空间的面积和三维空间中的体积扩张到任意点集合上. 扩张的目标分别是下列各论点.

1°. 区间的测度是其体积.

2°. 测度作为点集合的函数是完全可加的.

前面我们已经陈述了完全可加的意义. 尽管黎曼测度是次可加的, 但是更重要的是它接纳集合的无穷序列, 为此我们能够成功地把它扩张. 所谓的成功指的是, 尽管不能对任意的点集合赋予确定的测度, 但是我们可以把黎曼测度扩张到已经相当广泛的 δ 系上.

定义　假设 e 是 $\mathbb{R}^n$ 上任意的点集合, 有区间列 (有限列或者无穷列)w_i 覆盖 e. 对于覆盖 e 的所有区间列, 称下确界

$$\overline{m}e = \inf \sum_{i=1}^{\infty} mw_i, \quad e \subset \bigcup_i w_i \tag{1}$$

为 e 的**外测度**.[①]

空集合的外测度是 0.

1. 对于所有点集合 e, 外测度是单值集合函数, 且 $0 \leqslant \overline{m}e \leqslant \infty$.

2. 如果 $e_1 \subset e_2$, 则 $\overline{m}e_1 \leqslant \overline{m}e_2$ (单调性).

根据定义上面的结论是显然的.

3. 对于集合的并集, 如果 $e = \bigcup\limits_{i=1}^{\infty} e_i$, 则

$$\overline{m}e \leqslant \sum_{i=1}^{\infty} \overline{m}e_i. \tag{2}$$

[证]　关键是对 (2) 右边的收敛时进行证明. 此时, 取任意的 $\varepsilon > 0$, 设 $\varepsilon = \sum_{i=1}^{\infty} \varepsilon_i, \varepsilon_i > 0$. 根据外测度的下确界定义, 有覆盖 e_i 的区间列 $w_{i,j}$, 且

$$e_i \subset \bigcup_{j=1}^{\infty} w_{i,j}, \quad \overline{m}e_i > \sum_{j=1}^{\infty} m w_{ij} - \varepsilon_i.$$

从而有

$$\sum_{i=1}^{\infty} \overline{m}e_i > \sum_{i,j} m w_{i,j} - \varepsilon.$$

又因为

$$e \subset \bigcup_{i,j} w_{i,j},$$

上式的右边是区间列的并集, 所以根据定义有

$$\overline{m}e \leqslant \sum_{i,j} m w_{i,j},$$

从而

$$\overline{m}e < \sum_{i=1}^{\infty} \overline{m}e_i + \varepsilon.$$

因为 $\varepsilon > 0$ 是任意的, 所以得到 (2).　　　　　□

即使 $e = \sum e_i$ 是单纯和, (2) 式中的等号也不成立 (有这样的实例), 所以外测度不是完全可加的.

[注意]　对于区间块 w 来说, 它的外测度与测度 (体积) 是一致的, 即 $\overline{m}w = mw$. 事实上, w 是区间列的并集, 因此根据 (1), $\overline{m}w \leqslant mw$. 如果设 $w \subset \bigcup\limits_{i} w_i$,

---

① 外测度 =mesure extérieure (勒贝格).

因为
$$w = \bigcup_i (ww_i),$$

所以根据 §113 的 (4), 得
$$mw \leqslant \sum m(ww_i) \leqslant \sum mw_i.$$

从而有
$$mw \leqslant \inf \sum mw_i = \overline{m}w.$$

因此
$$\overline{m}w = mw.$$

现在设 e 有界, 且对于满足 $e \subset w$ 的有界区间 w, e 的补集是 e': $w = e + e'$.
如果 $\overline{m}$ 是可加的, 那么就必须要求 $\overline{m}e + \overline{m}e' = \overline{m}w = mw$ 成立. 但是, 遗憾的
是, 对于任意的集合 e, 这个等式不成立. 因此, 勒贝格设
$$\underline{m}e = mw - \overline{m}e',$$

称 $\underline{m}e$ 为集合 e 的内侧度[①], 当
$$\overline{m}e = \underline{m}e \tag{3}$$

成立时, 作为一个测度确定的集合 e, 上式 (3) 的共同值作为 e 的测度. (3) 与
$$\overline{m}e + \overline{m}e' = mw \tag{4}$$

是等价的.

在这个定义中, 要声明测度 me 与满足 $e \subset w$ 的区间 w 的选择无关, 去掉 e
有界这个限制, 对于任意的区间 w, 以
$$mw = \overline{m}(we) + \overline{m}(we') \tag{5}$$

来定义 e 的测度. 这里 e' 是 e 对整个空间 $\mathbb{R}^n$ 的补集.

Carathéodory 去掉了 w 是区间的限制, 把 (5) 一般化, 对于任意的集合 u, 当
$$\overline{m}u = \overline{m}ue + \overline{m}ue' \tag{6}$$

成立时, e 有确定的测度, 并把 $me = \overline{m}e$ 作为 e 的测度的定义.

而对于欧式空间来说, 由 (5) 可以导出 (6). 事实上, 因为 $u = ue + ue'$, 根
据 (2) 得
$$\overline{m}u \leqslant \overline{m}ue + \overline{m}ue'.$$

----

① 内测度 =mesure intérieure.

因此, 如果 $\overline{m}u = \infty$, (6) 显然成立, 而设 $\overline{m}u < \infty$, 下面证明上面的反向不等式. 此时设

$$u \subset \bigcup_i w_i, \quad \overline{m}u > \sum mw_i - \varepsilon \quad (\varepsilon > 0),$$

由 (2) 得

$$ue \subset \bigcup w_i e, \quad \overline{m}ue \leqslant \overline{m}\left(\bigcup w_i e\right) \leqslant \sum_{i=1}^{\infty} \overline{m}w_i e,$$

$$ue' \subset \bigcup w_i e', \quad \overline{m}ue' \leqslant \overline{m}\left(\bigcup w_i e'\right) \leqslant \sum_{i=1}^{\infty} \overline{m}w_i e'.$$

从而有

$$\overline{m}ue + \overline{m}ue' \leqslant \sum(\overline{m}w_i e + \overline{m}w_i e').$$

而根据 (5), 对于区间 w_i, 有

$$mw_i = \overline{m}w_i e + \overline{m}w_i e'.$$

因此,

$$\overline{m}ue + \overline{m}ue' \leqslant \sum mw_i < \overline{m}u + \varepsilon.$$

因为 $\varepsilon > 0$ 是任意的, 所以有

$$\overline{m}ue + \overline{m}ue' \leqslant \overline{m}u.$$

从而由 (5) 可以导出 (6).

由 (6) 定义的测度确定的集合 e 统称为 **L 集合**[①], 测度 me 称为 **L 测度** (勒贝格测度).

而我们的目标是下面的定理.

定理 101　L 集合形成封闭的 δ 系.

为了证明这个定理, 要依次证明下面的论点.

(1°) 空间 $\mathbb{R}^n$ 的所有点形成的集合 ω 是 L 集合.

因为 $u\omega = u, \omega' = 0, u\omega' = 0$, 所以 ω 适合 (6).

(2°) L 集合的补集是 L 集合.

根据定义这是显然的.

(3°) 两个 L 集合的并集、交集、差都是 L 集合.

首先, 令 $e_1 \in \mathrm{L}, e_2 \in \mathrm{L}, e = e_1 \cup e_2$. 于是由 (6) 可得

$$\overline{m}u = \overline{m}ue_1 + \overline{m}ue_1'.$$

---

① L 是可以用 Lebesgue 式测量的集合 ensemble mesurable L (**L 可测集合**) 的简称.

把 (6) 中的 u 替换成 ue_1', 于是有

$$\overline{m}ue_1' = \overline{m}ue_1'e_2 + \overline{m}ue_1'e_2'.$$

从而

$$\overline{m}u = \overline{m}ue_1 + \overline{m}ue_1'e_2 + \overline{m}ue_1'e_2'. \tag{7}$$

再用 ue 替换 u, 得

$$\overline{m}ue = \overline{m}uee_1 + \overline{m}uee_1',$$

而

$$ee_1 = (e_1 \cup e_2)e_1 = e_1, \quad ee_1' = (e_1 \cup e_2)e_1' = e_1'e_2,$$

所以

$$\overline{m}ue = \overline{m}ue_1 + \overline{m}ue_1'e_2.$$

从而由 (7) 得

$$\overline{m}u = \overline{m}ue + \overline{m}ue', \quad e \in \mathrm{L}$$

(这里 $e' = (e_1 \cup e_2)' = e_1'e_2'$).

对 e_1, e_2 的交与差使用 §105 的 (1) 和 (3), 则可以得到上面的结果和 (2°).

(4°) L 测度是完全可加的. 如果 $e_i \in \mathrm{L}, e = \sum\limits_{i=1}^{\infty} e_i$ 是单纯和, 那么 $e \in \mathrm{L}$, 且

$$me = \sum_{i=1}^{\infty} me_i. \tag{8}$$

更一般地,

$$\overline{m}ue = \sum_{i=1}^{\infty} \overline{m}ue_i. \tag{9}$$

[证] 根据假设有

$$\overline{m}u = \overline{m}ue_1 + \overline{m}ue_1',$$

更一般地, 设 $s_n = \sum\limits_{i=1}^{\infty} e_i$, 则

$$\overline{m}u = \sum_{i=1}^{n} \overline{m}ue_i + \overline{m}us_n'. \tag{10}$$

这一计算可以用归纳法计算. 事实上, 如果假设 (10) 成立, 在 (6) 中用 us_n' 取代 u, 因为 $e_{n+1} \in \mathrm{L}$, 所以

$$\overline{m}us_n' = \overline{m}us_n'e_{n+1} + \overline{m}us_n'e_{n+1}',$$

利用 $s_n e_{n+1} = 0$, $e_{n+1} \subset s'_n$, $s'_n e_{n+1} = e_{n+1}$, $s'_n e'_{n+1} = s'_{n+1}$, 得

$$\overline{m}u = \sum_{i=1}^{n+1} \overline{m}ue_i + \overline{m}us'_{n+1},$$

从而一般地 (10) 成立 (归纳法).

而 $s_n \subset e$, 从而 $s'_n \supset e'$, $\overline{m}us'_n \geqslant \overline{m}ue'$. 因此由 (10) 得

$$\overline{m}u \geqslant \sum_{i=1}^{n} \overline{m}ue_i + \overline{m}ue',$$

因为 n 是任意的, 所以

$$\overline{m}u \geqslant \sum_{i=1}^{\infty} \overline{m}ue_i + \overline{m}ue' \tag{11}$$
$$\geqslant \overline{m}ue + \overline{m}ue'.$$

在这里使用了前面的 **3.**, 而上面不等式的反向不等式原本就成立, 所以

$$\overline{m}u = \overline{m}ue + \overline{m}ue', \quad 于是 \ e \in \mathrm{L}.$$

从而, (11) 的等式也成立, 把其中的 u 换成 ue, 得

$$\overline{m}ue = \sum_{i=1}^{\infty} \overline{m}ue_i.$$

这就是 (9), 特别地, 如果 $u = e$, 因为 $e_i \subset e, ue_i = e_i$, 所以由 $e_i \in \mathrm{L}, e \in \mathrm{L}$ 得到 (8).

(5°) L 集合的任意列的并集也是 L 集合, 即如果

$$e = \bigcup_i e_i, \quad e_i \in \mathrm{L}$$

则

$$e = e_1 + (e_2 - e_1) + (e_3 - e_1 - e_2) + \cdots$$

是单纯和, 根据 (3°) 各项是 L 集合. 因此由 (4°) 得, $e \in \mathrm{L}$.

根据上面的 (1°), (2°), (5°) 就可以证明定理 101 (§106). □

[**注意 1**] 对于区间 w, 我们就以体积定义了测度 mw. 但是我们必须说明这一定义与上面的根据 (6) 而得到的定义之间是一致的. 如果用 (5) 取代 (6), u 还是作为区间, 只要能够证明

$$\overline{m}u = \overline{m}uw + \overline{m}uw'$$

即可. 因为 uw 是区间, 而 uw' 是与 uw 不相交的区间块, 这里 $\overline{m}$ 是体积 (前面的 [注意] 以及 §113). 因此可以证明上式.

[注意 2] 如果 $e \in \mathrm{L}, me = \infty$, 取满足 $w_i \uparrow \mathbb{R}^n, mw_i < \infty$ 的区间列 w_i, 设 $w_i e = e_i$ 时, me_i 有限, 因此 $e_i \in \mathrm{L}$. 因为 $e_i \uparrow e$, 所以测度有限的 L 集合的递增列可以到达 e. 根据 (8), m 是完全可加的, 所以 m 是 L 集合的测度 (§108 的定义).

L 集合形成 δ 系, L 测度 me 是完全可加的, 如 §107, §109 所述那样, 以这一测度为基础, 我们可以定义函数和积分. 它们简称为 **L 函数**[①], **L 积分**.

§115 零 集 合

满足 $\overline{m}e = 0$ 的集合 e 是 L 集合. 事实上, 根据 §114 的 (2), $\overline{m}u \leqslant \overline{m}ue + \overline{m}ue'$, 而 $ue \subset e, \overline{m}ue \leqslant \overline{m}e$, 所以 $\overline{m}ue = 0$. 从而有 $\overline{m}u \leqslant \overline{m}ue'$. 显然 $ue' \subset u, 0 \leqslant \overline{m}ue' \leqslant \overline{m}u$, 因此 $\overline{m}u = \overline{m}ue'$, 从而根据 §114, (6) 成立, 即 $e \in \mathrm{L}, me = 0$.

这样的测度为 0 的集合称为零集合 (L 系的零集合). 这个零集合与空集合不同. 我们定义空集合是外测度为 0 的集合 (§114), 空集合属于零集合的一员.

零集合的子集合仍是零集合 (因为 $\overline{m}$ 是 0). 某个 L 集合与零集合取并, 或者从中去掉零集合, 其测度不变.

零集合列的并集仍是零集合 (定理 105, (5°)), 只有零集合也可以构造成一个 δ 系, 它不是封闭的 δ 系. 以一个点作元素的集合也是零集合. 因此, 点列 (可数集合) 是零集合. (在一维空间中, 区间不是零集合, 因为区间内的实数不是可数的!)

在一维空间中, 有理数集合是可数的, 从而是零集合. 根据黎曼测度法, 在区间 $[0,1]$ 上的所有有理数的外积等于 1, 内积等于 0. 这个例子充分展示了勒贝格测度的优越性.

在二维空间中, 线段以及线段的并集而形成的直线是零集合. 一般地, 对于包含于 n 维空间的低维空间, 它所包含的集合是零集合.

下面给出一维空间中, 非可数集合的零集合的例子. 它就是康托的**三分点集合**. 它的构造如下.

把区间 $[0,1]$ 三等分, 除去中间的开区间 $\left(\dfrac{1}{3}, \dfrac{2}{3}\right)$, 然后再把剩余的左右两端的区间三等分, 再次去掉中间的开区间 $\left(\dfrac{1}{9}, \dfrac{2}{9}\right), \left(\dfrac{7}{9}, \dfrac{8}{9}\right)$. 持续进行同样的操作, 于是没有被去掉的剩余点全体 S 就是所谓的三分集合.

从区间 $[0,1]$ 中去掉的开区间的并集是一个开集合 (参照定理 102), 它的测度

---

① L 函数 =fonction mesurable(L), 可用勒贝格式测量的函数, 即 L 可测函数.

是 $\frac{1}{3} + \frac{2}{9} + \cdots + \frac{2^{n-1}}{3^n} = 1$, 所以 S 是测度为 0 的闭集合. S 是被去掉的区间的两个端点, 以及这些点的聚点组合而成的集合. 用更容易理解的话说, S 的点的坐标就是在 3 进制下不用 1 表示的数 (例如 $\frac{1}{3} = 0.0222\cdots$, $\frac{7}{9} = 0.2022\cdots$, 等等). 再把这些数除以 2, 于是数字变成 0 或者 1. 用二进制读取这些数, 不计重复的有限小数, 我们就会知道 S 的势是 **连续统的势** (即区间 [0,1] 的点的全体势). 三分点集合是 **完全集合** (即没有孤立点的集合).

对前面被去掉的集合采用相同的三分法, 插入与 S 类似的集合, 而且这样的操作无限地进行下去, 得到一个三分集合的并集, 它是一个零集合. 这个集合是在全区间 [0,1] 上稠密的零集合, 有连续统的势.

从一个 L 集合中去掉零集合, 或者把它与零集合作并集, 它的测度都不变, 因此我们称这样由一个 L 集合生成的集合为几乎同构, 并用记号 $\simeq$ 表示. 一般情况下, 除了零集合外, 某个关系对所有点都成立时, 称这个关系几乎总成立 (几乎处处成立[①]). 例如, 两个点函数 $f(x), g(x)$ 几乎处处相等 (记作: $f(x) \simeq g(x)$) 指的是使 $f(x) \neq g(x)$ 成立的点 x 组成的集合是零集合. 在一维空间中, 上面所做的集合的点都是例外.

我们以下面的定理为例对此再作进一步的解释.

对于在 L 集合 E 上为正 ($\geqslant 0$) 的 L 函数 $f(x)$, 如果

$$\int_E f(x)\mathrm{d}m = 0, \tag{1}$$

则在 E 上 $f(x) \simeq 0$.

这是因为, 设 $E\{f(x) > a\} = E_a$, 则

$$\int_E f(x)\mathrm{d}m \geqslant \int_{E_a} f(x)\mathrm{d}m \geqslant am E_a.$$

因此如果 $a > 0$, 则由 (1) 知 $mE_a = 0$. 而 $E_0 = \lim_{n\to\infty} E_{1/n}$, 所以 $mE_0 = mE\{f(x) > 0\} = 0$.

在上文中, 我们假设在固定的 E 上 $f(x) \geqslant 0$. 如果 $f(x)$ 的符号不是一定的, 那么在满足 $e \subset E$ 的所有 e 上, 如果 $\int_e f(x)\mathrm{d}m = 0$, 则在 E 上 $f(x) \simeq 0$. 因为: 在 $E\{f(x) \geqslant 0\}$ 上, 有 $\int f(x)\mathrm{d}m = \int f^+(x)\mathrm{d}m = 0$, 所以 $f^+(x) \simeq 0$, 同样 $f^-(x) \simeq 0$. 从而 $f(x) \simeq 0$.

勒贝格用了一条咒语 "几乎" 刻画了他的积分的迷人外表.

---

① presque partout (勒贝格).

§116　开集合和闭集合

我们已经陈述了开集合和闭集合的定义 (§12), 它们都是 L 集合. 本节中, 我们将把开集合和闭集合作为 L 集合的一员来进一步讨论. 下面给出本节常用的开集合和闭集合的文字记法:

开集合 G, 闭集合 F, 一般集合 E.

开集合的补集是闭集合, 闭集合的补集是开集合. 一般地 $G-F$ 是开集合, $F-G$ 是闭集合.

定理 102　开集合的并集是开集合, 闭集合的交集是闭集合.

[证]　设 $x \in G$, 则距离 x 充分近的点属于 G, 所以它是包含 G 的任意集合的内点. 从而开集合的并集是开集合. 对于闭集合来说, 它的补集是开集合, 因此我们可以把证明转换成补集进行. □

定理 103　对于有限列, 开集合的交集是开集合, 闭集合的并集是闭集合.

[证]　设 $x \in \bigcap_{i=1}^{n} G_i$, 则 $x \in G_i$, 于是以 x 为圆心且半径 r_i 充分小的球内的点都属于 G_i. 从而以 $r = \min(r_1, r_2, \cdots, r_n)$ 为半径的球的点属于 $\bigcap_{i=1}^{n} G_i$. 因此 $\bigcap G_i$ 是开集合. 上面的证明中 min 的存在至关重要.

对于闭集合来说, 我们可以将其转化成补集, 进行对偶证明. □

对于无穷列来说, 上面的定理不成立. 例如点的有限序列是闭集合, 而不包含聚点的无穷列不是闭集合.

定理 104　开集合是互不相交的闭区间列的并集.

不相交指的是没有共同内点 (§113).

精确地说, 开集合是半开区间 (比如右半开) 的单纯和.

[证]　取二维空间为陈述对象. 为了简明起见, 使用矩形网格. 作平行于坐标轴的平行线, 把平面分割为与它同构的小矩形. 命名这个小矩形为 $G^{(1)}$. 把 $G^{(1)}$ 在分割线之间的部分二等分, 增作平行线, 命名生成的小矩形为 $G^{(2)}$, 继续二等分, 一直这样进行下去 (见图 9–4), 构造出矩形 $G^{(3)}, \cdots, G^{(n)}, \cdots$. 我们把这些矩形命名为标准矩形序列.

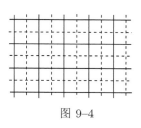

图 9–4

而在 $G^{(n)}$ 的小矩形中, 设完全包含于 G 的小矩形的并集为 W_n, 则

$$W_1 \subset W_2 \subset \cdots \subset W_n \subset \cdots,$$

设上面这些 W_i 的并集为 W, 则 $G = W$. 因为: 设 $x \in G$, 因为 x 是内点, 所以以 x 为圆心的充分小的圆完全包含于 G 中. 因此对于充分大的 n, 包含 x 的 $G^{(n)}$ 的小矩形完全包含于 G, 从而包含于 W_n, 包含于 W, 即如果 $x \in G$, 则 $x \in W$, 所以 $G \subset W$. 原本 $W_n \subset G$, 从而 $G = W$.

而 $W = W_1 + (W_2 - W_1) + \cdots + (W_n - W_{n-1}) + \cdots$, 所以 $W_n - W_{n-1}$ 是包含于 $G^{(n)}$ 的区间的并集. 于是 G 作为区间列的和, 可以记作

$$G = \sum_{i=1}^{\infty} w_i. \tag{1}$$

这里, w_i 是互不相交的区间, 如果设小矩形 w_i 是右半开区域, 那么 G 是如 (1) 所示的 w_i 的单纯和.

于是, 开集合 G 是区域的并集, G 是 L 集合, 其测度由 (1) 可得

$$mG = \sum_{i=1}^{\infty} mw_i.$$

因此 mG 只能是黎曼测度法之下的 G 的内积 (内面积, §91). $\square$

下面讨论闭集合. 闭集合 F 作为开集合 $G = F'$ 的补集, 它本身是 L 集合. 而在小矩形 $G^{(n)}$ 中, 除去包含于补集 G 中的小区间的剩余部分恰好是与 F 有共同点的集合. 设这些集合的全体为 $W^{(n)}$, 则有

$$W^{(1)} \supset W^{(2)} \supset \cdots \supset W^{(n)} \supset \cdots,$$

这些集合的交就是 F. 从而有

$$mF = \lim_{n \to \infty} mW^{(n)}.$$

因此在黎曼测度之下, mF 是 F 的外积 (外面积).

对于一般集合 E, 设其开核为 (E), 闭包为 $[E]$, 则满足 $F \supset E \supset G$ 的 G 的并集是 (E), 而 F 的交是 $[E]$, 在黎曼测度之下, $m(E)$ 是 E 的内积, $m[E]$ 是 E 的外积 (§91 的 (4) 和 (5)), 开核 (E) 与闭包 $[E]$ 之间夹着 E 的边界 $[E] - (E)$, 从而避免了内积与外积靠近.

在区间 [0,1] 稠密分布的零集合的内积是 0, 外积是 1.

现在, 如果 F, G 的位置交换, 讨论满足

$$G \supset E \supset F$$

的集合 F, G, 则情况就会发生变化. 于是包含 E 的所有集合 G 的交集就是 E, 而包含于 E 中的所有集合 F 的并集就是 E.

事实上, 满足 $G \supset E$ 的 G 如果包含不属于 E 的点 x, 那么从 G 中除去这个点 x, 它仍是包含 E 的开集合. 而满足 $E \supset F$ 的闭集合 F, 如果它不包含 E 的某个点 x, 那么把这个点与 F 作并集, 这个集合仍是包含于 E 中的闭集合.

现在我们要确定 G, F 的测度. 我们以 $\inf\limits_{G \supset E} mG$ 和 $\sup\limits_{F \subset E} mF$ 分别定义一般集合 E 的外测度和内测度. 当它们相等时, 就把它们的共同值定义为 E 的测度 mE, 这一定义作为黎曼测度的一种改良, 考虑起来很自然, 事实上, 以此为出发点, 可以得到 §114 陈述的 L 测度. 即下面的定理 105 和定理 106 成立.

定理 105　对于任意的集合 E, 有 $\overline{m}E = \inf\limits_{G \supset E} mG$.

对于有界集合 E, 有 $\underline{m}E = \sup\limits_{F \subset E} mF$.

[证]　因为 G 是区间列的并集 ($G = \bigcup w_i$), 根据 §114, 显然有

$$\overline{m}E \leqslant \inf\limits_{G \supset E} mG.$$

因此假设 $\overline{m}E < \infty$, 下面只需证明上面不等式的反向不等式成立即可. 这很显然.

取任意的 $\varepsilon > 0$, 根据定义, 存在满足

$$E \subset \bigcup_i w_i, \quad \overline{m}E > \sum mw_i - \varepsilon \tag{2}$$

的区间列 w_i. 设 $\varepsilon = \sum_{i=1}^{\infty} \varepsilon_i$, $\varepsilon_i > 0$. 于是取满足

$$G_i \supset w_i, \quad mG_i \leqslant mw_i + \varepsilon_i$$

的开区间 G_i. 显然这样的开区间 G_i 是存在的. 于是设 $G = \bigcup_i G_i$, 则 G 是开集合 (定理 102), 因此有

$$G \supset E, \quad mG \leqslant \sum mG_i \leqslant \sum mw_i + \varepsilon. \tag{3}$$

由 (2) 和 (3) 可得

$$\inf\limits_{G \supset E} mG \leqslant mG \leqslant \overline{m}E + 2\varepsilon.$$

ε 是任意的, 所以 $\inf mG \leqslant \overline{m}E$. 因此如希望的那样得到 $\overline{m}E = \inf\limits_{G \supset E} mG$.

对于定理后半段的证明, 我们可以利用补集进行对偶证明. 　□

关于勒贝格内测度 $\underline{m}E$, 对于有界的 E 来说, 我们也可通过补集的 $\overline{m}E'$ 得到它. 如上所示, 我们可以直接而清楚地定义 $\underline{m}E = \sup\limits_{F \subset E} mF$. 以后我们就用这种方式定义内测度 $\underline{m}E$. 于是对于有界集合 E, 根据定理 105, E 的内测度与由定义而得的内测度是一致的, 对于一般集合 (有界无界都可), 它们是对偶的.

$$\overline{m}E = \inf\limits_{G \supset E} mG, \quad \underline{m}E = \sup\limits_{F \subset E} mF. \tag{4}$$

定理 106　E 是 L 集合的必要充分条件有下列三个

(1°) 对于任意的 $\varepsilon > 0$, 存在满足 $G \supset E \supset F, m(G - F) < \varepsilon$ 的 G, F.

(2°) 对于任意的 $\varepsilon > 0$, 存在满足 $E = F + e, \overline{m}e < \varepsilon$ 的 F, e.

(3°) 对于任意的 $\varepsilon > 0$, 存在满足 $G = E + e, \overline{m}e < \varepsilon$ 的 G, e.

[注意]　对于满足 $\overline{m}E < \infty$ 的集合, 条件 (1°) 与下式等价

$$\overline{m}E = \underline{m}E.$$

[证]　(1°) 必要条件: 设 E 是 L 集合. 如果 E 有界, 根据定理 105, 由定义可知 $\overline{m}E$ 和 $\underline{m}E$ 是一致的, 从而, $\overline{m}E = \underline{m}E$, 所以条件 (1°) 成立.

当 E 不是有界集合时, 存在有界的 L 集合的递增列 $\{E_i\}, E_i \uparrow E$. 设 $\varepsilon > 0, \varepsilon = \sum \varepsilon_i$, 存在满足

$$G_i \supset E_i, \quad m(G_i - E_i) < \varepsilon_i$$

的集合 G_i. 令 $G = \bigcup G_i$, 因为 $G - E \subset \bigcup(G_i - E_i)$, 所以

$$m(G - E) \leqslant \sum m(G_i - E_i) < \sum \varepsilon_i = \varepsilon,$$

即存在满足

$$G \supset E, \quad m(G - E) < \varepsilon$$

的集合 G. 对于补集, 同样存在满足

$$E \supset F, \quad m(E - F) < \varepsilon$$

的集合 F. 因此, $G \supset E \supset F, m(G - F) < 2\varepsilon$. 因为 ε 是任意的, 所以 (1°) 成立.

充分条件: 对于任意的自然数 n, 存在满足

$$G_n \supset E \supset F_n, \quad m(G_n - F_n) < \frac{1}{n}$$

的集合 G_n, F_n. 令 $B = \bigcup F_n$, 则 $G_n \supset E \supset B \supset F_n$. 因此有

$$\overline{m}(E - B) \leqslant m(G_n - F_n) < \frac{1}{n}.$$

因为 n 是任意的, 所以 $\overline{m}(E - B) = 0$. 即 $E - B$ 是零集合, 所以是 L 集合 (§115). 因为 B 也是 L 集合, 所以 $E = B + (E - B)$ 是 L 集合.

(2°) 必要条件: 设 E 是 L 集合, 则 (1°) 中的 G, F 存在. 取其中的 F, 令 $E = F + e$, 则 $e \subset G - F, \overline{m}e \leqslant m(G - F) < \varepsilon$.

充分条件: 与 (1°) 的充分性证明相同.

(3°) 变成补集, 可以由 (2°) 导出.　□

§117 博雷尔集合

在 $\mathbb{R}^n$ 中, 称所有的区间生成的 σ 系 (§106) 为 B 系, 而称属于这个 B 系的集合为 **B 集合**[①]. 开集合 G, 闭集合 F, 开集合列的交 G_σ, 闭集合列的并集 F_σ 等都是 B 集合. B 集合是 L 集合, L 测度 m 可以原封不动地作为 B 集合的测度. 以此而定义的点函数称为 **B 函数**.[②]

L 集合的定义思路很简单, 但是它的范围却很广泛, 界限并不明确. B 集合作为 L 集合的子类, 是由区间生成的集合, 因此我们可以设想会更容易捕捉它的界限, 所以对其理论感兴趣.

对于连续函数 $f(x)$, 集合 $E\{f(x) \geqslant a\}$ 是一个闭集合, 因此是一个 B 集合, 所以连续函数是 B 函数. 从而作为连续函数的极限而生成的函数 $f^{(1)}(x)$, 以及 $f^{(1)}(x)$ 的极限所生成的函数 $f^{(2)}(x)$ 等都是 B 函数, 而 $f^{(1)}(x), f^{(2)}(x), \cdots,$ $f^{(n)}(x), \cdots$ 的极限而生成的函数 $f^{(\omega)}(x)$ 也是 B 函数. 这样从连续函数开始, 一个接一个由极限生成的函数总称为 **Baire 函数类**. 即 Baire 函数类都是 B 函数, 而反过来, B 函数都属于 Baire 函数类之中. 但是本书不准备对此在理论上进行更深入的研究.

集合的 B 包, B 核 包含 $\overline{m}E < \infty$ 的任意集合 E 的开集合 G 有无数个, 但其数量是不可数的. 可是, 在这些开集合中存在集合列 $\{G_n\}$, 满足 $\lim\limits_{n\to\infty} mG_n = \overline{m}E$ 的集合列存在 (显然不是 $\lim\limits_{n\to\infty} G_n = E$). 事实上, 因为 $\overline{m}E = \inf\limits_{G \supset E} mG$, 所以设 ε_n 是收敛于 0 的正数列, 那么存在满足 $mG_n - \overline{m}E < \varepsilon_n$ 的 G_n, 即如上所示 $mG_n \to \overline{m}E$.

现在设 $B = \bigcap\limits_{n=1}^{\infty} G_n$, 则有 $E \subset B \subset G_n, \overline{m}E \leqslant mB \leqslant mG_n$, 从而有 $mB - \overline{m}E < \varepsilon_n$, 因为 n 是任意的, 所以有 $mB = \overline{m}E.B$ 是 B 集合 (G_δ 集合[③]). 我们称这个集合为 E 的 **B 包**.

同样, 如果考虑包含于 E 中的闭集合, 于是我们可以得到作为 $F_n \subset E$ 的 $\{F_n\}$ 的并集, 且满足 $mB = \underline{m}E$ 的 B 集合 (F_σ 集合[④]). 称这个集合为 E 的 **B 核**.

不计 B 系的零集合, E 的 B 包, B 核是唯一确定的.

如果 E 是 L 集合, 则 $mE = \overline{m}E = \underline{m}E$, 所以有满足

---

① 勒贝格把 B 集合称作 ensemble mesurable(B)=(Borel 式可测量的集合), 即 **B 可测集合**. B 集合是其简称.

② fonction mesurable(B) (B 可测函数) 的简称.

③ G_δ 是开集合列的交, F_δ 是闭集合列的并.

④ 同脚注②.

$$B_1 \supset E \supset B_2, \quad mB_1 = mE = mB_2, \quad m(B_1 - E) = m(E - B_2) = 0 \qquad (1)$$

的 B 包 B_1 和 B 核 B_2 存在. 对于 L 集合 E, 在 $mE = \infty$ 时, 同样存在两个 B 集合 B_1, B_2, 使得 (1) 成立. 事实上, 设 $E_i \uparrow E, mE_i < \infty$, 设 E_i 的 B 包的并集为 B_1, B 核的并集为 B_2, 则对于任意的 L 集合 E, 有

$$E \simeq B_1 \simeq B_2.$$

因此 L 集合可以表示成为 B 集合与 L 系的零集合的和.

定理 107 L 函数被两个与它几乎处处相等的 B 函数夹在中间. 即如果 $f(x)$ 是 L 函数, 则存在 B 函数 (无数个)$\varPhi, \varPsi$ 满足

$$\varPsi(x) \leqslant f(x) \leqslant \varPhi(x), \quad \varPsi(x) \simeq f(x) \simeq \varPhi(x),$$

下面给出一个最有趣的证明思路. 对于有理数 r, 对应于 $f(x)$, 设集合 $E\{f(x) \geqslant r\}$ 的一个 B 包是 e_r, 如 §107 陈述的那样, 利用 e_r 构造 B_t (在那里是 $E(t)$), 则这个集合是集合 $E\{f(x) \geqslant t\}$ 的 B 包, 而且关于 t 是单调变小. 设对应于这个 B_t 的函数是 $\varPhi(x)$, 则 $\varPhi(x)$ 是 B 函数, 它满足定理的要求. 同样我们可以从 B 核开始构造另外一个函数 $\varPsi(x)$.

下面的定理也使用了 B 包和 B 核.

定理 108 对于任意的集合列, 当 $n \to \infty$ 时,

$$\text{如果} \quad E_n \uparrow E, \quad \text{则} \quad \overline{m}E_n \to \overline{m}E,$$

$$\text{如果} \quad E_n \downarrow E, \quad \text{则} \quad \underline{m}E_n \to \underline{m}E. \quad \text{(参照 473 页的脚注②)}$$

[证] 设 E_n 的 B 包为 B_n, 且 $\widetilde{B}_n = \bigcap_{i \geqslant n} B_i$. 因为 $E_n \subset \widetilde{B}_n \subset B_n$, 所以有 $\overline{m}E_n = m\widetilde{B}_n$. 而 $\{\widetilde{B}_n\}$ 是递增列, 假设 $\lim \widetilde{B}_n = \widetilde{B}$, 则 $E \subset \widetilde{B}$, 从而 $\overline{m}E \leqslant m\widetilde{B}$. 而对于 B 集合, 因为 $\widetilde{B}_n \uparrow \widetilde{B}$, 所以有 $m\widetilde{B} = \lim m\widetilde{B}_n = \lim \overline{m}E_n$. 即 $\overline{m}E \leqslant \lim \overline{m}E_n$. 而又因为 $E_n \subset E$, 所以有 $\overline{m}E_n \leqslant \overline{m}E, \lim \overline{m}E_n \leqslant \overline{m}E$. 因此 $\lim \overline{m}E_n = \overline{m}E$. 对于定理的后半部分也可以同样证明. $\qquad \square$

§118 积分表示的集合测度

我们能够把空间 $\mathbb{R}^n$ 中的 L 集合的测度用低维空间 $\mathbb{R}^p(p < n)$ 上的积分表示出来. 为了简明起见, 在这里我们讨论平面上的 L 集合, 陈述其表示方法 ($n = 2, p = 1$).

设 E 是 (x, y) 平面上的 L 集合, 下面我们把二维测度 μE 表示成 x 轴上的区间上的积分. 为了区别, 我们把二维测度记作 μ, 一维测度记作 m.

首先, 考虑 E 是平面 (x, y) 上的有界开集和有界闭集的情况. 因此设集合 E 包含于区间

$$(K) \qquad x_0 < x < x_0', \quad y_0 < y < y_0'. \qquad (1)$$

(1°) $E = G$ 是开集的情况. G 是二维空间的区间列的单纯和.

$$G = \sum_{i=1}^{\infty} w_i, \qquad (2)$$

其中

$$\left. \begin{array}{l} w_i = E\{(x, y) : x_i \leqslant x < x_i', y_i \leqslant y < y_i'\}, \\ a_i = x_i' - x_i, b_i = y_i' - y_i, \mu w_i = a_i b_i, \end{array} \right\} \qquad (3)$$

从而, 设

$$\mu G = \sum_{i=1}^{\infty} \mu w_i = \sum_{i=1}^{\infty} a_i b_i. \qquad (4)$$

首先, 为了把 μw_i 表示成积分, 如下定义 x 轴上的区间 (x_0, x_0') 上的 L 函数 $\varphi_i(x)$:

$$\left. \begin{array}{ll} x \in [x_i, x_i') \ \text{时} \ \ \varphi_i(x) & = b_i, \\ \text{其他} & = 0. \end{array} \right\} \qquad (5)$$

于是有

$$\mu(w_i) = a_i b_i = \int_{x_0}^{x_0'} \varphi_i(x)\mathrm{d}x.^{①} \qquad (6)$$

又,

$$\Phi(x) = \sum_{i=1}^{\infty} \varphi_i(x) \qquad (7)$$

收敛. 这个极限就是通过点 x 的纵向直线上的 G 的截面的一维测度, 即这条纵向直线与 G 的共同部分的一维测度. 这个共同部分记作 $G(x)$. 即

$$\Phi(x) = mG(x). \qquad (8)$$

截面 $G(x)$ 是一维空间的开集, 由 (2) 可得

$$G(x) = \sum_{i=1}^{\infty} w_i(x).$$

这里, $w_i(x)$ 是 w_i 的截面 (见图 9–5), 即当 $x_i \leqslant x < x_i'$ 时与 $[x_i, x_i')$ 对应的区间 $[y_i, y_i')$, 有 $m w_i(x) = y_i' - y_i = b_i = \varphi_i(x)$. 通过 x 的纵向直线不与 w_i 相交时, $m w_i(x) = \varphi_i(x) = 0$.

---

① 我们把区间 $x_0 \leqslant x \leqslant x_0'$ 关于一维测度的 L 积分 (§114 末) 写成 (6) 式右边的形式. 下同.

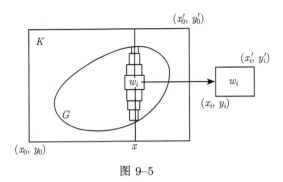

图 9–5

$\varphi_i(x)$ 是 L 函数, 所以由 (7) 可知, $\Phi(x)$ 也是 L 函数, 根据 (4) 得

$$\mu G = \sum \mu w_i = \sum a_i b_i = \sum_{i=1}^{\infty} \int_{x_0}^{x_0'} \varphi_i(x)\mathrm{d}x, \qquad 由 (6)$$

于是, 再根据定理 88 得

$$\mu G = \int_{x_0}^{x_0'} \Phi(x)\mathrm{d}x \qquad 由 (7)$$

$$= \int_{x_0}^{x_0'} mG(x)\mathrm{d}x. \qquad 由 (8)$$

(2°) $E = F$ 是闭集的情况. 设 F 对区间 K 的补集为 G 并运用 (1°). 此时, F 的截面 $F(x)$ 和 G 的截面 $G(x)$ 相对于过 x 的纵向直线上的区间 (y_0, y_0') 互为补集, 设 K 的边长是 $a, b(a = x_0' - x_0, b = y_0' - y_0)$, 则 $mF(x) = b - mG(x)$, 从而

$$\mu F = ab - \mu G = \int_{x_0}^{x_0'} (b - mG(x))\mathrm{d}x = \int_{x_0}^{x_0'} mF(x)\mathrm{d}x.$$

(3°) E 是有界的情况. 取满足下面条件并把 L 集合 E 夹在中间的有界开集合列 G_n 和闭集合列 F_n $(G_n \supset E \supset F_n)$,

$$\mu G_n < \mu E + \varepsilon_n, \quad \mu F_n > \mu E - \varepsilon_n, \quad \varepsilon_n \to 0, \qquad (9)$$

则对于上面各集合的截面而言, 有

$$G_n(x) \supset E(x) \supset F_n(x),$$

$$mG_n(x) \geqslant \overline{m}E(x) \geqslant \underline{m}E(x) \geqslant mF_n(x). \qquad (10)$$

根据 (1°), 由 (9) 可得

$$\mu G_n = \int_{x_0}^{x_0'} mG_n(x)\mathrm{d}x < \mu E + \varepsilon_n.$$

$\Phi(x) = \inf m G_n(x)$ 也是 L 函数 (定理 86), 所以

$$\int_{x_0}^{x_0'} \Phi(x)\mathrm{d}x \leqslant \int_{x_0}^{x_0'} m G_n(x)\mathrm{d}x < \mu E + \varepsilon_n,$$

因为 $\varepsilon_n \to 0$, 所以有

$$\int_{x_0}^{x_0'} \Phi(x)\mathrm{d}x \leqslant \mu E. \tag{11}$$

同样, $\Psi(x) = \sup m F_n(x)$ 也是 L 函数, 所以有

$$\int_{x_0}^{x_0'} \Psi(x)\mathrm{d}x \geqslant \mu E, \tag{12}$$

从而

$$\int_{x_0}^{x_0'} (\Phi(x) - \Psi(x))\mathrm{d}x \leqslant 0. \tag{13}$$

原本 $\Phi(x) \geqslant \Psi(x)$, 所以由 (13) 可得

$$\int_{x_0}^{x_0'} (\Phi(x) - \Psi(x))\mathrm{d}x = 0. \tag{14}$$

因此, (11), (12) 中的等号也成立. 即

$$\mu E = \int_{x_0}^{x_0'} \Phi(x)\mathrm{d}x = \int_{x_0}^{x_0'} \Psi(x)\mathrm{d}x. \tag{15}$$

由 (14) 可知

$$\Phi(x) \simeq \Psi(x). \tag{16}$$

而在 (10) 中的 n 是任意的, 所以左边取 inf, 右边取 sup, 得

$$\Phi(x) \geqslant \overline{m}E(x) \geqslant \underline{m}E(x) \geqslant \Psi(x). \tag{17}$$

于是由 (16) 可知

$$\overline{m}E(x) \simeq \underline{m}E(x) \simeq m E(x),$$

即 E 的截面 $E(x)$ 在区间 (x_0, x_0') 内几乎处处 (除属于某个零集合的 x 外) 是 L 集合, 且 $m E(x)$ 是 L 函数. 于是, 由 (15) 可得

$$\mu E = \int_{x_0}^{x_0'} m E(x)\mathrm{d}x. \tag{18}$$

积分范围实际上应该是从 (x_0, x_0') 去掉某个零集合 e_0 后剩余的区域, 上面的这种写法有些疏漏, 但是我们在默认刚才所说事实的前提下采用上面的写法. 把上式中的 $mE(x)$ 换成 $\overline{m}E(x)$ 或者 $\underline{m}E(x)$ 得到正确的写法, 但这样比较幼稚. 实际上也有应该除去的 e_0 根本不存在的情况. 当 E 等于 G 或者 F 时就出现这种情况, 一般地, 当其为 B 集合时, $e_0 = 0$, 这是因为满足 $e_0 = 0$ 的集合 E 构成 σ 系.

(4°) E 非有界的情况. 设以原点为中心, 边平行于坐标轴, 边长为 $2n(n = 1, 2, \cdots)$ 的正方形为 W_n, 设 $E \cap W_n = E_n$, 那么有 $E_n \uparrow E$, 而且

$$\mu E = \lim_{n \to \infty} \mu E_n. \tag{19}$$

现在设使截面 $E_n(x)$ 不是 L 集合的 x 的集合为 e_n, 则根据 (3°), e_n 从而 $e_0 = \bigcup\limits_{n} e_n$ 是零集合. 设从区间 $(-\infty, \infty)$ 扣除 e_0 后的集合为 e, 则在 e 上, 各 $E_n(x)$ 是 L 集合. 又因为 $E_n(x) \uparrow E(x)$, 所以当 $x \in e$ 时, 函数列 $\{mE_n(x)\}$ 是递增列, $E(x)$ 是 L 集合, 且有

$$\lim_{n \to \infty} mE_n(x) = mE(x). \tag{20}$$

于是, 根据 (3°) 得

$$\mu E_n = \int_e mE_n(x)\mathrm{d}x. \tag{21}$$

所以由 (19), (20), (21), 并利用定理 88 得

$$\mu E = \int_e mE(x)\mathrm{d}x.$$

即, 在除去零集合 e_0 的意义下, 有

$$\mu E = \int_{-\infty}^{\infty} mE(x)\mathrm{d}x.$$

上面的方法对于任意维空间 $\mathbb{R}^n$ 都成立. 设 $n = p + q$, $\mathbb{R}^n$ 空间中的点为

$$(x_1, x_2, \cdots, x_p; y_1, y_2, \cdots, y_q),$$

并将这个点简记作 (x, y). 其中, x 是 $\mathbb{R}^p$ 中的点, y 是 $\mathbb{R}^q$ 中的点.

现在设 E 是 $\mathbb{R}^n$ 中的 L 集合, 其测度是 μE. 与 $\mathbb{R}^p$ 中的点 x_0 对应的 E 中的点 (x_0, y) 是 $\mathbb{R}^q$ 上的集合. 把这个集合记作 $E(x_0)$. 又, 如果用 m 表示在 $\mathbb{R}^q$ 上的测度, 则

$$\Phi(x) = mE(x)$$

在除去属于 $\mathbb{R}^p$ 中的某个零集合 e_0 的点 x 外是确定的, 且是 $\mathbb{R}^p$ 上的 L 函数. 于是

$$\mu E = \int_{\mathbb{R}^p} \varPhi(x)\mathrm{d}m.$$

事实上, 积分范围是 $\mathbb{R}^p - e_0$, 但是因为 $m(e_0) = 0$, 所以可以忽视它.

作为一种特殊情况, 把 $\mathbb{R}^n$ 上的勒贝格积分作为 $\mathbb{R}^{n+1}$ 上的集合测度进行考察. 给定 $\mathbb{R}^n$ 中的 L 集合 e 上的任意正函数 $f(x)$ 时, 称 $\mathbb{R}^{n+1}$ 中的集合

$$E = E\{(x,y); x \in e, 0 \leqslant y \leqslant f(x)\}$$

为 $f(x)$ 生成的纵线集合. 这时, $E\{(x,y); x \in e, y = f(x)\}$ 就是函数 $f(x)$ 的图像, 且通过 x 的纵线上的 E 的截面 $E(x)$ 就是一维区间 $0 \leqslant y \leqslant f(x)$.

于是下面的定理成立.

定理 109 给定空间 $\mathbb{R}^n$ 中的 L 集合 e 上的函数 $f(x) \geqslant 0$, $f(x)$ 是 L 函数的必要充分条件是 $f(x)$ 生成的纵线集合 E 是 $\mathbb{R}^{n+1}$ 上的 L 集合. 在这一条件之下, 纵线集合 E 的测度是

$$\mu E = \int_e f(x)\mathrm{d}m. \tag{22}$$

[证] 充分性. 设纵线集合 E 是 $\mathbb{R}^{n+1}$ 上的 L 集合. 于是 E 的截面 $E(y)$ 几乎处处 (除去属于最高一维空间的零集合 e_0 的点 y) 是 $\mathbb{R}^n$ 的 L 集合, 根据纵线集合的定义, 截面 $E(y)$ 是 $\mathbb{R}^n$ 的集合 $E\{x; f(x) \geqslant y\}$. 于是, 因为 e_0 是零集合, 所以它不包含区间. 于是对应于在实数中稠密分布的 y, $E(y)$ 是 L 集合, 从而 $f(x)$ 在 e 上是 L 函数[①](定理 82). 因此条件是充分的. 由此

$$\mu E = \int_e mE(x)\mathrm{d}m = \int_e f(x)\mathrm{d}m, \tag{23}$$

即 (22) 得证.

必要性. 设 $f(x)$ 是 L 函数. (1°) 首先 $f(x) = c$ 是常数时显然. 此时, $f(x)$ 生成的纵线集合是以 $\mathbb{R}^n$ 上覆盖 e 的区间块为底, c 为高的区间块, 也就是 $\mathbb{R}^{n+1}$ 上覆盖 E 的区间块, 从而它是 L 集合. (2°) 对于一般情况, 设 $g_n(x) = \mathrm{Min}\,(n, f(x))$, 用十进制表示 $g_n(x)$ 的值, 把这一表示从小数点后第 n 位切掉, 设其为 $f_n(x)$ 的值, 于是 $\{f_n(x)\}$ 构成了递增地收敛于 $f(x)$ 的阶段函数列, 而纵线集合 E 是 $f_n(x)$ 的纵线集合 E_n 的 $\lim$ (并集), 而且 E_n 是如 (1°) 中的那样的 "柱状" 集合的并集, 它是 L 集合, 所以作为这样集合的并集 E 也是 L 集合. □

(22) 给出了积分的几何学意义, 即 $f(x)$ 的积分等于 $f(x)$ 生成的纵线集合的测度. 我们按 §109 给出了积分的定义, 一开始就限定被积函数 $f(x)$ 为 L 函数.

---

① 因此 $E(y) = E\{x; f(x) \geqslant y\}$ 总是 L 集合. 故 e_0 实际上是空集.

虽然应该说这是专横的决定, 但从要求纵线集合是 L 集合的情况下, 可以预见到上面的结果, 因此这一限定也是理所当然的.

§119　累　次　积　分

运用前节的方法就可以把高元积分逐次变成低元积分, 即下面的定理成立.

定理　110　[Fubini 定理] 设关于 $\mathbb{R}^n$ 上的 L 函数 $f(x, y)(x \in \mathbb{R}^p,$ $y \in \mathbb{R}^q, p + q = n)$, 积分

$$J = \int_{\mathbb{R}^n} f(x, y)\mathrm{d}\mu \tag{1}$$

是确定的. 那么有[①]

$$J = \int_{\mathbb{R}^p} \left(\int_{\mathbb{R}^q} f(x, y)(\mathrm{d}y) \right)(\mathrm{d}x). \tag{2}$$

定理的意思如下. 如果积分 (1) 是确定的 (或者是有限的), 那么对于几乎所有的 x, $f(x, y)$ 是 $\mathbb{R}^q$ 上的 L 函数, 所以积分 $\int_{\mathbb{R}^q} f(x, y)(\mathrm{d}y)$ 对于几乎所有的 x 是确定的 (或者有限的), 因此它是 $\mathbb{R}^p$ 上的 L 函数. 于是 (2) 右边的积分是确定的 (或者有限的), 也就是说 (2) 成立.

[证]　(1°) 当 $f(x, y) \geqslant 0$ 时. 此时, $f(x, y)$ 生成的纵线集合

$$E = E\{(x, y, z); x \in \mathbb{R}^p, y \in \mathbb{R}^q, 0 \leqslant z \leqslant f(x, y)\}$$

是 $\mathbb{R}^{n+1}$ 上的 L 集合, 因此 (1) 的 J 是 E 的测度 (定理 109), 即

$$J = \mu E,$$

因此, (§118, (23))

$$J = \int_{\mathbb{R}^p} mE(x)(\mathrm{d}x). \tag{3}$$

在这里, E 的截面 $E(x)$ 是 (y, z) 空间上的纵线集合, m 是这个空间上的 L 测度. 如前所述, 尽管 $mE(x)$ 对属于某个零集合的 x 可能是无意义的, 但忽视这个零集合对 (3) 右边的积分的值不会产生影响.

对于使 $E(x)$ 为 L 集合的 x, $f(x, y)$ 是 $\mathbb{R}^q$ 上的 L 函数, 所以

$$mE(x) = \int_{\mathbb{R}^q} f(x, y)(\mathrm{d}y). \tag{4}$$

因此由 (3) 和 (4) 得到 (2).

---

① $(\mathrm{d}x), (\mathrm{d}y)$ 表明分别为 x 的空间 $\mathbb{R}^p$ 和 y 的空间 $\mathbb{R}^q$ 上的积分.

(1) 的积分有限时, 根据 (3) 可知, (4) 的积分对于几乎所有的 x 有限.

(2°) 当 $f(x, y)$ 取正负值时. 分别考虑 f^+, f^-, 根据 1°. 得

$$\int_{\mathbb{R}^n} f^{\pm}(x, y)\mathrm{d}\mu = \int_{\mathbb{R}^p} \left(\int_{\mathbb{R}^q} f^{\pm}(x, y)(\mathrm{d}y) \right)(\mathrm{d}x). \tag{5}$$

如果 (1) 的积分是确定的, 那么 (5) 左边的积分之一是有限的, 而它们的差等于 (1) 的积分. 又, 根据 (1°), (5) 右边内侧的两个积分对于不属于某个零集合的 x 都是 L 函数, 其中一个有限. 因此

$$\int_{\mathbb{R}^q} f(x, y)(\mathrm{d}y) = \int_{\mathbb{R}^q} f^+(x, y)(\mathrm{d}y) - \int_{\mathbb{R}^q} f^-(x, y)(\mathrm{d}y) \tag{6}$$

对于几乎所有的 x 是确定的 (不是无意义的 $\infty - \infty$). 对 (6) 两边在空间 $\mathbb{R}^p$ 上做积分, 就可知 (5) 右边的差等于 (2) 的积分. □

累次积分中的积分顺序是随意的, 这一点也是勒贝格积分的优越之处.

下面的定理可以从定理 110 直接导出, 但是与定理 110 一起, 在积分顺序变更中有切实效用.

定理 111   对于 $\mathbb{R}^n(n = p + q)$ 上的 L 函数 $f(x, y)$, 如果累次积分

$$I = \int_{\mathbb{R}^p} \left(\int_{\mathbb{R}^q} |f(x, y)|(\mathrm{d}y) \right)(\mathrm{d}x)$$

有限, 则 $f(x, y)$ 在 $\mathbb{R}^n$ 上的积分有限.

§120   与黎曼积分的比较

在开始讨论勒贝格积分与黎曼积分之间的关系之际, 为了解释得更透彻, 先做一些预备说明.

设 $f(x)$ 是 $\mathbb{R}^n$ 中的有界集合 E 上的任意有界函数. 在点 x 的邻域 U (即以 x 为内点的开集) 与 E 的交集上的 $f(x)$ 的上确界 $\sup\limits_{x \in U} f(x)$[1]随着 U 缩小而减小 (不增大). 这个上确界关于所有 U 的下确界

$$\overline{f}(x) = \inf_U \left(\sup_{x \in U} f(x) \right)$$

在点 x 处是确定的. 当 x 在 E 内移动时, $\overline{f}(x)$ 是 E 上的 x 的函数. 如果把大小关系反过来, 同样可以确定函数

$$\underline{f}(x) = \sup_U \left(\inf_{x \in U} f(x) \right).$$

---

[1] sup 下的 $x \in U$ 是 $x \in U \cap E$ 的意思. 下同.

在上文中, 也可以用单调收敛于 x 的开区间列 $W_1 \supset W_2 \supset \cdots \supset W_n \supset \cdots$ 来代替任意的 U. 因为任意的 U 中包含某个 W_n, 而任意的 W_n 中包含某个 U, 所以这是显然的. 又

$$\underline{f}(x) \leqslant f(x) \leqslant \overline{f}(x),$$

且 $f(x)$ 在点 x_0 处连续, 即

$$\underline{f}(x_0) = f(x_0) = \overline{f}(x_0).$$

如果上式中只有一边等号成立, 则称 $f(x)$ 在 x 处**半连续** (当 $f = \overline{f}$ 时称 $f(x)$ 上半连续, 当 $f = \underline{f}$ 时称 $f(x)$ 下半连续).

如果为了在整个 E 上同时确定出 $\overline{f}(x)$ 和 $\underline{f}(x)$ 而取 §116 所述的标准方格序列 $\{G^{(n)}\}$, 那么任意点 x 属于 $G^{(n)}$ 中某个 (半开) 区间 $w^{(n)}$. 于是令[1]

$$M^{(n)}(x) = \sup_{x \in w^{(n)}} f(x), \quad m^{(n)}(x) = \inf_{x \in w^{(n)}} f(x),$$

则 $M^{(n)}(x), m^{(n)}(x)$ 是阶段 B 函数, 而且它们分别关于某个 x 随着 n 的增大而单调减小或增大. 因此, 设

$$M(x) = \lim_{n \to \infty} M^{(n)}(x), \quad m(x) = \lim_{n \to \infty} m^{(n)}(x),$$

则 $M(x), m(x)$ 也是 B 函数 (§107).

那么 $M(x), m(x)$ 与 $\overline{f}(x), \underline{f}(x)$ 有什么关系呢? 如果点 x 在方格序列中的各方格 $G^{(n)}$ 中是区间 $w^{(n)}$ 的内点 (因为可以用 $w^{(n)}$ 的开核取代上文中的 W_n), 则有

$$M(x) = \overline{f}(x), \quad m(x) = \underline{f}(x).$$

另一方面, 如果 x 在某个 $G^{(n)}$ 中, 从而在 $G^{(m)}(m \geqslant n)$ 中是区间 $w^{(n)}$ 的边界上 (方格的边上) 的点, (因为 U 被限定在 $w^{(n)}$ 内) 则有

$$M(x) \leqslant \overline{f}(x), \quad m(x) \geqslant \underline{f}(x).$$

而这样的例外点 (即所有方格边上的点) 的集合是零集合 (B 系), 所以

$$M(x) \simeq \overline{f}(x), \quad m(x) \simeq \underline{f}(x). \tag{1}$$

从而 $\overline{f}(x), \underline{f}(x)$ 是 B 函数[2].

---

[1] 当 $x \in w^{(n)}$ 时, $M^{(n)}(x)$ 是 $f(t)$ 关于满足 $t \in [w^{(n)}]$ 的 t 的 sup. $m^{(n)}$ 的意义同样.

[2] 只要移动方块列的原点就显而易见.

做了前面的铺垫之后, 下面考虑黎曼积分. 承接 §90, 设 $f(x)$ 是有界区间 K 上的给定的有界函数. 如 §90 所述, 可以根据标准方格序列 $G^{(n)}$ 选定分割 Δ, 所以把 s_Δ, S_Δ 写成 $s^{(n)}, S^{(n)}$. 于是, 作为阶段函数的 L 积分, 可以把它们表示成

$$S^{(n)} = \int_K M^{(n)}(x)\mathrm{d}m, \quad s^{(n)} = \int_K m^{(n)}(x)\mathrm{d}m,$$

因此, 当 $n \to \infty$ 时, 取极限 (定理 90), 得

$$S = \int_K M(x)\mathrm{d}m, \quad s = \int_K m(x)\mathrm{d}m.$$

从而由 (1) 可得

$$S = \int_K \overline{f}(x)\mathrm{d}m, \quad s = \int_K \underline{f}(x)\mathrm{d}m.$$

如此, 达布和 S, s 被表示成 L 积分形式. 此时, 黎曼的可积条件 $S = s$ 变成

$$\int_K (\overline{f}(x) - \underline{f}(x))\mathrm{d}m = 0,$$

而因为 $\overline{f}(x) \geqslant f(x) \geqslant \underline{f}(x)$, 所以在 K 上, 上面的等式归结为 (§115)

$$\overline{f}(x) \simeq \underline{f}(x) \simeq f(x).$$

换句话说:

定理 112 有界区域 K 上有界函数 $f(x)$ 黎曼可积的充分必要条件是 $f(x)$ 在 K 上的不连续点构成零集合. 此时黎曼积分等于勒贝格积分.

在这一意义下, 勒贝格积分是黎曼积分的扩展.

零集合不包含区间. 我们已经在 §30 讲过, 黎曼可积函数在任意区间内都有连续点, 所以这是显然的. 黎曼可积函数几乎处处连续.

[注意] 上文的说明是在黎曼积分原本的意义下所做的. 广义可积但非绝对收敛函数在 §109 的意义下有 $\infty - \infty$ 的形式, 所以作为勒贝格积分是不成立的 (例如, $\int_0^\infty \dfrac{\sin x}{x}\mathrm{d}x = \infty - \infty$). 除去这种情况, 绝对收敛时, 广义黎曼积分就是勒贝格积分 (参照 §94 和定理 88).

§121 斯蒂尔切斯积分

设区间的函数 $\mu(w) \geqslant 0$ 在欧式空间 $\mathbb{R}^n$ 中可加. 此时, 用 $\mu(w)$ 代替区间体积 $m(w)$, 在勒贝格形式下, 把这一替换扩展到某个 σ 系的集合 e 上, 如果能够保证 $\mu(e)$ 完全可加, 那么设 $\mu(e)$ 是 §108 的意义下的测度, 在这一测度之下, 我们

就可以构建积分理论. 在一定条件下, 这一设想是可行的. 我们称这样定义的积分为勒贝格 – 斯蒂尔切斯积分.

现在, 我们以一维空间 $\mathbb{R}^1$ 为例, 对此加以描述.

最初, 斯蒂尔切斯选取单变量 x 的有界变差函数 $\varphi(x)$, 定义了黎曼式积分. 即, 在区间 $[a,b]$ 上, 设被积分函数是 $f(x)$ 时, 对应于区间分割

$$(\Delta) \qquad a = x_0 < x_1 < \cdots < x_{n-1} < x_n = b \quad \max(x_i - x_{i-1}) = \delta$$

作和

$$\sum_{i=1}^{n} f(\xi_i)(\varphi(x_i) - \varphi(x_{i-1})), \quad x_{i-1} \leqslant \xi_i \leqslant x_i,$$

当 $\delta \to 0$ 时, 如果上面所作的和有确定的极限值的话, 就把这个极限值作为关于 $\varphi(x)$ 的积分

$$\int_a^b f(x)\mathrm{d}\varphi(x). \tag{1}$$

今天我们称这样意义下的积分 (1) 为勒贝格 – 斯蒂尔切斯积分. 原来的黎曼积分则变成 $\varphi(x) = x$ 时的特殊情况. 作为最简单的情况, 若 $f(x)$ 连续则 (1) 可行, 这与黎曼积分的情况完全相同 (§39 已述).

现在, 从有界变差函数 $\varphi(x)$ 出发, 为了导出 $\mathbb{R}^1$ 上的区间可加函数, 首先设 $\varphi(x)$ 在 $(-\infty, \infty)$ 上有界单调递增. 当 $\varphi(x)$ 只在区间 $[a,b]$ 有定义时, 设 $x < a$ 时 $\varphi(x) = \varphi(a), x > b$ 时 $\varphi(x) = \varphi(b)$, 把 $\varphi(x)$ 的定义扩展到 $(-\infty, \infty)$ 上. 然后, 对于开区间 (x_1, x_2) 及由一个点 x 构成的集合 $[x]$, 如下所示定义区间 w 的函数 $\mu(w)$.

$$w = (x_1, x_2) : \mu(w) = \varphi(x_2 - 0) - \varphi(x_1 + 0). \tag{2}$$

$$w = [x] : \qquad \mu(w) = \varphi(x + 0) - \varphi(x - 0). \tag{3}$$

因为任意的区间都可以分割成开区间及一个点形成的集合的单纯和, 所以可以在这个区间上可加地定义 $\mu(w)$. 例如, 对于闭区间

$$w = [x_1, x_2] = [x_1] + (x_1, x_2) + [x_2]$$

定义

$$\mu(w) = (\varphi(x_1 + 0) - \varphi(x_1 - 0)) + (\varphi(x_2 - 0) - \varphi(x_1 + 0)) + (\varphi(x_2 + 0) - \varphi(x_2 - 0))$$
$$= \varphi(x_2 + 0) - \varphi(x_1 - 0).$$

这样定义的 $\mu(w)$ 关于区间可加. 例如, 在区间 (x_1, x_2) 内取分点 $x(x_1 < x < x_2)$, 则

$$(x_1, x_2) = (x_1, x) + [x] + (x, x_2),$$

$$\begin{aligned}
\mu(x_1, x_2) &= (\varphi(x-0) - \varphi(x_1+0)) + (\varphi(x+0) - \varphi(x-0)) + (\varphi(x_2-0) - \varphi(x+0)) \\
&= \varphi(x_2-0) - \varphi(x_1+0),
\end{aligned}$$

正好与 (2) 相同.

但是, 这是弱可加性. 事实上, $\mu(w)$ 是完全可加的. 从 (3) 可以看到, 当 $w = [x]$ 时, 如果 x 是 $\varphi(x)$ 的连续点, 那么 $\mu(w) = 0$, 所以关于可加性不需要考虑. 即使 $\varphi(x)$ 有无数个不连续点, 也是可数的[①], 如果 w 被开区间及这些点组成的点列分割, 则

$$\text{如果} \quad w = \sum_{i=1}^{\infty} w_i, \quad \text{则} \quad \mu(w) = \sum_{i=1}^{\infty} \mu(w_i).$$

可以完全如 §113 那样证明上面事实.

因此, 利用 §114 同样的方法, 我们可以把 $\mu(e)$ 扩展到 $\mathbb{R}^1$ 上形成 σ 系的一类集合 e 上. 这个 σ 系至少包含了所有的 B 集合.

勒贝格 – 斯蒂尔切斯积分把 $\mu(e)$ 定义为测度. 特别地, 当积分范围是区间 $[a, b]$ 时, 积分写作

$$\int_a^b f(x) \mathrm{d}\varphi.$$

上面记法与 (1) 相同, 但是需要明示它是勒贝格式的积分还是黎曼式的积分.

一般的有界变差函数 $\varphi(x)$ 可以表示成两个增函数的差, 即 $\varphi(x) = \varphi_1(x) - \varphi_2(x)$. 此时, 积分定义是

$$\int_e f(x) \mathrm{d}\varphi = \int_e f(x) \mathrm{d}\varphi_1 - \int_e f(x) \mathrm{d}\varphi_2.$$

III   集合函数的微分

§122   微 分 定 义

给定 $\mathbb{R}^n$ 上的集合函数 $f(x)$, 可以考虑 f 在点 x 处的密度, 从而导出 $\mathbb{R}^n$ 上的点函数. 例如, 设以 x 为中心的 n 维立方体 (在区间的意义下) 为 e, e 收敛于 x 时, 考察极限

$$\frac{f(e)}{m(e)}.$$

[①] 计算单调增函数 $\varphi(x)$ 不连续点个数时, 把不连续点按其跳跃在 $\left[\dfrac{1}{n+1}, \dfrac{1}{n}\right)$ $(n = 0, 1, 2, \cdots)$ 的范围进行划分即可.

这时, 当 $me \to 0$ 时, 下面两个式子

$$\overline{\mathrm{D}}_f(x) = \overline{\lim} \frac{f(e)}{m(e)}, \quad \underline{\mathrm{D}}_f(x) = \underline{\lim} \frac{f(e)}{m(e)}$$

分别称为 f 在点 x 处的上微商和下微商, 两者一致时, 其共同值

$$\mathrm{D}_f(x) = \lim \frac{f(e)}{m(e)}$$

就称为微商. 当 x 变动时, 把这些微商看作点 x 的函数, 把这个函数称为 f 的导函数[①].

在上述定义中, 收敛于 x 的 e 不必局限于立方体. 例如, 以 x 为中心的 n 维球也可以. 它们是所谓的对称微商, 更一般地, 取包含 x 的任意集合 e 即可. 只是, 当 $me \to 0$ 时, 对 e 形状加入适当的限制也是合理的. 为了防止 e 取极端的形状, 设包含 e 的最小立方体为 w, 而称

$$\alpha(e) = \frac{m(e)}{m(w)} > 0$$

为 e 的**正则性指数**. 要求这个指数不为 0. 这是一个非常宽松的限制. 对于收敛于 x 的闭集合列 $\{e_n\}$, 当 $\alpha(e_n)$ 不小于某个给定正数 ($\neq 0$) 时, 我们称 $\{e_n\}$ 是**正则的**, 而把 $\alpha(e_n)$ 的下确界 $\alpha (> 0)$ 称为 $\{e_n\}$ 的正则性指数[②].

下面, 设集合函数 $f(x)$ 至少对所有 B 集合有定义, 另外对于微商, 限定收敛于 x 的集合 e 为正则闭集合, 一般地, 把

$$\overline{\mathrm{D}}_f(x) = \overline{\lim_{me \to 0}} \frac{f(e)}{m(e)}, \quad \underline{\mathrm{D}}_f(x) = \underline{\lim_{me \to 0}} \frac{f(e)}{m(e)}, \tag{1}$$

$$\mathrm{D}_f(x) = \lim_{me \to 0} \frac{f(e)}{m(e)}$$

分别称为上导函数、下导函数和导函数. 如果允许极限取到 $\pm\infty$, 则 $\overline{\mathrm{D}}_f, \underline{\mathrm{D}}_f$ 在各点 x 上是确定的, 但是 D_f 也未必存在. 当 $\mathrm{D}_f(x)$ 存在时, 称 f 在 x 处可微. 按惯例要求 $\mathrm{D}_f(x) \neq \pm\infty$, 但在广义之下允许 $\mathrm{D}_f(x) = \pm\infty$.

---

① 我们不是根据意义的不同来区分微分、微商和导函数, 而是根据语音上的和谐度来使用. 原本, 点 x_0 处的 $\mathrm{D}_f(x_0)$ 以及当点 x_0 移动时而生成的点函数 $\mathrm{D}_f(x)$ 都统称为 dérivée(导出物), 这样的法式称呼是最简洁的. 在这一意义下, $\mathrm{D}_f(x_0)$ 应该称为导出数 (代替微商), $\mathrm{D}_f(x)$ 称为导出函数, 而由集合函数 $f(e)$ 导出点函数 $\mathrm{D}_f(x)$ 的算法则应该称为导出法 (替代微分). 在此, 不能只把这个导出算法简称为 "微分". 因此, 微分系数也存在问题. 但是, 我们注重的是其中的思想, 而不去过多关注用语的诠释, 好在有了 $\mathrm{D}_f, \overline{\mathrm{D}}_f, \underline{\mathrm{D}}_f$ 这样的明确表示, 所以也不必太过担心.

② 当只要求 $\alpha \neq 0$ 时, 在 $\alpha(e)$ 的定义中, w 可以用球体代替立方体.

当然, 随着为了得到导函数而加强对集合 e 的限制, $\underline{D}$ 增大 (不减少), 而 $\overline{D}$ 减少 (不增大).

[附记]   上文 (1) 中的 $\overline{\lim}$ 的意思已经很明确, 但还是再次做些解释. 为了简单起见, 把 $\dfrac{f(e)}{m(e)}$ 简记为 $F(e)$. 包含 x 且收敛于 x 的正则闭集合一般写作 e, 而包含于以 x 为中心半径为 ρ 的圆 (按二维空间的说法) 的 e 的全体精确地记作 $S(\rho)$ (虽然也可以把点 x 看作正则闭集合, 但这里把这个闭集合从 $S(\rho)$ 中除去). 这样一来, 对于属于 $S(\rho)$ 的 e, 设 $F(e)$ 的值域的上确界为 $M(\rho)$, 则它将随着 ρ 的减少而单调递减. 于是设 $M = \lim\limits_{\rho \to 0} M(\rho)$, 则

$$\overline{D}_f(x) = M. \tag{2}$$

这就是 (1) 的意思. 还可以用数列 $\overline{\lim}$ 来定义 $\overline{D}_f(x)$ 为

$$\overline{D}_f(x) = \sup_{\{e_n\}}(\varlimsup_{n \to \infty} F(e_n)) \quad (e_n \to x). \tag{3}$$

这里, $\{e_n\}$ 是收敛于 x 的正则闭集合列. (3) 等同于 (1) 左边的等式. 事实上, 首先, 设包含 e_n 的上述圆的最小半径为 ρ_n, 则 $e_n \in S(\rho_n)$. 从而有 $F(e_n) \leqslant M(\rho_n)$. 因此有 $\varlimsup\limits_{n \to \infty} F(e_n) \leqslant \lim\limits_{n \to \infty} M(\rho_n) = M$.

另外, 设 $\rho_n \to 0$, 则 $e_n \in S(\rho_n)$. 存在满足 $M(\rho_n) - \varepsilon < F(e_n) \leqslant M(\rho_n)$ 的 e_n, 当 $n \to \infty$ 时, 对上面的不等式取极限得 $M - \varepsilon \leqslant \varliminf\limits_{n \to \infty} F(e_n) \leqslant \varlimsup\limits_{n \to \infty} F(e_n) \leqslant M$, 因为 $\varepsilon > 0$ 是任意的, 所以 $\lim\limits_{n \to \infty} F(e_n) = M$. (3) 中的 sup 实际上是 Max, 而且对于某个集合列 $\{e_n\}$, $\overline{D}_f$ 等于 $\lim\limits_{n \to \infty} F(e_n)$.

对于 $\underline{D}_f(x)$ 的讨论也一样.

§123   Vitali 覆盖定理

定理 113 (Vitali 覆盖定理)   给定 $\mathbb{R}^n$ 上收敛于任意集合 A 的各点 x 的正则闭集合时, 可以从这些集合中选出一个单纯列 $\{E_n\}$, 这个单纯列就可以几乎处处覆盖 A. 即 A 中不属于 $\sum E_n$ 的点构成零集合:

$$m(A - \sum E_n) = 0. \tag{1}$$

[证]   下面以二维空间为例, 给出巴拿赫 (Banach) 的证明. 为了简化陈述, 定理中所说的闭集合统称为 C.

(1°) 设 A 有界且集合 C 的正则性指数大于某个正数 a.

设包含 A 的某个有界开集为 S, 不妨取包含于 S 中的集合 C.

从 C 中任取一个集合 E_1, 设与 E_1 不相交的集合 C 的径的上确界为 δ_1, 再从这些集合 C 中取出一个集合 E_2, 使得它的径 $\delta E_2 > \frac{1}{2}\delta_1$. 持续这一过程, 确定出 $\{E_n\}$. 确定到了 E_n 之后, 设 $E_1 + E_2 + \cdots + E_n$ 形成的闭集合不能完全覆盖 A. 则因为与这个集合不相交的集合 C 的径的上确界 $\delta_n > 0$, 因此可以从中取出集合 E_{n+1}, 使得 $\delta E_{n+1} > \frac{1}{2}\delta_n$. 这样, 从 C 中取出的有限或者无限的单纯列 $\{E_n\}$ 符合定理的条件 (1).

首先, 根据假设, 存在包含 E_n 且 $mE_n > cmW_n$ 的圆 W_n[1], 因为 $\sum mE_n \leqslant mS$, 所以 $\sum mW_n < mS/c$ 收敛. 因此, 当 $n \to \infty$ 时, (圆 W_n 的直径) $\delta W_n \to 0$, 故 $\delta E_n \to 0$.

现在, 假设存在属于 A 但不属于 $\sum E_n$ 的点 x, 设收敛于这个点 x 的集合 C 的任意一个集合为 E, 那么 E 与 $\{E_n\}$ 中的某个集合相交, 否则对于所有的 n 有 $0 < \delta E \leqslant \delta_n < 2\delta E_{n+1}$, 这与 $\delta E_n \to 0$ 矛盾.

现在假设 (1) 不成立, 且设

$$A' = A - \sum E_n, \quad \overline{m}A' > 0,$$

那么, 因为当上面的各圆 W_n 扩大 K 倍 ($k \geqslant 5$, 后述) 到同心圆 W'_n 时, $\sum mW'_n = k^2 \sum mW_n < \frac{k^2}{c}mS$ 收敛, 所以对于充分大的 N, 有

$$\sum_{n>N} mW'_n < \overline{m}A'.$$

因此存在满足

$$x \in A', \quad x \notin \bigcup_{n>N} W'_n \tag{2}$$

的点 x. 这个点 x 不属于 $\sum E_n$, 所以存在包含 x 且与 $E_1, E_2, \cdots, E_N$ 不相交的 C 的集合 E, 如上所述, E 与 $\{E_n\}$ 中的某个集合相交, 所以设 $\{E_n\}$ 中第一个与 E 相交的集合为 E_p, 则 $p > N$ 且 E 与 $E_1, E_2, \cdots, E_{p-1}$ 不相交. 从而

$$\delta E \leqslant \delta_{p-1}. \tag{3}$$

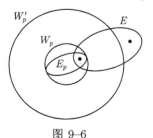

图 9-6

这样 x 也不属于 W'_p, 所以 E 包含 W'_p 外面的点 x. 而 E 在 W_p 内与某个 E_p 相交 (见图 9-6), 所以它还包含 W_p 内部的点. 因此有

$$\delta E \geqslant \frac{1}{2}(k-1)\delta W_p \geqslant \frac{1}{2}(k-1)\delta E_p > \frac{1}{4}(k-1)\delta_{p-1}.$$

[1] c 是与正则性指数 a 相关的常数. 在二维空间中可取 $c = 2a/\pi$.

如果设 $k \geqslant 5$, 这就与 (3) 矛盾, 即 $\overline{m}A' > 0$ 不合理. 因此 (1) 式成立.

(2°) 一般情况. 设以原点 O 为圆心半径为 n 的圆的内部为 S_n. 设 A 的点 x 属于 S_n 且收敛于 x 的 C 的集合列的正则性指数大于 $\dfrac{1}{n}$, 而这样的点 x 的集合为 A_n. 这时, $\{A_n\}$ 是递增列, 且 $A = \lim\limits_{n \to \infty} A_n$.

根据 1°, 集合 C 的单纯和 $\sum E_i$ 几乎覆盖 A_n, 即

$$\overline{m}\left(A_n - \sum_{i=1}^{\infty} E_i\right) = 0. \tag{4}$$

因为单纯和 $\sum_{i=1}^{\infty} E_i$ 有界, 所以 $\sum_{i=1}^{\infty} mE_i$ 收敛. 因此, 取充分大的 p, 使得

$$\sum_{i>p} mE_i < \frac{1}{n}. \tag{5}$$

于是, 设 $F_n = \sum_{i=1}^{p} E_i$, 则

$$\overline{m}(A_n - F_n) < \frac{1}{n}. \tag{6}$$

事实上, 因为

$$A_n - F_n \subset \left(A_n - \sum_{i=1}^{\infty} E_i\right) + \sum_{i>p} E_i,$$

所以由 (4) 和 (5) 可知

$$\overline{m}(A_n - F_n) \leqslant \overline{m}\left(A_n - \sum_{i=1}^{\infty} E_i\right) + \sum_{i>p} mE_i < \frac{1}{n},$$

即 (6) 成立.

而集合 $A_{n+1} - F_n$ 包含于 $S_{n+1} - F_n$ 之中, 正则性指数大于 $\dfrac{1}{n+1}$ 的集合 C 的列收敛于其中的各点, 所以与前相同, 可以从这些 C 集合中取出单纯有限列 $\sum_{i=1}^{q} E_i'$, 使得

$$\overline{m}\left(A_{n+1} - F_n - \sum_{i=1}^{q} E_i'\right) < \frac{1}{n+1}.$$

这里, E_i' 在闭集合 F_n 的外部, 所以当设

$$F_{n+1} = F_n + \sum_{i=1}^{q} E_i' \tag{7}$$

时, F_{n+1} 是集合 C 的有限单纯列, 且

$$\overline{m}(A_{n+1} - F_{n+1}) < \frac{1}{n+1}.$$

从 $n=1$ 开始, 这样的操作可以一直进行下去, 改变记法, 可以认为, 对于集合 C 的某个单纯列 $\{E_i\}$ 及各个 n, (6) 成立. 此时, 根据 (7) 可知 $\{F_n\}$ 是递增列, 所以设

$$B = \lim_{n \to \infty} F_n = \sum_{i=1}^{\infty} E_i,$$

则 B 是集合 C 的单纯和, 且

$$\overline{m}(A - B) = 0. \tag{8}$$

事实上, 确定 n, 任意取 $r > n$, 则因为 $F_r \subset B, A_n \subset A_r$, 所以有

$$A_n - B \subset A_n - F_r \subset A_r - F_r,$$

$$\overline{m}(A_n - B) \leqslant \overline{m}(A_r - F_r) < \frac{1}{r}.$$

因为 r 是任意的, 所以 $\overline{m}(A_n - B) = 0$. 再利用 $A - B = \bigcup_n (A_n - B)$, 得

$$\overline{m}(A - B) \leqslant \sum_n \overline{m}(A_n - B) = 0.$$

因此 (8) 成立, 且对于 $B = \sum_{i=1}^{\infty} E_i$, (1) 成立. □

§124 可加集合函数的微分

作为准备, 先对 B 集合做如下考察. 设 $F(e) \geqslant 0$ 为正可加集合函数[①]. 如果一般地用 G 表示开集合, 用 E 表示闭集合, 则

$$\inf_{G \supset e} F(G) \geqslant F(e) \geqslant \sup_{E \subset e} F(E),$$

对于 B 集合 e,

$$\inf_{G \supset e} F(G) = \sup_{E \subset e} F(E) \tag{1}$$

成立. 为了证明这一结果, 设使 (1) 成立的一组 L 集合 e 为 S.

任意的闭区间 w 属于 S. 事实上, 因为存在使得 $G_n \downarrow w$ 的列 $\{G_n\}$, 所以根据定理 95, 得

$$\inf_{G \supset w} F(G) = F(w) = \sup_{E \subset w} F(E).$$

---

① 这里指的是对于 L 集合定义的完全可加的有限集合函数. 以下相同. m 当然是 L 测度.

而 S 构成 σ 系. 因为 $G \supset e \supset E$, 所以 $G' \subset e' \subset E'$, 所以 e 和它的补集 e' 都属于 S. 其次, 设 $e_i \in S$, $e = \bigcup e_i$, 则 $e \in S$. 事实上, 设 $\varepsilon_i > 0$, $\sum \varepsilon_i = \varepsilon$, 则根据 (1), 因为 $e_i \in S$, 所以存在满足

$$G_i \supset e_i \supset E_i, \quad F(G_i - E_i) < \varepsilon_i$$

的 G_i 和 E_i. 令 $G = \bigcup G_i$, $H = \bigcup E_i$, 则

$$G \supset e \supset H, \quad G - H \subset \bigcup (G_i - E_i),$$

$$F(G - H) \leqslant \sum F(G_i - E_i) < \sum \varepsilon_i = \varepsilon.$$

于是 H 是闭集合的递增列的极限, 从而存在满足

$$H \supset E, \quad F(H - E) < \varepsilon$$

的集合 E (定理 95), 且 $F(G - E) = F(G - H) + F(H - E) < 2\varepsilon$, 即存在满足

$$G \supset e \supset E, \quad F(G - E) < 2\varepsilon$$

的集合 G 和 E. 因为 ε 是任意的, 所以 (1) 成立, 且 $e \in S$.

任意的闭区间都属于 S, 所以 S 至少包含所有的 B 集合, 即如果 e 是 B 集合, 则 (1) 式成立.

定理 114 (预备定理) 设 $F(e) \geqslant 0$ 是正可加集合函数, 如果对于任意的集合 A 的各点有 $\overline{D}_F(x) \geqslant a > 0$, 则 $\overline{m}A < \infty$, 且对于包含 A 的 B 集合 e, 有 $F(e) \geqslant a\overline{m}A$.

[证] 设 e 是包含 A 的 B 集合. 于是, 对于任意的 $\varepsilon > 0$, 根据 (1), 存在满足

$$e \subset G, \quad F(e) > F(G) - \varepsilon \tag{2}$$

的开集合 G. 任取满足 $0 < b < a$ 的 b, 根据假设, 存在收敛于 A 的各点 x 的正则闭集合 E 的列, 且 $F(E) > bmE$. 可以从这些集合中取出包含于 G 的单纯列 $\{E_n\}$, 使得这个单纯列几乎处处覆盖 A (定理 113). 所以, 由 (2) 得

$$F(e) > F(G) - \varepsilon \geqslant \sum F(E_n) - \varepsilon > b \sum mE_n - \varepsilon \geqslant b\overline{m}A - \varepsilon. \tag{3}$$

根据假设 $F(e) < \infty$, 所以 $\overline{m}A < \infty$, 又因为 ε 是任意的, 且 $b < a$ 也是任意的, 所以 $F(e) \geqslant a\overline{m}A$. □

[注意] 如果在 A 中有 $\overline{D}_F(x) = \infty$, 则 $mA = 0$. 事实上, 此时对于任意的 $M > 0$, 有 $F(e) \geqslant M\overline{m}A$. 而 $F(e)$ 有限, 所以 $\overline{m}A = 0$.

定理115(预备定理)　设 F 同前面定理一样. 对于任意集合 A, 如果 $\underline{D}_F(x) \leqslant a(a>0)$, 则存在可以几乎覆盖 A 的 B 集合 e, 使得

$$A \simeq A_0 \subset e, \quad F(e) \leqslant a\overline{m}A$$

成立.

[证]　在 $\overline{m}A < \infty$ 的条件下进行证明即可. 此时, 对于任意的 $\varepsilon > 0$, 设

$$A \subset G, \quad \overline{m}A > mG - \varepsilon.$$

如果设 $b > a$, 则根据假设, 存在收敛于 A 的各点的正则闭集合 E 的列, 且 $F(E) \leqslant bmE$, 可以从中取出包含于 G 的单纯列 $\{E_n\}$, 使得这个单纯列几乎处处覆盖 A (定理 113). 此时, 设 $e = \sum E_n$, 则

$$F(e) \leqslant b \sum mE_n = bme \leqslant bmG < b(\overline{m}A + \varepsilon).$$

把对应于 $\varepsilon = \dfrac{1}{n}, b = a + \dfrac{1}{n}$ 的 e 写作 e_n, 设 $\underline{\lim} e_n = e$. 即

$$A \simeq A_n \subset e_n, \quad F(e_n) \leqslant \left(a + \frac{1}{n}\right)\left(\overline{m}A + \frac{1}{n}\right),$$

从而设 $A_0 = \underline{\lim} A_n$ 时, 有

$$A \simeq A_0 \subset e, \quad F(e) = F(\underline{\lim} e_n) \leqslant \underline{\lim} F(e_n) \leqslant a\overline{m}A. \qquad \square$$

定理 116 (勒贝格定理)　可加集合函数几乎处处可微.

[证]　设 $F \geqslant 0$ 为可加集合函数. 设满足

$$\overline{D}_F(x) > \underline{D}_F(x)$$

的点 x 的集合为 A. 如果 $\overline{m}A \neq 0$, 则对于某两个有理数 $r, s(>0)$, 设满足

$$\overline{D}_F(x) > r > s > \underline{D}_F(x)$$

的点的集合为 A_0 时, $\overline{m}A_0 > 0$. 而且, $\overline{m}A_0 < \infty$ (定理 114).

于是, 对于几乎处处覆盖 A_0 的某个 B 集合 e (定理 115), 有

$$F(e) \leqslant s\overline{m}A_0.$$

另外, 因为 $A_0 \cap e \subset e$ (定理 114), 所以有

$$F(e) \geqslant r\overline{m}(A_0 \cap e) = r\overline{m}A_0.$$

从而

$$r\overline{m}A_0 \leqslant s\overline{m}A_0.$$

因为 $r > s, \infty > \overline{m}A_0 > 0$, 这是不合理的. 因此 $mA = 0$, 即

$$\overline{\mathrm{D}}_F(x) \simeq \underline{\mathrm{D}}_F(x).$$

如果 F 的符号不固定, 则

$$F(e) = F^+(e) + F^-(e), \quad F^+(e) \geqslant 0, \quad -F^-(e) \geqslant 0,$$

且 $\mathrm{D}_F(x) = \mathrm{D}_{F^+}(x) + \mathrm{D}_{F^-}(x)$. 因此定理成立. $\qquad\square$

[注意] $\mathrm{D}_F(x)$ 几乎总是有限的 (前面的 [注意]).

定理 117 如果 $\{F_n\}$ 是可加集合函数的单调列, 且

$$\lim_{n\to\infty} F_n(e) = F(e),$$

则

$$\mathrm{D}_F(x) \simeq \lim_{n\to\infty} \mathrm{D}_{F_n}(x).$$

[证] 设 $\{F_n\}$ 是递增列, 令

$$f_n(e) = F(e) - F_n(e)$$

(递减列时, 令 $f_n = F_n - F$), 则 $f_n \geqslant 0, f_n \to 0$, 且 $\{f_n\}$ 是递减列. 因此 $\overline{\mathrm{D}}_{f_n}(x) \geqslant 0$ 关于 n 也是递减列. 此时, 只需证

$$\lim_{n\to\infty} \overline{\mathrm{D}}_{f_n}(x) \simeq 0$$

即可.

如果上式不为真, 则对于某个 $a > 0$, 存在满足

$$x \in A, \quad \overline{m}A > 0, \quad \overline{\mathrm{D}}_{f_n}(x) > a \quad (n = 1, 2, \cdots)$$

的集合 A. 这时, 根据定理 114, 对于满足 $A \subset e$ 的任意 B 集合 e 有

$$f_n(e) \geqslant a\overline{m}A \quad (n = 1, 2, \cdots).$$

因为 $f_n(e) \to 0$, 所以不合理. $\qquad\square$

定理 118 设 $F(e)$ 可加且在 L 集合 E 内总是等于 0. 即如果 $e \subset E$, 则 $F(e) = 0$. 那么在 E 上, $\mathrm{D}_F(x) \simeq 0$.

[证] 不妨设 $F \geqslant 0$. 取某个 B 集合 B, 使得 $E \supset B, m(E - B) = 0$ (§117). 设 $x \in B$ 且满足 $\mathrm{D}_F(x) > \dfrac{1}{n}$ 的 x 的集合为 A_n, 则 $F(B) \geqslant \dfrac{1}{n} \overline{m} A_n$ (定理 114). 根据假设 $F(B) = 0$, 所以 $\overline{m} A_n = 0$. 而满足 $x \in B$ 且 $\mathrm{D}_F(x) > 0$ 的 x 的集合是 $\{A_n\}$ 的并集, 所以这个集合是零集合. 因此在 B 上, $\mathrm{D}_F(x) \simeq 0$. 而 $m(E - B) = 0$, 所以在 E 上 $\mathrm{D}_F(x) \simeq 0$. □

定理 119 对于奇异函数 F 有 $\mathrm{D}_F(x) \simeq 0$.

[证] 不妨设 $F \geqslant 0$. 令 $mN = 0, F(N') = 0$. 其中 N' 是 N 的补集. 于是在 N' 上有 $\mathrm{D}_F(x) \simeq 0$ (定理 118). 因为 $mN = 0$, 所以 $\mathrm{D}_F(x) \simeq 0$ 在整个空间上成立. □

§125 不定积分的微分

定理 120 (密度定理) 设 L 集合 E 的定义函数为 $\varphi(x)$, 如果记 $F(e) = m(Ee)$, 则

$$\mathrm{D}_F(x) \simeq \varphi(x),$$

即在 E 内, 有 $D_F(x) \simeq 1$, 在补集 E' 上有 $D_F(x) \simeq 0$.

[证] 设 $F'(e) = m(E'e)$, 则

$$F(e) + F'(e) = m(Ee) + m(E'e) = m(e).$$

因此, 在 F, F' 的可微点处, 几乎处处 (定理 116) 有

$$\mathrm{D}_F(x) + \mathrm{D}_{F'}(x) \simeq 1. \tag{1}$$

而在 E' 上, $F(e) = m(Ee) = m(0) = 0$. 从而根据定理 118, 有 $\mathrm{D}_F(x) \simeq 0$. 又, 在 E 上有 $F'(e) = 0$, 从而有 $\mathrm{D}_{F'}(x) \simeq 0$, 所以, 由 (1) 得 $\mathrm{D}_F(x) \simeq 1$.[①] □

定理 121 设 $f(x)$ 是 (有限) 可积点函数, 若

$$F(e) = \int_e f(x)\mathrm{d}m,$$

则

$$\mathrm{D}_F(x) \simeq f(x).$$

[证] (1°) 设 E 的定义函数为 $\varphi(x)$, 则

$$F(e) = m(Ee) = \int_e \varphi(x)\mathrm{d}m,$$

---

① 在这个定理中, F, F' 不是有限的, 因此不满足前一个脚注的条件, 为了给出 (1), 只需在包含 x 的某个矩形的外面, 把 F, F' 的值变成 0, 并运用定理 116 即可.

此定理归结为密度定理.

(2°) $f(x)$ 为阶段函数且 $x \in E_i$ 时, 设 $f(x) = a_i(i = 1, 2, \cdots, p)$. 这时, 设 $\varphi_i(x)$ 是 E_i 的定义函数, 则

$$f(x) = \sum_{i=1}^{p} a_i \varphi_i(x).$$

因此有

$$F(e) = \int_e f(x)\mathrm{d}m = \sum a_i \int_e \varphi_i(x)\mathrm{d}m.$$

从而根据 (1°) 可得

$$\mathrm{D}_F(x) \simeq \sum a_i \varphi_i(x) = f(x).$$

(3°) 一般情况, 只需对于 $f(x) \geqslant 0$ 证明即可, 所以设 $f(x)$ 是阶段函数 $f_n(x)$ 的递增列的极限 (定理 83). 这时, 令

$$F(e) = \int_e f(x)\mathrm{d}m, \quad F_n(x) = \int_e f_n(x)\mathrm{d}m,$$

则有

$$F(e) = \lim F_n(e). \qquad\qquad (\text{定理 } 88)$$

因此 (定理 117) 有

$$\mathrm{D}_F(x) \simeq \lim_{n \to \infty} \mathrm{D}_{F_n}(x) \simeq \lim_{n \to \infty} f_n(x) = f(x). \qquad\qquad \square$$

定理 122   可加集合函数 $F(e)$ 的导函数 $\mathrm{D}_F(x)$ 可积, $F(e)$ 等于 $\mathrm{D}_F(x)$ 的不定积分与某个奇异函数的和.

[证]   根据定理 99 和定理 100, 有

$$F(e) = F(eH) + \int_e f(x)\mathrm{d}m,$$

且 $F(eH)$ 是奇异函数. 因此, 根据定理 119 和定理 121, 有

$$\mathrm{D}_F(x) \simeq f(x).$$

从而有

$$F(e) = F(eH) + \int_e \mathrm{D}_F(x)\mathrm{d}m. \qquad\qquad \square$$

在上式右边的积分中, 在 e 内部的某个零集合 e_0 上, 有可能 $\mathrm{D}_F(x)$ 不存在, 应该把这样的 e_0 从积分区域中去掉. 在理解了这一情况之下, 有了上面的记法. 因为 $\overline{\mathrm{D}}_F(x)$ 和 $\underline{\mathrm{D}}_F(x)$ 总存在, 且

$$\overline{\mathrm{D}}_F(x) \simeq \underline{\mathrm{D}}_F(x) \simeq \mathrm{D}_F(x), \qquad\qquad (\text{定理 } 116)$$

所以也可以把积分符号下的 D_F 改为 $\overline{\mathrm{D}}_F$ 或 $\underline{\mathrm{D}}_F$.

在上面的讨论中, 对 $\mathrm{D}_F(x)$ 我们采用了 §122 末所陈述的一般意义, 而如果取其狭义, 则仍可以得到相同的结果. 用 $\circ$ 表示狭义积分, 则有

$$\overline{\mathrm{D}}_F(x) \simeq \overline{\mathrm{D}}_F{}^{\circ}(x) \simeq \underline{\mathrm{D}}_F{}^{\circ}(x) \simeq \underline{\mathrm{D}}_F(x).$$

§126 有界变差和绝对连续的点函数

$\mathbb{R}^1$ 上的可加集合函数 $F(e)$ 定义点函数 $f(x)$, 即当 $e = (-\infty, x)$ 时, $F(e) = f(x)$. 现在, 作为我们最感兴趣的情况, 假设 $F(e)$ 连续, 即 $\delta e \to 0$ 时, $F(e) \to 0$. 其中, δe 是集合 e 的径, 也就是 $\mathbb{R}^1$ 中包含 e 的区间的长度的下确界. 因此, 当 e 只有一个点时, $F(e) = 0, f(x)$ 作为点函数连续.

如果假设 $F(e)$ 对有界的 e 有限从而有界 (定理 94), 那么对应于 F 的 $f(x)$ 在 e 上是有界变差的. 对应于 F 的正负变差 F^+, F^- 以及绝对变差 $V = F^+ + |F^-|$ 的点函数分别记作 $f^+(x), f^-(x)$ 和 $v(x)$, 则有

$$f(x) = f^+(x) + f^-(x), \quad v(x) = f^+(x) + |f^-(x)|,$$

所以 $f^+(x), |f^-(x)|$ 单调递增 (§111).

设 $F(e)$ 在前述意义下 (§112) 绝对连续. 即 $me = 0$ 时, $F(e) = 0$. 因为 F 满足可加性, 所以绝对连续的意义就是当 $me \to 0$ 时 $F(e) \to 0$ (§112). 与 $F(e)$ 的这种绝对连续性对应的 $f(x)$ 的性质表述如下: 设互不相交的小区间 $w_i = [x_i, x_i']$ 的有限列的并集为 w, 把 $f(x)$ 在这些小区间上的变差的绝对值的和写作

$$V(w) = \sum |f(x_i') - f(x_i)|,$$

则

$$mw = \sum |x_i' - x_i|,$$

由 $F(e)$ 的绝对连续性, 当 $mw \to 0$ 时, $V(w) \to 0$. 具体说来, 对于任意的 $\varepsilon > 0$, 存在确定的 δ, 使得

$$\text{当} \quad mw < \delta \quad \text{时}, \quad V(w) < \varepsilon. \tag{1}$$

Vitail 把函数 $f(x)$ 的这种性质命名为绝对连续. 这就是绝对连续这一术语的由来. 即在 Vitail 的意义下, 与绝对连续的点函数对应的集合函数 $F(e)$ 也被起名为绝对连续.

反过来, 如果 $f(x)$ 绝对连续, $F(e)$ 也绝对连续. 首先, 因为 $f(x)$ 绝对连续, 所以在 (1) 中, 固定 ε, 然后取与之对应的 δ, 把任意区间分割成长度不超过 δ 的

小区间, 设这些小区间的个数是 p, 则关于这个区间的任意的小区间群 $w = \sum w_i$, 有 $V(w) \leqslant p\varepsilon$, 所以 $f(x)$ 是有界变差函数. 因此只需考虑 $f(x)$ 单调递增的情况即可, 这时, 因为 $F(e) \geqslant 0$, 如果设 $mE = 0$, 则存在满足 $E \subset G_n, mG_n \to 0$ 的开集合列 G_n, 使得 $F(G_n) \to 0$. 即 $F(E) = 0$. 即 F 绝对连续.

　　同样意义下, 如果与奇异集合函数 $F(e)$ 对应的点函数 $f(x)$ 也称作奇异点函数, 那么对于 $f(x)$, 当 K 是任意区间时, 对于任意的 $\varepsilon > 0$, 在 K 内存在满足 $m(K - w) < \varepsilon, V(w) < \varepsilon$ 的区间列 w.

　　设 $f(x)$ 在区间 K 上连续. 固定这个区间内的点 x, 移动 h, 记

$$\Delta(x, h) = \frac{f(x+h) - f(x)}{h},$$

并令

1)
$$\overline{\mathrm{D}}_f{}^+(x) = \varlimsup_{h \to +0} \Delta(x, h),$$

2)
$$\underline{\mathrm{D}}_f{}^+(x) = \varliminf_{h \to +0} \Delta(x, h),$$

3)
$$\overline{\mathrm{D}}_f{}^-(x) = \varlimsup_{h \to -0} \Delta(x, h),$$

4)
$$\underline{\mathrm{D}}_f{}^-(x) = \varliminf_{h \to -0} \Delta(x, h).$$

把 $h \to +0$ 简记作 "$h > 0, h \to 0$", 而 $h \to -0$ 简记作 "$h < 0, h \to 0$".

　　如果 1), 2) 相等, 那么把其共同值记作 $\mathrm{D}_f^+(x)$. 这是 $f(x)$ 在 x 处的右微商. 同样, 如果 3), 4) 相等, 那么其共同值 $\mathrm{D}_f^-(x)$ 是左微商. 如果 1) $\sim$ 4) 都相等, 那么其共同值 $\mathrm{D}_f(x)$ 是 $f(x)$ 在 x 处的微商, 此时, $f(x)$ 在 x 处可微. 狭义之下, 要求 $\mathrm{D}_f(x)$ 有限, 广义之下, 允许 $\mathrm{D}_f(x)$ 是 $\pm\infty$.

　　设 $f(x)$ 与集合函数 $F(e)$ 对应. 则 1) $\sim$ 4) 是 §122 所述 $F(e)$ 的微商的特殊情况, 在那里, 把 e 限定为 $[x, x+h]$ 或者 $[x-h, x]$, 这些 e 的正则性指数是 $\frac{1}{2}$.

　　如此限定 h 的结果就是, 导函数是 B 函数. 例如, 以 $\overline{\mathrm{D}}^+$ 为例, 根据 $\overline{\lim}$ 的意义, 可以把 h 限定于有理数. 因为 f 连续, 所以 $\Delta(x, h)$ 关于 x 连续, 且 $\overline{\mathrm{D}}^+(x)$ 作为连续函数列的 $\overline{\lim}$ 是 B 函数 (§117).

　　做了以上的准备, 现在设 $f(x)$ 在区间 $[a, b]$ 上连续且有界变差, 对与 $f(x)$ 对应的完全可加集合函数 $F(e)$ 运用 §124, §125 的定理 (参照 §121), 可以得到下面的结果.

1. 在区间 K 上连续且有界变差的函数 $f(x)$ 几乎处处可微, 微商几乎处处有限.

2. 如果 $\varphi(t), \psi(t)$ 在区间 $t_0 \leqslant t \leqslant t_1$ 上连续且有界变差, 则由 $x = \varphi(t), y = \psi(t)$ 定义的曲线几乎处处有切线.

3. 设 x 是区间 $[a, b]$ 上的点, 则

$$f(x) - f(a) = \varPhi(x) + \int_a^x \Delta(x)\mathrm{d}x.$$

上式中右边的 $\Delta(x)$ 可以是前页 1) $\sim$ 4) 中四个微商中的任意一个. 而 $\displaystyle\int_a^x$ 是 $[a, x]$ 上的 L 积分, $\varPhi(x)$ 是奇异函数.

特别地, $f(x)$ 是勒贝格意义下 $f'(x)$ 的不定积分的充分必要条件是 $f(x)$ 绝对连续.

4. 奇异函数几乎处处可微且微商等于 0.

最后, 为了构建最为常见的奇异函数 $\varPhi(x)$, 考察 §115 所述的三分点集合 E. 为了在区间 $K = [0, 1]$ 上创建三分点集合 E, 依次从 K 去掉区间, 第 n 次去掉 2^{n-1} 个区间, 在这些区间上, 设 $\varPhi(x)$ 的值从左边起依次是 $1/2^n, 3/2^n, \cdots, (2^n - 1)/2^n$. 对于所有的 n 如此确定 $\varPhi(x)$ 的值, 那么就决定了 $\varPhi(x)$ 在 K 中稠密分布的 E' (补集) 上各点的值, 可以把这个函数扩展成在 K 上连续的 $\varPhi(x)$. 这个 $\varPhi(x)$ 在 K 上从 0 单调递增到 1, 并在零集合 E 以外的各点上 $\varPhi'(x) = 0$. 在 E 的点上, $\varPhi'(x) = \infty$, 而在组成 E' 的区间的端点上, 右微商或左微商等于 0.

附录 I 无 理 数 论

要从根本上探讨数的概念就必须从自然数理论开始. 而这属于现代数学基础理论的范畴. 对数学分析概论来说, 我们认为以本书 §2 陈述的戴德金定理作为出发点就可以了. 但是按照 19 世纪末以来的惯例, 这里还是讨论一下无理数论, 即假定有理数是已知的, 从有理数向无理数过渡.

因此, 在下文中, 有理数的四则运算法则和大小关系都被认为是已知的. 其中有理数的稠密性非常重要, 即设 a, b 为两个不相同的有理数, 且 $a < b$, 则一定存在有理数 x, 使得 $a < x < b$, 从而, 存在无数个这样的有理数. 例如, $m = \dfrac{a+b}{2}$, 以及 $\dfrac{a+m}{2}, \dfrac{m+b}{2}$ 等, 都在 a, b 之间.

§1 有理数分割

把全体有理数按照下面的条件 (1°) 和 (2°) 分成 A, A' 两组[①](子集) 时, 把这种划分称为**分割**.

(1°) 各有理数或者只属于 A 或者只属于 A'. 即 A, A' 作为有理数的子集, 互为补集.

(2°) 属于 A 的各有理数小于属于 A' 的各有理数. 用符号表示为: 如果 $a \in A, a' \in A'$, 则 $a < a'$.

把这一分割写作 (A, A'). 而把 A 称为分割的下组, A' 称为分割的上组.

在分割 (A, A') 中, A 与 A' 互为补集, 确定了一方就可以自然地确定另一方. 现在, 我们把上组切掉, 只考虑下组, 可以如下定义.

分割的下组 A 是上方有界的有理数集合, 且

$$如果 \quad a \in A, \quad x < a, \quad 则 \quad x \in A.$$

有两种类型的有理数分割.

(第一种分割) 存在某个有理数 a, 它是上组与下组的边界, 即小于 a 的所有有理数都属于下组, 而大于 a 的所有有理数都属于上组. 这时, 根据条件 (1°), a 本身必须或者属于下组或者属于上组. 如果 a 属于下组, 那么 a 就是下组的最大

---

① 是严格意义上的两组, 即不允许 A 或 A' 为空 (空集).

数, 此时上组没有最小数. 如果 a 属于上组, 那么 a 是上组的最小数, 此时下组没有最大数.

这是根据有理数的稠密性得到的. 如果假设下组有最大数 a, 同时上组有最小数 a', 那么满足 $a < m < a'$ 的 m 既不属于下组也不属于上组, 与条件 (1°) 矛盾.

因此, 对于任意有理数 a 都有一个分割 (A, A') 与之对应, 反过来, 当分割 (A, A') 在下组有最大数 a 或在上组 A' 有最小数 a' 时, 则 (A, A') 就是在上面的意义下与 a 或 a' 对应的分割. 此时称分割 (A, A') 确定有理数 a 或 a'.

(第二种分割) 对于分割 (A, A'), A 没有最大有理数, 同时 A' 也没有最小有理数. 此时, 在上面意义下不存在与 (A, A') 对应的有理数. 于是, 称分割 (A, A') 确定一个**无理数** α.

有理数和无理数统称**实数**.

这只不过是一种称呼而已, 即到目前为止实数 α 只是有理数的一个分割 (A, A') 而已. 只有当适当定义了实数的大小及四则运算的意义才能确定实数的概念. 我们甚至还没有给出第二种分割的实际存在性的证明, 我们暂时放下其存在性证明, 继续下面的话题.

我们已经使一个分割 (A, A') 对应于一个实数 α, 这里称 A 为 α 的下组, A' 为 α 的上组. 其中, 当 α 是有理数, 且 α 是下组的最大数而属于下组时, 我们把 α 移到上组. 于是, 在这种规定之下, 上面的第一种分割与第二分割被统一起来, α 的下组没有最大数. 为了论述方便, 我们通常这样规定[①].

§2　实数的大小

[定理 1]　对于实数 α, β 的下组 A, B, 下面三个关系中有且只有一个关系成立.

(1) A 和 B 相等: $A = B$.

(2) A 是 B 的一部分[②]: $A \subset B$.

(3) B 是 A 的一部分: $B \subset A$.

[证]　假设 $A \neq B$, 则或者存在属于 B 但不属于 A 的有理数 m, 或者存在属于 A 但不属于 B 的有理数 m.

对于前者, 有 $m \in A'$, 因此如果 $a \in A$ 则 $a < m$. 而因为 $m \in B$, 所以 $a \in B$. 故 $A \subset B$.

同样, 对于后者, 有 $B \subset A$. 　　　　　　　　　　　　　　　□

---

① 下面通常用拉丁字母 a, b 等表示有理数, 而用希腊字母 α, β 等表示实数 (包括有理数). 只要没有混淆就不再一一赘述.

② 这是严格意义下的部分. 即, $A \subset B$ 意味着 A 包含于 B 且 $A \neq B$. 下同.

[定义]

$$A = B \ \text{时} \ \alpha = \beta.$$

$$A \subset B \ \text{时} \ \alpha < \beta.$$

$$B \subset A \ \text{时} \ \alpha > \beta.$$

[推论 1] 根据 $\alpha = \beta$, $\alpha < \beta$, $\alpha > \beta$, 有 $A = B, A \subset B, B \subset A$.

[推论 2] 若 $\alpha < \beta$, 则 $\beta > \alpha$.

[注意 1] 当 α, β 是有理数时, 已知的有理数大小关系与上面的定义是一致的 [即设有理数 α 和 β 的下组分别是 A 和 B, 那么根据 $A \subset B$ 或者 $B \subset A$, 在已知的 (有理数) 关系下 $\alpha < \beta$ 或者 $\beta < \alpha$].

[注意 2] 如果 m 属于 α 的下组, 则根据上面的定义 $m < \alpha$. 又, 如果 m 属于 α 的上组, 则 $\alpha \leqslant m$.

对于前者, m 的下组 M 完全包含于 α 的下组 A, 根据规定, A 中没有最大数, 因此 A 中存在大于 m 的有理数. 于是 $M \subset A$, 从而根据定义 $m < \alpha$.

对于后者 $(m \in A')$, $(1°)$ m 是 A' 的最小数, 从而有可能 $\alpha = m$, 但是如果 $(2°)$ A' 中没有最小数 (α 是无理数), 则在 A' 中存在比 m 小的 m_1, 从而 m_1 不属于 A, 于是有 $A \subset M$, 因此 $\alpha < m$.

[推论 3] 若 $\alpha < \beta$, 则存在 (无数个) 满足 $\alpha < m < \beta$ 的有理数 m.

[证] 根据假设 $A \subset B$. 于是存在同时属于 A' 和 B 的有理数 c, 根据规定, B 中没有最大数, 所以存在无数个满足 $c < m \in B$ 的有理数 m. 对于这样的 m, 有 $\alpha < m < \beta$. □

[定理 2] 若 $\alpha < \beta$, $\beta < \gamma$, 则 $\alpha < \gamma$.

[证] 设 α, β 和 γ 的下组分别是 A, B 和 C, 则因为 $\alpha < \beta, \beta < \gamma$, 所以有 $A \subset B, B \subset C$ (上面的推论 1), 从而有 $A \subset C$, 因此 $\alpha < \gamma$ (根据定义). □

§3 实数的连续性

定义了实数的大小之后, 就可以与有理数分割完全同样地去定义实数的分割.

[定理 3] 设 $(\mathbf{A}, \mathbf{A}')$ 为实数的分割, 则或者 $\mathbf{A}$ 中有最大的实数, 或者 $\mathbf{A}'$ 中有最小的实数, 两种情况必居其一.

[证] 设 $\mathbf{A}$ 和 $\mathbf{A}'$ 中所包含的所有有理数的全体分别为 A 和 A', 则 (A, A') 是有理数分割. 设与这一分割对应的实数是 α.

于是 $\alpha \in \mathbf{A}$ 或者 $\alpha \in \mathbf{A}'$ (分割的定义).

如果 $\alpha \in \mathbf{A}$, 则 α 是 $\mathbf{A}$ 中的最大数. 原因是: 设 $\alpha < \xi$, 则存在有理数 m, 使得 $\alpha < m < \xi$ [定理 1, 推论 3].

因此, $m \in A'$, 从而 $m \in \mathbf{A}'$. 因为 $m < \xi$, 所以 $\xi \in \mathbf{A}'$ (分割的定义). 这样, 大于 α 的 ξ 都属于 $\mathbf{A}'$, 所以 α 在 $\mathbf{A}$ 最大. 此时 $\mathbf{A}'$ 没有最小数 [定理 1, 推论 3].

同样, 如果 $\alpha \in \mathbf{A}'$, 则 α 是 $\mathbf{A}'$ 中的最小数. □

[定理 4]　有界的实数集合有确定的上确界和下确界 (上确界、下确界的定义以及 [定理 4] 的证明都与正文 §3 的相同).

在上文中, 我们只使用了有理数的大小关系和有理数的稠密性. 现在, 在有理数的四则运算已知的前提下, 给出下面的辅助定理.

[定理 5]　设 α 为实数且 c 为任意的正有理数, 则存在 (无数) 满足下式的有理数 a 和 a' 的组合.

$$a < \alpha < a', \quad a' - a = c.$$

[证]　α 为有理数时显然.

设 α 为无理数, 任取 $a_0 < \alpha$, 考察有理数序列

$$a_0, \ a_0 + c, \ a_0 + 2c, \ \cdots, \ a_0 + nc, \ \cdots.$$

取充分大的自然数 n 时, 这些数 $(a_0 + nc)$ 进入 α 的上组 (设上组中的一个有理数为 b, 可以使它们大于 b). 设这些数中系数 n 最小的数为 a', 则 $a = a' - c$ 属于下组, 即 $a < \alpha < a', a' - a = c$. □

§4 加　　法

[定理 6]　将属于 α, β 的下组 A, B 的有理数表示为 a, b, 设 $a + b$ 的全体为 M, 则 M 是一个下组.

[证]　(1°) 设 $m < a + b$, 那么存在有理数 a_1, b_1, 使得 $m = a_1 + b_1$, $a_1 < a$, $b_1 < b$ (根据有理数的性质).

$$因为 \quad a_1 \in A, \quad b_1 \in B, \quad 所以 \quad m \in M,$$

即小于 M 中有理数 $a + b$ 的有理数 m 属于 M.

(2°) 设 $m = a + b$, $a < a_1 \in A$, $b < b_1 \in B$, 则 $m < a_1 + b_1 \in M$. 即 M 中没有最大数. 因此 M 是下组. □

[定义]　令这个下组 M 所确定的数为 $\alpha + \beta$.

[注意]　设 a', b' 分别是 α 和 β 的上组中的数, 则 $a' + b'$ 属于 $\alpha + \beta$ 的上组: 这是因为, 由 $a < a', b < b'$ 得 $a + b < a' + b'$.

[定理 7](交换律)　$\alpha + \beta = \beta + \alpha$.

根据定义显然.

[定理 8](结合律) $(\alpha + \beta) + \gamma = \alpha + (\beta + \gamma)$.

[证] 设 α, β, γ 的下组分别为 A, B, C, 且一般地 $a \in A$, $b \in B$, $c \in C$. 根据加法的定义, $(\alpha+\beta)+\gamma$ 是 $(a+b)+c$ 的上确界. 同样, $\alpha+(\beta+\gamma)$ 是 $a+(b+c)$ 的上确界. 因为对于有理数有 $(a+b)+c = a+(b+c)$, 所以有 $(\alpha+\beta)+\gamma = \alpha+(\beta+\gamma)$. □

[定理 9](加法的单调性) 若 $\alpha < \beta$, $\gamma \leqslant \delta$, 则 $\alpha + \gamma < \beta + \delta$.

[证] (1°) 设 $\gamma = \delta$, 证明 $\alpha + \gamma < \beta + \gamma$.

取满足

$$\alpha < r < s < \beta$$

的有理数 r, s ([定理 1, 推论 3, 定理 2]), 设

$$c < \gamma < c', \quad c' - c = s - r$$

(定理 5). 于是 $r + c' = s + c$ (有理数的性质). 因此可令

$$m = r + c' = s + c.$$

而 $\alpha < r$, $\gamma < c'$, 所以 $r + c'$ 属于 $\alpha + \gamma$ 的上组 (前面的 [注意]). 因此

$$\alpha + \gamma \leqslant m.$$

又因为 $s < \beta$, $c < \gamma$, 所以 $s + c$ 属于 $\beta + \gamma$ 的下组 (加法的定义). 因此,

$$m < \beta + \gamma.$$

即

$$\alpha + \gamma \leqslant m < \beta + \gamma,$$

$$\alpha + \gamma < \beta + \gamma. \tag{定理 2}$$

(2°) 如果 $\alpha < \beta$, $\gamma < \delta$, 那么根据 (1°) 可知 $\alpha + \gamma < \beta + \gamma$, 再利用交换律得 $\beta + \gamma < \beta + \delta$, 因此 $\alpha + \gamma < \beta + \delta$ ([定理 2]). □

[定理 10](减法) 给定 α, β, 存在唯一的 ξ, 使得

$$\alpha + \xi = \beta.$$

[证] (1°) 首先设 $\beta = 0$, 证明存在满足 $\alpha + \overline{\alpha} = 0$ 的 $\overline{\alpha}$.

设 $a < \alpha < a'$, 则 $a < a'$, $-a' < -a$, 所有这样的 $-a'$ 构成某个实数的下组 (根据下组的定义). 设这个实数为 $\overline{\alpha}$. 那么有 $\alpha + \overline{\alpha} = 0$. 为了证明这一等式, 只需证明 $a + (-a') = a - a'$ 的上确界是 0 即可. 首先, 因为 $a < a'$, 所

以 $a - a' < 0$ (根据有理数性质). 其次, 对于任意满足 $-r < 0$ 的有理数 r, 存在满足 $a - a' = -r$ 的 a, a' (定理 5).

因此, $\alpha + \overline{\alpha} = 0$.

(2°) 设 $\xi = \overline{\alpha} + \beta$, 则 $\alpha + \xi = \alpha + (\overline{\alpha} + \beta) = (\alpha + \overline{\alpha}) + \beta$ (定理 8).

因此, $\alpha + \xi = 0 + \beta = \beta$, 即存在 ξ, 使得 $\alpha + \xi = \beta$ 成立.

(需要证明 $0 + \beta = \beta$, 但是这一证明非常简单.)

(3°) 可以由 [定理 9] 得到减法的唯一性. 即, 如果 $\xi \leqslant (\geqslant)\xi'$, 则 $\alpha + \xi \leqslant (\geqslant)$ $\alpha + \xi'$, 所以有 $\beta \leqslant (\geqslant)\alpha + \xi', \alpha + \xi' \neq \beta$. □

[定义] 把满足 $\alpha + \xi = \beta$ 的 ξ 记作 $\beta - \alpha$. 于是 (1°) 的 $\overline{\alpha}$ 就是 $0 - \alpha$, 把它简记作 $-\alpha$. 由 (2°), (3°) 得 $\beta - \alpha = \beta + (-\alpha)$.

§5 绝 对 值

如果通过实数与 0 比较大小来定义它的正负, 那么当 $\alpha \neq 0$ 时, α 与 $-\alpha$ 中一个是正的, 另一个是负的.

设 $\alpha > 0, -\alpha \geqslant 0$ 或 $\alpha < 0, -\alpha \leqslant 0$, 则根据加法的单调性得 $0 > 0$ 或 $0 < 0$ (不合理).

[定义] 如果 $\alpha \neq 0$, 则称 α 与 $-\alpha$ 中正的一方为 α 的绝对值 (记作: $|\alpha|$). 如果 $\alpha = 0$, 则令 $|\alpha| = 0$.

[定理 11] $|\alpha + \beta| \leqslant |\alpha| + |\beta|$.

仅当 α 和 β 的符号相同, 或者 α 或 β 等于 0 时, 上式中的等号成立.

[证] 请读者自己一定完成证明. □

§6 极 限

至此, 我们可以一一检验第 1 章的基本定理.

我们已经讲述了从实数的定义出发可以导出戴德金定理 (定理 1) 和魏尔斯特拉斯定理 (定理 2) (本附录的 §3). 我们又在此基础上定义了实数的加减法, 现在可以定义数列的极限 (§4), 并以此来验证第 1 章的定理 6、定理 7 和柯西判别定理 (定理 8).

其中, 只需利用实数的大小关系就可以定义数列 $\{\alpha_n\}$ 的上极限和下极限. 而当它们相等时也就可以定义极限. 但是, 不利用差就无法验证柯西收敛条件. 无理数论中加法的重要性就表现于此.

对于定理 5(§4), 其中的 (1°), (2°) 已经可以验证了, 但是到此我们还没有定义实数的乘法, 因此无法验证 (3°) 和 (4°).

在此我们给出下面的定理.

[**定理 12**]   存在收敛于实数 α 的有理数列.

[**证**]   在给出这一存在性证明的同时, 陈述 α 的十进制数表示方法.

设 $n(\geqslant 0)$ 是一个自然数, a 是任意的整数, 考虑形为 $\dfrac{a}{10^n}$ 的有理数

$$\cdots, \frac{-3}{10^n}, \frac{-2}{10^n}, \frac{-1}{10^n}, 0, \frac{1}{10^n}, \frac{2}{10^n}, \frac{3}{10^n}, \cdots,$$

从中确定满足

$$\frac{a_n}{10^n} \leqslant \alpha < \frac{a_n + 1}{10^n}$$

的整数 a_n. 这时有

$$0 \leqslant \alpha - \frac{a_n}{10^n} < \frac{1}{10^n}.$$

设 $\varepsilon > 0$ 时, 取满足 $\varepsilon > r > 0$ 的有理数 r, 对于充分大的 n, 有 $r > \dfrac{1}{10^n}$ (根据有理数的性质: 设 $n > \dfrac{1}{r}$, 则 $10^n > n > \dfrac{1}{r}$).

从而有

$$0 \leqslant \alpha - \frac{a_n}{10^n} < \varepsilon,$$

即

$$\lim_{n \to \infty} \frac{a_n}{10^n} = \alpha.$$

以上就证明了 [定理 12], 由上面 a_n 的意义可得

$$10a_{n-1} \leqslant a_n < 10a_{n-1} + 10, \quad n = 1, 2, \cdots.$$

所以令 $a_n = 10a_{n-1} + c_n$, 则

$$\frac{a_n}{10^n} = \frac{a_{n-1}}{10^{n-1}} + \frac{c_n}{10^n}, \quad 0 \leqslant c_n \leqslant 9,$$

即

$$\frac{a_n}{10^n} = a_0 + \frac{c_1}{10} + \frac{c_2}{10^2} + \cdots + \frac{c_n}{10^n}.$$

从而

$$\alpha = a_0 + \frac{c_1}{10} + \frac{c_2}{10^2} + \cdots + \frac{c_n}{10^n} + \cdots.$$

这就是 α 的十进制表示.

这样的表示是唯一的, 但是, 众所周知, $\alpha = \dfrac{a_n}{10^n}, c_n \neq 0$ 时, 最后一项 $\dfrac{c_n}{10^n}$ 可以换成 $\dfrac{c_n - 1}{10^n} + \dfrac{9}{10^{n+1}} + \dfrac{9}{10^{n+2}} + \cdots.$

把 10 替换成大于 1 的任意自然数 t, 利用同样的方法, 可以得到实数 α 的 t 进制展开

$$\alpha = a_0 + \frac{c_1}{t} + \frac{c_2}{t^2} + \cdots, \quad 0 \leqslant c_n < t. \qquad \square$$

§7 乘　　法

比起利用分割定义乘法, 自由地运用极限的定义来定义乘法更是上策. 设收敛于给定的实数 α, β 的任意有理数列分别是 $\{a_n\}, \{b_n\}$, 则数列 $\{a_n b_n\}$ 收敛 (柯西定理). 因为: 根据有理数乘法可知

$$a_n b_n - a_m b_m = a_n(b_n - b_m) + b_m(a_n - a_m),$$

且因为 $\{a_n\}, \{b_n\}$ 有界, 所以对于所有的 n, m, 存在有理数 c 使得

$$|a_n| < c, \quad |b_n| < c.$$

对于任意给定的 $\varepsilon > 0$, 取满足 $\varepsilon > r > 0$ 的有理数 r, 对于这个有理数 r, 当 n 和 m 充分大时有 $|a_n - a_m| < \dfrac{r}{2c}, |b_n - b_m| < \dfrac{r}{2c}$, 从而有

$$|a_n b_n - a_m b_m| \leqslant |a_n||b_n - b_m| + |b_m||a_n - a_m| < c\frac{r}{2c} + c\frac{r}{2c} = r < \varepsilon.$$

因此数列 $\{a_n b_n\}$ 收敛. 它的极限与收敛于实数 α, β 的有理数列 $\{a_n\}, \{b_n\}$ 的选择无关 (§9).

　　[定义]　当 $\lim a_n = \alpha, \lim b_n = \beta$ 时, 以

$$\lim a_n b_n = \alpha\beta$$

定义积 $\alpha\beta$.

　　当 $\alpha = a, \beta = b$ 是有理数时, 上面的定义与已知的有理数积的定义是一致的 (只需设 $a_n = a, b_n = b$ 即可). 下面的等式可以由定义直接得到

$$\alpha \cdot 0 = 0 \quad \alpha \cdot 1 = \alpha, \quad (-\alpha)\beta = -\alpha\beta.$$

上面的这些等式将在后面的证明中用到.

　　[定理 13](交换律)　$\alpha\beta = \beta\alpha.$

　　[证]　设 $a_n \to \alpha, \quad b_n \to \beta$, 则 $a_n b_n \to \alpha\beta, \quad b_n a_n \to \beta\alpha$. 对于有理数我们知道有 $a_n b_n = b_n a_n$, 所以有 $\alpha\beta = \beta\alpha$. $\qquad \square$

　　[定理 14](结合律)　$(\alpha\beta)\gamma = \alpha(\beta\gamma).$

[定理 15](分配律) $(\alpha + \beta)\gamma = \alpha\gamma + \beta\gamma$.

[证] 同上. 在这里利用了 $a_n + b_n \to \alpha + \beta$. □

[定理 16] 若 $\alpha > 0, \beta > 0$, 则 $\alpha\beta > 0$.

[证] 若 $\alpha > 0, \beta > 0$, 则存在收敛于 α, β 的正单调递增有理数列 $\{a_n\}$ 和 $\{b_n\}$ (例如十进制数列), 于是 $\{a_n b_n\}$ 也是单调递增数列, 且 $a_n b_n \leqslant \alpha\beta$. 因为 $a_n b_n > 0$, 所以 $\alpha\beta > 0$. □

[注意] 由此使用 $(-\alpha)\beta = -\alpha\beta$, 根据 α, β 同号或者异号得 $\alpha\beta > 0(< 0)$.

[定理 17] 若 $\alpha\beta = 0$, 则或者 $\alpha = 0$, 或者 $\beta = 0$.

[证] 设 $\alpha > 0$, 只要证 $\beta = 0$ 即可. 假设 $\beta \neq 0$, 则由上面注意可知 $\alpha\beta \neq 0$. □

[定理 18](除法) 给定 $\alpha \neq 0$ 和 β, 存在唯一满足 $\alpha\xi = \beta$ 的 ξ.

[证] (1°) 首先证明存在满足 $\alpha\overline{\alpha} = 1$ 的 $\overline{\alpha}$. 设 $\alpha > 0$, 并设收敛于 α 的正单调递增有理数列为 $\{a_n\}$, 则 $\dfrac{1}{a_n}$ 单调递减且有界, 所以收敛. 设它的极限为 $\overline{\alpha}$, 则

$$\alpha\overline{\alpha} = \lim_{n \to \infty} a_n \cdot \frac{1}{a_n} = 1.$$

对于 $-\alpha, -\overline{\alpha}$ 是其倒数.

(2°) 设 $\xi = \overline{\alpha}\beta$, 则 $\alpha\xi = \alpha(\overline{\alpha}\beta) = (\alpha\overline{\alpha})\beta = 1 \cdot \beta = \beta$.

(3°) 利用乘法的分配律可以证得 ξ 的唯一性. 设 $\alpha\xi = \beta$, $\alpha\xi' = \beta$, 则 $\alpha\xi - \alpha\xi' = \alpha(\xi - \xi') = 0$. 而因为 $\alpha \neq 0$, 所以 $\xi - \xi' = 0$ [定理 17]. 即 $\xi = \xi'$. □

§8 幂 和 幂 根

根据乘法的连续性, 我们知道 $f(x) = x^2$ 在 $[0, \infty)$ 上连续, 而这个函数从 0 到 ∞ 单调递增, 所以存在反函数, 这个反函数连续且单调. 即在 $[0, \infty)$ 上 $\sqrt{x}$ 是确定的 (§16).

在此省略对三次以上函数的说明.

可以从实数可取平方根而得到无理数存在的证明. 例如 $\sqrt{2}$ 就是无理数.

使用整数论技巧证明 $\sqrt{2}$ 是无理数是最简单的. 现在, 假设 $\sqrt{2} = p/q$, 其中 p, q 是互质的整数. 于是有 $p^2 = 2q^2$, 因此 p 是偶数, 从而 q 是奇数. 此时, 设 $p = 2p'$, 则 p' 是整数, 且 $4p'^2 = 2q^2$, 所以 $2p'^2 = q^2$, 因此 q 是偶数. 矛盾.

我们也可以利用实数的十进制展开来证明无理数的存在. 有理数的展开或者是有限的或者是循环小数 (也由整数论可知). 因此不循环的十进制数就是无理数. 例如把 $10, 100, 1000, \cdots$ 排列起来所写成的数 $0.10\,100\,1000 \cdots$ 就不是循环的, 这很容易证明.

§9　实数集合的一个性质

我们可以把所有有理数都附加上序号 (它是可数的). 这里尽管附加序号, 但是它与有理数的大小顺序无关: 稠密性不允许我们按照有理数的大小顺序附加序号. 现在, 把正的有理数写成自然数的商的形式 n/m, 让其与平面上的格点 (m, n) 对应, 那么利用 §50 所陈述的方法, 我们可以对这样的格点编号. 虽然同一个有理数对应于无数个格点, 但除去重复的格点进行编号即可.

例如, 像 §50 的图 4–6 右图所示的那样做, 按编号顺序可以如下列出有理数

$$\frac{1}{1}, \frac{1}{2}, \frac{2}{1}, \frac{1}{3}, \frac{3}{1}, \frac{1}{4}, \frac{2}{3}, \frac{3}{2}, \frac{4}{1}, \frac{1}{5}, \frac{5}{1}, \cdots.$$

给正有理数这样编号为 $a_1, a_2, a_3, \cdots$ 之后, 再把 0 和负有理数加进来, 例如像

$$0, a_1, -a_2, a_2, -a_2, \cdots,$$

这样就确定了所有有理数的顺序.

然而, 对于全体实数, 即便是仅局限于某个区间, 我们也绝不可能毫无遗漏地给它们编号. 为了便于证明, 设区间是 $(0, 1)$, 并假设我们能够把这个区间内所有实数编号成 $\alpha_1, \alpha_2, \cdots, \alpha_n, \cdots$, 并设这些实数的十进制表示分别为

$$\alpha_1 = 0 \cdot c_1^{(1)} c_2^{(1)} \cdots c_n^{(1)} \cdots,$$
$$\alpha_2 = 0 \cdot c_1^{(2)} c_2^{(2)} \cdots c_n^{(2)} \cdots,$$
$$\cdots\cdots,$$
$$\alpha_n = 0 \cdot c_1^{(n)} c_2^{(n)} \cdots c_n^{(n)} \cdots,$$
$$\cdots\cdots$$

其中, 作为十进制数, 我们使用正规记法 (例如, $0.5000 \cdots$ 不能写成 $0.4999 \cdots$).

当给定上面的列表时, 我们要证明这个列表一定漏掉了区间 $(0, 1)$ 上的某个数. 现在, 令实数 α 的十进制表示为

$$\alpha = 0 \cdot c_1 c_2 \cdots c_n \cdots,$$

并如下确定上面表示中的数字 $c_1, c_2, \cdots$. 对于各个数位 n, 如果 α_n 的数字 $c_n^{(n)}$ 是偶数 (0 也算在内), 则令 $c_n = 1$, 如果 $c_n^{(n)}$ 是奇数, 则令 $c_n = 2$. 于是, α 与 α_1 的第一位数字不同, 与 α_2 的第二位数字不同, 一般地, 与 α_n 的第 n 位数字不同,

而且 α 的数字只有 1 和 2, 它绝不会以 999 $\cdots$ 结尾, 所以 α 与 $\alpha_1, \alpha_2, \alpha_3 \cdots$ 都不相同. 而这个数是区间 $(0, 1)$ 中的数, 但是上面列表中却没有, 即没有给它编号.

这就是康托尔著名的**对角线论法**.

对于任意的区间 $a < x' < b$ 也同样如此. 想要证明这一结论, 我们只需通过变换 $x' = a + (b-a)x$ 使区间 $(0, 1)$ 上的 x 与区间 (a, b) 上的 x' 之间一一对应即可. 如果我们能够把区间 (a, b) 内的 x' 编号, 那么赋予与 x' 对应的 x 相同的编号, 就可以把 $(0, 1)$ 上的点 x 编号. 这是不可能的.

更重要的是, 只取无理数, 我们也无法给它们编号: 假设对某个区间里的所有无理数可以这样编号 $b_1, b_2, \cdots, b_n \cdots$, 而对同一区间内的有理数给出这样的编号 $a_1, a_2, \cdots, a_n, \cdots$, 把它们像下面这样交错重新排列 $a_1, b_1, a_2, b_2, \cdots, a_n, b_n, \cdots$. 于是对于这个区间内的所有实数就可以进行编号, 这是不合理的.

按大小顺序来说, 有理数和无理数都是稠密的, 而且是交错分布, 但是无理数比有理数浓度更大.

到此为止, 不利用 $\sqrt{2}$ 等无理数, 我们也能够很自然地明白无理数是存在的.

§10　复　　数

两个实数的组合 (x, y) 形成一个向量, 我们已经知道它的加法满足交换律和结合律, 而且可以作为加法的唯一逆运算定义减法. 在这里零的角色就是零向量 $(0, 0)$. 在加法的基础之上, 作为第二个特别的算法定义乘法, 就生成了复数.

对于复数 $(x, y) \neq (0, 0)$ 的坐标 x, y, 由关系式

$$x = \rho \cos\theta, \quad y = \rho \sin\theta, \quad \rho > 0 \tag{1}$$

可以确定 ρ 和 θ (不计相差 2π 的整数倍, 即取 $\mathrm{mod}.2\pi$). 极坐标 ρ, θ 实际上就是复数 (x, y) 的绝对值和辐角. 对于 $(0, 0)$, $\rho = 0$ 且 θ 是任意的. 利用这样的极坐标, 假设记作 $(x, y) = [\rho, \theta]$, 那么两个复数的积定义为

$$[\rho_1, \theta_1] \cdot [\rho_2, \theta_2] = [\rho_1\rho_2, \theta_1 + \theta_2] \tag{2}$$

(用几何学的话说就是, 乘以 $[\rho_2, \theta_2]$ 相当于把向量 $[\rho_1, \theta_1]$ 向正的方向旋转 θ_2, 并把它的长度乘以 ρ_2.).

根据这一定义, 乘法满足交换律和结合律, 且当 $[\rho_2, \theta_2] \neq (0, 0)$ 时, 可以唯一确定除法 $[\rho_1, \theta_1]/[\rho_2, \theta_2] = [\rho_1/\rho_2, \theta_1 - \theta_2]$. 为了把积的定义 (2) 用笛卡儿坐标表示, 设

$$(a, b) = [r, \alpha], \quad (x, y) = [\rho, \theta],$$

利用 (1) 和 (2) 得

$$(a, b) \cdot (x, y) = [r, \alpha] \cdot [\rho, \theta] = [r\rho, \alpha + \theta]$$
$$= (r\rho \cos(\alpha + \theta), r\rho \sin(\alpha + \theta)),$$

于是有

$$r\rho \cos(\alpha + \theta) = r \cos\alpha \cdot \rho \cos\theta - r \sin\alpha \cdot \rho \sin\theta = ax - by,$$

$$r\rho \sin(\alpha + \theta) = r \sin\alpha \cdot \rho \cos\theta + r \cos\alpha \cdot \rho \sin\theta = bx + ay,$$

从而有

$$(a, b) \cdot (x, y) = (ax - by, bx + ay).$$

由此可知, 乘法对加法满足分配律 (用 x_1, y_1 和 x_2, y_2 分别代替 x, y 代入上式再求和).

对于 $y = 0$ 的复数, 有

$$(x_1, 0) + (x_2, 0) = (x_1 + x_2, 0), \quad (x_1, 0)(x_2, 0) = (x_1 x_2, 0),$$

这里的加法和乘法与实数 x_1, x_2 的加法和乘法完全同构, 把 $(x, 0)$ 视为 x, 则复数可以看作实数的扩展.

$a \cdot (x, y) = (ax, ay)$ 是所谓的标量乘法 (伸缩意义下的乘法), 它等于 $(a, 0) \cdot (x, y)$.

如果记 $(1, 0) = 1, (0, 1) = \mathrm{i}$, 则 $(x, y) = x + y\mathrm{i}$, 且

$$\mathrm{i}^2 = (0, 1) \cdot (0, 1) = \left[1, \frac{\pi}{2}\right] \cdot \left[1, \frac{\pi}{2}\right] = [1, \pi] = (-1, 0) = -1.$$

因此, 从形式上, 复数的四则运算与实数的四则运算相同, 只是需要随时把 i^2 换成 -1, 从而保持标准形式 $x + y\mathrm{i}$. 在 18 世纪, 把这样的方便规定视为天赐的法则.

从历史上看, 复数是作为代数对象引入的. 在上面的解说中, 三角函数的加法定理是从几何学中引用过来的, 方法上不够纯正, 但上文不考虑这些, 以简捷为主.

附录 Ⅱ　若干特殊曲线

1. 本书的 §12 引入了皮亚诺曲线, 下面我们描述一下它的有趣之处.

当 $\varphi(t), \psi(t)$ 在区间 $a \leqslant t \leqslant b$ 上连续时, 如果用满足

$$(C) \qquad\qquad x = \varphi(t), \quad y = \psi(t)$$

的点 $P = (x, y)$ 的集合 (轨迹) 定义一条平面曲线 C, 那么我们直观上认为的连续曲线都符合这个定义, 反之, 如果把所有符合这一定义的集合都称为线, 那么就会包含冠以线的名目的意外之物. 其中一例就是皮亚诺曲线, 它通过平面上的区域的各点, 即用一条曲线扫过某个面积. 如果认为这样的个案混入曲线之中令人感到困惑, 那么它是由于上述使用连续函数 $\varphi(t), \psi(t)$ 定义曲线 C 造成的, 这个定义不够好.

Knopp 设计了制作皮亚诺曲线的简单方案, 下面描述一下其要点.

取一条线段 T 和一个等腰直角三角形 Δ. 我们构建曲线 C, 使得当中间变量 t 在 T 上移动时, C 扫过 Δ.

把 T 二等分成 T_0 和 T_1, 再从等腰直角三角形的直角顶点向斜边作垂线把直角三角形 Δ 二等分成 Δ_0 和 Δ_1, Δ_0 和 Δ_1 分别对应于 T_0, T_1.

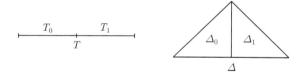

图　Ⅱ–1

接下来, 再把线段 T_0 二等分成 T_{00} 和 T_{01}, 把 T_1 二等分成 T_{10} 和 T_{11}, 同时, 把 Δ_0 和 Δ_1 相应地分成相等的两部分 Δ_{00}, Δ_{01} 和 Δ_{10}, Δ_{11}, 此时四条线段 $T_{00}, T_{01}, T_{10}, T_{11}$ 分别与 $\Delta_{00}, \Delta_{01}, \Delta_{10}, \Delta_{11}$ 对应. 其中, 把四条线段按上述顺序排列, 相邻的线段所对应的三角形有一条公共边. 即有图 Ⅱ–2 所示的对应关系.

在同样的条件下, 再进行一次二等分, 则得到有图 Ⅱ–3 所示对应关系的八条线段 T_{abc} 和八个三角形 Δ_{abc}.

继续这样的操作, 把线段 $T_{abc\cdots l}$ 按把记号 $(abc \cdots l)$ 看作二进制数 $0.abc \cdots l$ 时这些二进制数的大小顺序排列, 相邻的线段对应于有一条公共边的相邻三角形.

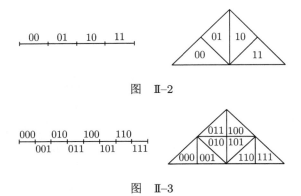

图 Ⅱ-2

图 Ⅱ-3

在区间 $0 \leqslant t \leqslant 1$ 上, 把变量 t 写作二进制形式

$$t = 0 \cdot c_1 c_2 c_3 \cdots c_n \cdots \tag{1}$$

时, 有

$$\Delta_{c_1} \supset \Delta_{c_2 c_2} \supset \Delta_{c_1 c_2 c_3} \supset \cdots \supset \Delta_{c_1 c_2 \cdots c_n} \supset \cdots, \tag{2}$$

这些三角形收敛于一点 P. 现在, 在三角形 Δ 所在平面上, 任意确定坐标系 (如把 x 轴取在斜边上, 并取直角顶点在 $(0,1)$ 上), 设 P 的坐标是 (x, y), 则如下所示, 可以确定 t 的函数

$$x = \varphi(t), \quad y = \psi(t).$$

其中, 相对于 $t = \dfrac{a}{2^n}$ (线段的分点), 与二进制的不唯一性无关, 我们仍可以唯一确定与 t 对应的点 P. 例如, 对于

$$t = 0.010\,100\,0 \cdots = 0.010\,011\,1 \cdots = \frac{5}{16},$$

对应的点 P 是

$$P = \left(0, \frac{1}{2}\right)$$

(参照图 Ⅱ-4).

根据函数的构造过程, 这样定义的函数 $\varphi(t), \psi(t)$ 显然连续. 事实上, 如果设 $|t - t'| < \dfrac{1}{2^{2n}}$, 那么对应于 t, t' 的点 P, P' 的距离小于 $\dfrac{1}{2^{n-2}}$. 而三角形 Δ 的点 P 属于 (2) 所示的区域序列, 显然与区间 $[0, 1]$ 的 t 的值 (1) 对应. 但是 t 与 P 间的对应不是一一对应, 同一点 P 可能对应于不同的 t 值, 这样的点 P 稠密地分布在三角形的边及各分割线上. 例如与 $P = \left(0, \dfrac{1}{2}\right)$ 对应的 t 值

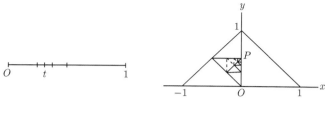

图 II–4

有 $t = 0.0101, 0.0111, 0.1001, 0.1011$.

2. 把上面的作图方法稍加变更, 就得到了 Helge von Koch 曲线. 它是不能画出任何切线的若尔当曲线.

这次, 从底角为 $30°$ 的等腰三角形 Δ 出发. 把它的底三等分, 于是把 Δ 分割成三个三角形, 丢掉中间的三角形, 并命名两边的三角形为 Δ_0 和 Δ_1 (见图 II–5). 这两个三角形与原来的三角形 Δ 相似. 再对 Δ_0 和 Δ_1 做同样的分割, 得到四个三角形 Δ_{00}, Δ_{01} 和 Δ_{10}, Δ_{11}.

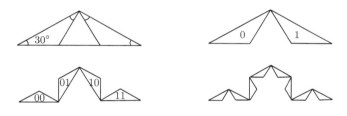

图 II–5

持续这一操作, 得到无数个三角形 $\Delta_{abc\cdots l}$. 编号的方法与前面相同, 相邻线段对应的三角形在一个顶点处相邻.

同前面一样, 用二进制表示

$$t = 0 \cdot c_1 c_2 c_3 \cdots c_n \cdots, \tag{1}$$

于是区域列

$$\Delta_{c_1} \supset \Delta_{c_1 c_2} \supset \Delta_{c_1 c_2 c_3} \supset \cdots \supset \Delta_{c_1 c_2 \cdots c_n} \supset \cdots \tag{2}$$

收敛于一点 $P = (x, y)$, 其坐标

$$(C) \qquad\qquad x = \varphi(t), \quad y = \psi(t)$$

是连续函数, 这一次 t 和 P 之间的对应是一一对应, C 是若尔当曲线. 如果如图 II–6 所示把三条这样的曲线连到一起, 就得到一条若尔当闭曲线.

这条曲线的特点是它在各点都不存在切线. 事实上, 设与 (1) 对应的点为 P_0, 那么 P_0 属于 (2) 中无数的三角形 $\Delta_{c_1 c_2 \cdots c_n}$, 因为这些三角形的各顶点 P_1, P_2, P_3 是曲线 C 上的点, 所以弦 $P_0 P_1, P_0 P_2, P_0 P_3$ 不向一个方向收敛. 因此 P_0 处没有切线. 无论 P_0 是在 $\Delta_{c_1 c_2 \cdots c_n}$ 的边上还是在它的顶点上情况都一样.

在上面的作图中, 等腰三角形的底角并非必须是 30°. 一般地, 设底角为 $\alpha <$ $\pi/4$, 且 $4\alpha + \beta = \pi$, 如果把 Δ 的顶角分成 α, β, α 三份 (见图 II–7), 则依次构造出的 Δ_0, Δ_1 与 Δ 相似. 从这样的三角形链也可以得到 Koch 曲线. 在 $\alpha = \pi/4, \beta = 0$ 的极端情况下, 我们就得到皮亚诺曲线, 此时因为中间的三角形消失, 所以只有一个公共点的三角形变成有一条公共边, 因此 P 和 t 之间不再一一对应.

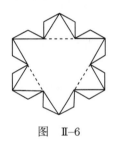 

图　II–6　　　　　　　　　　　　　图　II–7

[注意]　　正因为有这样的曲线, 所以存在处处不可微的连续函数就不足以令我们感到惊讶了 (参照本书第 41 页). 笔者曾经利用二进制法构造出一个这样的简单实例 (东京数学物理学会记事, 1903 年). 此后, Van der Waerden 根据十进制方法发表了完全相同的函数 (Mathematische Zeitschrift, 32, 1930). 前面的函数 $\varphi(t), \psi(t)$ 也是同类函数, 但是它们不够简捷.

3. 在上述作图中, 为了简明起见, 我们利用了相似三角形, 作图的关键不是数量关系而是位置关系, 因此 $\Delta_a, \Delta_{ab}, \Delta_{abc}, \cdots$ 即使不相似, 只要三角形的各边 (作为点集的径) 最终充分变小就可以得到若尔当曲线. 特别地, 如果让每次舍去的中间三角形的面积以适当的速度变小的话, 就如 Osgood 指出的那样, 我们可以得到由若尔当曲线围成且没有确定面积的区域的例子. 在上面作图的各个阶段, 适当地让从三角形 $\Delta_{ab \cdots l}$ 的中央除去的三角形的面积比率 $k_n < 1$ (例如 $k_n = \dfrac{1}{2^n}$), 使得无限积 $\prod(1 - k_n) = p \neq 0$, 则设最初的三角形的面积为 1 时, 曲线 C 的外面积等于 p (§91). 因此, 以这样的若尔当曲线为边界的区域没有确定的 (黎曼式的) 面积.

补遗　关于处处不可微的连续函数

本书作者在 550 页附录 II 中做了如下描述:

正因为有这样的曲线, 所以存在处处不可微的连续函数就不足以令我们感到惊讶了 (参照本书第 41 页). 笔者曾经使用二进制方法构造出了一个简单的例子 (东京数学物理学会记事, 1903 年).

最近, 本书作者构造出的这一函数在应用研究中被引用, 若干书籍对其进行了说明. 本篇补遗的主旨是, 依照本书作者下述论文的轮廓介绍这一函数 (第 1 节):

Teiji Takagi, A simple example of the continuous function without derivative, Proc. Phys.-Math. Soc. Japan, Ser. II 1, 1903, pp. 176-177;

The Collected Papers of Teiji Takagi, 岩波书店, 1973, pp. 5-6

以上论文所用方法的特点是仅使用二进制小数展开. 然而, 关于这一函数和类似函数的大部分文献都不使用二进制方法, 使用的是区间二进制划分, 而且借用函数图像来进行解释, 我也对此进行若干说明 (本文第 2 节).

1. 与原论文保持一致, 这里以 t 为变量, 并为方便起见设 t 的取值范围在 0 和 1 之间. 本节的目标是构造在 $0 \geqslant t \geqslant 1$ 处处连续, 但处处不可微的函数 $f(t)$. 下面的解说基本上遵循原论文的论述, 但因为原论文比较简洁, 这篇补遗给出适当的补充并进行拓展说明 (特别是连续性部分), 特此说明.

设 t 的二进制展开为

$$t = \sum_{n=1}^{\infty} \frac{c_n}{2^n} = 0.c_1 c_2 \cdots c_n \cdots, \quad c_n = 0 \text{ 或者 } 1.$$

(原论文中没有 $0.c_1 c_2 \cdots c_n \cdots$ 这样的写法, 这里为简单起见采用这样的写法.) 形为 $\dfrac{m}{2^p}$ (m 为奇数) 的有理数的展开具有二值性 (例如, $\dfrac{7}{8} = 0.111000 \cdots = 0.110111 \cdots$), 对此取哪个值都可以. (但是, $t = 1$ 的展开为 $0.111 \cdots$.) 设

$$\tau_n = \frac{c_n}{2^n} + \frac{c_{n+1}}{2^{n+1}} + \frac{c_{n+2}}{2^{n+2}} + \cdots = 0.\overbrace{0\cdots 0}^{n-1} c_n c_{n+1} \cdots,$$

$$\tau_n' = \frac{1}{2^{n-1}} - \tau_n = \frac{c_n'}{2^n} + \frac{c_{n+1}'}{2^{n+1}} + \frac{c_{n+2}'}{2^{n+2}} + \cdots = 0.\overbrace{0\cdots 0}^{n-1} c_n' c_{n+1}' \cdots,$$

其中, $c_n' = 1 - c_n$. 定义 γ_n 为

$$\text{当 } c_n = 0 \text{ 时 } \gamma_n = \tau_n, \text{当 } c_n = 1 \text{ 时 } \gamma_n = \tau'_n,$$

如下定义 $f(t)$:

$$f(t) = \sum_{n=1}^{\infty} \gamma_n. \tag{1}$$

(c_n, γ_n 等依赖于 t, 将 (1) 右边的 γ_n 写成 $\gamma_n(t)$ 时可以明确这是 t 的函数, 但这里依照论文原文写成 (1) 的形式.)

将 $f(t)$ 转换成如下形式:

$$f(t) = \sum_{\substack{n=1 \\ c_n=0}}^{\infty} \sum_{k=n}^{\infty} \frac{c_k}{2^k} + \sum_{\substack{n=1 \\ c_n=1}}^{\infty} \sum_{k=n}^{\infty} \frac{c'_k}{2^k} = \sum_{\substack{k=1 \\ c_k=1}}^{\infty} \frac{1}{2^k} \sum_{\substack{n=1 \\ c_n=0}}^{k} 1 + \sum_{\substack{k=1 \\ c'_k=1}}^{\infty} \frac{1}{2^k} \sum_{\substack{n=1 \\ c_n=1}}^{k} 1. \tag{2}$$

这里, 记号 $\displaystyle\sum_{\substack{n=1 \\ c_n=0}}^{L}$ (其中 L 为有限值或无穷大) 表示是对从 1 到 L 满足 $c_n = 0$ 的 n 求和. 下面令 π_n, ν_n 和 a_n 分别为:

   π_n 是 $c_1, \cdots, c_n$ 中 0 的个数,

   ν_n 是 $c_1, \cdots, c_n$ 中 1 的个数,

   若 $c_n = 0$ 则 $a_n = \nu_n$, 若 $c_n = 1$ 则 $a_n = \pi_n$.

用这些来改写 (2) 的右边, 可以把 $f(t)$ 表示成如下形式:

$$f(t) = \sum_{\substack{k=1 \\ c_k=1}}^{\infty} \frac{\pi_k}{2^k} + \sum_{\substack{k=1 \\ c_k=0}}^{\infty} \frac{\nu_k}{2^k} = \sum_{n=1}^{\infty} \frac{a_n}{2^n}. \tag{3}$$

这是下面说明的基础. 注意, 由 $\pi_n + \nu_n = n$, 易知 $0 \leqslant a_n \leqslant n-1$.

   在此插入些许说明. 设 t 位于将区间 $[0,1]$ 2^{n-1} 等分的两个相邻点 $\dfrac{m}{2^{n-1}}$ 和 $\dfrac{m+1}{2^{n-1}}$ 之间. 这两个点的中点是 $\dfrac{2m+1}{2^n}$. 这时, 容易确认 γ_n 可以表示成如下形式:

$$\left.\begin{array}{l} \dfrac{m}{2^{n-1}} \leqslant t \leqslant \dfrac{2m+1}{2^n} \quad \text{时} \quad \gamma_n(t) = t - \dfrac{m}{2^{n-1}}, \\[3mm] \dfrac{2m+1}{2^n} \leqslant t \leqslant \dfrac{m+1}{2^{n-1}} \quad \text{时} \quad \gamma_n(t) = \dfrac{m+1}{2^{n-1}} - t. \end{array}\right\} \tag{4}$$

确认了这个式子就可知 γ_n 是连续函数. 进一步, 由于 $0 \leqslant \gamma_n \leqslant \dfrac{1}{2^n}$, (1) 一致收敛. 以上是 γ_n 和 f 的大致样子. 下图给出 γ_1, γ_2 和 γ_3 的图像.

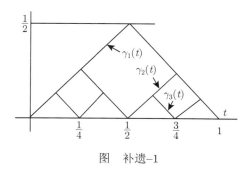

图 补遗-1

现在回到原论文, 原论文以 (1) 为 $f(t)$ 的定义, 而完全没有涉及 (4), 后面的论述都是从 (3) 出发展开的. 但是, 实际上, 完全不考虑 (1), 仅用 (3) 来定义 f, 后面的论述也都成立, 只不过显得有点突兀而已. 本节后面部分假定 f 是用 (3) 来定义的.

f 的良定义性质 为了证明这一性质, 设 $t = \dfrac{m}{2^p}$ (m 是奇数) 的两种表示为

$$t = 0.c_1 \cdots c_{p-1} 1000 \cdots, \quad t = 0.c_1 \cdots c_{p-1} 0111 \cdots,$$

需要证明 (3) 的右边的和不变, 这个证明很简单, 交给读者来完成. (然而, 需要注意的是对于这两个值 a_n 并非一定有相同的值, 只是取和之后两者方相同.)

f 的连续性 t 和 t' 接近的话, 两者的小数展开, 除了 n 足够大之外实际上应该是相同的, 所以可以说 f 显然具有连续性, 但本文通过证明下面的关系 (5) 成立来证明 f 的连续性. 设 p 是任给的自然数,

$$|t - t'| < \frac{1}{2^p}, \ 则 \ |f(t) - f(t')| < \sum_{n=p}^{\infty} \frac{n-1}{2^n} = \frac{p}{2^{p-1}}. \tag{5}$$

如果 (5) 成立, 那么显然 f 连续.

(5) 不难证明, 但有一些细节内容, 我们把它放到本节的最后, 先来讨论 f 不可微的性质. 这里, 请大家注意, f 关于 $t = \dfrac{1}{2}$ 对称.

f 的对称性 $f(1-t) = f(t)$ 成立. 实际上, 当 t 变到 $1-t$ 时, c_n 的 0 和 1 互换, 而伴随着这一性质, π_n 和 ν_n 的值互换, a_n 取 π_n 和取 ν_n 也互换. 因此, a_n 不变. ($t = \dfrac{m}{2^p}$ 时, 它是有限小数表示还是无限小数表示也将互换.)

f 的不可微性 考虑微商

$$\frac{\Delta f}{\Delta t} = \frac{f(t + \Delta t) - f(t)}{\Delta t}.$$

下面设 $0 \leqslant t < 1$, 且 Δt 在满足 $0 < \Delta t < 1 - t$ 的范围内. 由对称性, $t = 1$ 时归约到 $t = 0$ 的情况.

(1°) 计算 $\dfrac{\Delta f}{\Delta t}$ 在 $c_n = 0, \Delta t = \dfrac{1}{2^n}$ 时的值. 令 $t' = t + \dfrac{1}{2^n}$, 则

$$t = 0.c_1 c_2 \cdots c_{n-1} 0 c_{n+1} \cdots, \quad t' = 0.c_1 c_2 \cdots c_{n-1} 1 c_{n+1} \cdots. \tag{6}$$

下面对应于 t' 的 a_n 等用 a'_n 等来表示. 从 (6) 得, $k \leqslant n-1$ 时 $a'_k = a_k, k = n$ 时 $a_n = \nu_n, a'_n = \pi'_n = \pi_n - 1, k \geqslant n+1$ 时 $\pi'_k = \pi_k - 1, \nu'_k = \nu_k + 1$. 因此有

$$f(t') - f(t) = \frac{\pi_n - \nu_n - 1}{2^n} + \sum_{\substack{k \geqslant n+1 \\ c_k = 0}} \frac{1}{2^k} - \sum_{\substack{k \geqslant n+1 \\ c_k = 1}} \frac{1}{2^k}$$

$$= \frac{\pi_n - \nu_n - 1}{2^n} + \sum_{k=n+1}^{\infty} \frac{1}{2^k} - 2\sum_{\substack{k \geqslant n+1 \\ c_k = 1}} \frac{1}{2^k} = \frac{\pi_n - \nu_n}{2^n} - 2\tau_{n+1},$$

$$\frac{\Delta f}{\Delta t} = \pi_n - \nu_n - 2^{n+1}\tau_{n+1} \quad \left(c_n = 0, \Delta t = \frac{1}{2^n} \text{ 时} \right). \tag{7}$$

(2°) 现在计算 $\dfrac{\Delta f}{\Delta t}$ 在 $c_n = 0, c_{n+1} = 1, \Delta t = \dfrac{1}{2^{n+1}}$ 时的值. 设 $t' = t + \dfrac{1}{2^{n+1}}$, 则

$$t = 0.c_1 \cdots c_{n-1} 01 c_{n+2} \cdots, \quad t' = 0.c_1 \cdots c_{n-1} 10 c_{n+2} \cdots.$$

$k \leqslant n$ 时, a_k, a'_k 与 (1°) 相同, 而 $a_{n+1} = \pi_{n+1} = \pi_n, a'_{n+1} = \nu'_{n+1} = \nu_n + 1, k \geqslant n+2$ 时, $\pi'_k = \pi_k, \nu'_k = \nu_k$, 因此 $a'_k = a_k$. 故

$$f(t') - f(t) = \frac{\pi_n - \nu_n - 1}{2^n} + \frac{\nu_n - \pi_n + 1}{2^{n+1}} = \frac{\pi_n - \nu_n - 1}{2^{n+1}},$$

$$\frac{\Delta f}{\Delta t} = \pi_n - \nu_n - 1 \quad \left(c_n = 0, c_{n+1} = 1, \Delta t = \frac{1}{2^{n+1}} \text{ 时} \right). \tag{8}$$

(3°) 现在计算 $\dfrac{\Delta f}{\Delta t}$ 在 $c_n = 0, c_{n+1} = 0, \Delta t = \dfrac{1}{2^{n+1}}$ 时的值. 这是在 $c_{n-1} = 0$ 时 (1) 的结果中将 n 改成 $n+1$ 时的结果. 在 (7) 中, 将 n 改成 $n+1$ 时, 有 $\pi_{n+1} = \pi_n + 1, \nu_{n+1} = \nu_n$, 因此,

$$\frac{\Delta f}{\Delta t} = \pi_n - \nu_n + 1 - 2^{n+2}\tau_{n+2} \quad \left(c_n = 0, c_{n+1} = 0, \Delta t = \frac{1}{2^{n+1}} \text{ 时} \right). \tag{9}$$

设 $\Delta t = \dfrac{1}{2^{n+1}}$ 时的微商与 $\Delta t = \dfrac{1}{2^n}$ 时的微商的差为 D_n. 用式子表示就是

$$D_n = \left(\frac{\Delta f}{\Delta t} \right)_{|\Delta t = \frac{1}{2^{n+1}}} - \left(\frac{\Delta f}{\Delta t} \right)_{|\Delta t = \frac{1}{2^n}}.$$

$c_n = 0, c_{n+1} = 1$ 时, 求 (8) 和 (7) 的差, 得

$$D_n = -1 + 2^{n+1}\tau_{n+1} = 2^{n+1}\tau_{n+2} \quad (c_n = 0, c_{n+1} = 1 \text{ 时}), \tag{10}$$

$c_n = c_{n+1} = 0$ 时, 取 (9) 和 (7) 的差, 因为 $\tau_{n+1} = \tau_{n+2}$, 得

$$D_n = 1 - 2^{n+2}\tau_{n+2} + 2^{n+1}\tau_{n+1} = 1 - 2^{n+1}\tau_{n+2} \quad \left(c_n = 0, c_{n+1} = 0 \text{ 时}\right). \quad (11)$$

下面, 在 t 的二进制展开中, 设所有形为 $\dfrac{m}{2^n}$ 的数都表示为有限小数, 则可能出现下面两种情况.

(A) 从某处开始, 之后的 c_n 都是 0.

(B) 在无穷多处出现 $c_n c_{n+1} = 01$ 这样的排列.

对于情况 (A), 从某个 n 开始 (11) 成立, 且 $\tau_{n+2} = 0$. 因此, 从某个 n 开始总有 $D_n = 1$.

对 (B) 进行进一步分类, 划分为

(B1) $c_{n+2}c_{n+3}c_{n+4} = 000$,

(B2) 不是情况 (B1).

对于情况 (B2), 应用 (10), 易知有 $\tau_{n+2} \geqslant \dfrac{1}{2^{n+4}}$, 因此, $D_n \geqslant \dfrac{1}{8}$.

对于情况 (B1), 错开编号, 设 $c_n c_{n+1} c_{n+2} = 000$ 并应用 (11). 由 $c_{n+2} = 0$ 有 $\tau_{n+2} \leqslant \dfrac{1}{2^{n+2}}$, 因此, $D_n \geqslant \dfrac{1}{2}$.

对于情况 (B), 情况 (B1) 和情况 (B2) 中至少一种会对无数个 n 出现. 因此, 包括情况 (A), 无论哪种情况都出现无数个使得 $D_n \geqslant \dfrac{1}{8}$ 的 n. 而若 f 在 t 可微, 那么 $n \to \infty$ 时 $D_n \to 0$. 故而 f 在 t 处不可微.

[注意]　在可微的定义 (参考 37 页) 中将 h 局限于 $h > 0$ (或者 $h < 0$) 时, 极限

$$f'_+(t) = \lim_{\substack{h \to 0 \\ h > 0}} \frac{f(t+h) - f(t)}{h}, \quad f'_-(t) = \lim_{\substack{h \to 0 \\ h < 0}} \frac{f(t+h) - f(t)}{h}$$

作为有限值存在时, 称 f 在 t 右可微 (或者左可微). 上面已经证明 (3) 中的 f 不是右可微的, 因此, 由对称性, f 也不是左可微的. 进而, 在 $t = \dfrac{m}{2^n}$ 处 $f'_\pm(t) = \pm\infty$. 从 (3) 出发易证此结果.

(5) 的证明　最后, 我们证明 (5). $t' = 1$ 时, 由对称性归约为 $t = 0$ 的情况, 所以下面设 $0 \leqslant t < t' < 1, t' - t < \dfrac{1}{2^p}$, 且为简单起见, 设 $\dfrac{m}{2^n}$ 形的数的展开为有限小数. 设 $t = 0.c_1 c_2 \cdots c_n \cdots, t' = 0.c'_1 c'_2 \cdots c'_n \cdots$, 对于 t' 对应的 a_n 等均通过添加 $'$ 来表示. 注意, $|a'_n - a_n| \leqslant n - 1$.

这时, 有以下三种可能情况.

(A) 对于某个非负整数 $m, \dfrac{m}{2^p} \leqslant t < t' < \dfrac{m+1}{2^p}$.

(B) 对于某个奇数 $m, t < \dfrac{m}{2^p} \leqslant t'$.

(C) 对于某个偶数 $m, t < \dfrac{m}{2^p} \leqslant t'$.

情况 (A)：$n \leqslant p$ 时有 $c'_n = c_n$，因此

$$|f(t') - f(t)| \leqslant \sum_{n=p+1}^{\infty} \frac{|a'_n - a_n|}{2^n} \leqslant \sum_{n=p+1}^{\infty} \frac{n-1}{2^n}. \tag{12}$$

情况 (B)：设 $m = 2k+1$，因为 $\dfrac{k}{2^{p-1}} < t < t' < \dfrac{k+1}{2^{p-1}}$，所以 $n \leqslant p-1$ 时有 $c'_n = c_n$，因此

$$|f(t') - f(t)| \leqslant \sum_{n=p}^{\infty} \frac{n-1}{2^n}. \tag{13}$$

情况 (C)：设 $m = 2^q l (q \geqslant 1, l$ 为奇数$)$. 易证

$$t = 0.c_1 \cdots c_{p-q-1} \overset{p-q}{0} \overbrace{1 \cdots 1}^{q} c_{p+1} c_{p+2} \cdots,$$
$$t' = 0.c_1 \cdots c_{p-q-1} \overset{p-q}{1} \overbrace{0 \cdots 0}^{q} c'_{p+1} c'_{p+2} \cdots.$$

(注意，前面的 $p-q-1$ 位相同.) 由此，

$$n = 1, \cdots, p-q-1 \text{ 时}, \pi'_n = \pi_n, \nu'_n = \nu_n, a'_n = a_n,$$
$$n = p-q \text{ 时}, a_{p-q} = \nu_{p-q}, a'_{p-q} = \pi'_{p-q} = \pi_{p-q} - 1,$$
$$p-q < n \leqslant p \text{ 时}, a_n = \pi_n = \pi_{p-q}, a'_n = \nu'_n = \nu_{p-q} + 1.$$

综上，

$$|f(t') - f(t)| \leqslant \left| \frac{\pi_{p-q} - \nu_{p-q} - 1}{2^{p-q}} + \sum_{n=p-q+1}^{p} \frac{\nu_{p-q} - \pi_{p-q} + 1}{2^n} \right| + \sum_{n=p+1}^{\infty} \frac{n-1}{2^n}.$$

对于上式右边，因为 $\pi_{p-q} - \nu_{p-q} = p - q - 2\nu_{p-q}$ 且 $0 \leqslant \nu_{p-q} \leqslant p-q-1$，故 $-(p-q) + 2 \leqslant \pi_{p-q} - \nu_{p-q} \leqslant p - q$，因此 $|\pi_{p-q} - \nu_{p-q} - 1| \leqslant p - q - 1 \leqslant p - 1$. 由此并注意到 $\sum_{n=p-q+1}^{p} \dfrac{1}{2^n} = \dfrac{1}{2^{p-q}}\left(1 - \dfrac{1}{2^q}\right)$，有

$$|f(t') - f(t)| \leqslant \frac{p-1}{2^p} + \sum_{n=p+1}^{\infty} \frac{n-1}{2^n} = \sum_{n=p}^{\infty} \frac{n-1}{2^n}. \tag{14}$$

由 (12), (13) 和 (14)，除最后的等号外 (5) 已得证. 最后等号的计算如下.

$$\sum_{n=p}^{\infty} \frac{n}{2^n} = \sum_{n=p}^{\infty} \sum_{k=1}^{n} \frac{1}{2^n} = \sum_{k=1}^{p} \sum_{n=p}^{\infty} \frac{1}{2^n} + \sum_{k=p+1}^{\infty} \sum_{n=k}^{\infty} \frac{1}{2^n} = \sum_{k=1}^{p} \frac{1}{2^{p-1}} + \sum_{k=p+1}^{\infty} \frac{1}{2^{k-1}} = \frac{p+1}{2^{p-1}}.$$

[注意]　由 (5) 可得

$$\left| f\left(t'\right) - f(t) \right| \leqslant \left| t' - t \right| \left\{ 2 + 4 \log_2\left(\frac{1}{|t' - t|} \right) \right\}. \tag{15}$$

实际上, 只要在 $|t' - t| \leqslant \frac{1}{2}$ 时, 选择满足 $\frac{1}{2^{p+1}} \leqslant |t' - t| < \frac{1}{2^p}$ 并应用 (5) 即可. 另外, 由于 (15) 的左边不超过 1, $\frac{1}{2} < |t' - t| \leqslant 1$ 时 (15) 显然成立. 其实, 已知应用 (1) 和 (4) 可得到更好的评估值

$$\left| f\left(t'\right) - f(t) \right| \leqslant \left| t' - t \right| \left\{ 2 + \log_2\left(\frac{1}{|t' - t|} \right) \right\}. \tag{16}$$

这里证明了从 (3) 也可以得到 (15) 的结果. (15) 和 (16) 给出了 f 的连续性程度 (连续率) 的信息.

2. 以上以 (3) 为出发点的论述已经完结. 这是原论文的核心. 但是, 关于函数 f 及类似函数的大部分文献一般都是从 (1) 或者 (4) 这样的式子作为出发点, 下面对此稍加说明.

关于定义　令所有可以写成 $\frac{m}{2^{n-1}}, m = 0, 1, \cdots, 2^{n-1}$ 的有理数组成的集合为 Γ_n. (4) 表示 $\gamma_n = \gamma_n(t)$ 的值等于 t 与 Γ_n 的最近点之间的距离. 使用式子来写就是

$$\gamma_n(t) = \min\left(|t - 0|, \left| t - \frac{1}{2^{n-1}} \right|, \left| t - \frac{2}{2^{n-1}} \right|, \cdots, \left| t - \frac{2^{n-1} - 1}{2^{n-1}} \right|, |t - 1| \right).$$

通常定义 f 时, 如上定义 $\gamma_n(t)$ 并在此基础上将 $f(t)$ 定义为 $f(t) = \sum_{n=1}^{\infty} \gamma_n(t)$. 由 (4) 可知, 这个 f[①] 与 (1) 的 f 一致, 因此与 (3) 的 f 一致.

如 (4) 后面的论述, 这样定义的 f 在区间 $[0, 1]$ 连续.

函数图像　(3) 及 (1) 的部分和分别记作 $f_n(t) = \sum_{k=1}^{n} \frac{a_k}{2^k}$, $g_n(t) = \sum_{k=1}^{n} \gamma_k$, 考虑这些函数的图像. 下页函数图像的左半部分是 f_n, 右半部分是 g_n, 左半部分的图像从下开始是 f_2, f_4, f_6, f_8 和 f_{10}, 右半部分从下开始是 $g_1, g_2, g_3, g_4, g_5, g_7$ 和 g_{10}.

因为

$$|f(t) - f_n(t)| \leqslant \sum_{k=n+1}^{\infty} \frac{k-1}{2^k} = \frac{n+1}{2^n}, \quad |f(t) - g_n(t)| \leqslant \sum_{k=n+1}^{\infty} \frac{1}{2^k} = \frac{1}{2^n},$$

所以 g_n 更快收敛, 从图上看 g_7 和 g_{10} 几乎没有区别.

---

① 原书为 $f(x)$, 这个 x 在别的地方都不出现, 很突兀, 故忽略.——译者注

只要能够对 t 进行二进制小数展开, $f_n(t)$ 的计算算法就非常简单, 这是它的特点. 本图像使用的是把 $[0, 1]$ 等分成 $2^{10} = 1024$ 后, 使用表计算程序计算的数值.

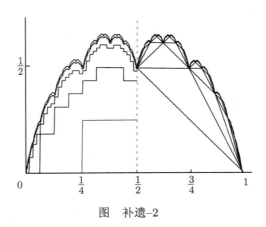

图　补遗–2

微分不可能性　这里不使用二进制小数展开来证明 f 处处不可微. 对于 $t = \dfrac{m}{2^n}$ 的情况, 注意到 $k \geqslant n + 1$ 时 $\gamma_k(t) = 0$, 易证 $f'_{\pm}(t) = \pm\infty$. 因此, f 在 t 不可微.

对于其他情况, 任取自然数 p, 确定满足 $\dfrac{m}{2^p} < t < \dfrac{m+1}{2^p}$ 的非负整数 m. 在区间 $\left[\dfrac{m}{2^p}, \dfrac{m+1}{2^p}\right]$ 取 t 关于中点 $\dfrac{2m+1}{2^{p+1}}$ 的对称点 t_p. $t_p \neq t$, 易知

$$若\ n > p, 则\ \gamma_n(t_p) = \gamma_n(t),$$
$$若\ n \leqslant P, 则\ \gamma_n(t_p) - \gamma_n(t) = \varepsilon_n(t_p - t), 其中\ \varepsilon_n = 1\ 或\ -1,$$

因此,

$$\frac{f(t_p) - f(t)}{t_p - t} = \sum_{n=1}^{p} \frac{\gamma_n(t_p) - \gamma_n(t)}{t_p - t} + \sum_{n=p+1}^{\infty} \frac{\gamma_n(t_p) - \gamma_n(t)}{t_p - t} = \sum_{n=1}^{p} \varepsilon_n$$

成立. 上式右边, 当 p 为奇数时为奇数, 当 p 为偶数时为偶数. 另外, $p \to \infty$ 时 $t_p - t \to 0$, 因此 f 在 t 不可微.

右微分不可能的证明　上述证明虽然简单, 但没有证明 f 非右可微. 这是因为 t_p 是在 t 的右边还是左边, 取决于 p. 但是, 可以按上面的思路证明 f 非右可微的性质. 只要如下处理即可.

任取满足 $0 \leqslant t < 1$ 的 t. 这里不需要特殊考虑 $t = \dfrac{m}{2^n}$ 的情况. 我们使用归谬法进行证明, 假设 $f(t)$ 在 t 处可微并推出矛盾.

任取自然数 p, 确定满足 $\dfrac{m}{2^p} \leqslant t < \dfrac{m+1}{2^p}$ 的非负整数 m. 令

$$t_p = \frac{1}{2}\left(\frac{m+1}{2^p} + \frac{2m+3}{2^{p+1}}\right), \quad t'_p = \frac{1}{2}\left(\frac{2m+3}{2^{p+1}} + \frac{m+2}{2^p}\right),$$

参照图补遗–3 进行计算. 得到

$$
\begin{aligned}
\frac{f(t'_p) - f(t_p)}{t'_p - t_p} &= \frac{f(t'_p) - f(t)}{t'_p - t} \times \frac{t'_p - t}{t'_p - t_p} - \frac{f(t_p) - f(t)}{t_p - t} \times \frac{t_p - t}{t'_p - t_p} \\
&= \frac{f(t'_p) - f(t)}{t'_p - t} + \frac{t_p - t}{t'_p - t_p}\left(\frac{f(t'_p) - f(t)}{t'_p - t} - \frac{f(t_p) - f(t)}{t_p - t}\right).
\end{aligned}
$$

$p \to \infty$ 时, $t_p, t'_p \to t$, 根据 $f(t)$ 在 t 右可微的假设, 上式右边的三个部分微商都在 $p \to \infty$ 时收敛于 $f'_+(t)$. 进而, 因为 $t'_p - t_p = \dfrac{1}{2^{p+1}}$, $\dfrac{1}{2^{p+2}} \leqslant t_p - t \leqslant \dfrac{5}{2^{p+2}}$, $p \to \infty$ 时上式右边收敛于 $f'_+(t)$. 另外, 与之前的考察相同, 上式左边根据 p 的奇偶性分别为奇数或偶数. 这引发矛盾, 所以 $f(t)$ 在 t 不可能右可微.

图　补遗–3

定义变形, 自相似性　近期的文献在引用函数 $f(t)$ 时, 很多是以看似不同的形式来定义的. 这里对此进行说明, 同时简述 $f(t)$ 具有的 "自相似性".

在区间 $[0, 1]$ 定义函数 $\gamma_1(t)$, 使得若 $0 \leqslant t \leqslant \dfrac{1}{2}$ 则 $\gamma_1(t) = t$, 若 $\dfrac{1}{2} \leqslant t \leqslant 1$ 则 $\gamma_1(t) = 1 - t$. 将 $\gamma_1(t)$ 作为周期为 1 的周期函数扩展到 $-\infty < t < \infty$ 上的函数记作 $\varphi(t)$. $\varphi(t)$ 是 t 为整数时值为 0, t 为半整数 (整数 $+\dfrac{1}{2}$) 时值为 $\dfrac{1}{2}$ 的分段线性函数. 下面令

$$F(t) = \sum_{n=0}^{\infty} \varphi_n(t), \quad \varphi_n(t) = \frac{1}{2^n}\varphi(2^n t), \quad -\infty < t < \infty. \tag{17}$$

其中 $(\varphi_0(t) = \varphi(t))$. 下面证明 $0 \leqslant t \leqslant 1$ 时 $F(t)$ 与 (1) 中的 $f(t)$ 相同. $t = \dfrac{m}{2^n}$ 时 (m 为整数)$\varphi_n(t) = 0$, 而在这些点的中点 $\varphi_n(t) = \dfrac{1}{2^n}$. 由此可知 $0 \leqslant t \leqslant 1$ 时 $\varphi_n(t) = \gamma_{n+1}(t)$. 因此,

$$f(t) = F(t) = \sum_{n=0}^{\infty} \frac{1}{2^n}\varphi(2^n t), \quad 0 \leqslant t \leqslant 1. \tag{18}$$

近期的文献多用 (18) 给出函数 f. 由上可知, (1) 和 (18) 的差异是下标 n 的值相差了 1.

对于 558 页的图, 设纵轴变量为 s, 我们把 f_{10} 和 g_{10} 的图像连接起来看作 f 的图像进行考察. 这时, 图像的右半部分 $\left(\dfrac{1}{2} \leqslant t \leqslant 1\right)$ 以直线 $s = 1 - t$ 为基准 $s = f(t)$ 的图像与整体图像 $(0 \leqslant t \leqslant 1)$ 以直线 $s = 0$ 为基准 $s = f(t)$ 的图像相似. 准确地说, 前者是后者的仿射变换, 这样的性质称为 "自相似".

(17) 的右边的部分和记作 $F_n(t) = \sum\limits_{k=0}^{n} \dfrac{1}{2^k} \varphi\left(2^k t\right)$ 时, 易证

$$F(t) = F_{n-1}(t) + \frac{1}{2^n} F\left(2^n t\right), \quad -\infty < t < \infty$$

成立. 令 $n = 1$ 时, 上式正好对应上述的图像说明.

[附记]　正如在 41 页所述, 魏尔斯特拉斯在 1872 年构造出处处不可微的连续函数 (魏尔斯特拉斯全集, 卷 II, 71-74 页). 魏尔斯特拉斯的函数是

$$W(t) = \sum_{n=0}^{\infty} b^n \cos(a^n \pi t).$$

其中, $0 < b < 1$, a 为正奇数. 魏尔斯特拉斯证明了当 a 和 b 满足 $ab > 1 + \dfrac{3}{2}\pi$ 时 $W(t)$ 处处不可微. (后来的研究发现这个条件可以进一步放宽.)

虽然上述函数 f 或类似的函数被多名研究者重新发现, 不知何时开始被称为高木函数 (Takagi function), 由于其自相似性, 近来的研究也经常引用这个函数.

本篇补遗是受岩波书店的委托撰写. 在文章题材的选择上, 受到了黑田成信的启发.

黑田成俊